高等学校“十三五”规划教材

资源与工程地球物理勘探

（第2版）

周俊杰　主编　　杜振川　副主编

化学工业出版社

·北京·

本书是高等学校“十三五”规划教材。全书共计7章，着重介绍了资源和工程勘探中常用的重力、磁法、电法和地震勘探基本原理、野外工作方法、数据处理与地质解释，兼顾岩土工程领域浅层地下管线物探测量、桩基无损探测和地质雷达的原理、基本技能等方面内容，注重结合实际工程。同时，本书结合研究热点，介绍了重、磁综合应用，地震地层学等内容，并附有复习思考题，供学生使用。

本书可以作为高等院校“资源勘查工程”、“勘察技术与工程”和“地质工程”等非物探专业的教材，也可以供相关工程技术人员参考。

图书在版编目（CIP）数据

资源与工程地球物理勘探/周俊杰主编．—2版．—北京：化学工业出版社，2017.12（2024.2重印）

高等学校“十三五”规划教材

ISBN 978-7-122-31116-0

Ⅰ．①资… Ⅱ．①周… Ⅲ．①地球物理勘探-高等学校-教材 Ⅳ．①P631

中国版本图书馆CIP数据核字（2017）第297988号

责任编辑：陶艳玲　　装帧设计：韩　飞

责任校对：宋　夏

出版发行：化学工业出版社（北京市东城区青年湖南街13号　邮政编码100011）

印　　装：北京盛通数码印刷有限公司

787mm×1092mm　1/16　印张20½　字数529千字　2024年2月北京第2版第5次印刷

购书咨询：010-64518888　　售后服务：010-64518899

网　　址：http://www.cip.com.cn

凡购买本书，如有缺损质量问题，本社销售中心负责调换。

定　　价：55.00元

第 2 版前言

本教材是在 2008 年李世峰、金瞰昆、周俊杰编著的《资源与工程地球物理勘探》的基础上修编而成。在修编中，一方面保留原版教材的内容和体系，另一方面结合自身的教学、科研经验，广泛收集国内外相关教材、资料和应用实例，突出实践效果，注重解决实际工程地质问题。在这样的修编原则上，对原版的章节和体系做了适当调整与改动，在内容上进行了部分更新、填补、删减和调整，把重力勘探、磁法勘探放在了最前面，增加重、磁联合勘探方法解决地质问题，电法勘探章节中增加了常用的瞬变电磁法勘探内容，地震勘探中在地震的综合解释中增加了地震与地质之间的联系，通过地震相分析解决资源与工程地质问题，在其他物探方法中增加了地质雷达探测技术等内容。同时，针对教材中的公式所用参数进行了说明。

本书以重力、磁法、电法、地震勘探为主，兼顾岩土工程领域常用的地下管线及地下埋设物探测、桩基无损探测和探地雷达等基本理论、基本技能方面的内容。每种勘探方法与手段，注重实例分析。本书可以作为高等院校非物探专业的教材，也可以供相关工程技术人员参考。

本书由周俊杰、杜振川、孙鹏飞、金瞰昆负责修订。编写分工如下：第一、二章由孙鹏飞编写，第三、第四章的第一～四节由周俊杰编写，第四章的第五、六节和第六、七章由杜振川编写，第五章由金瞰昆编写。全书由周俊杰统稿，杜振川审定。

本书的出版得到河北省本科教学综合改革试点——资源勘查工程项目、河北省煤炭资源综合开发与利用协同创新中心（2011 计划）、河北省资源勘测研究重点实验室和中国矿业大学（北京）联合资助，同时，对第一版的作者的支持表示衷心感谢！

由于编写人员水平有限，有关的内容和编排难免有不妥之处，望广大读者批评指正。

编　者

2017 年 12 月

第 1 版前言

地球物理勘探简称为物探。

随着我国市场经济的不断发展，地球物理勘探行业方兴未艾，地质资源、水文地质、岩土工程勘察等方面有了较大发展，利用物探方法解决地质问题一直是重要的发展方向，对拥有物探技术的工程技术人员需求日益增多。然而，适合非物探专业的学生、广大技术人员使用的综合物探书籍较少。为此，编著此书以飨读者。

长期以来，地球物理勘探为适应国民经济发展的需求，在不断地加强基础、拓宽专业领域。笔者也不例外，在长期从事非物探专业的物探课程教学及科研实践中不断加强教学改革，为适应现代勘查技术的需求，工作中迫切需要地球物理勘探方面的系统教材，为勘探事业的壮大和发展起到一定的作用，满足教学与科研的需求。本书是在《工程物探》讲义的基础上，经广泛的调研和讨论，特别是征求生产单位意见，在“河北省资源勘测研究（重点）实验室”、河北省“矿产普查与勘探（重点）学科”的大力支持下完成的。

本书以电、磁、地震、重力勘探为主，兼顾岩土工程领域常用的地下管线及地下埋设物探测、桩基无损探测等基本理论、基本技能方面的内容。其指导思想是面向非物探专业的广大工程技术人员，满足“资源勘查工程”、“勘察技术与工程”专业的教学大纲要求，在阐述物探基础理论、基本工作方法的同时，着重考虑地质应用，介绍各种勘探方法的原理、工作方法、应用条件、解释基础、实际应用，剔除不必要的公式推导，以解决资源与工程实际问题为目的。本书可以作为高等院校非物探专业的教材，也可以供有关工程技术人员参考。

全书共分七章，其中的第一、三、五、六、七章由李世峰教授编写，第二章由周俊杰讲师编写，第四章由金瞰昆教授编写。全书由李世峰教授统稿、金瞰昆教授审定。

本书的出版得到河北省资源勘测研究重点实验室资助，在此表示衷心感谢。

由于作者水平有限，文中不当和疏漏之处在所难免，敬请广大读者批评指正。

编　者

2007 年 11 月

目　录

绪　论

“物探”，即地球物理勘探的简称，是地质学与物理学相结合的一门边缘科学。

随着社会、经济的不断进步，工农业建设正在蓬勃发展，在水文地质、农田水利、岩土工程勘察、矿产资源勘查等方面的地质勘查已成为地质调查任务。物探能够快速地完成勘测任务、提供地质资料，因此，应用非常广泛，如水源地、堤坝渗漏、桥梁、港口、厂房、建筑地基、低品位矿产勘查等，都需要提供快速、准确的地质资料。

物探主要是用物理方法来勘测地壳上部岩石、构造等来澄清地质问题，寻找有用矿产的新兴科学，是根据地质体的物理性质差异，借助一定装置和专门的仪器来探测其物理量分布规律（水平、垂直），为进一步钻探提供重要依据。因此，决不能把物探与地质、水文地质、工程地质分割开来。如电法中探测到某深度有低阻体，可能有多种解释：水、铁矿体、含矿岩体等。随着计算机技术和仪器的智能化发展，探测技术有了很大进步，也取得了丰硕成果。在山东的沂蒙山区、河西走廊、黄河平原等地区找水，工程上的地下管线探测、桩基检测等都有了长足进步。

物探是通过观测和研究各种地球物理场的变化来解决地质问题的一种勘查方法，其优点是具有透视性、高效率、低成本等，同时也存在一定的限制性、多解性等缺点。定量解释建立在一定规则形状物理模型计算的基础上，有关地质体深度、产状及规模大小等数据，依靠反演法求得。

第一节　物探方法及分类

1. 地球物理勘探分类

地球物理勘探分为力、热、声、光、电、放几大类。

① 力：重力、磁力、地震勘探、核磁共振等。

② 热：建立热场参数，在石油、地热寻找和灾害防治方面都有重要作用，如煤层自燃产生热、地热、热红外探测遥感等。

③ 声：声波勘探，根据声波的传播来探测地质体。

④ 光：激光仪等，红外-遥感-激光。

⑤ 电：电法勘测。

除此以外，还有放射性探测，如 U、Rn、Po 等方法。

2. 应用地球物理的三个方向

应用地球物理方向包括：工程和环境地球物理技术，地球物理信号处理和智能化解释系统，地球物理仪器研制的智能化，防爆型仪器研究。

工程和环境地球物理技术包括层析成像技术（CT），解决工程、水文和环境问题。实际工程项目（图 0-1）包括：

① 煤矿井下五小（小断层，小构造，火成岩侵入体，陷落柱，小夹矸）；

② 岩土工程（地质勘查、桩基检测、地下溶洞、老窑探测、地下管道探测）；

③ 考古调查及研究；

④ 地下废渣、污染物调查；

⑤ 寻找含水层及基岩深度；

⑥ 煤层火烧区检测；

⑦ 线状工程路基病害检测；

⑧ 城市环境调查等。

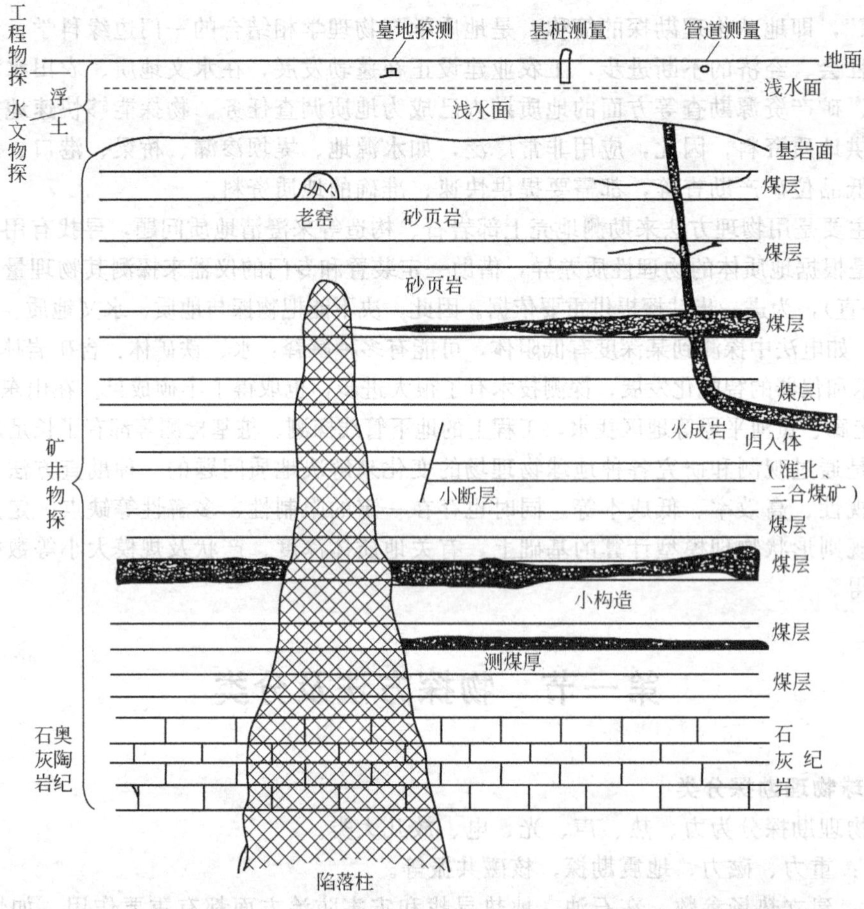

图 0-1　岩土工程、地基、桩基、管道、老窑、古墓、矿层探测示意图

3. 探测方法分类

探测方法常用电法探测和地震探测两大类。根据场源、装置不同，每一类又可以细分为若干种探测方法。如电法探测又可以分为交流电法、直流电法，还可以再分。地震探测又可以分为反射波法、折射波法等。

（1）电法探测分类

交流电法：
- 天然场法
- 低频点测法
- 电磁法
- 甚低频法（长波法）
- 变频法（交流激电法）
- 无线电波透视法（阴影法）

- 直流电法
  - 天然场法
    - 电位法
    - 充电法
  - 电阻率法
    - 电剖面
      - 联合剖面法
      - 对称四极剖面法
      - 复合对称四极剖面法
      - 偶极剖面法
    - 电测深
      - 对称四极测深法
      - 三极测深法
      - 偶极测深
      - 多级测深法
  - 激发极化法
    - 各类剖面法
    - 激电测深法
  - 充电法
    - 电位法
    - 梯度法

（2）地震探测分类

- 地震
  - 折射波法
  - 反射波法
  - 面波法
  - 纵波法
  - 横波法
  - 声波法

第二节　发展简史

2004年6月6日至11日，在武汉召开了环境与工程地球物理国际研讨会，包括中国、美国、加拿大、瑞典、日本、法国、韩国等20多个国家和地区的近300名环境与工程地球物理研究人员提交了科研论文，包含大量的环境与工程地球物理的应用实例和解决问题的方法，说明了工程地球物理的应用领域在不断地扩大，内容涵盖了工程建设、水资源和地热资源勘查、灾害评价与预测、环境污染检测和监测、施工质量检测、考古研究等，并且向生态农业、生物生长监测等方面发展，与人们日常生活和国家发展结合更加紧密。环境与工程地球物理勘查中曾经存在的许多疑难问题，得到了较好的解决或获得了解决的具体思路和方法，如水库水坝的渗漏问题、夹心墙的检测问题、隧道的超前预报问题、活断层探测等。

从应用的目标来说，工程地球物理探测的主要目标也在发生变化，趋势是从常规的地层界面探测或目标物定位等逐渐向确定地层和目标物的属性方向发展，例如，采用高分辨率浅层地震方法配合井中地球物理资料，不仅应用于沉积物的界面划分，还利用地球物理资料分析沉积物的属性，提供地层的水文地质学信息，解决含水量、孔隙度等参数，极大地提高了地球物理方法在水文地质调查中的作用。另一个引人注目的应用实例是采用综合地球物理方法对秦皇陵进行考古研究，秦皇陵是中国，也是世界的一大重要文化遗产，我国地球物理学家在考古研究中，不仅确定了秦始皇陵的存在性，还清晰地确定了地下地宫的位置、陪葬坑以及深部逃逸通道等，初步的验证结果说明了探测的正确性，其研究成果也将极大地促进考古地球物理的应用和发展。

在运用的方法技术方面，传统方法与新方法、新技术并重，如直流电阻率方法、高密度

电法、激发极化方法、浅层地震等应用，取得了较好的效果。新的方法技术如采用CSAMT方法进行洞穴探测（胡祥云，2004）、采用电磁法进行地质灾害评价（何兰芳，2004），以及多道面波技术的应用。GPS技术和可视化技术等新技术紧密地与地球物理结合，可以更加直观、准确地解决环境与工程中的问题。

从方法的研究和发展来看，新方法、新技术大量涌现，使得工程地球物理更加富有朝气，如多道面波技术（MASW）、瞬变电磁技术（TEM）、层析成像技术（CT）等反映出具有探测速度快、成像精度高的优点，在工程地球物理中具有巨大的应用前景。

电法和电磁法获得了长足的发展，取得了许多新成果，同时又开辟了新的研究领域，例如，分布式高密度电阻率/激发极化的开发成功，提高了测量的效率和增加测量的信息，同时也提出了复杂地形条件下任意测量极距的探测结果三维处理和成像解释技术的研究。昌彦君、罗延钟（2004）等将激发极化方法和电磁法研究成果结合起来，提出了时间谱电阻率方法（TSR）：测量激发电流关断后的时间谱，分别提取地下介质的激发响应和电磁响应，应用于解决各种地质问题。一些重要的电磁法，如CSAMT、MT、EM（EH—4）方法在环境和工程领域发挥重要的作用。航空电磁法也发展很快，测量稳定性和测量精度都有很大的提高，其应用包括探测海水入侵范围和边界、区域水资源评价等方面。

探地雷达（GPR）方法经过近30年的发展，方法技术逐渐成熟起来。从目前的发展趋势来看，在探地雷达传统应用领域得到加强的同时，又出现了一些新的应用领域，如多维探测，阵列天线的探测，方向性的探测，高分辨、大深度的探测等。

重磁方法在工程地球物理中应用有待拓展，但在金属矿勘探中起着重要作用。由于重磁多分量梯度测量技术的解释和快速准确定位技术的发展，特别是梯度测量和张量测量提供了丰富的信息，重磁方法在环境与工程中的作用越来越明显，例如，在沉船探测、秦皇陵考古研究等方面都具有重要的应用效果。高精度重磁探测在低品位矿开发中具有不可替代的作用。

资源与工程地球物理的发展也促进了数据处理、正反演解释和成像技术的发展。频谱分析、小波分析和统计方法广泛应用于数据的去噪和弱信号的提取。反射地震和探地雷达资料的偏移成像等，采用包括解析、有限元、有限差分等方法，研究介质从各向同性向各向异性介质的方向发展，正演拟合也逐步趋于真实的介质，反演方法也从线性方法向非线性方法发展。但从目前的软件分析来看，还有很大的发展空间，如多道面波技术的频散曲线反演主要是一维，还没有二维反演方法和软件；电磁法的反演也大多集中在一维和二维，广泛应用的三维反演软件很难见到；浅层反射地震和探地雷达很少有商业的反演软件。

我国在建国初期就成立了工程物探、水文物探和环境物探的相关部门。经过几十年的发展，相关部门还保留了相应的机构，但作为学术组织和学科的建设，逐渐将水文、工程、环境物探融合成为环境与工程地球物理，研究的内容也有较大的扩展和增加。对于传统的三个方向，在我国占主导地位的是工程地球物理，主要表现在大型和特大型工程的开工建设，需要进行大量的探测和质量检测工作，在工程地球物理方面的投资也较大。而我国的干旱和半干旱国土面积达到52%，水文物探方向主要目标是找水，在西部大开发战略中，要建设和开发西部，找水和水资源的评价是非常重要而关键的一环。资源地球物理是一个越来越受到重视的方向，具有巨大的发展潜力。我国改革开放以来，经济得到了巨大的发展，随着钢铁、航空航天及高科技的发展，矿石短缺也是不争的事实，过去认为是“废石”，现在已成为有价值的矿产，国家和地方都注意到这个问题，需要大量的物探工作来开辟新的资源。在进行开发的同时，也要注重环境的保护和灾害的治理，实现可持续发展，这成为资源地球物理发展的一个重要契机，也是地球物理人员为国家服务的最好的时机。

1. 发展阶段

在世界范围内，水文物探经历了 20 世纪 50、70 年代两个大的发展时期，其特点是水文、工程物探的投资产量大幅度增加，尤其是工程物探的投资更快，每年以 20%的速度增长。我国发展与国际发展大致相当，从 20 世纪以来，经过四个发展阶段：

第一阶段　40～50 年代　找水

第二阶段　60～70 年代　找水与管理

第三阶段　80～90 年代　找水、管理与治水

第四阶段　90～现在　智能化

2. 特点

① 技术方法不断增加，由第一阶段的几种发展到现在几十种；

② 仪器设备迅速现代化，实现了“三化”（小型化、轻便化、自动化），达到了“三高”（高灵敏度、高分辨率、高倍噪化），发展了“三多”（多通道、多参数、多功能）；

③ 范围扩大，应用水平提高，由浅部到深部，从松散层到各类构造，由国内到国外，成井率不断提高；

④ 勘探量不断增加，水文物探 1∶50 万～1∶5 万并列性调查已覆盖大部分国土面积，大比例尺 1∶2.5 万～1∶1 万水文物探普查已达到相当面积，完成多个供水项目物探，目前开发大西北水文物探和资源物探又在加大力度，如沙漠找水、国家“305 计划”等。

3. 工程物探发展

1996 年度原地矿部统计资料，完成工程物探和桩基检测项目 459 个，年总产值达到 10 亿元，比 1995 年增长 30%。

① 地下管线探测，完成了大城市普查工作（包括电缆），在市政建设方面有了较大发展；

② 地下障碍物探测，包括防空洞、老桩基等埋设物探测有了长足进步；

③ 基坑施工、软土地基及其他灾害监测、工程质量无损检测等投入小、见效快的行业迅速发展。

从发展前景来看，常规物理方法的发展主要是提高探测深度、广度、分辨能力及新仪器的使用，新物理参数的使用；高频技术、微波技术、激电参数测定，如 η、ρ、D、J、T 等；地热勘探中对岩石力学参数的测定；工程勘探中对 E、k、λ 等的测定。其次是如何提高物探工作的速度和效率，如航空探测、遥测、综合物探的运用等。

第三节　资源与工程物探的应用

1. 探测条件

物探不同于钻探，在使用上要正确理解其含义。因此，利用物探方法解决各种地质问题时，必须有一定的地球物理条件才能取得满意的效果。这些条件主要如下。

(1) 地质目的体与围岩物理性质的差异程度

有关未知地质目标（如构造、各种岩石的接触带、构造破碎带、金属矿体等）和周围岩石（围岩、上覆和下伏岩层）的物理性质（密度、磁化率、电阻率、极化率、热导率等）的最充分的信息，对于评价任何一种地球物理方法的适用性都有特别重要的意义。这类信息适用于地质勘探过程的所有阶段。

不同的地球物理方法对目的体与围岩物理性质的差异程度的要求是不同的。例如，在寻找

大多数金属矿时，为了有效地应用重力勘探，要求矿石和围岩的密度差异为 0.3～0.4g/cm³；对于解决构造问题，甚至有 0.1g/cm³（级次）的差异就够了；而对磁法和电法勘探来说，矿石和围岩的磁化率和电阻率必须相差几倍到几十倍。例如，对感应法电法勘探来说，岩石和矿石的电阻率比值应当为100左右。

岩石的物理性质除了取决于矿物成分与结构外，还与岩石形成的条件以及内力和外力对岩石的后期改造作用有关。

在普查金属矿床时，研究热液交代作用对岩石物理性质的影响具有特别重要的意义。这些作用经常使围岩的物理性质产生很大的变化，因而可作为金属矿区内的一种找矿标志。例如，完全蛇纹石化的超基性岩的密度大约降低 0.8g/cm³（表 0-1）。

表 0-1　岩石密度随蛇纹石化强度增大的变化

蛇纹石化强度/%	密度 σ/(g/cm³)	蛇纹石化强度/%	密度 σ/(g/cm³)
0	3.30	60	2.83
10	3.23	70	2.80
20	3.15	80	2.67
30	3.06	90	2.58
40	2.95	100	2.50
50	2.91	—	

硅化和糜棱岩化使岩石密度急剧减小。钠长石化一方面对密度较低的岩石（凝灰砂岩、凝灰粉砂岩）实际上没有影响，另一方面则使致密岩石如辉长岩的密度急剧减小，从 2.85 降到 2.64g/cm³。强钠长石化花岗闪长岩的孔隙度是 4.5%～6.5%，而未蚀变花岗闪长岩的孔隙度是 0.7%～1.5%。

蛇纹石化和滑石菱镁片岩化使孔隙度增大。变质岩和侵入岩的糜棱岩化使孔隙度明显增大（达 2～4 倍）。在一般情况下，孔隙度增大是大多数热液交代作用的特征，在这种情况下通常是密度减小；磁化率既可能增高，也可能降低。由于机械风化和化学风化等地表风化作用以及主要由于地表水的作用，岩石成分及其物理性质有很大变化，可同时观测到磁化强度、密度、电阻率和弹性波传播速度的降低以及天然放射性强度的变化。

在对测区的目的体与围岩的物理性质的差异程度进行分析前，需收集测区岩矿石的物性参数，收集测区岩矿石物性参数方法有三种途径。一是收集该地区已有的物性数据；当缺乏已知资料时，还可以采用下述两种途径：或是采集标本进行实验室物性测量，或是在测区选择露头好的地区进行实地测量。由于岩石物理性质取决于多种地质因素（时代、埋藏深度、变质作用等），即使相同的岩性组合，其物理性质在不同地区有很大差别，所以在使用区域岩石物性资料时应当十分慎重，必须对测区的地质情况加以足够考虑。

（2）引起异常的目的体的几何参数

待查目的体的异常不仅取决于目的体与围岩的物性差异，也取决于目的体的几何参数（规模、形状、产状及其空间的相互位置）。

当几个目的体靠得很近时，目的体相对距离决定着异常特征。当几个目的体形成只有一个极值整体异常时，那么应用这一地球物理方法无法将几个异常体区分开来。当同样大小、强度一致的相距为 2l 的两个水平圆柱处在同一深度 H 时，对磁场垂直分量，区分开两个圆柱的条件是 $2l>0.82H$；对垂向微商为 $2l>0.64H$。对两个相距为 l 的垂直极化球体，沿着通过球心剖面的自然电位异常表明，随着两个球体之间距离靠近，自然电位异常由两个极值组成的异常合并为只有一个极值的异常（图 0-2）。

（3）能正确区分干扰场带来的异常

地球物理测量仪器在接收目的体的信号的同时也接收到与目的体无关的干扰。引起干扰的原因有三类：一是地质成因，二是非地质成因，三是测量误差。只有当来自目的体的测量信号大于干扰时，才能保证应用地球物理解决地质问题的成功。

（4）克服多解性带来的偏差

2. 拟解决问题

尽管物探方法具有许多应用先决条件，但高速度和低成本性的特点仍然是被广泛采用的重要勘探手段，概括起来在资源与工程领域可以解决如下问题。

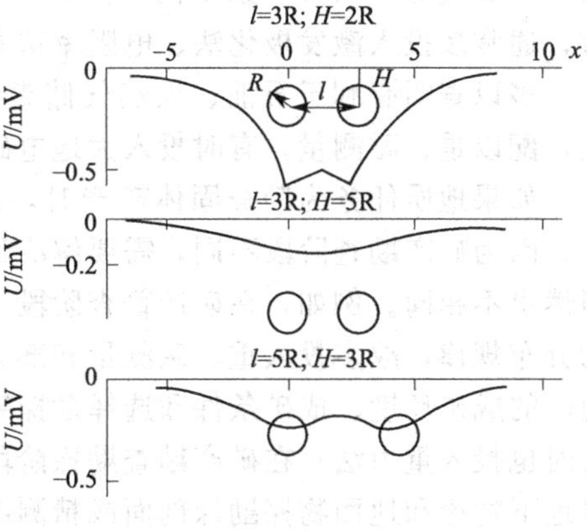

图 0-2　两个均匀极化球体上的电位曲线

① 测定覆盖层、风化层厚度及基岩面起伏状态；

② 探测断层、裂隙带、溶洞、采空区等地质体的空间分布；

③ 测定岩石的动弹性参数，利用波速划分岩石、建筑场地类型、地基土的分层与评价；

④ 滑坡、泥石流的探测、路基病害及水库渗漏评价；

⑤ 地下管线、不明埋设物分布探测；

⑥ 地下水资源的勘察与评价；

⑦ 矿产资源的勘查与评价；

⑧ 利用伟晶岩脉探测，评价微量金属矿床的空间分布；

⑨ 桩基无损探测及建筑物常时微动观测。

据以上介绍可以看出，资源与工程物探应用是十分广泛的，可以预见，随着经济和科学技术的不断发展，物探工作的应用深度、广度都将不断发展，新的仪器设备、探测方法、新参数将会不断涌现，定量解释将会更加完善和准确。

第四节　工程物探方法选择的原则

地球物理方法的合理应用不仅取决于所解决的地质任务，还必须考虑高效与低耗两个因素。目前地球物理勘查方法有几十种，在地质任务和总经费确定之后，究竟选用哪几种地球物理方法，哪些方法为主要方法，哪些方法为配合方法，这就是地球物理测量工作设计的主要内容。总的说来，地球物理方法的选择应遵循“地质效果、工作效率、经济效益”三统一的原则。

1. 能取得明显地质效果为目标

地质任务不同，投入物探方法不同，工作要求也不同。

（1）地质任务的类型和性质

① 地质任务类型。地质任务可分为基础地质、地质填图、矿产勘查、工程地质和水文地质以及环境地质问题等。地质任务类型不同，投入物探方法不同，工作要求也不同。例如，若地质任务为深部基础地质问题，一般需投入深地震测深，重、磁测量和大地电磁测深；若地质任务为工程地质时，一般需投入各种地面电法、浅层地震等。

② 地质任务性质。如果地质任务为矿产勘查时，应考虑勘查对象是固体矿产，还是石

油、天然气等。勘查对象不同，投入物探方法和工作要求也不同。若勘查对象为多金属矿时，通常多投入激发极化法、电阻率法和磁法等；若勘查是石油和天然气时，它的勘探深度大，多以查明有利于石油、天然气储集的地质构造为主要目的，故勘查时多以地震勘探为主，配以重、磁测量，有时投入大地电磁测深法等。

如果地质任务为勘查固体矿产时，还应明确是普查任务、详查任务，还是勘探阶段任务。因为矿产勘查阶段不同，需要解决的地质问题也不同，所以投入的物探方法和工作要求当然也不相同。例如，在矿产普查阶段，主要是查明区域性成矿环境、成矿条件和矿产可能的分布规律，故多投入重、磁测量和部分电法工作；在矿产勘查详查阶段，主要是查明局部地区的成矿环境、成矿条件和选择勘探靶区，故多投入各种电法、磁法和地电化学提取法，有时也投入重力法；在矿产勘查勘探阶段，主要配合钻探查明矿体的形状、产状和范围，故以地下物探和地面物探勘探剖面或精测剖面上的定量解释为主，有时需投入部分地面电法和磁测工作。

(2) 勘查区的地质地球物理特征

勘查区内的地质——地球物理特征，不仅是物探方法投入的主要依据之一，而且也是物探方法选择的主要依据之一。首先，勘查区应是选择在成矿环境和成矿条件有利的地区；其次，勘查区内应具有良好的地球物理前提。勘查区内岩、矿石种类繁多，无法一一表述，为方便起见，将勘查区地球物理特征分为以下几个方面。

① 测定和研究寻找对象本身的地球物理特征。

② 测定和研究与寻找对象伴生或共生地质体的地球物理特征。

③ 测定和研究与寻找对象本身形成环境、形成条件和赋存空间有关的地质体的地球物理特征。

④ 测定和研究与寻找对象在空间上有一定关系的标志层的地球物理特征。例如，某些火成岩脉、石英脉、黄铁矿化和石墨化地层以及有某些地球物理特征的地层、岩体和构造等。

⑤ 测定和研究地质类干扰对象的地球物理特征。

⑥ 测定和研究一般岩石、地层、岩体等的地球物理特征。

在上述六个方面中，若寻找对象本身的地球物理特征明显而突出（如磁铁矿等），物探方法选择应以寻找对象本身的地球物理特征为主，兼顾其他；若寻找对象本身与围岩之间无明显物性差异（如金矿等），而与寻找对象本身有关的间接对象物性差异明显而突出，应以此为主要依据选择有关物探方法，兼顾其他等。

(3) 勘查区条件、工作条件和交通条件

勘查区（如山区、平原、戈壁滩、沙漠、沼泽地或海域）条件和工作条件不同，所用物探方法和工作要求也不同。例如，在海域勘查主要以地震勘查和重、磁测量为主；在平原和戈壁滩勘查，可用与车载仪器有关的物探方法；在山区勘查只能用仪器设备轻便的物探方法；在沼泽地、沙漠、冻土区勘查，可用场源和测量装置均不接地的方法等。

(4) 勘查区干扰条件

测定和研究干扰类型、干扰程度以及对地质效果影响。干扰影响大又无法消除的物探方法不得投入。例如，在连续起伏的山区一般不投入地面电阻率法，由于地形引起许多假异常难以校正和消除。若干扰影响小又可消除或部分消除，而又不明显影响其地质效果的物探方法皆可投入。

2. 以能取得明显经济效益为目的

地质市场特点之一，就是承担一项勘查任务，不仅要考虑地质效果，而且必须考虑经济效益。在物探方法选择时，在保证地质效果的前提下，除上述诸因素之外，为了取得明显的经济效益，还应按下述要求来选择。

① 物探方法的种类和数量尽可能少一些，物探方法不是越多越好，也不是越少越好，而应以能取得较好地质效果所必需的物探方法种类和数量为宜。

② 仪器设备轻便，工作速度快、效率高、工作人员少，劳动强度小，成本低，消耗少。

③ 仪器设备先进，自动化程度高，在同样的野外工作时间内，采集数据量大，提供的信息丰富。

④ 仪器观测精度高，观测结果可靠，质量高，能将弱异常可靠地观测到，有利于寻找探部盲矿体。

⑤ 方法横向和纵向分辨能力高。

综上所述，在综合物探工作中，方法选择是个十分重要而又复杂的问题，应该慎重对待，认真选择，做到客观、需要、优化、综合。一般来说，首先选择出可以投入的所有方法，然后进行优化组合，确定主要方法、配合方法以及各自的工作任务和工作量，采集信息的种类和数量，工作程序，与其他方法配合方式等。为了正确选择物探方法，在工作设计之前，应赴现场进行踏勘，了解勘查区地质情况，为方法选择提供依据。

第五节　物探工作的一般流程

地球物理勘查工作程序，包括前期工作、仪器实验物性测定、野外观测、质量检查、资料整理及综合研究、野外验收、报告编写及评审八个过程。

1. 前期工作（一般过程）

（1）根据上级部门批复下达的设计、计划任务，确定地球物理勘查任务

（2）资料收集和现场踏勘

全面、系统收集工作区及邻近区的地质、物化探资料，进行初步分析研究，评价其准确性及可利用性。必要时进行现场踏勘，了解工作区地形、地貌、水系、标高及高差、覆盖程度、气候条件、居民点等自然地理及工业、农业、矿产开发等经济概况。评价在工作区开展物探工作的地球物理前提。

（3）设计编写及审批

项目负责人依据任务书及有关规范、技术标准的规定，组织技术人员编写勘查施工设计并进行初审，修改完善后报上级主管审批。

（4）工作准备

设计审批后及时进行人员组织、设备的调配及相关的技术准备工作，做好野外施工前准备工作。

2. 仪器实验（关键过程）

（1）仪器的检查、校验与调节

根据项目设计的要求，对所使用的仪器和设备进行常规检查、校验和调节，保证仪器设备配套齐全，处于正常状态。

（2）仪器的性能试验

野外工作前，对仪器操作人员进行专业技术训练及安全教育，根据相关的规范要求和相应的仪器操作说明，对仪器各项性能指标进行专门测试及校验，使其各项性能指标满足设计要求。

(3) 仪器的工作参数确定实验

通过野外现场实验，选择出符合工作区地质、地球物理条件的仪器工作参数。

技术试验剖面，应选在地质情况比较清楚且物性断面相对比较简单的地段，并尽可能使其通过天然露头和探矿工程。

现场试验应解决如下问题：①有用信号大小、干扰强度和能达到的观测精度。②主要岩（矿）石的物性特征。③选择点距、线距，电法工作选择电极距和测量装置，激电工作选择供电脉宽或工作频率。

3. 野外观测（关键过程）

(1) 基点的选择和联测

开展磁法、自然电场法工作时，必须正确选择基点并按设计要求进行联测。

(2) 物探测网布设

按照项目设计及有关规范要求布设物探测网，此项工作包括控制测量、基线测量及测线测量，基点、异常点联测。

测线应尽量垂直于目标体的走向、地质构造方向或垂直于其他物化探异常的长轴方向。目标体走向有变化时测线应垂直于其平均走向。目标体走向变化较大时，应分别布置垂直于走向的测线，进行面积性的工作。

测线应尽可能地与已有勘探线或地质剖面重合。通过对比，可提高异常解释水平和成果的有效性。

比例尺与测网密度要求如下。

① 普查线距，应不大于最小探测对象的走向长度，点距应保证在异常区内至少有 3 个满足观测精度的观测点。

② 详查线距，应保证至少有三条测线通过最小面探测对象上方。点距应保证在异常区内至少有五个满足观测精度的测点。

③ 精测剖面，通常使用点距密度达到即使再加密测点，异常的细节特征也不会有明显的改变。固体矿产勘查剖面类装置常用的工作比例尺和相应的测网密度列于表 0-2。面积测深的测网密度可以放稀。

表 0-2 测网密度表

工作比例尺	线距/m	点距/m
1∶50000	500	100～200
1∶25000	250	50～100
1∶10000	100	20～50
1∶5000	50	10～20
1∶2000	20	5～10

(3) 测点观测

对工作人员进行专业技术训练及安全教育，按布设的物探测网进行数据采集。

磁法要注意设立基点（或基点网）；建立日变观测站，确定日变和正常场起算点；每个闭合段始于基点（校正点），终于基点；测点有干扰需要移动点位时应做好记录。

电法要注意按设计及规范要求进行测站和供电站的设置、导线敷设和电极接地；野外数据观测前，必须进行漏电检查和安全用电检查；按设计及规范要求进行野外观测，对畸变点要进行重复观测；开展面积性电法工作时，应统一全区的观测技术条件。

(4) 地形改正

工作过程中，根据方法要求，对每个观测点所进行的近区地形改正。

4. 物性工作（重要过程）

① 岩（矿）石标本采集。采集用来研究岩（矿）石物性的标本时，应采集岩（矿）石的基岩露头或钻井的岩芯等。为了满足物性参数统计需要，各类岩（矿）石标本采集数量一般不能少于 30 块，采集点要均匀分布。

② 标本测试。

③ 野外露头测定。

④ 岩（矿）石标本物性数据统计分析。

5. 质量检查

在野外数据观测过程中，对原始观测数据进行检查观测，以评价原始观测数据质量。质检工作随野外工作的开展经常进行。质量检查点应均匀分布全工作区，对异常区应重点检查。质量检查方式和质检工作量应符合设计要求。发现质检不合格应分析原因，并及时返工重测。

6. 资料整理及综合研究（重要过程）

① 资料整理　内业人员对原始观测数据进行复核、计算，编制数据表册，绘制参数图件。

② 综合研究　项目负责人组织技术人员对野外成果资料进行综合分析研究，编制初步推断解释资料及工作阶段文字结论。

7. 野外验收（重要阶段）

① 按相应的规范、技术标准及设计要求提交野外原始成果资料。

② 项目承担单位进行野外验收。

③ 根据验收意见对所提交的成果资料进行修改、补充、完善。此项工作必须在野外工作结束前完成。

8. 报告编写与评审（一般过程）

① 项目负责人组织技术人员进行报告编写；

② 报告评审；

③ 资料归档；

④ 成果交付。

思考题

1. 什么是地球物理勘探？不同地球物理勘探方法所依据的地球物理参数分别是什么？
2. 地球物理勘探方法的分类有哪些？
3. 地球物理勘探方法选择的原则有哪些？
4. 物探方法工作流程包括哪些内容？

第一章 重力勘探

第一节 概 述

以研究对象与围岩存在着密度差异为前提条件的重力勘查，最早起源于20世纪初，以寻找盐丘等储油构造为目的的扭秤测量。20世纪30年代中期，精密、快速、轻便的地面重力仪问世，迅速取代了原有的扭秤测量，其应用领域也大为扩展。到60年代发展起来的海洋重力测量，使占地球表面70%以上的海洋区也成为应用重力法的广阔场所，配合同期发展的对人造卫星资料的分析与研究，使重力法在研究全球板块构造、地壳深部构造、区域地质构造、圈定含油气远景区及煤盆地以及寻找部分固体矿产资源等多种领域起到重要作用。20世纪70年代初，世界第一台观测精度达到微伽级的陆地重力仪诞生，促使了微重力测量学这一新的分支学科的出现。

地面上任何物体都有重量，因重力作用而产生重力加速度，表面重力加速度的大小随不同地点而不同。这种重力仪被广泛地应用于水文、工程、环境各领域，如探测地下洞穴、陵址、破碎带、地热田的勘查与动态监测、滑坡与地下坑道岩爆的监控与预报等，而在矿产资源，特别是重金属勘探方面用得较多。

重力勘探是由重力测量学发展而来的。重力测量学是一门古老的学科，伽利略（1564～1642）首次测量了g，惠更斯（1629～1695）研究了摆，并于1655年制造了钟，为g的测定奠定了基础。法国的李歇偶然发现，在巴黎和南美的时钟走时有变化，直到1687年牛顿（1643～1723）在《自然哲学的数学原理》一书中正确阐明了这一现象，从此用g来研究地球重力就正式开始了。

重力勘探观测的是天然重力场，因而成本低；又因造成重力变化的因素从地下深处到地表都有，所以该方法具有探测深度大的优点；轻便快速获得资料也是它的长处之一。但制约该方法进一步发展的主要原因在于不同深度的重力异常叠加后如何按需要分离开来，这是所有奠基于位场理论的各方法共同面临的难关；其次，对本方法来说，地形影响远较其他方法也来得严重。

我国重力勘探始于1945年，到新中国成立前夕只有两支队伍，在第一轮石油普查（20世纪五六十年代）中立下过显赫战功，到60年代，北京地质仪器厂制造出第一台重力仪，于是重力勘探得到发展，现在已有航空重力测量等先进仪器，同时产生了相应的软件。20世纪70年代末开始的全国范围的区域重力调查，是一项基础性地球物理调查，是综合开发国土资源与矿产资源的基础资料，具有长期利用的价值。与此同时，微重力测量的研究与应用还有待于进一步开发与深化，以适应时代发展的需要。现在已能在陆地、海洋和井中各领域内开展工作。

第二节 重力场、重力异常及重力勘探的应用条件

一、地球的形状及大地水准面

地球是一个南北方向稍扁的旋转着的巨大椭球体，在其内部或表面的物体都会受到多种力的作用，包括地球的质量对物体产生的引力，物体随着地球自转而引起的惯性离心力，我们称这两种力的合力为重力。而将地球内部及其附近存在重力作用的空间称为重力场。

地球重力场的变化和地球的形状密切相关。地球的自然表面十分复杂，人们将平均海水面顺势延伸到陆地下所构成的封闭曲面视为地球的基本形状，并称其为大地水准面。大地水准面在海洋上与平均海平面重合，但在陆地，它的一部分就可能切入地下。可见大地水准面并不是完全在地球的表面。大地水准面形状的一级近似，可视为半径等于地球平均半径（6376km）的球面；二级近似是一个旋转椭球面，赤道半径比两极半径略长；三级近似是梨形体面，与椭球面相比在北极高出十余米，而在南极凹进二十余米，南北两半球也不对称，如图 1-1（图中高出和凹进的距离明显夸大）所示。

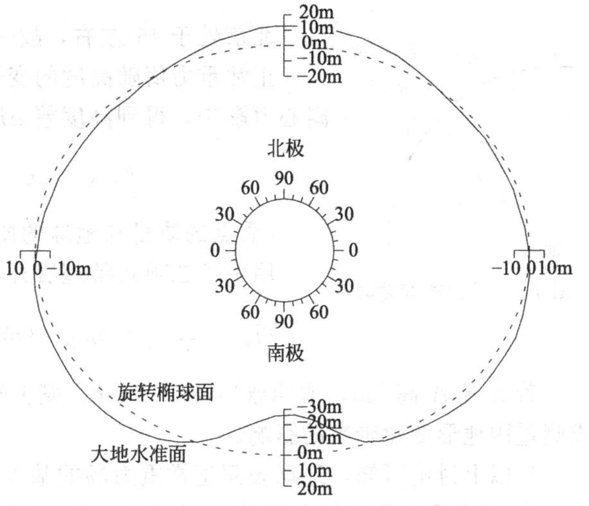

图 1-1 大地水准面示意

实际上大地水准面比梨形体面复杂得多。在测量中人们把与大地水准面拟合得最佳的椭球面称为参考椭球面。1967 年瑞士卢塞恩召开的第 14 届国际大地测量与地球物理协会上，决定以 1967 年大地测量为基准。即参考椭球的赤道半径（长轴）：$a=6378140\text{m}$，极半径（短轴）$c=6356827\text{m}$，扁率 $\varepsilon=(a-c)/a=1/298.256$。

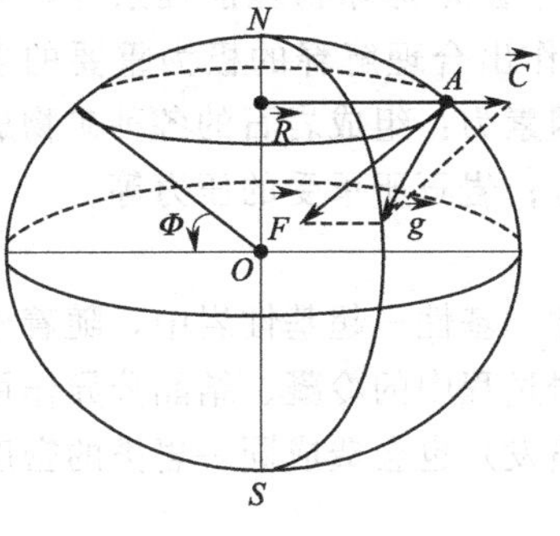

图 1-2 重力的形成

重力（P）由两部分组成：地心引力$\vec{F}$和地球自转产生的离心力$\vec{C}$（见图 1-2）。

$$\vec{F}+\vec{C}=G\int\frac{\mathrm{d}m}{r^2}+\omega^2R \tag{1-1}$$

式中，G 为万有引力常数，$G=6.67\times10^8\text{cm}/(\text{g}\cdot\text{s}^2)$；$\mathrm{d}m$ 为地球内部某一点质量元；r 为 $\mathrm{d}m$ 到 A 的距离；ω 为地球自转角速度；R 为 A 点到自转轴的垂直距离，方向指向外。

由于$\vec{C}\ll\vec{F}$，故 g 大致指向地心。所以一般认为重力就是地心引力。

重力场在数值上或量纲上都与重力加速度相同。为了纪念科学家伽利略，将重力单位设为“伽［Gal］”。在 CGS 单位制（通用单位制）：1 伽$=1\text{cm/s}^2=1000$ 毫伽$=10^6$ 微伽，在 SI 单位制（国际单位制）：$1\text{m/s}^2=10^{-2}$ 伽$=10^2$ 毫伽$=10^8$ 微伽。地球平均重力场为 980 伽。

于是 $$g_0=g_e(1+\beta\sin^2\phi-\beta_1\sin^2 2\phi) \tag{1-2}$$

式中，g_0 为正常重力值；β、β_1 为常数，与地球形状有关；g_e 为赤道处重力值。

1930 年，国际大地测量协会论述，正常重力公式如下：

$$g_0=978.049(1+0.0052884\sin^2\phi-0.0000059\sin^2 2\phi) \tag{1-3}$$

于是有不同纬度 ϕ 的 g_0 值（伽），见表 1-1。

表 1-1 不同纬度的重力值

纬度	0°0′	15°0′	30°0′	45°0′	60°0′	75°0′	90°0′
g_0	978.4900	978.394043	979.337764	980.629394	982.362437	982.873379	983.2213

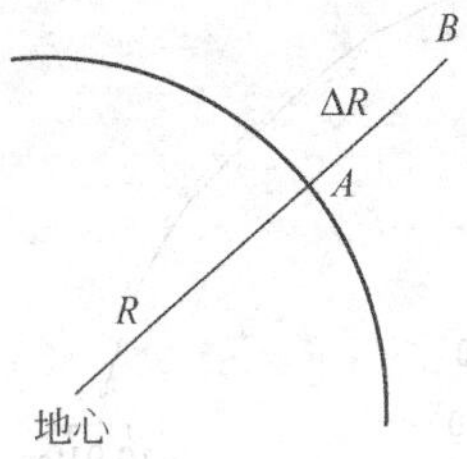

图 1-3 重力高度差异

北京处于 45°左右，故一般取 980 伽。

正常重力值随高度的变化：若近似把地球表面看成圆球面，忽略离心力影响，得到高度差 ΔR 的 A、B 两点重力差（图 1-3）。

$$\Delta g_A-\Delta g_B=GM\left[\frac{1}{R^2}-\frac{1}{(R+\Delta R)^2}\right] \tag{1-4}$$

（质点的质量与地球的质量比可以忽略不计）

用牛顿二项式整理展开，取前两项：

得 $$\Delta g_A-\Delta g_B=GM\left[\frac{1}{R^2}-\frac{1}{R^2}+\frac{2\Delta R}{R^3}\right]=\frac{2GM}{R^2}\frac{\Delta R}{R} \tag{1-5}$$

若 B 比 A 高 1m，取地球半径 6370km，则上述差值 0.308 毫伽，以此来进行高空测量或测量因地形变化带来的影响。

从以上讨论可知，地球表面正常重力场的基本特征是：

① 正常重力是人们根据需要而提出来的，不同的计算公式对应不同参数的地球模型，反映的是理想化条件下地球表面重力变化的基本规律，所以它不是客观存在的；

② 正常重力值只与纬度有关，在赤道上最小，两极处最大，相差约 50000g. u.；

③ 正常重力值随纬度变化的变化率，在纬度 45°处达到最大，而在赤道和两极处为零；

④ 研究表明，正常重力值还随高度的增加而减小，其变化率约为－3.086g. u./m.。

二、岩石、矿石的密度

地壳内不同地质体之间存在的密度差异是进行重力勘查的地质-地球物理前提条件，有关的密度资料是对重力观测资料进行一些校正和对重力异常作出合理解释的极为重要的参数。根据长期研究的结果，认为决定岩石、矿石密度的主要因素为：组成岩石的各种矿物成分及其含量的多少；岩石中孔隙度大小及孔隙中的充填物成分；岩石所承受的压力等。

1. 火成岩的密度

它主要取决于矿物成分及其含量的百分比，在酸性—中性—基性—超基性岩中，随着密度大的铁镁暗色矿物含量的增多，密度逐渐增大；此外，成岩过程中的冷凝、结晶分异作用也会造成不同岩相带的密度差异；不同成岩环境（如侵入与喷发）也会造成同一岩类的密度有较大差异。

2. 沉积岩的密度

沉积岩一般具有较大的孔隙度，如灰岩、页岩、砂岩等，孔隙度可达 30%～40%，因此这类岩石密度值主要取决于孔隙度大小，干燥的岩石随孔隙度减少，密度值呈线性增大；孔隙中如有充填物，则充填物的成分（如水、油、气等）及充填孔隙占全部孔隙的比例也明显地影响着密度值；此外，随着成岩时代的久远及埋深的加大，上覆岩层对下伏岩层的压力加大，这种压实作用也会使密度值变大。

3. 变质岩的密度

对这类岩石来说，其密度与矿物成分、矿物含量和孔隙度均有关，这主要由变质的性质和变质程度来决定。通常区域变质作用的结果是使变质岩比原岩密度值加大，如变质程度较深的片麻岩、麻粒岩等要比变质程度较浅的千枚岩、片岩等密度值大些。经过变质的沉积岩，如大理岩、板岩和石英岩比其原岩石灰岩、页岩和砂岩更致密些；而如果是受动力变质作用，则会因原岩结构遭受破坏、矿物被压碎而使密度值下降，但若同时使原岩硅化、碳酸盐化以及重结晶等，又会使密度值比原岩增大。由于变质作用的复杂性，所以这类岩石的密度变化显得很不稳定，要具体情况具体分析。

对于各类固体矿产来说，矿体的密度主要由其成分和含量决定。表 1-2 列出了常见岩石、矿石的密度值。

表 1-2　部分岩、矿石常见密度值表

岩类	名称	密度/$\times10^3$kg·m^{-3}	矿类	名称	密度/$\times10^3$kg·m^{-3}
沉积岩	表土	1.1～2.0	非金属矿物	石油	0.6～0.9
	干沙	1.4～1.7		褐煤	1.1～1.3
	冲积物	1.9～2.0		钾盐	1.9～2.0
	黏土	1.5～2.2		石墨	1.9～2.3
	砾石	1.7～2.4		石膏	2.2～2.4
	砂岩	1.8～2.8		铝土矿	2.3～2.6
	页岩	2.1～2.8		铝矾土	2.4～2.5
	灰岩	2.3～2.9		硬石膏	2.7～3.0
	白云岩	2.4～3.0		岩盐	3.1～3.2
变质岩	石英岩	2.6～2.9		刚玉	3.9～4.0
	片岩	2.4～2.9		重晶石	4.4～4.7
	云母片岩	2.5～3.0	金属矿物	闪锌矿	3.5～4.0
	千枚岩	2.7～2.8		褐铁矿	3.5～4.0
	大理岩	2.6～2.9		黄铜矿	4.1～4.3
	蛇纹岩	2.4～3.1		铬铁矿	3.2～4.4
	板岩	2.7～2.9		磁黄铁矿	4.3～4.8
	片麻岩	2.6～3.0		钛铁矿	4.5～5.0
火成岩	流纹岩	2.3～2.7		软锰矿	3.4～6.0
	安山岩	2.5～2.8		黄铁矿	4.9～5.2
	花岗岩	2.4～3.1		磁铁矿	4.8～5.2
	斑岩	2.6～2.9		赤铁矿	4.5～5.2
	闪长岩	2.7～3.0		辉铜矿	5.5～5.8
	辉绿岩	2.9～3.2		钨酸钙矿	5.9～6.2
	玄武岩	2.6～3.3		毒砂	5.9～6.2
	辉长岩	2.7～3.4		锡石	6.8～7.1
	纯橄榄岩	2.5～3.3		辉银矿	7.2～7.4
	橄榄岩	2.6～3.6		方铅矿	7.4～7.6
	辉岩	2.9～3.3		辰砂	8.0～8.2

岩、矿石密度测定方法较多，用采集的大量标本，通过天平、密度计测定，再经过统计得到相关的密度数据。

三、重力异常

由于实际地球内部的物质密度分布非常不均匀，因而实际观测重力值与理论上的正常重力值总是存在着偏差，这种在排除各种干扰因素影响之后，仅仅是由于物质密度分布不匀而引起的重力的变化，就称为重力异常。

1. 剩余密度与剩余质量

研究对象的密度σ与围岩的密度σ_0之差，称为剩余密度，即$\Delta\sigma=\sigma-\sigma_0$；$\Delta\sigma$与研究对象的体积$V$之积就叫做该研究对象的剩余质量，即$\Delta M=\Delta\sigma\times V$。从万有引力定律可知，存在比正常质量分布有多余（$\Delta M>0$）或不足（$\Delta M<0$）的质量时，引力大小将会发生变化，进而使重力值改变。

2. 重力异常的实质

讨论地球正常重力值，其目的就在于从实测重力值中减去密度均匀条件下的正常重力值的变化，单纯获得由地下地质体剩余质量所引起的重力异常。为了说明异常的实质，在图1-4中，设测点A附近地下有一密度为σ的均质球体，围岩密度设为σ_0（$<\sigma$），则该球体的剩余质量对A点单位质量将产生一个附加引力F，A点的正常重力值为g_0，因而A点实测重力值应为g_0与F的矢量和g_A。由于g_0的值达10^7g. u. 数量级，而F最大也在10^3g. u.左右，故g_A与g_0的方向实际上没有什么偏差，因而A点所得到的重力异常应为$\Delta g=g_A-g_0=F\cos\theta$。

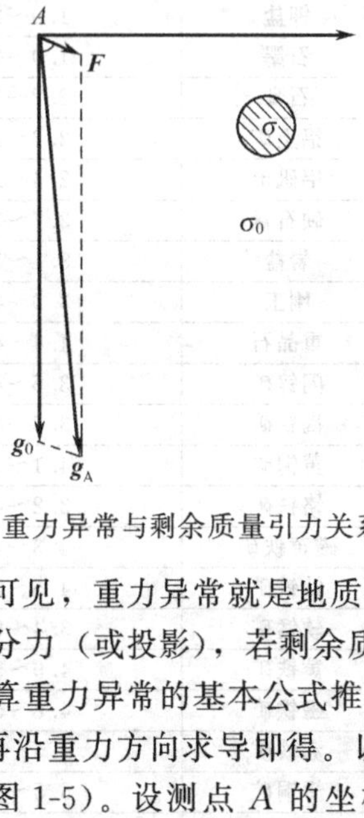

图 1-4　重力异常与剩余质量引力关系示意图

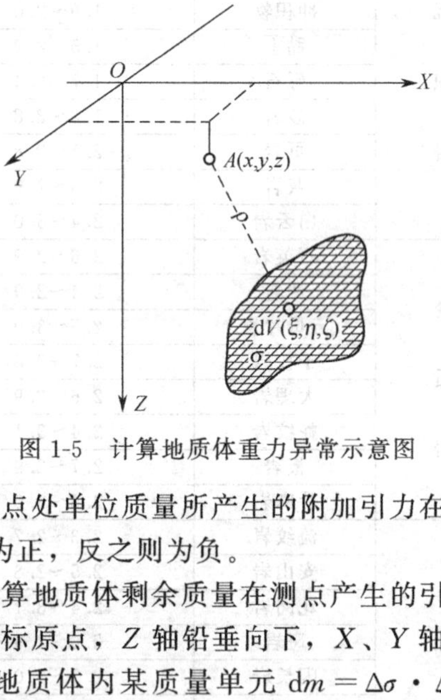

图 1-5　计算地质体重力异常示意图

由此可见，重力异常就是地质体的剩余质量对测点处单位质量所产生的附加引力在重力方向上的分力（或投影），若剩余质量为正，则异常为正，反之则为负。

在计算重力异常的基本公式推导中，首先导出计算地质体剩余质量在测点产生的引力位V，然后再沿重力方向求导即得。以地面某点O为坐标原点，Z轴铅垂向下，X、Y轴在水平面内（图1-5）。设测点A的坐标为（x，y，z），地质体内某质量单元$\mathrm{d}m=\Delta\sigma\cdot\Delta V=\Delta\sigma\mathrm{d}\xi\mathrm{d}\eta\mathrm{d}\zeta$，其坐标为$\xi$，$\eta$，$\zeta$。$\rho$为$A$至$\mathrm{d}m$的距离，这样就有：

$$\Delta g=G\sigma\iiint\limits_V\frac{\Delta\sigma(\xi-z)\mathrm{d}\xi\mathrm{d}\eta\mathrm{d}\zeta}{[(\xi-x^2)+(\eta-y)^2+(\zeta-z)^2]^{3/2}} \tag{1-6}$$

用重力公式计算的各点重力，不等于地球表面实测重力值，原因是由地球内部物质密度分布不均匀，以及地表面高差起伏不平引起的。

由公式计算的g_0是理想表面的重力值，实测值是在地球自然表面上测得的，为此，必须将实测值换算成大地水准面上的值，其方法称为外部校正。经校正的实测值与正常值g_0的差称重力异常。反映局部地质体异常的值称为局部异常。

3. 重力异常的基本特征

① 依据研究范畴的不同，异常与正常具有相对性，因而异常的划分不存在“唯一”的标准；

② 不同的重力异常（如 Δg、V_{xz}、V_{zz}、V_{yz}），其特征不同，在作资料的解释时，应充分综合各自特征进行综合评估；

③ 在异常求取过程中，因为采用了不同的外部校正方法，从而可获得不同需要的重力异常类别，对重力勘查方法来说，主要应用的是布格重力异常；

④ 岩、矿石及地层之间的密度差异最大为 2～3 倍，而不像岩、矿石磁性差异可达上千倍。因而重力异常与磁异常相比就比较平滑、清晰，但“异常”与“正常”值之比却极其微小；

⑤ 研究固定台站上重力随时间变化的重力固体潮是理论地球物理学中研究地球内部结构与弹性等方面的重要手段；

⑥ 随着空间技术的发展，人们可以从卫星测高技术、卫星轨道的摄动等，结合地面上重力测量数据，从地球引力位的球谐函数级数形式出发，进而建立不同的地球重力场模型，利用重力场模型的位系数，可计算出全球范围的重力异常、大地水准面高程异常以及重力垂直梯度异常等，这为研究全球的板块构造、地幔内物质的密度差异、地幔流的分布等提供重要依据。

四、重力勘探的应用条件

重力勘探可用于地质勘探、大地测量、天然地震等方面的研究，以及直接解决某些水文、工程地质问题。但只有当被探测的地质体能够引起足够大的重力异常，且干扰因素较小，或可以用某些方法将干扰因素区分开时，才能有效地解决这些问题。

1. 重力勘探应具备的前提条件

① 重力异常的产生首先必须有密度不均匀体存在。即我们所研究的对象与围岩之间必须有足够大的密度差，体积亦不能太小，也就是要有足够大的剩余质量（密度差与体积之积）。

当地质体的密度 σ_1 大于围岩的密度 σ_0，且具有一定的规模时（比如在沉积岩中有一岩浆岩侵入体），就可以观测到重力正异常（重力高）；当 $\sigma_1 < \sigma_0$ 时（比如在石灰岩地层中有一较大的溶洞），则出现负重力异常（重力低）；当 $\sigma_1 = \sigma_0$ 时，就观测不到重力异常（图 1-6）。如果所研究的对象规模很小，尽管它与围岩之间有一定的密度差，但由于剩余质量很小，引不起足够大的重力异常，仪器也不会观测到。

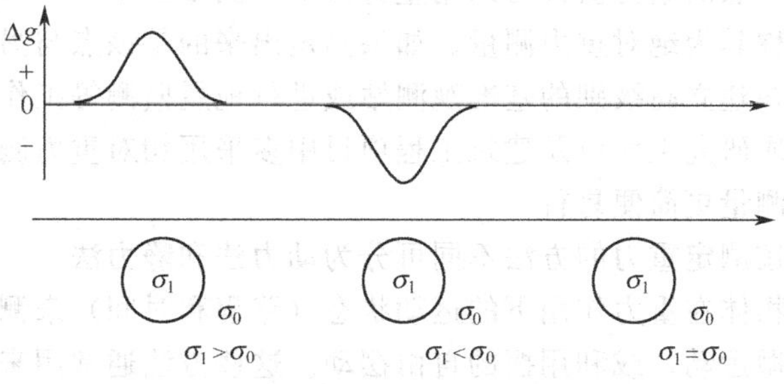

图 1-6　重力异常情况示意图

例如，灰岩区有一溶洞（图 1-7）。

剩余密度 $\sigma_1 - \sigma_2 = 2.7$；剩余质量 $M = \frac{4}{3}\pi R^3 \Delta\sigma$，引起负异常，极值为 -162g. u.。

② 仅仅有密度差也不一定能产生重力异常，还必须沿水平方向上有密度变化才行。例如，一组水平岩层，虽然各层密度不同，但沿水平方向上没有起伏变化，也不能引起重力异常。

③ 利用重力测量研究地质构造问题时，要求上部岩层与下部岩层有足够大的密度差，且岩层有明显的倾角，或断层有较大的落差。一般要求剩余密度 $\sigma_{下} - \sigma_{上} > 0.2\text{g/cm}^3$。

④ 地形平坦也是重力勘探的有利条件。这样既可以减少大量的工作，又可提高异常的

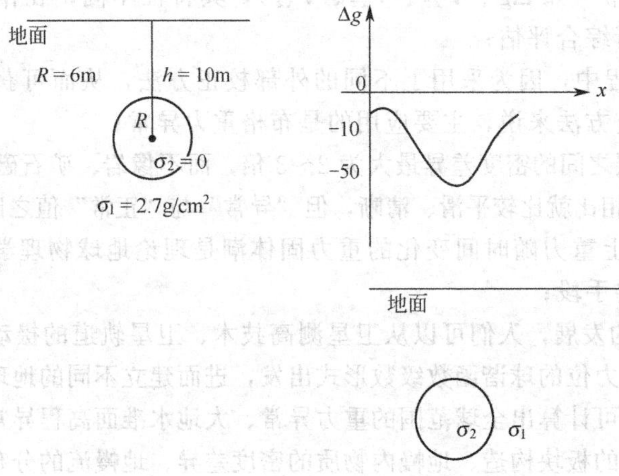

图 1-7　石灰岩溶洞上的重力

可靠性。

⑤ 干扰性异常（如表层密度不均匀，深部岩石的密度变化等引起的异常）越小越好。

2. 影响重力值的因素

① 地表起伏影响；

② 地下介质质量分布不均匀的影响；

③ 日、月、大气层影响（引起固体潮，可达几百微伽）。

第三节　重力仪器、重力勘探的野外工作方法

一、重力测量仪器的类别

地球表面上任何一点的重力值都可以用重力仪实际测量出来。如果测定出来的是该测点的重力绝对数值，则称其为绝对重力测量。如果测定出来的是该点与另点间的重力差值，则称为相对重力测量。在建立高级别的基准观测站或进行地震监测等工作时多采用绝对重力测量。在找矿勘探和地质研究工作以及建筑工程项目中多采用相对重力测量。与绝对重力测量相比，实施相对重力测量更简便易行。

在重力测量中，按测定重力的方法不同可分为动力法和静力法。

动力法通过观测物体在重力作用下的运动状态（路程和时间）来测定重力值。例如利用物体的自由下落或上抛运动，或利用摆的自由摆动。这些方法通常用来测定绝对重力值。按动力法原理设计的测定绝对重力值的仪器称为绝对重力仪。

静力法通过观测物体在重力作用下静力平衡位置的变化来测定两点间的重力差值。例如观测负荷弹簧的伸长量（线位移系统）或摆杆的偏移角度（角位移系统）。按静力法原理设计的仪器只能测定两点间的重力差值，故称为相对重力仪。

对重力测量按其进行测量的环境和空间不同，可以分为地面、海洋、航空及井中重力测量。

地面重力仪的种类较多，按照传感器设计思想可以分：金属弹簧重力仪，石英弹簧重力仪，超导重力仪等。其中金属弹簧重力仪和石英弹簧重力仪传感器以 LaCoste 和 Romberg 发明的“零长弹簧”思想为基础，超导重力仪传感器为磁悬浮系统。

1. 石英弹簧重力仪

石英弹簧重力仪是目前世界各国使用较广泛的仪器。常用的有如下几种：中国的 ZSM-3 型石英弹簧重力仪，美国沃尔登（WORLDEN）石英弹簧重力仪，加拿大先达利（Scientrex）公司的 CG-3 型全自动重力仪。

图 1-8　石英弹簧重力仪

ZSM-3 型石英弹簧重力仪是由地质矿产部北京地质仪器厂生产，并在我国广泛应用了 30 余年的石英弹簧重力仪，如图 1-8 所示。观测精度约为 ±0.3～±0.5g. u.，读数能力为 0.1 格，格值约 0.8～1.2g. u.，直接测量范围约 1400g. u.，测程范围约 50000g. u.，接近国外同类仪器水平。其弹簧系统是熔融石英材料制成的，主弹簧上端焊接在用作温度补偿的石英杆上，下端与另一根与摆保持固定位置的石英支杆连接。在正常重力作用下，主弹簧的弹力矩与摆杆及负荷的重力矩平衡，摆杆处于水平状态，此时指示丝处于零位置；当重力变化时，摆杆会绕着扭丝偏转，偏离零点而达到新的平衡。适当调节测量弹簧的长度，可使温度补偿杆绕测量扭丝产生微小的偏转，从而改变了主弹簧的长度和弹力矩，使摆杆又回到零点位置，测量弹簧长度的变化可由上端计数器显示，此读数方法称为“零点读数法”，两测点零点读数的差值即为相对重力值。

沃尔登石英弹簧重力仪可分为四种类型：主型（mopter）、勘探型（pxopector）、教学型（education）和大地测量型（geodeMst），分别用于地质勘探、教学和大地测量工作。四种仪器的结构基本相同，技术性能略有差异，仪器的精度一般为 0.1g. u.。

CG-3 型重力仪是先达利公司生产的一台全自动型重力仪，其精度可达 0.1g. u.，测程范围为 70000g. u.，可进行全球性的相对重力测量。该类仪器自动化程度高，操作方便，能自动记录和存储数据，并可与微机对接便于数据的整理和计算。

2. 金属弹簧重力仪

此类仪器也有很多种，如德国 Askania 的 GS 型重力仪，美国的北美（North America）重力仪，地球动力（Geodynamica）型重力仪等，其弹簧系统是由金属材料制成的。由美国 LaCoste-Romberg 公司的创始人 L. J. B. LaCoste 于 1934 年根据长周期的立式地震仪的原理设计、生产的拉科斯特-隆贝克（LaCoste-Romberg）重力仪，简称拉科斯特（LCR）重力仪，其 D 型测量精度达到 0.1g. u. 左右，在金属弹簧重力仪中精度首屈一指。

其工作原理如图 1-9，AB 是主弹簧，它的基长为 H，m 为重锤，OB 为横杆，横杆 OB 原与水平方向 Ox 相合，此时，弹簧长度等于 H [图 1-9(a)]。受到重力变化的影响后，OB 与 Ox 倾斜 γ 角，此时，弹簧长为 $H+x$，又令 $a=OA$，$\alpha=\angle zOA$，$\beta=\angle AOB$ 及 $\theta=\angle OBA$。设弹簧受的拉力为 F，弹簧的弹性系数为 k，则：

$$F=kx \tag{1-7}$$

此力与重力的作用相平衡，则有：

$$kx\sin\theta=mg\cos\gamma \tag{1-8}$$

在三角形 OAB 中，有以下的关系：

$$(H+x)^2=a^2+b^2-2ab\cos\beta=a^2+b^2+2ab\sin\gamma \tag{1-9}$$

式中，$b=OB$。

又有

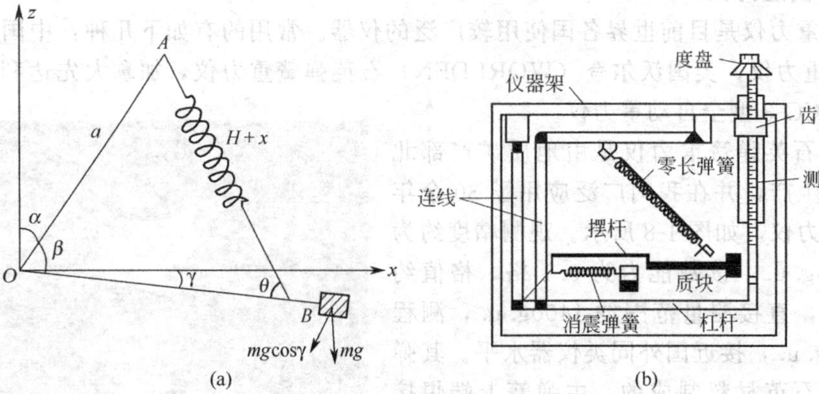

图 1-9 金属弹簧重力仪工作原理

$$\sin\theta=\frac{\alpha\cos\beta}{H+x}=\frac{\alpha\cos\gamma}{H+x} \tag{1-10}$$

当 OA 与垂直轴 Oz 重合时，$\alpha=0°$，于是 $\beta=90°+\gamma$。对式(1-9) 的两侧进行微分，可得

$$\frac{d\gamma}{dx}=\frac{H+x}{ab\cos\gamma} \tag{1-11}$$

又将式(1-10) 代入式(1-8) 微分，得

$$\frac{dx}{dg}=\frac{x(H+x)}{gH} \tag{1-12}$$

由此可得

$$\frac{d\gamma}{dg}=\frac{d\gamma}{dx}\frac{dx}{dg}=\frac{1}{g}\frac{x(H+x)^2}{Hab\cos\gamma} \tag{1-13}$$

对于零长弹簧来说，$H=0$，故仪器的灵敏度为∞。从式(1-13) 可看出，仪器的灵敏度为仪器倾斜角 γ 的函数。当 γ 趋向 0 时，灵敏度最大。所以在读数时，仪器必须严格置平。

图 1-9(b) 为仪器结构示意图。它的主体结构是一根倾斜（约 45°）悬挂的零长弹簧（主弹簧）及水平反应重力变化的摆杆构成的弹簧秤，这种“零长弹簧”每圈之间都有一种相互挤压而使整个弹簧长趋于零的预应力。施加一定的拉力之后，能使圈与圈之间分开，而不会发生弹簧丝扭转的效应。这是“零长弹簧”一种极为重要的力学性质。这种螺旋弹簧的优点是可以适当布置它在仪器中的位置来按需要提高重力仪的灵敏度。

在图 1-9 中，零长弹簧下端拉住负有重锤的横杆，上端则固定在一个连杆框架的横杠杆之上，而不是直接固定在仪器座上。连杆框架的端点则固定在仪器座上，当仪器已经校准之后，此两点的空间位置不变。框架有四个关节，其中的一点的连接采用薄弹簧片。因为当此点上下移动时，可能出现微小的横向移动。其他的连接则是一般的关节连接，负载重锤的横杆也不是直接地，而是用一个很细的弹簧与仪器座相连。采用这种结构的目的，一方面是减少仪器本身受到地面微震对于横杆的影响（故名消震弹簧），另一方面也是减小横杆端点在支点上的摩擦。当重力变化时，旋转量测螺旋，移动连杆框架，使主弹簧的上端移动，以便横杆恢复到原位，然后在测微器上读出重力值的变化，这就是一般所谓的“零位读数法”。

LCR 重力仪分为 G 型（大地型），其特点是测程大，适用于全球测量而不需调量程，其精度一般为 ±4μGal；D 型（勘探型），适用于区域重力测量，测程为 200mGal，精度为 ±10μ Gal；ET 型（固体潮型），用于台站固体潮观测，精度为 ±1μ Gal。为了保证“零位读数"，现在的 LCR 重力仪在电子线路上又增加了"电子反馈系统"，以提高精度。

随着相对重力仪自身不断完善和陀螺技术的广泛应用，近年来在运动体上进行重力测量的海洋重力仪和航空重力仪以及水下、井下重力仪开始迅猛发展，除 Micro-G&LaCoste 公司的海洋和航空重力仪外，还有法国的 GSS-3、日本的 NIPROR1、中国的 ZTZY 海洋重力仪，以及中国航天科工集团 33 所于 2015 年自主研发的海空重力仪，其精度为 1mGal，达到了世界水平。

3. 超导重力仪

随着科学技术的发展，人们将一些新的物理概念和观测应用到重力观测中来。20 世纪 60 年代以后，美国人把超导技术引进了这个领域，他们利用某些物质在低温条件下，具备完全导电性和完全抗磁性的特性，用磁悬浮系统取代了重力仪的弹性系统。其目的是检测长周期潮汐波、非潮汐变化的极移、构造过程中的重力效应、液核动力学效应等。如图 1-10。

超导重力仪的工作原理是：用超导材料制成一个线圈，将它置于临界温度以下的环境中，这时线圈进入超导状态，给它输入一个电流，这个电流将长期流下去，并形成一个永久的磁场。如果在线圈上面同时放置一个重量很小、又有一定厚度的超导材料制成的空心小球，这个小球也同时进入超导状态，由超导体的迈斯纳效应可知，在小球的表面产生了电流，这电流在其内部的磁场完全抵消了超导线圈在小球内的磁场，即超导小球有了抗磁性，这时小球将被"浮"起来，因为超导线圈的电流不变，故磁场恒定，因此小球在这个磁场中将随着重力的变化而上下浮动，若把这种上下位移转换成电信号输入记录器就可以记录到重力变化。利用这种超导悬浮装置制成的重力仪称为超导重力仪。

图 1-10　iGrav 新型超导重力仪

使超导体进入超导状态，必须建立一个低温环境。目前一般都是用液态氮作制冷剂，即把整个装置放在密封的容器内并置于液氮中。超导重力仪取代了一般重力仪的弹性系统，因此克服了弹簧系统因长期工作而产生的疲劳——"零点漂移"问题。超导重力仪漂移率仅 0.5μGal/月，被誉称为无零漂重力仪，它为进行重力固体潮观测，特别是非潮汐重力变化带来了很大的好处，中国目前在拉萨、武汉九峰等地区设立台站，利用超导重力仪进行观测。但同时由于用液氮作为制冷剂，日常的维护费很高。目前，超导重力仪逐渐开始往简便化发展。

图 1-11　CG-5 型相对重力仪

4. 微重力测量

20 世纪 70～80 年代初期的重力学研究，是以重力学理论和方法来研究深部构造方面的问题，随着世界上最先进 LCR D 型微伽级精度重力仪的问世，加之计算机的高度发展，现已步入高精度重力勘探。

其中以 LaCoste&Romberg-Scintrex 集团（LRS），研发的 CG-5 高精度相对重力仪（图 1-11）精度最高，它是 CG-3 型全自动重力仪的升级产品，取代以前的 LaCoste 传统重力仪，进行快速流动重力测量，其测量精度可以达到 1 微伽，并且可以在低至－40℃的高寒地区进行工作，使野外重力测量变得更加准确、方便、快捷。

微重力测量的对象是小尺度、小范围的物质体产生很微小的重力异常（微伽级）。应用微重力测量可以探测到近地表的溶洞、地下河、孔穴、废矿坑巷道以及规模较小的断裂等。因此，微重力测量在资源、能源工程的勘探、地震的监测及至地下古文物等的探测方面有着广泛的应用前景。

二、重力测量的野外工作方法

在重力测量中，为了将重力仪测得的相对重力值换算成绝对重力值，与全国各地重力值相互对比，避免累积误差以提高测量精度，经常检查仪器的工作状态和进行日变校正，在重力测量中首先需要建立一套完整的基点网。在建立了测区的基点网之后，便可以开始对普通点进行测量。按测量的方式可分为面积测量和路线测量。只沿一条或几条路线进行观测的测量形式，称为路线测量。在路线测量中，路线的距离常常是很远的，它们之间甚至很少有联系路线，测量的测点分布要尽可能垂直于地层的走向。如果在测区内测点大致均匀分布，而且根据测量结果能够绘出整个测区的等重力异常线图的测量形式，称为面积测量，通过面积测量能得到测区内最完整的重力场特征，所以它是一种基本的测量形式。在进行面积测量时，基点网是用来控制和保证在普通点上观测精度的，因此在基点上的观测精度要比普通点高2～3倍。

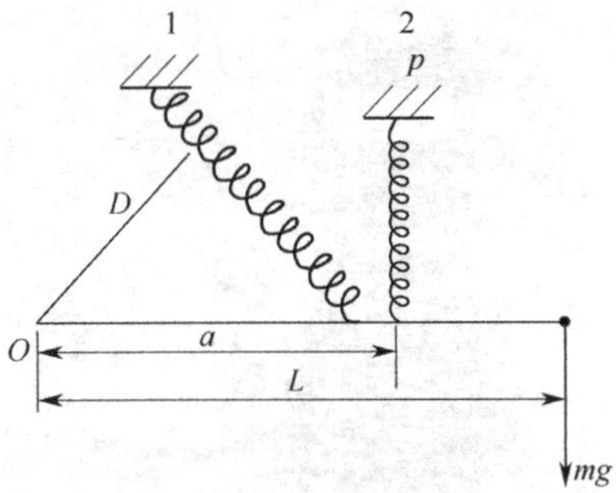

图 1-12　重力仪工作原理

1. 原理

金属弹簧重力仪（如零长式和 GS 型）和石英弹簧重力仪（如 ZSM 型和 Worden 型），其工作原理都是相同的。

如图 1-12 所示，绕 O 轴在垂直面内自由转动的秤杆，另一端有一小球，弹力矩 M_s；重力矩 M_g，当平衡时，$M_g+M_s=0$。

若顺时针方向力矩为正，则

$$M_g=mgL$$

$$M_s=-[KD(S-S_0)+K'a(s'-s'_0)]$$

即
$$mgL=KD(S-S_0)+K'a(s'-s'_0) \tag{1-14}$$

式中，K、K'为 1、2 点的弹性系数；S、S_0、s'、s'_0 为 1、2 点弹簧受力前、后的长度。

任两点 G、A 测量时，其重力 g_G、g_A 为：

$$mg_GL=KD(S-S_0)+K'a(s_G-s'_0)$$

$$mg_AL=KD(S-S_0)+K'a(s_A-s'_0) \tag{1-15}$$

两式相减得：
$$\Delta g=g_A-g_G=\frac{K'a}{mL}(s'_A-s'_G)=c(s'_A-s'_G) \tag{1-16}$$

式中，$c=\dfrac{k'a}{mL}$称为重力仪的格值（即计算器变化一格的重力变化值）。

由此可以看出，只要读出两点的格值差（$s'_A-s'_G$）即可，同时也看出，重力仪只能测出相对重力值，而不能测定某点的绝对重力值。目前的重力仪精度都比较高，可达±0.05～0.03mGal。

2. 野外工作方法

（1）比例尺

重力测量的比例尺，可根据工作任务的要求而定。

普查：1∶10～1∶20 万；金属矿区，1∶1 万～1∶10 万；通常，1∶2.5 万～1∶1 万。

详查：1∶2.5 万～1∶2 千；个别，1∶500。

精查：对个别点反复测量，1∶500～1∶100。

通过面积测量获得的各个测点上的原始观测数据，再经过零点校正、日变校正、布格校正、纬度校正、地形校正等一系列的整理计算后，便得到了各个测点的布格异常值，然后采用图件的形式表示出重力异常的分布情况。绘制重力异常平面图的方法和绘制地形等高图的方法是一样的，即按一定的比例尺在纸上点出各测点的位置，在每一测点旁边注明该测点的号码和重力异常值，然后按事先选定的等异常线距，用内插法连出平滑的等异常曲线。

(2) 测区选择

根据任务要求、工作区条件、经济条件等进行测区选择。一般要求探测对象位于测区中央，区内应有代表性已知地段，便于解释；测区尽可能完整、规则。

(3) 测网

布网要考虑到寻找对象的埋深和大小，勘探阶段和比例，并兼顾经济原则，要求如表 1-3。

表 1-3　测网要求一览表

比例尺	1∶50000	1∶10000	1∶5000	1∶2000	1∶1000	1∶500
线距/m	500	100	50	20	10	5
点距/m	100～500	20～50	10～20	5～10	2～5	1～2

(4) 测网敷设

测点坐标除确定仪器位置外，全部空间坐标都参加重力值计算，因此，坐标误差不仅影响位置，而且直接影响异常数值。

(5) 重力基点网

就像地形测量建立的控制网一样。重力测量要靠零点变化规律进行改正，在测量时，每隔一段时间就要到基点上标定仪器，因此基点要有较高的观测精度。

基点网建立要分布全区，远离影响因素（如振动源等），要固定标志，进行闭合测量和平差验算。

在进行重力普通点观测工作之前，需要用多台性能较好的重力仪，采用重复观测方式按事先设计好的基点网布局对基点进行联测，以获得相邻基点（一个边段）上高精度的增量值。下面以一台仪器为例介绍联测方法。

a. 双程往返观测法。本方法主要适用于性能很好的 LCR 重力仪等，观测路线为 1，2，3，…，n，…，3，2，1，然后计算出各点经重力固体潮校正后的重力值 g。当考虑仪器零漂为线性变化时，计算各边段重力增量值。

b. 三重循环观测法。本方法主要适用于石英弹簧重力仪中那些零漂为非线性的仪器，观测路线为 1，2，1，2，3，2，3，…，计算相邻两个点间边段的重力增量值。

由于基点网的建立要求每一边段至少有三个独立增量，最后求平均段差，所以每边至少有三台（次）重力仪同步进行观测。

c. 基点网平差。经过联测资料的初步整理，求得了各边段上的重力差。如果没有误差存在，由这些边段组成的每一个闭合环路的段差之和应等于零。但事实上由于联测中总存在误差，这一和值常常不会为零，这个不为零的值就称为该环路的闭合差。平差就是将每个环路中的闭合差按照一定的方法和条件分配到相应环路中的每一个边上，使每环经过改正后的各边段新的段差之和为零。

基点网分两种：其中不包括精度更高的已知重力基点（如国家级基点）的网称为自由

网，而包含精度更高的已知重力基点的网就叫做非自由网。在作非自由网的平差时，应保持那些已知重力点的重力值不变。

（6）测点观测

布置测网的原则是测线必须大致垂直构造走向或地质体长轴方向，对于近似等轴状地质体的勘探可采用方格网。要求一般要有2～3条测线，每条测线要有3～5个点通过异常，每点最好读数两遍，做好记录。

重力仪是一种高精度的仪器，因此在野外工作中要严格遵守操作规程，严禁剧烈震动、撞击等情况发生。由于重力仪本身弹性系统的弹性疲劳、温度补偿不完全及日变等因素的影响，会使读数的零点随时间发生变化。故在观测一段时间后，必须回到基点观测一次，以便进行零点位移改正。

三、测量结果的改正及图示

1. 纬度改正（又称正常场改正）

纬度改正又称正常场改正。地球表面的重力值随纬度而变化，为了消除由于测点所在的纬度不同而引起的重力变化，根据重力公式(1-3) 进行纬度改正。

设位于某测区最南、最北两点纬度分别为 ϕ_1、ϕ_2，两点间纬向距离为 D，用式(1-3) 求出两点的重力值之差 $(g_{02}-g_{01})$，变化率为 $c=(g_{02}-g_{01})/D$，用每个测点到总基点的纬向距离乘以 c，即得该点的纬度改值。

在金属矿区，一般测区范围较小，则可近似：$\Delta g_{纬度}=0.814D\sin^2\phi$，$D$ 为测点到基点的距离。

在式(1-3) 中，略去括号中的第二项：$g_0=978.030(1+0.005302\sin^2\phi)$

因为 $\cos2\phi=1-\sin^2\phi$ $\quad\quad \dfrac{dg_0}{d\phi}=978.030\times0.005302\sin^2\phi$

近似：

$$\Delta g_0=5.1885\phi\sin2\phi$$

而

$$\Delta\phi=\frac{D}{R}\quad（R 为地球半径）$$

则

$$\Delta g_0=5.1885D\sin2\phi \tag{1-17}$$

总基点以北时，D 取正号；反之，取负号。纬度改正的精度取决于点位的测量精度。

2. 地形改正

由于地形起伏使观测点周围的物质不处在同一平面上，因此首先需要把观测点周围的物质影响消除掉，即把测点平面以上的物质除去，并把测点平面以下的空缺填补起来，这项工作叫地形改正。不论是测点平面以上的物质，还是测点平面以下的空缺，都会使重力观测值变小，故地形的改正值总为正值。地形改正方法复杂，工作量较大，故多用计算机来实现。

由于重力测量是指向地心，所以无论是富余部分，还是缺失部分，测出值均为“－”，因此地形改正值总为“＋”。

由于地形比较复杂，改正起来难，为此，简化成为以测点 A 为圆心的扇形柱面体，每个扇形柱面项用扇形柱平均方程代替，这就化为求规则扇形柱体对测点引起的重力。如图 1-13(b)，把多个扇形柱改正后，即为整个地形改正。每个扇形柱体对圆心（即测点）引力的垂直分量为：

$$\Delta g_i=\frac{2\pi G\sigma}{n}\left(r_{i+1}-r_i+\sqrt{r_i^2+r_{i+1}^2}-\sqrt{R_i^2+R_{i+1}^2}\right) \tag{1-18}$$

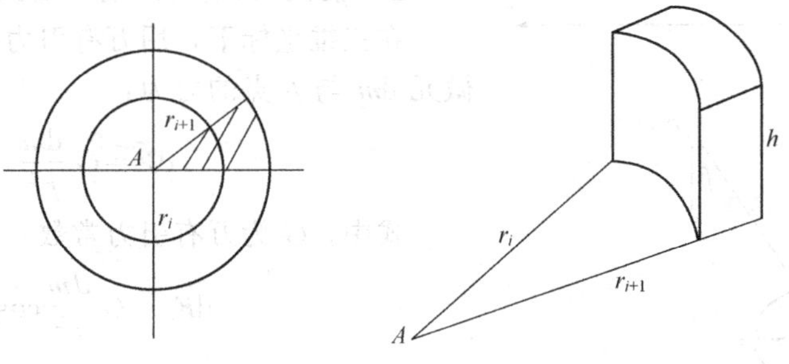

(a) 平面图　　(b) 立体图

图 1-13　地形改正示意图

地形改正时一般分成三个区：0～20m，20～200m，>200m，分别用不同等级的地形图查取高程，代入式(1-18）或用量板。

3. 中间层改正

通过地形改正以后，测点周围就变成水平面了。但由于测点与基点之间还存在一定的高差，故测点到基准面（基点所在的水平面）之间的物质，对实测重力值亦会产生影响。消除这种影响的工作称为中间层改正。如果把中间层当成一个均匀无穷大水平层，那么大约每增厚 1m，其重力值增大 0.419g. u.，所以中间层改正值为：

$$\Delta g_{中} = -0.0419\sigma h(\text{毫伽}) \tag{1-19}$$

式中，h 为中间层厚度，m，当测点高于总基点时，h 取正号，反之，取负号；σ 为中间层的密度。

4. 高度改正

经地形改正和中间层改正后，为把 A 点移到总基点所在的平面上，必须进行高度改正：

$$\Delta g_{高} = 0.308h \tag{1-20}$$

式中，h 为测点与基点的高差，高于基点时，h 取“+”，低于基点时，h 取“－”。

如把高度与中间层改变合并在一起（因都与 h 有关），称为“布伽改正”：

$$\Delta g_{布} = (0.308 - 0.0419\sigma)h \tag{1-21}$$

式中，σ 为密度。

5. 重力异常的图示

重力图示就是把测量改正后的结果绘制成平面图和剖面图。

平面图：在合适比例尺平面上，展出测点，写出 Δg 值，再用曲线内插成图。

剖面图：按一定比例将测点放在横轴上，Δg 为纵轴，用折线连起来即可。

第四节　重力异常的解释

一、重力异常的解释

异常解释就是根据已知的地质情况和重力异常特征进行地质推断，并作定量解释，如图 1-14。

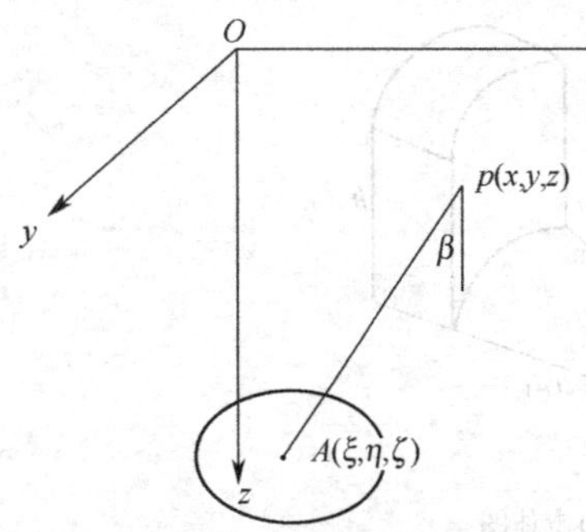

图 1-14　异常解释示意图

1. 重力异常解释的基本公式

在三维坐标下，用万有引力公式，任一点 A 的微元 $\mathrm{d}m$ 与 p 点的力为：

$$\mathrm{d}\vec{F}=G\,\frac{\mathrm{d}m}{r^2}$$

式中，G 为万有引力常数，其垂直分量为：

$$\mathrm{d}\vec{F}_z=G\,\frac{dm}{r^2}\cos\beta$$

而　　$\cos\beta=\dfrac{\xi-z}{r}$　　$\mathrm{d}m=\sigma\,\mathrm{d}V$

则　　$\vec{F}_z=G\sigma\int\limits_V\dfrac{\xi-z}{r^3}\mathrm{d}V$

式中，V 为体积；σ 为剩余密度。

又因　　$\mathrm{d}V=\mathrm{d}\xi\mathrm{d}\eta\mathrm{d}\zeta$，　$r=\sqrt{(\xi-x)^2+(\eta-y)^2+(\zeta-z)^2}$

则　　$$\Delta g=G\sigma\iiint\limits_V\frac{\Delta\sigma(\xi-z)\mathrm{d}\xi\mathrm{d}\eta\mathrm{d}\zeta}{[(\xi-x^2)+(\eta-y)^2+(\zeta-z)^2]^{3/2}}\qquad(1\text{-}22)$$

式(1-22) 为重力异常基本公式。

2. 几种规则形状地质体的解法

(1) 球体

半径为 R，埋深为 h，剩余密度为 σ 的球体（见图 1-15），计算 Δg 沿 x 轴的曲线，坐标系如图 1-15，根据重力异常基本公式(1-22) 得：

$$\Delta g_{\text{球}}=\frac{GMh}{(x^2+h^2)^{3/2}}\qquad(M=\sigma V)\qquad(1\text{-}23)$$

$\Delta g_{\text{球}}$ 正问题讨论

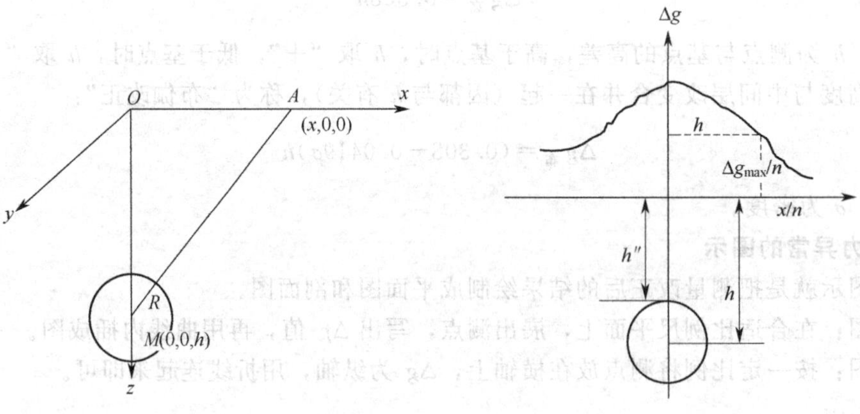

图 1-15　球体重力计算模型

式(1-23) 中，当 $x=0$ 时，出现极大值［代入式(1-23) 得］。

$\Delta g_{\max}=GM\,\dfrac{1}{h^2}$　　当 $x\to\pm\infty$时，$\Delta g_{\text{球}}\to0$；当 $x\to-x$ 时，$\Delta g_{\text{球}}$ 数值符号不变。

说明曲线是对称的，球心的地面投影处出现极值 Δg，在地面的等值线为同心圆，圆心为球体在地面的投影。

在曲线上找出$\Delta g=\frac{\Delta g_{\max}}{n}$的点，横坐标$x_{1/n}$代入式(1-23)中，得：

$$\Delta g_{球}=GM\frac{h}{(\sqrt{x_{1/n}^2-h^2})^3} \tag{1-24}$$

当$h=n$时，$\Delta g_{\max}=n\Delta g_{\max/2}$

而
$$\begin{cases}\Delta g_{\max}=\dfrac{GM}{h^2}\\ \Delta g_{\max/2}=\dfrac{GMh}{(x_{1/n}^2+h^2)^{3/2}}\end{cases} \tag{1-25}$$

即
$$\frac{nGMh}{(x_{1/n}^2+h^2)^{3/2}}=\frac{1}{n}\times\frac{GM}{h^2} \tag{1-26}$$

则　$x_{1/n}=h\sqrt{\sqrt[3]{n^2}-1}$　　是$\frac{g_{\max}}{n}$横坐标$x_{1/n}$与球心深度的关系。

问题讨论：

① 解上式得$h=\frac{x_{1/n}}{\sqrt{\sqrt[3]{n^2}-1}}$，即为球心深度，只要从图上量出$x_{1/n}$的值，代入即可求出$h$，一般取$n=2$时求出的$h$值较准确；

② 球体的剩余质量：$M=1.5\times10^2h^2\Delta g_{\max}$（求矿体的储量），单位为吨；

③ 当剩余密度已知时，球体半径：$R=\left(\frac{3M}{4\pi\sigma}\right)^{1/3}$。

可见，当σ未知时，R没有唯一解，故重力勘探存在多解性。

(2) 水平圆柱体

如图1-16所示，无限延伸的水平圆柱体（面），剩余密度为σ，横截半径为R，轴线埋深为h，计算地面上重力异常。

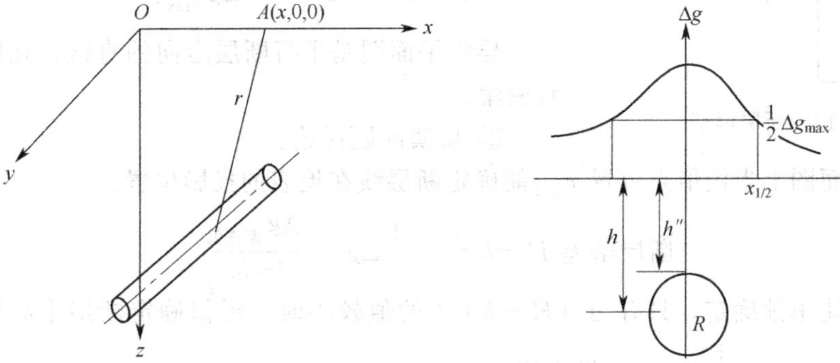

图1-16　水平圆柱体重力计算模型

取如图1-16坐标系，因是无限延伸的水平圆柱体，所以坐标系与y无关，称二度体。代入重力公式(1-22)得到：

$$\Delta g_{柱}=\frac{2G\lambda h}{x^2+h^2} \tag{1-27}$$

$\lambda=\pi r^2\sigma$（λ为柱体单位长度质量，称为线密度）

① 正问题讨论：

当 $x \to 0$ 时，$\Delta g_{柱}=\Delta g_{max}$；

当 $x \to \infty$时，$\Delta g_{柱}=0$，可见对称于 y 轴，极大值为 $\Delta g_{max}=\frac{2G\lambda}{h}$；

当 $x \to \pm x$ 时，$\Delta g_{柱}(x)=\Delta g_{柱}(-x)$，取半极值点 $x_{1/2}$，因为$\frac{2h^3}{x_{1/2}^2+h^2}=1$ 时，$x_{1/2}=h$，则

$$\frac{2G\lambda h}{x_{1/2}^2+h^2}=\frac{1}{2}\frac{2G\lambda}{h}$$

② 反问题讨论：

$\Delta g_{柱}$极大值为柱轴线在地面的投影点，轴线深度 $h=x_{1/2}$，单位长度剩余质量 $\lambda=77h\Delta g_{max}$当 σ 已知时，$R=\left(0.32\frac{\lambda}{\sigma}\right)^{1/2}$，求出柱体半径 $h'=h-R$。

（3）断层（或垂直台阶）

如图 1-17 所示，x 轴垂直断层走向，y 轴平行断层走向，剩余密度 σ，则上盘的重力异常 Δg 沿 x 轴的变化曲线为：

$$\Delta g=G\sigma\left[x\ln\frac{H^2+X^2}{h^2+x^2}+\pi(H-h)+2H\arctan\frac{X}{H}-2h\arctan\frac{x}{h}\right] \tag{1-28}$$

式中，x 为顶部拐点距原点的水平距离；X 是底部拐点距原点的水平距离，垂直台阶，两者相等。

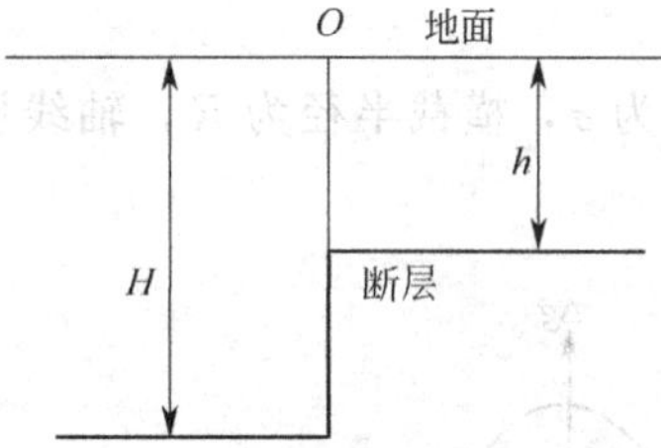

图 1-17　断层模型

① 正问题讨论：

当 $x \to -\infty$时，$\Delta g=\Delta g_{max}=0$；

当 $x \to \infty$时，$\Delta g=\Delta g_{max}=2\pi G\sigma(H-h)$；

当 $x \to 0$ 时，$\Delta g=\frac{1}{2}\Delta g_{max}$。

异常平面图是平行断层走向的直线，在断层附近比较密集。

② 反演问题讨论：

由 Δg 剖面图上半极值点位置 $x_{1/2}$能确定断层线在地表的投影位置。

$$断层落差\ H-h=24\frac{1}{\sigma}\Delta g_{max}\frac{\Delta g_{渐进值}}{2\pi G\sigma_0}$$

H、h 不能单独确定，只有当 $(H-h)/4$ 的值较小时，近似确定断层中心埋深为 $(H-h)/4=x_{1/4}$，$x_{1/4}$为$\frac{1}{4}\Delta g_{max}$的横坐标。

$$H=x_{1/4}+\frac{12}{\sigma}\Delta g_{max}$$

$$h=x_{1/4}-\frac{12}{\sigma}\Delta g_{max}$$

（4）垂直脉

如图 1-18 为脉状体模型，可以用下式计算重力异常。

$$\Delta g = G\sigma\left[\begin{array}{l}(x+a)\ln\dfrac{(x+a)^2+H_2^2}{(x+a)^2+H_1^2}-(X-a)\ln\dfrac{(x-a)^2+H_2^2}{(x-a)^2+H_1^2}+2H_2\left(\arctan\dfrac{x+a}{H_2}\right)\\-2H_1\left(\arctan\dfrac{x+a}{H_1}-\arctan\dfrac{x-a}{H_1}\right)\end{array}\right]$$

当 $2a \ll H_2 - H_1$ 时，脉很薄，简化为：

$$\Delta g = 2G\sigma_0 a \ln\frac{x^2+H_2^2}{x^2+H_1^2}$$

顶部埋深：
$$H_1 = \frac{x_{1/4}^2 - x_{1/2}^2}{2x_{1/2}} + \sqrt{\frac{(x_{1/4}^2 - x_{1/2}^2)^2}{4x_{1/2}^2} - x_{1/2}^2}$$

同理得到底部埋深 H_2 的值。

当 σ_0 已知时，脉厚 $2a = \dfrac{\Delta g_{\max}}{2G\sigma_0 \ln\dfrac{H_2}{H_1}}$

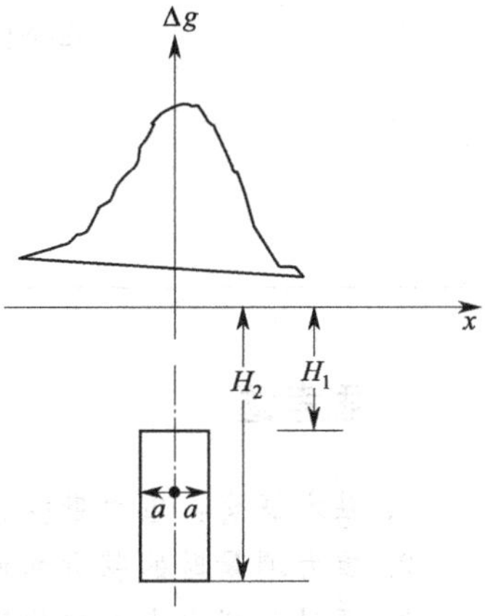

图 1-18　脉状地质体模型

二、重力勘探反演计算

重力异常的分布与构成地壳物质的密度分布有着密切的关系，也就是与地质构造和矿产分布密切相关。通过对重力异常分析，首先与已知的地质和其他物探、化探资料的综合对比来确定引起异常的地质原因，然后在上述定性解释的基础上作定量解释，计算所研究地质体的产状要素，如埋藏深度、大小、倾角、密度等，最终作出合理的地质解释。

自然界中大多数金属矿的密度都比围岩密度大。某些非金属矿，如岩盐、煤等情况恰好相反，它们的密度一般都比围岩密度小得多。因此，当这些矿床具有一定的规模，且埋藏较浅时，能在地面上产生明显的重力异常。

【例 1】 如图 1-19 所示，古生代基底的中生代盆地，基底 $\sigma_2 = 2.7\text{g/cm}^3$，盆地 $\sigma_1 = 2.5\text{g/cm}^3$，在盆地上得到 −24 毫伽的重力值，求盆地的沉积厚度。

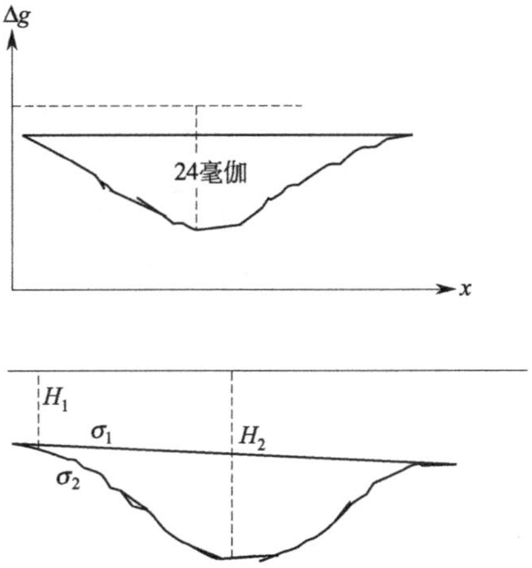

图 1-19　盆地重力计算示意图

解： 以盆地中心为界，看成两个台阶连接而成，盆地中心厚度相当于台阶厚度，因 $\Delta g = -24$ 毫伽 $= -24\times10^{-3}$ 伽，$\Delta\sigma = 2.7 - 2.5 = 0.2\text{g/cm}^3$，则 $H_1 - H_2 = \dfrac{\Delta g}{2\pi G\sigma_0} = 2860\text{m}$。若已知外围测得边缘深度为 100m，则基底埋深为 2960m。

【例 2】 在矿产资源勘查中的应用。

西藏东巧超基性岩体位于藏北地块南缘，侵入于泥盆系结晶灰岩和板岩中，上覆侏罗系砂岩砾岩。

铬铁矿产于东巧岩体内，与围岩界线清楚，密度差达 1.5g/cm^3，为应用重力找矿提供了物性前提。17 号矿体为本区最大矿体，其西段已出露地表，重力异常最大值为 6g.u.（图 1-20）。由已知矿体向东，重力异常延伸 100 余米，形态变宽缓，强度减为 1g.u.。推断东段异常仍为矿体引起，但埋藏较深。钻探结果在 ZK106、ZK108、ZK110、ZK111 等和孔连续见矿。矿体埋深 25～60m，视厚度28～40m。

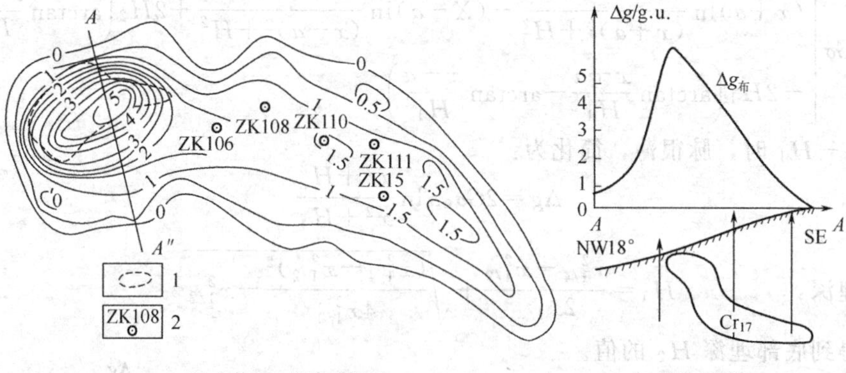

(a) 布格重力异常平面图　　　(b) 异常剖面图

图 1-20　东巧 17 号矿体重力异常

1—地表铁矿界限；2—见矿钻孔

思考题

1. 基本概念：重力勘探、剩余密度、正常重力、重力异常、地形改正、中间层校正。
2. 重力测量时的基点如何设置？设置基点的作用是什么？
3. 通过分析重力异常的影响因分析重力测量结果的改正措施有哪些？
4. 典型地质体的重力异常曲线特征是什么？
5. 如何依据重力异常曲线特征进行地质体参数的计算。

第二章　磁法勘探

磁法勘探是通过测出不同磁法强度的各种岩、矿石在地磁中所引起的磁场变化（磁异常），并分析异常特征、分布规律及与地质构造或地质体之间的内在联系，作出地下地质情况或矿产分布的有关结论。

我国是世界上最早发现并应用磁现象的国家。早在2000多年前，我国就知道并利用天然磁石的吸铁性和指极性。战国时代就能应用天然磁铁磨成指南针，称为“司南”。宋代学者沈括在《梦溪笔谈》中记有“以磁石磨针锋，则能指南，然常微偏东，不全南也”。这是世界上关于地磁偏角的最早记载。宋代的另一位学者曾公亮编写的《武经纪要》记载了“指南鱼”的制作方法，“鱼法以薄铁叶剪裁，长二寸，阔五分。首尾锐如鱼形，置炭火中烧之，候通赤，以铁铃，铃鱼首出水，以尾正对子位，蘸水盆中，没尾数分则止，以密器收之。用时置水碗于无风处，平放鱼在水面，令浮，其首常南向午也。”这是世界上关于利用地磁场进行人工磁化的最早应用。公元1119年，北宋学者朱或在《萍州可谈》中指出“舟师识地理，夜则观星，昼则观日，阴晦观指南针”。北宋时期，我国已经把指南针用于航海。

中国古代四大发明之一的指南针，传入欧洲后，促使了人类对地磁现象的研究，1600年，英国女皇伊丽莎白的医生威廉·吉尔伯特（William Gilbert）把一个均匀磁化的铁球看做是地球，用一个小磁针在其周围进行试验，测量后指出，磁针能指南北，是由于地球本身像一个稍不规则的大磁铁，地球的北磁极吸引磁针的北极，南磁极吸引磁针的南极。他得出地球的磁场与一个置于地心并接近于地球旋转轴方向放置的永久磁铁的磁场等效的结论，从这时候起，人们开始了对地磁现象的理论研究。

我国新中国成立后磁法勘探发展很快，使我国物探工作得到很大的发展。地面磁测、航空磁测、井中磁测和海洋磁测相继开展。到1985年，磁测工作已几乎覆盖全国。航线间距500m到10km的有效覆盖面积内陆地区达到$886\times10^4km^2$，海域为$120\times10^4km^2$，地面磁测也做了大量工作。在各种金属矿的物探方法中，磁法投入的实际工作量最大，取得的效果也非常显著，如大冶（湖北）、内蒙古的白云鄂博、鞍山铁矿、邯邢铁矿。同时根据寻找矿物矿床或者伴生矿物等间接勘探法，磁法勘探在寻找金刚石、石棉矿、铬铁矿这类非铁矿物上也有了迅猛发展。利用寻找金伯利岩筒来寻找金刚石，如还在继续开采的瓦房店（辽宁），蒙阴—临沭（山东），以及2014年9月利用“1∶1万航空磁法测量技术”来圈定的徐州张集—房村地区的金刚石矿靶区。利用磁法勘探寻找到的较大的石棉矿有：茫崖蛇纹石石棉矿（青海），巴州石棉矿（新疆），若羌石棉矿（新疆）。利用铬铁矿与超基性岩之间的磁性差异寻找的铬铁矿有：罗布莎铬铁矿（西藏）、鲸鱼铬铁矿（新疆）。20世纪50年代进行全国大面积普查，60年代，研制各种磁力仪，制定规范，建立起一套磁化条件下磁异常的理论和方法，特别是改革开放以来，地面大比例尺磁测对小矿点发展起了较大的推动作用。

与此同时，国外发展也比较快。

1840年，Gauss发表了《地磁概论》一书。他在书中对地磁场作了周密的数学分析，奠定了地磁场理论分析的基础。

1640年，瑞典人开始用罗盘寻找磁铁矿。1870年，泰朗（Thalen）和铁贝尔（Tiberg）

制成了找磁铁矿用的万能磁力仪，有人认为这是应用地球物理学开始发展的重要标志。

1915年，阿道夫·施密特（Adolf Schmidt）制成刃口式垂直磁秤后，磁法勘查不仅在寻找磁铁矿中，而且在圈定磁性岩体、地质构造以及与油气有关的盐丘中得到应用。

1936年，前苏联罗加乔夫试制成功了感应式航空磁力仪，大大提高了磁测速度和扩大了磁测范围，使磁法勘探进入了一个新阶段。20世纪50～60年代，前苏联、美国又相继把质子旋进磁力仪移装于船上，开展了海洋磁测。在海洋磁测和古地磁学研究成果的支持下，复活了大陆漂移学说，发展了海底扩张学说和板块学说，大大推动了地球科学的变革与发展。

随着现代科学技术的发展，磁法勘查仪器由机械式磁力仪发展到质子旋进磁力仪、光泵磁力仪和超导磁力仪，仪器精度越来越高，并且已经将磁力仪装载在人造卫星中进行遥测。磁法勘查方法也可以在空中、海洋、井中、地面进行不同分量、不同参量的磁测，如磁力梯度测量。各种新的数学方法和解释理论，以及电子计算机的广泛应用，使磁场观测方式、数据处理、成果解释、资料存储发生了深刻的变化。如地球物理反演理论、非线性科学以及可视化技术、远程勘探、远程教学等应用，使这一古老学科焕发了新的活力。磁法勘查不仅在地球的基础科学方面，而且在资源、环境、城市工程等方面发挥着重要作用。

磁法勘查作为一门课程，首先在前苏联开设，1940年由罗加乔夫等人出版了第一本《磁法勘探教程》。随着知识经济时代的到来，社会对高素质的地球物理人才也提出了更高的要求。

第一节 概 述

一、计算磁性体磁场的意义和条件

野外磁测的最后成果是磁异常的等值线平面图和剖面图。磁测的根本目的是要解决地质问题，这需要对磁测资料进行定性、定量解释和地质解释。为此，必须先了解各种地质现象与磁异常的对应规律和本质联系，以及磁异常特征与各种磁性地质体形状、产状等的定性和定量关系，以便根据测得的磁异常推断出地下的地质情况。

为了更好地利用磁测方法解决实际问题，先在理论方面要了解地质模型简化出的规则磁性体磁场，进行数学、物理的解析，从中找出其规律，以作为地质解释推断的数理依据。根据已知磁性体计算其磁场分布，在场论或数学中称为正演问题；而根据已知的磁场分布确定磁性体的磁性参量和几何参数，叫做反演问题。显然，正演问题是反演问题的基础。磁异常要比同形状物体的重力异常更复杂。由已知模型计算重力异常，仅仅取决于物体的几何形状和它的密度差，而磁异常的形态与更多的因素有关。为了根据磁异常的分布变化特征了解地下磁性岩层、岩体的分布特征、构造特征和矿产特征，就要研究不同形状、产状、大小和磁化特点的地质体的磁场，从定性和定量两方面研究磁性体与磁场的关系，了解和掌握磁性体特征和磁异常特征间的规律，以此作为解释推断的理论依据。这就是计算磁性体磁场的意义所在。自然界的地质现象是复杂的，岩体或矿体的形状多是不规则的，磁性是不均匀的。对各种复杂情况，常难以用数学方法去计算其磁场分布。但我们知道，了解简单是认识复杂的基础，另外，规则和不规则、均匀和不均匀的概念都是相对的，是因条件而变化的。因此，在计算磁性体磁场中，常作如下假设：

① 磁性体为简单规则形体；

② 磁性体是被均匀磁化的；

③ 只研究单个磁性体；

④ 观测面是水平的；

⑤ 不考虑剩磁。

除少数情况外，实际地质条件并不符合上述假设条件，从理论上讲，只有二次曲面形体才能被均匀磁化。由于磁法主要是研究被掩盖的磁性地质体，当其有一定的埋藏深度时，形态不规则和磁性不均匀的地质体引起的磁场，可近似为均匀磁化的规则形体的磁场，因此这些假设条件具有一定的实际意义。

二、地球磁场

地球就像一个巨大磁铁，周围存在地磁场，有N、S极，磁力线由南极（S）到北极（N）。

人们对地磁场的成因作过各种各样的探讨，创立了众多的假设。由于它与地球演化、地球内部的能量和运动，以及天体磁场来源的密切关系而成为地球物理学重大理论难题之一，至今尚未有满意的结果。

地磁场的球谐分析，从理论上肯定了地磁场的源在地球内部，并且地磁场在时间上具有稳定的空间磁偶极特征，在漫长的地质史上，磁偶极磁场曾经历过多次反向（从统计意义上讲，正、反极性的概率相等），这些都是地磁场起源理论要解释的主要现象。

随着人们对于地球内部结构和物质组成认识的深化，揭示了液体外核铁镍成分所可能具有的高导电性能，提供了由物质运动和磁场相互作用维持地磁场的有利场所。而地磁场长期变化的西向漂移现象的研究，提供了估计这种运动状态和量级的一种可能，这就是20世纪40～50年代发展起来的“发电机理论”。这种理论刚刚问世的时候，尚不能解释地磁场反向的事实，后来又有“非稳定的发电机理论”，可以解释地磁场反向的现象。这在很大程度上提高了“发电机理论”的声誉。目前它被认为是地磁场起源理论中最为合理的和最有希望的一个。

实际上，地球内部的三个圈层（地核、地幔、地壳）都是在运动的，由于各个圈层的物质组成差别很大，造成它们运动的速度各不相同，这就会产生摩擦生电，再由电磁理论，电能会变成磁，也就是现在的地磁场（图2-1）。这一过程不是一成不变的，由于地球各层的运动速度的改变，导致地球磁场也在不停地改变。

1. 地磁要素及在地表的分布

(1) 地磁要素

磁场大小用场强度$\overset{\omega}{T}$表示，我国处于北半球，故总是指北方。X向北为正，Y向东，Z向下。

$\overset{\omega}{T}$在XOY面上的投影称为水平分量I：$\angle XOH$为磁偏角，东偏为正，西为负。D：$\angle HOT$，为磁倾角，向下为正，向上为负。X、Y、Z、I、D通称为地磁要素（图2-2）。

(2) 各要素之间的关系

$X=H\cos D$，$Y=H\sin D$，$Z=H\tan I$

$H=T\cos I$，$Z=T\sin I$，$\tan I=Z/H$

$H^2=X^2+Y^2$，$T^2=H^2+Z^2$，$\tan D=Y/X$

特殊情况：两极处，$H=0$，$I=\pm 90°$。

$Z=T=\pm 0.6\sim\pm 0.7$Oe（奥斯特），

赤道处：$Z=0$，$I=0°$，$H=T=0.3\sim 0.4$Oe（奥斯特）。

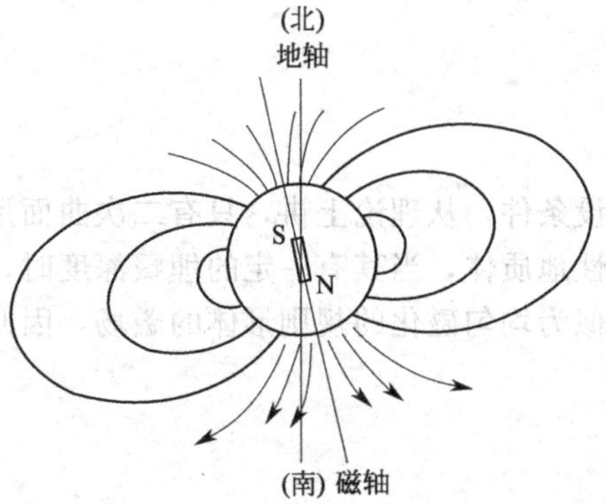

图 2-1　地球磁场示意图

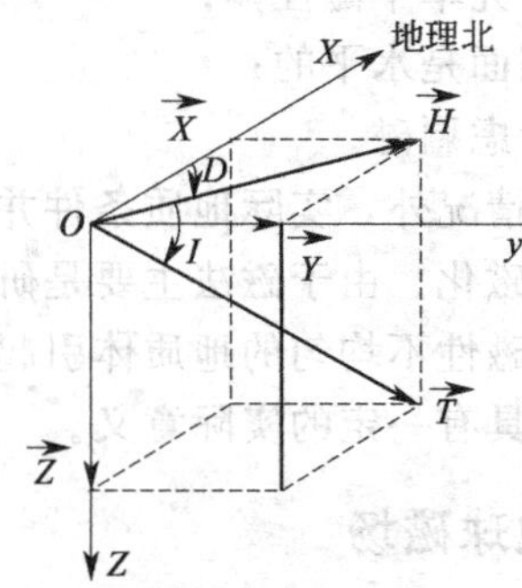

图 2-2　地磁要素图

在北半球，Z、I 为正值，南半球为负。磁偏角在我国中东部地区为负，西部为正，范围为$-11°\sim+5°$。

2. 磁场随时间的变化

（1）长期变化

主磁场随时间的缓慢变化称为地磁场的长期变化。从伦敦、巴黎和罗马的资料可以推测，磁偏角的变化周期约为500年，磁轴绕子午线转动，也就是出现磁偏角变化，典型时出现倒转（S、N互换）。同时磁偏角、磁倾角和地磁场强度都有长期变化。此外，偶极子磁矩逐年也有微小的改变。长期变化的主要特征是地磁要素的“西向漂移”，偶极子场和非偶极子场都有西向漂移。且偶极子磁矩的衰减和非偶极子场的西向漂移都具有全球性质。

（2）短期磁场

地球的变化磁场是指起源于地球外部，并叠加在主磁场上的各种短期地磁变化。变化磁场可以分为两类：一类是连续出现的，比较有规律且有一定周期的变化；另一类是偶然发生的，短暂而复杂的变化。前者称为平静变化，来源于电离层内长期存在的电流体系的周期性改变。后者称为扰动变化，是由磁层结构、电离层中电流体系及太阳辐射等的变化引起的。

平静变化包括太阳静日变化和太阴日变化两种。太阳静日变化是以一个太阳日为周期的变化。其特点是：白天比夜晚变化幅度大，夏季比冬季变化幅度大，平均变化幅度为数纳特至数十纳特（图 2-3）。太阳静日变化按一定规律随纬度分布，在同一磁纬度圈的不同地点，静日变化曲线形态相同，且极值也出现在相同的地方上。太阴日变化依赖于地方太阴日，并以半个太阴日作为周期。太阴日是地球相对于月球自转一周的时间（约 25h）。太阴日变化的幅度很微弱（Z 和 H 的最大振幅仅 1～2nT），磁测时已将它包括在太阳静日变化内，故不再单独考虑。

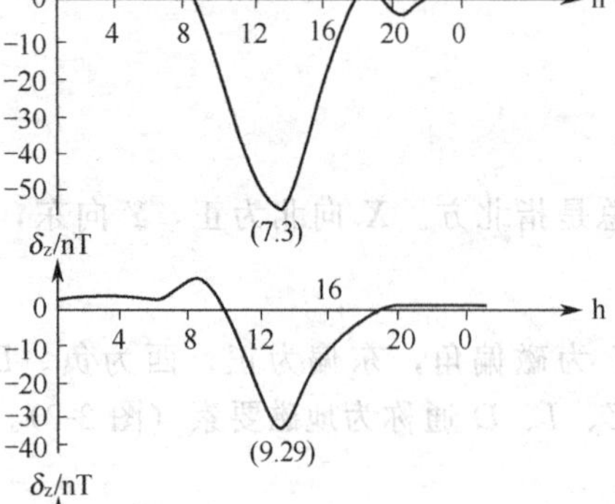

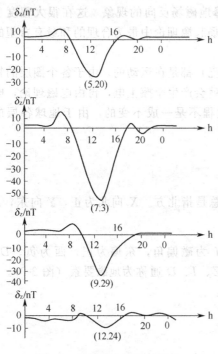

图 2-3　我国南方不同季节的静日变化曲线

太阳静日变化是以一个太阳日为周期的变化。其特点是：白天比夜晚变化幅度大，夏季比冬季变化幅度大，平均变化幅度为数纳特至数十纳特（图 2-3）。太阳静日变化按一定规律随纬度分布，在同一磁纬度圈的不同地点，静日变化曲线形态相同，且极值也出现在相同的地方时上。太阴日变化依赖于地方太阴日，并以半个太阴日作为周期。太阴日是地球相对于月球自转一周的时间（约 25h）。太阴日变化的幅度很微弱（Z 和 H 的最大振幅仅为 1～2nT），磁测时已将它包括在太阳静日变化内，故不再单独考虑。

扰动变化包括磁扰（磁暴）和地磁脉动两类。地磁场常常发生不规则的突然变化，叫做磁扰。强度大的磁扰又称为磁暴。磁暴是一种全球性效应。磁暴发生时，地磁场水平分量强度突然增加，垂直分量强度相对变化较小。磁暴可持续数天，幅度达数百至上千纳特。

地磁脉动是一种短周期的地磁扰动，周期一般为 0.2～1000s，振幅为 0.01～10nT。研究地磁脉动可以推测地壳上部的电导率状况，从而解决某些地质或地球物理问题。

除此之外还有年变化、日变化。一年当中，不同季节 ΔZ 不同，冬季与夏季差±10nT 左右；一天当中，中午 Z 较少，早、晚相对较大，但两者差值很小。

3. 磁异常

实践证明，在消除了各种短期磁场变化以后，实测地磁场与作为正常磁场的主磁场之间仍然存在差异，这个差异就称为磁异常。磁异常是地下岩、矿体或地质构造受到地磁场磁化以后，在其周围空间形成，并叠加在地磁场上的次生磁场，因此它属于内源磁场（仅是其中很小的一部分）。磁异常中由分布范围较大的深部磁性岩层或区域地质构造等引起的部分，称为区域异常；由分布范围较小的浅部磁性岩、矿体或地质构造等引起的部分，称为局部异常。

但是在磁法勘探中磁异常和正常磁场的概念只具有相对意义，可根据欲解决的地质问题和探测对象来确定。例如，在地质填图中，若要在磁性岩层中圈定非磁性岩层，则磁性岩层上的磁场为正常磁场，而磁性岩层上磁场降低的部分为磁异常；反之，若要在非磁性岩层中圈定磁性岩层，则正常磁场和磁异常的定义必须反过来。又如在磁性岩层中寻找磁铁矿时，磁性岩层的磁场属于正常磁场，而对应于矿体的磁场增高部分则是磁异常了。

4. 磁法勘探所观测的磁异常

在地球表面观测到的磁场，是几种具有不同来源的磁场总和：

$$\overset{\omega}{T}=\overset{\omega}{T}_0+\overset{\omega}{T}_m+\overset{\omega}{T}_a+\overset{\omega}{T}_e+\overset{\omega}{\delta}_T \tag{2-1}$$

式中，$\overset{\omega}{T}_0$为均匀磁化球体磁场（磁偶极子磁场）；$\overset{\omega}{T}_m$为大陆磁场（由地球内部构造不均匀引起，又称为剩余磁场）；$\overset{\omega}{T}_a$为异常磁场（由地壳上层不均匀引起）；$\overset{\omega}{T}_e$为外源磁场（由外部原因引起）；$\overset{\omega}{\delta}_T$为变化磁场（随时间变化部分）正常场和异常面。

将（$\overset{\omega}{T}_0+\overset{\omega}{T}_m$）称为地球的基本磁场。在数值上比较稳定，只有长期缓慢变化。通常小到可以不计，磁法勘探的目的是把$\overset{\omega}{T}_a$分离出来。在短时间内勘测时，测出的是$\overset{\omega}{T}$，减去$\overset{\omega}{T}_a$后称为相对正常场，即得$\overset{\omega}{T}_a$。

根据所测定的地磁要素的不同，磁异常又有不同的名称。

地面磁测多测定地磁场垂直分量的相对变化值，称为垂直磁异常，以 Z_a（或 ΔZ）表示：

$$Z_a=Z-Z_0 \tag{2-2}$$

式中，Z 和 Z_0 分别为实测场和正常场的垂直分量。

水平磁异常 H_a 是实测场水平分量 H 与正常场水平分量 H_0 的矢量差。因此，通常要进行两个方位的观测，即沿真北（或正常磁北）两侧各偏45°进行观测，若将这两个方位作为 x 轴和 y 轴的正向，则

$$H_{ax}=H_x-H_{0x} \quad H_{ay}=H_y-H_{0y} \tag{2-3}$$

式中，H_x，H_y 分别为测点 P 处实测水平磁场沿 x、y 方位的分量；H_{0x}，H_{0y} 分别为正常水平磁场沿 x、y 方位的分量。

于是该点水平磁异常值为：

$$H_a=(H_{ax}^2+H_{ay}^2)^{1/2} \tag{2-4}$$

三、静力学基本知识

地球周围存在磁场，称为地磁场，在其作用下，地壳中的岩石不同程度被磁化，而具有磁性，具有磁性的地质体，在其周围又形成自己的磁场（称为异常场），叠加在地磁场之上，磁法勘探就是要测异常场，进而对地质体作出解释。人们最早是从磁铁开始认识磁现象的。

1. 磁场

磁铁具有N、S极（N极带正磁荷）。有关概念与定理：

单位面积的磁荷量，称为磁荷密度 σ，$\sigma=\dfrac{m}{s}$； (2-5)

磁矩 M，$M=m\times 2l$，$2l$ 为两磁极之距离； (2-6)

磁力 F，$F=c\,\dfrac{m_1m_2}{r^2}$，c 为系数，真空中 $c=1$； (2-7)

库仑定律，$F=\dfrac{m_1m_2}{r^2}$； (2-8)

磁场强度 T，$T=\dfrac{F}{m_0}=\dfrac{m_1m_2}{r^2}\times\dfrac{1}{m_0}=\dfrac{m}{r^2}$ (2-9)

即正磁荷在该点所受力，其中，m_0 为检验正磁荷的磁量；m 为场源磁量。

磁感应强度 B，$B=\mu H=\mu_0H+\mu_0KH$； (2-10)

式中，B 为磁感应强度，Wb/m²，或T（特斯拉）；μ 为介质磁导率，亨利/米；μ_0 为真空磁导率，$\mu_0=4\pi\times10^{-7}$ 亨利/米；K 为介质磁化率；H 为场源磁场或磁化力，A/m（安培/米）。

单位换算：1T（特斯拉）$=10^9$ nT（纳特）　　1nT$=1\gamma$（伽玛）

磁位：单位正磁荷，从某点移至无穷远处，磁场力做的功即为磁位 U_p：

$$U_p=\int_r^{\infty}\frac{m}{r^2}\mathrm{d}r=\frac{m}{r} \tag{2-11}$$

磁场强度与磁位的关系 $T^{\bar{\omega}}=-\dfrac{\partial u}{\partial r}=-\left(\dfrac{\partial u}{\partial x}i^{\bar{\omega}}+\dfrac{\partial u}{\partial y}j^{\bar{\omega}}+\dfrac{\partial u}{\partial z}k^{\bar{\omega}}\right)=\mathrm{grad}U$ (2-12)

磁场叠加原理：$T^{\bar{\omega}}=T_1^{\bar{\omega}}+T_2^{\bar{\omega}}+\cdots+T_n^{\bar{\omega}}=\sum\limits_{j=1}^{n}T_i$ (2-13)

某点的磁场强度等于各单独磁点作用的和。

2. 岩石、矿石的磁性及分类

位于地壳中的岩石和矿体处在地球磁场中，从它们形成时起，就受地球磁场磁化而具有不同程度的磁性，其磁性差异在地表引起磁异常。研究岩石磁性，其目的在于掌握岩石和矿物受磁化的原理，了解矿物与岩石的磁性特征及其影响因素。有关岩石磁性的研究成果，亦

可直接用来解决某些基础地质问题，如区域地层对比、构造划分等。

任何物质的磁性都是带电粒子运动的结果。原子是组成物质的基本单元，它由带正电的原子核及其核外电子壳层组成。电子绕核沿轨道运动，具有轨道磁矩。电子还有自旋运动，具有自旋磁矩。这些磁矩的大小，与各自的动量矩呈正比。

原子核带正电，呈自旋转动，亦具有磁矩，但数值很小。因此，原子总磁矩是电子轨道磁矩、自旋磁矩及原子核自旋磁矩三者的矢量和。各类物质，由于原子结构不同，它们在外磁场作用下，呈现不同的宏观磁性。

根据物质在外磁场作用下被磁化的特征可分为三类。

(1) 反磁物质

反磁物质也称为逆磁性，磁化后磁场方向与外磁场方向相反，在外磁场 H 作用下，这类物质的磁化率为负值，且数值很小，如 Cu、Ag、Br、Hg、K。抗磁性物质没有固有原子磁矩，受外磁场作用后，电子受到洛仑兹力的作用，其运动轨道绕外磁场作旋进（拉莫尔旋进），此旋进产生附加磁矩，其方向与外磁场相反，形成抗磁性。

可以推导证明，抗磁性物质的磁化率为：

$$k=-\frac{\mu_0}{4\pi}\frac{Ne^2}{6m_e}\sum\bar{r}_i^2 \tag{2-14}$$

式中，μ_0 为真空磁导率；N 为单位体积物质的原子数；e 为元电荷；m_e 为电子静质量；$\bar{r}_i^2$为电子轨道半径的均方值。

抗磁性磁化率很小，一般 $k=-(1-2)\cdot 4\pi\times 10^6$ (SI)。磁力仪无法测，可以视为无磁性。

(2) 顺磁性物质

顺磁性物质受外磁场作用，其磁化率为不大的正值，这类物质中原子具有固有磁矩。当无外磁场作用时，热骚动使原子磁矩取向混乱；当有外磁场作用时，原子磁矩（电子自旋磁矩所作的贡献）顺着外磁场方向排列，显示顺磁性。理论上可以证明，顺磁性质的磁化率为：

$$k=\frac{\mu_0}{4\pi}\times\frac{N\mu_d{}^2}{3kT}=\frac{C}{T} \tag{2-15}$$

式中，T 是热力学温度（其他符号同前）。

上述关系最初是由居里从试验结果中确定的，C 为居里常数，表明顺磁性物质其磁化率与热力学温度呈反比，称为居里定律。通过这个关系，发展了通过磁化率测量，确定原子磁矩的重要试验方法。磁化后磁场强度与外磁场方向一致，如 Al、Mn、Pt、W、U、Cu 等。磁性很弱，$k>0$，一般 $k=(1-n)\times 100\times 4\pi\times 10^{-6}$ (SI)。

(3) 铁磁性物质

在弱外磁场的作用下，铁磁性物质即可达到磁化饱和，其磁化率要比抗磁性、顺磁性物质的磁化率大很多。它具有下述磁性特征：

① 磁化强度与磁化场呈非线性关系；

② 磁化率与温度的关系服从居里-魏斯定理：$k=\dfrac{C}{T-T_C}$，T_C 是居里温度，C 为居里常数；

③ 铁磁物质的基本磁矩为电子自旋磁矩。在铁磁物质内，包含着很多个自发磁化区域，它叫做磁畴。当无外磁场作用时，各磁畴的磁化强度矢量取向混乱，不呈磁性。当施加外磁场时，磁畴结构将发生变化，随外磁场增加，通过畴壁移动和磁畴转动的过程，显示出宏观磁性。

铁磁性物质易磁化，$K \gg 0$，外磁场消失后，仍能保持一部分磁性，如 Fe、Ni、Co、Y（钇）及其合金。

3. 岩石、矿石的磁性特征

（1）磁化强度和磁化率

均匀无限磁介质受到外部磁场 H 的作用，衡量物质被磁化的强度，以磁化强度 M 表示，它与磁化场强度之间的关系为

$$M = kH \tag{2-16}$$

式中，k 为物质的磁化率，它表征物质受磁化的难易程度，是一个无量纲的物理量。

在实际工作中，磁化率仍注以单位。国际单位制用 SI(K) 标明，CGSM 单位制用 CGSM(K) 标明，两者的关系是 $1\mathrm{SI(K)} = \frac{1}{4\pi}\mathrm{CGSM(K)}$。在两种单位制中，磁化强度的单位分别是 A/m 及 CGSM(m)，二者的关系是 $1\mathrm{A/m} = 10^{-3}\mathrm{CGSM(m)}$。在国际单位制中，磁化强度和磁场强度量纲相同，都为安培/米（A/m）。在 CGSM 制中，磁化强度用高斯（Gs），磁场强度用奥斯特（Oe）。

（2）磁感应强度和磁导率

在各向同性磁介质内部任意点上，磁化场 H 在该点产生的磁感应强度（磁通密度）为：

$$B = \mu H \tag{2-17}$$

式中 B 为磁通密度，以特斯拉（T）为单位；μ 是介质的磁导率，单位为 H/m[亨(利)/米]。

（3）感应磁化强度和剩余磁化强度

位于岩石圈中的地质体，处在约为 0.5×10^{-4} T 的地球磁场作用下，它们受现代地磁场的磁化而具有的磁化强度，叫感应磁化强度，它表示为

$$M_i = k(T/\mu_0) \tag{2-18}$$

式中，T 是地磁场总强度；k 是岩石、矿石的磁化率，它取决于岩石、矿石的性质；μ_0 为真空磁导率，$\mu_0 = 4\pi\times10^{-7}$ H/m。

岩石、矿石在生成时，处于一定条件下，受当时的地磁场磁化，成岩后经历漫长的地质年代，所保留下来的磁化强度，称作天然剩余磁化强度 M_r，它与现代地磁场无关。

岩石的总磁化强度 M 是由两部分组成的，即

$$M = M_i + M_r = k(T/\mu_0) + M_r \tag{2-19}$$

在磁法勘查中，表征岩石磁性的物理量是 $k(M_i)$、M_r 及 M。

4. 矿物的磁性

矿物组合成岩石，岩石的磁性强弱与矿物的磁性强弱有直接的关系。

在自然界中，绝大多数矿物属于顺磁性与抗磁性。其中几种常见矿物和岩石的磁化率见表 2-1 和表 2-2。

表 2-1 矿物磁化率

抗磁性物质				顺磁性矿物			
名称	$\kappa_{平均}[10^{-5}\mathrm{SI}(\kappa)]$	名称	$\kappa_{平均}[10^{-5}\mathrm{SI}(\kappa)]$	名称	$\kappa_{平均}[10^{-5}\mathrm{SI}(\kappa)]$	名称	$\kappa_{平均}[10^{-5}\mathrm{SI}(\kappa)]$
石英	−1.3	方铅矿	−2.6	橄榄石	2	绿泥石	20～90
正长石	−0.5	闪锌矿	−4.8	角闪石	10～80	金云母	50
锆石	−0.8	石墨	−0.4	黑云母	15～65	斜长石	1
方解石	−1.0	磷灰石	−8.1	辉石	40～90	尖晶石	3
盐岩	−1.0	重晶石	−1.4	铁黑云母	750	白云母	4～20

表 2-2 岩石磁化率

岩石类型	$\kappa[10^{-6}SI(\kappa)]$	$M_r/(A/m)$	岩石类型	$\kappa[10^{-6}SI(\kappa)]$	$M_r/(A/m)$
超基性岩	$10^1\sim10^3$	$10^{-1}\sim10^1$	变质岩	$10^{-1}\sim10^2$	$10^{-3}\sim10^{-1}$
基性岩	$10^0\sim10^3$	$10^{-3}\sim10^1$	沉积岩	$10^{-1}\sim10^1$	$10^{-3}\sim10^{-1}$
酸性岩	$10^0\sim10^2$	$10^{-3}\sim10^1$			

注：表中数字表示数量级。

四、岩石的一般磁性特征

1. 沉积岩的磁性

一般来说，沉积岩的磁性较弱，如表 2-2 所示。沉积岩的磁化率主要取决于副矿物的含量和成分，它们是磁铁矿、磁赤铁矿、赤铁矿以及铁的氢氧化物。造岩矿物，如石英、长石、方解石等，对磁化率无贡献。沉积岩的天然剩余磁性与由母岩剥蚀下来的磁性颗粒有关，其数值不大。

2. 火成岩的磁性

依据产出状态，火成岩又可分为侵入岩和喷出岩。

① 不同类型的侵入岩（花岗岩、花岗闪长岩、闪长岩、辉长岩、超基性岩等），其磁性值随着岩石的基性增强而增大。它们的磁化率均具有数值分布范围宽的相同特征。

② 超基性岩是火成岩中磁性最强的。超基性岩体在经受蛇纹石化时，辉石被蚀变分解形成蛇纹石和磁铁矿，使磁化率急剧增大，可达几个 SI（w）单位。

③ 对于基性、中性岩，一般来说，其磁性较超基性岩要低。

④ 花岗岩建造的侵入岩，普遍是铁磁-顺磁性的，磁化率不高。

⑤ 喷出岩在化学和矿物成分上与同类侵入岩相近，其磁化率的一般特征相同。由于喷出岩迅速且不均匀地冷却，结晶速度快，因而其磁化率离散性大。

⑥ 火成岩具有明显的天然剩余磁性，其 $Q=M_r/M_i$，称作柯尼希斯贝格比。不同岩石组的 Q 值范围可在 0～10 或更大范围内变化。

3. 变质岩的磁性

变质岩的磁化率和天然剩余磁化强度的变化范围很大。按磁性，变质岩可分为铁磁-顺磁性和铁磁性两类，与原来的基质有关，也与其形成条件有关是由沉积岩变质生成的，称为水成变质岩，其磁性特征一般具有铁磁-顺磁性；由岩浆岩变质生成的，称为火成变质岩，其磁性有铁磁-顺磁性与铁磁性两种。这和原岩的矿物成分以及变质作用的外来性或原生性有关。

具有层状结构的变质岩，表现出磁各向异性。其 M_r 方向往往近于片理方向。磁化率各向异性可用下式来评价：

$$\lambda_k=\frac{k_{最大}-k_{最小}}{k_{平均}} \tag{2-20}$$

式中，λ_k 是磁化率各向异性系数，在强变质沉积岩石中，λ_k 值最大可达 1.0～1.5。

五、影响岩石磁性的主要因素

岩石的磁性是由所含磁性矿物的类型、含量、颗粒大小与结构，以及温度、压力等因素决定的。

1. 岩石磁性与铁磁性矿物含量的关系

根据试验资料和理论计算，侵入岩的磁化率与铁磁性矿物含量之间存在统计相关关系。

一般来说，岩石中铁磁性矿物含量愈多，磁性愈强。

2. 岩石磁性与磁性矿物颗粒大小、结构的关系

试验结果表明，在给定的外磁场 $H=\frac{1.35}{4\pi}\times10^3\,\mathrm{A/m}$ 作用下，铁磁性矿物的相对含量不变，其颗粒粗的较之颗粒细的磁化率大。可用于衡量剩磁大小的矫顽力 H_c，与铁矿性矿物颗粒大小的关系恰好相反，如图 2-4 所示。表明 H_c 随铁磁性矿物颗粒的增大，而减小的相关关系。喷出岩的剩磁常较同一成分侵入岩的剩磁大。

此外，铁磁性矿物在岩石中的结构对岩石的磁化率也有影响。当磁性矿物相对含量、颗粒大小都相同，颗粒相互胶结的比颗粒呈分散状者磁性强。

3. 岩石磁性与温度、压力的关系

高温与高压对矿物和岩石的磁性会产生影响。顺磁体磁化率与温度的关系已由居里定律确定。

铁磁性矿物的磁化率与温度的关系有可逆型及不可逆型两种。前者磁化率随温度增高而增大，接近居里点则陡然下降趋于零，加热和冷却的过程，在一定条件下磁化率都有同一个数值；后者其加热和冷却曲线不相吻合，即不可逆，它是温度增高后不稳定的那类铁磁性矿物的特征。此外，温度增高还能引起矿物矫顽磁力 H_c 的减小。

岩石磁化率与温度的相互关系比单纯矿物的复杂，岩石的 κ-t 曲线与铁磁性矿物的成分有关，如图 2-5 所示，曲线具有跃变形状，此特征代表岩石中含有不同居里点的几种矿物，岩石的居里温度 T 分布仅与铁磁性矿物成分有关，而与矿物的数量、大小及形状无关。因此，热磁曲线（w-t 曲线）可用于分析确定岩石中的铁磁性矿物类型。温度增高，还导致岩石剩余磁化强度退磁。

铁磁体磁化，同时发生机械变形，其形变与晶体大小变化有关。铁磁体变化时，其形状和体积的改变称为磁致伸缩。

岩石在机械应力作用下，由于铁磁体的磁致伸缩，其磁性大小会有变化，比如在弱磁场中，当磁铁矿受到 40MPa 的单向压力时，其磁化率减小 20%～30%，且其减小与磁化场强度有关系。同样，岩石磁化率随着所受机械压力的增加而减小。垂直于受压方向所测得的磁化率，与压力的相依关系较弱。岩石的剩余磁化强度，亦随着岩石受压的增大而减小。

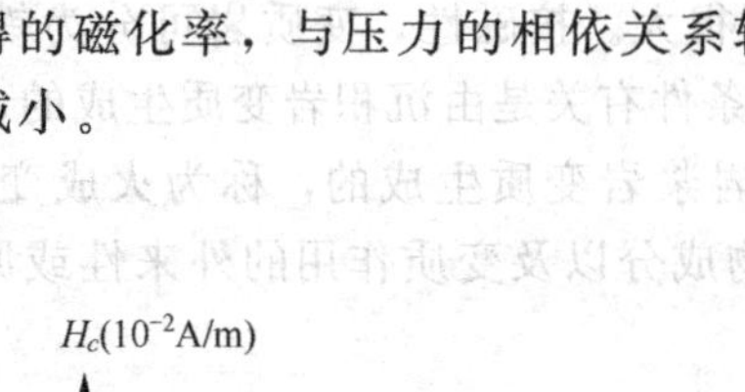

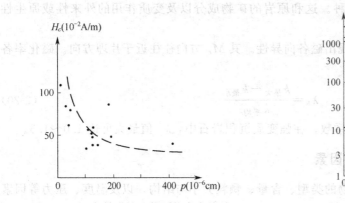

图 2-4　H_c 与铁磁性矿物颗粒大小关系

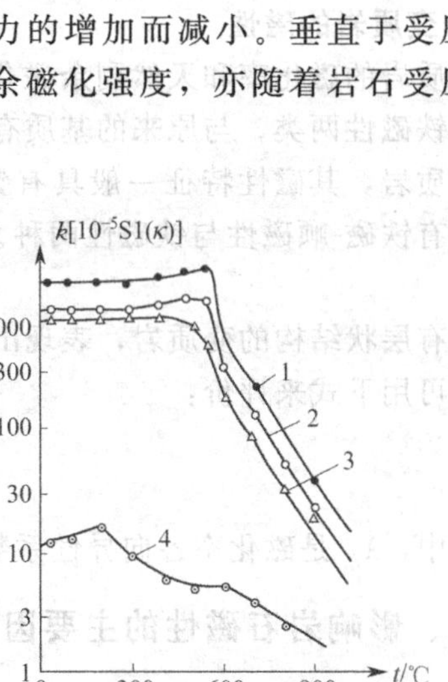

图 2-5　岩石磁化率与温度关系

1—花岗闪长岩；2—黑云母角闪花岗岩；
3—闪长岩；4—黑云母花岗岩

六、研究岩、矿石磁性的意义

岩、矿石磁性的强弱主要取决于铁磁性矿物，如磁铁矿、磁黄铁矿等的含量。一般来说，铁磁性矿物含量越高，岩石的磁性越强，但二者并不是简单的线性关系，因为还有许多其他因素，如铁磁性矿物颗粒的形状、大小及它们在岩石中的相互位置，都能影响岩石的磁性。此外，岩石磁性还与它们形成时的环境和各种地质作用有关，例如，火山岩磁性较强，是因为岩石形成时岩浆冷却很快，保留了较大的剩磁。年轻的岩层往往比古老的岩层磁性强，是因为岩石剩磁随时间的延长而逐渐减小。变质作用会使岩石的铁质成分再结晶成为磁铁矿，因此，尽管原生沉积岩磁性很弱，但沉积变质形成的含铁石英岩却有很强的磁性。应力作用使岩石磁性沿应力方向减弱，所以构造破碎带上磁性往往降低。氧化还原作用可使岩石中的铁质还原成磁铁矿，这就是燃尽的煤层上常出现较强磁性的原因。

岩、矿石的磁性还与磁体的形状有关。公式 $M_i = xH$ 只在磁体体积很大的情况下才适用。体积有限的磁体被磁化后，两磁极间要产生一个与外磁场方向相反的内磁场，称为消磁场，其作用是使磁体内的总磁化强度减弱。消磁场的强弱和方向取决于岩石的磁化率和磁体的形状。强磁体的消磁场也强，可使 M_i 的方向由地磁场方向偏向磁体的长轴。这在强磁异常解释中应引起重视，必要时要作消磁改正。

磁法勘探的应用必须具备一定的前提，即不仅要有磁性岩、矿体或地质构造存在，而且它们与围岩间还应存在足够大的磁性差异。为了正确地进行磁异常的推断解释，测定和研究岩、矿石的磁性参数具有重大的意义。研究中要同时考虑测区内各种岩、矿石的磁化率和剩余磁化强度，特别是当 $M_r > M_i$ 时，M 的大小和方向主要由 M_r 决定，如果忽略对剩磁的研究，势必影响磁异常推断解释的可靠性。

许多岩石，特别是基性岩浆岩，具有相当稳定的剩磁。由于剩磁方向大都与岩石形成时的古地磁场方向一致，因此有可能利用它来确定岩石的地质时代，甚至可以对不含化石的哑层进行对比。根据岩层剩磁的方向，可以推算岩层所在地质时代的古地磁极位置，研究古地磁场的性质和特征，这就在20世纪50年代形成了一门独立的学科——古地磁学。

第二节　地面磁测仪器

磁法仪器很多，可分机械式(CSC-3)、电磁式（磁通门）、质子式等。

1. 质子旋进磁力仪

质子旋进磁力仪是根据核磁共振原理制成的。水、酒精和有机质溶液均含有大量氢原子核。每个氢原子核（质子）做自旋运动，同时具有自旋角动量 L 和自旋磁矩 P_m，质子带正电，L 和 P_m 的方向是一致的。质子在外磁场（如地磁场 B_t）作用下，受到一力矩 $P_m \times B_t$ 的作用，从而引起质子角动量的变化，根据角动量定理，有

$$\frac{\mathrm{d}L}{\mathrm{d}t} = P_m \times B_t \tag{2-21}$$

角动量的变化引发自旋磁矩方向的改变，又导致力矩方向的变化，周而复始，即质子绕外磁场（B_t）方向作旋进运动，如图 2-6 所示。将上式改写成：

$$dL = P_m B_t \sin\theta \, \mathrm{d}t \tag{2-22}$$

式中，θ 是 P_m 与 B_t 之间的夹角。

由图 2-6 所示各角度的关系可以得到：

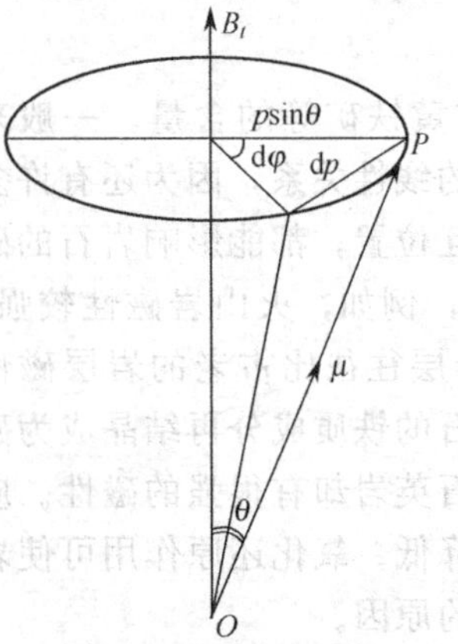

图 2-6　质子作旋进运动

$$dL = L\sin\theta d\varphi \tag{2-23}$$

将式(2-23) 代入式(2-22)，有

$$\frac{d\varphi}{dt} = \frac{P_m}{L}B_t$$

令 $\omega = d\varphi/dt$，$\gamma_p = P_m/L$，$\omega = 2\pi f$

而质子自旋磁矩 P_m 与自旋角动量 L 之比是一个常量。对质子有

$$\gamma_p = 2.67512\times10^8(s^{-1}\cdot T^{-1}) \tag{2-24}$$

$$B_t = \frac{2\pi}{\gamma_t}f = 23.487f(nT) \tag{2-25}$$

式中，f 是质子的旋进频率；B_t 的单位为 nT。

式(2-24) 说明，地磁场 B_t 的大小与质子的旋进频率呈正比。这种简单的正比关系，就把对地磁场的测量转化为对质子旋进频率 f 的测量。这就是质子旋进磁力仪的测量原理。

质子旋进磁力仪包括质子试样源、极化磁场（强度为 4000～8000A/m）的螺线管、紧绕质子试样源的信号拾取线圈、放大器及测频器等部件，如图 2-7 和图 2-8 所示。

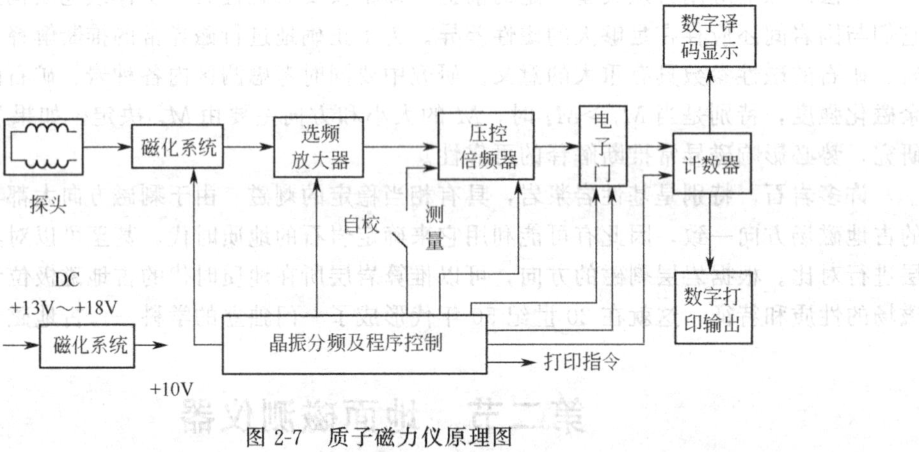

图 2-7　质子磁力仪原理图

质子试样源常常是一小瓶纯水，或富含氢原子的有机质液体。对螺线管通入直流电流，产生极化磁场，使多数质子的磁矩排列在同一方向上。当突然切断电流，试样中的质子即绕地磁场方向旋进，并用信号拾取线圈来观测旋进（如图 2-9）。此信号延续时间约数秒，信号经放大后测定频率。

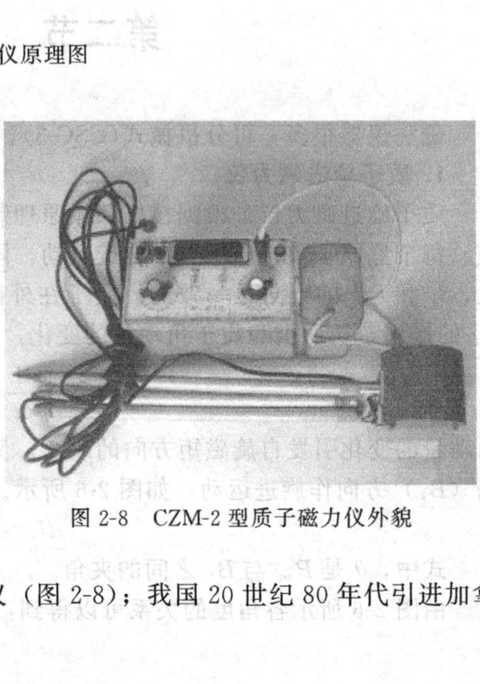
图 2-8　CZM-2 型质子磁力仪外貌

质子旋进磁力仪一般能测定地磁场总强度到 1nT 的精度，不需要调节方位与水平，此优点尤其适用于海上或航空磁测。另外，若经过补偿，质子旋进磁力仪也可用于测量水平分量 H 或垂直分量 Z。应用比较多有质子磁力仪有：我国 20 世纪 80 年代中期的产品 CZM—2 型质子磁力仪（图 2-8）；我国 20 世纪 80 年代引进加拿

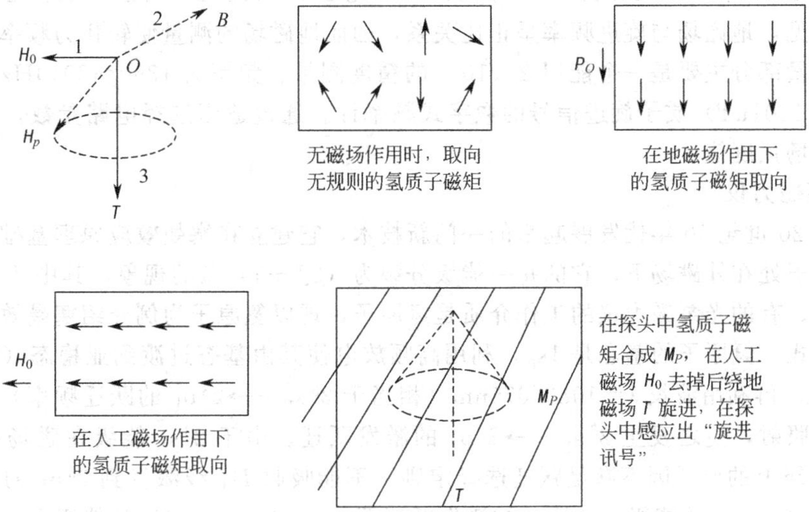

图 2-9　质子运动示意图

大 Scintrex 公司的技术并批量生产的 IGS-2/MP-4 型质子磁力仪；加拿大 Scintrex 公司20 世纪末所生产的 ENVI MAG 质子磁力仪。下面以 CZM-2 型质子磁力仪为例来进一步说明其工作原理。

CZM-2 型质子磁力仪是利用氢质子在磁场中的旋进现象来测量地磁场的。由原子物理学可知，构成各种物质的原子都是由带正电的原子核与绕核外带负电的电子组成的，而原子核是由带正电的质子和不带电的中子所组成的。氢原子核最简单，它只有一个质子，带正电的质子在不停地“自旋”，产生自旋磁矩，这就是质子 M_P 磁矩（见图 2-10）。

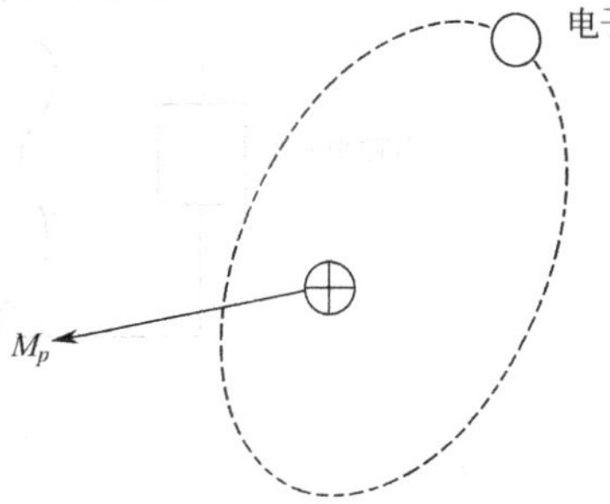

图 2-10　氢的质子磁矩

含氢液体（如煤油、水、酒精等）中有大量的氢质子，这些“质子磁矩”的方向在没有外界磁场作用时呈无规则的指向，因而形不成按一定方向取向的质子合成磁矩。当含氢液体处在地磁场中时，经过一段时间，质子磁矩的方向将转到趋于地磁场 $\boldsymbol{T}$ 的方向，如果我们设法再加一个垂直于地磁场 $\boldsymbol{T}$ 方向的人工“磁化”磁场 $\boldsymbol{H}_0$，当 $H_0 \gg T$ 时，H_0 将迫使质子磁矩取向 H_0 方向，这个过程称为“磁化”过程，经过一段时间质子磁矩取向 $\boldsymbol{H}_0$方向，当突然去掉 $\boldsymbol{H}_0$，这时质子磁矩因受到地磁场的作用，将逐渐回到 $\boldsymbol{T}$ 的方向，由于质子存在着自旋，所以此质子磁矩将绕地磁场 $\boldsymbol{T}$ 做自由旋进运动，即“质子旋进”又称为拉莫尔旋进。

本仪器灵敏元件探头的基本结构是一个充满了煤油的螺线管形线圈，使线圈轴线垂直于地磁场，磁化时线圈中通过直流电流，产生磁化磁场 $\boldsymbol{H}_0$，使质子磁矩的合成向量 $\boldsymbol{M}_0$沿 $\boldsymbol{H}_0$ 取向，经过一段时间后，断开磁化电流，去掉 $\boldsymbol{H}_0$后，质子合成磁矩 $\boldsymbol{M}_0$绕 $\boldsymbol{T}$ 旋进，质子旋进切割线圈，在线圈中感应出随时间按指数衰减的旋进信号来，其幅度为数微伏，衰减时间约为 2s。

旋进信号的频率 f_p 与地磁场总向量绝对值 T 有如下关系：

$$T = 2\pi \times f_p / \gamma_p \tag{2-26}$$

式中，γ_p 为质子旋磁比，$\gamma_p = (2.67513 \pm 0.00002)/10^4$［弧度/(高斯·秒)］。

由式(2-26)得，$T=23.4874\cdot f_p$(nT)，因此 1nT=0.042576Hz，1Hz=23.4874nT。由此可见，地磁场与旋进频率呈正比关系，因而地磁场的测量便转化为频率测量。

仪器测量部分主要是一个能以 2×10^{-5} 的精度测量、频率为 1360～3040Hz（对应地磁场 31942～71401nT）质子旋进信号的数字式频率计。通过适当选择电路参数，可使仪器直接显示地磁场强度值。

2. 光泵磁力仪

光泵是 20 世纪 50 年代发展起来的一门新技术，它建立在塞曼效应原理基础上。塞曼效应指的是原子处在外磁场下，它的每一能级分裂为（$2J+1$）条的现象，其中 J 为原子总角动量量子数。有的光泵磁力仪的工作介质是氦原子，现以氦原子为例介绍塞曼效应，并给出有关的表达式。氦原子的基态是 $1s_0$，利用高频放电使其由基态过渡到亚稳态（能级寿命较长状态 2^3s），再利用波长 $\lambda=1083.075$nm（相当于 $2^3s_1\longrightarrow2^3p_1$ 的跃迁频率）的 D_1 线右旋圆偏振光照射，使之发生 $2^3s_1\longrightarrow2^3p_1$ 的激发跃迁。由于 2^3s_1 能级在磁场中分裂后的 $m_J=+1$ 能级上的原子因不满足跃迁选择定则，不能吸收 D_1 线激发到 2^3p_1 的任何能级上去。而 $m_J=0$，-1 的能级上的原子被激发跃迁至 2^3p_1（$m_J=1,0$）的能级上。由于被激发至 2^3p_1 的能级都是寿命短的（$<10^{-8}$s）能级，它们很快又以等概率跃迁回到 2^3s_1 各能级（包括 $m_J=1$ 能级）。由于亚稳态 2^3s_1 能级寿命长，2^3s_1 中的原子可能全部集中在 $m_J=1$ 的能级上。这就实现了 ^4He 原子磁矩在光作用下的定向排列，即光学取向。这种利用光能，将原子的能态泵浦到同一个能级上的过程称为光泵作用。

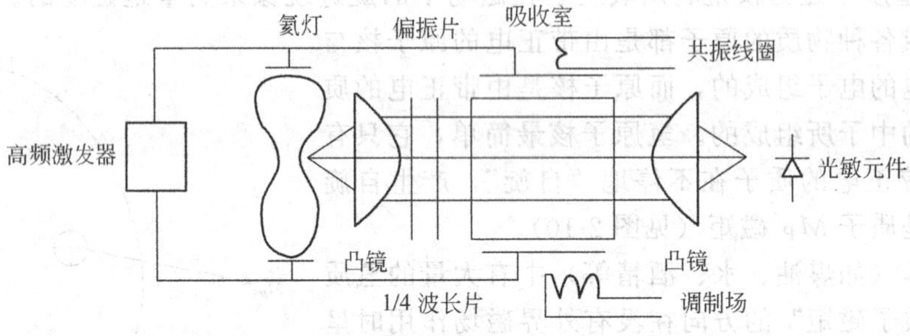

图 2-11　光泵磁力仪探讨示意图

图 2-11 绘出了跟踪式光泵磁力仪的探头装置，氦灯内充有较高气压的 ^4He，受高频电场激发后，发出波长为 1083.075nm（D_1 线）的自然光，此光经过汇聚透镜成为平行光，再经过偏振片和 1/4 波长片成为圆偏振光，照射到充有较低气压 ^4He 的吸收室。光学系统的光轴与被测磁场（地磁场）方向一致。吸收室内的氦经高频电场激发，氦原子处在亚稳态并且有磁性。从氦灯射来的圆偏振光与处于 2^3s_1 态的氦作用，产生受激跃迁。它的跃迁频率 f 与地磁场 B_t，其关系为 $F=2.7992\times10^{10}B_t$。

这就是说，圆偏振光使吸收室内原子磁矩定向排列，此后由氦灯发出的光可穿过吸收室，经透镜会聚照射到光敏元件上，形成光电流。

在垂直光轴方向外加射频电磁场（调制场），它的频率等于上述原子跃迁频率。由于射频场与定向排列原子磁矩的相互作用，从而打乱了吸收室内原子磁矩的排列（称为磁共振）。这时，由氦灯射来的圆偏振光又会与杂乱排列的原子磁矩的作用，不能穿过吸收室，光电流最弱，于是测定此时的射频 f，由上式就可求得地磁场 B_t 的值。当地磁场变化时，相应改变射频场的频率，使其保持透过吸收室的光强最弱，也就是使射频场的频率自动跟踪地磁场变化，实现对地磁场的连续自动测量。

3. 机械型仪器

机械型仪器又称为悬丝式磁力仪，或称为磁秤。下面以 CSC-3 型仪器为例加以介绍（图 2-12 和图 2-13）。

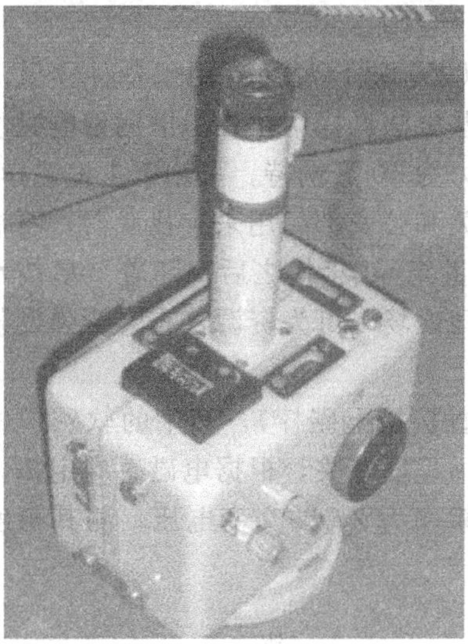

图 2-12　CSC-3 型磁力仪

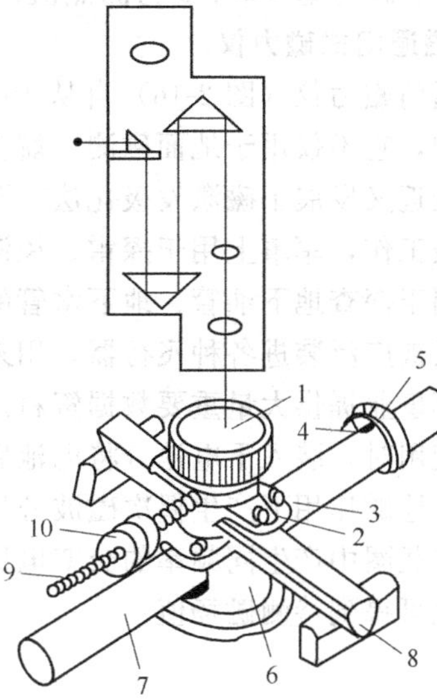

图 2-13　磁系结构图

1—反光镜；2—压钉；3—固定磁棒钉；4—热磁合金；5—固定圈；6—铝框；7—磁棒；8—刃口；9—纬度螺杆；10—纬度螺丝

仪器由光学系统和磁系统两部分组成（见图 2-14），前者靠自然光读数；后者由磁棒组成磁体结构（见图 2-15）。该仪器的上层是极值读数部分，进入自然光后由反光镜反光，使磁棒指针通过旋钮调至中间，即可在读数窗中读数。

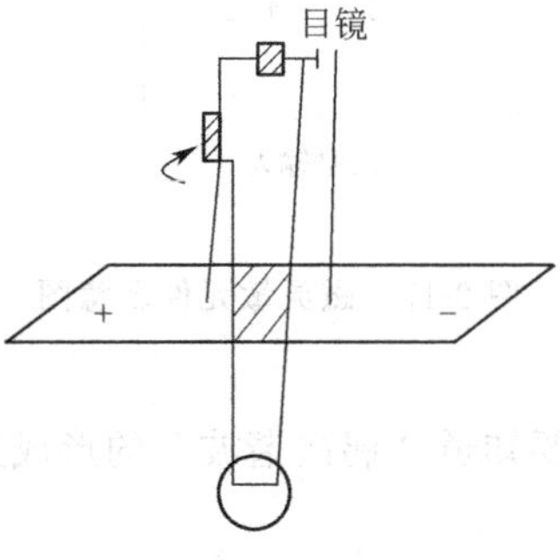

图 2-14　光路系统

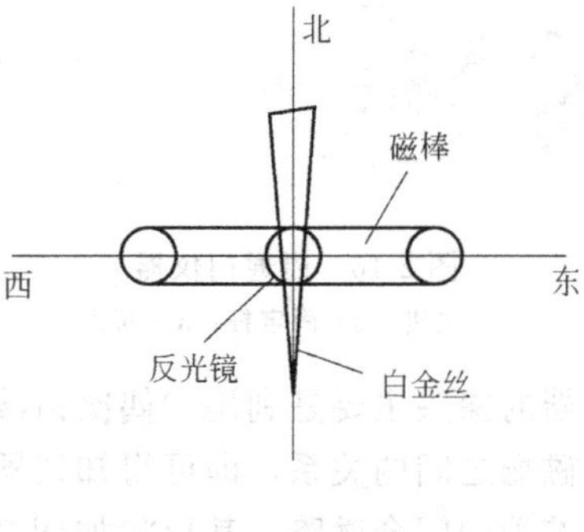

图 2-15　磁系统

原理：将悬丝置于南北方向，这时地磁场垂直分量与悬丝垂直，产生磁力矩，使磁棒绕悬丝摆动，而地磁场的水平分量与悬丝平行，故不产生合磁棒旋轴的磁力矩，设磁棒处于平衡状态时，磁棒倾斜（固定悬丝不在磁棒的中间，S 端长），磁轴（SN）与水平面的夹角为 α，此时磁棒受磁力矩、垂力矩、扭力矩（悬丝扭力作用）的同时作用，在平衡时总力矩等于零，故磁棒静止时夹角的变化量与磁场垂直分量的变化量有关，当 $\alpha < 2°$ 时，满足如下关系：

$$\Delta Z = Z_2 - Z_1 = c(\alpha_2 - \alpha_1) = c\Delta\alpha \tag{2-27}$$

即垂直磁场分量的变化 ΔZ 等于 Z_1、Z_2 测量结果之差，c 为比例系数。设两次读数分别为 S_1、S_2，仪器的系数（又称格值）为 ε（γ/格），则

$$\Delta Z=\varepsilon(s_2-s_1) \text{或} \Delta Z=\varepsilon(s-s_0)$$

式中，s_0 为基本值；s 为测点值；ε 为面格，代表 γ 数，出厂时已标定好。

4. 磁通门式磁力仪

磁通门磁力仪（图 2-16）自从 1933 年左右发明以来，被广泛地应用于各种领域。在地质勘探中，它不仅用于地面磁测、航空磁测，而在某些电法勘探中正在考虑测量电磁场的磁分量。最近又发展了磁激发极化法，要求仪器的分辨力为 10 毫纳特，可用于古地磁学研究、地震预报工作，军事上用于探雷、探潜、做引信、海关和公安部门用来查找武器，石油和建筑部门用于探查地下油管、地下水管的损伤部位。20 世纪 60 年代之后，随着卫星技术的发展，它又被广泛装进各种飞行器，用来测量近地及空间磁场，可为资源普查、导弹发射及航天技术等事业提供大量重要数据资料。

在使用时，装入干电池（将电池后盖铁皮去掉，直接接上碳棒），其中的软磁式材料将在不同的地磁作用下产生偶次磁波分量，其大小与磁场程度有关，根据电磁感应定律，交变磁通可在载圈中产生同频率的交变电压，这时可选出频率为 $2f$ 的交变电压，测其幅度的大小，这便可得到待测磁场值。

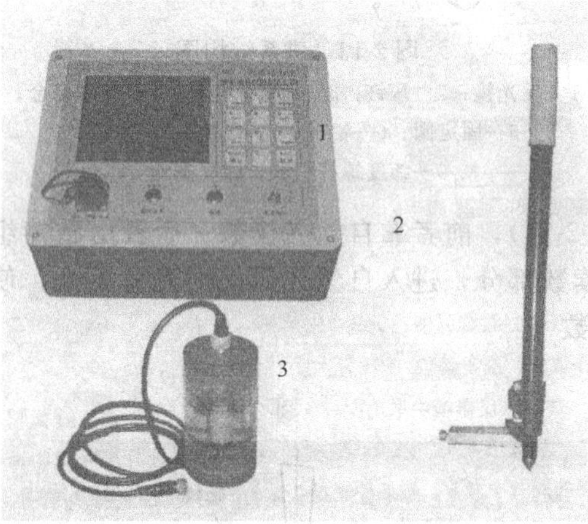

图 2-16　磁通门仪器

1—主机；2—固定杆；3—探头

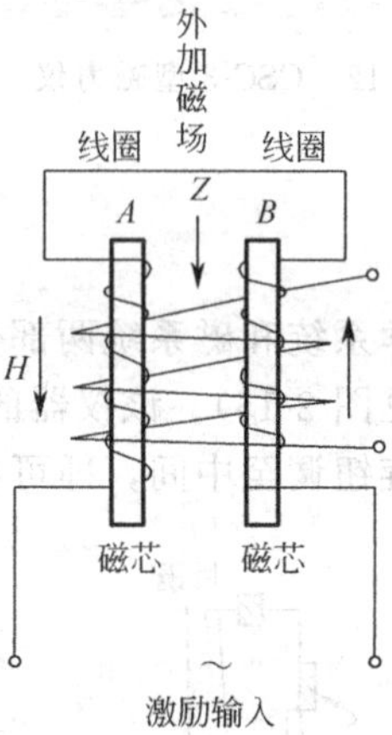

图 2-17　磁灵敏元件示意图

仪器的探头主要是利用“偶次谐波”原理，所以只要知道“偶次谐波”的形成过程以及它与外磁场之间的关系，即可得知仪器的工作原理。

磁芯采用闭合磁路，其形状如图 2-17 所示，磁芯两边绕有匝数相同、绕向相反的激励绕组，并通以频率为 5000Hz 的交变激励电压。其电流的幅度使磁芯中产生的交变磁感应达到高度饱和，在它们的外部绕有一个线圈，即信号绕组。当外磁场 $Z=0$ 时，由于 A、B 两线圈绕向相反，匝数相同，H 的符号相反，相应的两磁芯磁感应强度 B 波形对称，数值相等，符号相反。所以在接收信号绕组上感应电压相互抵消，没有输出，即 $B=B_1+B_2=0$。当沿探头轴线上外磁场 Z 不等于 0 时，A、B 两磁芯的磁感应强度波形就不对称了，不仅符号改变，而且大小也有改变。

根据富里埃级数分析和试验证明：在这种情况下，A、B 两磁芯磁感应强度的叠加结果主要存在二次谐波，产生的感应电压与外磁场 Z 呈比例，因此通过测量这个感应电压，就

可以测出外磁场值。当外磁场 Z 改变符号时，就可以决定它的方向。

磁通门磁力仪用在地面磁法勘探中用来测量地磁场垂直分量的相对变化量（ΔZ），以寻找强磁或弱磁地质体、磁铁矿体。或是配合其他型号的自动记录仪，可以连续自动记录地磁日变，供地磁台站进行天然地震预报或进行日变校正，或用于测量岩石的磁参数。此外，探头也可外接，以进行各种铁磁物体的特殊测量或担任电子能谱仪等设备的辅助装置。本仪器的特点是：

① 精度高，工作稳定可靠，操作简便，效率高，可由一人操作，用轻便脚架大致定向（±150），可用于均方误差<±10nT 的高精度磁测；

② 测量范围大，不受地磁场梯度的限制，适于强磁区工作，仪器灵敏度高，亦适于弱磁测量；

③ 仪器线路上大部分采用集成电路体积小、重量轻、耗电量小，用干电池供电，适合在无充电条件地区使用；

④ 抗干扰能力强，不受有线广播、高压线等音频范围内交变磁场的影响；

⑤ 可以直读磁场值，减少内业整理资料工作量。

第三节　磁测方法与要求

地面磁测的主要目的是通过对磁异常的观测来分析解释地质构造问题或寻找矿藏问题。磁法勘探工作按其观测磁异常方式的不同，分为地面磁测、航空磁测、海洋磁测、卫星磁测及井中磁测；按其测量参数的不同分为垂直磁场、水平磁场、总场、三分量及各种梯度异常测量等。它的基本方法是利用磁力仪在指定的地区按一定的测网、测线逐点进行测量，从而得到一系列观测数据，再经过消除误差和干扰，便可绘制成各种类型的磁异常曲线图。这些图件是用来进行地质解释的重要资料。以下扼要介绍有关磁法勘探各阶段的工作概况。

一、测区的选择

磁测工作首先遇到的问题是选择合适的测区和测网。测区的选择是根据任务在地质条件有利地区内布置和安排磁测工作，这里的地质条件指的是以下三个方面：

① 所研究对象的磁性（磁化强度）与其围岩有明显的差异，于是存在磁异常；

② 研究对象的体积与其埋藏深度的比值要足够大，否则引起的磁异常太小而观测不出来；

③ 由其他地质体引起的干扰磁异常不能太大，或能够设法消除其影响，因为这样才容易把研究对象从复杂的背景中识别出来。

这些地质条件是根据已有的地质、物探资料和现场采集标本并测定其物性等情况来确定。当测区确定之后，就要按照一定的密度布置测点。通常是以一定数量的点组成测线，以一定数量的线组成测网。测线的方向要尽量取向与磁异常长轴垂直的方向。点距和线距的大小要视磁异常规模的大小而定，要使每个磁异常范围内的测点数能够反映出磁异常的形状和特点。

1. 测网的确定

1∶50000 或更小比例尺			适合于航测
1∶25000	线矩 250m	点距 50～100m	适合于普查
1∶10000 或 1∶5000	100m	10～50m	适合于详查
1∶2000（或 1∶1500）	20～5m	1～2m	适合于精查

在工程上可不按比例尺，有针对性地、适当加密探测点，但测区要有完善性，要有完善的异常，要求在图上不漏掉 $1cm \times 1 \sim 2mm^2$ 地质体。为此，图上每 1cm 都应有观测线，点距为线距离的 1/10～1/2，一般要有 3～5 条穿过异常体，在不知异常体时，全部测定，到异常明显时，可适当加密。

在具体选择测网时，要考虑如下因素：

① 矿体的长度和密度；

② 矿体的埋深；

③ 矿体与围岩的磁性差异；

④ 异常干扰值的大小。

2. 基点的确定

磁测结果是相对值，而不能测绝对值，为便于对比，一般一个地区要选择一个固定值，而固定值不要轻易改变，该点称为基点。基点分三类：总基点、主基点、分基点，如图 2-18 所示。

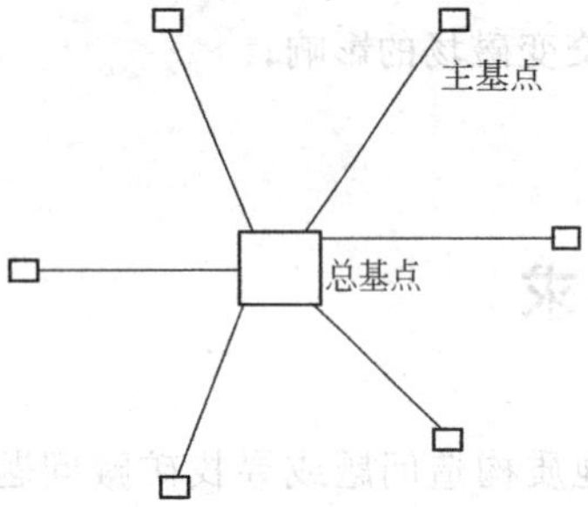

图 2-18　基点分布图

(1) 总基点

总基点是全区异常的起算点，在选择总基点时符合如下要求。

① 位于正常场内；

② 磁场水平梯度与垂直梯度较小，在半径为 2m、高差 0.5m 的范围内的磁场变化不超过总设计均方误差值的 1/5；

③ 附近没有磁性干扰物，远离建筑物和工业设施；

④ 所在点长期不被占用，有利于标志的长期保存。

一般选择时，从小比例航磁图上选正常场，到实地做长磁测剖面，在相对梯度比较小的一段即可选定。

(2) 主基点

主基点是测区内某一地磁异常的起算点，能作为检查、校正仪器性能用，又称为校正点。要求位于平稳场内，靠近驻地，具有使用方便、梯度小、无干扰等特点。

(3) 分基点

分基点是辅助主基点检查仪器用，一般临时或短时间能保存的点，要求主基点基本相同。基点选择后要连测，并进行平差。

二、野外磁测

野外磁测的要求随着磁测精度的差别而异。现在简要介绍野外磁测的基本内容。

首先，在各测点上开始观测之前，要设立基点与基点网。由于所用的磁力仪是作相对测量的仪器，故获得的结果是各测点与事先约定好的标准点（基点）之间的差值，即利用下列公式来求出测点 i 的磁异常值 $\Delta Z_i = \varepsilon(s_i - s_0)$，基点是一个测区磁异常的起算点，即将基点的磁场视为测区磁场的零点，所谓磁异常的强弱、正负，都是指测点与基点相比较而言的。基点应选在测区的正常场上，每天工作之前都要到基点上去读数，以便得出每台仪器在当天的基点读数 s_0，然后再开始观测各测点的读数 s_i，最后就可求出各点的磁异常值 ΔZ_i。

这里还须考虑到地磁场随时间的变化和仪器本身性能的变化（统称为“混合变化”），必然会影响到磁测的读数。其中地磁场变化主要指地磁日变化，而仪器性能的变化主要是仪器随温度变化的影响和仪器的零点漂移。为了消除混合变化对磁测结果的影响，在进行实地测量时，每隔 1～2h 或数小时都要返回基点重新读数一次，这也称为

"对基点"。这样可以从两次重复读数中找出混合变化的数值，然后再利用这些数值对各测点的观测值进行改正。

在一个测区内测量时，为了方便对基点，通常要设置多个基点：一个总基点和若干个分基点，称为基点网。总基点一般设在正常场上。各分基点相对于总基点的磁异常值，一般都要在大面积测量开始之前用多台仪器多次往返读数，并取平均值的方法精确地测定出来。

三、磁测精度评价

不同的地质任务有不同的观测精度要求。观测精度是指所允许的均方根误差 ε 的范围。在实际工作中，一般将磁测精度分为三级：

高精度	$\varepsilon < \pm 10\text{nT}$
中精度	$\pm 10 \sim \pm 20\text{nT}$
低精度	$\pm 20 \sim \pm 30\text{nT}$

磁测精度，用观测值误差大小来衡量，按性质不同分为有系统误差、偶然误差、均方误差等。均方误差（中误差）$\varepsilon = \pm \sqrt{\dfrac{\sum_{i=1}^{n} \Delta_i^2}{n}}$，$\Delta_i$ 为 i 次的真误差。(2-28)

$$\text{平均误差} = \frac{\sum_{i=1}^{n} |\Delta_i|}{n} \quad (n = 1, 2, \cdots, n) \tag{2-29}$$

相对误差用百分数表示。

磁测精度的选取主要取决于地质任务的要求程度和磁异常的强弱，一般来说，在详查阶段，要求的精度要比普查阶段的高一些，测量弱异常所要求的精度比强异常的高一些。确定磁测精度的原则是应能保证发现有工业意义的最小矿体或埋藏较深矿体的异常，通常规定其均方根误差应小于最弱异常的极大值的1/6～1/5。

根据误差理论，一般误差分为系统误差和偶然误差两种，前者有规律地出现，可以改正和加以消除，后者无明显的规律，无法消除。

质量检查与评定时，要评价单点观测方法技术的质量及专门抽查统计误差。前者包括：转向差，稳定性，零点位移，原始记录质量，定点误差等，均匀地抽若干点进行检查。一般要求：

① 野外边测边查，不许全区测定后再查；

② 采用一同三不同（同点位、不同操作员、不同仪器、不同时间）的原则，抽查工作量不少于总工作量的10%，绝对点数不少于30个点；

③ 对曲线上下不连续点、跳跃点进行重点检查；

④ 在计算均方误差之前，选作分布曲线，看是否存在系统误差。

针对磁测精度问题，在施工的各环节通常考虑如下几方面：

① 仪器一致性均方差 ε_1；

② 基点的选择及基点网联测的均方差 ε_2；

③ 野外观测的均方差 ε_3；

④ 各项改正的均方差 ε_4；

⑤ 整理计算的均方差 ε_5。

磁测的这些主要环节都是独立进行的。由误差理论可知，总均方误差 ε_δ 的平方等于各独立因素的均方误差平方的总和。为了保证总的磁测精度要求，则应有

$$\varepsilon_1^2+\varepsilon_2^2+\varepsilon_3^2+\varepsilon_4^2+\varepsilon_5^2+\varepsilon_6^2\leqslant\varepsilon_\delta^2 \tag{2-30}$$

式中，ε_6 为其他原因的均方差。

上式说明磁测各环节的均方误差的平方和要小于和等于磁测总均方误差的平方，也就是说总精度要求确定之后，各环节的精度数量上要满足上述公式要求。确定磁测各主要环节的精度则应按公式作适当的分配，保证最终结果能够达到设计要求。

四、磁测数据的整理

磁测工作根据一定的测网进行，所获得的数据要经过一系列整理计算，消除各种干扰因素，才能得到所需的各测点上的磁异常值。整理计算分以下几个步骤。

1. 求出测点相对于基点的磁场差值

这个差值可以是正值或负值。

2. 日变改正

日变改正是从日变曲线上直接查得的，而日变曲线是由实际观测得来的。在磁测工作中，一般在野外测线上观测的同时，还需要用另一台灵敏度较高的磁力仪在一个事先已选好的较平静、阴凉、无磁性干扰的地方进行连续的日变观测，作出日变曲线（见图 2-19）。如果在附近数十千米至 100km 范围内有地磁观测台，也可以向地磁台直接索取日变曲线。进行日变改正时，以上午磁力仪在基点读数（称为早基读数）时刻的日变值为零值，并通过该点作平行于横坐标的直线（图 2-19 中的虚线）作为改正的零值线，然后即可按野外观测点工作时间逐点从曲线上查得相应的改正值。

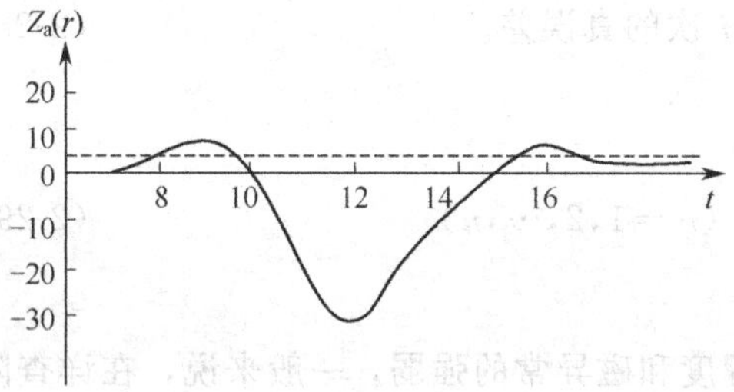

图 2-19　日变改正曲线

3. 温度改正

为了消除温度变化对磁力仪（磁秤）读数的影响，可按以下公式进行温度改正：

$$\Delta B=\pm T_C(t-t_0) \tag{2-31}$$

式中，T_C 为磁力仪的温度系数（nT/°C）；t 为测点观测时仪器温度；t_0 为早基观测时的仪器温度，当 T_C 为正时，上式取负号，反之，为正号。

4. 零点改正

仪器的零点漂移一般可看做呈线性变化，即漂移的格数和使用时间的长短呈正比。零点改正值可从仪器的零点漂移曲线上查得。而零点漂移曲线是由基点控制得来的，即两次到基点去重复读数之差，经过日变改正和温度改正后，得到最大零点漂移，然后再以时间为横轴绘出一条线性变化曲线，按时间比例将这个最大漂移值分配到该段时间内所测的各个测点上，作为各测点上的零点改正值。

一般在实际工作中，为了工作方便，常将上述 2、3、4 项改正综合在一起做，这种改正称为“混合改正”。

5. 纬度改正

当测区沿南北方向分布范围较大时，地磁场的正常变化就会对磁异常值产生影响。因此需要进行正常梯度改正，方法是以总基点为标准，量取各测点相对于总基点沿磁南北方向的

距离 Δx(km)，乘上纬度改正系数 β(nT/km)，就得到纬度改正值，即 $\Delta B_{纬} = -\beta\Delta x$。在取 Δx 值时，向北为正，向南为负。

五、磁测数据的图示

为了能直观地反映测区磁异常的特点和规律，将上述整理计算所得的各测点的磁异常数据，按一定比例绘制成各种磁异常图。这些图件便作为对磁测结果进行最后推断解释的依据。磁异常图的种类很多，最常用的基本图件有磁异常剖面图、磁异常平面剖面图和磁异常平面等值线图等。

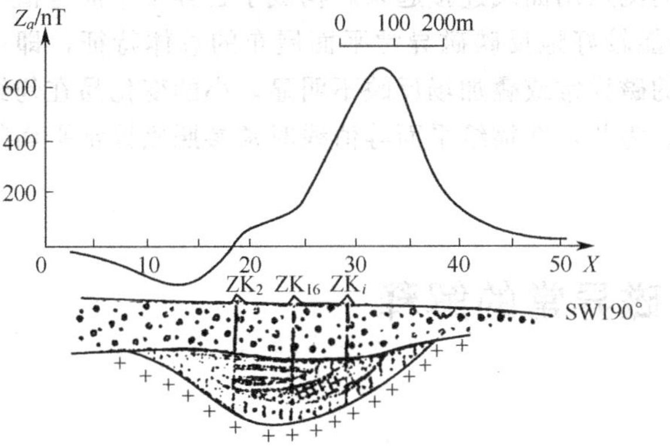

图 2-20 磁异常综合剖面图

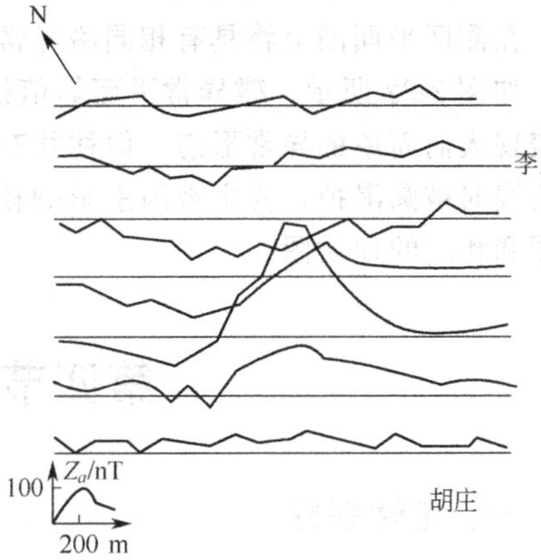

图 2-21 垂直磁异常剖面平面图

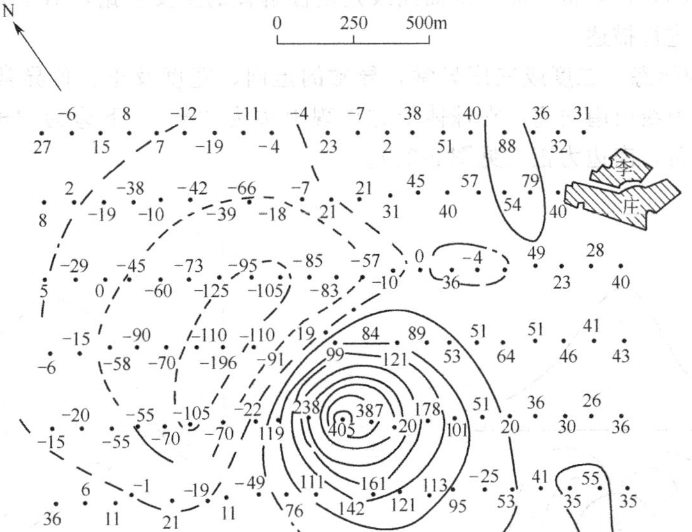

图 2-22 磁异常平面等值线图

1. 磁异常剖面图

以测线为横坐标，在纵坐标上标出各测点的磁异常值，将这些磁异常连成曲线，即为磁异常剖面图。图 2-20 为某铁矿的一条垂直磁异常剖面图。另外，在磁异常曲线下面，一般还绘有地形、地质剖面、磁参数资料和剖面方位等，便于对比分析。

2. 磁异常平面剖面图

磁异常平面剖面图是由各条测线的磁异常剖面图按一定的线距拼在一起而构成的，如图 2-21 所示。磁异常平面剖面图不仅能反映磁场沿测线方向的变化特点，也能反映磁性地质体的走向变化等特点，是面积性解释的基本资料。

3. 磁异常平面等值线图

在测区平面图上将具有相同磁异常值的测点用曲线连接起来就构成了磁异常平面等值线图，如图 2-22 所示。磁异常平面等值线图能较好地反映磁异常平面展布的总体特征，即适合表现大而简单的异常形态，但往往对小的磁异常或叠加场反映不明显，小的变化易在勾绘等值线时被圆滑掉，受主观因素影响较大。为此，在描绘平面等值线时常参照磁异常平面剖面图和相应的地质图。

第四节　磁异常的解释

一、定性解释

1. 异常特征的描述及分类

磁测的目的是根据磁异常与磁性体的关系来分析、描述实测的异常，大致确定磁性体的形状、产状、范围等，异常平面、剖面曲线是定性解释的主要依据，对于异常特点，一般可根据如下几方面进行描述。

① 磁异常的形态：二度或三度异常，异常的走向、宽度及正、负异常的分布范围，如球形体，地表磁力线由南向北，在球体上方出现上边为“−”，下边为“+”（见图 2-23）；板状体，北边为负，南边为正（见图 2-24）。

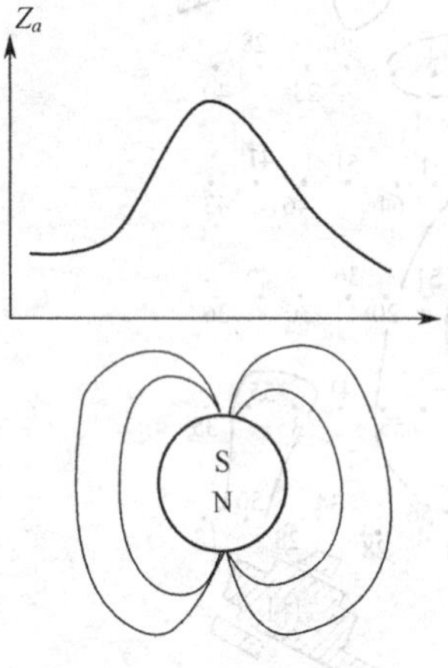

图 2-23　球体磁异常形态

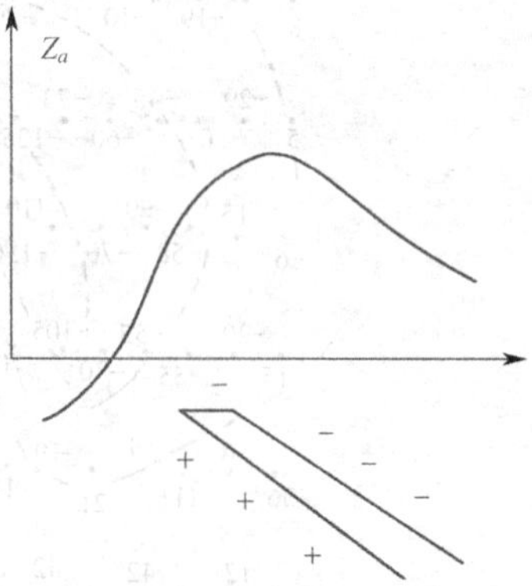

图 2-24　板状体磁异常形态

② 异常的强度，异常极大值、极小值和一般值。异常体大小与埋深有关，浅部异常大，但范围小，而深度异常小而范围大，当然与地下磁性体的形态有关。

③ 磁异常梯度，即沿剖面方向单位距离上异常的大小，平面图等值线的疏密，剖面图异常的陡缓，都反映了异常的梯度。

④ 各类异常体之间的关系，如干扰场、深部与浅部异常的叠加等。如东梁庄地区有上、下两层铁矿，磁测图等值线很密，当浅部挖空后（当时认为是赤铁矿，没有磁性），并没有磁铁矿大面积赋存，就是与浅部的叠加造成的。

根据其特征，结合测区的地质情况，可以将测区内异常分为几类，并编号，大致区分出有关的异常。如地形引起的异常（陡坎边测量），大块岩引起的异常，构造矿体引起的异常等，以便有重点进行分析或解释。

2. 决定磁异常特点的因素

（1）磁性体的赋存状态

① 形状和大小：磁性体的形状和大小对磁异常的特征影响比较明显（见表 2-3），它直接影响异常在平面上的分布特征，具有明显走向的磁性体，其磁异常平面等值线也有明显走向；没有固定走向的磁性体，如球状等，其磁异常平面等值线呈近似圆状异常，称为等轴异常。

② 埋深：磁性体的埋深主要影响异常极值大小、宽度及梯度变化。当埋深加大时，异常极大值减小，宽度增大，曲线圆滑，梯度变小（见图 2-25）。

③ 宽度、倾向和延深：磁性体的水平宽度主要影响磁异常宽度，倾向和延深主要影响曲线形态和磁化强度方向（见图 2-26）。

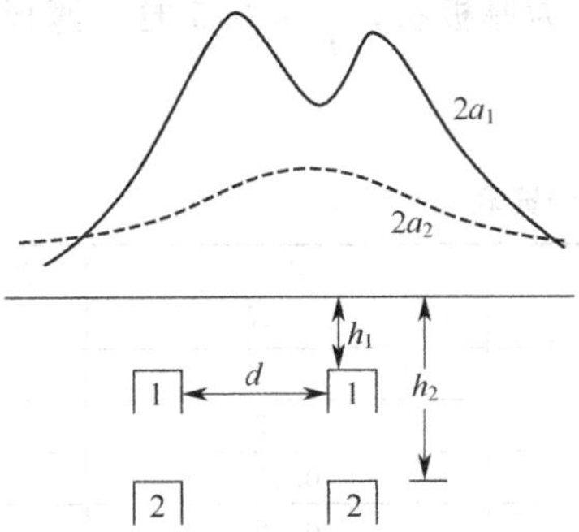

图 2-25　不同埋深水平叠加磁性体曲线

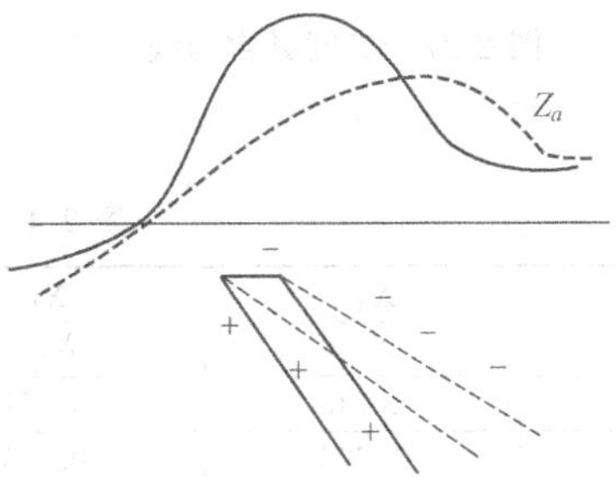

图 2-26　不同倾斜磁性体曲线

（2）磁性体磁化强度的大小和方向

磁化强度的大小只影响幅值，而方向会影响曲线的形态、对称性、幅值及负异常的分布，如表 2-3。磁化强度的大小和方向直接影响到磁异常的解释，一般有如下四个途径来确定：

① 根据当地磁场的方向，求出磁性体有效磁化强度方向，可不考虑剩磁；

② 用标本统计的感磁和剩磁大小和方向，用投影合成法确定有效磁方向；

③ 用磁异常推算有效磁化强度方向；

④ 实测磁异常曲线与书籍的理论曲线对比，确定有效磁化强度方向。

表 2-3　不同形状磁性体的磁异常特征

形态 \ Z_i	0°	15°	30°	45°	60°	75°	90°
球形	1.00	0.53	0.29	0.25	0.10	0.039	0.0178
水平圆柱形	1.00	0.74	0.54	0.39	0.28	0.19	0.125

注：$Z=|Z_{a\min}|\div Z_{a\max}$。

3. 磁性体形状的确定

(1) 根据磁性异常特征确定磁性体的形状

① 等轴状异常

a. 只有正异常，Z_a 平面图呈图状或似圆状，Z_a 剖面两翼对称，一般为顺轴磁化，为向下延深较大的柱体引起。

b. 正负异常伴生，Z_a 平面图呈似圆状，负异常主要在正值北侧，此类异常为球体或向北倾斜、顺轴磁化向下有延伸的柱体引起。

② 有一定走向的异常

a. Z_a 剖面曲线对称，两侧无负值，为顺层磁化，延深较大的板状体；

b. Z_a 剖面不对称，一般有负值，异常为延深较大的斜磁化状体引起；

c. Z_a 剖面对称或不对称，两侧有负值，表明磁性体延伸有限，为水平圆柱体，板状体。

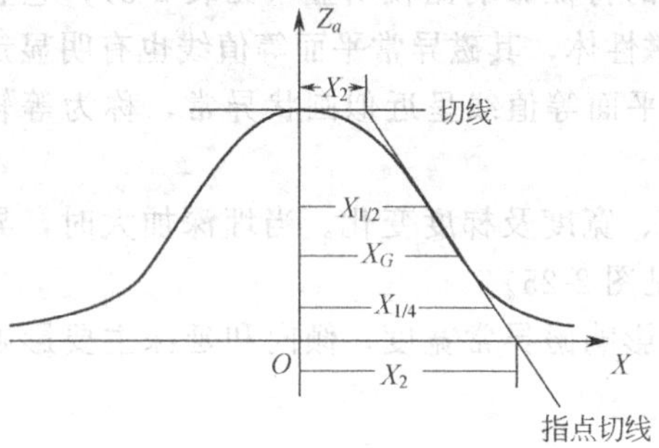

图 2-27　二度异常切线

(2) 根据特征点参数确定磁性体的形状

常利用的是剖面曲线的切线特征点（只适用于垂直磁化的垂直板状地质体），见图2-27。切线交点 X_2，X_1，（极大值的一半，$X_{1/2}$），$X_{1/2}$，$X_{1/4}$，X_9（指点的 X 坐标），由表2-4 查出 $\frac{b}{n}$，当 $\frac{b}{n}>0.5$ 时，为厚板状，$\frac{b}{n}<0.5$ 时，薄板或水平圆柱状。

表 2-4　磁异常切线特征点一览表

$\frac{b}{h}$	$\frac{X_{1/4}}{X_{1/2}}$	$\frac{X_G}{X_{1/2}}$	$\frac{X_2}{X_1}$	$\frac{X_G}{X_1-X_2}$	$\frac{X_1-X_2}{X_2}$
0	1.733	0.577	—	—	—
0.1	1.725	0.579	0.09	0.37	10.0
0.5	1.607	0.603	0.11	0.39	8.1
1.0	1.556	0.752	0.18	0.56	4.5
1.5	1.459	0.855	0.23	0.70	3.3
2.0	1.380	0.898	0.32	0.86	2.2
2.5	1.324	0.930	0.37	1.00	1.7
3.0	1.281	0.958	0.43	1.28	1.35
3.5	1.250	0.962	0.47	1.32	1.15
4.0	1.227	0.972	0.50	1.45	1.0
5.0	1.181	0.980	0.57	1.80	0.75
8.0	1.117	0.992	0.69	2.76	0.45
10.0	1.111	1.000	0.75	2.36	0.35
∞	1.000	1.000		—	

对于非对称曲线要进行处理，将曲线分解后再按表 2-4 查出。

(3) 利用不同高度剖面上 Z_a 极大值确定磁性体形态

规则形状磁性体的 Z_a 的极大值可表示为：

$$E_{a\max}=\frac{c}{h^n}$$

式中，h 为顶面埋深；n 为与磁性体有关的参数；c 为与磁化状态有关的参数。

查表得磁性体形态。

(4) 利用磁异常的空间分布确定磁性体的形状

此方法是最难的，也是最直接的，要靠经验，因磁形体是各种各样的，反应的剖面图也有各种形态，可以参考有关文献具体见表 2-5。

表 2-5 磁性体形态一览表

n	磁化体形态
0	半空间的厚板状体
$0<n<1$	沿走向无限长，向下无限延伸的薄板状体
1	沿走向无限长，向下无限延伸的薄板状体
$1<n<2$	沿走向无限长，向下无延伸的薄板状体
2	走向无限长的水平圆柱体，向下无限延伸的柱体
$2<n<3$	走向无限长的水平圆柱体，或顺轴磁化，向下有限延伸的柱体
3	球体

4. 磁性体产状的初步确定

(1) 根据 Z_a 曲线特征确定倾向

① 南北走向长椭圆状异常：异常南北走向，在垂直走向的中间剖面上，表现为垂直磁化 $i=90°$，Z_a 异常曲线与磁性体倾向的关系可概述如下。

a. Z_a 曲线两翼对称：表明磁性体倾向与磁化方向近乎一致，故可判断磁性体为垂直磁化，近于直立的板状体。

曲线两翼无负值或负值不明显，表明板状体向下延深较大。曲线两翼有负值，表明磁性体向下有限，此类异常还可以由板状体或水平圆柱体引起。

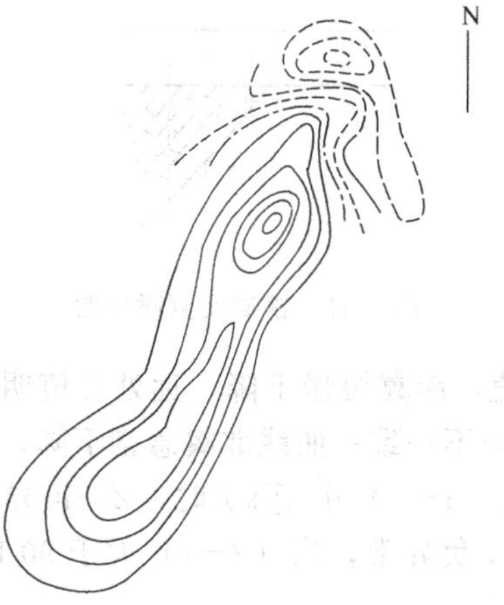

图 2-28 南北走向磁异常

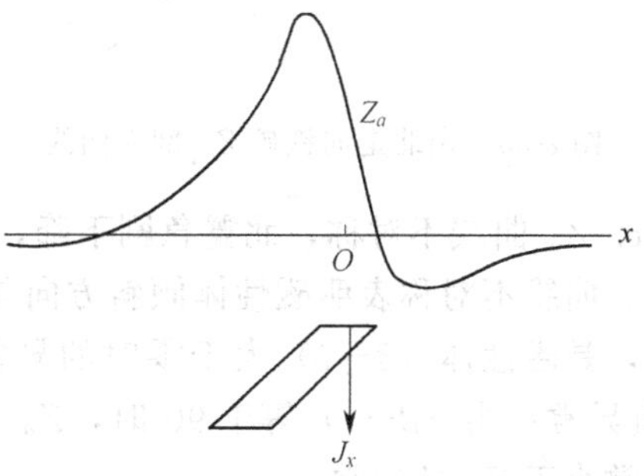

图 2-29 倾斜板状磁异常

在平面等值线上，由于地磁场水平分量对磁性体沿走向方向磁化，使正 Z_a 等值线范围南部扩大，北部削尖，当地磁场倾角较小时（低纬度地区），磁性体的北端可能在负异常中。图 2-28 为南北走向的一个铁矿体上磁异常的实例。Z_a 曲线两侧无负值，表明矿体下延较大；等值线南端正异常扩大；北端削尖出现负异常，并不反映矿体南端扩大，北端尖灭，而是矿体两端磁性影响的结果。

b. Z_a 曲线两翼不对称：其一翼缓慢下降，远处出现负值或负值不明显，另一翼急剧下降，近处出现负值，如图 2-29 所示。它表明磁异常是由倾斜的板状体引起的，其倾斜方向与曲线缓慢下降一侧相一致。远处负值不明显，表明磁性体向下延深较大。远处负值明显，表明下延不大。

图 2-30 为我国河北南部南北走向铁矿体上实测 Z_a 剖面曲线。Z_a 曲线不对称，西侧有负值，东侧缓慢下降，无负值出现，可判断矿体向东倾斜，延深较大，与实际勘探结果是一致的。

② 东西走向长椭圆状异常：异常东西走向，在垂直异常走向的剖面内，表现为明显的斜磁化（$i=I$），Z_a 异常与磁性体产状的关系可概述如下。

a. Z_a 剖面曲线两翼对称无负值，表明磁性体倾斜方向与磁化方向一致，无负值表明下延较大。可判断磁性体为顺层磁化，向北倾斜（倾角 $\beta=I$），下延较大的板状体。

b. Z_a 曲线在极大值附近近于对称，两翼有负值，一翼远处有负值，由正到负梯度不大，另一翼负值明显或不明显。曲线在极大值附近对称表明顺层磁化，远处负值为下端磁性影响。推断为近于顺层磁化，向北倾斜下延有限的板状体或透镜体。

图 2-31 是在一个铁矿体上实测磁异常，当地地磁倾角 $I=53°$，由 Z_a 曲线特征推断矿体向北倾斜，倾角在 53°左右，矿体向下延深不大。

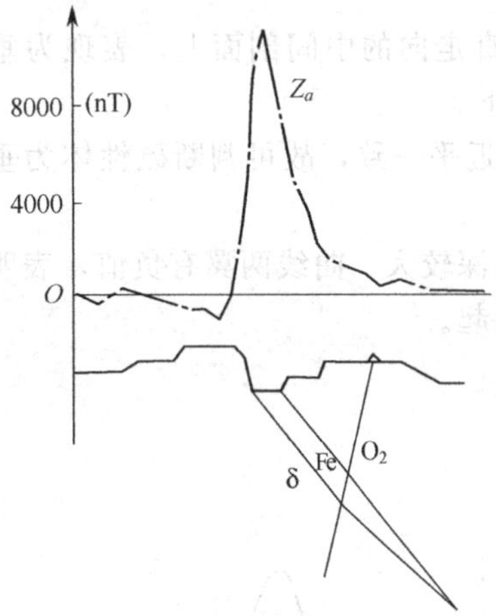

图 2-30　南北走向铁矿 Z_a 剖面曲线

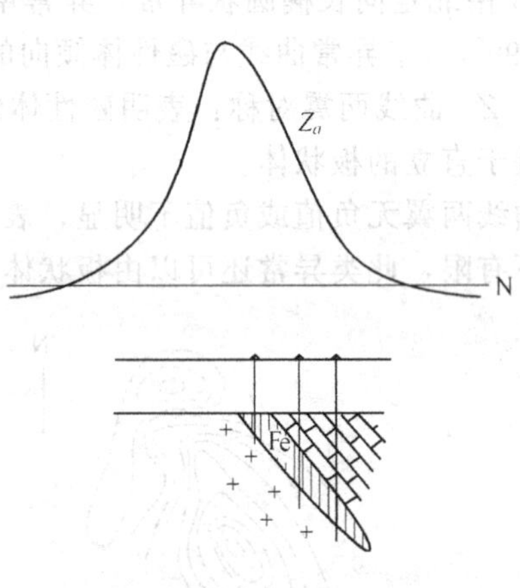

图 2-31　铁矿实测磁异常

c. Z_a 曲线不对称，北翼急剧下降，出现明显负值，南翼缓慢下降，远处负值明显或不明显。曲线不对称表明磁性体倾斜方向与磁化强度方向不一致；曲线北翼急剧下降，有明显负值，是磁性体（$\beta-i$）大于零时的异常特征，且当（$\beta-i$）小于 90°时，Z_a 正异常大于 Z_a 负异常；当（$\beta-i$）等于 90°时，Z_a 正异常等于 Z_a 负异常，当（$\beta-i$）大于 90°时，Z_a 正异常小于 Z_a 负异常。

图 2-32 是河北南部某铁矿的磁异常实测曲线，异常东西走向。由以上分析可推断矿体向南倾斜。

d. Z_a 曲线北翼下降缓慢，远处出现负值，南翼下降较快，在近处出现负值。这是磁性体（$\beta-i$）小于零的异常特征。可判断为向北缓倾斜的板状体。当远处负值不明显时，说明向下延深较大；反之，下延有限。

③ 磁性体不同倾向时，剖面曲线特征：当磁性体向下延深无限时，其北西剖面 Z_a 曲线特征如表 2-6 所示。当磁性体下端有限时，需考虑下端磁性的影响。图 2-33 为我国江苏某地北东走向矿体上的磁异常曲线，矿体倾角与有效磁化倾角 i 相近，约为 55°。

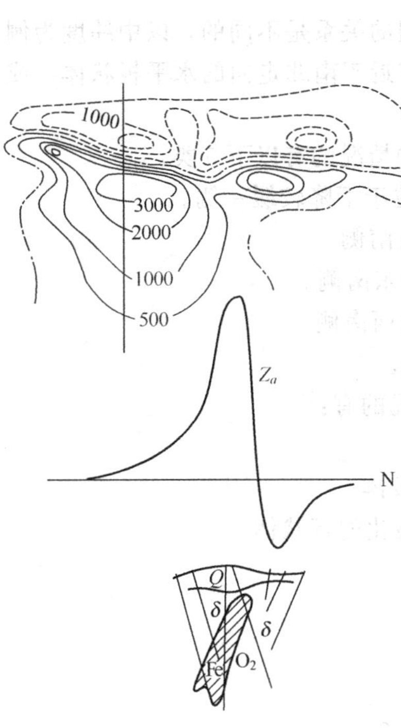

图 2-32　河北某铁矿实例

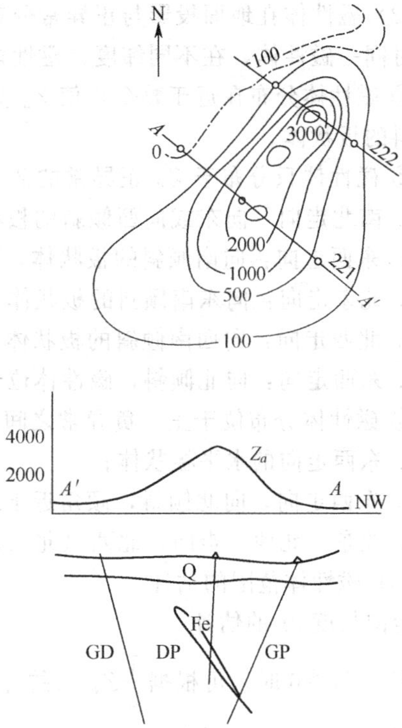

图 2-33　北东走向矿体上的磁异常曲线

表 2-6　不同倾斜方向的 Z_a 剖面特征

产状	倾向南东	直　立	北西陡倾斜	倾向北西	北西缓倾斜
曲线形状	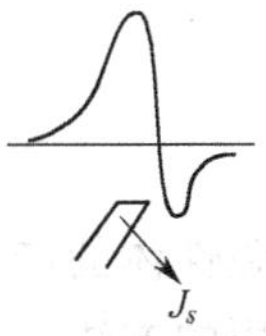	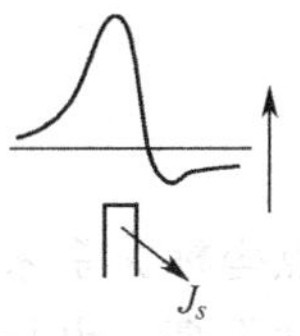	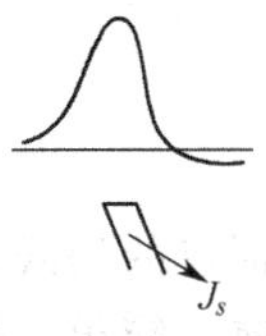	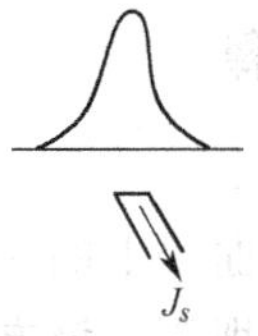	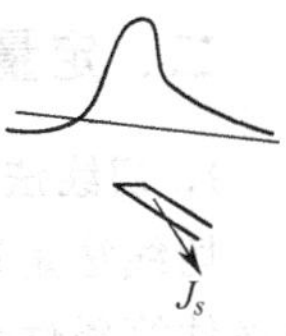
特征	梯度陡,北西负值大	梯度稍陡,北西有负值	梯度缓,北西有负值	梯度缓,曲线对称	梯度缓,南东有负值

(2) 磁性体向延深长度 $2l$ 的大致估计

由垂直磁化，向下由延伸的直立薄板状体的磁场公式求得：

$$Z_a=\frac{u_0}{2\pi}J_s\sin\beta\cdot 2b\left[\frac{h}{h^2+x^2}-\frac{h-2l}{(n+2l)^2+x^2}\right] \tag{2-32}$$

式中，u_0为系数；J_s为磁强度；x 为切点位置的坐标。

一般估计 $2l$ 较难。

5. 磁性体范围的估计

磁性体的形态受地质条件等各种因素限制，测试结果也受各种因素干扰，所以不能一概而论。

(1) 磁性体中心位置的确定

Z_a 曲线对称，中心位于 $Z_{a\max}$下方；Z_a 反对称，中心位于异常零点下方；当 Z_a 不对称时，中心位于 $Z_{a\max}$与 $Z_{a\min}$之间的某个部位。对于板状体有：

$$Z_a(0)=Z_{a\max}-|Z_{a\min}| \tag{2-33}$$

(2) 磁性体在地面投影与正异常分布范围的关系

对同一磁性体，在不同纬度，磁性体与磁异常范围的关系是不同的，以中纬度为例。

① 磁性体分布在近于整个正值 Z_a 异常中，这时有近于南北走向的水平板状体，或东或西倾斜的板状体。

② 磁性体只分布于 Z_a 正异常的部分中，属于这种情况的有以下5类。

a. 南北走向：向东或向西倾斜的板状体，磁性体位于下降较缓一侧。

b. 东西走向：向南倾斜的板状体，位于 Z_a 极大值南侧。

c. 北东走向：向东南倾斜的板状体，位于 $Z_{a\max}$ 的东南侧。

d. 北西走向：向西南倾斜的板状体，位于 $Z_{a\max}$ 的西南侧。

e. 东西走向：向北倾斜，磁性体位于 $Z_{a\max}$ 的北侧。

③ 磁性体分布位于正、负异常之间，属于这种情况的有：

a. 东西走向的水平板状体；

b. 东西走向，向北倾斜，倾角近于地磁场倾角的板体；

c. 北东（北西）走向，北西（北东）倾斜，沿斜磁化的板状体。

(3) 磁性体范围的估计

走向长度 $2l$ 的估计：

当 $2l/n>6$ 时，可根据 $\frac{1}{2}Z_{a\max}$ 的等值线估计 $2l$；

当 $2l/n<6$ 时，可由 $(0.55\sim0.65)Z_{a\max}$ 等值估计 $2l$。

(4) 上顶宽度 $2b$ 的估计

当曲线对称时，用拐点的坐标估计上顶宽度 $2b$，不对称时分解曲线成为半差曲线，以此估计上顶宽度。

二、定量解释

1. 切线法

切线法是通过曲线上的一些特征点的切线的交点坐标关系来计算磁性体的产状。主要是用来估算磁性体的埋深，该方法快速、简单，但精度不高，也是经常用的方法。

如图2-34，经验公式：

$$h=\frac{1}{2}\left[\frac{1}{2}(x_1-x_2)+\frac{1}{2}(x_4-x_3)\right]=\frac{1}{4}(d_1+d_2) \tag{2-34}$$

校正系数公式：

$$h=K\left(\frac{d_1+d_2}{2}\right) \tag{2-35}$$

K 的取值为0.3～2.3，视磁性大小和磁性条件 $(\beta-i)$ 而定。

2. 特征点解析法

特征点解析法是求解磁性体埋深 (h) 的一种方法，其特点是快速、方便，缺点是仅利用了曲线上个别点，当干扰大时，特征点不可靠，导致结果错误，一般利用待征点的坐标值，如 $X_{\max}$、$X_{\min}$、$X_{1/2}$、$X_{1/4}$、X_G、X_0（$Z=0$ 时的坐标），如图2-35所示。公式很多，下面列举几个：

顺轴磁化无限延深矿体：$h=1.3X_{1/2}=2X_G$

$$h=1.41X_{\max}^{H}$$

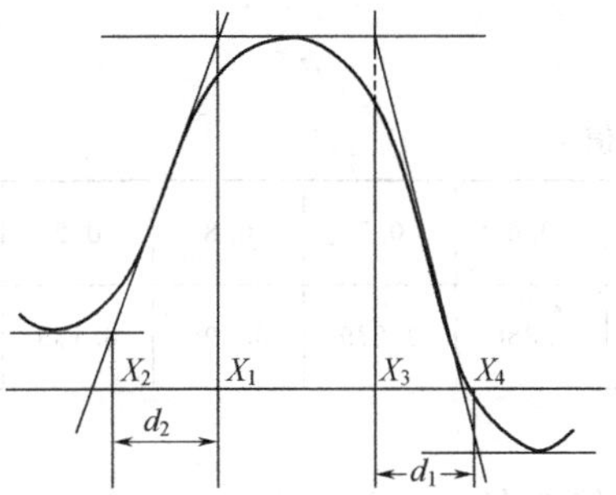

图 2-34　切线法示意图

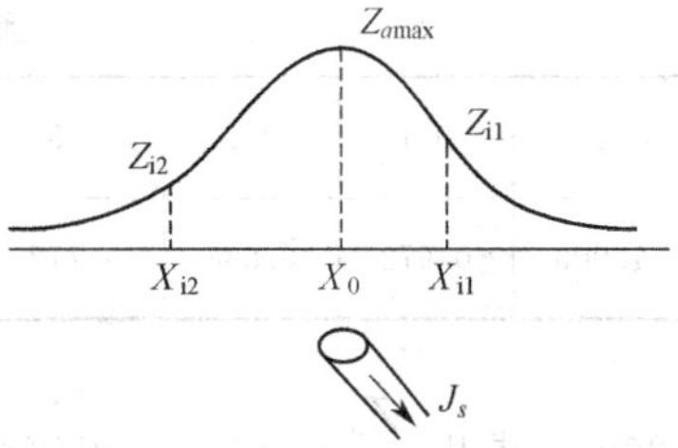

图 2-35　特征点位置示意图

垂直磁化球体：　$h_c=0.5X_{\min}=0.71X_0$

$h_c=2X^H_{\max}$（h_c 为中心埋深）

顺层磁化无限延深厚板：$h=(X^2_{1/4}-X^2_{1/2})2X_{1/2}$

$b=\sqrt{X^2_{1/2}-h^2}$

垂直磁化水平圆柱体：$h_c=X_0=0.58X_{\min}$

$h_c=1.73X^H_{\max}$

层磁化无限延伸薄板：　$h=\pm X_{1/2}=\pm 1.73X_G=X^H_{\max}$

3. 任意点解析法

任意点解析法又称为多点法，是利用异常曲线上任意点的横坐标（X_i）及其所对应的异常值 Z_{ai} 或 H_{ai}，来计算磁性体产状的方法。

（1）顺轴磁化无限延深柱体

任意一点 X_i 的磁场为

$$Z_{ai}=\frac{4\pi}{u_0}\times\frac{mh}{(x_i+h^2)^{2/3}} \tag{2-36}$$

当 $x=0$ 时，

$$Z_{a\max}=\frac{4\pi}{u_2}\times\frac{m}{h^2} \tag{2-37}$$

令

$$a_i=\frac{Z_{ai}}{Z_{a\max}}，则\ a_i=\frac{h^3}{(x_i+h^2)^{3/2}} \tag{2-38}$$

整理得：

$$h=x_i\sqrt{a_i^{2/3}/(1-a_i^{2/3})}\quad（即为所求埋深） \tag{2-39}$$

（2）顺层磁化无限延伸薄板

$$h=x_i\sqrt{\frac{Z_{ai}}{Z_{a\max}-Z_{ai}}} \tag{2-40}$$

（3）球体

$$\frac{Z_{ai}}{Z_{a\max}}=\frac{2-\left(\frac{x_i}{h_2}\right)^2}{2\left[\left(1+\frac{x_i}{h_c}\right)^2\right]^{5/2}}\quad（解此方程可求\ h_c） \tag{2-41}$$

同时认为$\frac{Z_{ai}}{Z_{a\max}}$与$\frac{x_i}{h_c}$之间有函数关系，可绘出一系列如表 2-7 所列的对应值。

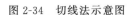

方法：在异常中心取东西剖面，在剖面上取 x_i、Z_{ai}、$Z_{a\max}$，由$\frac{Z_{ai}}{Z_{a\max}}$查表或查曲线，

得$\dfrac{x_i}{h_c}$。x_i已知，则h_c即可求出。

表 2-7　特征点求比值

$\dfrac{x_i}{h_c}$	0	0.1	0.2	0.3	0.4	0.5	0.6	0.7	0.8	0.9	1.0
$\dfrac{Z_{ai}}{Z_{a\max}}$	1.000	0.972	0.888	0.772	0.635	0.500	0.380	0.279	0.198	0.135	0.088

如$x_i=20\text{m}$，求出$\dfrac{Z_{ai}}{Z_{a\max}}=0.6$，查表得$\dfrac{x_i}{h_c}=0.43$，则$h_c=46\text{m}$。

4. 积分法或其他方法等

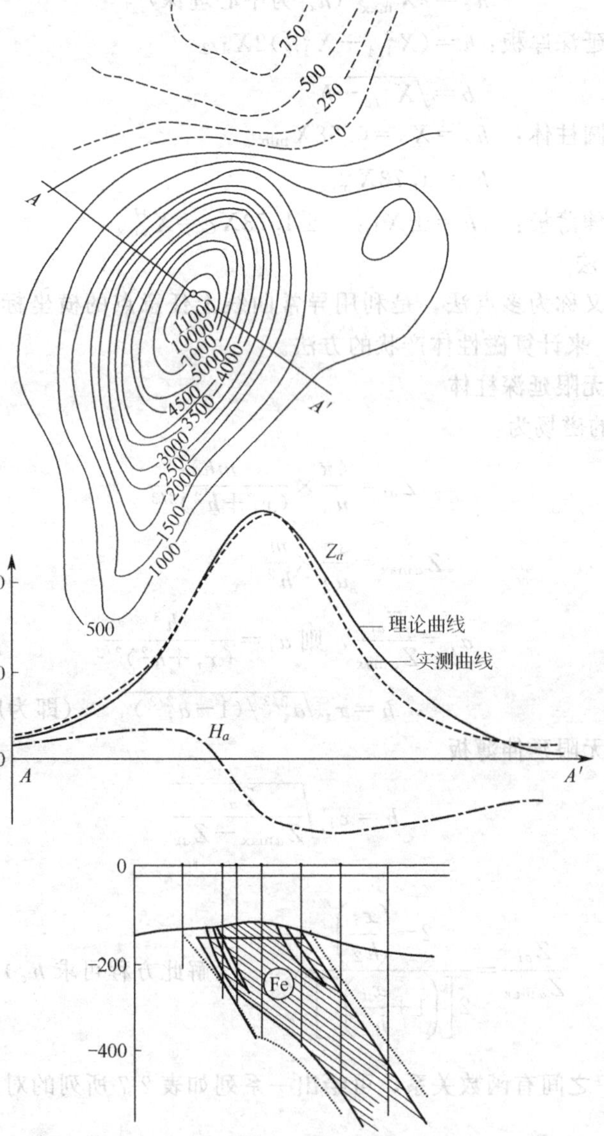

图 2-36　安徽某铁矿磁异常图

三、磁力勘探反演计算

【例 1】 安徽霍邱甲庄磁异常：异常位于第四系地层覆盖地区，走向北东 25°，磁异常极大值为 12400nT，北侧伴生强度负异常。Z_a 剖面曲线近于对称，比较规则，一侧无负值，另一侧（北西侧）负值不明显。由本区磁参数测定结果，除个别岩石呈微弱磁性外，其他均无磁性，故推断异常由似鞍山式沉积变质铁矿引起。

1. 定性分析

由异常平面图可见 1/2 极大值等值线长轴与短轴之比约为 3，可视为二度异常，异常近似对称说明磁化方向与磁性体的倾斜方向近于一致。故定性推断磁性体为顺层磁化、向下延深较大的板状体。

异常走向方位角 $A=25°$，当地地磁场倾角 $I=47°$，不考虑退磁影响，由公式 $i=\arctan\dfrac{\tan I}{\sin A}$，得 $i=69°$，说明磁性体向北西倾斜，倾角约等于 70°（图 2-36）。

2. 定量计算

定量计算结果如表 2-8 所示。按上述参数计算理论曲线，如图 2-36 所示。可见两条曲线吻合得较好，说明反演计算得到的磁性体产状参数与实际接近。

表 2-8　定量计算结果一览表

计算方法	上顶面埋深 h/m	水平宽度 $2b$/m	倾角 β	总磁化强度/($\times10^{-3}$A/m)
切线法	179			
特征点法	180	280	58°	65000
积分法	180	220		
平均	180	250	58°	65000
钻孔验证	146～170	215	50°	69000

3. 钻孔验证

根据物探建议布置钻孔（见图 2-36），在穿过 146m 第四纪地层后，见到似鞍山式沉积变质铁矿，矿厚达 177.6m。

【例 2】 甘肃玉门石头沟，在海拔 3300m 左右有一条带磁铁矿，地表有零星露头，长度有 2km，对其中的一段进行了磁测，结果见图 2-37。磁性矿体在平面上的等值线图反映呈近东西向展布，沿走向两侧磁异常几乎对称，在垂直走向方向，15m 之内最高与最低相差 9000γ，说明该地有埋深不大、向下延伸有限的铁矿存在。

为了说明矿体产状，做了两条磁异常剖面（见图 2-38、图 2-39）。图 2-37 显示异常两侧对称，图 2-39 显示南部有负异常，说明矿体向北倾斜。后在 1km 的范围内进行了槽探，开挖 5 条探槽，图上绘出了其中的两个，发现铁矿向北偏东倾斜，倾角 75°～

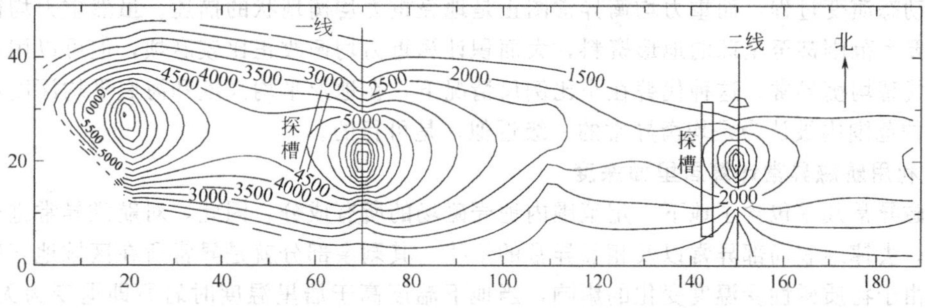

图 2-37　玉门石头沟磁测平面图

80°，矿体真厚度 2～4.5m。结合磁异常平面图分析，矿体在平面上投影宽度平均 11m，根据产状推算矿体埋深 37m。

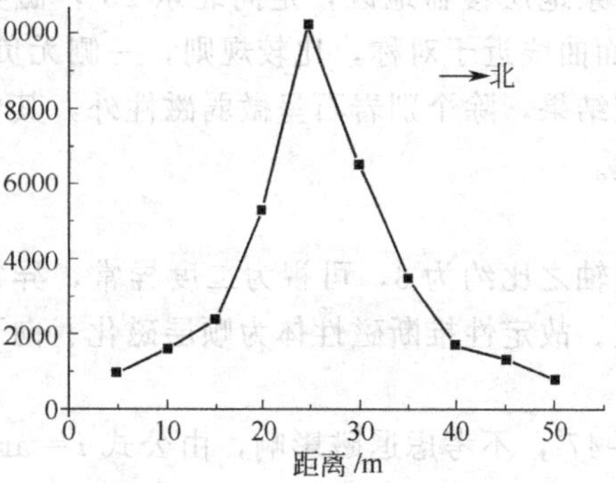

图 2-38　一线磁异常剖面图

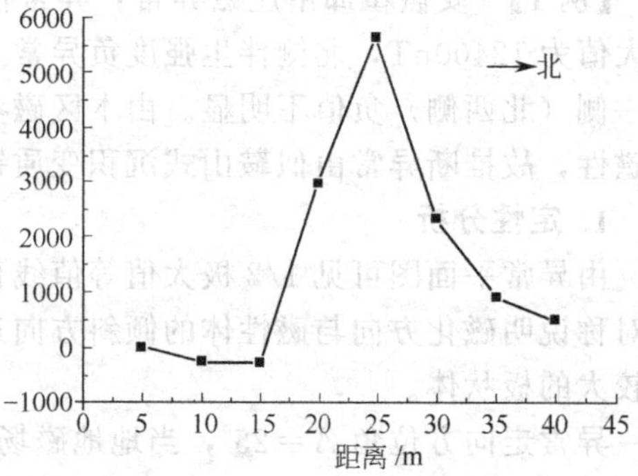

图 2-39　二线磁异常剖面图

第五节　重力和磁法勘探的综合应用

重力勘探与磁法勘探测量原理不同，测量结果所包含的地质信息也各不相同。在重、磁异常资料的解释应用中，既要充分利用其在目标勘探中的各自的优势，又要注意它们的区别，在综合解释中还要注意总结它们的共性，减少多解性。

一、重、磁勘探在深部构造中的应用

利用重、磁资料研究地壳深部结构构造，不仅对解决地壳的演化和大陆与海洋的形成等地学的基础理论问题有重要意义，而且对地质构造单元的划分、天然地震活动性的分析和预报以及火山作用与各种矿产的分布的研究也有重要意义。

1. 利用布格重力异常计算莫霍面深度

莫霍面具有明显的密度变化。利用布格重力异常的相关计算确定莫霍面深度能够提供较大范围内地壳厚度变化资料，这种资料因为其覆盖区域广不仅使得对有限的地震测深剖面的区域性的解释更加方便合理，而且为区域与深部地质构造发展过程研究提供了一种重要参考。

2. 利用均衡重力异常研究地壳的均衡状态

在研究地球表面的高山凸起和大洋凹陷的地质历史进程中，重力均衡是一种被普遍认同的地壳动态演变过程，而重力均衡异常图正是地壳重力均衡现状的描述。虽然重力均衡改正计算需要大范围甚至全球的地形资料，大面积计算重力均衡改正比较麻烦，但可以用自由空间异常代替均衡异常，这种代替在小比例尺情况下，在地形平均高度和海底平均深度不超过 2000m 的范围内被认为是均衡异常的一级近似，是可行的。

3. 利用航磁异常计算居里面深度

航磁异常几乎包含了地下一定范围内地壳磁场的所有成分。因此，对航磁异常进行适当的分离，去掉地表局部异常以及相邻异常的干扰，其剩余部分就是异常所在区域地壳磁场的主体。由于物质磁性受温度变化的影响，当地下温度高于居里温度时岩石即退变为无磁性，故计算该剩余异常场源的下底面深度即得到居里面深度值。

4. 重、磁资料在全球地学大断面（GGT）研究中的应用

全球地学大断面（Global Geoscience Transects，简称 GGT）计划是国际岩石圈计划委员会于 1985 年 8 月在日本东京召开的一次会议上提出来的，通过对分布在全球范围不同地段的地质、地球物理大断面的研究，进一步深化对地球结构与构造认识的一项全球性的合作研究计划。GGT 大断面利用沿断面穿过地区的所有地质、地球物理和地球化学等资料来研究全球范围内的深部地质问题。全球地学大断面计划得到了世界各国岩石圈研究机构的积极响应。1986 年 7 月中国岩石圈委员会也成立了由原地质矿产部、石油部、国家地震局以及中国科学院代表组成的中国地学大断面协调组以推动这项计划的实施。经过该协调组的调研论证，截止到 2015 年，在我国境内提出了 14 条地学大断面的研究计划。目前已经全部完成，它们对我国主要构造类型均有所控制。如图 2-40 所示。

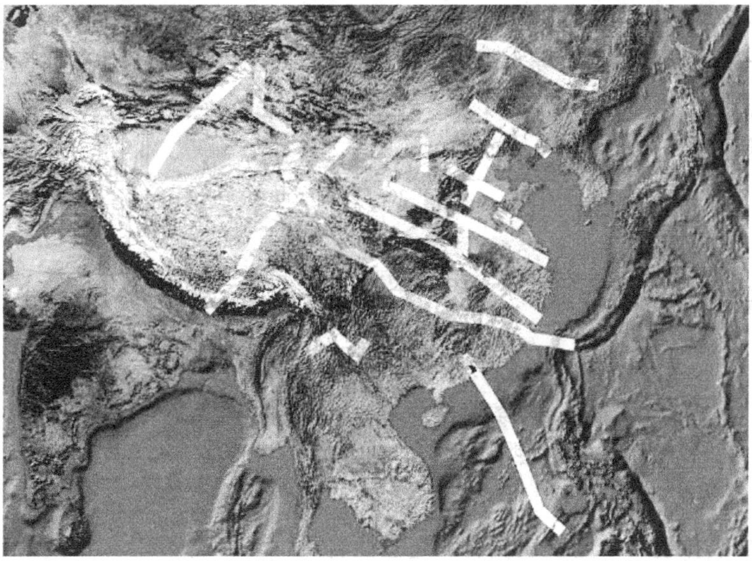

图 2-40 中国地学大断面

二、重、磁勘探在区域地质调查中的应用

1. 利用重、磁资料划分构造单元

地槽区和地台区是一级构造单元，它们的内部还可以划分为一些次一级的构造单元。重、磁资料在划分各级构造单元中都可以起到重要作用。

2. 利用重、磁资料确定断裂构造

不同级别的断裂往往是不同级别构造单元的分界线，一些矿产的分布与断裂构造密切相关。利用重力和磁异常资料确定断裂被证明是有效的，尤其重、磁资料相结合效果更加明显。

3. 依据重、磁资料圈定岩体和划分不同岩性区

圈定岩体和划分不同岩性区是地质填图的重要内容。利用重、磁资料圈定岩体和划分不同岩性区的地球物理前提是不同岩体和不同岩性区具有的不同的物性参数，以及它们不同的异常特征。

【例 3】 我国湖南中部羊角地区广泛出露中泥盆系地层，部分地区被第四系覆盖。在羊

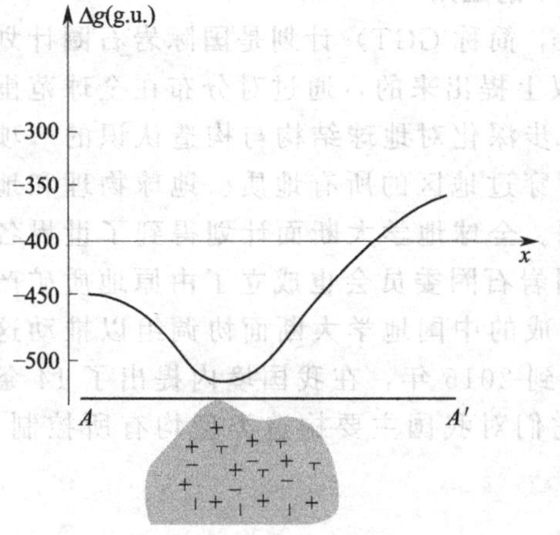

图 2-41　羊角地区花岗岩体及对应的重力异常

角西 5～6km 处有印支期花岗岩零星出露。1∶10 万布格重力异常平面图上呈现一个圈闭的重力低。该异常中心恰好在花岗岩零星出露的部位上。密度测定结果表明，泥盆系地层的平均密度为 $2.7g/cm^3$，花岗岩的平均密度为 $2.63g/cm^3$，二者的密度差为 $-0.07g/cm^3$。由重力异常的分布特征和密度测定结果，推断该重力异常是隐伏花岗岩体引起的，并根据重力异常曲线拐点的位置勾画出了花岗岩体的边界，如图 2-41 所示。

【例 4】 岩石（地层）间磁性差异较大，不同岩体、岩性区的磁场特征明显不同，因此由磁测资料圈定岩体、划分不同岩性区的效果也较重力资料的效果好。图 2-42 为综合了多种不同岩性、地层（岩性区）的一条磁异常、地质综合剖面，从中可以对应地观察它们的磁性特征。

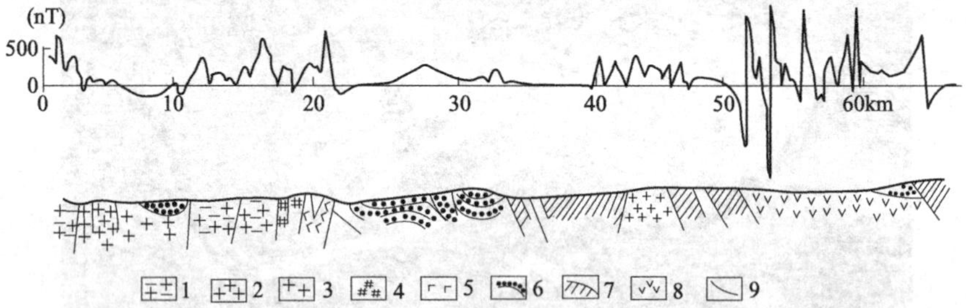

图 2-42　穿过几种不同岩体和岩层的 Z_a 曲线

1—辉长岩；2—黑云母细粒花岗岩；3—花岗岩；4—玢岩；5—玄武岩墙；6—砂岩；7—灰岩页岩层；8—超基性岩；9—破碎带

（1）辉长岩、橄榄岩、超铁镁质岩和超基性岩类

辉长岩、橄榄岩一般都含有较多的铁磁性矿物，在出露或埋藏较浅的情况下，在地面可产生数千或上万纳特的强磁异常。在这些岩体的不同相带上，因其所含铁磁性矿物数量和结构构造的不同，磁异常强度往往有明显差别。

（2）玄武岩

玄武岩磁性极不均匀，磁异常曲线具有锯齿状剧烈跳动的特征。

（3）花岗岩类

花岗岩类一般磁性较弱。多数出露的黑云母细粒花岗岩体上只有数百纳特的磁异常，有的甚至在 100 nT 以下。磁异常曲线跳动较小。少数花岗岩体上的磁异常可达数千纳特。有些花岗岩体具有磁性差异较大的不同的岩相带，而且处在边缘相地段的岩石磁性往往较强。

（4）沉积岩（包括砂岩，灰页岩等）

多数沉积岩磁性微弱，磁场曲线平滑、单调，有些砂岩、页岩上出现稍强的磁场，有的盐丘具有数十或数百纳特的负磁异常。

应该注意，以上介绍的仅是出露或埋藏较浅情况下的一些岩体、岩层的磁场特征。当它们埋藏较深时磁场特征将会变得不明显。

4. 褶皱构造的异常特征

褶皱构造也是常见的二度地质体，图 2-43 给出了模拟的背斜和向斜的重、磁异常理论曲线。

褶皱构造的重力异常与水平圆柱体重力异常曲线形状相似，但剩余密度 $\rho>0$ 的背斜的重力异常为正异常，而剩余密度 $\rho<0$ 的向斜的重力异常却为负异常。

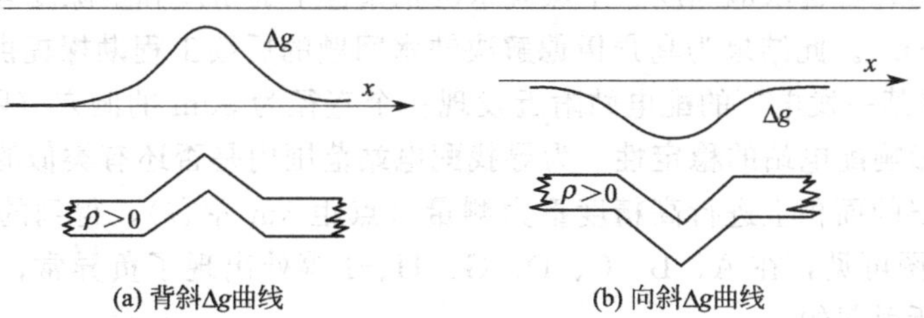

图 2-43　褶皱重力异常理论曲线

三、重力勘探在石油、天然气勘查中的应用

利用重力资料研究区域地质构造、圈定沉积盆地范围、确定基底起伏、划分次一级构造单元、指出含油气远景区，是石油与天然气早期勘探工作的必须过程。自 20 世纪 60 年代起，在我国相继开发大庆油田、华北油田、辽河油田、大港油田等多个油气田的勘探测量中，重力勘探都起到了不可替代的作用。随着国民经济不断发展的需要，目前油气田勘探工作正在不断向盆地外围以及深层拓展，重力异常资料在反映前新生代地层分布规律以及结晶基底、古潜山特征方面的特殊效果，使得重力法勘探在该领域中发挥着更重要的作用。

四、重、磁勘探在固体矿产勘查中的应用

根据重、磁资料研究深部构造和区域地质调查的结果，再结合区域地质资料、矿点和矿床的分布规律，往往可发现一些找矿标志（包括地球物理标志和地球化学标志两类）。对各种找矿标志进行综合分析，可划分和圈定出金属矿的成矿远景区。

1. 普查找矿中重、磁勘探的主要作用

普查找矿工作是在区域调查基础上进行的。普查找矿中重、磁工作的主要作用有：发现并圈定有意义的重力（或磁力）异常、判断异常的地质原因、对个别异常进行必要的定量计算。在普查找矿中无论是确定重、磁任务还是解释资料，应注意充分发挥重、磁勘探的直接找矿和间接找矿的双重作用。

2. 在矿产勘探中重、磁勘探的主要作用

在矿产勘探中重、磁勘探的主要作用是：查明已为普查找矿中所发现的异常特征，并对异常进行详细的解释（其中定量解释占主要内容），由于这项工作常与异常的钻探验证或与矿区勘探相配合，因此对解释推断的要求也不同。在异常验证之前，应提出定性和定量解释结果，以便确定孔位和选择钻机型号及预测见矿深度。在钻探过程中，应随时解释工程所见的地质体是否为引起异常的地质体，并根据地面和井中物探资料及探矿工程资料，进一步分析异常的找矿远景，以指导钻探工作的进行。在矿区勘探中，由于工程数量多，可提供较多的有关岩体、矿体的资料，应及时地进行仔细的正、反演计算和剩余异常的计算。实践表明，在矿区勘探中，利用剩余异常并结合井中物探资料，能够有效地寻找深部或旁侧的盲矿体。

【例 5】 苏丹可尔多凡省会乌拜伊德是一个拥有五十万人口的城市，1966 年到 1973 年由于降水量的减少，需在城北大约 60km 的巴腊盆地找水。该盆地面积约 6000km^2，为稀疏

植被半沙漠区。重力测量的点距为0.5或1.0km，测量得到的布格重力异常如图2-44所示。

利用图解法由图2-44计算出了剩余重力异常，同时利用了多条剩余重力异常剖面进行定量计算并进行解释，由解释结果绘制了盆地总厚度图。根据异常值、异常范围确定出剩余质量；结合测出的岩石含水饱和度、干燥脱水沉积条件下的密度和空隙度等参数，估计出该盆地蓄水量达$10^{12}m^3$。此结果为乌拜伊德解决缺水问题的后续工程勘探提供了重要依据。

【例6】 国外某一发电厂的配电站附近发现一个直径为30m的洞穴（距地面仅0.6m）。考虑到洞穴直接影响配电站的稳定性，为寻找配电站范围内是否还有类似的洞穴，决定在该地段约$100\times50m^2$的面积上进行高精度重力测量（点距3m左右），得到的剩余重力异常如图2-45所示。由图可见，在A、B、C、D、G、H、I等处出现了负异常，推断它们可能为大小不同的洞穴所引起的。

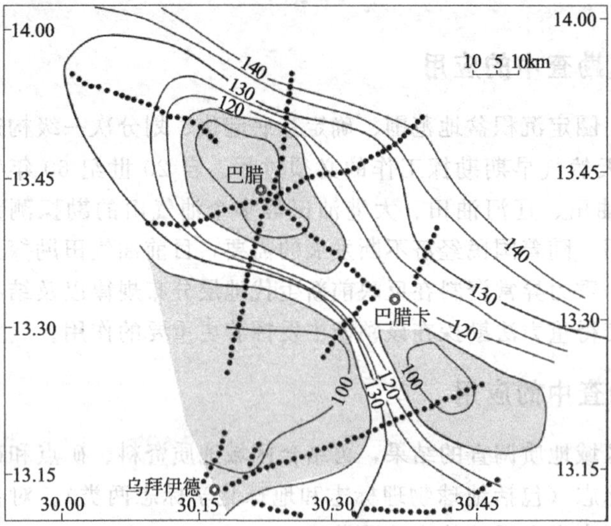

图2-44 巴腊盆地布格重力异常平面等值线图
1—重力测点；2—重力异常等值线；3—城镇

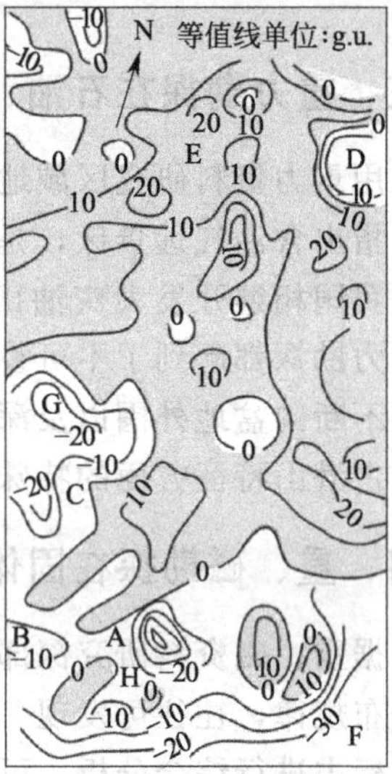

图2-45 某配电站所在地区剩余重力异常平面等值线图
1—重力负异常；2—重力正异常

图2-46为在国外某一核动力发电厂冷却塔附近进行的高精度重力测量所得到的布格重力异常图。从图中可见，在测区的东北部和东部出现了两个孤立的负异常。后经钻探验证负异常是由地下4～5m深的一系列洞穴所引起的。在东部负异常处灌注水泥浆后又进行了重复测量，结果原来的负异常消失；而东北部的负异常，因未灌注水泥浆，负异常仍然存在。

【例7】 1978年在河南省固始县县城东南两公里处侯古堆的北侧发现一个古墓陪葬坑。为寻找古墓的位置，河南省地球物理探矿大队在该区开展了磁法和电法工作。图2-47为在侯古堆附近测得的磁异常平面剖面图。

相关人员在对古墓的埋葬条件分析中认为，该古墓墓体应由青膏泥（黏土）、墓堆积物和一些金属器皿等构成，在构筑墓体的过程中，由于地下挖空或被扰动土充填会引起磁场降低。

依据对基础磁场条件的分析以及对实测磁场的对比计算，解释人员认为，侯古堆的南、北、东三面的负磁场区，尤其南、北两面最为明显的负异常（$Z_{amin}=-80nT$），可以看做是侯古堆的南、北、东三面为高差近20m的人工陡壁，相应的负磁场是地形影响的结果；同时根据图 12-47 中各测线上 22～26 号点和 30～36 号点存在两个近东西向的条带状正异常（Z_{amax}=5.3nT），以及其间一个下降 20nT 的鞍部的异常特征，推断鞍部的磁场降低是由地下挖空或扰动土充填造成的，并推断了主墓的位置和范围。这些推断后来被挖掘结果所证实。

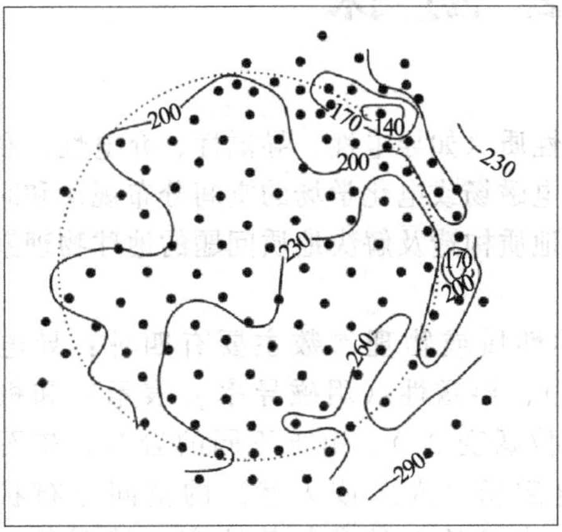

图 2-46 冷却塔附近的布格重力异常平面等值线图

1—重力测点；2—重力异常等值线（以 0.1g.u. 为单位）

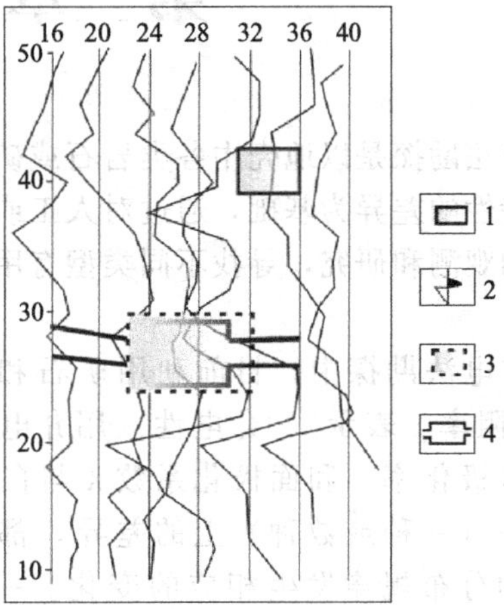

图 2-47 候古堆附近的磁异常平面剖面图

1—陪葬坑；2—Z_a异常；3—推断古墓范围；4—挖掘主墓位置及墓道

思考题

1. 名词解释：地磁场、地磁要素、正常场、异常场、磁场强度、磁感应强度、日变改正、基点改正、零点改正、磁异常剖面图、磁异常平面剖面图、磁异常平面等值线图。
2. 引起磁异常的主要影响因素有哪些？
3. 磁法主要针对的地球物理参数有哪些？可以探测哪些工程地质体的存在？
4. 依据磁场的影响变化要素分析磁异常数据处理的主要过程和步骤有哪些？
5. 分析说明等轴状的地质体的磁异常曲线的特征。
6. 如何利用切线法确定地质体的基本参数？
7. 此异常曲线中的特征点有哪些？如何依据曲线的特征点进行地质体参数的反演？

第三章 电法勘探

电法勘探是以地壳中各类岩石或矿体的电磁学性质（如导电性、导磁性、介电性）和电化学特性的差异为基础，通过对人工或天然电场、电磁场或电化学场的空间分布规律和时间特性的观测和研究，寻找不同类型有用矿床和查明地质构造及解决地质问题的地球物理勘探方法。

在电法勘探中，目前利用矿石和岩石的电学性质或物理参数主要有四种：导电性（用电阻率 ρ 表示）、介电性（用介电常数 ε 表示）、导磁性（用磁导率 μ 表示）和极化特性（极化率 η 和面极化系数 λ 与自然极化的电位跃变 $\Delta\varepsilon$）。由于不同的岩石、矿石电学性质（一种或数种）上的差异，都可以引起电磁场（人工或天然）的空间分布状态和时间分布规律发生相应的变化。一般情况下，岩矿的电学参数值改变的越明显，则岩矿内外或空间中电磁场的相应变化也越强烈。因此，人们便可以根据这种相应的规律在探测区域内（如地下坑道或井中、地面上、空间中）通过利用不同性能的仪器对电磁场的空间分布和时间分布状态的观测与分析研究，寻找矿产资源或查明地质目标在地壳中的存在状态（形状、大小、产状和埋藏深度）以及电学参数值的大小，从而实现电法勘探的地质目的。

电法勘探的主要特点是利用的场源形式多（主动源、被动源）、方法变种多、解决的地质问题多，工作领域宽广，可以在航空、海洋、地下空间实施，是一种有着较长发展历史、又有发展前途的勘查方法。实践证明，直流电法无论在金属矿普查、地质结构研究、水文地质工程地质调查以及能源勘查等方面，均取得了良好的地质效果。

19 世纪 20 年代，P. 佛克斯在英国康瓦尔铜矿上测得由硫化矿床引起的自然电场，但当时仅限于科学研究，未得到实际应用。

20 世纪初，西方发达国家发展较快，需要进行大量矿床勘探，于是电法就产生了。到 20 世纪 20 年代，初步理论已形成，在法、美、瑞典、前苏联、加拿大等国得到广泛应用，并不断发展。

我国解放初期，只有少数人做过试验。

1936 年，丁毅在安徽当余铁矿进行电法试验，仪器简陋。

1939～1942 年，顾功叙在贵州水城县观音山铁矿进行电法工作。

1950 年，辽宁鞍山铁矿开始使用电法勘探。

1957 年，辽宁鞍山铁矿进行激发极化法勘测。

1958 年，全国成立了勘探队，促进了电法的发展。

实际上电法首先起源于金属矿床勘探，后来发展到水文地质、工程地质。目前，遥测技术、多功能仪器、智能化仪不断得到应用，产生了很大的经济效益。

电法勘探有多种分类方法，主要有如下几种。

1. 按场源性质分类

有人工场法（或主动源法）、天然场法（或被动源法），前者比较灵活，用于各种目标；后者经济，适用于普查。

2. 按地质目标分类

① 金属与非金属矿电法：金属矿的电性特点为不规则低阻体，非金属矿电性特征变化大，石英属于高阻体，黏土矿物一般为低阻体。

② 石油与天然气电法：一般埋深大，表现异常差异不明显。

③ 水文与工程地质电法：前者含水层分布面积大，呈明显的低电阻、高激化率，工程地质方面一般要查明的地质问题埋深浅，要求的精度高。

④ 煤田电法：有其特殊性，往往在煤矿井下探测。

3. 按观测空间或工作场所分类

有航空电法、地面电法、地下电法（坑道中）。

4. 按电磁场的时间特性分类

有直流电法（或时间域电法）、交流电法（或频率域电法）、过渡电场法（或瞬态场法）。直流电法是利用稳态电场观测，交流电法是观测电磁场和电磁波，过渡电场法观测电磁场的瞬态过程。

5. 按产生异常电磁场的原因分类

有传导类电法和感应类电法：传导类电法观测大地中由于传导而产生的异常电流场，感应类电法观测地壳中感应形成的涡旋电场。

6. 按观测内容分类

有纯异常场法、总场法。

第一节　电阻率法基本知识

一、岩石的电阻率及影响因素

电阻率是岩石的重要参数，在数值上等于该种材料单位立方体所呈现的电阻，单位为欧姆·米，记为Ω·m。1Ω·m 为 $1m^3$ 材料具有 1Ω 的电阻值。

对于粗细均匀的长导体，$R=\rho\frac{L}{S}$，电阻与导体长度呈正比，与横截面积呈反比：

$$R=\frac{\Delta V}{\Delta I}\quad\text{（欧姆定律）}$$

则

$$\rho=RS/L=\frac{\Delta V}{\Delta I}\frac{S}{L}$$

由图 3-1 可测岩石的电阻率 ρ。若 ρ 大，则岩石的导电性就差，但与岩石性质、含水量有一定关系。

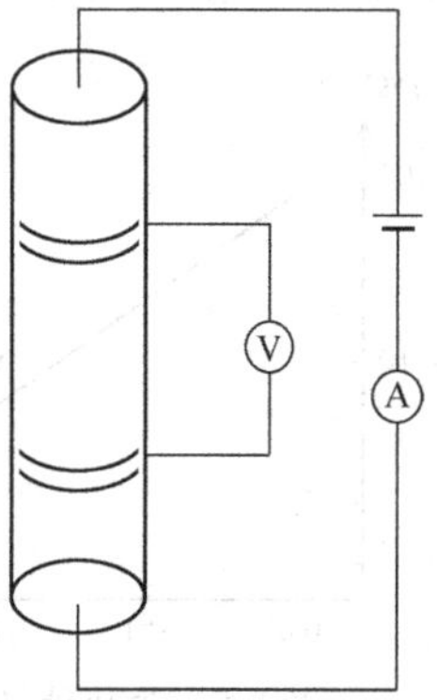

图 3-1　标本电阻率测试示意图

1. 金属元素及常见矿物的电阻率

根据测试数据统计，金属元素及常见矿物的电阻率见表3-1。从表中可以看出，电阻率值变化很大，主要取决于该类物质杂质成分含量及结构的均匀性。

2. 岩石的电阻率

地壳是由各种岩石组成的，而岩石又是由各种矿物组成的。由于影响岩石电阻率变化的

表 3-1　金属元素及常见矿物的电阻率　　单位：Ω·m

金属		良导性矿物		中等导电性矿物		劣导电性矿物
10^{-8}	10^{-7}	$10^{-6}\sim10^{-3}$	$10^{-3}\sim1$	$1\sim10^{3}$	$10^{3}\sim10^{6}$	$>10^{6}$
金	铁	石墨	方铅矿	黑钨矿	褐铁矿	石英
银	锡	斑铜矿	辉铜矿	赤铁矿	赤铁矿	长石
铜	铅	铜蓝	黄铁矿	软锡矿	蛇纹石	云母
镍	锑	磁黄铁矿	辉铜矿	菱铁矿	—	角闪石
铝	汞	磁铁矿	黄铜矿	铬铁矿	—	方解石

因素很多，因而各种岩石电阻率的变化范围很大。所以，在多数地区，不同岩石之间存在明显的电阻率差别，也正是这种差别的存在，为电阻率法勘探提供了良好的物理前提。常见岩石电阻率如下：

火成岩：$10^{2}\sim10^{6}$Ω·m；变质岩：$10\sim10^{6}$Ω·m；沉积岩：黏土：$1\sim10$Ω·m；

砂：$n\times10\sim n\times10^{3}$Ω·m；软页岩：0.8～10Ω·m；砂岩：$n\times10^{2}\sim n\times10^{3}$Ω·m；

硬页岩：10～800Ω·m；灰岩：$n\times10^{2}\sim n\times10^{5}$Ω·m。

在三大岩类中，岩浆岩和变质岩具有较高的电阻率值，沉积岩的电阻率值较低。这些电阻率值是室内测试统计的结果，在野外测量时，受干扰的因素较多，变化值也较大。

3. 水的电阻率

纯水	2.5×10^{5}Ω·m	海水	$n\times10\sim n\times100$Ω·m
雨水	$>10^{3}$Ω·m	矿井水	$n\times100$Ω·m
河水	$n\times10^{-1}\sim n\times10^{2}$Ω·m	潜水	$<n\times10^{-1}$Ω·m
深层盐渍水	$n\times10\sim1$Ω·m		

水中含盐量与电阻率的关系如图 3-2 所示。地下水的矿化度变化范围很大，淡水中的矿化度为 0.1g/L，咸水的矿化度可高达 10g/L。因为地下水的电阻率随矿化度增高而明显减小，所以在岩性条件变化不大的前提下，可以在地面或钻孔中应用电阻率的差异来划分咸、淡水层位以及海水入侵部位界限，也有人用电阻率判断纯净水的优劣。

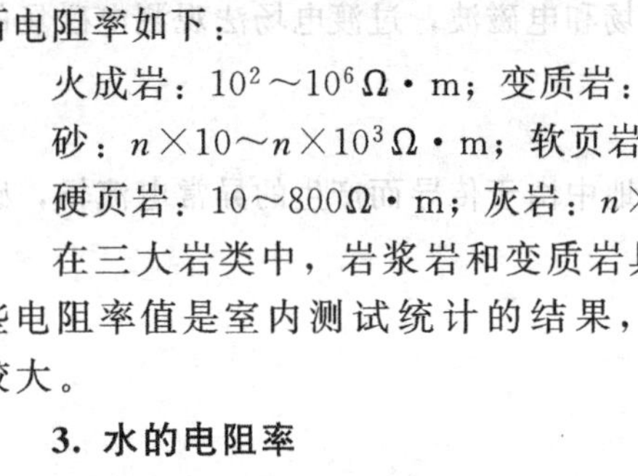

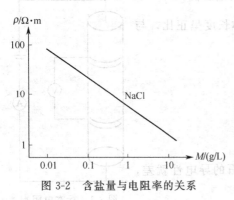

图 3-2　含盐量与电阻率的关系

水的电阻率受温度的控制，温度控制水的活性，温度的变化主要引起水溶液中盐离子活动性的变化。由于水溶液中的盐离子移动速度随温度升高而加快，随着温度的增高，电阻率值降低。因此，水溶液的电阻率随温度升高而降低，用电阻率法圈定地热异常区正是利用了这一特性。在冰冻条件下，地下岩石中的水溶液全处于冻结状态，离子无法迁移，而使冰的电阻率剧增至 10^{5}Ω·m 左右，此时岩石呈现极高的电阻率，从而给电法勘探工作增加了困难。

4. 影响电阻率的因素

通常，任何一种岩石的电阻率值都有一个变化范围（见图 3-3）。这一客观事实表明，在研究某一工作地区岩石的电性时，不仅需要掌握各种岩石电阻率的具体数值和相互间的差异，而且还要了解各种岩石电阻率的稳定程度及其变化规律。用电阻率法研究测区的地质构造或解决水文、工程地质问题的基本物理前提就是测区内各岩层必须具有不同且相对稳定的电阻率值。

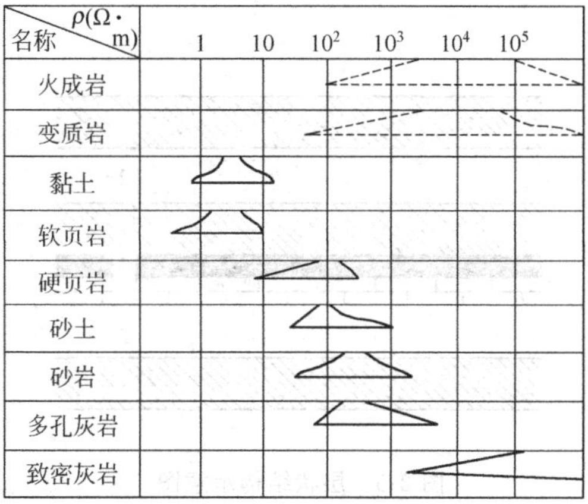

图 3-3 岩石电阻率变化

在自然条件下，影响岩石电阻率的因素很多，但主要的因素是岩石的矿物成分、结构、构造、孔隙、裂隙发育情况和含水性。

(1) 介质的矿物成分

由于矿物的电阻率随着组成矿物的化学成分及内部结构的不同而在相当大的范围内变化，故岩石的电阻率也存在一定的变化范围。主要的造岩矿物，如石英、云母和长石等硅酸岩类矿物，其电阻率高达 $10^6\Omega\cdot m$ 以上；而沉积岩、岩浆岩和变质岩大多是由这些高电阻率的造岩矿物所组成的，所以在干燥状态下，它们有很高的电阻率值，只有少数含有相当数量的良导电性矿物的岩石才会有很低的电阻率值。所以，岩石的电阻率值变化一般与矿物成分的关系不大，而主要取决于岩石孔隙中地下水的含量、孔隙与裂隙的发育程度以及水的矿化度。导电矿物成分越多，导电性能就越强，其电阻率就越低。一般当低阻的成分大于 60%时，才会有影响，所以，在探测磁铁矿时，一定规模的矿体可形成明显的低阻体。

(2) 介质结构的影响

结构不同，产生各向异性，其导电性不同，表现出的电阻率也不同。当良导体物质包含在非良导体之中时，一般来说，颗粒含量不起关键作用，而起作用的是结构。如图 3-4 所示，当良导体矿物呈浸染状分布时［图 3-4(a)］，连通的高阻矿物将其分开，即使良导体矿物含量不低，但整个岩石的电阻率却很高；若良导体矿物呈网状或脉状分布［图3-4(b)、(c)］，虽然含量不多，因其连通性好，但整个岩石的电阻率却很低。

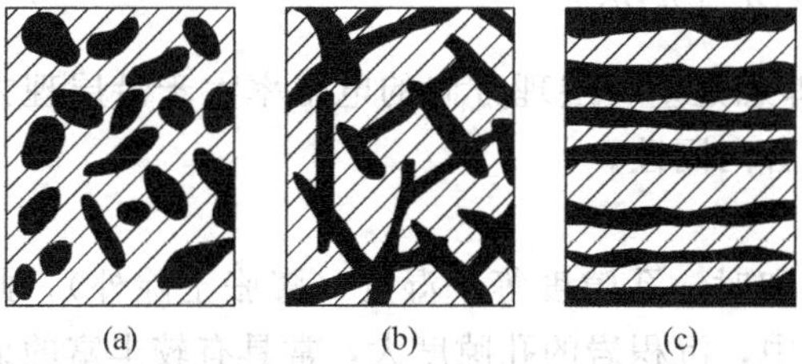

图 3-4 导电性矿物分布图

(图中黑色部分代表良导性矿物)

在自然界中，大部分沉积岩和一部分变质岩呈层状构造，如页岩、炭质页岩、煤层及泥灰岩等沉积岩大多都有层理构造（图3-5），它们是由许多薄层互相紧密交替组成的，由于各薄层的矿物成分、孔隙率和湿度不同，故其电阻率值也不相同。当测量具有层理构造的岩石电阻率值时，若平行层理方向，则电阻率不同的各个薄层相当于构成一组电阻的并联电路，其所测电阻率值较小；若垂直于层理方向，则各薄层相当于构成一组电阻的串联电路，所测电阻率值较大。这种电阻率值与电流方向有关的性质称为岩石电阻率的微观各向异性。

除岩石本身可能具有的微观各向异性之外，由数个岩性不同的薄（相对埋深而言）而均匀、各向同性的岩层所组成的岩层组，在电法勘探中所表现出的各向异性更具有实际意义，如由薄的砂岩、页岩、煤层和灰岩交互构成的煤系地层，以及由薄层黏土、砂砾石等构成的含水层组。这种岩层组的各向异性称为宏观各向异性。为了研究层状介质各向异性的导电特征，在电阻率法勘探中引入层状各向异性模型（图 3-6）。

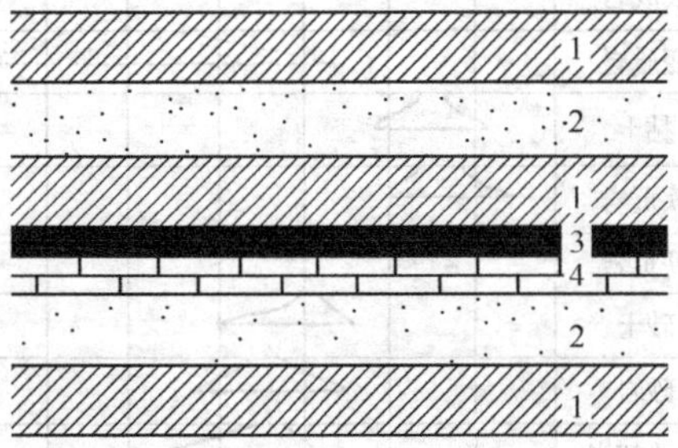

图 3-5　层状结构示意图

1—泥岩；2—砂岩；3—煤层；4—灰岩

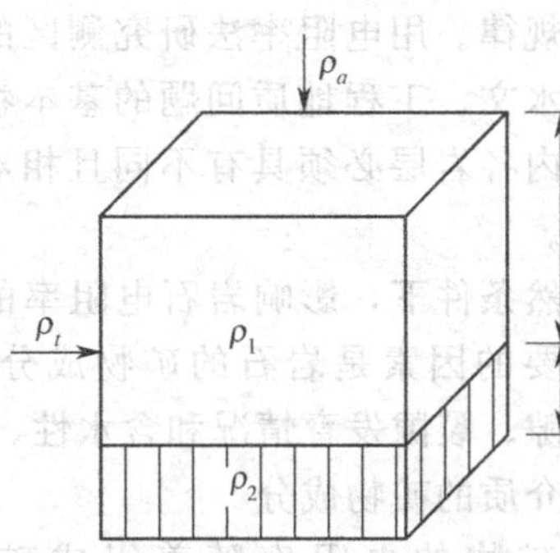

图 3-6　层状岩石模型

对于两层介质，若其电阻率分别为 ρ_1、ρ_2，相应厚度分别为 h_1、h_2，则按电阻率串联、并联关系可计算出沿层理方向及垂直层理方向的电阻率 ρ_t、ρ_a 有如下形式：

$$\begin{cases} \rho_t = \dfrac{h_1 + h_2}{\dfrac{h_1}{\rho_1} + \dfrac{h_2}{\rho_2}} \\ \rho_a = \dfrac{h_1\rho_1 + h_2\rho_2}{h_h + h_2} \end{cases} \tag{3-1}$$

两式之差为：

$$\rho_a - \rho_t = \frac{h_1 h_2 (\rho_1 - \rho_2)^2}{(h_1 + h_2)(h_1\rho_2 + h_2\rho_1)} \geqslant 0 \tag{3-2}$$

只要 $\rho_1 \neq \rho_2$、$h_1 \neq 0$、$h_2 \neq 0$，必然有 $\rho_a > \rho_t$，即总是垂直层理方向的电阻率大于沿层理方向的电阻率，表明了层状岩石导电的方向性或非各向同性。

(3) 含水性

介质湿度大时，孔隙度就大，电阻率小；饱和时，孔隙度等于湿度（膨胀土除外），此时的电阻率很小，这是找水的依据。在三大岩类中，沉积岩的孔隙度大，常具有较丰富的地下水。

岩石的孔隙是地下水运移的通道和储存场所。地下水中常溶解有各种盐类，水溶液的电阻率主要取决于水的矿化度，而溶盐成分的影响并不大。

呈良导性的水溶液存在于彼此连通的岩石孔隙中，这就使岩石的导电性能大大增强。岩石的含水性与岩石的孔隙度及水文地质条件有关。一般岩石孔隙中的含水量越大、水的矿化度越高，岩石的电阻率也就越低，见表 3-2。

新生界冲积沉积物的电阻率与孔隙率、胶结程度及富水性的关系更为密切。松散干燥砂砾石的电阻率高达几百至几千欧米（Ω·m），而当其饱含地下水时，电阻率则大大降低，相差可达数十乃至数百倍。在同样饱含地下水的情况下，粗颗粒的砂砾石电阻率就要比细颗粒的细砂、粉砂高。因此在第四系沉积层中，潜水面以下的高阻层位多反映粗颗粒含水层的存在，而低阻层位则往往是黏土隔水层的反映。根据这一电性特征，可以用地面电阻率法和电阻率测井曲线划分含水层与隔水层，并判断其富水性。

表 3-2　不同含水量的岩石电阻率

岩石名称	含水量/%	$\rho/(\Omega\cdot m)$	岩石名称	含水量/%	$\rho/(\Omega\cdot m)$
粉砂岩	0.54	1.5×10^4	橄榄岩	0.1	3×10^3
	0.44	8.2×10^6		0.03	2×10^4
	0.38	5.6×10^8		0.016	10^6
粗纱	0.39	1.6×10^5		0	1.8×10^7
	0.18	$\times10^8$	叶蜡石	0.76	6×10^6
中砂	1.0	4.2×10^3		0.72	5×10^7
	0.1	1.4×10^8		0.7	2×10^7
硬砂岩	1.16	4.7×10^3		0	10^{71}
	0.45	5.8×10^4	花岗岩	0.31	4.4×10^3
长石砂岩	1.26	10^3		0.19	1.8×10^6
	1.0	1.4×10^3		0	10^{70}
有机质灰岩	11	0.6×10^3	玄武岩	0.95	4×10^4
				0.49	9×10^5
				0.26	3×10^7
				0	1.3×10^8

坚硬致密的岩石，如岩浆岩、化学沉积岩和某些变质岩，在完整时其孔隙度很小，故电阻率一般都很高。但如果由于构造运动、风化或溶蚀作用，这些坚硬致密的岩石产生裂隙或破碎并在其中充填有矿化水时，其电阻率就会显著降低。

在煤矿生产过程中，由于采煤等原因造成的矿山压力变化，常常使煤层顶、底板隔水层产生裂隙，遭受破坏，进而导致突水淹井事故。近年来，国内外用电阻率法在矿井下研究煤层顶、底板裂隙发育情况和导水高度，防治矿井水害已取得一定成效。随着煤炭开采的需要，电法勘探方法将会在煤矿防治水工程中发挥更大的作用。

在孔隙度一定时，岩石的含水量越大，电阻率就越小。当含水量有微小变化时，就会引起电阻率大的变化。

当含水量与孔隙度一定时，电阻率与矿化度有关（见表 3-3）。

表 3-3　孔隙度及其间水的电阻率与矿化度关系

矿化度/(g/L)	孔隙度			
	15%～35% 砂砾岩	25%～35% 粗中砂	30%～40% 细粉砂	40%～50% 黏土、亚黏土
1	150～75	75～30	40～25	25～20
2	90～45	45～18	24～15	15～12
3	60～30	30～12	16～10	10～8
4	30～15	15～6	8～5	5～4
5	18～9	9～3.6	4.8～3	3～2

经验公式（阿尔奇公式）

$$\rho_s=\frac{a\rho_w}{\Phi^m S_w^n} \tag{3-3}$$

式中　a——比例系数，取值 0.6～1.5；

ρ_w——地下水的电阻率（与矿化度有关）；

Φ——岩石的孔隙度；

S_w——含水饱和度；

m——孔隙度指数，$m=1.5\sim3$，固结好的取高值，反之取低值；

n——饱和度指数，当 $S_w>30\%$时，n 取 2。

例如：设 $s=1$，$a=1.2$，$m=2$，当取 $q=0.01$，0.1，0.2，0.3 时，则 $\rho/\rho_0=1.2\times$

10^4，120，30，13.3。

在第四纪松散层，特别是砂砾石中，由于所测范围内电阻率值因含水不同而差别很大，所以，仅靠电阻率值大小来划分地层，容易得出错误的结论。

坚硬岩石在长期地质作用下，发育不同的裂隙和溶洞、暗河等，使电阻率差别很大，当地下为人为空洞时，如采空区、防空洞，都有大的变化。为了解湿度对岩石电阻率的影响规律，以高阻球状颗粒岩石为例，胶结物或水的电阻率较颗粒电阻率低得多，即 $\rho_1 \ll \rho_2$。

则
$$\rho=\rho_{水}\frac{1-v}{1+2v} \tag{3-4}$$
若
$$\omega=1-v$$
得
$$\rho=\rho_{水}\frac{3-\omega}{2\omega},\ \rho_{水}=\frac{1}{e^{+}n^{+}v^{+}+e^{-}n^{-}v^{-}} \tag{3-5}$$

式中　n^{+}，n^{-}——孔隙水中正、负离子数；ω 为含水率；

e^{+}，e^{-}——正、负离子所带的电量；

v^{+}，v^{-}——正、负离子的迁移速度。

从式(3-5) 可以看出，当湿度较小时，ρ 与 ω 几乎呈反比；湿度有微小的变化，可以引起 ρ 有较大的变化。ρ 还与离子量、迁移速度呈反比。

(4) 温度的影响

由于温度升高，地下水的离子迁移率增加，导致含水岩石 ρ 下降；在结冰时，电阻率急剧升高（图 3-7）。据此可以探测冻结层和地下温度。

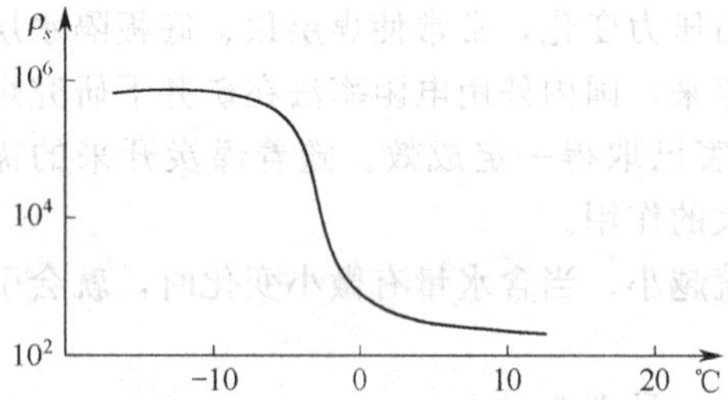

图 3-7　介质温度与电阻率关系曲线

电子导体的电阻率随温度的升高而提高。但靠水溶液中盐离子导电的含水岩石则相反，其电阻率值随温度的升高而降低。这是因为存在于岩石孔隙中的水溶液，随温度的升高，溶解度增大、黏滞性减小，从而引起离子的迁移率增大，使岩石的导电性增强、电阻率降低。

据有关资料，在 0℃以上的正温度区，电阻率值随温度的升高而缓慢减小，温度每升高 1℃，岩石的电阻率比原来降低百分之几，当温度从 17℃升高到 150℃时，岩石的电阻率可降低到原来的1/5；当升高到 280℃时，岩石的电阻率则可降低到原来的 1/9。所以在地下热水勘探中，用电阻率法圈定地热异常区比寻找同样水文地质条件下的常温水更为有利。

需要指出，在正常情况下，地壳的温度随深度加大而缓慢递增，其地温梯度约为 3.3℃/100m。因此，在使用电阻率法研究地壳的一般地质问题时，可不考虑温度的影响。但在 0℃以下的负温度区，含水岩土冻结后，由于离子无法迁移，从而失去导电能力，电阻率可增加到 $10^5\,\Omega\cdot m$ 以上，由于地表冻土的电阻率极高，这就给直流电法的野外施工造成极大困难。

(5) 人为因素影响

人为因素影响主要是指外业实施过程中的一些人为干扰因素，如电极入土深度太浅、接地电阻太大、导线漏电、测量精度不够等。只要按有关要求去做，人为因素是可以克服的。

综上所述，由于影响岩石、矿石电阻率的因素众多，自然状态下某种岩石、矿石的电阻率并非为某一特定值，而多是在一定范围内变化。在岩石、矿石的所有物理性质中，电阻率的变化范围最大。在电法勘探所研究的深度范围内，岩石的导电作用几乎全是靠充填于孔隙中的水溶液来实现的。仅有少数情况下，如当岩石中含有相当数量并且彼此相连的磁铁矿、石墨或黄铁矿等导电矿物，或是在相当深处岩石的孔隙结构被上覆地层的压力所封闭时，岩石、矿石中矿物颗粒的作用才占主导地位。前一种情况下的矿石可能具有很低的电阻率（<10Ω·m）；而后一种情况下的岩石电阻率往往高达 104Ω·m 以上。

含水岩石的电阻率与其岩石学特征、地质年代有某些间接关系，因为这两者对岩石的孔隙度或储水能力以及水分的盐量都有影响。

二、稳定电流场的基本规律

在电阻率法中，为了揭示地下地质体的电阻率差异，必须建立人工电流场，并观测、研究地下电场由于电阻率不均匀体存在所反映的变化规律，以便达到探测地下构造、解决各种地质问题的目的。

人工电流场是一种稳定电流场，供电的形式有多种，如单点供电、两点供电。

1. 稳定电流场的基本方程和边界条件

要想准确测得电阻率的大小，应了解电场的分布。描述稳定电流场的物理量有电场强度 E、电流密度 J、电位 U，它们之间有如下关系。

(1) 电流密度与电场强度的关系

$$J=\frac{E}{\rho} \tag{3-6}$$

即欧姆定律，它适用于任何不均匀导体的电流场。

(2) 稳定电流场的连续性方程

连续性方程为 $\oint_S J_n \mathrm{d}S=0$，即电场中任一点电流线通过某一封闭面 S，进入内部的电流线和出来的电流线必然相等，也就是通过任何封闭面电流密度的通量等于零，否则就会有电荷分布改变。J_n 为电流密度对封闭面的法线分量。电流密度 j 等于通过某点垂直于电流方向单位面积的电流强度。

根据场论运算，利用奥高定理，上式可写为微分形式：

$$\oint_S J_n \mathrm{d}S=\int_V \mathrm{div}J\,\mathrm{d}V \tag{3-7}$$

式中 V——为封闭面围成的体积；

$\mathrm{div}J$——为电流密度的散度。

在直角坐标系中，根据电流的性质，电流密度的散度可以用下列方程表示：

$$\mathrm{div}J=\frac{\partial J_x}{\partial x}+\frac{\partial J_y}{\partial y}+\frac{\partial J_z}{\partial z}=0 \tag{3-8}$$

即任意点电流密度的散度为 0，同时说明在空间除场源外，电流密度既不增加，也不减少，所以稳定电流场是无源场。

稳定电流场和静电场类似，是一个位场。这是因为在稳定电流场中，电荷元在空间的分布不随时间发生变化。如果电荷元分布发生任何一点变化，那么电场强度也就不可避免地要发生相应的变化，于是电流也就不稳定了。势场的电场强度 E 和电位 U 的关系为 $E=-\mathrm{grad}U$，说明空间某点的电场强度等于电位的负梯度。电位梯度为负值表示电位的降落方向是电场强度的正方向。

在极坐标中可表示为：

$$E=-\frac{\mathrm{d}u}{\mathrm{d}r}\frac{\vec{r}}{r} \tag{3-9}$$

在直角坐标系中，$E=E_x i+E_y j+E_z k$

而 $$E_x=\frac{-\partial U}{\partial x};E_y=\frac{-\partial U}{\partial y};E_z=\frac{-\partial U}{\partial z} \tag{3-10}$$

则 $$\mathrm{div}J=\mathrm{div}\left(\frac{E}{\rho}\right)=\mathrm{div}\left(\frac{1}{\rho}\mathrm{grad}U\right)=0$$

或 $$\frac{\partial}{\partial x}\left(\frac{1}{\rho}\frac{\partial U}{\partial x}\right)+\frac{\partial}{\partial y}\left(\frac{1}{\rho}\frac{\partial U}{\partial y}\right)+\frac{\partial}{\partial z}\left(\frac{1}{\rho}\frac{\partial U}{\partial z}\right)=0 \tag{3-11}$$

即稳定电流场电位的微分方程

$$\frac{\partial^2 U}{\partial x^2}+\frac{\partial^2 U}{\partial y^2}+\frac{\partial^2 U}{\partial z^2}=0;\text{或}\nabla^2 U=0\text{ 或 }\mathrm{div}(\mathrm{grad}U)=0 \tag{3-12}$$

上式称为拉普拉斯方程式，简称拉氏方程式。它反映了稳定电流场的内在规律，说明稳定电流场中除电流源以外的空间任何一点的电位是空间坐标的函数。一旦求出U，便可以求出E、J，解是唯一的。

(3) 基本方程的边界条件

满足拉氏方程式(3-12) 的场函数U，一般有无穷多个解，但对所研究的具体问题，必须附加限定条件，它的解才是唯一的。使场函数获得唯一解所须限定的条件，称为定解条件，其中包括初始条件和边界条件。因为稳定电流场的电位与时间无关，所以只有边界条件，其中某些条件是极限条件。

在电场中，除场源点外，电位处处连续，处处有限，介质的分界面上电位连续，$U_1=U_2$，即：

点电源附近： $r\to 0$，$U\to\infty$；

介质无穷远处： $r\to\infty$，$U\to 0$

电流穿越介质分界面时，电流密度法向分量连续，切向分量不连续，即

$$J_{1n}=J_{2n};\ J_{1t}\neq J_{2t}$$

在不同介质分界面上，电场强度的切线分量连续，法线分量不连续，即

$$E_{1n}\neq E_{2n};\ E_{1t}=E_{2t}$$

唯一性定理：在稳定电流场中，除电源以外的区域内，满足一定边界条件的拉氏方程的解是唯一的。

2. 一个点电源在均匀空间的电场

在地下某点A为点电源与无穷远处某点B构成回路，如测井装置，利用球坐标系，在均匀场中任意点P的电位只与R有关，而与θ、Φ无关。

$$\frac{\partial}{\partial r}\left(r^2\frac{\partial U}{\partial r}\right)=0 \tag{3-13}$$

积分得 $$\frac{\partial U}{\partial r}=\frac{c}{r^2},U=-\frac{c}{r}+c_1\ (c\text{ 和 }c_1\text{ 为积分常数})$$

由边界条件 $r\to 0$，$U\to\infty$

得 $c_1=0$，于是 $U=-\dfrac{C}{r}$。

而模型是球状的，各方向电流都相等，$I=4\pi r^2 j$（球面积×电流密度）

$$I=4\pi r^2\left(\frac{E}{\rho}\right)=\frac{4\pi r^2}{\rho}\left(-\frac{\partial u}{\partial r}\right)=\frac{4\pi r^2}{\rho}\times\frac{c}{r^2}，得\ c=\frac{-I\rho}{4\pi} \tag{3-14}$$

则 $$U=\frac{I\rho}{4\pi r} \quad 或 \quad \rho=4\pi r\frac{U}{I} \tag{3-15}$$

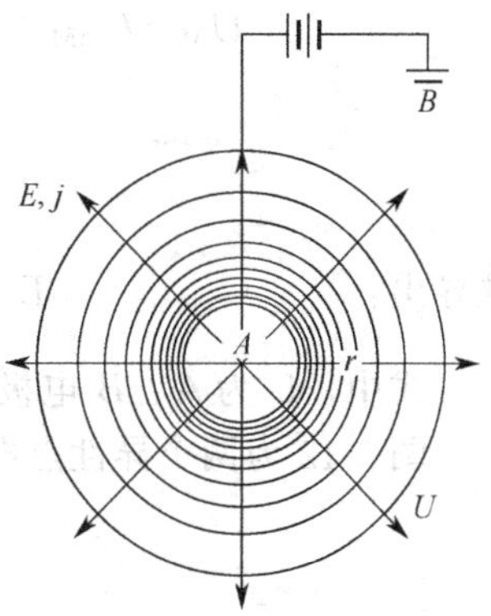

图 3-8 全空间电位分布

图 3-8 形象地反映了 U、E 和 j 三个物理量的基本特征。若电位 U 等于常数，等位面为一系列以 A 点为球心，以 r 为半径的同心球壳；电场强度 E 和电流密度 J 的方向由矢径 r 确定，呈辐射状，其图形重合；在等位面处处与 E、J 正交。

3. 一个点电源在半空间的电场分布

由于是半空间，则其探测原理与探测方式见图 3-9，图 3-10。电流强度 $I=2\pi r^2 J$，则：

$$I=2\pi r^2\left(\frac{E}{\rho}\right)=\frac{4\pi r^2}{\rho}\left(-\frac{\partial u}{\partial r}\right)=\frac{4\pi r^2}{\rho}\times\frac{c}{r^2},得\ c=\frac{-I\rho}{2\pi} \tag{3-16}$$

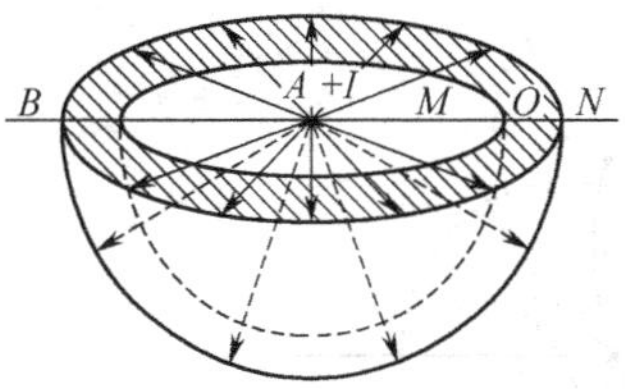

图 3-9 探测原理示意图

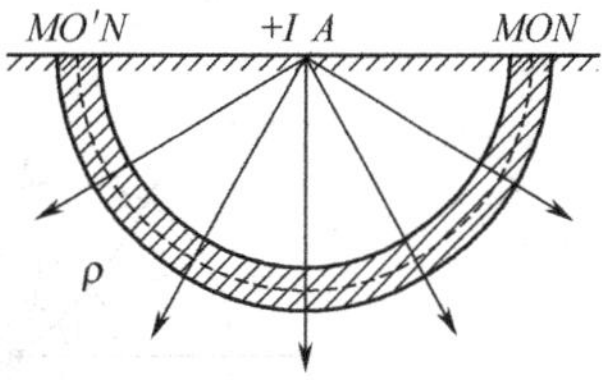

图 3-10 探测方法剖面图

则 $$U=\frac{I\rho}{2\pi r} \quad 或 \quad \rho=2\pi r\frac{U}{I}$$

$$E=\frac{U}{r}=\frac{I\rho}{2\pi r^2};\ J=\frac{I}{2\pi r^2} \tag{3-17}$$

在上式中：设 $I=20\text{mA}$，$\rho=31.4\Omega\cdot\text{m}$，得到 $\frac{I\rho}{2\pi}=100$，下面讨论不同距离处的电位分布。

当 $r=0.1\text{m}$ 时，$U=1000\text{mV}$；

当 $r=1.0\text{m}$ 时，$U=100\text{mV}$；

当 $r=2.0\text{m}$ 时，$U=50\text{mV}$；

当 $r=10\text{m}$ 时， $U=10\text{mV}$。

由此说明，越靠近供电极，电位越高，越远离电极电位下降越快。在选择供电电源时应加以考虑。

4. 两个点电源在半空间的电场分布

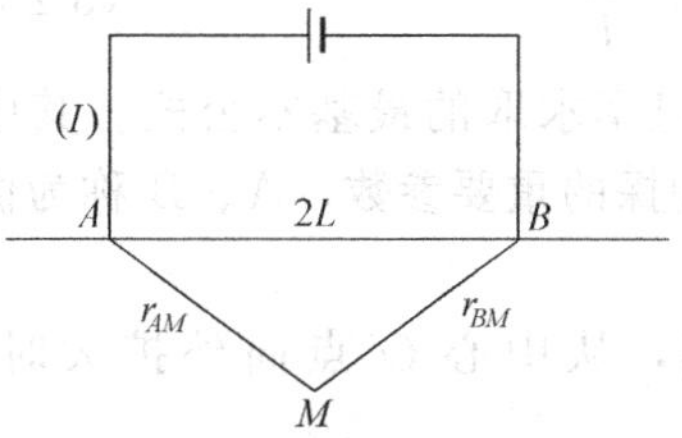

图 3-11 半空间两个点电源装置

在地下为均匀介质的地面上设置两个异性供电电极 A（$+I$）和 B（$-I$），这两个电极相距不远，且将观测点 M 置于 A、B 电极的中间部位（图 3-11），此时，A、B 异性点电源形成的正、负电场对观测点 M 处产生的影响不能忽视。

根据电场叠加原理，地下任一观测点 M，其电位 U_M 为正电流源 A 和负电流源 B 在地下 M 点产生的电位之和：

$$U_M=U_{AM}+U_{BM}=\frac{I\rho}{2\pi}\times\frac{1}{r_{AM}}+\left(-\frac{I\rho}{2\pi}\times\frac{1}{r_{BM}}\right)=\frac{I\rho}{2\pi}\left(\frac{1}{r_{AM}}-\frac{1}{r_{BM}}\right)$$

$$=\frac{I\rho}{2\pi}\left(\frac{1}{r_{AM}}-\frac{1}{2L-r_{AM}}\right) \tag{3-18}$$

推导出：

$$E^{AB}=E^A+E^B=\frac{I\rho}{2\pi}\left[\frac{1}{r_{AM}^2}-\frac{1}{(2L-r_{AM})^2}\right] \tag{3-19}$$

式中，L 为 A、B 电极间距的一半。

图 3-12 为两个异性点电源在半空间的点位分布图。

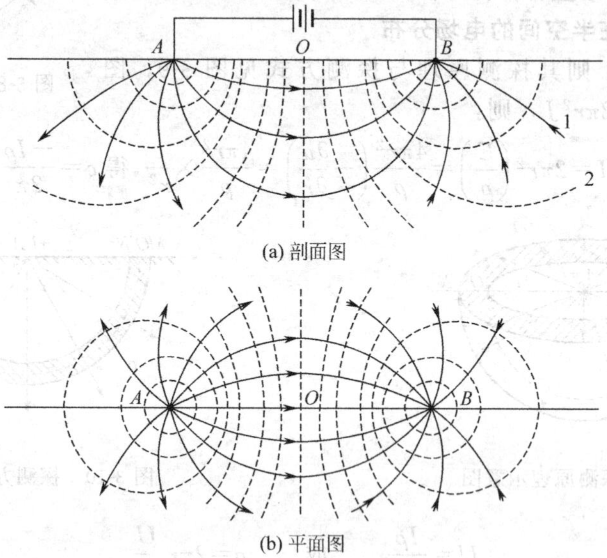

(a) 剖面图

(b) 平面图

图 3-12　两个异性点电源在半空间分布

1—电流线；2—等电位线

若求两点 M、N 的电位差（图 3-13），只要将半空间任意两个点电位矢量叠加就可以实现。

$$U_{MN}=U_M+U_N=\frac{I\rho}{2\pi}\left(\frac{1}{r_{AM}}-\frac{1}{r_{BM}}\right)-\frac{I\rho}{2\pi}\left(\frac{1}{r_{AN}}-\frac{1}{r_{BN}}\right)=\frac{I\rho}{2\pi}\left(\frac{1}{r_{AM}}-\frac{1}{r_{AN}}-\frac{1}{r_{BM}}+\frac{1}{r_{BN}}\right)$$

得

$$\rho=\frac{2\pi}{\frac{1}{r_{AM}}-\frac{1}{r_{AN}}-\frac{1}{r_{BM}}+\frac{1}{r_{BN}}}\times\frac{\Delta U_{MN}}{I} \tag{3-20}$$

令

$$2\pi/\left(\frac{1}{r_{AM}}-\frac{1}{r_{AN}}-\frac{1}{r_{BM}}+\frac{1}{r_{BN}}\right)=K \tag{3-21}$$

则

$$\rho=K\,\frac{\Delta U}{I} \tag{3-22}$$

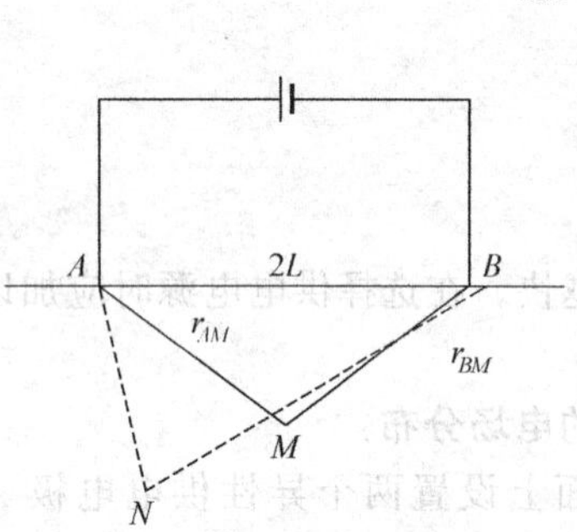

图 3-13　半空间两点电位装置

式(3-22) 即电法勘探电阻率求取的最基本公式。其中 K 为装置系数，是贯穿电法勘探的重要参数，A、B 称为供电电极。

如图 3-14 所示，若 A、B，M、N 在一条直线上排列，从中心 O 点向外扩大时，$AM=OA+OM=NB$，$OM=ON$，即$\frac{1}{AM}=\frac{1}{BN}$，$\frac{1}{AN}=\frac{1}{BM}$，此时式(3-21) 可以变为：

$$K=2\pi\times\frac{1}{\frac{2}{AM}-\frac{2}{AN}}=\frac{\pi}{\frac{1}{AM}-\frac{1}{AN}} \tag{3-23}$$

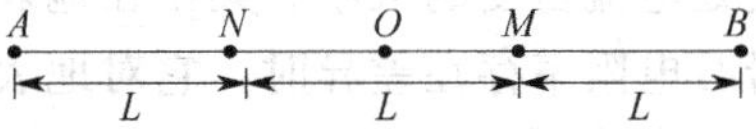

图 3-14 极距分布示意图

若 $AN=MN=MB$ 时，称为温纳装置，此时式(3-24) 简化为：

$$K=\pi\frac{AM\cdot AN}{MN} \tag{3-24}$$

式(3-24) 是温纳装置最常用的装置系数公式。

5. 镜像法

在解决实际问题时，求解拉氏方程比较烦琐，为简化运算而引进镜像法。

镜像法的实质：当电场中存在不同电阻率介质的分界面时，这个分界面相当于一个镜面，分界面的影响可用一个位于实际电源的镜像位置的虚电源来代替，这个虚电源在电场的某一区域内同样满足拉氏方程和相同的边界条件。然后，计算这些点电源（包括实际电源和相应的虚电源）产生的电场。根据解的唯一性，这样求得的结果与实际产生的电位完全相等。

假设地下半空间中存在一直立平面，平面两侧介质电阻率分别为 ρ_1 和 ρ_2。点电源 I 置于 ρ_1 介质一侧的地面上（图 3-15)。若有垂直分界面存在，可借助光学中的虚拟光源求解，使问题变得简单。P_1 点由 A 产生的电流和 A'产生的虚电流（反射）组成，即

$$U_{P1}=\frac{I\rho_1}{4\pi}\left(\frac{1}{r_1}+\frac{k_{12}}{r_2}\right) \tag{3-25}$$

无源介质 ρ_2 中 P_2 点的点位，即 $U_{P2'}=\frac{I\rho_2}{4\pi}\left(1-\frac{k_{12}}{r_3}\right)$ (3-26)

在介质分界面上，此时 $r_1=r_2=r_3$，根据边界条件 $U_1=U_2$ 的原理（电位连续），$U_{P1}=U_{P2'}$ 得：

$$反射系数\ K_{12}=\frac{\rho_2-\rho_1}{\rho_2+\rho_1} \qquad 透射系数\ 1-K_{12}=\frac{2\rho_1}{\rho_2+\rho_1} \tag{3-27}$$

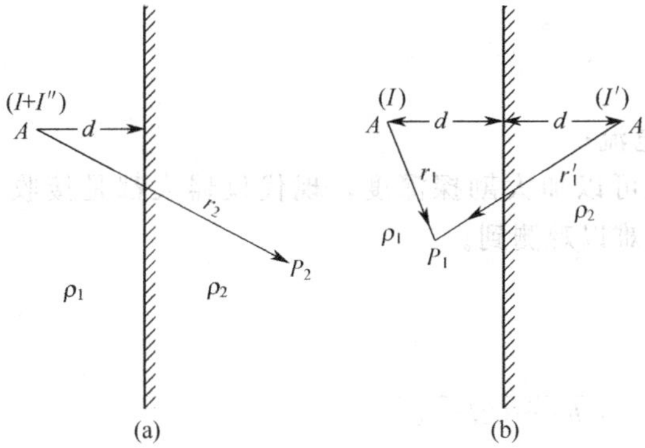

图 3-15 镜像法原理示意图

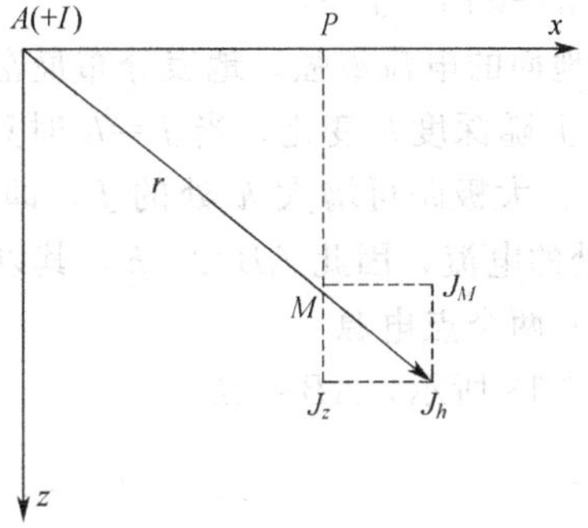

图 3-16 一个点电源电流密度矢量图

6. 地下电流随深度变化

研究地下电流密度随深度的变化规律，对电法勘探具有重要意义。这是因为电阻率法依据地表电流密度的变化来判断地下水不均匀地质体的存在。所能勘探的深度主要取决于该深

度处电流密度的大小。集中在地表附近的电流越多，流入地下深处的电流就越少。当浅地表岩石电阻率存在差异时，它对地表附近电流密度（吸引或排斥）产生影响，比如地表有饱和的含水体存在，或刚下过雨时在地表测量，其影响就很大。

（1）一个点电源

如图 3-16 所示，距供电点 A 为 L 距离的 P 点，当埋深为 h 时，求其电流密度。

根据电流密度与电强度的关系：

$$J=\frac{E}{\rho}=-\frac{dU}{dR}\times\frac{1}{\rho}\times\frac{\vec{r}}{r}$$

$$r=\sqrt{x^2+z^2},\ U=\frac{I\rho}{2\pi}\times\frac{1}{r}$$

得
$$J_x=\frac{1}{\rho}\left(-\frac{dU}{dx}\right)=\frac{1}{\rho}\left[-\frac{d\left(\frac{I\rho}{2\pi}\times\frac{1}{r}\right)}{dx}\right]=\frac{I}{2\pi}\times\frac{x}{r^3} \tag{3-28}$$

$$J_z=\frac{I}{2\pi}\times\frac{z}{r^3}\qquad J_h=\sqrt{J_x^2+J_z^2}=\frac{I}{2\pi}\times\frac{1}{r^2}\qquad 而\ J_P=\frac{I}{2\pi x^2}\qquad (因为\ z=0)$$

则
$$\frac{J_h}{J_P}=\frac{x^2}{r^2}=\frac{x^2}{x^2+h^2}=\frac{L^2}{L^2+h^2}=\frac{1}{1+\left(\frac{h}{L}\right)^2} \tag{3-29}$$

下面对式(3-29) 进行讨论。

给出一系列 h/L 值，经式(3-29) 计算得到相应 J_h/J_P 的值，列于表 3-4 中，并绘制成图 3-17。

表 3-4　一个点电源不同深度的电流密度分布

h/L	0	0.2	0.4	0.6	0.8	1.0	1.2	1.4	1.6	1.8	2.0	3.0	4.0
J_h/J_P	1	0.96	0.86	0.74	0.61	0.5	0.41	0.34	0.28	0.24	0.2	0.1	0.06

① $r\to\infty$ 时　$J_X=\frac{I}{2\pi}\times\frac{X}{r^3}\to 0$

即无穷远处电流为 0；

② $h\to 0$ 时　$J\to\infty$

即地面的电流最强，地表分布最密集；

③ J 随深度 h 变化，当 $J=h$ 时只有 50%电流；

④ 扩大极距可增大 h 处的 J，即增加极距可以加大勘探深度，现代仪器大都是接收 $J=h$ 处的电流，因此 $AB/2=h$，其以下很弱，难以观测到。

（2）两个点电源

图 3-18 所示，$AB=2L$

$$r_1=\sqrt{h^2+x^2}\qquad r_2=\sqrt{h^2+(2l-x)^2}$$

r 在中间点时，　$r_1=r_2=AB/2$

$$\frac{J_h}{J_O}=\frac{1}{\left[1+\left(\frac{h}{L}\right)^2\right]^{3/2}}(推导省略) \tag{3-30}$$

给出一系列 h/L 值，经式(3-30) 计算得到相应 J_h/J_P 的值，列于表 3-5。

表 3-5 两个点电源不同深度的电流密度分布

h/L	0	0.2	0.4	0.6	0.8	1.0	1.2	1.4	1.6	1.8	2.0	3.0	4.0
J_h/J_P	1	0.98	0.8	0.63	0.48	0.35	0.26	0.2	0.15	0.12	0.06	0.03	0.02

讨论：

① $r\to\infty$时 $J_h\to 0$；$h\to 0$时 $J_0=\frac{I}{\pi}\times\frac{1}{L^2}\to\infty$

② $h\neq 0$时 J_h与h、L有关，故采用最佳极距时可获得最佳得J_h的极大值。

③ 其衰减速度比单点要快，因此，单点供电探测的深度大，所以用三极精度高，但有无穷远极，探测时速度慢，因为有笨重的无穷远极电缆线（图 3-18）。

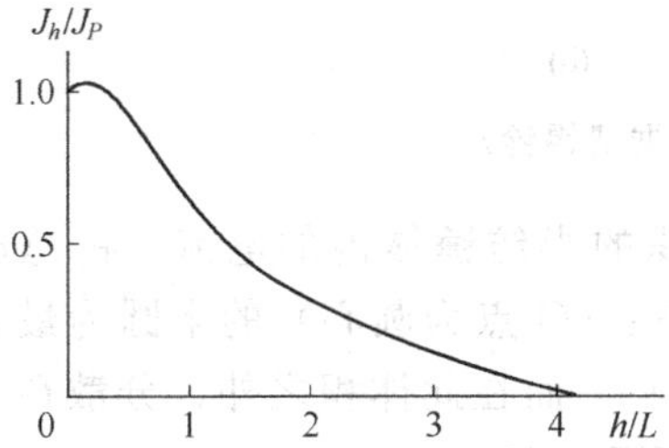

图 3-17 电流密度随深度变化曲线

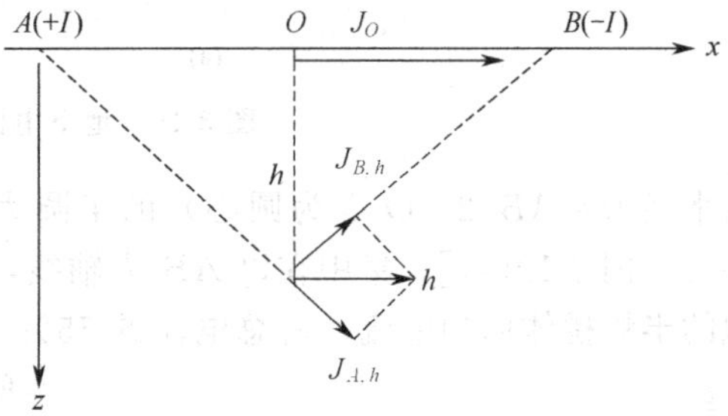

图 3-18 均匀各向异性介质地面上两个点电源的电流密度分布

7. 电流密度与供电功率的关系

对于一点来说，极矩为L的电流密度$J_h=\frac{I}{2\pi L}$，其中电流强度与供电电压、电源内电阻、导线电阻、接地电阻的关系为：

$$I=\frac{V}{R_{内}+R_{线}+R_A+R_B} \tag{3-31}$$

式中 $R_{内}$——电源内部电阻；

$R_{线}$——勘探所用导线电阻；

R_A，R_B——两供电电极接地电阻。

从上式可以看出，在总电阻不变时，要加大供电电流，必须增大电压，故在一定电压时，不能无限制地扩大极距来增加勘探深度，否则电流太小，会影响精度。

在电压一定时，可以减少电阻来增加电流。因此，采用铜电线、银线等来减少接地电阻及导线电阻。

8. 地下半空间的电流分布

在均匀各向同性岩石中，各个主断面上的电流场是相同的，因此，以图 3-19 中的AB为轴，旋转 180°，就得出整个地下半空间电流场分布的立体概念。可见，近轴线处电流线构成一层层的半“似纺锤形”，远离轴线处逐渐变为半“似蟠桃形”。地表以A、B中点为中心，边长为$AB/3$的正方形面积和深度为$AB/6$的体积内，电流密度接近均匀且水平，越靠近供电电极，电流密度的大小和方向变化越大。其等位面则构成对称的两组偏心“畸变半球面”。

综上所述，正、负两个点电源的正常场，其电流密度的分布沿AB轴线为最大，在远离AB轴线$h/L=0.3\sim 2$的一段范围内电流密度迅速减小。计算表明：集中在以AB为轴线、

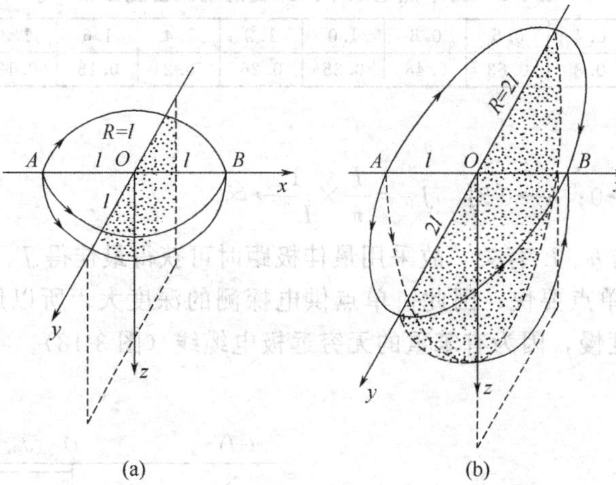

图 3-19 地下电流分布情况（据费锡铨）

以半径 $R=AB/2$（O 点为圆心）的半圆为最大截面积的半纺锤体内的电流，占总电流的 30%［图 3-19(a)］；集中在以 AB 为轴线，以 R 为半径（O 点为圆心）的半圆为最大截面积的半蟠桃体内的电流，占总电流的 55%［图 3-19(b)］。而在此体积之外，分散在半无穷空间的电流则不到 1/2。

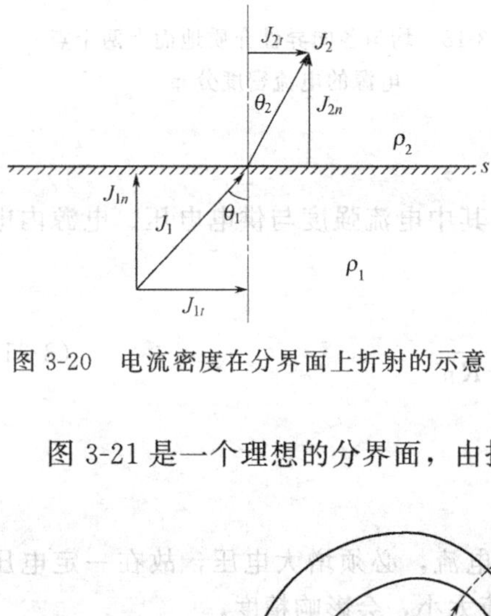

图 3-20 电流密度在分界面上折射的示意

所以布线要在 AB 轴线上，四个极要呈一条线，以减少电流的分散，同时也说明了在中间梯度勘探时能够实行面积测量的依据。

9. 地下电阻率不均匀的影响

以上讨论的都是均匀介质，而实际上地质体是不均匀的，利用这种不均匀的异常场可以解决有关地质问题，将均匀场视为正常场或背景场。图 3-20 为电流密度在分界面上折射的示意。

(1) 电流密度在电阻率分界面上的折射

图 3-21 是一个理想的分界面，由折射定律得出：

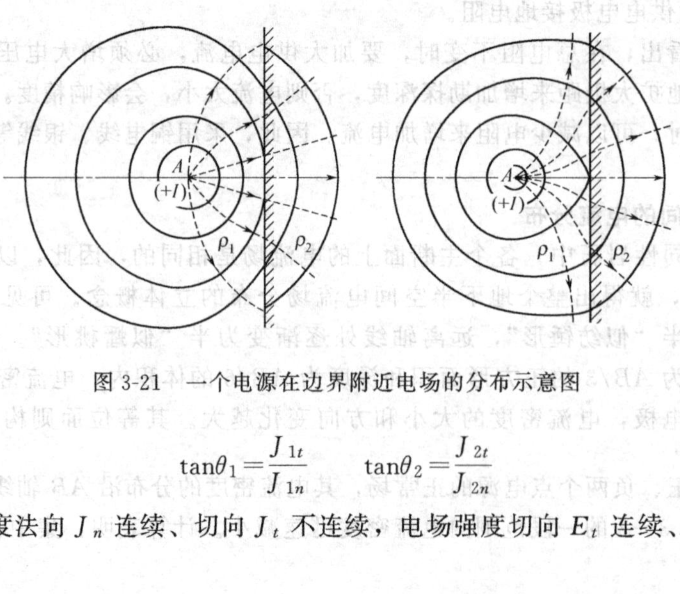

图 3-21 一个电源在边界附近电场的分布示意图

$$\tan\theta_1=\frac{J_{1t}}{J_{1n}} \qquad \tan\theta_2=\frac{J_{2t}}{J_{2n}} \tag{3-32}$$

由于电流密度法向 J_n 连续、切向 J_t 不连续，电场强度切向 E_t 连续、法向 E_n 不连续

的边界条件，$J_{1n}=J_{2n} \quad E_{1t}=E_{2t}$

因此 $\frac{\tan\theta_1}{\tan\theta_2}=\frac{\rho_2}{\rho_1}$，得出的结论是 θ_2 由 θ_1 和 $\frac{\rho_2}{\rho_1}$ 决定。若 $\rho_1>\rho_2$，则 $\theta_1<\theta_2$；若 $\rho_1<\rho_2$，则 $\theta_1>\theta_2$。

讨论：

① 当由高阻体进入低阻体时，表现为 θ_2 增大，有"吸引"电流线的现象（图3-22）；

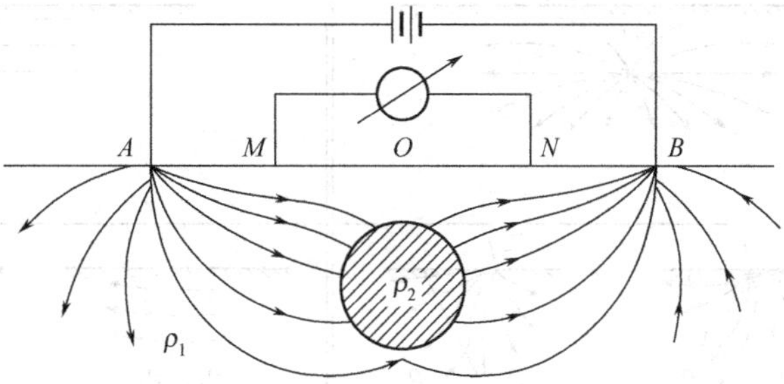

图 3-22 非均匀介质电流密度变化（$\rho_1>\rho_2$）

② 当由低阻体进入高阻体时，表现为 θ_2 减小，有"排斥"电流线的现象。

(2) 地电断面的概念

根据地下地质体电阻率差异而划分界面的地下断面称为地电断面。可以与地质界线吻合，也可不吻合。可归纳为：直立倾斜脉状体，水平圆柱体（如鸡窝矿），层状体（地层界线）等。

地下电阻率的不均匀体就叫地电体，有形状简单的，也有形状复杂的。有的称作二度体，有的称作三度体。所谓二度体，是在一个方向上无限延伸的地电体，如沿走向无限延伸的岩脉、断层破碎带、地下暗河等，可以把它们归纳为这样的物理模型，直立或倾斜的脉状体、水平圆柱体等。所谓三度体，就是三个坐标轴方向上分布都是有限的地电体，如球体、椭球体、立方体以及某些形状不规则的地电体。

在研究各种形体的地电断面时，若垂直其二度体走向作断面，或通过三度体的中心作断面（铅垂面），便可以得到下列几种典型的地电断面电场特点（见图 3-23)。

10. 视电阻率的基本概念

(1) 岩石露头电阻率的测定

温纳装置的极距不大于 2m，用不极化电极测定，用于测定本区域深部相同层位的参数。虽然露头是有限的，但相对于电极距来说，可以把它看成半空间中无限大的均匀介质。测量的结果看做是岩石的真电阻率值。

(2) 非均匀情况下视电阻率的概念

均匀介质的电阻率测量在实际工作中是很少见的，常遇到的地电断面一般是不均匀和比较复杂的。当仍用四极装置进行电法勘探时，将不均匀的地电断面以等效均匀断面来替代，故仍然套用式(3-22) 计算地下介质的电阻率。这样得到的电阻率不等于某一岩层的真电阻，而是该电场分布范围内，各种岩石电阻综合影响的结果，称为视电阻，并用符号 ρ_s 表示。因此，视电阻率的表达式为：

$$\rho_s=K\frac{\Delta U}{I} \tag{3-33}$$

这是视电阻率最基本的公式，K 仍为装置系数，ρ_s 的单位为 $\Omega\cdot m$，ΔU 的单位为 mV，

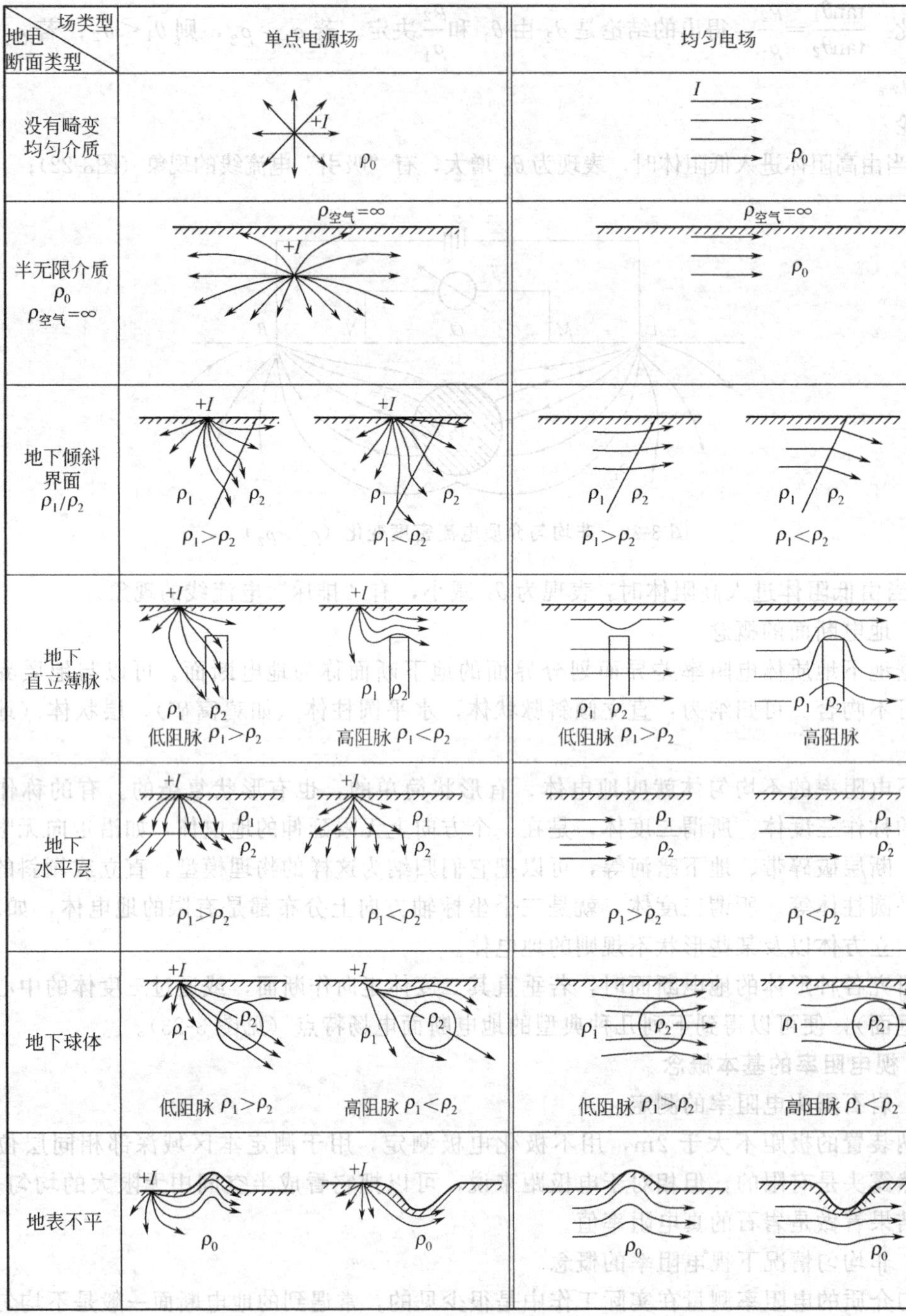

图 3-23　电性的地电断面电场特征

I 的单位为 mA。

电阻率法更确切地说，应称作视电阻率法，它是根据所测视电阻率的变化特点和规律去发现和了解地下的电性不均匀体，揭示不同地电断面的情况，从而达到找矿或探查构造的目的。

由式(3-33) 可见，影响视电阻率大小的因素有：

① 装置的类型和大小，K 改变，ρ_s 也发生改变；

② 装置相对不均匀地电体的位置；

③ 地下介质的不均匀性。

(3) 视电阻率与电流密度的关系

由于 $J=\frac{E}{\rho}$，$-\frac{\Delta U}{MN}=E=J_{MN}\rho_{MN}$，则 $\Delta U=J_{MN}\rho_{MN}MN$

$\rho_s=K\frac{\Delta U_{MN}}{I}=K\frac{J_{MN}\rho_{MN}MN}{I}$，当为均质介质时，$\rho$ 的下标换成"0"。

$\rho_s=\rho_0=K\frac{\Delta U_{MN}}{I}=K\frac{J_0\rho_0 MN}{I}$，解出 $\frac{1}{J_0}=K\frac{MN}{I}$

所以
$$\rho_s=K\frac{\Delta U_{MN}}{I}=K\frac{J_{MN}\rho_{MN}MN}{I}=\frac{J_{MN}}{J_0}\rho_{MN} \tag{3-34}$$

式中，J_0 为地下均质的测点电流线密度。

最后得到视电阻率与电流密度的关系：

$$\rho_s=\frac{J_{MN}}{J_0}\rho_{MN} \tag{3-35}$$

式(3-35) 为视电阻率的基本形式，在分析一些理论计算，模型试验及野外地面观测结果时，经常用到式(3-35)。视电阻率 ρ_s 与测量电极 MN 间的岩石电阻率值 ρ_{MN} 及电流密度 J_{MN} 呈正比。由此，在高阻矿体顶上出现大于正常背景场的极大值（图 3-24），在低阻矿体两侧处出现小于正常背景场的极小值。还应说明，根据视电阻率与测点处电流密度和岩体电阻率呈正比的关系可知，当测点通过不同电阻率的岩体分界面时，ρ_{MN} 值有跃变，故 ρ_s 值也发生跃变，因此 ρ_s 剖面上曲线在穿过不同电阻率岩体分界面处不连续。若 MN 方向与分界面垂直，则 J_{MN} 在界面两边连续。所以 ρ_s 在界面两边的量值之比，恰好等于界面两边岩体电阻率 ρ_{MN} 的比值。若沿整个剖面上各测点附近的岩体电阻率均相等（ρ_{MN} 不变），则 ρ_s 异常剖面曲线（反映深部地区情况）便为连续的和圆滑的，不会发生突然跃变。应当指出，由于 E_{MN} 和 J_{MN} 值均与供电电流强度 I 呈正比，故无论在哪个 ρ_s 表达式中，视电阻率的最后量值永远与电流强度的大小无关。

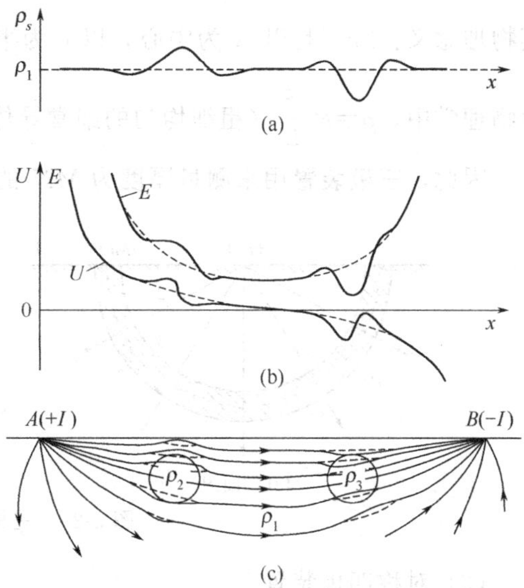

图 3-24 地下电阻率不均匀时地下电流分布示意图

当 MN 之间均质时，ρ_s 变化不大，否则会影响 ρ_s，给 ρ_s 造成干扰。如地表有沼泽、废堆石等，会使 ρ_s 变化，产生不必要的干扰。

综上所述，可将视电阻率的性质归纳如下。

① 当地下只有一种岩石时，公式(3-35) 算得的电阻率值等于岩石真电阻率值。剖面曲线是一条数值等于 ρ 的直线。

②当地下有矿体时，在高电阻率矿体上测得的视电阻率 ρ_s 值，将较围岩电阻率 ρ_1 值大；在低电阻率的矿体上测得的 ρ_s 值，将比 ρ_1 小。因此，ρ_s 曲线的变化状态不但能反映出地下不均匀体的位置和不均匀体电阻率的相对高低，而且，由于 ρ_s 以围岩电阻率 ρ_1 作为正常背景值，故在 ρ_s 剖面曲线上，能够比电位和电场强度剖面曲线更清楚地反映出地下矿体的埋藏状况，ρ_s 异常曲线不受正常电流场分布不均匀性的影响。这些便是在电阻率法中引用视电阻率的主要目的和意义。

③ 当地下有多种电阻率不同的岩体存在时，测得的 ρ_s 值为地下所有岩体总的作用结果。一般来说，ρ_s 既不等于这个岩体的电阻率值，也不等于那个岩体的电阻率值。它与地下不均匀体的分布状态和各个不均匀体的真电阻率值有关。由于在任何不均匀情况下，电位差 U_{MN} 值总是与供电电流强度 I 呈正比，故由公式(3-35) 不难理解，视电阻率值与供电电流强度 I 无关。只与地下不均匀体情况和各电极的位置或排列方式等有关。

④ 地形起伏会改变地面电流的分布，因此地形对视电阻率有影响，有关地形影响问题，将放到后面去讨论。

11. 装置系数的物理意义

(1) 对称三极装置

$K=2\pi\dfrac{AM\cdot AN}{MN}$，当 $MN\ll OA$ 时，令 $OA=r$ 则 $K=2\pi\dfrac{AM\cdot AN}{MN}=2\pi\dfrac{r^2}{MN}=2\pi\dfrac{r^2}{MN}$

其物理意义：$2\pi r^2$ 是以 A 为中心，以 r 为半径的半球壳的表面积，$\rho_s=K\dfrac{U}{I}=\dfrac{2\pi r^2}{MN}R_{MN}$ 又因物理学中，$\rho=R\dfrac{S}{L}$（粗细均匀的细常导体），$2\pi r^2$ 等效于 S；MN 等效于 L。

因此，三极装置用来测量厚度为 MN 的半球壳体积介质的电阻率（见图 3-25）。

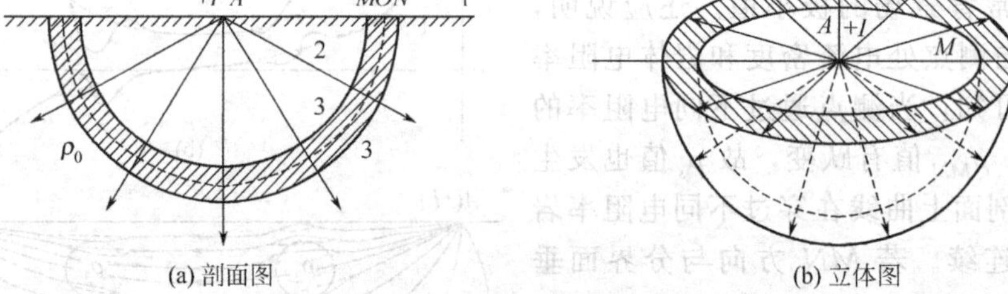

(a) 剖面图　　(b) 立体图

图 3-25　三极剖面探测示意图

(2) 对称四极装置

$AM=BN$，$AN-AM=MN$，$k=\pi\dfrac{AM\cdot AN}{MN}$，所测出的是阴影部分（图 3-26），实际上是体积勘探。A、B 电极距离 M、N 电极越远，测的深度就越大。

讨论：当 AB 不动时，MN 增加，测量深度会变浅，所以采用施仑贝尔装置会出现脱节现象。

12. 勘探深度

勘探深度是指能产生可靠相对异常的最大深度。

可靠相对异常：凡是在背景岩石上有突出不均匀地电体存在，习惯上称为“异常”，可表示为：$Y=\dfrac{\rho_s-\rho_0}{\rho_0}100\%$，$\rho_0$ 为围岩正常电阻率，即相对异常值大于三倍测量均方相对误

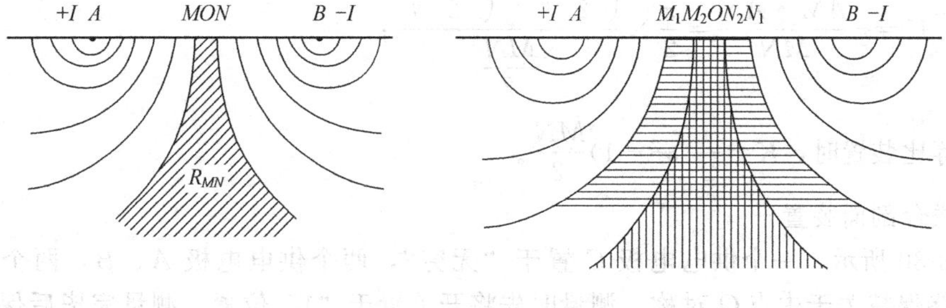

图 3-26　对称四极剖面探测示意图

差，称为可靠异常。

因为 $\rho_s=\dfrac{J_{MN}}{J_0}U_{MN}$，$J_0$为均质介质时的电流密度；当 $\rho_{MN}=\rho_0$时，$Y=\dfrac{\rho_s-\rho_0}{\rho_0}\times100\%=\dfrac{J_{MN}}{J_0}-1$，即异常值取决于$\dfrac{J_{MN}}{J_0}$。

异常因素：地电体电阻率差异、规模和形状、埋深、人工场的类型、装置和极距大小、干扰水平等都是引起异常的原因。

13. 常用的装置形式

(1) 二极装置

如图 3-27 所示，一个供电电极 B 和一个测量电极 N 置于“无穷”，用另一单点 A 供电、单点 M 测量。

条件：$BM>10AM$，即认为是无穷远的；

记录点：AM 的中点；

系数：$K=2\pi AM$。

(2) 三极装置

如图 3-28 所示，一个供电电极 B 置于“无穷”，用单电极 A 供电，M、N 电极测量。

条件：$MN<AO/3$，即 $OB=(3\sim5)OA$；

记录点：MN 的中点；

系数：$K=2\pi\dfrac{AM\cdot AN}{MN}=\pi\dfrac{OA^2-\left(\dfrac{MN}{2}\right)^2}{\dfrac{MN}{2}}$。

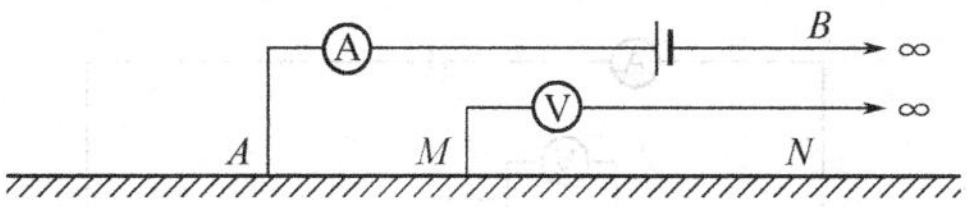

图 3-27　二极装置示意图

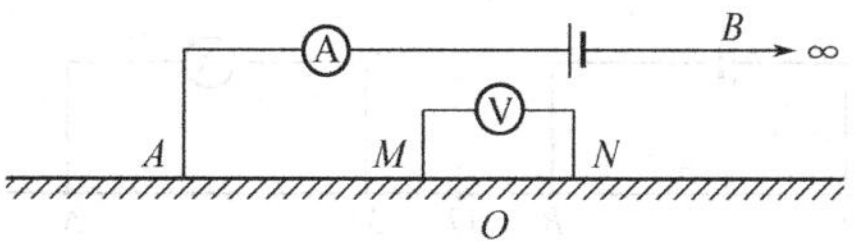

图 3-28　三极装置示意图

(3) 对称四极装置

如图 3-29 所示，两个供电电极 A、B，两个测量电极 M、N 始终保持关于中点 O 对称。

条件：$MN<AO/3$，常用温纳装置；

记录点：MN 的中点 O；

系数：$K=\pi\frac{AM\cdot AN}{MN}=\frac{\pi}{2}\times\frac{\left(\frac{AB}{2}\right)^2-\left(\frac{MN}{2}\right)^2}{\frac{MN}{2}}$；

当用等比装置时，$K=\frac{\pi}{2}(\alpha^2-1)\frac{MN}{2}$。

(4) 联合剖面装置

如图 3-30 所示，一个供电电极 C 置于“无穷”，两个供电电极 A、B，两个测量电极 M、N 始终保持关于中点 O 对称。测量时先将开关置于“1”位置，测量完毕后保持装置不变，将开关再置于“2”位置，实际上相当于两个三极装置的组合。

条件：等同于三极装置；

记录点：MN 的中点；

系数：同三极装置。

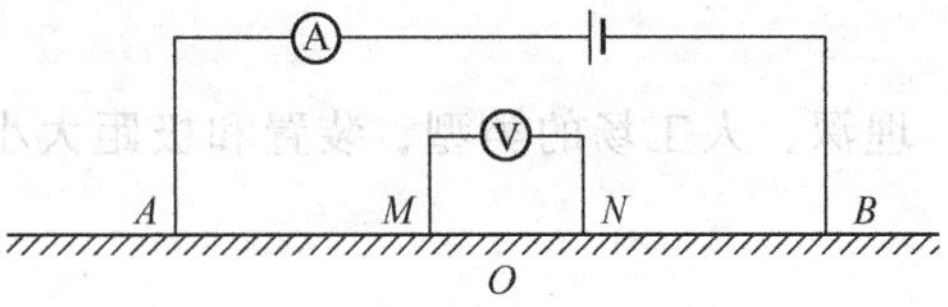

图 3-29 对称四极装置示意图

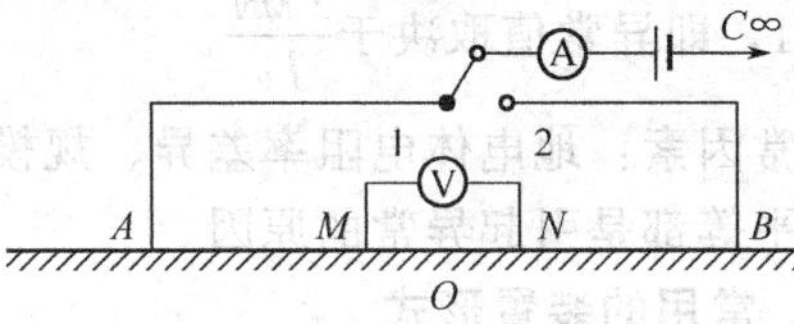

图 3-30 联合剖面装置示意图

(5) 偶极装置

如图 3-31 所示，两个供电电极与两个测量电极分别在记录点的两侧。

条件：$AB=MN=a$，$BM=na$；

记录点：BM 的中点 O；

系数：$K=\pi n(n+1)(n+2)a$；

(6) 中梯装置

如图 3-32 所示，两个供电电极 A、B 置于较远位置，两个测量电极 M、N 保持相对位置不变，MN 在$\left(\frac{1}{3}\sim\frac{1}{2}\right)AB$ 之间逐点测量，两个测量电极分别在记录点的两侧。

记录点：MN 的中点 O；

系数：$K=2\pi\frac{1}{\frac{1}{AM}-\frac{1}{AN}-\frac{1}{BM}+\frac{1}{BN}}$

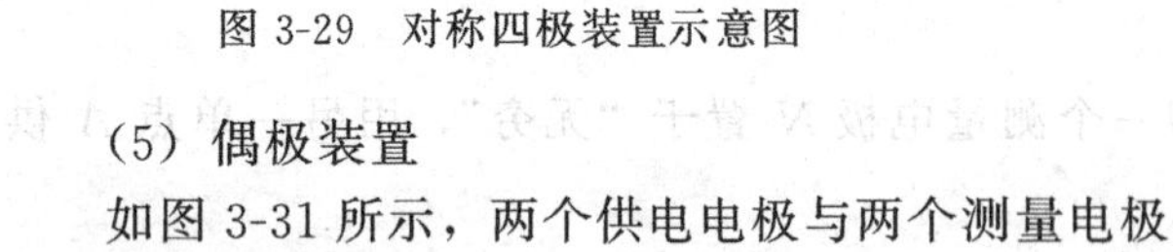

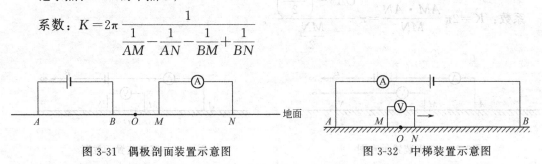

图 3-31 偶极剖面装置示意图

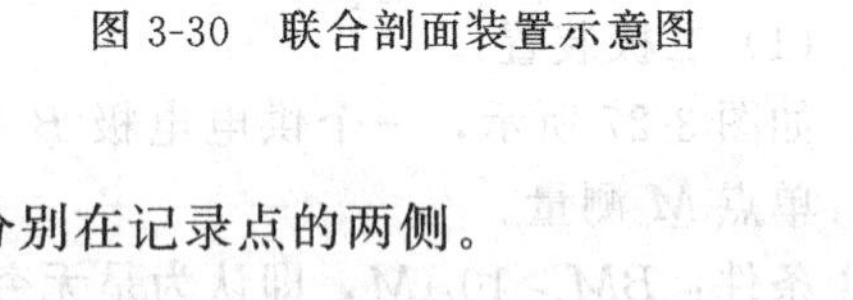

图 3-32 中梯装置示意图

(7) 其他装置

赤道装置、五极装置等，也可单点供电，多点测量，特别是中梯，一次测多条测线。

14. 外业测量应注意的几个问题

① 接地电极尽量要入土深一些，或多打入几根并联起来，以减少接地电阻。

② 测量电极可以采用不极化电极。

③ 检查导线、仪器漏电情况。

第二节 电剖面法

一、概述

电阻率剖面法简称电剖面法。将各个电极间的距离固定不变（勘探深度不变），用选定的整个观测装置沿测线方向逐点移动，并进行电阻率测量，以获得地下一定深度范围内地电断面沿水平方向的变化。通过该方法可以了解地下勘探深度以上沿测线方向上岩石的电性变化。

电剖面法不仅可以在水文地质和工程地质中划分不同岩性陡立接触带、岩脉，追索构造破碎带、地下暗河和古河床等，也可以进行地质填图，确定覆盖层以下不同导电性岩层的接触带位置；而且在煤矿能用来查明老窑范围及充水情况，还可调查溶洞、伟晶岩脉（矿）走向等。

电剖面法资料解释是在已知地电断面的理论计算和模型试验的基础上，通过分析电剖面 ρ_s 曲线异常特征来确定的解释方法，以定性解释为主。

二、电剖面法野外工作技术

1. 装置形式

根据电极排形式不同分为：联合剖面法（$\overrightarrow{AMN\infty MNB}$）、对称剖面法（$\overrightarrow{AMNB}$）、中间梯度法（$\overrightarrow{AMNB}$）、偶极剖面法（$\overrightarrow{ABMN}$）等（见表3-6）。

2. 测网布置

测网密度需根据地质任务的要求和工作比例尺确定（局部可不按比例尺）。

比例	线距/m	点距/m
1∶25000	250	100
1∶10000	100～200	50～80
1∶5000	50～100	20～40
1∶2000	20～40	10～20

要求测线互相平行，并垂直构造走向。需要指出，在探测溶洞、陷落柱及老窑采空区的电剖面法工作中，应根据探测体的空间分布范围和大小，适当加密线距和点距，以避免漏掉异常体。

3. 测量方法

首先根据设计及野外试验，确定装置类型和极距，计算相应的装置系数，再测量 ΔU、ΔI，并按下面公式计算电阻率，然后以绘制曲线进行解释：

$$\rho_s = K\frac{\Delta U_{MN}}{I_{AB}} \tag{3-36}$$

同时，测量时在现场要绘制草图（点位-ρ_s关系曲线），草测地形剖面，记录岩石露头点、干扰体、地形变化等影响因素（尽可能详细），为解释时校正参考。

4. 供电极距的选择

供电极距主要根据目标体的埋深来决定，由于地质条件复杂，难以严格计算最佳极距，在未知埋深的情况下，可测多个深度进行试验，一般要求：中梯法 $AB/2=(5\sim10)H$；联

剖法 $OA=(3\sim5)H$；轴向偶极法 $OO'=(3\sim5)H$；对称剖面法 $AB/2=(3\sim5)H$。最小能控制第一层，最大能测到末层并有不少于 3 个测点。

表 3-6　电剖面法装置

方法名称		装置图示及 K 值计算公式	电极距选择	说　明
联合剖面法		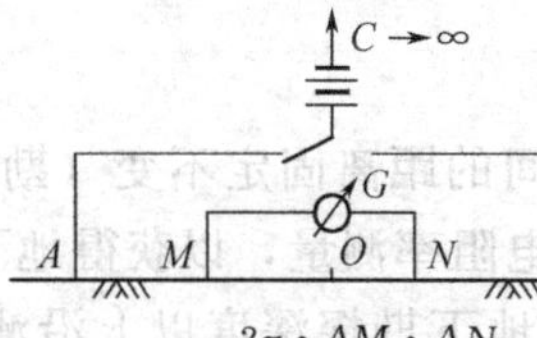 $K=\frac{2\pi\cdot AM\cdot AN}{MN}$	$AO=BO=\frac{AB}{2}$ $\frac{AB}{2}=(3\sim5)H$ $MN=\left(\frac{1}{10}\sim\frac{1}{3}\right)AO$	H 为浮土厚度； C 极置于无穷远； MN 等于点距或 2 倍点距
对称剖面法	对称四极法	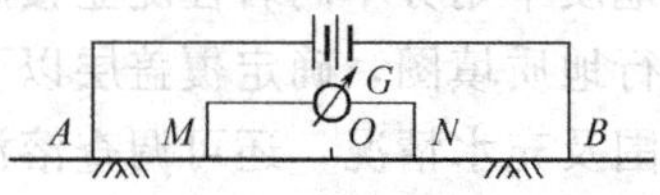 $K=\frac{\pi\cdot AM\cdot AN}{MN}$	$\frac{AB}{2}=(3\sim5)H$	$AM=MN=NB$ 时称为温纳装置； $AB\gg MN$ 时称为什仑贝尔装置
	复合对称四极法	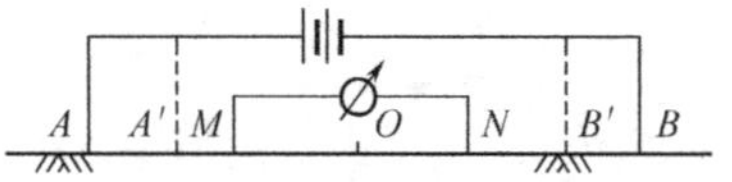 K_{AMNB}，$K_{A'MNB}$ 计算公式同上	$\frac{AB}{2}=(3\sim5)H$ $\frac{A'B'}{2}=(1\sim2)H$	$A'B'$ 小电极距反映浅部情况； AB 大电极距反映深部情况
中间梯度法	主测线	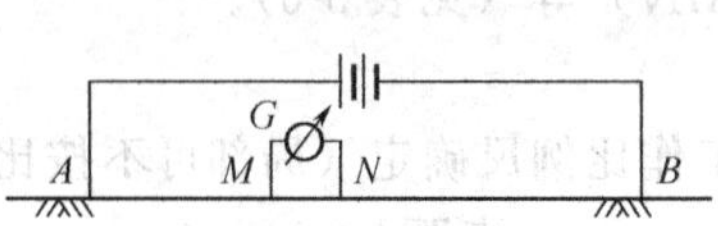 $K=\frac{2\pi\cdot AM\cdot AN\cdot BM\cdot BN}{MN(AM\cdot AN-BM\cdot BN)}$	$\frac{AB}{2}=(3\sim5)H$ $MN\leqslant\left(\frac{1}{15}\sim\frac{1}{25}\right)\frac{AB}{2}$	AB 固定，MN 在主测线中段(1/3～1/2)范围内逐点测量或在相距为 D，与主测线平行的相邻测线的(1/3～1/2)AB 范围内观测；每点 K 值或 K_D 值皆变化
	相邻测线	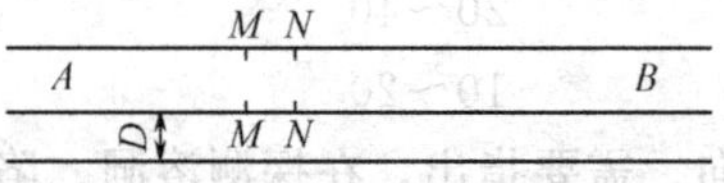 $K_D=\frac{2\pi}{1/AM-1/AN-1/BM+1/BN}$		
偶极剖面法	单边轴向偶极	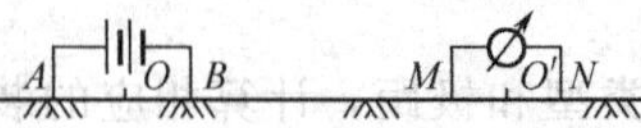	$OO'=(3\sim5)H$ $OO'=(4\sim10)AB$ 通常 $AB=MN$ 或 $AB=(1\sim3)MN$	O（AB 中点）与 O'（MN 中点）的距离称为电极距
	单边轴向偶极	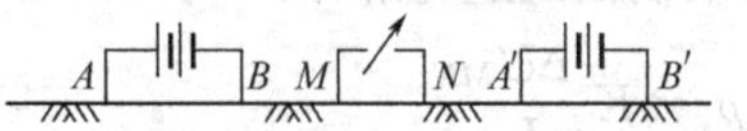		
	赤道偶极	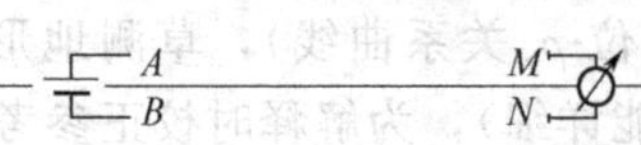		

测量极距的选择：测量极距 MN 越小、精度越高。因公式是 $MN\rightarrow0$ 时测出的地下剖面，而太小时造成电压 U 值过小，反而精度受到影响。根据仪器的要求，使 U 值不要太小

即可，一般为5～20m，但探测蚁穴、地裂缝等小地质体时只有20cm。

测量电极距的大小应在满足$\frac{AB}{30}<MN<\frac{AB}{3}$的条件下，根据地质任务和测区具体情况进行选择。较大的MN极距，可以获得较高的U_{MN}观测值，有利于避免干扰和提高观测精度。但MN选得过大，会影响探测深度，降低对探测目标的分辨能力。在实际工作中，常选取MN等于点距或数倍点距，以方便野外施工，提高工作效率。

三、联合剖面法

1. 测量方法

联合剖面装置实际上是两个三极排列的组合。根据视电阻率ρ_s值与电流密度的关系式可以写出两个三极装置$\overrightarrow{AMN\infty}$和$\overrightarrow{\infty MNB}$的$\rho_s$值表达式。

$$\left.\begin{aligned}\rho_{A,s}&=\frac{J_{A,MN}}{J_{A,0}}\rho_{MN}\\ \rho_{B,s}&=\frac{J_{B,MN}}{J_{B,0}}\rho_{MN}\end{aligned}\right\}\tag{3-37}$$

ρ_s曲线具有异常特征明显、分辨能力强、有利于突出低阻异常等优点，故在水文地质和工程地质中经常用于探测和研究含水断裂破碎带及岩溶发育等情况。

图3-33是联合剖面法野外工作布置示意图。A、M、N、B电极沿同一测线并以测点O对称布置。共用的无限远极C沿测区基线（测线的中垂线）方向布置，并要求与最近的测线距离大于5倍AO电极距，即$CP>5AO$。工作中保持A、M、N、B电极间的距离不变，沿测线逐点移动，在每一个测点上分别用AC回路和BC回路供电，获得两个视电阻率值$\rho_{A,s}$和$\rho_{B,s}$，从而在一条测线上可得到$\rho_{A,s}$和$\rho_{B,s}$两条视电阻率曲线。作图时，习惯规定$\rho_{A,s}$用实线表示，$\rho_{B,s}$用虚线表示。

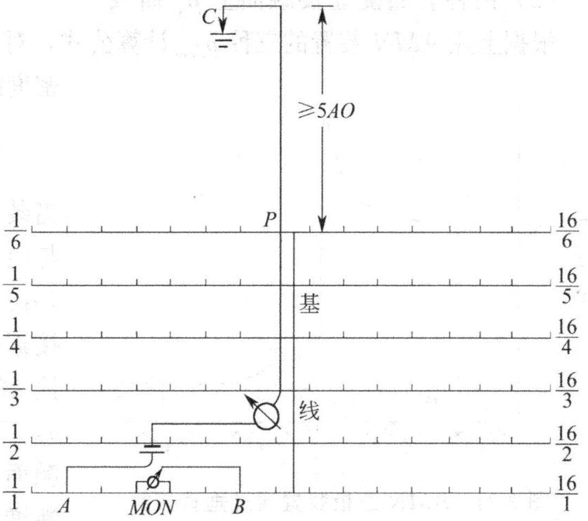

图3-33　联合剖面法示意图

（图中右侧分子表示测点号，分母表示测线号）

2. 不同地电剖面上视电阻率异常特征

(1) 两种岩石陡立接触面上ρ_s模型曲线

1）对于视电阻率$\rho_{A,s}$来讲，其表达式如下：

① 当A点和中点O(MN中点）均在ρ_1岩石上时，

$$\rho_{A,s}(1,1)=\rho_1\left[1-\frac{K_{12}L^2}{(2D-L)^2}\right]\tag{3-38}$$

式中　D——A点到分界面的距离，$L=OA$。

② 当A点在ρ_1岩石上，中点O在ρ_2岩石上时，

$$\rho_{A,s}(1,2)=\frac{2\rho_1\rho_2}{\rho_1+\rho_2}\tag{3-39}$$

③ 当A点和中点O均在ρ_2岩石上时，

$$\rho_{A,s}(2,2)=\rho_2\left[1-\frac{K_{12}L^2}{(2D+L)^2}\right]\tag{3-40}$$

2）对于视电阻率 $\rho_{B,s}$ 来讲，其表达式如下：

① 当 B 点和中点 O（MN 中点）均在 ρ_1 岩石上时，

$$\rho_{B,s}(1,1)=\rho_1\left[1+\frac{K_{12}L^2}{(2D+L)^2}\right] \tag{3-41}$$

② 当 O 点在 ρ_1 岩石上，B 点在 ρ_2 岩石上时，

$$\rho_{A,s}(1,2)=\frac{2\rho_1\rho_2}{\rho_1+\rho_2} \tag{3-42}$$

③ 当 B 点和中点 O 均在 ρ_2 岩石上时，

$$\rho_{B,s}(2,2)=\rho_2\left[1+\frac{K_{12}L^2}{(2D-L)^2}\right] \tag{3-43}$$

（2）两种岩石陡立接触面上 ρ_s 曲线

根据上述 AMN 装置的三种 $\rho_{A,s}$ 计算公式，对于 $\rho_1>\rho_2$ 的计算结果见图 3-34。现在可用电流密度的分布规律来解释 $\rho_{A,s}$ 曲线的变化特征。

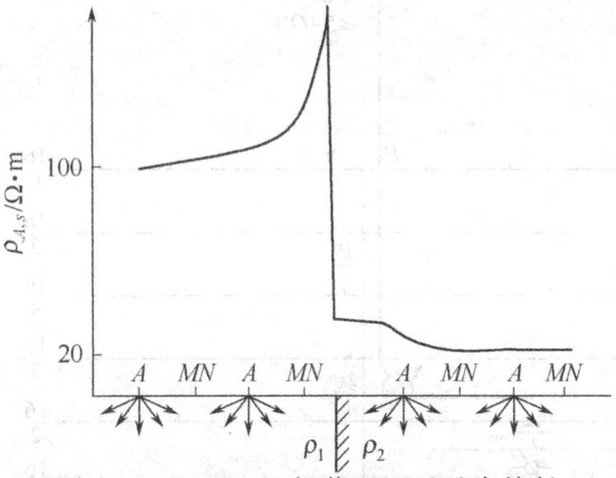

图 3-34　AMN 三极装置通过垂直接触面时的 $\rho_{A,s}$ 的剖面曲线

（$\rho_1=100\Omega\cdot$m；$\rho_2=20\Omega\cdot$m）

如图 3-34 所示，根据关系式 $\rho_{A,s}=\frac{J_{MN}}{J_0}\rho_{MN}$，当装置距离接触面很远时，地中电流的分布几乎与电阻率为 ρ_1 的均匀岩石情况相同，此时，$J_{MN}=J_0$，故 $\rho_{A,s}=\rho_1$。当装置右移，并逐渐接近接触带时，由于 $\rho_2<\rho_1$，将吸引电流，致使 MN 处的电流密度增大，即 $J_{MN}>J_0$，所以 $\rho_{A,s}>\rho_1$，于是 $\rho_{A,s}$ 便逐渐上升。装置愈靠近接触面，ρ_2 岩石吸引电流的作用愈强，$\rho_{A,s}$ 也就不断增加，当 MN 到达接触面时，$\rho_{A,s}$ 有最大值 $\left(\frac{2\rho_1^2}{\rho_1+\rho_2}\right)$；反之，如果 $\rho_2>\rho_1$，则 ρ_2 岩石将排斥电流，则 MN 达到接触面时，$\rho_{A,s}$ 将有最小值 $\left(\frac{2\rho_1^2}{\rho_1+\rho_2}\right)$。

当 MN 极由 ρ_1 岩石进入到 ρ_2 岩石时，由于电流密度的法线分量是连续的，即 $J_{MN}^{(1)}=J_{MN}^{(2)}$，而 ρ_{MN} 由 ρ_1 跃变到 ρ_2，所以 $\rho_{A,s}$ 在接触面处将发生跃变，并且两侧数值（$\rho_{A,s}^{(1)}$ 和 $\rho_{A,s}^{(2)}$）之比等于 $\frac{\rho_1}{\rho_2}$。由于当前 $\rho_2<\rho_1$，故 $\rho_{A,s}$ 曲线过界面时乃是向下跃变的；反之，如果 $\rho_2>\rho_1$，则 $\rho_{A,s}^{(1)}<\rho_{A,s}^{(2)}$，那时 $\rho_{A,s}$ 曲线过界面时将是向上跃变的。

当装置继续向前移动、直到 A 极达到接触面之前，$\rho_{A,s}$ 将保持为常数值 $\left(\frac{2\rho_1\rho_2}{\rho_1+\rho_2}\right)$，这相当于地下充满了电阻率等于 $\frac{2\rho_1\rho_2}{\rho_1+\rho_2}$ 的均匀介质。

当 A 极也进入了 ρ_2 岩石时，$\rho_{A,s}$ 将随着 d（移动距离）的增加而减小，直到 A 极远离界面时，$\rho_{A,s}$ 便趋于 ρ_2。从地下电流的分布状态来说，当 A 极在 ρ_2 岩石中靠近分界面时，由于 $\rho_2>\rho_1$，所以 ρ_1 岩石对 A 极流入 ρ_2 岩石中的电流表现为排斥作用，使得 J_{MN} 比正常情况（地下全为 ρ_2 岩石）的大，故 $\rho_{A,s}>\rho_2$。此后，随着装置远离分界面，ρ_1 岩石排斥电流的作用逐渐减弱，于是 J_{MN} 便趋于 J_0，最后 $\rho_{A,s}$ 达到均匀情况时的 ρ_2 值。

根据上述 MNB 装置的三种 $\rho_{B,s}$ 计算公式，对于 $\rho_1>\rho_2$ 的计算结果见图 3-35。现在用"镜像法"虚电源的作用来讨论 $\rho_{B,s}$ 曲线的变化特征。

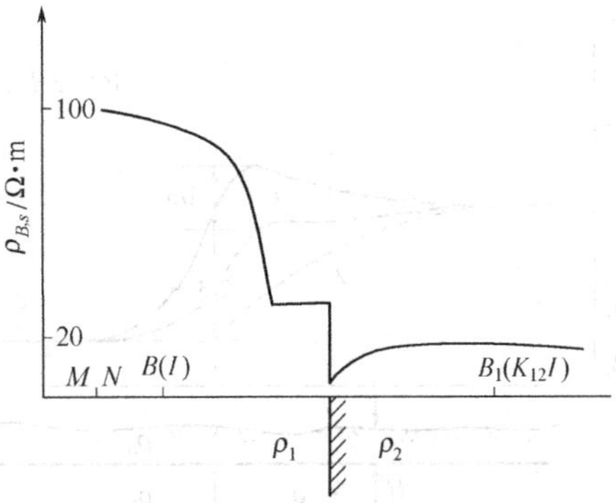

图 3-35　MNB 三极装置通过垂直接触面时的 $\rho_{B,s}$ 剖面曲线

（$\rho_1=100\Omega\cdot m$；$\rho_2=20\Omega\cdot m$）

由图可见，当全部装置均在 B_1 中，且距离接触面很远时，镜像 B_1 的作用可以忽略不计，此时 $\rho_{B,s}=\rho_1$，相当于均匀介质情况。

当装置右移并逐渐接近接触带时，虚电源 B_1 的作用便逐渐加强，这是因为虚电源 B_1 与实点源 B 相对界面要保持对称，所以实电源 B 愈靠近界面，虚电源 B_1 也就愈与界面接近，从而 B_1 与测量电极 MN 的距离也就愈小，故其作用加强。在当前条件下，因 $\rho_1>\rho_2$、$K_{12}<0$，又因 I 为正，故 $K_{12}I$ 极性为负。于是虚电源 B_1 的电流方向在测点处与实电源 B 的电流方向相反，所以其作用是使 $\rho_{B,s}$ 减小，即 $\rho_{B,s}<\rho_1$。

当 B 极到达接触面时（$d=0$），则

$$\rho_{B,s}=\rho_1(1+K_{12})=\frac{2\rho_1\rho_2}{\rho_1+\rho_2} \tag{3-44}$$

自 B 极超过界面进入 ρ_2 岩石开始，直到 O 点到达分界面为止，虚源与实源的位置重合，大小不变，$\rho_{B,s}$ 始终为常量。对应于 $\rho_{B,s}$ 曲线上的平直段，其值为 $\frac{2\rho_1\rho_2}{\rho_1+\rho_2}$。

当观测点 O 过界面，虚电源位于 ρ_1 时，由于界面两边的电阻率不同，所以 $\rho_{B,s}$ 值将由 $\frac{2\rho_1\rho_2}{\rho_1+\rho_2}$ 跃变到 $\frac{2\rho_1^2}{\rho_1+\rho_2}$，由于 $\rho_1>\rho_2$，故为下跃；反之，则为上跃。

当装置全部进入 ρ_2 岩石时，虚电源 B_1 则位于 ρ_1 岩石中，且 $K_{12}I$ 极性为正，于是当装置向右移动并逐渐远离分界面时，B_1 的反作用将逐渐减小，最后使 $\rho_{B,s}$ 趋于 ρ_2 值。

把 $\rho_{A,s}$ 和 $\rho_{B,s}$ 曲线画在一张图上（见图 3-36），即可得到垂直接触面上联合剖面法的剖面曲线。由图 3-36 可见，在 $\rho_1>\rho_2$ 的情况下，联合剖面装置通过接触面时，$\rho_{A,s}$ 比 $\rho_{B,s}$ 的跃变要明显得多。因此根据前者确定分界面位置比后者容易；反之，如果 $\rho_1<\rho_2$，则计算结果如图 3-37 所示，表明 $\rho_{B,s}$ 反映接触面的位置要比 $\rho_{A,s}$ 明显。所以，当联合使用 $\rho_{A,s}$ 和 $\rho_{B,s}$ 时，可比较准确地确定低阻或高阻岩层左、右两侧的分界面，从而可达到地质填图的目的。

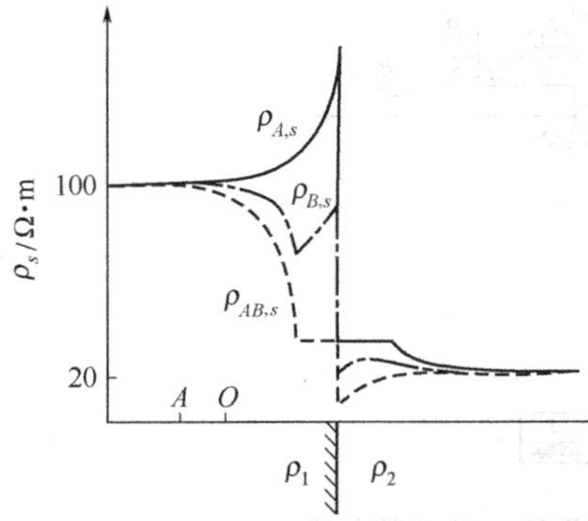

图 3-36　联合剖面法和对称四极剖面法通过垂直接触面时的 ρ_s 剖面曲线（$\rho_1>\rho_2$）

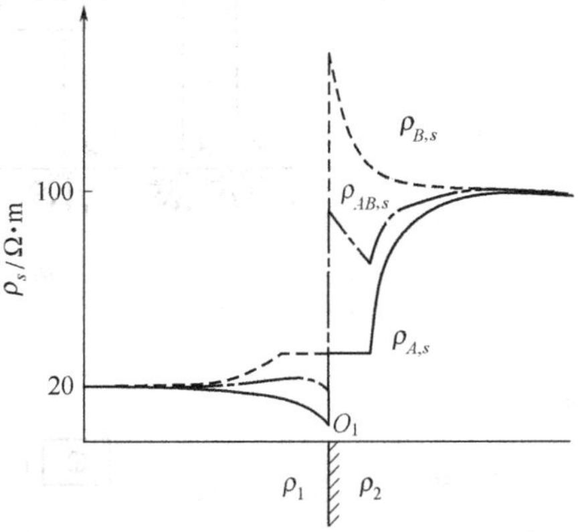

图 3-37　联合剖面法和对称四极剖面法通过垂直接触面时的 ρ_s 剖面曲线（$\rho_1>\rho_2$）

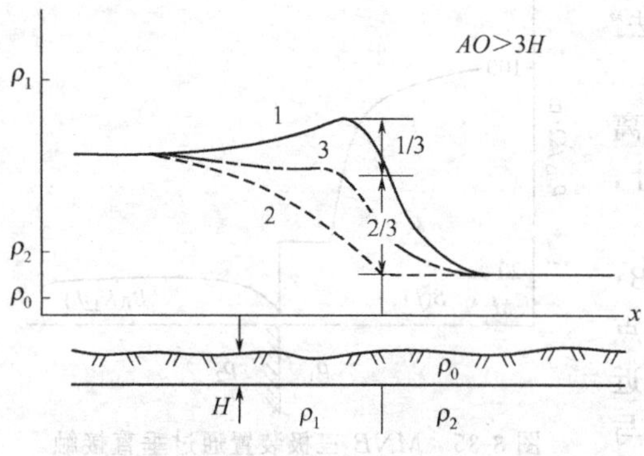

图 3-38　联合剖面试验曲线

有了上述联合剖面法的 $\rho_{A,s}$ 和 $\rho_{B,s}$ 剖面曲线以后，根据 $\rho_{AB,s}=\frac{1}{2}(\rho_{A,s}+\rho_{B,s})$ 的关系式，取各点的 $\rho_{A,s}$ 和 $\rho_{B,s}$ 平均值，即可得到如图 3-37 所示的对称四极剖面法的 $\rho_{AB,s}$ 剖面曲线。曲线的跃变亦可确定接触面的位置，但不如 $\rho_1>\rho_2$ 时的 $\rho_{A,s}$ 和 $\rho_1<\rho_2$ 时的 $\rho_{B,s}$ 跃变明显。对于 $\rho_{AB,s}$ 曲线的变化特征，也可用镜像虚电源的作用进行解释，这里不再赘述。

当有覆盖层时，若盖层厚 H、电阻率 ρ_0、下伏基岩 $\rho_1>\rho_2>\rho_0$，此时的视电阻率曲线就会变得圆、缓，其中一条曲线不明显（如图 3-38）。

一般认为，对于陡立的接触面，可以选取明显极大值和阶梯异常的那条曲线，接触面位置在它的陡度最大处，或极大点幅值的 2/3 处。但当接触面较小时，用该方法判断误差会很大。

3. 脉状体上联合剖面法视电阻率异常

(1) 良导体薄脉上的视电阻率异常

所谓薄脉，是指脉的宽度比极距 L 小的情况。对于埋深为 H 的良导体薄脉上的 ρ_s 曲线，目前还没有严密的理论计算公式，但已有大量的模型试验资料。图 3-39 为直立良导体薄脉上的联合剖面曲线。根据公式 $\rho_s=\frac{J_{MN}}{J}\rho_{MN}$，可以定性地分析 $\rho_{A,s}$ 及 $\rho_{B,s}$ 曲线的特点。

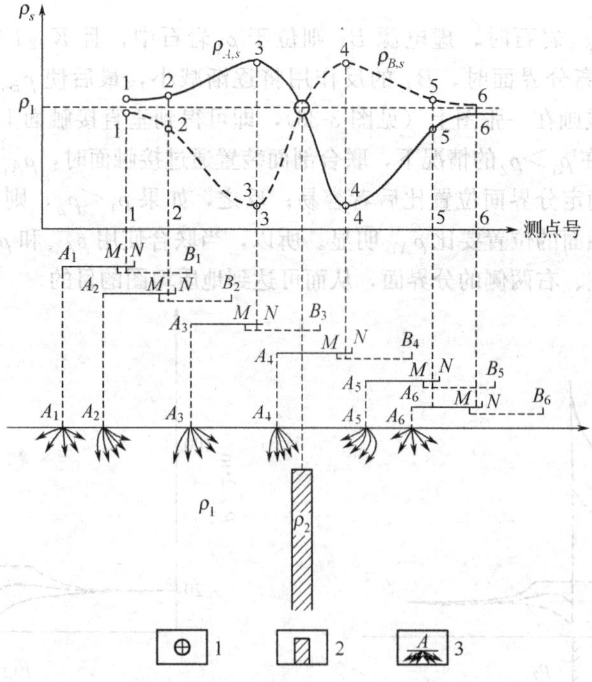

图 3-39　对直立良导体薄脉上的联合剖面法 ρ_s 曲线的分析

1—正交点；2—良导薄脉；3—A 电极的电流线（示意图）

首先分析 $\rho_{A,s}$ 曲线：

① 当电极 AMN 在良导脉左侧且与之相距较远时，由于良导脉对电流的畸变作用较小，因此 $J_{A,MN}=J_{A,0}$，$\rho_{A,s}=\rho_1$（见曲线上的 1 号点）。

② 当 AMN 沿测线向良导脉接近时，良导脉吸引电流，使电流线偏向 MN 一侧，造成 MN 处的电流密度增大，即 $J_{A,MN}>J_{A,0}$，故 $\rho_{A,s}>\rho_1$，ρ_s 曲线上升（见曲线上的 2 号点）。

③ 随着 AMN 继续向右移动，良导脉对电流的吸引作用逐渐增强，致使 $\rho_{A,s}$ 曲线继续上升，直到 MN 电极靠近脉顶时，由于良导脉向下吸引电流，使 $J_{A,MN}$ 相对减小，$\rho_{A,s}$ 曲线亦开始下降，因而在 3 号点形成了一个极大值。

④ MN 在接近脉顶到越过脉顶这个范围内，良导脉对电流的吸引作用最强烈，$J_{A,MN}$ 急剧减小，因而 $\rho_{A,s}$ 曲线也随之迅速下降。当 A 和 MN 各处在良导脉的一侧，由于良导脉的屏蔽作用使 $\rho_{A,s}$ 曲线出现一段比较宽的低值段（见 4 号点）。

⑤ 当 AMN 都跨过脉顶后，随着电极继续向右移动，良导脉吸引电流的作用逐渐减弱，从而使 $\rho_{A,s}\approx\rho_1$（见曲线上的 5 和 6 号点）。

同理，可以分析 $\rho_{B,s}$ 曲线。$\rho_{A,s}$ 和 $\rho_{B,s}$ 两条曲线相交，交点位于直立良导体脉顶上方；且在交点左侧，$\rho_{A,s}>\rho_{B,s}$；在交点右侧，$\rho_{A,s}<\rho_{B,s}$。前已述及，这样的交点称为联合剖面曲线的“正交点”。在正交点两翼，两条曲线明显地张开，一个达到极大值，另一个则为极小值，形成横“8”字式的明显歧离带。

在倾斜的良导薄脉上，两条曲线是不对称的，但仍然有正交点。交点位置在脉顶附近，稍移向倾斜一侧。图 3-40 为不同倾角时良导薄脉的模型试验曲线。可以看出随着倾角的减小，两条曲线的不对称性越加明显。故低阻脉向 B 极方向倾斜，则 $\rho_{A,s}$ 的极小值小于 $\rho_{B,s}$ 的极小值；反之，则 $\rho_{B,s}$ 的极小值小于 $\rho_{A,s}$ 的极小值。综合各种试验结果得知，低阻薄脉倾角越小，埋藏越浅。当极距 $L(=AO=BO)$ 适当地加大时，两条曲线的不对称性就越显著，正交点向倾斜方向的位置也越远。

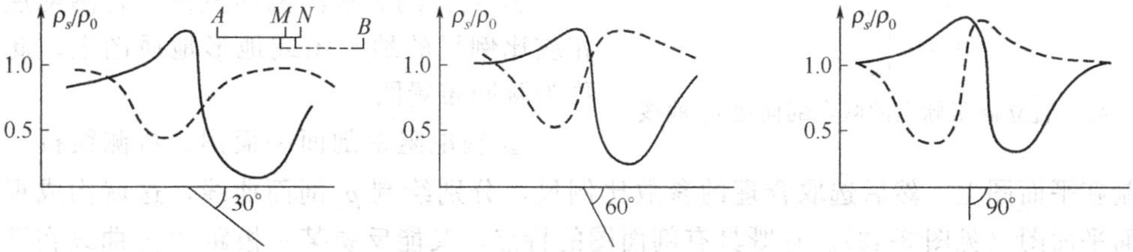

图 3-40　不同倾角时良导薄脉的联合剖面法 ρ_s 曲线的分析

（实线—$\rho_{A,s}$ 曲线；虚线—$\rho_{B,s}$ 曲线）

当脉的宽度比极距 L 大得多时，可以看作厚脉。图 3-41 是直立低阻厚脉状联合剖面法模型试验曲线。其特点是：远离界面时，$\rho_{A,s}$ 及 $\rho_{B,s}$ 均接近于围岩的电阻率值。在厚脉的边界上，$\rho_{A,s}$ 及 $\rho_{B,s}$ 曲线都明显地下降。在脉顶上形成对称的凹槽状，低阻带的宽度大致等于脉宽，在脉顶中部有明显的正交点。脉越宽，交点处的视电阻率值越接近低阻脉的电阻率值 ρ_2。

（2）高阻脉上的联合剖面曲线

图 3-42 是高阻脉上联合剖面法模型试验曲线。其特点如下。

① 高阻脉上方有一个不太明显的联合剖面曲线的“反交点”。在“反交点”的左侧，$\rho_{A,s}<\rho_{B,s}$；在右侧，$\rho_{A,s}>\rho_{B,s}$。

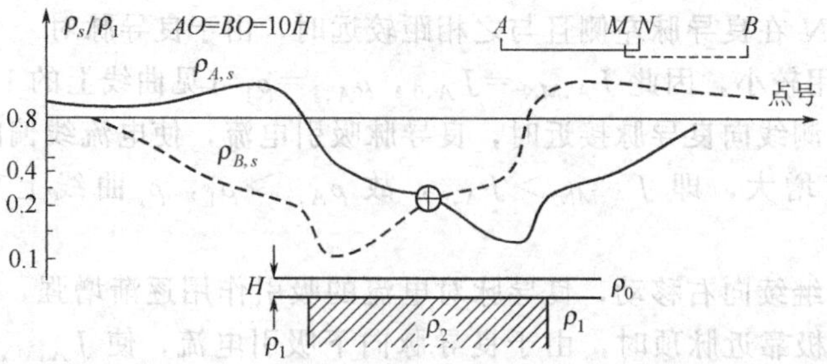

图 3-41　直立低阻厚脉上的联合剖面法 ρ_s 曲线

② 脉顶上呈现高阻异常，其两侧 $\rho_{A,s}$ 和 $\rho_{B,s}$ 曲线同步下降并各自出现极小值。故 $\rho_{A,s}$ 和 $\rho_{B,s}$ 曲线分异性差，幅度很小。值得注意的是，当供电电极通过高阻脉时，在相应的 ρ_s 曲线上还会出现一个次级的峰值。

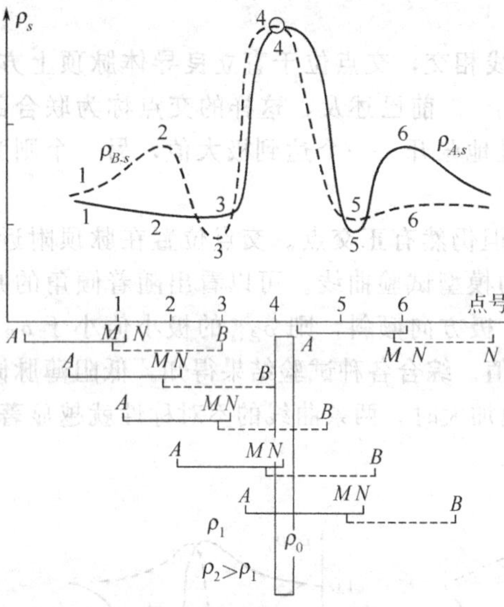

图 3-42　直立高阻脉上的联合剖面法 ρ_s 曲线

综上分析可知，联合剖面法 ρ_s 曲线的交点坐标可以确定球心在地表的投影位置，并由交点的性质指明球体相当围岩电阻率的高低，正交点说明球体为低阻体，反交点为高阻体。对于有走向的地质体来说，把测量结果绘制成 ρ_s 剖面图和剖面平面图。通过剖面平面图中相邻剖面 ρ_s 曲线的对比，可以确定地质体走向及沿走向的变化情况。最后指出，测量电极 MN 大小对 ρ_s 异常的影响是随着 MN 的增大异常减小，曲线变平滑。

4. 联合剖面法解释

（1）解释图件

① 联合剖面法测网布置图。将测网展布在相应比例尺的地形图或地形地质图上，此图件称为测网布置图。

② 视电阻率剖面平面图。将测线按一定比例绘制在平面图上，然后选取合理的参数比例尺，分别绘制 ρ_s 剖面曲线，这就构成视电阻率剖面平面图（见图 3-43）。它既具有剖面图的特点，又能反映某一极距的 ρ_s 曲线在平面上的变化规律。

③ 视电阻率剖面图。将每一条侧线，按顺序分别绘制 ρ_s 剖面图。常用算术坐标，横轴表示测点位置，纵轴表示视电阻率。习惯上用实线表示 $\rho_{A,s}$，用虚线表示 $\rho_{B,s}$，为了突出低阻异常，也可以采用单对数坐标系。

④ 视电阻率平面等值线图。在同一深度（或同极距）上，将各点 ρ_s 绘制在地形图上，用曲线连起来成为光滑的曲线，即为视电阻率平面等值线图（图 3-44）。常用于探测采空区等近似圆状地质体。

（2）联合剖面法异常的确定

利用剖面平面图或平面等值线图确定异常形态，并用单点曲线加以复核。

① 沿一定走向延伸的低阻带各测线低阻正交点位置的连线（称为低阻正交点异常轴）一般与断层破碎带有关，但要结合地质资料区分矿脉、地下金属、管道等低阻体。

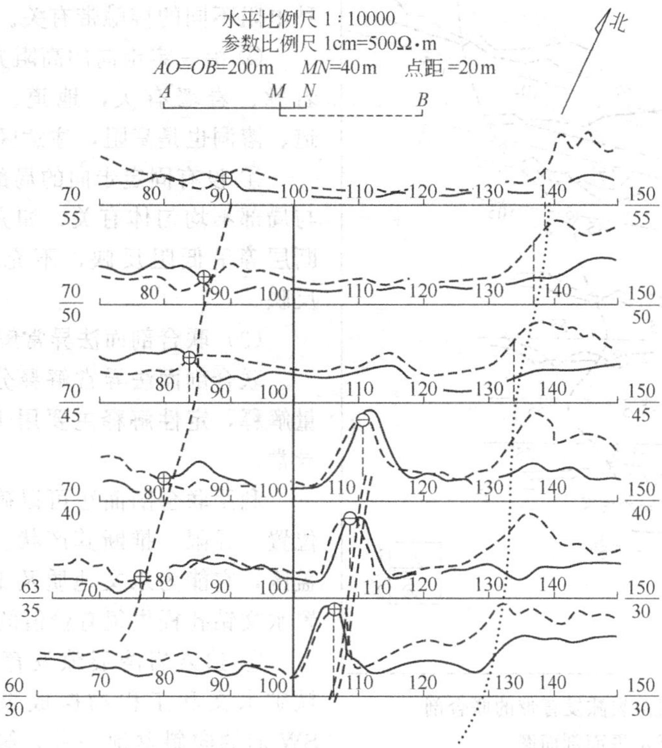

图 3-43　联合剖面 ρ_s 剖面平面图

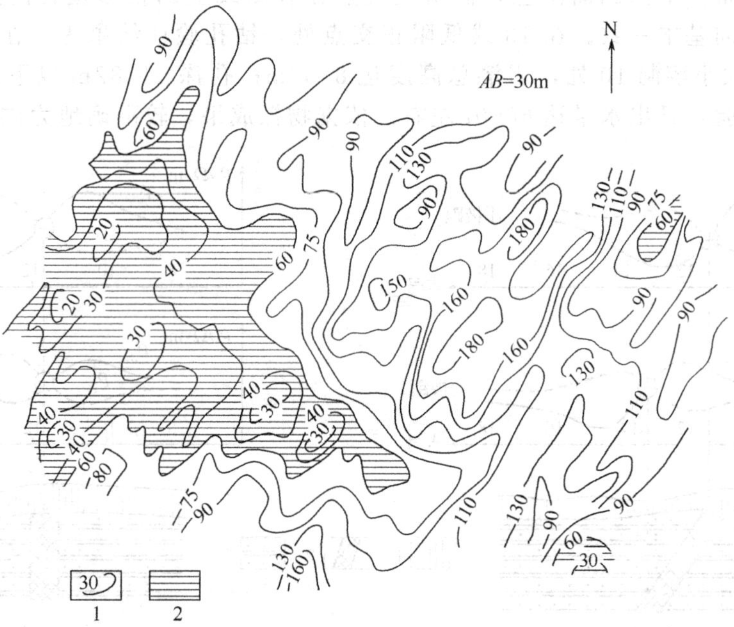

图 3-44　视电阻率平面等值线图

1—ρ_s 等值线；2—低电阻范围

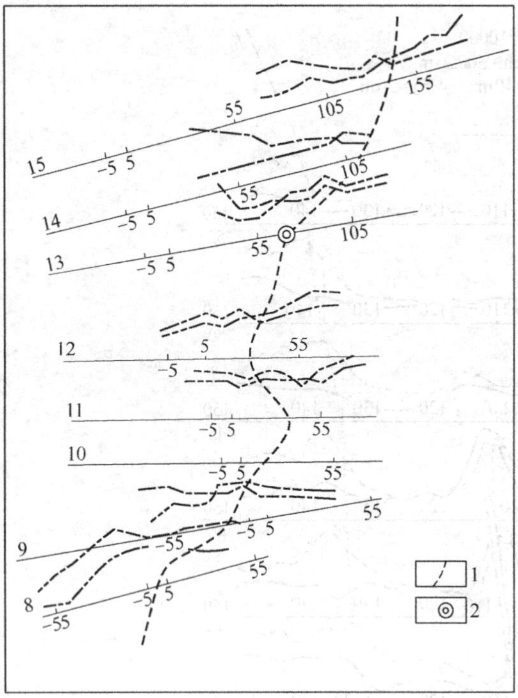

图 3-45 岩溶裂隙发育带的联合剖面 ρ_s 平面剖面图

② 沿一定走向延伸的阶状异常带，与两种电阻不同的接触带有关。

③ 沿一定走向的高阻异常带，多与高阻岩脉、岩墙有关，地道、溶洞、隧道、巷道、溶洞也是高阻，注意区分。

④ 没有固定走向的局部高阻或低阻异常与局部不均匀体有关，如充水溶洞、导水小断层等呈低阻反映，不充水时表现为高阻反映。

(3) 联合剖面法异常解释

联合剖面法异常解释分为定性解释和定量解释，定性解释主要用于追索界线，确定异常。

利用联合剖面法可以确定异常体的平面位置、界限，推断其产状。因此，在浮土掩盖区，它能为水文地质及工程地质填图、布置水文钻孔提供很有价值的资料。

① 追索岩溶裂隙发育带。图 3-45 为某铁矿水文和工程物探成果。测区位于 NE-SW 向的向斜盆地一翼，第四系之下为中上石炭系的白云质灰岩。采用联合剖面法工作，确定岩溶裂隙发育带。

在联合剖面 ρ_s 平面剖面图上，低阻正交点在各测线上的投影位置的连线与岩溶裂隙发育带的方向基本一致。在 13 线低阻正交点处，钻孔验证结果为：在孔深 15.10～51.82m 段见大小溶洞 10 处，岩溶总高度达 8.02m；孔深 51.82m 以下为较完整的灰岩。经抽水试验，日出水量达 6000t 左右。依据物探成果，较准确地为供水勘察确定了

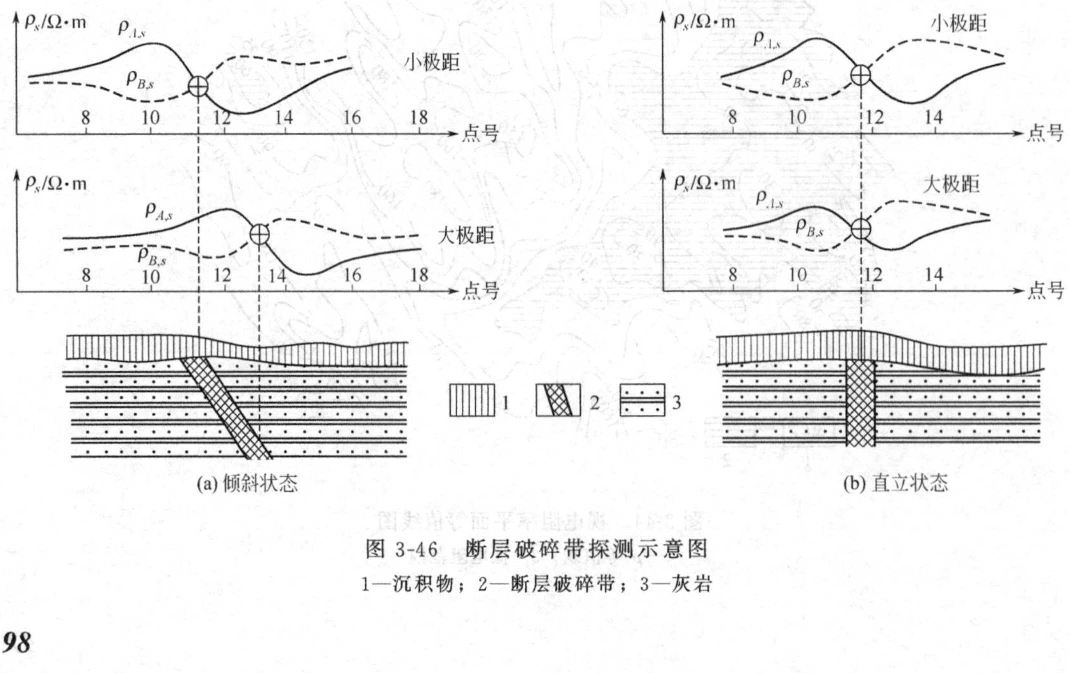

图 3-46 断层破碎带探测示意图

1—沉积物；2—断层破碎带；3—灰岩

钻孔位置。

② 确定断裂破碎带倾向及倾角。巨厚层灰岩中的张性断层破碎带多为断层泥、角砾以及水、砂等物填充，与围岩相比，具有明显的低阻特征。如图 3-46 所示，在这种良好的物性条件下，联合剖面法采用控制不同勘探深度的两种极距装置（$AB/2=50$m，100m），获得的联合剖面曲线较好地反映了断层破碎带的位置及产状。

在图 3-46(a) 中，反映倾斜状态的断层破碎带，两种不同的联合剖面曲线都出现了极小值点不对称的特征，而且不同勘探深度曲线的低阻正交点反映的位置也发生了偏移。在图 3-46(b) 中，反映直立状态的断层破碎带，两种反映不同勘探深度的 $\rho_{A,s}$ 和 $\rho_{B,s}$ 曲线均左右对称，低阻正交点亦反映同一位置，这表明断层破碎带近于垂直。

对照前面关于倾斜低阻脉模型曲线的讨论，即可对断层破碎带的倾斜方向作出解释，甚至可以估计倾角的大小。

③ 追索古河道。古河道岩性与河床外围有一定的差异，一般古河道为冲积成因的松散沉积物，表现为高阻反映。图 3-47 为 $\rho_{A,s}$ 剖面平面图，沿高阻带可以划分出古河床的分布。

④ 定量解释埋深。切线法的具体做法见图 3-48。过正交点作两条切线和一条垂线，再过 ρ_s 极小点作两条切线，获得截距 m_1、m_2，当地下良导体埋深小时，ρ_s 曲线正交点附近曲线斜率变大，反之变小，然后求平均值，良导脉顶端埋深 H 大致等于 m 值。

$$m=\frac{m_1+m_2}{2}\approx H\text{，一般 }H=1\sim1.3\text{m。}$$

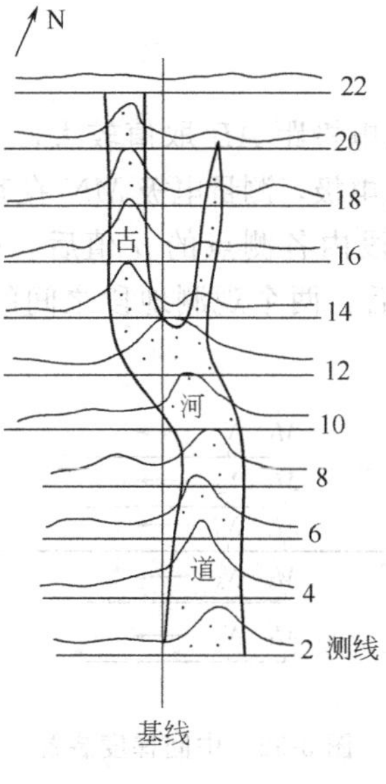

图 3-47 古河道探测

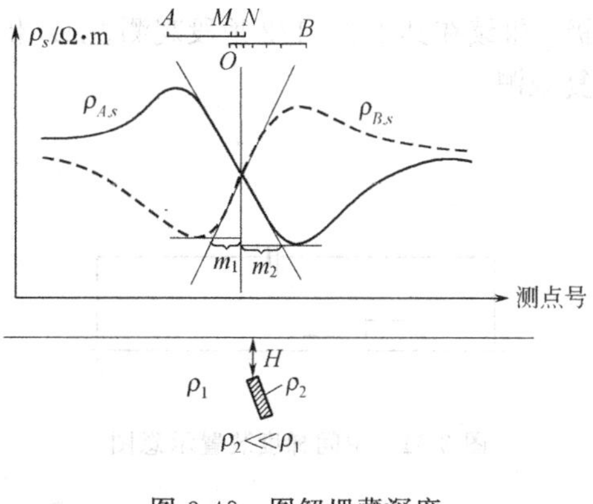

图 3-48 图解埋藏深度

用此方法求出的埋深数据只是一个近似数量级结果，适用于脉体厚度较小的情况。若宽度很大，则误差也会很大。

⑤ 确定陡立岩性接触界线。从图 3-49 和图 3-50 可见，供电电极位于高阻一侧的那支曲线在界面附近有明显阶梯状异常，并出现极大值。另一支曲线则不明显。根据经验，对陡立接触面可选取特征点明显的单支 ρ_s 曲线，如图 3-49 用了 $\rho_{A,s}$ 支，图 3-50 用 $\rho_{B,s}$ 支。在其陡度最大处，或用极小点至极大点幅值的 2/3 处来估算接触面的位置。对于倾角较小时难以确定。

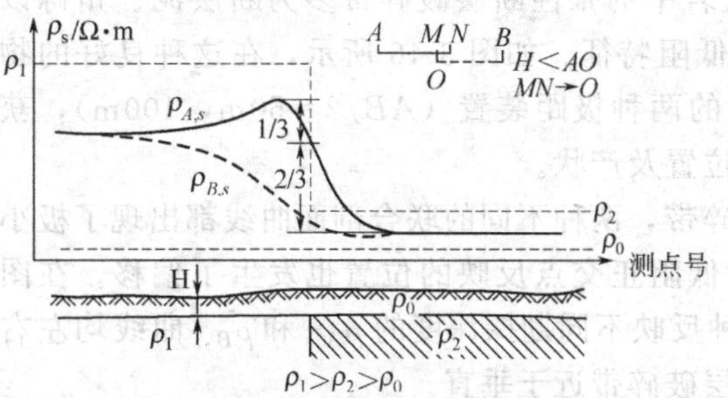

图 3-49 直立界面联剖曲线（一）

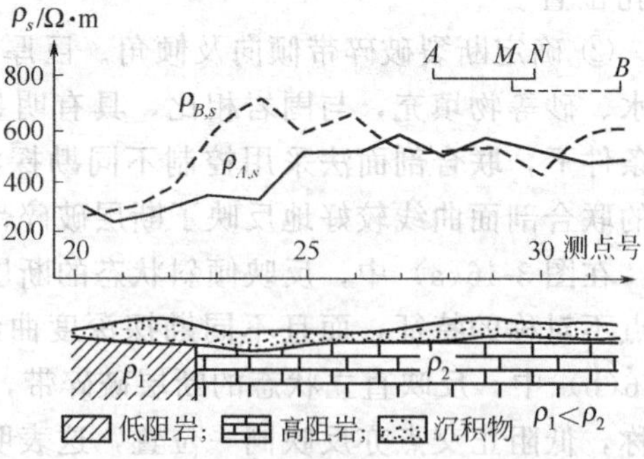

图 3-50 直立界面联剖曲线（二）

四、对称四极剖面法

供电电极 A、B 与测量电极 M、N 关于中点 O 对称，选择好适当极距，并保持极距不变，四极同时向一个方向移动，沿剖面线逐点测量 ΔU_{MN} 和 I，然后根据视电阻率公式 $\rho_s=K\dfrac{\Delta U_{MN}}{I}$ 计算各点视电阻率。此法是剖面法中最简单的一种，易于解释，但外业作业工作量较大，该方法与对称四极测深类似，便于掌握，在此不做过多叙述。

五、中间梯度法

1. 装置特点

中间梯度法装置（见图 3-51、图 3-52）的特点是：供电电极距 AB 取值较大，一般 $AB=(70\sim80)H$（H 为探测目标深度）。观测时，固定 AB 供电电极，测量电极 MN 在其 AB 中间 1/3～1/2 处逐点移动测量，记录点取 MN 中点。测完该地段内各测点的 ρ_s 值后，再移动 AB 电极，继续在其 1/2～1/3 地段观测。AB 供电电极移动前后，两个观测地段之间的衔接点需重复观测。

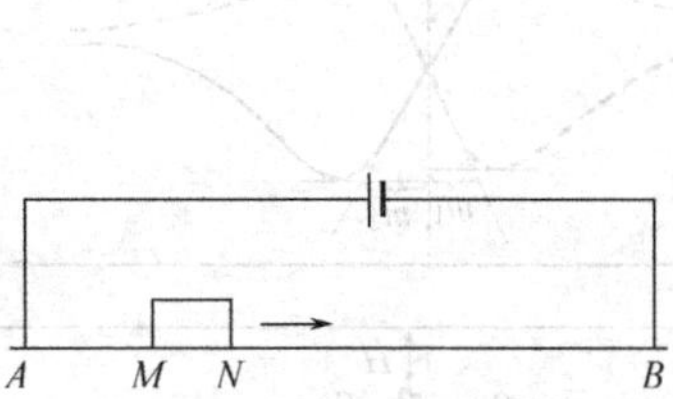

图 3-51 中间梯度装置示意图

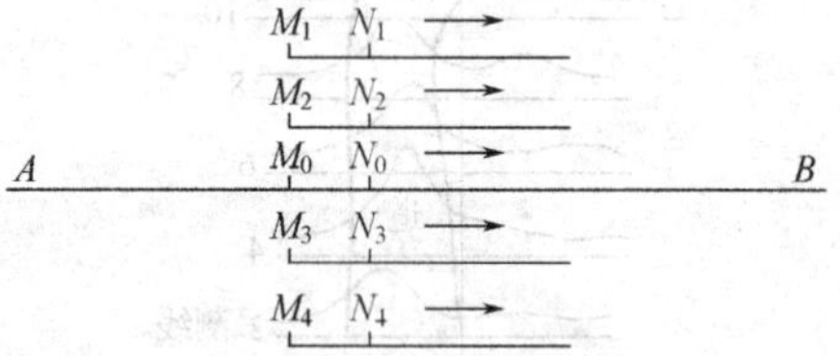

图 3-52 中间梯度装置

此外，为了提高工作效率，MN 也可在平行主测线的相邻测线上进行观测 ρ_s，但两测线间距应不大于 $AB/6$，计算装置系数较麻烦，系数 K 值应按下式计算。

$$K=2\pi\frac{AM\cdot AN\cdot BM\cdot BN}{MN(AM\cdot AN+BM\cdot BN)},\ K_D=\frac{2\pi}{\dfrac{1}{AM}-\dfrac{1}{AN}-\dfrac{1}{BM}+\dfrac{1}{BN}} \tag{3-45}$$

由于两个供电电极 AB 相距很远，AB 中间 1/3 地段内的电场可以近似看做是电流线平行地面的均匀电场，故在该测量地段 ρ_s 曲线必然反映 AB 电极附近地下非均匀介质电性异常的变化规律。由于 AB 电极在测量段固定不变，所以这种装置能最大限度地克服供电电极附近电性不均匀的影响。此外，由于中间梯度法布置一次供电电极可以观测许多测点，或观测数条测线，因此该方法生产效率较高。但是，与其他电剖面法相比，中间梯度法尚有不足之处。例如，使用中间梯度装置在两个观测地段衔接点重复观测时，会使 ρ_s 曲线出现“脱节点”，造成曲线不圆滑；从电法理论也可知，在测线上 MN 的测量电极相对 AB 场源的几何位置与勘探深度有关。当 MN 靠近 A 或靠近 B 时，勘探深度略有变浅。

2. 中梯法的 ρ_s 异常特点

(1) 球体上的中间梯度 ρ_s 异常

通过理论计算，可以得到均匀电流场中球体的中间梯度装置 ρ_s 表达式。其相对形式为：

$$\frac{\rho_s}{\rho_1}=1+2\times\frac{\mu_{12}-1}{2\mu_{12}+1}\times r_0^3\times\frac{h_0^2-2x^2}{(h_0^2+x^2)^{5/2}} \tag{3-46}$$

$$\mu_{12}=\rho_1/\rho_2$$

式中 ρ_1，ρ_2——分别为围岩和球体的电阻率；

r_0，h_0——分别为球体半径和球心埋深；

x——测点到球心在地面投影点之间的距离。

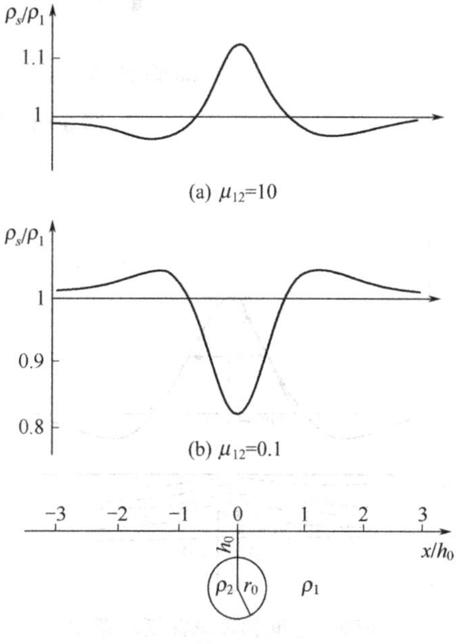

图 3-53 球体中间梯度曲线图 ($h_0=2r_0$)

① ρ_s 异常剖面曲线特征

图 3-53 是对于 $h_0=2r_0$，取 $\mu_{12}=0.1$ 和 $\mu_{12}=10$ 两种情况计算出的中间梯度 ρ_s 曲线。由图 3-53 可知，对于低阻球体 ($\mu_{12}<1$)，在球心正上方 ρ_s 曲线有极小值，两侧有 $\rho_s>\rho_1$ 的极大值；对于高阻球体 ($\mu_{12}>1$)，在球心正上方 ρ_s 曲线有极大值，两侧有 $\rho_s<\rho_1$ 的极小值。ρ_s 曲线主极值点的坐标与球心在地面的投影位置一致。

② ρ_s 异常与 μ_{12} 的关系

对于球心正上方 ($x=0$) ρ_s 曲线的极值点，式 (3-46) 变为

$$\frac{\rho_s}{\rho_1}=1+2\,\frac{\mu_{12}-1}{2\mu_{12}+1}\left(\frac{r_0}{h_0}\right)^3 \tag{3-47}$$

当 r_0/h_0 一定时，由式(3-47) 可计算出 ρ_s/ρ_1 与 μ_{12} 的关系曲线；

当 $\mu_{12}<\rho_1$ 时，相对异常 $\Delta\rho_s/\rho_1=(\rho_s-\rho_1)/\rho_1$ 为负；

当 $\mu_{12}>\rho_1$ 时，相对异常 $\Delta\rho_s/\rho_1=(\rho_s-\rho_1)/\rho_1$ 为正。

上述表明，高、低阻球体的中间梯度 ρ_s 异常并不随 μ_{12} 的增大而无限变大，二者最后均达渐近值；理想导电球体的相对异常是绝缘球体异常的 2 倍。因而，在水文地质和工程地质勘探中，用中间梯度法寻找近似等轴状分布的充水低阻溶洞比寻找未充水的高阻溶洞有利。

(2) 脉状体上的中间梯度异常

① 低阻脉状体上的中间梯度 ρ_s 异常。在不同产状低阻板上，中间梯度法 ρ_s 剖面曲线模型试验结果如图 3-54(a) 所示。由图可知，直立良导体脉顶上中间梯度 ρ_s 异常极不明显；对于倾斜低阻脉状体，中间梯度 ρ_s 异常在脉的倾斜方向一侧，ρ_s 值有所降低。这是由于当矿脉倾斜时，均匀电场电流线与矿脉斜交，致使矿脉吸引电流的能力增强，倾斜方向的近地表处电流密度 J_{MN} 减小（小于 J_0），故 ρ_s 曲线在脉倾斜方向一侧出现极小值。在反倾斜方向上，ρ_s 值有一定升高，ρ_s 曲线不对称。对于水平良导体矿脉，在矿脉上方出现了较宽的低

阻 ρ_s 异常，矿脉中心处 ρ_s 曲线下凹，出现极小值，两侧有极大值，曲线对称。这是由于脉的水平宽度方向与均匀电流场的方向平行，低阻水平脉状体吸引电流线，从而形成 ρ_s 异常。

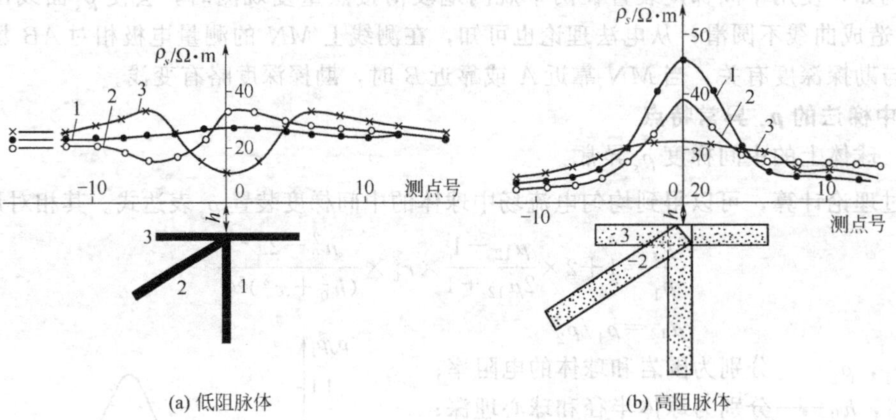

图 3-54　脉状体上中间梯度试验曲线

（据张守恩，1997）

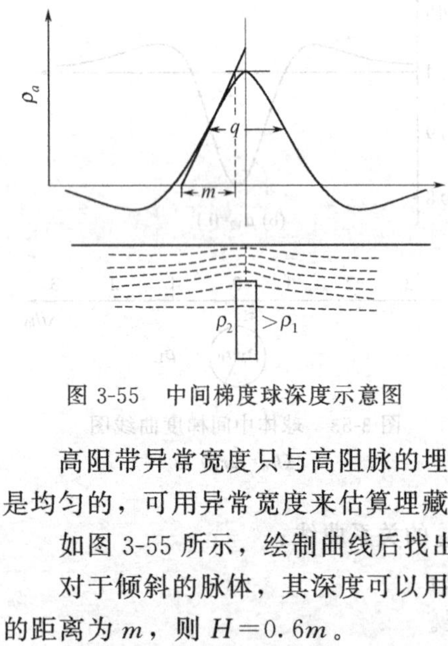

图 3-55　中间梯度球深度示意图

上述讨论表明，用中间梯度法寻找低阻陡倾斜的充水断裂破碎带是不利的。

② 高阻脉状体上的中间梯度 ρ_s 异常。由图 3-54(b) 模型试验曲线可知，高阻脉状体不论其产状如何，中间梯度 ρ_s 曲线都有大于围岩电阻率的高阻异常，直立高阻脉上的异常最大。这是由于高阻直立脉垂直于均匀电流场的方向，排斥电流能力强所致。随着高阻脉倾角变小，排斥水平方向电流线的能力减弱，故中间梯度 ρ_s 异常幅度减小。曲线呈不对称形状，且在倾斜方向一侧 ρ_s 值下降较快。因此，根据这一曲线特征可以判断高阻脉的倾向。

高阻带异常宽度只与高阻脉的埋深有关，而与极距关系不明显（因 AB 很大，测量范围是均匀的，可用异常宽度来估算埋藏深度）。

如图 3-55 所示，绘制曲线后找出极大值的 1/2 位置，量出其宽度 q，则 $H=0.5q$。

对于倾斜的脉体，其深度可以用切线法求得，在顶点的切线与侧面弯曲线的渐近线之间的距离为 m，则 $H=0.6m$。

【例 1】 蒙古科布多省乌音其地区发现了泥盆纪时期热液形成的伟晶岩石中的铜、多金属共生矿床，地表露头较少，为了寻找矿带的分布，投入了中梯电法勘探。采用的是一条主测线及两侧各两条测线的工作方式。AB 为 600m，测量电极极距取 $MN/2$，为 10m，测量范围为 AB 的中部 300m 以内，线距 30m，测量结果见图 3-56。图中明显的高阻体伟晶岩的存在，与之相平行的是低阻体，解释为金属矿体。

【例 2】 某地区钼矿为石英岩脉型，地表有少量的石英零星露头，为寻找石英脉的分布，利用中梯法勘探。绘制中梯平面等值线图（图 3-57）。其绘制方法是将各测网按照比例绘制在平面图上，将每一测点的 ρ_s 连接成光滑的等值线。图 3-57 明显有高阻和低阻的分布，并且近似呈条带状。由于石英脉在形成过程中，其宽度并非一致，所以表现在中梯平面等值线图上的宽度不尽相同。

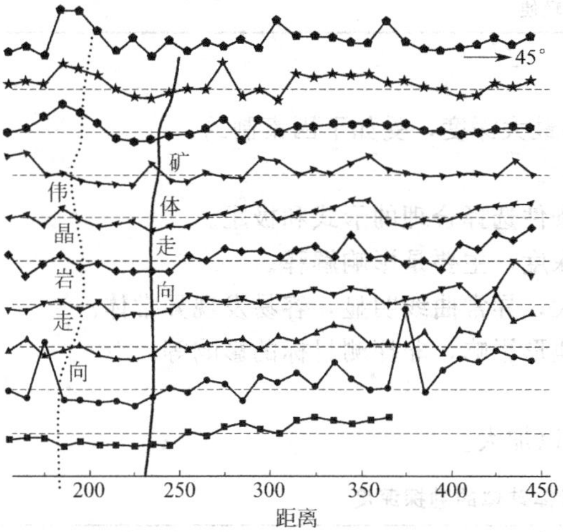

图 3-56　中间梯度剖面平面图

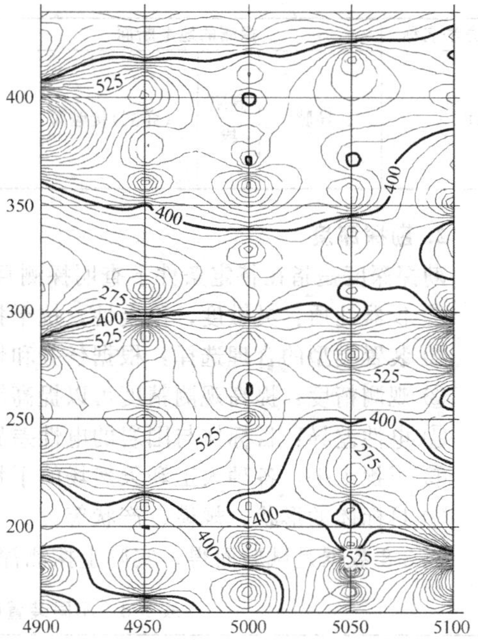

图 3-57　中间梯度平面等值线图

六、偶极剖面法

偶极剖面法的装置特点是：供电电极 AN 的距离与测量电极的距离 MN 相等或接近，AB 的中心点 O 与 MN 的中心点 O' 的距离 $O'O$ 称为电极距，由于 $O'O$ 的距离比 AB 的距离大得多，由 AB 供电产生的电场是一个偶极子电场，偶极剖面法的名称由此而来。

偶极剖面法（$\overrightarrow{ABMN}$），选 MN 的中点 O'。如果 AB 与 MN 互换，以 O 点为记录中点，则得出的结果完全相同，这是最大优点，类似联剖，但又甩掉了联剖无穷远笨重设备，对地表不均匀体反应灵敏，在地质构造复杂时，ρ_s 形态复杂，当 AB 过界面时，将出现一些异常，增加了解释的难度，也是偶极剖面法不如联剖应用广泛的原因。

七、电阻率剖面法几个问题讨论

1. 各种电剖面法比较

每种方法都有自己的优缺点，也有使用范围及使用习惯等，见表 3-7。在选择勘探方法时要充分考虑。

表 3-7　各种电剖面法的应用范围、优缺点

方法名称	探测的地电断面			优　点	缺　点
联合剖面法	陡立良导体及球体	高阻脉	（详测）接触面	1. 异常幅度大，分辨能力高； 2. 异常曲线清晰	1. 生产效率低； 2. 地形影响大
对称剖面			（普查）构造基岩起伏，岩层接触面	1. ΔV_{mn}大，易读数； 2. 轻便，效率高； 3. 不均匀干扰和地形干扰小	1. 不易发现良导陡立薄脉； 2. 异常幅度小
中间梯度				1. 不均匀及地形影响小（AB 不动）； 2. 生产效率高	1. 勘探深度小； 2. 不易发现直立低阻脉

续表

方法名称	探测的地电断面			优 点	缺 点
偶极	良导脉	高阻段	(详测)接触面	1. 异常幅度大,灵敏; 2. 等偶极工作时,工作一般得曲线; 3. 轻便	1. 异常大不易分辨; 2. 不均匀及地形影响大; 3. 费电

2. 勘探深度

勘探深度是指在特定条件下查明探测目标的最大深度，受如下因素制约。

① 仪器性质：灵敏度，稳定性，抗干扰能力。

② 装置类型的合理选择：根据任务和地质条件选择合理的形式和极距。

③ 观测精度：提高观测精度可以提高勘探深度，主要是影响解释。

④ 电性差异：目标体与围岩的电性差异较大，异常曲线明显，容易发现异常体。

⑤ 干扰水平：各种人工和天然场的干扰，地形影响，非探测目标的影响等。

⑥ 目标体的形状、规模、产状等。

表 3-8 数据是试验而得，实际上探测深度可以加大。

表 3-8 不同装置时良导体球体的勘探深度

装置类型	最大电极距	勘查深度
中间梯度	$AB \to \infty$	$2.15r_0$
联剖	$OA \to \infty$	$2.65r_0$
对称四极	$AB \to \infty$	$2.09r_0$
二极	$AM = r_0$	$1.70r_0$

3. 横向分辨能力

当测线方向有多个地电异常体存在时，电阻率剖面法是否能发现和对其进行区分，这主要取决于横向分辨能力。

当相邻地电体间的距离小于其埋深时，只出现一个综合异常。这时任何一种装置都无法确切地区分。因此，分辨力与装置形式及极距大小有关。当装置一定时，可以通过改变绘制解释图件的方式来达到解释目的。

图 3-58 是两种 ρ_s 不相同的地电断面。上面介质 $\rho_s = 1000\Omega \cdot m$，下面介质 $\rho_s = 5000\Omega \cdot m$，并且呈“山”字形，大极距测量的 ρ_s 等值线近似于平行线，经过处理后形成如图 3-58 线面的图形。

4. 地表局部不均匀体的干扰

地表不均匀体包括地表不平、小沟、土堆、建筑物等，局部岩石出露，不同介质堆平的洼地等。当极距远大于电性不均匀体的跨度或局部地形的跨度时，$\rho_{A,s}$ 和 $\rho_{B,s}$ 同步变化，就可压制干扰。

如图 3-59 为两个异常体引起的 ρ_s 异常。ρ_1 为高阻体［图 3-59(c)］，形成“正”异常［图 3-59(a)］，ρ_2 为低阻体，形成“负”异常。同时也会引起电位 U 及电场强度 E 的变化［图 3-59(b)］。

5. 岩层对各向同性影响

在沉积岩或变质岩区，沿层理方向电阻率 ρ_s 小于垂直方向（前已叙述），所以在半空间条件下，前者的电流密度比后者的大。如在断层带内探测时，垂直断层走向与平行断层走向布置测试方位，得出的 ρ_s 不同。

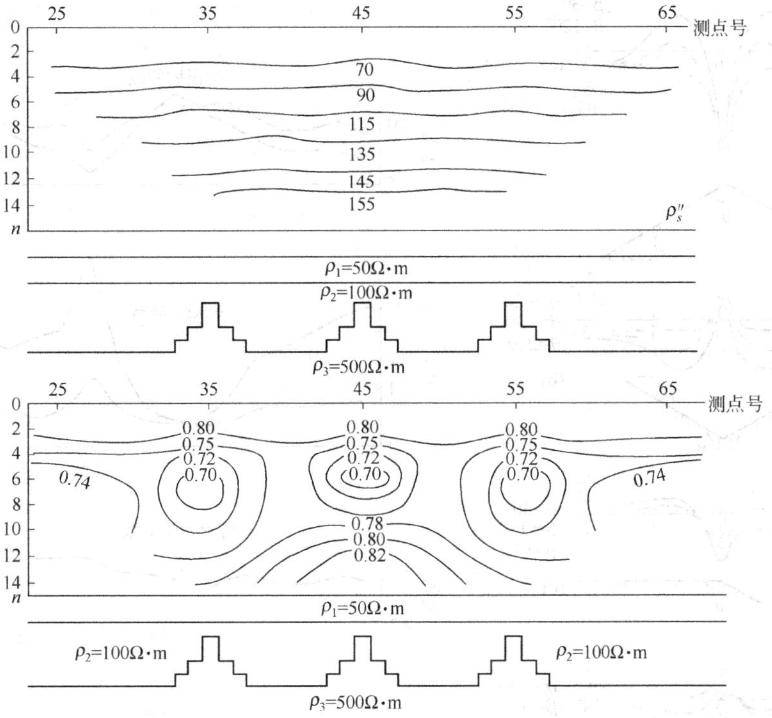

图 3-58 不同方式的 ρ_s 图形

6. 地形影响

正常测量时，是垂直地面向下测量，而在坡度存在时，可能是斜的，于是测出的不是垂直深度。另外，当遇到 AB 两极一个在坡上，一个在平地，使用 AB 实际距离会缩短，造成实际计算的装置系数与实际布置的不相同，从而影响到 ρ_s 值的改变。因此，需要地形修正。

如图 3-60 所示，外业测得的 ρ_s 是地形影响 $\left(\dfrac{\rho_s''}{\rho_0}\right)$ 和有用地质体影响共同作用的结果。

$$\rho_s=\rho_s'\frac{\rho_s''}{\rho_0} \qquad (3\text{-}48)$$

式中 ρ_s——野外实测视电阻率值；

ρ_s'——由地质体或构造引起的异常；

ρ_s''——地形影响的 ρ_s 值；

ρ_0——围岩电阻率值。

若 $F=\dfrac{\rho_s''}{\rho_0}$，则 $\rho_s'=\dfrac{\rho_s}{F}$。

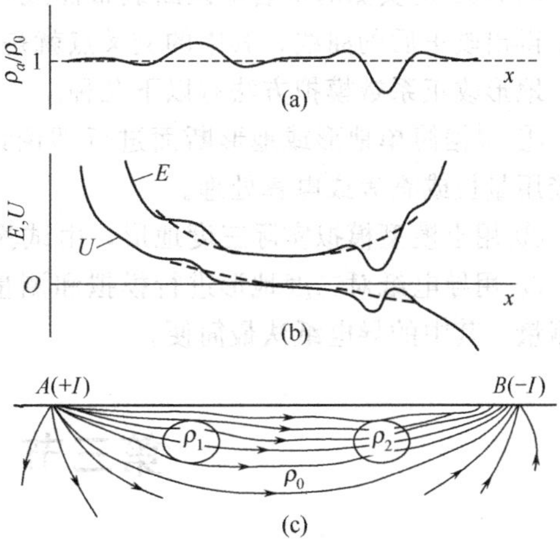

图 3-59 不均匀体对 ρ_s 的影响

这时关键是求出 ρ_s'' 后，就可以得出真实的 ρ_s。一般 ρ_s'' 用模拟法或经验法，模拟法用同种介质，根据平坦和地形起伏分别测出，比较而得地形的影响。

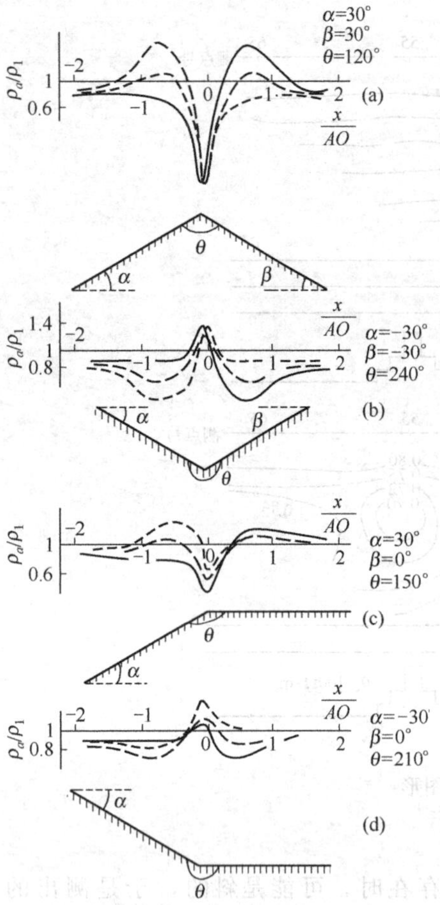

图 3-60　地形影响下的 ρ_s 曲线

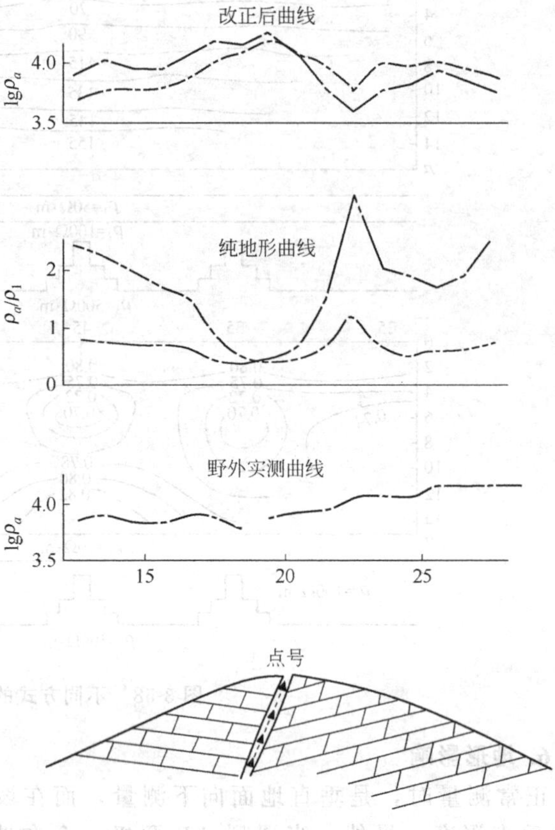

图 3-61　地形改正曲线实例
（据长春地质学院编写组）

图 3-61 是实测的灰岩地区断裂带曲线，由于灰岩均匀，曲线并不明显，然后进行地形改正得出改正后的曲线，其中的交叉点就是断层位置，比较明显。

地形改正系数模拟方法有以下几种。

① 根据简单地形或地形断面进行理论计算，组构各种理论量板或表格，求系数 F 时，直接用量板或查表或电算处理。

② 用土模型模拟实际三度地形，由试验求出 F。

③ 用导电纸对二度地形进行模拟和测量，求出 F。也可以用电阻网络等办法进行模拟和测量，其中的导电纸法最简便。

第三节　电测深法

一、基本原理

1. 电测深的实质及应用条件

视电阻率垂向测深法，简称电测深。它是研究地质构造的重要地球物理方法，以地下岩石（层）的电阻率差异为物理基础，用来探明水平（或近似水平）层状岩石在地下分布情况的一种电阻率方法。在勘探区内布置一定测网，测网由若干测线组成，测线上有若干测点，在地面上测量的实质是用改变供电极距的办法来控制深度，由浅入深了解剖面上的地质体电性情况，从而获得地下半空间电性结构的二维模型。因此，电测深比剖面法信息更丰富，一条剖面可以包含多个极距的信息。

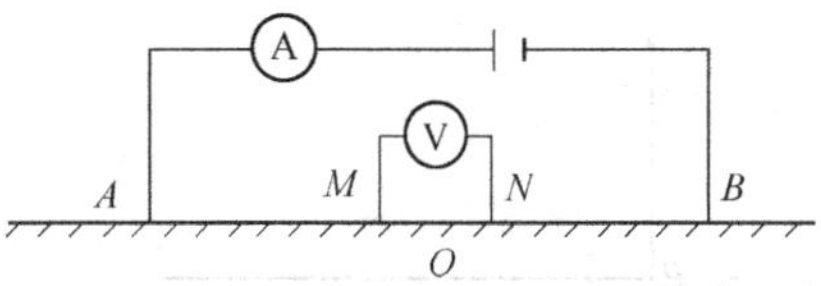

图 3-62　对称四级装置

电测深法有不同的装置类型，如对称四极电测深（图 3-62）、三极电测深、偶极电测深等，一般采用对称四极装置，设计出一套极距变化比例，规定 $AB/2$ 和 $MN/2$ 的比值，变化间隔最小极距等进行逐点探测，用下式计算视电阻率。

$$\rho_s = K\frac{\Delta V}{I} \tag{3-49}$$

装置系数
$$K=\pi\frac{AM\cdot AN}{MN}=\frac{\pi}{2}\times\frac{\left(\frac{AB}{2}\right)^2-\left(\frac{MN}{2}\right)^2}{\frac{MN}{2}}$$

对于等比装置，即 $\frac{MN}{2}:\frac{AB}{2}=\partial$，则 $K=\frac{\pi}{2}(\partial^2-1)\frac{MN}{2}$

根据以上分析可以看出，电测深法的实质是在地表某测点，通过逐次改变供电电极距，加大勘探深度，由浅入深地研究地表以下岩层在垂直方向上电性的变化和分布规律，并依此推断解释地下岩层的岩性、埋深及其层厚。理论上电测深法适用于解决具有一定层厚、产状近于水平、电性差异明显的层状介质地电断面的地质和构造问题。然而，几十年来电测深法的应用已经扩展，尤其在水文地质、工程地质、矿产勘查以及矿井防治水害等方面，对勘查非水平层状介质和局部不均匀地电体，如断层、岩溶、老窑采空区等方面都获得了较广泛的应用，并取得了一定的地质效果。

按照传统观念，电测深有利于解决具有电性差异、产状近于水平的地质问题。但从其实质来看，它的应用范围大大扩大，对非层状的局部不均匀体主要能解决如下问题：

① 查明基岩起伏情况，确定盖层厚度，为钻孔设计提供依据；
② 寻找稳定含水层，在高矿化区圈定咸、淡水界面及分布范围；
③ 定性确定具有明显差异的断层破碎带、陡立岩性接触带等；
④ 查明埋藏不深、有一定规模的电性差异明显的局部不均匀体；
⑤ 在水文地质调查中，查明区域构造，如凹陷、隆起、褶皱等；
⑥ 在寻找矿产、建筑材料方面，探测分布状态，估算储量；
⑦ 其他：近年来在工程上用途很广，如探测古墓、防空洞、溶洞等。

2. 水平层状分布的地电断面和电测深曲线类型

（1）均匀半空间视电阻率曲线

如图 3-63 所示，若均匀无限大半空间电阻率为 ρ_1，则实测 ρ_s 曲线为一条直线，其值大小等于该层的电阻率 ρ_1。一般在露头上用很小的极距测量，即可得到 ρ_s，用于解释该区域 ρ_s 曲线时的岩性对比。

（2）两层情况视电阻率曲线

对于两层结构（图 3-64），设第一层厚 h_1、电阻率为 ρ_1，第二层为 ρ_2、厚度 h_2（无穷大)，可以出现两种情况：当 $\rho_1<\rho_2$ 时，为 G 型［图 3-65(a)］；当 $\rho_1>\rho_2$ 时，为 D 型［图 3-65(b)］。

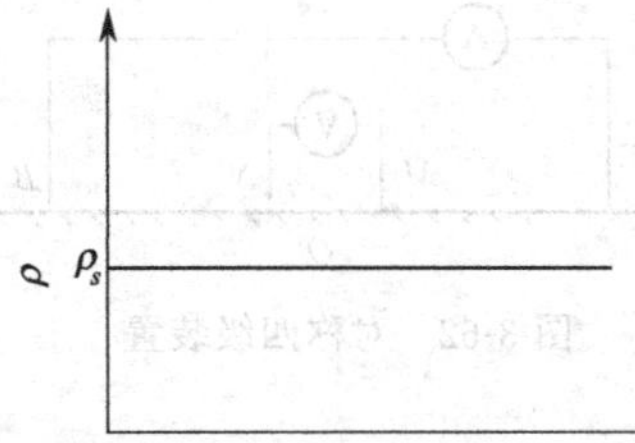

图 3-63　均匀半空间 ρ_s 曲线

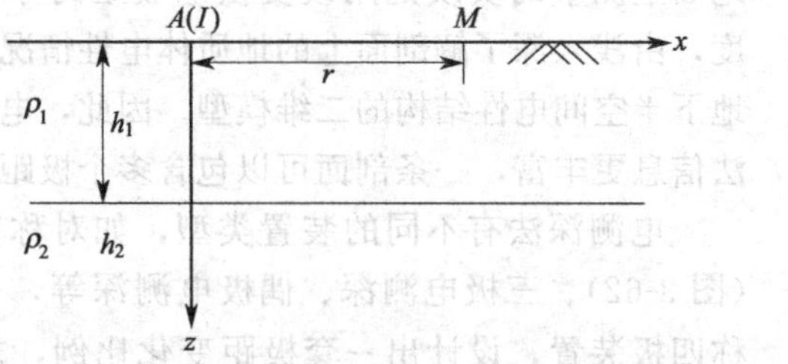

图 3-64　两层地电断面示意图

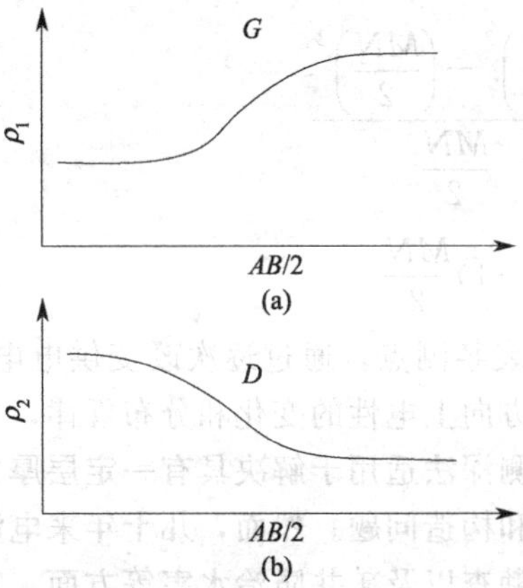

图 3-65　水平两层断面 ρ_s 曲线

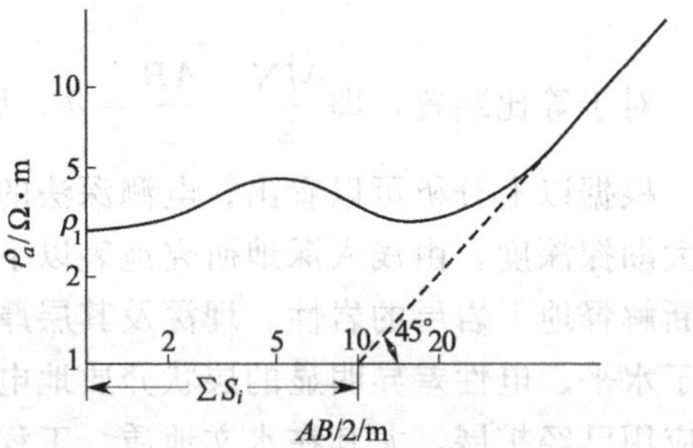

图 3-66　$\rho_2\to\infty$ 时的电测探曲线

① 当 $AB/2<h_1$ 时，测得值相当于介质为半空间的结果，这时无论如何变化也不影响地下电流场的分布，故在二层左支出现 $\rho_s=\rho_1$ 的水平渐近线。

② 当 $AB/2$ 逐渐增大，电流的分布深度也增大，这时开始影响地电流的分布，这时，若 $\rho_2<\rho_1$，由于良导体对电流的吸引作用，使 $J_{MN}\neq J_O$，根据 $\rho_s=\dfrac{J_{MN}}{J_O}\rho_1$ 可知 $\rho_s<\rho_1$，出现曲线下降数（D 型）。若 $\rho_2>\rho_1$，则对电流排斥，使地表电流加密，则曲线出现上升数(G 型)。

③ 当 $AB/2\gg h_1$ 时，电流大部分分布在 ρ_2 层中，ρ_1 层中仅有少量平行层面的电流线，此时，相当于电流充满半空间 ρ_2 介质情况，ρ_s 右支具有出现 $\rho_s\to\rho_2$ 的渐近线。当 $\rho_2\to\infty$ 时 $\left(\dfrac{\rho_2}{\rho_1}>20\right)$ 时，ρ_s 右支出现与横轴呈 45°的渐近线（图 3-66）。当 $\rho_2\to 0$ 时，ρ_s 曲线右支为一与横轴呈 63°的渐近线。

3. 水平二层断面电测深视电阻率公式

设两层断面，第一层 ρ_1、h_1，第二层 ρ_2、h_2，且 $h_2\to\infty$，求供电点 A 在 M 处产生的电位 U_m。

前面讲过拉氏方程：
$$\frac{\partial^2 v}{\partial x^2}+\frac{\partial^2 v}{\partial y^2}+\frac{\partial^2 v}{\partial z^2}=0$$

其柱面坐标：
$$\nabla^2 U=\frac{1}{\gamma}\frac{\partial}{\partial\gamma}\left(\gamma\frac{\partial v}{\partial\gamma}\right)+\frac{1}{\gamma^2}\frac{\partial^2 v}{\partial\theta^2}+\frac{\partial^2 v}{\partial z^2} \tag{3-50}$$

由于地层中电位分布与 z 轴是对称的，电位与方程中的 θ 无关，则上式简化为：

$$\frac{\partial^2 v}{\partial\gamma^2}+\frac{1}{\gamma}\frac{\partial v}{\partial\gamma}+\frac{\partial^2 v}{\partial z^2}=0 \tag{3-51}$$

解得：
$$U_m=\frac{I\rho_1}{2\pi}\left[\frac{1}{\gamma}+2\sum_{n=1}^{\infty}\frac{K_{12}^n}{\sqrt{\gamma^2+(2nh_1)^2}}\right] \tag{3-52}$$

下面解释式(3-52) 的求解过程。

图 3-67 是地下两层介质，存在 P_1（地面）和 P_2 两个界面，ABM 位于地表，实际上存在三种介质，两种界面，即空气为 ρ_0，两界面分别为 P_1、P_2，A 点的电流强度为 I，在 M 点产生的电位为 U_m，除 A 点外，还有界面 P_2 的存在对电场的影响，可等效地用于 P_2 界面 I 的镜像（$2h_1$）的虚电源 I'_1作用来代替，这时 $I'_1=K_{12}I$，$K_{12}=\dfrac{\rho_2-\rho_1}{\rho_2+\rho_1}$，其中 K_{12}为 P_2 的反射系数。

随着 I'_1的出现，P_1 界面的影响出现 I'_2的作用，$I'_2=K_{01}I'_1$，$K_{01}=\dfrac{\rho_1-\rho_0}{\rho_1+\rho_0}=1$（$\rho_0\to\infty$）。

同理，I'_2电场在 P_2 界面的影响出现 I'_3、I'_4、I'_5……

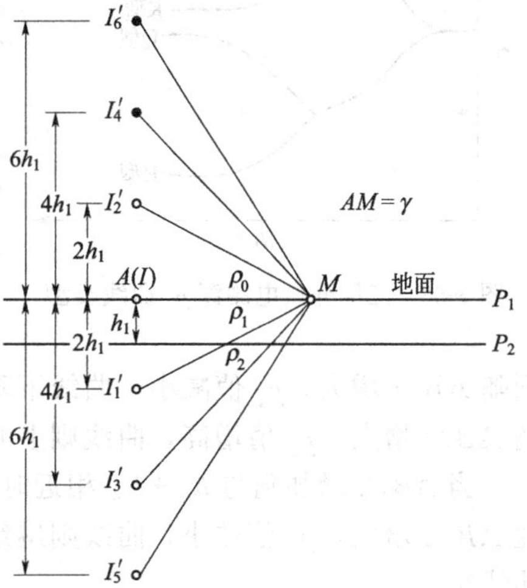

图 3-67 两层介质的映射求解过程图

若 $AM=r$，则 M 点的电位为电源 I 及镜像电源产生的电位之和：

$$U_M=\frac{\rho_1}{2\pi}\left[\frac{I}{r}+\frac{I'_1}{\sqrt{r^2+(2h_1)^2}}+\frac{I'_2}{\sqrt{r^2+(2h_1)^2}}+\frac{I'_3}{\sqrt{r^2+(2h_1)^2}}+\cdots\cdots\right]$$

$$=\frac{I\rho_1}{2\pi}\left[\frac{1}{r}+2\sum_{n=1}^{\infty}\frac{K_{12}^n}{\sqrt{r^2+(2nh_1)^2}}\right]\quad（最终解） \tag{3-53}$$

式(3-52) 可以用积分形式求解，得：

$$U(r)=\frac{2\rho_1}{2\pi}\times\frac{1}{r}\left[1+2r\int_0^{\infty}B(\lambda)J_0(\lambda r)\mathrm{d}\lambda\right] \tag{3-54}$$

式中，λ 为积分变量；$B(\lambda)$ 为核函数变量；J_0为零阶贝塞尔函数。

式(3-54) 适用于多层情况，也是数值法编程的依据。

4. 多层状分布的地电断面和电测深曲线类型

(1) 三层电测深曲线类型

三层地电断面有 5 个地电参数，即 ρ_1、ρ_2、ρ_3、h_1、h_2。三层电测深曲线的基本形态由 ρ_1、ρ_2、ρ_3 三者之间的相对大小来决定，由此可划分出表 3-9 的四种类型。图 3-68 为对应的四种电测深曲线形态。

表 3-9　四种曲线类型表

各层电阻率的相对关系			曲　线　类　型
ρ_1	$>\rho_2$	$>\rho_3$	H 型
		$<\rho_3$	Q 型
	$<\rho_2$	$>\rho_3$	K 型
		$<\rho_3$	A 型

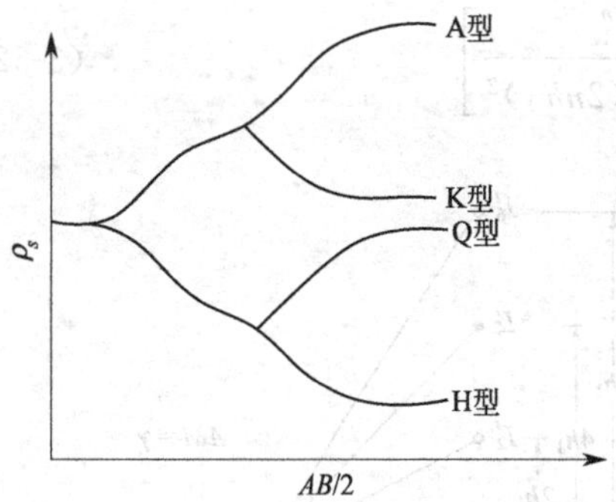

图 3-68　三层介质电测深 ρ_s 曲线类型

三层电测深性质包括如下三个方面。

① 三层曲线的首支。与分析二层曲线首支一样，三层曲线首支的渐近线是 $\rho_s=\rho_1$ 的水平直线。同理可以证明，对任意 n 层地电断面的电测深曲线，均有此性质。

② 三层曲线的中段。随着供电电极距 $AB/2$ 的增大，第二和第三岩层对电流的吸引或排斥作用逐渐增强，对不同的 μ_2 和 μ_3，三层曲线中段的变化特点如下：

当 $AB/2>h_1$，增加到与 h_1+h_2 相近时，ρ_2 岩石开始对电场产生明显影响，如果 $\mu_2(=\rho_2/\rho_1)<1$，则随 $AB/2$ 增大，ρ_s 值减小，曲线下降，如 H 型、Q 型曲线中段的前半部分；如果 $\mu_2>1$，随 $AB/2$ 增大，ρ_s 值增高，曲线则上升，如 K 型、A 型曲线中段的前半部分。

当 $AB/2$ 增加到与 h_1+h_2 相近时，ρ_3 岩石开始对电场产生明显影响，如果 $\mu_3<1$，则随 $AB/2$ 增大，ρ_s 值减小，曲线则继续下降（Q 型曲线）或由先前的上升转为下降（K 型曲线）。

如果 $\mu_3>1$，则随 $AB/2$ 增大，ρ_s 值增高，A 型曲线则继续上升，H 型曲线则由先前的下降转为上升。

③ 三层曲线的尾支。当 ρ_3 为有限值时，从分析物理场和数学论证均可以证明，三层及任意 n 层曲线的尾支渐近线是 $\rho_s=\rho_3$ 或 $\rho_s=\rho_n$ 的直线。

对于 ρ_3 趋于无穷大的情况，其对应的三层曲线有 H 型和 A 型，类似于两层情况，尾支渐近线方程为：

$$\rho_s=\frac{\frac{AB}{2}}{s_1+s_2} \tag{3-55}$$

式中，$s_1=\dfrac{h_1}{\rho_1}$，$s_2=\dfrac{h_2}{\rho_2}$，它们分别为第一层和第二层的纵向电导。

对上式两边取对数，得：

$$\lg\rho_s=\lg\frac{AB}{2}-\lg s_{12} \tag{3-56}$$

其中 $\lg s_{12}=\lg(s_1+s_2)$，称为第一层和第二层的纵向电导之和，其值的大小可以根据尾支渐近线与 $\rho_s=1\Omega\cdot\text{m}$ 的横轴交点的横坐标确定。由式(3-56) 可知，当 ρ_3 趋于无穷大时，尾支渐近线为一条与横轴呈 45°夹角上升的直线。

④ 三层电测深曲线的等值现象。理论上，一个已知层参数的地电断面所对应的电测深曲线是唯一的。但在实际工作中，由于某些不同层参数的电测深曲线之间的差别小于观测误

差，而使人们在反演解释中无法识别，形成所谓一条实测电测深曲线对应一组不同层参数地电断面的等值现象。

等值现象多发生在中间层厚度较薄的三层地电断面中，曲线形状与中间层纵向电导 $S_2=h_2/\rho_2$（对于 H 型、A 型）或横向电阻 $T_2=h_2\rho_2$（对于 K 型、Q 型）有关。H 型、A 型称为 S_2 等值现象［图 3-69(a)］，K 型、Q 型等值现象称为 T_2 等值现象［图 3-69(b)］。

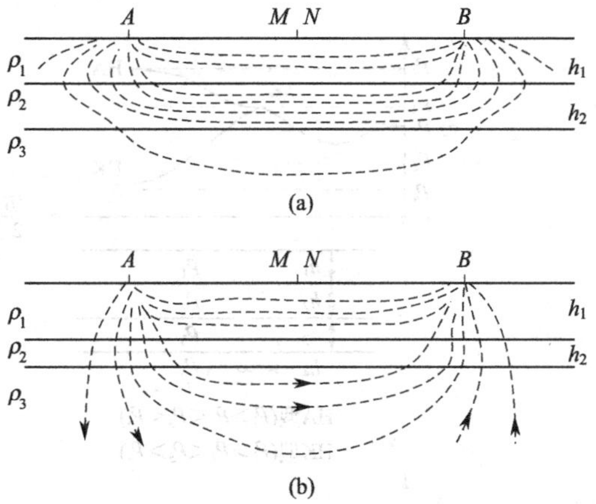

图 3-69　水平两层介质电流密度分布

对 H 型、A 型断面，当 h_2 较小时，电流多集中在 ρ_2 低阻层中平行层面流动，电流在中间低阻层的分布状态决定于该层的纵向电导 S_2，据 $S_2=h_2/\rho_2$，只要 h_2 与 ρ_2 在一定范围内以相同的倍数增加或减小，而 ρ_1、h_1 和 ρ_3 保持不变，中间层内电流密度的分布无显著变化，因而不会影响 MN 处电流密度 J_{MN} 发生变化，这样得到的 ρ_s 值也就近似相等。

同理，对 K 型、Q 型断面，当 h_2 较小时，因中间层 ρ_2 为高阻层，电流线多分布在第一、第二低阻层中［图 3-69(b)］，在中间层，电流近于垂直层面方向流动，影响中间层电流分布的是横向电阻 $T_2=h_2\rho_2$。当中间层层参数发生变化时，只要保持 T_2 不发生变化，则地表 MN 处电流密度 J_{MN} 就不变化，其 ρ_s 值也就不受太大的影响。

必须指出，这里讨论的等值现象是近似的，其近似程度表现在观测精度上，如果目前 5% 的观测精度得到提高，则等值范围也将相对减小。为了避免等值现象给解释工作带来的多解性，电测深曲线定量解释时，必须设法求取较准确的中间层电阻率 ρ_2 的参数值。

(2) 多层水平地电断面上的视电阻率曲线

一般把四层及四层以上的水平地电断面称为多层断面。设 n 层地电断面的层参数分别为 ρ_1、ρ_2、ρ_3、ρ_4、…、ρ_n，h_1、h_2、h_3、h_4、…、h_{n-1}，第 n 层的厚度为无穷，所对应的电测深曲线为 n 层曲线。

四层电测深曲线如图 3-70 所示，有 AA、AK、KH、KQ、HA、HK、QH、QQ 八种情况。

多层（四层以上），测深 ρ_s 曲线命名方法与四层类似，若有 n 个符号，则有 $n+2$ 层，以第二层为基础，每多一层就把相应层的符号加上，如 QHKH 型，有 4 个字母，表示 $4+2=6$ 层地质介质。

5. 电测深的几种装置形式和极距选择

常用的电测深装置有三极、四极、偶极等，下面着重就对称四极装置形式加以阐述。

(1) 极距选择

一般设定 $AB/2$ 与 $MN/2$ 呈比例：$AB/2=n\times MN/2$（$n=1,2,3,\cdots,8$）常用 $n=3$，$K=4.19\times\dfrac{AB}{2}$ 或 $K=\dfrac{\pi}{2}(\alpha^2-1)\dfrac{MN}{2}=12.56\dfrac{MN}{2}$（温纳装置），关于 AB 间隔有如下考虑。

① 为定量解释，ρ_s 曲线应绘制在模数为 6.25cm 的双对数主格纸上，相邻极距 $(AB/2)_{i+1}:(AB/2)_i=1.2\sim1.5$，到深部后，$AB/2$ 会增大，使一些信息会漏掉。现在对定性

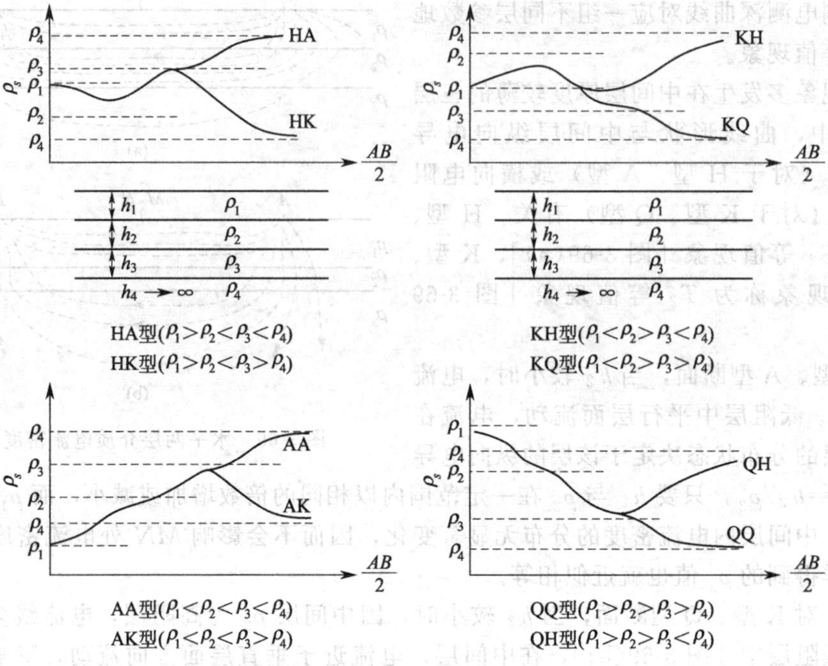

图 3-70 四层电测深曲线类型

解释采用形态解释法，为设定极距或移动电极方便，可用 $(AB/2)_{i+1}:(AB/2)_i=1$ 或以 10m 为单位，要视具体情况而定，如找铁矿就要减少 $AB/2$。

② 在模数为 6.25cm 的双对数坐标纸上，为了合理地反映地电剖面垂直方向上的变化，使各极距所得的 ρ_s 值点在电测深曲线上均匀分布，在水文电测深工作中，相邻两个供电电极距之比通常取为 $(AB)\ i:(AB)_{i-1}=0.5\sim1.5$。这样选择极距间隔将突出浅部电性层的变化，但使深部异常的分辨率降低。所以，在探测深部含水层及确定薄层灰岩中的岩溶裂隙发育情况时，要适当加密对应目的层附近的极距间隔，以突出目的层的电性异常特征（图 3-71）。

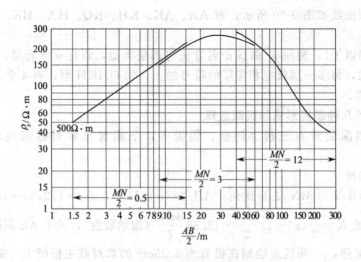

图 3-71 电测深 ρ_s 曲线脱节

③ 固定几组 MN。当 $AB/2$ 变化几次后，$MN/2$ 再改变一次（施仑贝尔装置），应固定在 $MN=\left(\frac{1}{30}\sim\frac{1}{3}\right)AB$ 范围内，若两者的比例过小时，测得的 U_{MN} 值太小，会影响精度。此法存在脱节问题，有正常脱节，也有不正常脱节。由于 MN 加大，勘探深度变浅，而存在脱节，脱节超过 3～5mm 时应重新观测。

(2) 极距的选择尚需注意的问题

① 最小极距的选择以能追索出第一层渐近线为宜，这样 $\left(\frac{AB}{2}\right)_{min}<h_1$；$\left(\frac{AB}{2}\right)_{max}$ 的选定满足勘探要求，并能保证完整解释出最后一层的原则，尾部渐近线至少应有三个极距点，以便明显反映出电性标志层。

② MN 的选择：$\frac{AB}{30}\leqslant MN\leqslant\frac{1}{3}AB$，因为理论公式推导要求 $MN\to 0$，当所要测定的介质确定后，其 ρ_s 是一个定值，当供电电流一定时，若 MN 值过小，则装置系数 K 就会增大，根据 $\rho_s=K\frac{\Delta U}{\Delta I}$ 得出的电位值 ΔU 就会变小。这时会无法观测到 ΔU，或因 ΔU 过小而引起的误差加大。

③ 装置的布极方向要与剖面一致，最好沿地层走向（测线与结构体走向一致），在水平方向上，以电性不均匀影响最小为原则。

④ 环形电测深法是对称四极法，在多方位上布极，测量地质体各向异性特点的方法。在不同方向测值按一定比例绘制“极形图”，其长轴方向反映断层破碎带、接触带岩层走向，如果极形图长、短轴差异不大，呈椭圆形，表示地下地质体在水平方向上是各向同性的。

如图 3-72(a) 所示为某地电断面，在中间有一低阻体，为查明其走向，采用环行电测深[图 3-72(b)]，发现走向为北西方向。

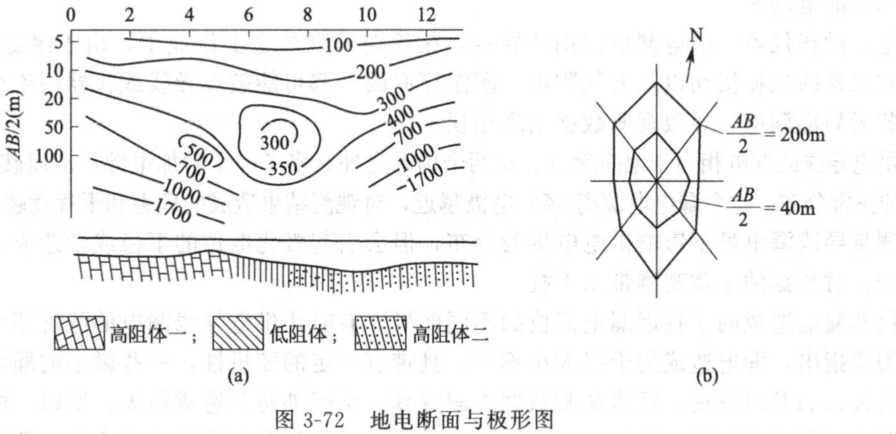

图 3-72　地电断面与极形图

6. 非理想条件及其对电测深曲线的影响

在外业工作中，受各种因素影响，如地形陡变、场地的局限性、建筑物、地表水体的影响等，不能按理想条件布极和测量，于是出现畸变的曲线，在解释时应加以修正。在电测深法的野外施工中，有些地区的各种干扰经常影响正常观测，甚至造成电测深曲线畸变，可信度下降，严重影响勘探成果的可靠性。为了保证原始数据的质量，必须研究这些干扰的特点，采取必要措施压制、排除或者减小这些干扰。

（1）地表电性不均匀对电测深曲线影响

当 $AB/2$ 较小时，由于表层不均匀体（ρ_0）的吸引或排斥，造成突变，使理想的 G 曲线歪曲。脱节的反常、交叉、过大等是由于 MN 电极附近浅部不均匀造成的。

（2）接地电阻对电测深曲线影响

在电阻率法的实际观测和操作中，AB 供电电极和 MN 测量电极的接地电阻是影响原始数据采集的重要因素。电极接地点附近土壤等介质的导电性以及电极的接地方式等是影响接地电阻的主要原因。理论计算证明，棒状电极的接地电阻大小与电极的入地深度、接地表面积和电极周围介质电阻率的大小有关。电极越粗、入地越深以及电极附近土壤电阻率越小，接地电阻也就越小。

干燥松散的砂、卵、砾石等洪积、坡积物，沙漠、戈壁、裸露的基岩以及城镇固化的路面、场地等是最困难的接地介质。实践证明，接地电阻过大将严重影响直流电阻率法施工，此时可采用多根电极面积组合并联接地，浇水、钻孔或在裸露基岩及水泥路面用含盐水黏土袋、盐袋等办法改善接地条件，减小接地电阻。

（3）电极极化

MN 金属测量电极与潮湿的土壤接触，将发生电化学作用，从而在电极表面产生极化电位。由于 M、N 两根电极的化学纯度总是存在差别，而且 M、N 处土壤的成分及湿度也不同，因此两根电极的极化电位不可能相等，这样便在 MN 间形成了一个不稳定的极化电位差，并直接影响观测的进行。为了减小极化电位，MN 测量电极多采用纯铜制作，仪器中还专门设计了极化补偿电路，在每次供电测量之前自动地将 MN 回路中稳定的极化电位差补偿为零。但对不稳定的极化电位差，需使用饱和硫酸铜溶液制作的不极化电极或用食盐制作的不极化电极加以解决。

通过实践证明，在接地条件较好的地区进行电测深勘探时，利用不极化测量电极与利用铜制测量电极效果相当。在比较干燥的戈壁、砂卵石地面利用铜制测量电极反而效果更好些，因为铜电极可以用锤子敲击得更深一些，在有效的入土深度内，湿度会显著增加，导电性大大改善。目前，所用仪器基本上是电子自动补偿，时间间隔很短，即使产生极化电位，也会及时得到补偿。

（4）漏电问题

电法勘探仪器、供电测量使用的导线，在长期的野外施工作业中，由于绝缘皮的老化、磨损和意外的机械损伤以及天气阴雨、潮湿等原因，都可能破坏导线或仪器的绝缘皮，造成观测装置局部漏电，导致观测数据出现错误。

供电导线的漏电相当于地面除 A、B 两个场源之外又多了一个附加电源，从而破坏了 A、B 电场的正常分布。这个漏电电源离 MN 电极越近，对观测结果造成的危害和干扰就越严重。

测量导线漏电虽不影响供电电场的分布，但会引起极化电位的不稳或者造成 ΔU_{MN} 数据的畸变，对数据的正常观测带来干扰。

仪器漏电造成的干扰因漏电部位的不同而异，有时比供电导线漏电的危害还大。

需要指出，漏电造成的干扰大小不一，且带有一定的随机性，一些微小的漏电干扰有时因没有被人们及时发现，而将观测数据弄假成真，给野外施工造成损失。所以，电法仪器装备的漏电问题不可忽视，除按规程进行例行的绝缘检查和漏电操作检查之外，还要求工程技术人员要有较高的业务素质和丰富的实践工作经验，以及时发现漏电干扰，排除漏电故障。

（5）游散电流干扰

在工矿区或城镇工业区、居民区等地，由于种种原因造成的无规律的工业游散电流有时严重干扰数据的观测。为了保证观测质量，除了避开干扰高峰进行观测之外，使用抗干扰的数字电法仪器，运用数理统计的原理，重复观测和统计观测数据，去伪存真地进行识别，也是在强干扰区工作的一种手段。一般在一个极距点上多次观测，找出最佳数据。

二、电测深资料解释

1. 定性解释

解释的目的是把外业获得的资料变成地质语言，供有关地质人员决策时使用。电测深解释是重要环节。电测深资料解释分为定性解释和定量解释。解释的过程一般遵循从已知到未知，从简单到复杂，反复认识、反复解释的原则。定性解释之前必须进行电测深资料的研究。

定性解释是定量解释和推断地质成果的基础，其正确性直接关系到定量解释结果和地质结论的可靠性。定性解释的主要任务是分析和研究勘探区的电测深曲线与地质剖面之间的关系，并结合已知的地质、钻探和电测井资料对各种定性图件进行综合分析，得出测区的岩性、地层分布以及构造形态等特征的地质、矿体或者工程地质结论。

在解释时，要建立电性标志层。地电断面与地质剖面的含意不同。地电断面的电性层是根据岩层电阻率差异来划分的，地质条件的复杂性会使某一电性层既可能与某一岩层一致，也可能不一致。电性层与岩层的不完全吻合，给解释工作带来一定困难。为此在勘探区内，需要确定一个与某一岩层吻合最好的电性层作为标志层，这对电测深曲线的连续对比、分辨异常、追索探测目标是至关重要的。

一般要求作电性标志层的岩层必须满足：

① 与上覆岩层的电阻率差异要明显，差 10 倍以上最佳；

② 岩层本身的岩性和电阻率比较稳定；

③ 岩层要有足够的厚度，探区内要连续分布。

(1) 电性资料的研究

① 收集有关钻孔资料、测井资料、井旁测深资料，得出地层结构与电性层的对应关系。

② 估计岩性、构造、矿体，推广到整个测区。

(2) 电测深曲线特征分析

电测深曲线特征包括首、尾支渐近线、渐近线分离点的位置、极值点横纵坐标、尾支渐近线与横轴的夹角、曲线异常的幅度及宽度等。上述每一个特征的变化，均与地电参数的变化相关。所以研究曲线特征变化规律，不仅可以了解地电断面类型的变化，而且还可以估计地电断面层参数的变化，为曲线的定量解释提供层参数初值。

由电测深曲线首、尾支渐近线可以确定出第一层和最后一层的电阻率值。在工程地质勘察中，通过首支渐近线的变化可以了解表层岩层的均匀性。在勘察岩溶水的工作中，研究尾支渐近线的变化规律可以推断岩溶隙发育程度及含水性。一般若尾支渐近线呈 45°正常上升，说明岩溶裂隙不发育；若尾支渐近线在一定范围的相邻测点中有规律地出现畸变，或者与横轴夹角发生有规律性的变化，则说明可能有含水岩溶裂隙的存在。

对于多层地电断面，任何一层的层参数的变化都将引起曲线各特征相应的变化。但某一层的层参数变化，主要影响反映层的曲线段，这就有可能根据曲线特征变化来研究目的层的层参数变化。

(3) 各种定性资料图件的绘制和分析

单支电测深曲线的分析研究，只是获得了各个测点下的岩层分布信息。为了得到各岩层，尤其是矿体等勘探目的层在平面图及断面图上的分布规律，反映整个测区地层及构造的空间立体形态，还必须绘制相应的电测深定性解释图件。

① ρ_s 地电断面图。以测点为横坐标，$AB/2$ 为纵坐标，用内插法将 ρ_s 值用等值线连成光滑曲线，即为 ρ_s 断面图。有对数坐标和算术坐标两种，等值距可以是 5m，也可以是 10m，要根据比例尺情况或 ρ_s 异常大小而定，如果过密，只要能说明问题就可以适当加大

等值距。单对数坐标系可更好地反映浅部情况，图 3-73 为古河道横切面或封闭状态。对于地形起伏较大的，要把地形线画出，否则断层位置会发生深度方向电性层位变化。

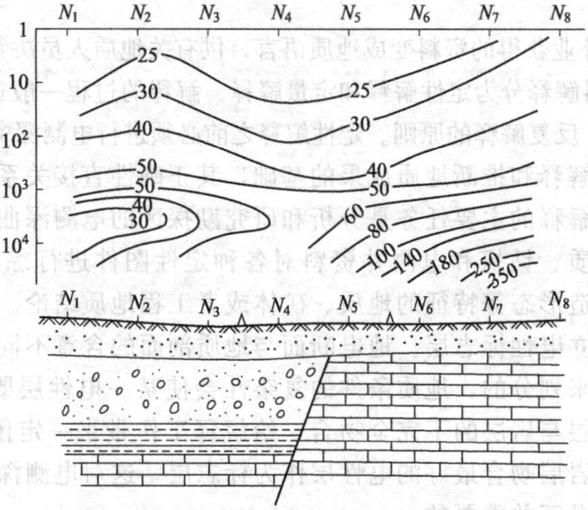

图 3-73　单对数坐标系下的地电断面

在实际工作中，远比上述情况复杂得多，要很好地掌握其特点。如图 3-74 为一松散层形成的高阻盆地，图 3-74(a) 为算术坐标系下绘制的地电断面图，反映浅部并不明显；若换成图3-74(b) 单对数坐标系就能非常清楚地表达出来。

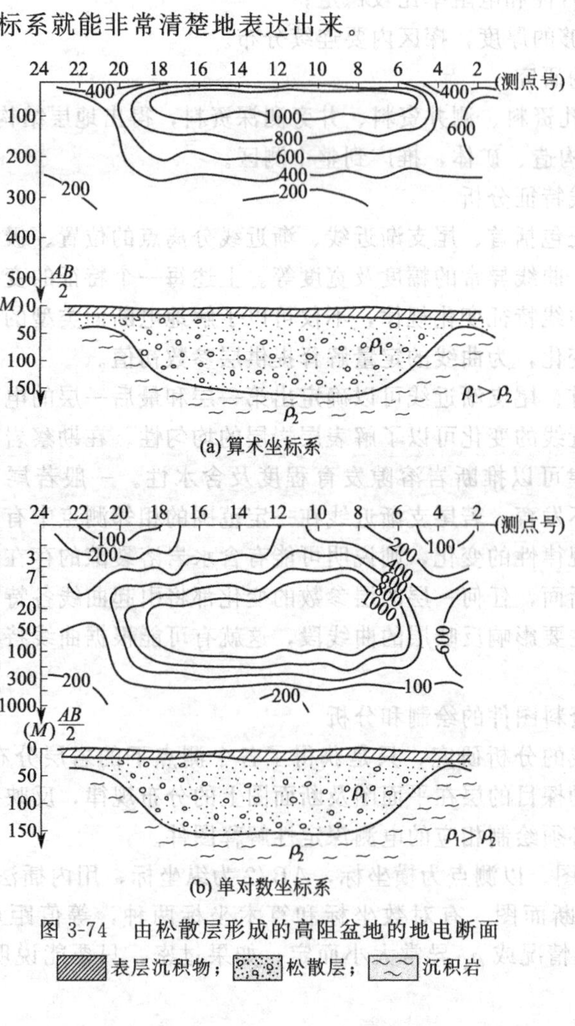

图 3-74　由松散层形成的高阻盆地的地电断面

表层沉积物；松散层；沉积岩

图 3-75 是常见的典型地电断面示意图。它们直观、形象地反映了地电断面的电性层分布特征、构造轮廓和基岩起伏形态等。

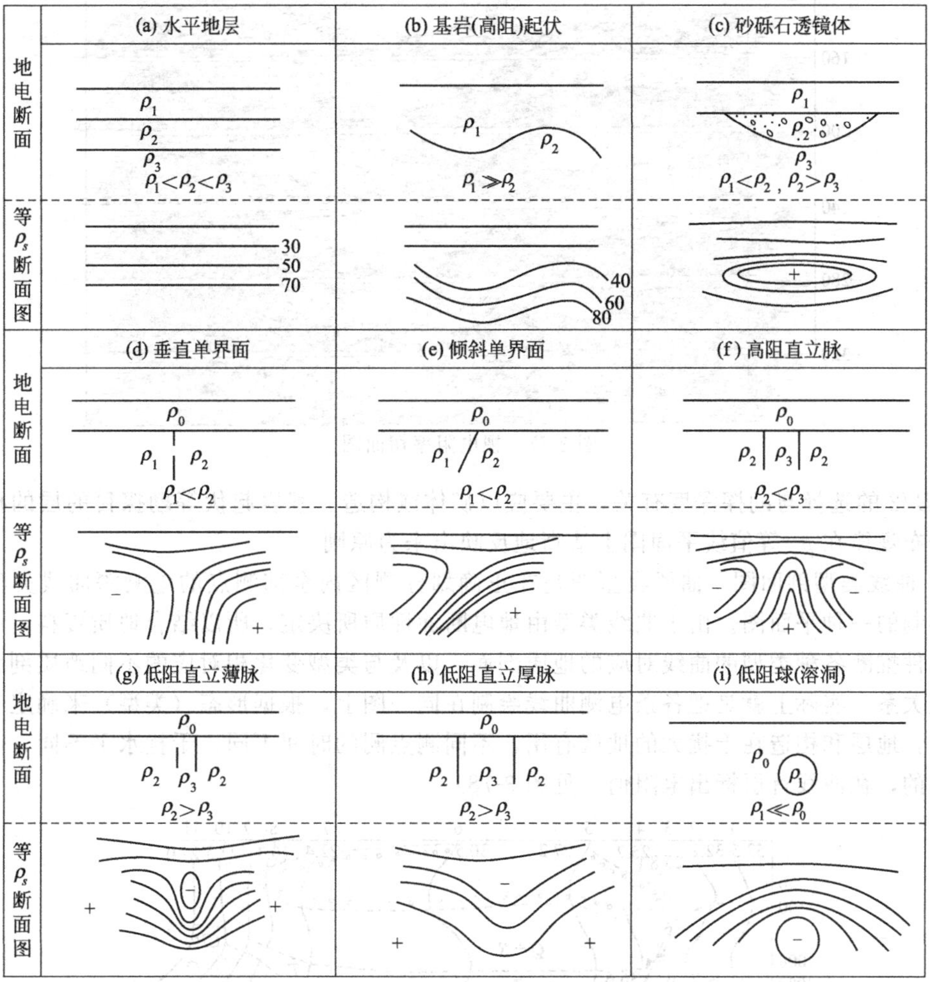

图 3-75　典型地电断面示意图

② ρ_s 平面等值线图。将测点按一定比例绘制在平面上，再将每一点的同一深度（用 $AB/2$ 控制）上的 ρ_s 值绘成等值线（见图 3-76），即为 ρ_s 平面等值线图。在一个测区内可以做多个切面图，也称为堆叠图（见图 3-77），主要是了解地质体的形态，为钻探提供依据。

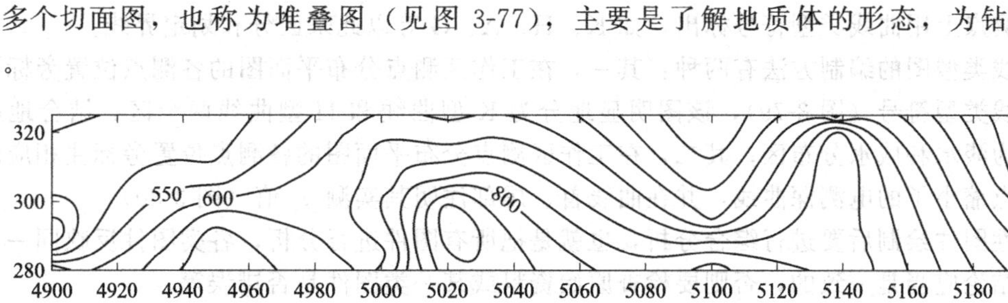

图 3-76　地面以下 65m 伟晶岩 ρ_s 平面等值线图

在研究全区的地质构造、地层（含水层）分布等地质问题时，经常选择一种或几种 $AB/2$ 电极距所对应的 ρ_s 值，编制不同 $AB/2$ 的等 ρ_s 平面图。

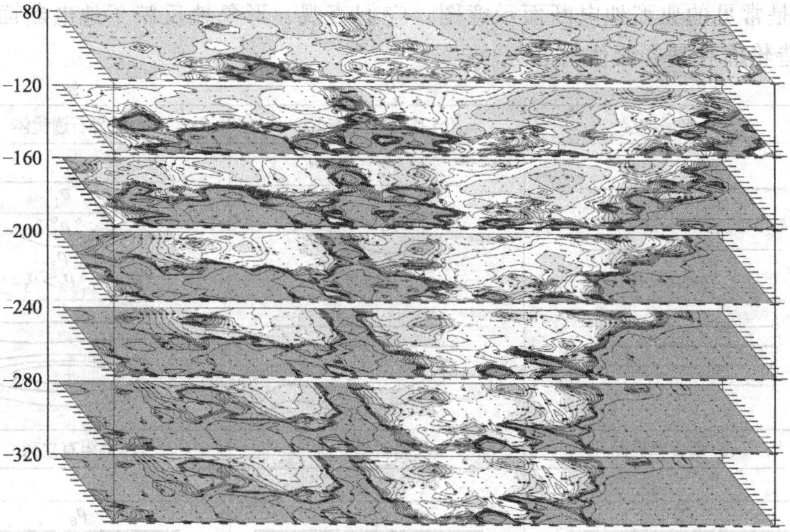

图 3-77 视电阻率切面图

$AB/2$ 的选择与勘探深度有关，主要应以矿体或构造、基岩起伏等勘探目的层的构造形态或分布规律在 ρ_s 等值线平面图上清晰地反映出来为原则。

③ 曲线类型剖面图。曲线类型图是在正确划分测区内全部测点的电测深曲线类型的基础上绘制的一种平面图。由于曲线类型由地电断面性质所决定，所以结合地质资料，可以用这种图件推断各种类型的曲线对应的地质剖面，以及与类型变化相对应的不同地质剖面之间的过渡关系。实际上就是把各条电测曲线绘制在同一图上，根据形态（类型）来确定有几个电性层，地层和构造在干扰大的地区有用，不同测点测的时间不同，干扰水平不同，但趋势是相同的，在曲线首层标出电阻值（见图 3-78）。

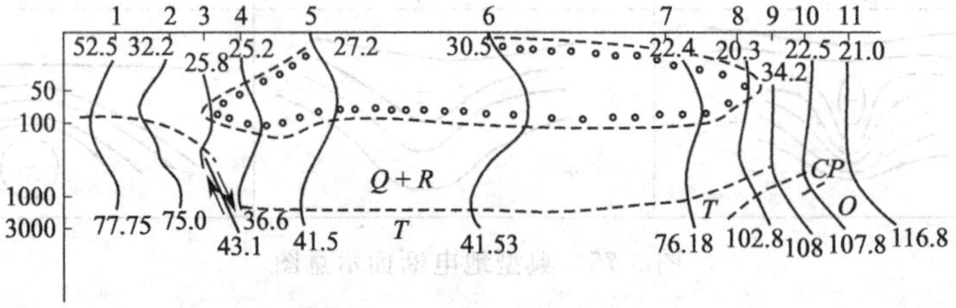

图 3-78 曲线类型剖面图

④ 测深曲线类型平面图。推断在平面上各类界线位置，如发育界线等，也可以在图上相应的测点上用曲线类型符号标出，如 K、H、A、G 等以此来区分和划定界线。

曲线类型图的编制方法有两种：其一，在工作区测点分布平面图的各测点位置旁标注相应的曲线类型符号（图 3-79），该图明显地分为 K 型曲线和 H 型曲线两个区，结合地质条件解释为淡水和咸水分布区；其二，在工作区测点分布平面图的各测点位置旁标注相应的绘制该测点缩小了的电测深曲线，并在曲线首、尾部注明其实测 ρ_s 值（图 3-80）。

定性图件绘制后要进行综合分析，也就是把所有图件进行分析，各类图件反映同一地质问题的结论应当是一致的，否则要检查原始资料或某一类图件是否错误等。

2. 定量解释

电测深曲线定量解释是在正确划分曲线类型和确定电性层与岩层的对应关系的定性解释基础上，进一步求取各电性层的电阻率和厚度参数值。目前，定量解释方法主要有量板解释法、数值解释法及各种经验解释法。

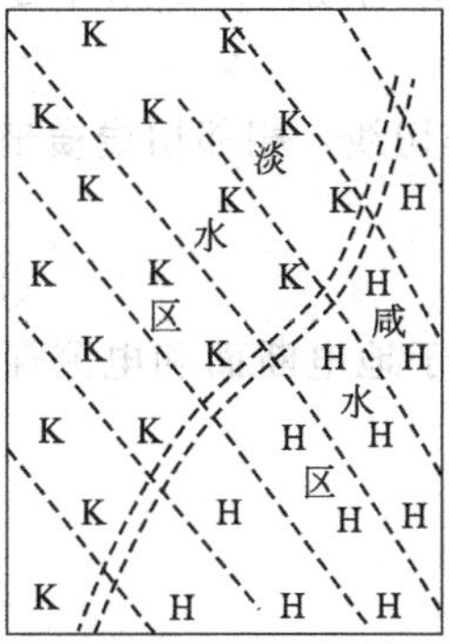

图 3-79 曲线类型平面图（一）

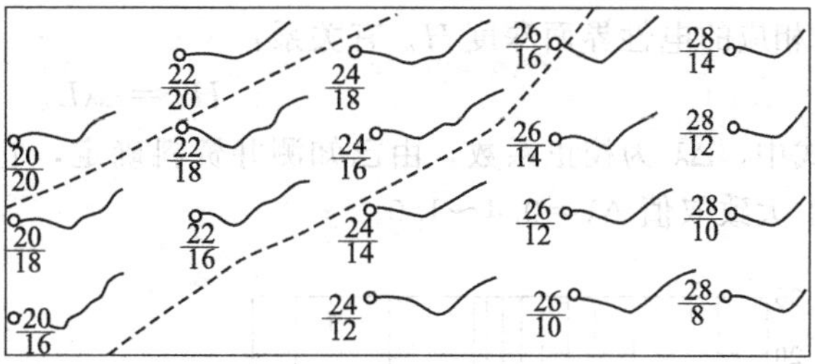

图 3-80 曲线类型平面图（二）

（1）量板解释法

量板解释法就是运用理论曲线对实测电测深曲线进行对比的求解方法，要求把测得的曲线绘制在透明坐标纸上，然后蒙在已知量板上，移动，使坐标轴重合，符合那条曲线后得出层参数，进而推求所测层位的厚度。常用的量板有二层，三层和辅助量板。

量板法在过去用得较多，现在用得很少，都是借助计算机软件求得，另外用量板法误差也较大，所给曲线与量板不可能完全符合等。

（2）电测深的简洁数值解释法

① 纵向电导解释法。电导是电阻率的倒数，即 $s=1/\rho$，若有两层介质，第一层参数为 h_1、ρ_1、s_1，第二层为无穷大，对于下部高阻体（$\rho_2\to\infty$）时，若 $AB/2\gg h_1$，则尾部渐近线满足：

$$\lg\rho_s=\lg\frac{AB}{2}-\lg s_1$$

$$s_1=h_1/\rho_1$$

s_1 为第一层的纵向电导值，尾部渐近线与横轴交角为 45°，则 $h_1=s_1\rho_1$，只要知道 s_1，即可求出第一层厚度 h_1。同样，h_1 也可由两渐近线交点求出（如图 3-81），分别作 ρ_1、ρ_2 的渐近线，其交点在横轴上的投影到原点的距离即为第一层的厚度 h_1，ρ_2 的渐近线与横轴的交点到原点的距离即为第一层的纵向电导 s_1。

对于多层地质体（n 层）目的层深 H，$H=\rho_2 s$。s 为（$n-1$）层电导的总和，ρ_2 为上覆地层总的电阻率（见图 3-82）。

综上所述，尾层的总纵向电导 s 是表示上覆地层导电能力的综合，s 随覆盖层厚度的增减，利用图件可以判断高阻层标志层的起伏情况，可以绘制 s 点号曲线，也可绘制平面切面图。

② 经验解释法。用已知测井、井旁测深资料与电测深曲线对比，确定目的层在曲线上呈现的某些特征，以及此特征所对应的 $AB/2$ 极距与目的层埋深的定量关系，统计出经验系数，推广到全测区。

如图 3-83 所示，从曲线特征解释断层点 $AB/2=25\text{m}$，实际断层深度为 20m，则 $\partial=20/25=0.8$（∂ 称为折减系数），用折减系数乘以某个深度的特征值，可作出剖面及全区的解释。

此法不可硬套，具体问题具体分析，同一曲线不同深度也可能有多个折减系数，一般用测井曲线来求解 ∂ 值（见图 3-84）。

③ 切线法。又称为图解法，分两种情况，即拐点切线交点法和切线法。这里主要介绍前者的求解过程，后者用量板求解。

拐点切线法是一种经验方法。通过电测深曲线的每一个拐点作切线，相邻切线横坐标值 L_n 与相应的电性界面深度 H_n 有关系：

$$H_n = \Delta\lambda L_n \tag{3-57}$$

式中，$\Delta\lambda$ 为校正系数，由已知测井资料确定，它的大小取决于地电断面和电测深曲线类型，大致取值 $\Delta\lambda=0.4\sim1.0$。

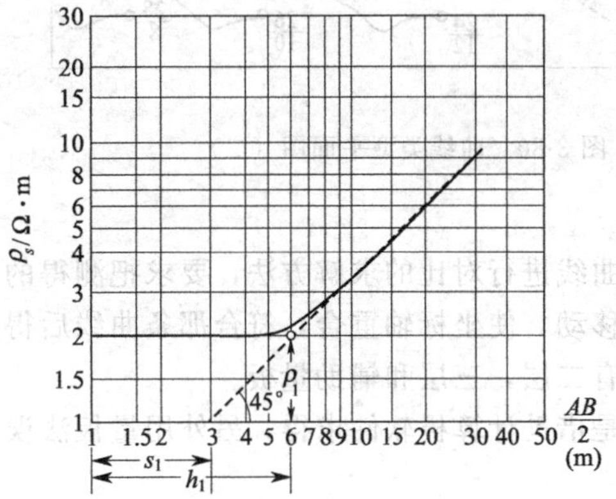

图 3-81　纵向电导图解示意图

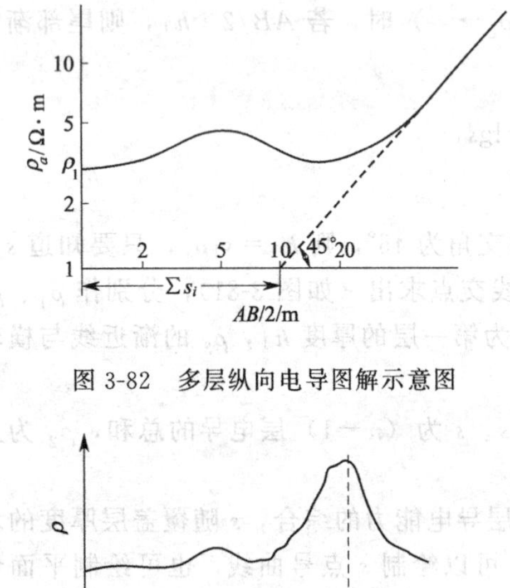

图 3-82　多层纵向电导图解示意图

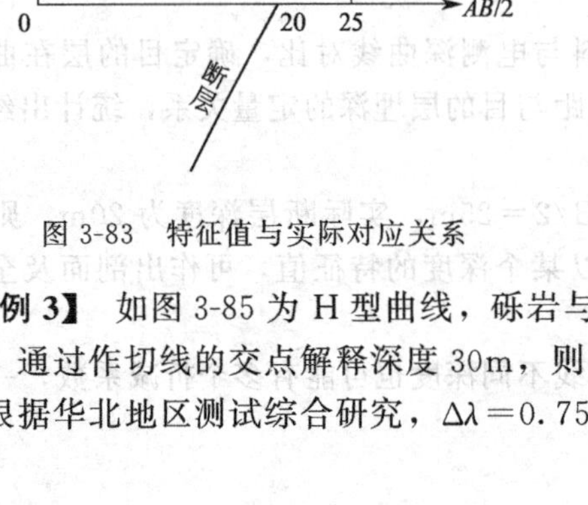

图 3-83　特征值与实际对应关系

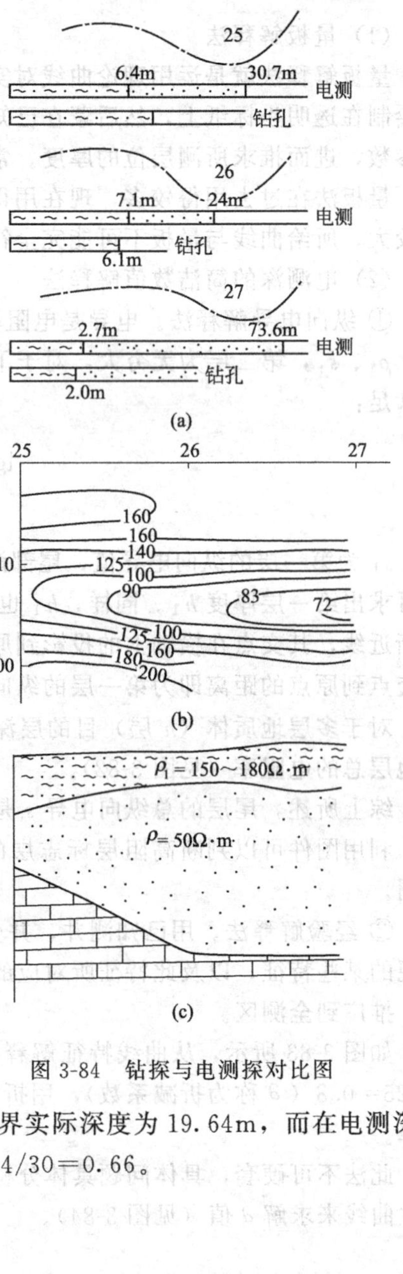

图 3-84　钻探与电测探对比图

【例 3】 如图 3-85 为 H 型曲线，砾岩与花岗岩分界实际深度为 19.64m，而在电测深曲线中，通过作切线的交点解释深度 30m，则 $\Delta\lambda=19.64/30=0.66$。

根据华北地区测试综合研究，$\Delta\lambda=0.75\sim0.95$。

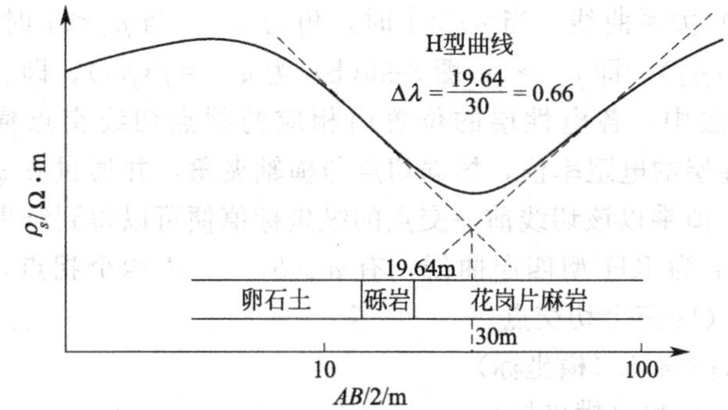

图 3-85　切线交点法解释深度（对数坐标）

通过二层理论曲线研究发现（据长春地质学院），拐点的切线与横轴的夹角 α，其大小与 μ_2 值有关（对二层曲线，$\mu_2=\frac{\rho_2}{\rho_1}$）制成有关图（图 3-86）。

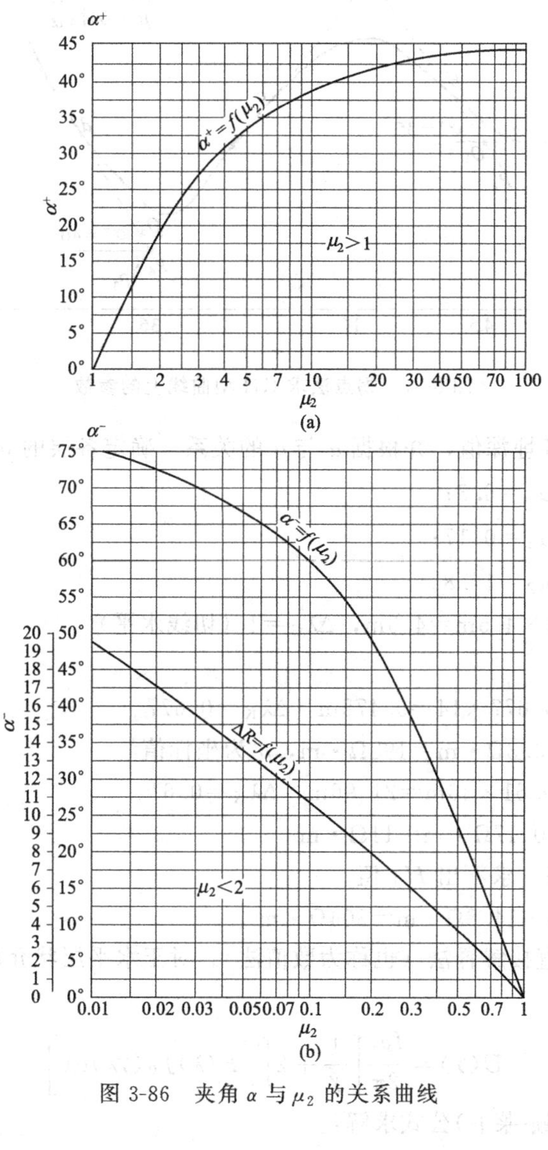

图 3-86　夹角 α 与 μ_2 的关系曲线

图中的$\alpha=f(\mu_2)$关系曲线。当$\mu_2>1$时，角为α^+；当$\mu_2<1$时，角为α^-。其中的图 3-86(a) 为$\alpha^+=f(\mu_2)$，即$\mu_2>1$；图 3-86(b) 为$\alpha^-=f(\mu_2)$，即$\mu_2<1$。

在拐点切线交点法中，各电性层的位置由相应的拐点切线交点横坐标值代入$H_n=\Delta\lambda L_n$式确定；各电性层的电阻率值，根据切点与横轴夹角，并通过查$\alpha=f(\mu_2)$曲线，确定μ_2，再以相应的μ_2值乘以该切线前一交点的纵坐标值便可以得到结果。

【例 4】 如图 3-87 为 KH 型四层曲线，有 a、b、c、d 四个拐点，P_1、P_2、P_3、P_4 四条切线，O_1、O_2、O_3 三个切交点。

O_1 点坐标 30，$L_1=4.5$（横坐标）

O_2 点坐标 65，$L_1=14$（横坐标）

O_3点坐标 20.5，$L_1=36$（横坐标）

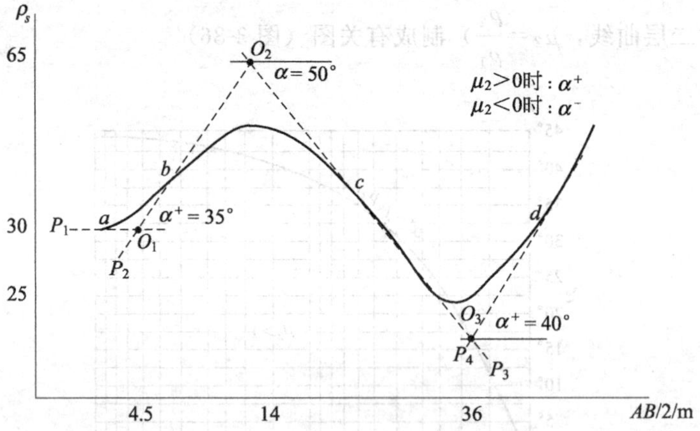

图 3-87　拐点法求 KH 型曲线上的参数

根据$H_n=\Delta\lambda I_n$求出各埋深值，并根据α与μ的关系，确定各层的ρ_3值。

查曲线得：$\alpha_1^+=35°$，$\mu_2=6.3$；

$\alpha_2^-=50°$，$\mu_2=0.17$；

$\alpha_3^+=40°$，$\mu_2=14.8$。

则有　$H_1=\Delta\lambda_G L_1=1\times4.5\text{m}=4.5\text{m}$，$\Delta\lambda_G=1$（切线水平）

$\rho_1=30\Omega\cdot\text{m}$

$H_2=\Delta\lambda_K L_2=0.677\times14=9.478\text{m}$，$\Delta\lambda_K=0.677$

$\rho_2=\rho'\mu_2=30\times6.3\Omega\cdot\text{m}=198\Omega\cdot\text{m}$，$\rho'$为坐标值

$H_3=\Delta\lambda_H L_3=0.61\times36\text{m}=21.96\text{m}$，$\Delta\lambda_K=0.61$

$\rho_3=\rho'\mu_2=65\times0.17\Omega\cdot\text{m}=11\Omega\cdot\text{m}$

第四层未探测到底，求不出H_4值。

$\rho_4=\rho'\mu_2=20.5\times14.8\Omega\cdot\text{m}=304\Omega\cdot\text{m}$

④ 电测深曲线的直接解释法（也称为数值法）。对于水平层状介质表面点电源的电位公式，前面已经讲过：

$$U(\gamma)=\frac{I\rho_1}{2\pi}\left[\frac{1}{\gamma}+2\int_0^\infty B(\lambda)J_0(\gamma\lambda)\mathrm{d}\lambda\right] \tag{3-58}$$

利用莱卜尼兹(牛顿-莱卜)公式求解：

$$\frac{1}{\gamma}=\int_0^{\infty} J_0(\gamma\lambda)\mathrm{d}\lambda \text{ ,则有 } U(\gamma)=\frac{I\rho_1}{2\pi}\left[\int_0^{\infty} J_0(\gamma\lambda)\mathrm{d}\lambda+2\int_0^{\infty} B(\lambda)J_0(\gamma\lambda)\mathrm{d}\lambda\right]$$

$$=\frac{I}{2\pi}\int_0^{\infty}\rho_1\left[1+2\int_0^{\infty} B(\lambda)J_0(\gamma\lambda)\mathrm{d}\lambda\right]=\frac{I}{2\pi}\int_0^{\infty} T(\lambda)J_0(\gamma\lambda)\mathrm{d}\lambda \tag{3-59}$$

其中 $T(\lambda)=\rho_1[1+2B(\lambda)]$

对于对称四极装置，$AB\gg MN$

$$\rho_s=2\pi\gamma^2\frac{E}{I}=\frac{2\pi\gamma^2}{I}\left[-\frac{\partial u}{\partial\gamma}\right]=\frac{2\pi\gamma^2}{I}\frac{\partial\left[-\frac{I}{2\pi}\int_0^{\infty} T(\lambda)J_0(\gamma\lambda)\mathrm{d}\lambda\right]}{\partial\gamma}$$

$$=\gamma^2\left[-\frac{\partial}{\partial\gamma}\int_0^{\infty} T(\lambda)J_0(\gamma\lambda)\mathrm{d}\lambda\right]=\gamma^2\int_0^{\infty} T(\lambda)\left[-\frac{\partial}{\partial\gamma}J_0(\gamma\lambda)\right]\mathrm{d}\lambda \tag{3-60}$$

利用贝塞尔函数的性质 $J_0(\gamma\lambda)=J_1(\gamma\lambda)$

则
$$\rho_s(\gamma)=\gamma^2\int_0^{\infty} T(\lambda)J_1(\gamma\lambda)\lambda\,\mathrm{d}\lambda \tag{3-61}$$

式中，λ 为积分变量；$B(\lambda)$ 为核函数。

式(3-61) 即电阻率空间特征函数（又称为电阻率转换函数、辅助函数、影响函数等），以此编制程序，有了已知点到供电点的距离，解上述方程，可求出点的电阻率值。

对于二层：$T_2(\lambda)=\rho_1\frac{1+K_{12}\mathrm{e}^{-2\lambda h_1}}{1-K_{12}\mathrm{e}^{-2\lambda h_1}}$

$K_{12}=\frac{\rho_2-\rho_1}{\rho_2+\rho_1}$，称为反射系数

以此类推，可以求解多层电测深参数，比手工量板解释精度大大提高，缩小了电测深曲线的等价作用范围，反过来必将对野外获取数据的精度提出更高要求，从而促进电测深水平的提高。

三、综合实例

下面以河北某地煤矿采控区探测为例，进一步说明综合应用。

1. 概述

白涧村的北部有中联煤矿，属于民营企业。2005 年下半年，白涧村西北部的部分民房出现裂纹，到 2006 年的春节过后裂纹加大，怀疑是中联煤矿采空区塌陷所致。围绕白涧村西北角进行物探工作，对中联煤矿采空区进行调查。

本区为丘陵地带，西北高，东南低，在村西有一条近南北向冲沟，深度 3～5m。最大标高 267m，最低标高接近 210m，高差 57m，地形变化给物探工作带来一定困难。

按照预定目标，根据煤田电法物探规范，布设中间梯度物探线 8 条，共 1721m，点数 84 个，中梯装置 $AB=500\sim600$m，测量范围为 AB 的中部 230m 以内；视电阻率测深点 13 个，采用对称四极装置形式，控制深度 250m（见图 3-88）。

2. 矿床赋存条件

该区煤层走向北东，向东南倾斜，赋存 7# 、8# 、9# 煤层，其中 7# 和 9# 煤层普遍可

采，7#煤层厚度在1.7m左右，9#煤层厚度为2.4m左右。受中关背斜的影响，煤层倾角变化较大。

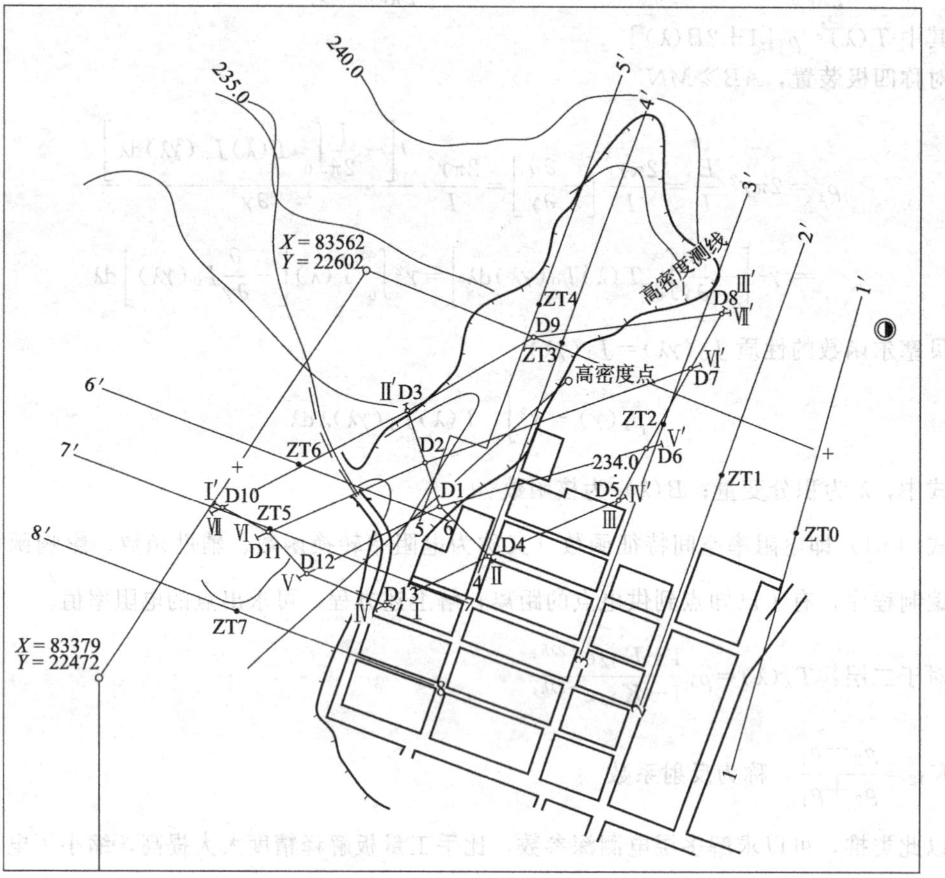

图 3-88　工作量布置图

3. 工作区物性特征

在工作区内，以往地质和物探工作较少，控制程度较低，没有可参考的物性资料。测区内地形变化较大，有高压线等影响因素；北部高岗有卵石出露，南部有村庄民房阻挡，西部沟谷中地下水埋藏较浅等，对测试结果都有不同程度的影响。为此，首先进行地质和水文地质调查，然后进行试验测试，增加测试综合参数、激化率等参数。一般的黏性土表现为低阻反映，不含水的地下空洞表现为高阻。根据工作场地内地质条件和地形、村庄建筑物的限制，采取垂直采空区边界方向布线。

4. 地质解释

根据多种物探探测结果（图3-89～图3-91），在测区内分布两个主要的采空区和一个次要采空区，分别命名为Ⅰ号、Ⅱ号、Ⅲ号（图3-92）。

Ⅰ号采空区：位于村庄的西北部，呈北东走向，长度220m，宽度16～60m，平均38m，在地表的投影面积6740m²，其中有6420m³在中联煤矿允许开采范围之外。

Ⅱ号采空区：位于村庄的西部，呈近南北走向，长度82m，宽度16m，在地表的投影面积1312m²。全部在中联煤矿允许开采范围之外。

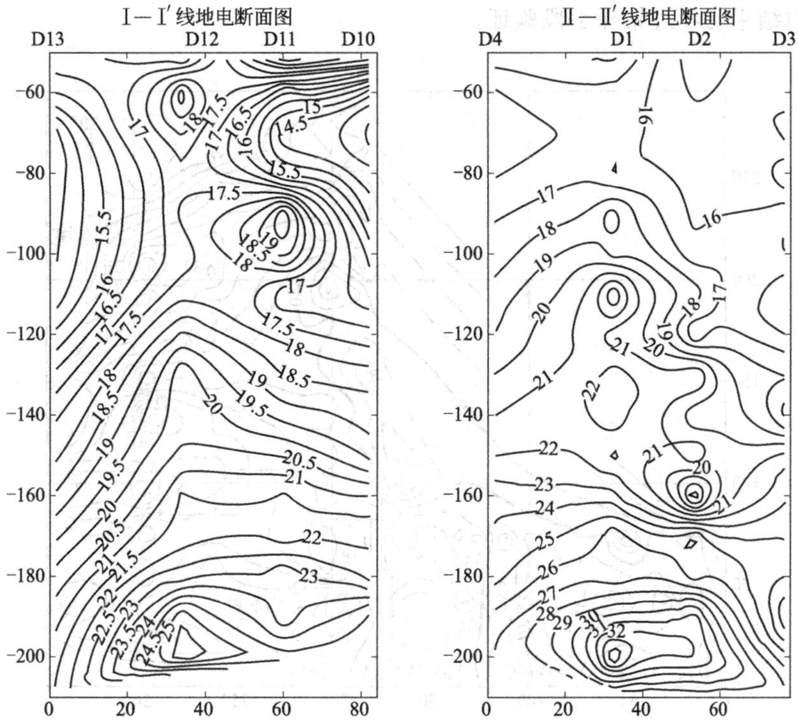

图 3-89 视电阻率地电断面图（一）

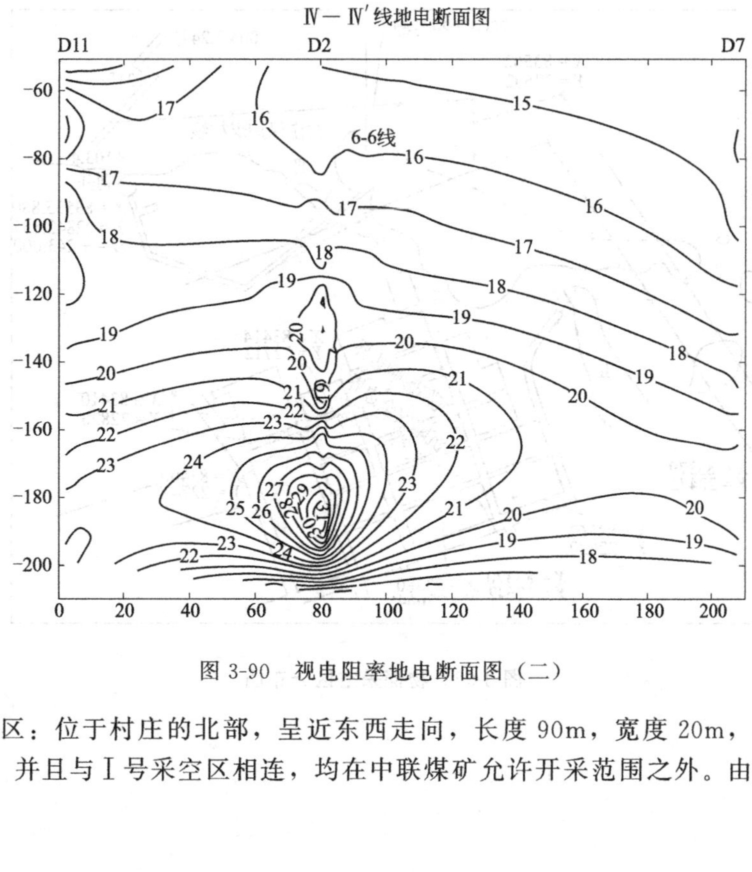

图 3-90 视电阻率地电断面图（二）

Ⅲ号采空区：位于村庄的北部，呈近东西走向，长度 90m，宽度 20m，在地表的投影面积 $1800m^2$。并且与Ⅰ号采空区相连，均在中联煤矿允许开采范围之外。由于村庄房屋阻挡而未能全面控制，有待于进一步验证。

以上探测结果已经过钻探手段验证。

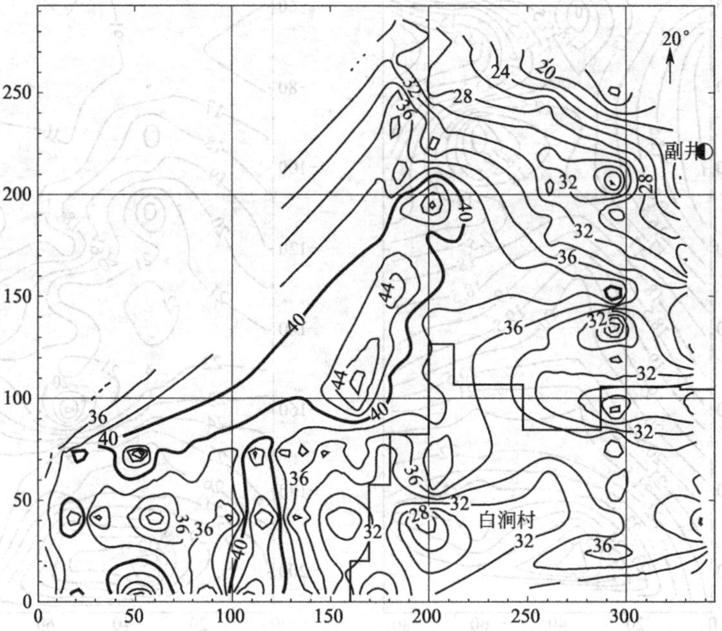

图 3-91　中间梯度视电阻率平面图

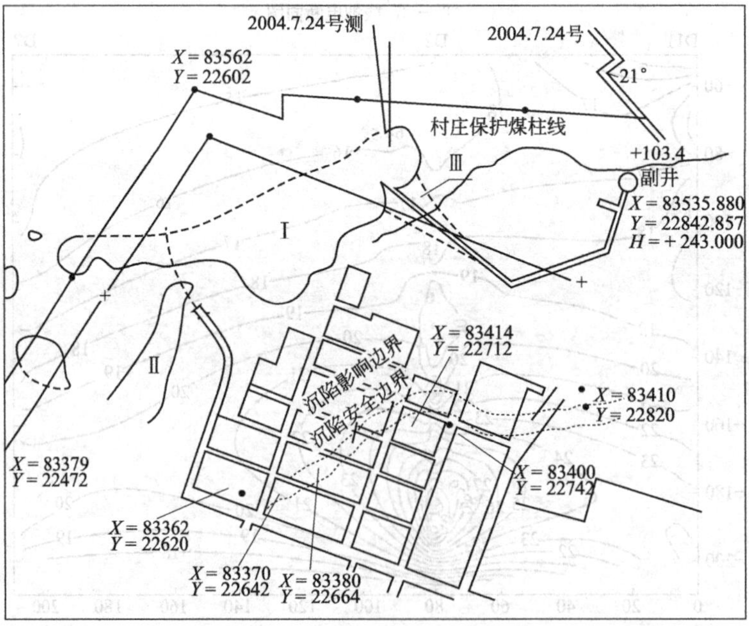

图 3-92　物探采空区分布图

第四节　自然电场法

一、概述

在自然条件下，无需人工向地下供电，通过地面两点通常能观测到一定大小的电位差，这表明地下存在着天然电流场，简称自然电场。用此解决地质问题的方法称为自然电场法。实践证明，这种场主要由电子导电矿体的天然电化学作用和地下水中电离子的过滤或扩散作用以及大地电流和雷雨放电等因素所形成。

不同成因的自然电场，在分布范围、强度和随时间变化的规律等方面均有各自的特点，它们与地质、地球物理条件的关系也不尽相同。就应用自然电场为场源进行地质勘探而言，有时某一种电场被用来解决某类地质问题，而其他电场则视为干扰。当解决另外地质问题时，应用各种自然电场的情况，可能完全不同。自然电场法便是通过观测和研究自然电场的分布以解决地质问题的一种方法。一般自然电场随时间变化不大，可视为一种稳定场。

自然电场法是应用最早的一种电法勘探方法。由于该法无需供电，使用的仪器、设备也较轻便，因此生产效率较高。我国目前已广泛使用自然电场法，在寻找电子导电型的金属与非金属矿床（如硫化矿床、石墨矿床、无烟煤等）和解决某些地质填图问题，在岩土工程勘察中解决水文地质问题，确定地下水流速、流向等问题，均取得了较好的地质效果。另外，寻找河流、湖泊、水库底部渗漏点或补给点、岩溶地区的落水洞等，地下渗透漏斗的影响半径也有较好的成效。

二、自然电场产生的原因

1. 氧化还原自然电场

金属导体由于在一定条件下，水位以上氧化，而水位以下不与空气接触而还原（见图3-93），氧化后失电子而带正电荷，其围岩得到电子而带负电荷，在水下还原环流正好相反，形成上、下符号相反的电位跳跃，于是形成电位差而产生电流。

应用自然电场法寻找金属矿床时是基于对电子导电矿体与围岩间电化学电场的观测和研究。野外观测资料表明，与金属矿床有关的电化学电场通常在地面上能引起几十至几百毫伏的电位异常，其电场类似地下存在一个“原电池”的电场，且常在矿体顶部呈现电位负值。就矿床类型而论，在电子导电型的块状和细脉浸染状硫化矿床以及石墨矿床上可观测到较强的自然电场异常。

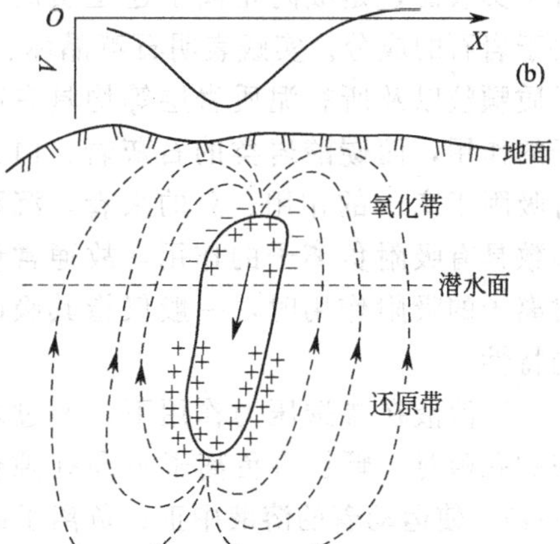

图 3-93　氧化还原电场示意图

矿体电化学电场的形成原因较复杂，它与矿体成分及围岩中溶液的性质有关。对于如何详细了解这一物理化学过程，迄今仍属需进一步研究的问题。

在以往的研究中，一种看法认为，在围岩水溶液成分稳定的情况下，硫化矿周围存在一个所谓的“稳定区”，在“稳定区”范围内，矿体既不氧化，也不还原，呈现解离平衡。在该范围外，矿体具有参与氧化和还原作用的趋势。常见的硫化矿床在自然环境中，该范围较大。“稳定区”将包括由地下水面划分的氧化环境，除近地表地区外的大部和还原环境的上部，前者位于地下水面以上，后者位于地下水面以下。不同矿种的“稳定区”范围有所不同，如黄铁矿的范围大于方铅矿的范围。这种看法认为，电子导电矿体在形成电化学电场作用方面，可视为惰性体，不直接参加电化学反应。当围岩溶液物质在氧化和还原环境中进行氧化和还原电化学反应，形成氧化还原电位差时，矿体将起传输电子的作用，从而在矿体内外形成自然电流场。

由此可见，当电子导电矿体赋存于含孔隙水（离子导电）的围岩中，且矿体一部分处于地下水面之上的氧化环境里，另一部分处于地下水面之下的还原环境中，则对形成自然电场最为有利。这时含有大量氧气的地表水容易达到矿体的上部周围，溶液具有很强的氧化性质。在这种环境里，溶液中的物质就是氧化剂，它将从矿体上夺取电子，使自己的离子价数降低，它本身进行还原反应。溶液物质还原反应使围岩溶液中某些物质得到电子，使原呈中性的溶液带负电，出现过多的负离子，便在上部矿体与周围溶液间形成了一个“半电池气”。处于地下水面以下的还原环境，由于离地表较远，矿体本身及围岩的风化程度低，质地较致密，地表水和氧气不易进入，溶液中某些离子将电子交给矿体，即发生氧化反应，以提高其自身的离子价数。由于溶液的电性有保持中性的趋势，矿体上半部围岩溶液因上述作用过程引起总的负电荷增加，便需增加溶液中的正离子或由溶液中移去负离子，矿体下部围岩溶液即深处的情况却相反，需要移去正离子或增加负离子。因此，上述需要使正离子向矿体上部移动，负离子移向矿体下部深处，便形成由良导矿体为外线路的一个完整的电流回路。

2. 过滤电场

地下水在流过多孔介质时，颗粒会吸收水中的离子（一般颗粒具有选择性，吸附负离子作用）。此时水中有多余的正离子，在水流方向正离子多，形成高电位，而背水流方向电位低，即补给区为负，排泄地区为正，这种场是由于水被岩土颗粒过滤而产生的，故而称为过滤电场。在山区，由坡顶到坡底，电场由低到高，因而又称为“山地电场”。

当溶液经过多孔岩石进行渗透时，由于岩石颗粒对正、负离子有选择的吸附作用，便出现正、负离子分布的不均衡，从而形成自然电场。

由于岩石颗粒的晶格在其表面表现出过剩的离子价键，它将吸引溶液中的异性离子，附着于其表面，是吸附正离子还是负离子主要取决于岩石的成分。实践表明石英晶体、硫化物、泥质颗粒以及所有泥质岩层等均具有吸附负离子的作用，而碳酸岩类的石灰岩、白云岩则具有吸附正离子的作用。总的来看，沉积岩中大多数具有吸附负离子的作用，故通常谈到岩石对离子的吸附作用时，一般仅指其吸附负离子的特性。

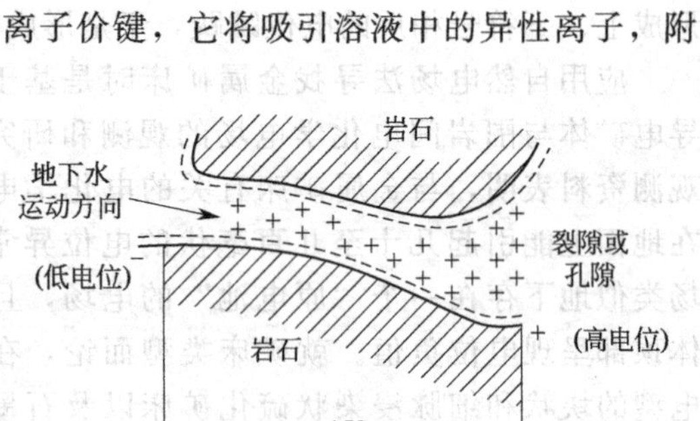

图 3-94　过滤电场示意图

当溶液在渗透压力作用下，通过岩石颗粒间的孔隙时，颗粒将负离子吸向孔隙壁（见图 3-94），使运动着的溶液中正、负离子的数目不相同，结果是多余的正离子出现在靠近孔隙出口的一端，随时间的增长，这种正、负离子分布的差异形成的电位差逐渐增大，一直到这电位差使负离子加速运动，正离子减速运动，以至正离子和负离子保持近似相同的数目从孔隙通道内流出为止，这时由岩石吸附作用形成的过滤电场趋于一个稳定的电场，其方向与溶液流动方向相反。显然，过滤电场的场强与渗透压力的大小以及岩石、溶液的性质有关。

3. 扩散电场

当两种岩层中溶液的浓度或成分有差别时，就会在溶液之间形成离子迁移，从而产生扩散电位差，即形成扩散电场。电位差的大小与离子迁移能力和速度有关，扩散电场的数值很少，通常扩散电场与过滤电场同时产生。因此，扩散电场很难观测到（见图 3-95）。

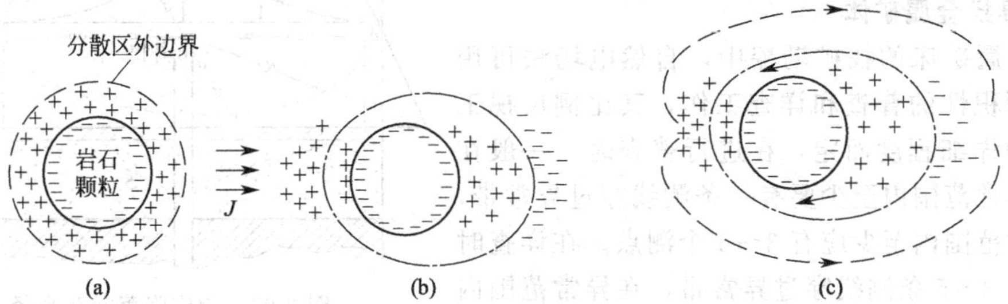

图 3-95　扩散电场形成示意图

除金属矿外，石墨化岩层、黄铁矿化岩层也产生强大的自然电位。

三、自然电场的野外工作方法

由于自然电场电位较小，故要远离人为干扰的工矿区测量，仪器很简单：电位计（可用电法仪）、不极化电极和导线等，一般电位异常在 $n\sim10n$mV，所以要求仪器灵敏度要高。

布线与其他电法勘探相同，要垂直于地质体的走向。探测方法有梯度法和电位法两种方式。

电位法：N 极固定（基点，即正常场位），M 点移动（流动电极），记录点为 M 点所在的位置。测量 M 电极的电位。

梯度法：同时移动 MN，记录点为 MN 的中点。测量 MN 电极的电位。

成果：绘制有关电位分布平面图、剖面图等。

四、自然电场的应用

1. 测定浅层地下水流向

用过滤电场的原理，以 O 为中心，布置不同方向的辐射状测网［见图 3-96(a)］，分别测量等距的 M_1N_1……M_4N_4 点间的电位差，然后按一定比例绘制成极型图［图 3-96(b)］，长轴为地下水流向。然后再根据电位差的符号判别，水流方向为高电位，背离水流方向为低电位。

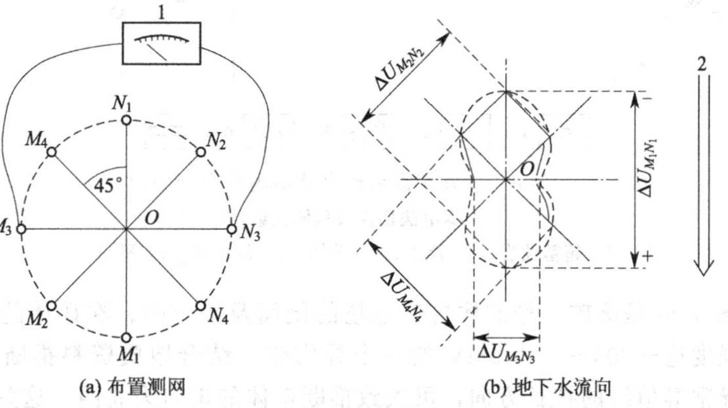

图 3-96　测定地下水流向

2. 测定抽水井管下降漏斗影响半径

如图 3-97，以井 R 为中心向四个方向测量，抽水前的变化点与井口之间的距离，即为漏斗半径，用“8”法求出流向。

3. 寻找金属矿体

在金属矿床的找矿勘探中，自然电场法可用于进行面积性的普查和详查工作，其比例尺视工作要求的详细程度而定，在进行普查时，一般在预计的异常范围内至少要有一条测线穿过异常带，而在异常范围内至少应有 3～5 个测点。在详查时则要求有 3～5 条测线穿过异常带，在异常范围内测点数不少于 5～10 个。测线的方向应垂直异常带的方向，即垂直勘探对象的走向。

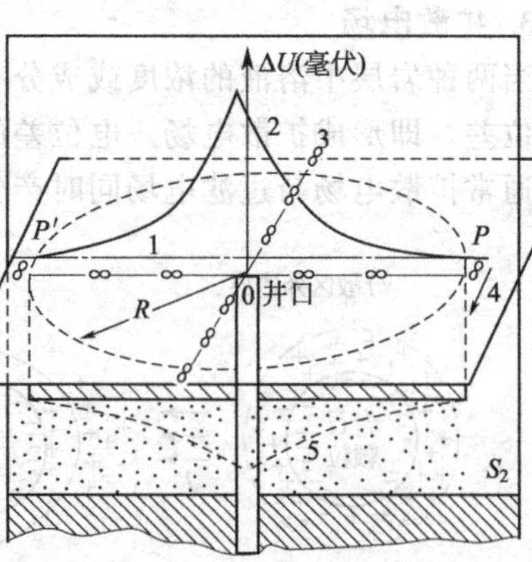

图 3-97　测定降落漏斗半径

【例 5】 在铜钴矿上的应用。

该矿区位于青海省，矿体为层状或似层状，以含铜黄铁矿为主的硫化矿床，产于超基性岩中（图 3-98），矿体从地表向下延伸较大，有一百多米，导电性良好，与围岩电阻率相差在 $10^4\Omega\cdot m$ 以上，区内地表水及地下水均较发育，为形成自然电场提供了良好的氧化还原条件，这些都是开展自然电场法的有利条件，不利因素是炭质板岩形成的非矿自然电场的干扰，但由于这类岩石无磁性，层位稳定，沿走向分布有一定的规模，且自然电场异常较大等特点。采用综合物化探方法，加强地质观测，可以将这种干扰异常与矿体异常区分开来。

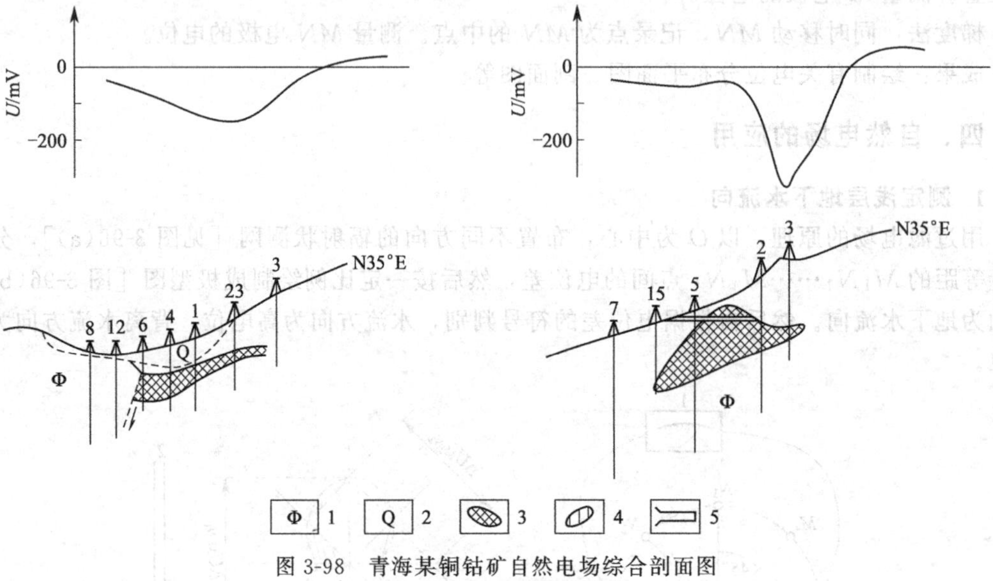

图 3-98　青海某铜钴矿自然电场综合剖面图

（据电法勘探教程傅良魁）

1—超基性岩；2—浮土；3—矿体；4—氧化带；5—平巷

图 3-98、图 3-99 是该矿一号矿体自然电场的剖面及平面图，在矿体的几个露头和揭露点上，对应着强度达－200～－400mV 的三个异常带，结合地质资料推断异常是矿体引起的。同时，由异常等值线的拉长方向，可大致推断矿体的走向为北西。这些解释推断是指导普查阶段布设验证工程的依据。经过钻探证明，自然电场解释是正确的。

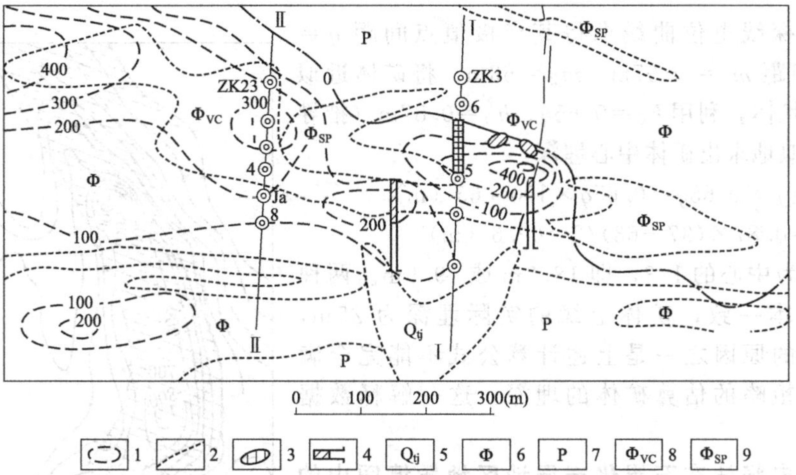

图 3-99 青海某铜钴矿自然电场综合平面图

（据电法勘探教程傅良魁）

1—自然电场等位线；2—地质界限；3—矿体；4—坑道；5—铁质角砾岩；

6—超基性岩；7—板岩类；8—碳酸盐化角砾状蛇纹岩；9—片理化蛇纹岩

【例 6】 在某铜矿上的应用实例。

该矿床属于矽卡岩型含铜磁铁矿，矿体赋存于闪长岩和灰岩的接触带处，形状不甚规则，多呈扁豆状、楔状或斧状等。该矿区开采历史悠久，解放初期为了迅速恢复矿山，扩大矿区储量，在该区开展了较系统的自然电场法和磁法等普查工作，结合物探方法的观测结果，为探明矿床生成规律和矿床规模提供了有用资料，指出了进一步找矿的方向。

图 3-100 为该矿区某矿段自然电场法的观测结果。图中电位等值线圈出了含矿矽卡岩带的分布范围，后在此异常范围内，根据自然电场和磁法资料进行布钻，多处见到工业矿体。

图 3-101 绘出了 G 勘探线的自然电场电位剖面曲线。在此勘探线上，自然电场异常的负极小值（-200mV）与铁帽所在位置相对应，电位曲线的左、右支不对称，左缓右陡。根据倾斜矿体不对称的特点，应推断矿体向右倾斜，然而矿体实际上是向左倾斜的。这是因为矿体产于两种岩石接触带的矽卡岩中，故电位曲线不对称可能是由接触带两侧岩石的电阻率不同所引起的，即右侧围岩的电阻率较左侧围岩的低，因而使右侧电位曲线变陡。

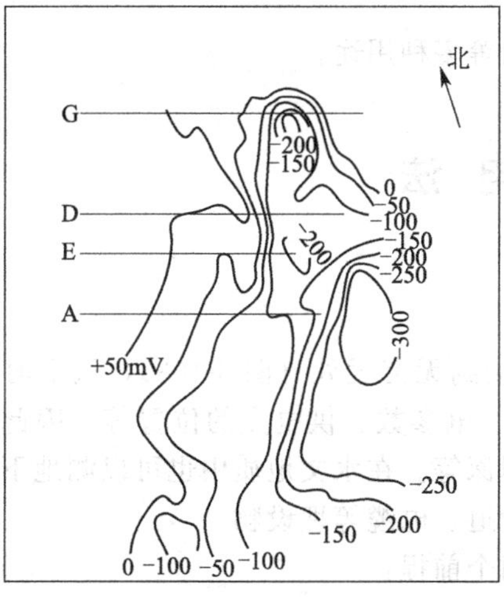

图 3-100 某铜矿自然电场平面电位等值线

（根据电法勘探教程傅良魁）

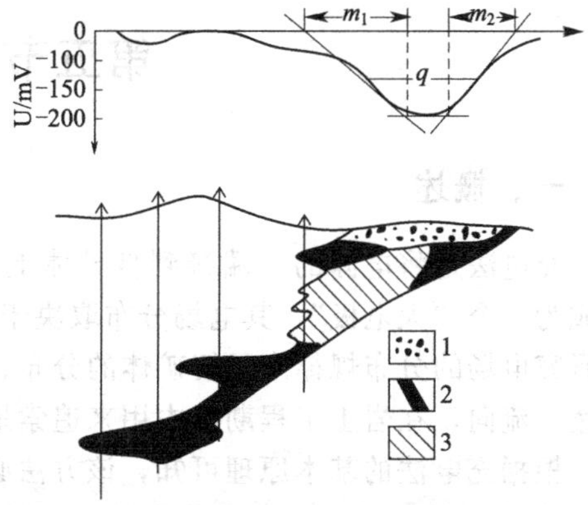

图 3-101 G 勘探线自然电场电位剖面线

1—铁帽；2—含铜磁铁矿；3—磁黄铁矿

据G勘探线电位曲线求得其半极值点间距 $q=100\text{m}$ 和弦切距 $m_1=-97\text{m}$、$m_2=63\text{m}$，将矿体近似地视为厚板状体，利用 $h_0=0.65q$、$h_0=0.87m$（推导省略）可近似地求出矿体中心埋深：

$$h_0=f\times0.65q=0.65q\times100=65\ (\text{m})$$

$$h_0=0.87\times(97+63)/2=69.6\ (\text{m})$$

边缘埋深约为中心的1/3，即18.9m或19.9m。两种计算结果基本一致，矿体上缘的实际埋深为25m，引起其间差的原因之一是上述计算公式不能完全满足，但作为粗略的估算矿体的埋深，这一解释数据是可以的。

4. 自然电场法在石墨化岩层地区地质填图中的应用

在表土覆盖地区，为了划分岩层圈定地质界线，确定构造类型和断层分布情况以及指出找矿远景区域，用物探方法进行地质填图有重要的意义。在石墨化和黄铁矿化地区，采用自然电场法进行地质填图，可得到良好的地质效果。大家知道，石墨化岩层与石墨矿有同样的特点，即有很好的导电性，尽管石墨化程度不高，往往也能构成沿层理、层面、裂隙导电良好的导电网。故在一定水文地质条件下，在石墨化地层上可观测到很强的自然电场。

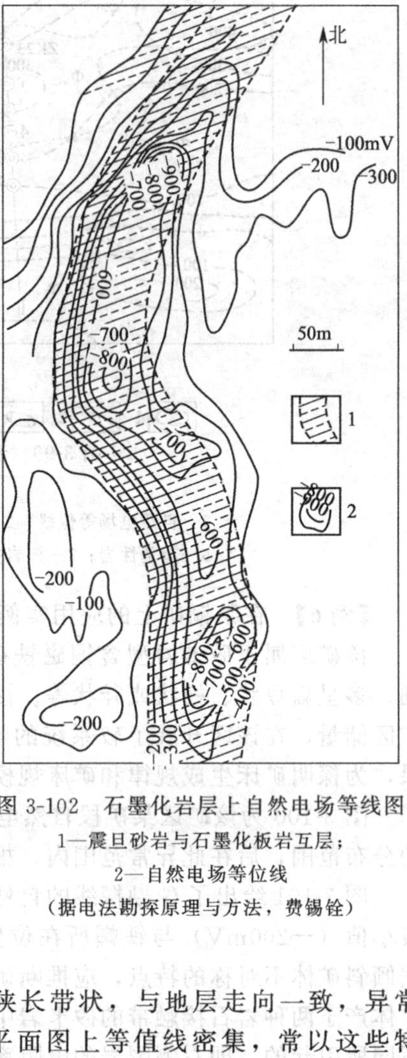

图 3-102　石墨化岩层上自然电场等线图

1—震旦砂岩与石墨化板岩互层；

2—自然电场等位线

（据电法勘探原理与方法，费锡铨）

图 3-102 为我国某铅锌矿区应用自然电场法进行石墨化地层地质填图的实例。由图可见，在该区震旦纪砂岩与石墨化板岩互层的地层上，得到强度高达－900mV的自然电场异常，异常走向近南北方向，呈狭长带状，与地层走向一致，异常带内的负值中心是由该处石墨化程度较高所引起的，平面图上等值线密集，常以这些特征将其与矿体异常区分开。

除此之外，自然电场法还可以确定地下水的流向等多种用途。

第五节　充 电 法

一、概述

充电法是将电源的一端接到良导体上，另一端接到无穷远处（图 3-103），供电时良导体成为一个“大电极”，其电场分布取决于几何参数、电参数、供电点的位置等。因此，通过研究电场的分布规律来了解矿体的分布、产状、埋深等。在水文地质中也可以测地下水的流速、流向，在岩土工程勘察中用来追索地下金属管道、电缆等埋设物。

根据充电法的基本原理可知，该方法必须具备两个前提：

① 充电体相对于围岩为良导体，这样充电后可把矿体看成一个等位体，其电场具有场源的特征，与矿体无关；

② 充电体必须具有良好的露头，可以是天然露头，也可以是人工开挖的探井、探槽、钻孔等。

充电法原理比较简单，在露头上直接接上供电极 A（一般为正极），而将另一极置于无穷远处接地，用 MN 测量充电点周围电场的变化。同形状的充电体，其测试结果的曲线类型是不同的，下面通过实例加以介绍。

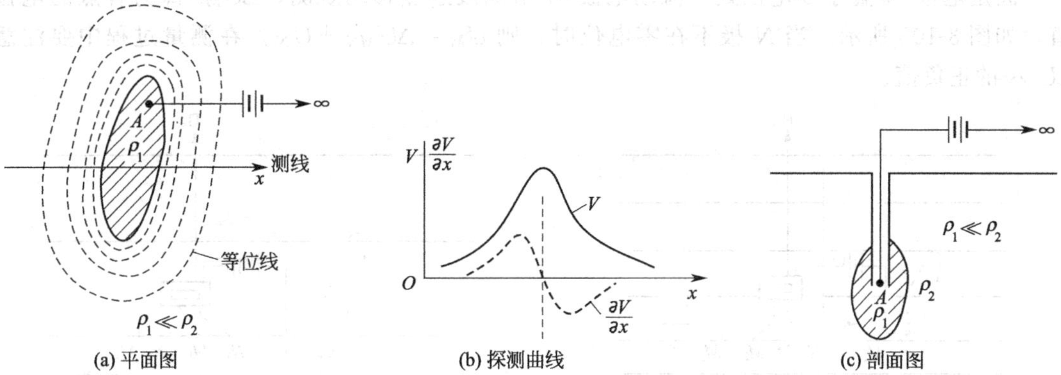

图 3-103　充电装置示意图

二、工作方法

1. 充电点的布置

为了对矿体充电，必须使矿体与电源正极有良好的接触。为此，如果露头平整，则可用一束铜丝作 A 极，铜丝下面垫上浸透硫酸铜溶液的棉花，上面用重物压紧，如图 3-104(a) 所示。如果露头不平整，或在侧壁出露，则在露头上打炮眼，插入并联电极组，如图 3-104 (b) 所示。若矿体揭露点在钻孔内时，则用绕有裸铜丝的铜管（约 1m 长）作为充电电极，如图 3-104(c) 所示。在电极放入钻孔过程中，应观测供电电流，并以电流最大值的位置作为充电点。

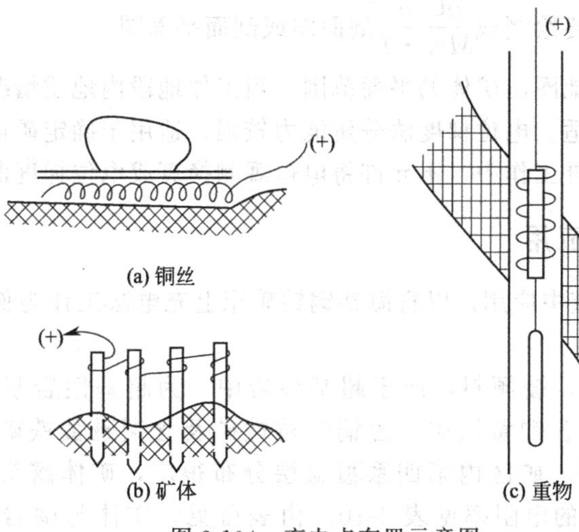

图 3-104　充电点布置示意图

2. 无穷远极的布置

为与充电点组成回路供电，需设 B 极，为了使 B 极对测区内所有测点无影响（或影响小于观测误差)，应使 AB 长度大于测区对角线长度的 2 倍，关于方向问题，应主要考虑使无穷远极与测区之间无良导地质体存在。接地点要有良好的接地条件。

3. 观测方法

野外观测方法多采用“电位法”和“电位梯度法”两种。

(1) 电位观测法

固定电极 N 置于零电位处，流动电极 M 沿测线逐点移动观测，ΔU_{MN} 即为各点的电位值，如图 3-105 所示。当 N 极不在零电位时，则 $U_M = \Delta U_{MN} + U_N$。在测量过程中要注意 ΔU_{MN} 的正负值。

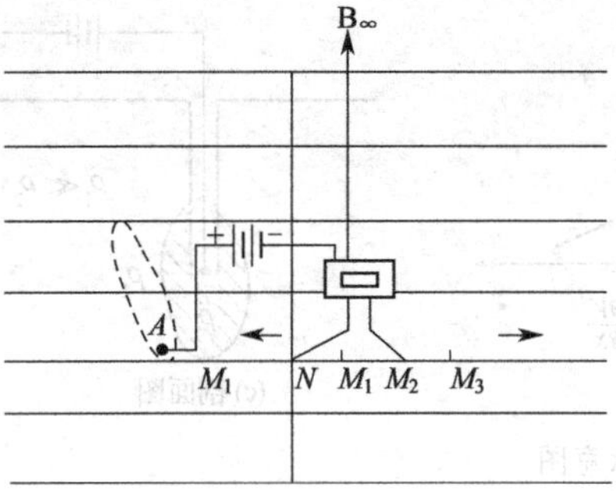

图 3-105 电位观测示意图

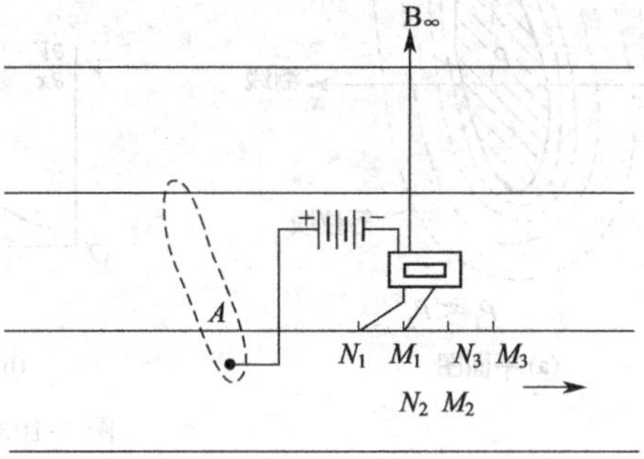

图 3-106 电位梯度观测示意图

当测区面积较大，使用一个固定电极 N 极不能控制全区时，可以选取几个固定电极位置。对每个固定的 N 点，相对于“总基点”（远离矿区的基点，把它当做零电位）进行联测，求出各 N 点相对总基点的电位值，然后对各 N 极控制的测点加以改正。

观测过程中应尽量保持供电电流的稳定和一致，每隔 5～15 个测点测量一次供电电流强度 I，并用单位电流强度的电位值（即 U/I）表示各测点的观测结果。

(2) 电位梯度观测法

测量电极 MN 间的电位差，如图 3-106 所示。通常以测点的大号点为 M 极，小号点为 N 极，分别接于仪器的 MN 接线柱，其连接方法要始终一致，以免电位差符号发生混乱。电位梯度法的观测结果最终绘制成 $\frac{\Delta U_{MN}}{MN \cdot I}$ 剖面图或剖面平面图。

电位观测法可以较快地圈出矿体的平面范围，当工作地段内地质情况复杂、围岩浮土电性不均匀时，用此法较合适。电位梯度法分辨能力较强，适用于确定矿体顶端位置和沿走向的长度。必须指出，在野外工作中，不允许将电位观测换算成电位梯度曲线。

三、充电法的实际应用

【例 7】 在金属矿勘查中应用。以青海某铜钴矿床上充电法工作为例，阐明充电法在金属矿中的具体应用。

该矿呈层状及似层状，缓倾斜，产于超基性岩中，为超基性岩浆深部熔离贯入热液型矿床。矿石主要为块状含铜黄铁矿、含铜锌黄铁矿及含铜磁黄铁矿，伴生元素钴与其中黄铁矿的铁呈类质同相。矿区内第四系覆盖层分布很广，矿体露头仅见两处，地质工作困难。主要岩类、矿石的电阻率见表 3-10。由表可见，矿体与围岩电阻率有明显的差别，具备进行充电法工作的地球物理前提。该矿区使用充电法的任务是：了解地表出露的矿体在地下的延伸情况，评价矿点；确定已知矿之间的连接关系和在已知矿附近寻找盲矿体。

表 3-10　岩类、矿石电阻率

岩石名称	电阻率/Ω·m	岩石名称	电阻率/Ω·m
超基质岩类	$(1.7\sim4.8)\times10^{3}$	铁帽	1.7×10^{3}
板砂岩	$(6.5\sim8.3)\times10^{3}$	硫化矿石	2.8×10^{-2}
碳质板岩	$(1.4\sim4.7)\times10$		

1. 确定矿体地下延伸

为了解 1 号矿体在地下的延伸情况，确定其形态和规模，以对该矿点进行评价。利用 3 号平巷揭露出的矿体露头进行充电，在地面进行电位和电位梯度观测。根据观测结果绘制出如图 3-107 和图 3-108 所示的等电位线平面图和电位梯度剖面平面图（据费锡铨，电法勘探原理与方法），以及如图 3-109 所示的纵剖面电位和电位梯度曲线图。

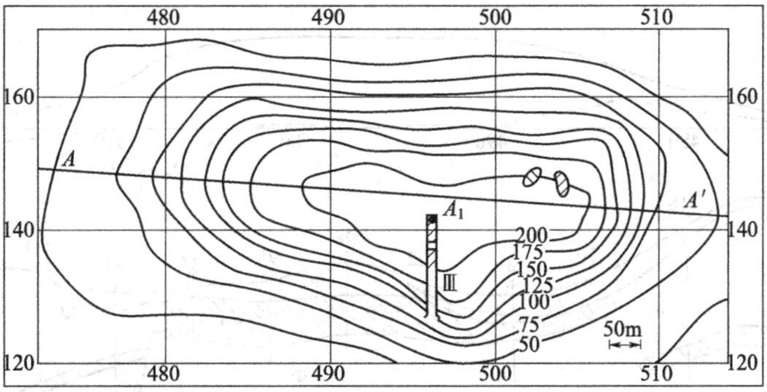

图 3-107　1 号矿体 A_1 点充电等位线图

1—等电位线；2—矿体露头；3—3 号平巷；4—充电点；5—剖面线

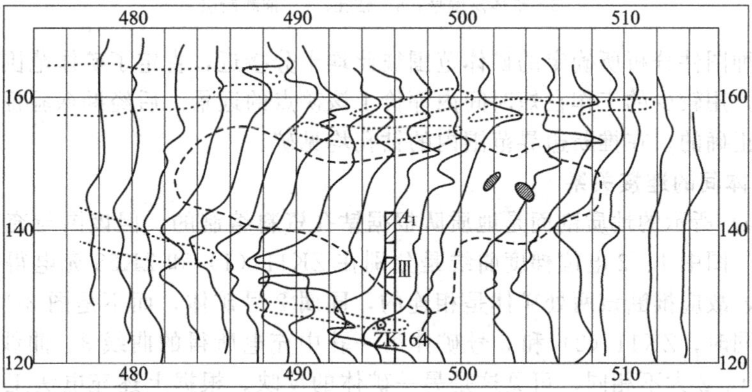

图 3-108　1 号矿体 A_1 点充电电位梯度剖面平面图

1—电位梯度曲线；2—推断的充电矿体范围；3—推断的非充电低阻带

由图 3-107 可见，等电位线有明显的拉长形状，说明矿体在充电点 A_1 的东西方向上有相当大的延伸，等电位线内圈非常稀疏，最内圈为 200mV/A，等电位线圈内的电位值为 200～230mV/A。而在充电点 A_1 东北矿体露头上实测电位值亦在此范围内，因此，可以定性地认为是矿体在地表的投影，位于 150～200mV/A 等电位线内，矿体的范围则由等电位线最密集处的 150mV/A 等电位线大致圈定。等电位线在 3 号平巷附近向外突出，表明矿体在那里也相应向外突出；等电位线在西边比东边稀疏，因此，推断矿体向西倾伏，西边比东边深。

在电位梯度剖面平面图上（图 3-108），也反映出矿体有较大的范围。根据电位梯度异常幅度明显减少的特征，大致确定东西两头矿体的边界在 510 线和 482 线附近，电位梯度曲线两内拐点的间距近似等于充电矿体的厚度，由此推断了矿体南北的边界线，如图中虚线所示。

*AA'*纵向剖面的电位梯度曲线（图 3-109）也表明了矿体在东西向有很大的延伸，应用电位梯度曲线内拐点间距确定矿体走向长为 650m。

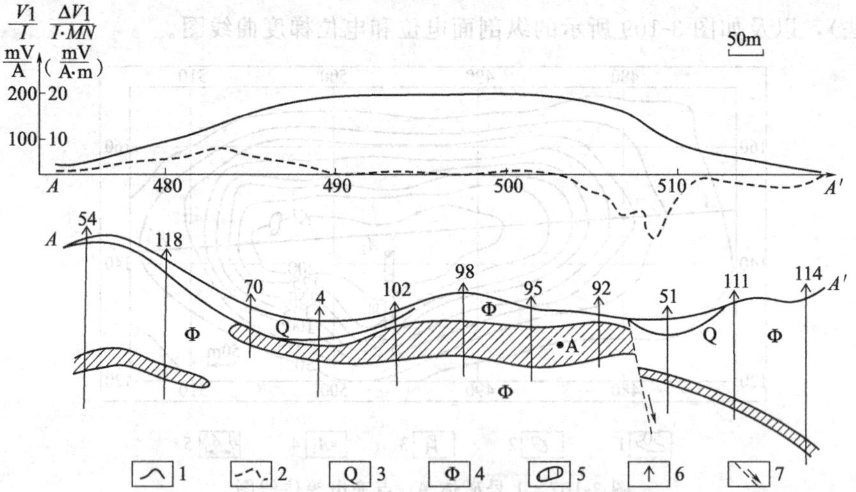

图 3-109　*AA'*纵向剖面电位和电位梯度曲线图

1—电位曲线；2—电位梯度曲线；3—第四纪坡积物；4—超基性岩；

5—矿体及编号；6—钻孔；7—推断断层

由上述三种图件分析所确定的矿体范围彼此均十分接近，肯定了矿体范围大于已知露头的范围。这样，用较少的工作在短时间内评价了该矿点的远景。后经勘探验证，充电法圈定的矿体范围是正确的，在推断边界范围内的钻孔均见矿。

2. 确定矿体间的连接关系

图 3-110(a) 所示的地质剖面是地质队根据钻孔资料编制的，但该图与充电法观测结果有明显的矛盾。图中 1、2 电位梯度曲线是分别在 ZK11（1）和 ZK58 充电得到的。两曲线形态基本一致，故应推断该两处矿体是相连的，同属 2 号矿体，而不是图 3-110(a) 那样推断为不相连。同时，ZK11（2）和 5 号矿体另一孔中充电所得的曲线 3、曲线 4，形态也相近，但与曲线 1、2 大不相同，可见这是另一矿体的反映。根据上述充电法工作结果编绘了电法推断的地质断面图 3-110(b)。为了进一步验证解释推断结果，在 ZK58 和 ZK11 两钻孔间加密了 ZK59。钻探结果证明，根据充电法资料提出的矿体连接关系是正确的。

【例 8】 测定滑坡体的滑动方向和滑动速度。在滑坡体上的钻孔中，在不同深度上放置数个金属球，并分别用导线连接引到地面，每个金属球就是一个充电电极［见图 3-111(a)］，它们分别为 A_1、A_2、A_3、A_4、…然后用土将钻孔填满。另一供电电极 *C* 放在“无穷远处”接地（为最深 *A* 极到地面距离的 20～50 倍）。

按一定时间间隔测量金属球充电体的等位线。如果没有滑动现象，各等位线重合；反之，若有滑动，等位线产生相对位移，从位移的方向及速度可以推断滑坡体下滑位置、方向和速度。

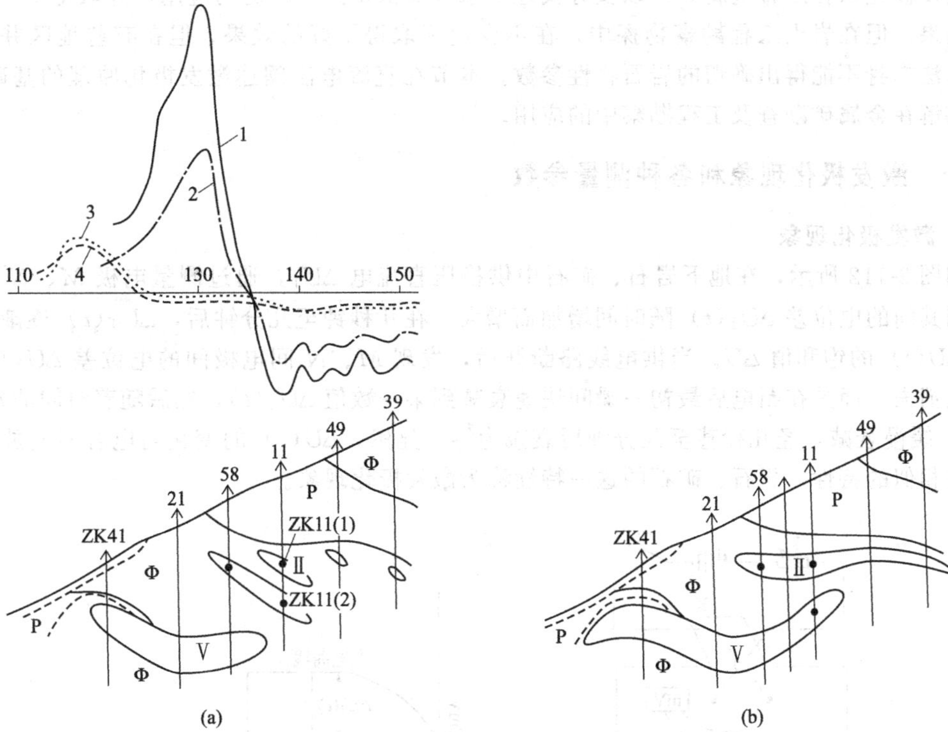

图 3-110　452 线电位梯度曲线及其解释推断结果

(a) 未加密 ZK59 之前根据地质资料推断的断面图；ZK11 (2)：充电点；

(b) 根据充电资料推断的断面图；P-板岩类岩层（其余符号同前）

从图 3-111(b) 中见到，滑动面深度 H 等于 A_3 和 A_4 之间的深度。

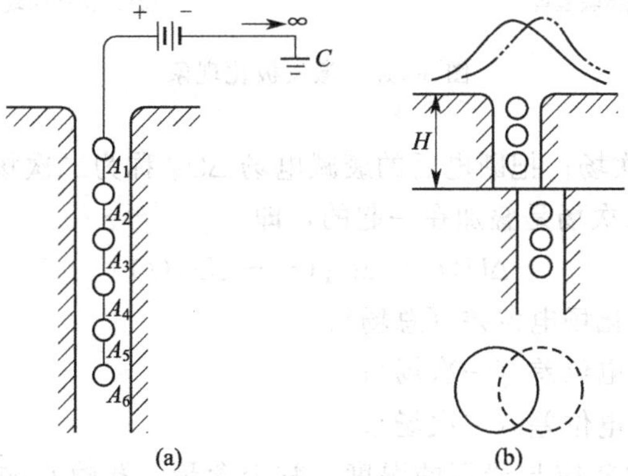

图 3-111　充电法测定滑坡示意图

第六节　激发极化法

电子导体和离子导电的岩石在人工电场中被极化的现象称为激发极化现象。激发极化就是经过研究激发极化电场的分布以达到找矿或解决其他地质问题的一种方法。

电法的起源主要是在金属硫化物矿床中应用。20 世纪 70 年代以来，我国较多部门运用直流激发极化法在勘查金属矿产以及寻找地下水方面都得到了广泛的应用，并取得了一定的地质效果。但在岩土工程勘察物探中，在不少地区取得了好的效果，但在有些地区并不理想。方法本身不能得出确切的岩石物性参数。本节在直流电法阐述激发极化原理的基础上，重点讲解在金属矿勘查及工程勘察中的应用。

一、激发极化现象和各种测量参数

1. 激发极化现象

如图 3-112 所示，在地下岩石、矿石中供稳压直流电 ΔU_1，通过测量电极 M、N 极可观测到其间的电位差 $\Delta U_1(t)$ 随时间增加而增大，在几秒钟至几分钟后，$\Delta U_1(t)$ 逐渐趋于稳定 $\Delta U(t)$ 的饱和值 ΔU。当供电线路断开后，发现 M、N 间电极间的电位差 $\Delta U(t)$ 并未马上消失，而是在断电后最初一瞬间快速衰减到某一数值 $\Delta U_2(t)$，然后随着时间的延续，$\Delta U(t)$ 缓慢衰减，经几秒甚至几分钟后衰减为零。显然，$\Delta U(t)$ 的变化与电容器充放电过程具有相似的特性，岩石、矿石的这一特性称为激发极化现象。

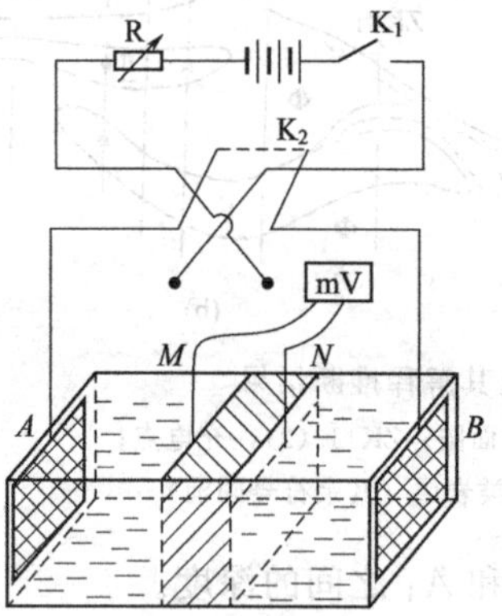

(a) 模拟试验装置

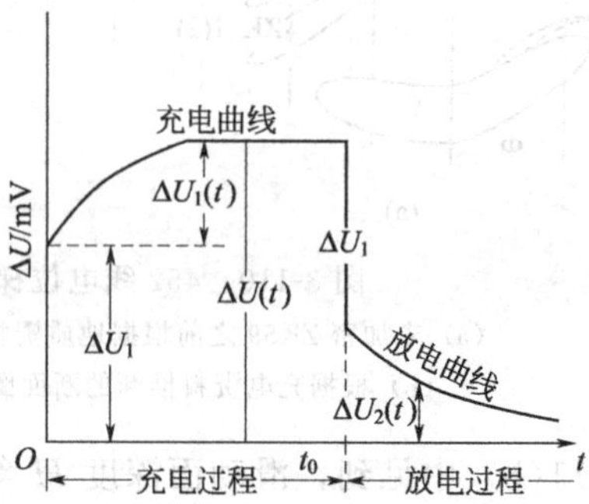

(b) 二次场曲线

图 3-112 激发极化现象

通常将 ΔU_1 称为一次场；把断电后的衰减电场 ΔU_2 称为二次场。显然，在供电（或充电）过程中，一次场和二次场是叠加在一起的，即

$$\Delta U(t)=\Delta U_1(t)+\Delta U_2(t) \tag{3-62}$$

式中 $\Delta U(t)$——激发极化场电位差（总场）；

$\Delta U_1(t)$——激发场电位差（一次场）；

$\Delta U_2(t)$——极化场电位差（二次场）。

离子导体的激发极化效应与岩石的湿度、黏土含量、孔隙水的矿化度等因素有关。观测、研究极化场的分布规律，可以解决有关找矿、岩土工程勘察等地质问题。

激发极化效应：地质体充放电特征类似于蓄电池的储藏电能特征，这种复杂的物理化学作用形成现象称为激发极化效应。

2. 激发极化法的各种测量参数

(1) 极化率 η

通常采用二次场的峰值电位差 ΔU_2 与一次场的电位差 ΔU_1 之百分比来表征岩石、矿石

激发极化效应的相对强弱，并称其为极化率，用 η 表示，即

$$\eta=\frac{\Delta U_2}{\Delta U_1}\times 100\% \tag{3-63}$$

在野外工作中，均是采用电阻率装置测定激发极化效应的二次场。由于体积效应，实测结果是勘探体积内所有岩石、矿石的综合影响，故对非均匀介质的极化率也引入同视电阻率一样的概念，即视极化率 η_s，因为一次场电位差 ΔU_1 远远大于二次场电位差 ΔU_2，而且在供电过程中 ΔU_1 与 ΔU_2 叠加在一起，为了便于野外观测，视极化率 η_s 实际上采用供电时的总场值 ΔU 除断电瞬间的二次场峰值 ΔU_2 的百分比来表示，即

$$\eta_s=\frac{\Delta U_2}{\Delta U}\times 100\% \tag{3-64}$$

在实际工作中，有时也用供电时间为 T 时观测到的总场电位差 $\Delta U(T)$ 除断电后 t 时刻观测的二次场电位差值 $\Delta U(t)$ 的百分比表示 η_s，即

$$\eta_s(T,t)=\frac{\Delta U_2(t)}{\Delta U(T)}\times 100\% \tag{3-65}$$

由于 $\Delta U(T)$ 和 $\Delta U(t)$ 均与供电电流呈线性正比关系，故 η_s 为与电流无关的无量纲常数。但 η_s 与供电时间 T 和测量延迟时间 t 有关，因此，当提到极化率时，必须指出对应的供电时间 T 和测量延迟时间 t。

对于电子导电的岩石、矿石，其极化率与电子导电矿物的含量呈正比。一般 η_s 值在10%～50%之间。对于离子导电的岩石，其极化率取决于岩石的湿度、黏土含量及孔隙水矿化度等。常见岩石的极化率见表 3-11。

表 3-11　常见岩石的极化率统计表

岩石名称	η	岩石名称	η	岩石名称	η
砂土、土、黏土	0.2～2	玄武岩	0.2～4	石英岩	0.3～2
白玉岩	0.2～10	花岗岩	0.2～3	石墨化页岩	0.5～50
石灰岩	2～5	片岩、板岩	0.2～5	含炭石灰岩	0.5～50
泥质页岩	2～5	凝灰岩	0.2～4		

(2) 时间特征参数

荷电率 M　$$M=\frac{\int_{0.45}^{1.1}\Delta U_2(t)\mathrm{d}t}{\Delta U} \tag{3-66}$$

即在特定时间区域内（0.45～1.1 秒）对放电曲线下部面积的积分与 ΔU 的比值，见图 3-113。衰减速度 $D=\Delta U_2(t_1)/\Delta U_2(t_2)$，即不同时刻放电电位比值。

常用的有　$t_1=0.25$ 秒，$t_2=2$ 秒；

$t_1=1$ 秒，$t_2=5$ 秒；

$t_1=5$ 秒，$t_2=20$ 秒。

(3) 衰减时 S

衰减时 S 是指放电二次场由断电后的最大观测值 ΔU_2 衰减到某一百分数（如 75%、50%、45%、30%）时所对应的放电时间，其单位为秒（s）。国内目前在找水中主要采用半衰时 S_T，即衰减 50%所需用的时间。

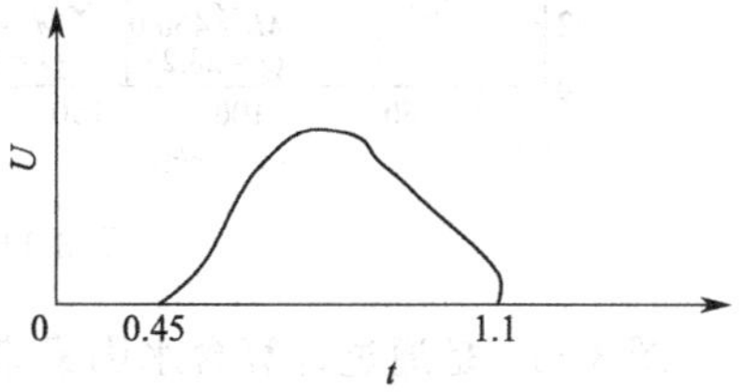

图 3-113　激发曲线特征

(4) 衰减度 D

衰减度 D 被定义为断电后 0.25～5.25s 的时间间隔内，二次场放电曲线积分平均 ΔU_2 与断电后 0.25s 时的二次场电位差值的百分比，即

$$\overline{\Delta U_2}=\frac{\int_{0.25}^{5.25}\Delta U_2(t)\mathrm{d}t}{\Delta U(0.25)}\times 100\% \tag{3-67}$$

显然，D 值大，二次场放电速度慢；D 值小，则放电速度快。实测结果表明，盐碱地土的 D 约为 15%；不含水黄土的 D 约为 30%；含水砂砾石层的 D 为 40%～60%；含水破碎带的 D 值约为 80%。在不少地区，利用衰减度参数绘制成曲线，以此来区分矿体或判断地下水的存在。

(5) 激发比 J

令 $\overline{\Delta U_2}$ 为 0.25～5.25s 放电曲线积分平均值 $\overline{\Delta U_2}=\frac{\int_{0.25}^{5.25}\Delta U_2(t)\mathrm{d}t}{5}$

则
$$J=\frac{\overline{\Delta U_2}}{\Delta U_1}\times 100\%$$

或
$$J=\eta D=\frac{\overline{\Delta U_2}}{\Delta U}\times 100\% \tag{3-68}$$

(6) 含水因素 M_s

含水因素 M_s 被定义为半衰时 S_T 测深曲线与电极距 $AB/2$ 横轴（对数）所围的面积值，单位为秒·米（s·m）。M_s 的表达式为

$$M_s=\int_{(AB/2)_{\min}}^{(AB/2)_{\max}} S_{0.5}(AB/2)\times \mathrm{d}(AB/2) \tag{3-69}$$

通过在模数为 6.25cm 的单对数坐标纸上绘制实测半衰时 M_s 测深曲线，计算 M_s 时可以采用小梯形面积求和法（图 3-114）。

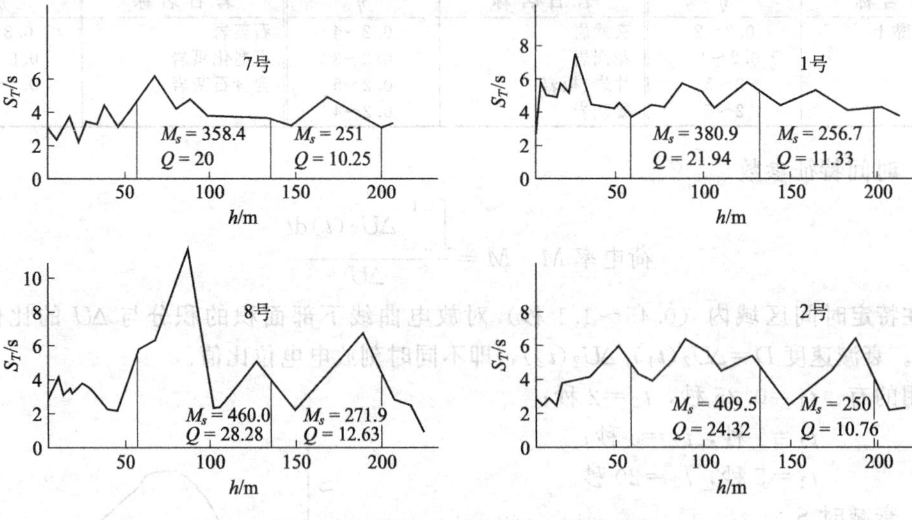

图 3-114　计算含水因素的小梯形方法

图 3-114 是通过计算含水因素来推算 1 号、2 号、7 号、8 号井的出水量情况。试验结果表明，含水因素与涌水量 Q（动水量）呈正相关。因而含水因素 M_s 参数的增高反映了地下水的相对富集。M_s 与涌水量有如下统计关系：

$$Q=b(M_s-M_C) \tag{3-70}$$

式中　M_C——为无水时的含水因素；

b——回归系数，可以通过钻孔资料用一元回归计算求得。

(7) 偏离度 r

偏离度是反映含水岩石的极化率、半衰时与湿度黏变、空隙液变（成分）以及黏土含量等影响因素的关系，得出描述放电二次场的数学模型（时间轴为对数的直线方程）。

$$\Delta U_2(t)=B-K\lg(t) \tag{3-71}$$

式中 K——衰减曲线斜率，为断电后单位时间（$t=1\text{s}$）的衰减电压值。

上述方程中，$\Delta U_2=(t)$ 若用极化率 $\eta(t)$ 表示，并不失一般性，即方程仍有直线性。在此基础上提出了一个能有效利用激发极化的新参数（李金铭，1986～1988）：偏离度。

$$r=\frac{1}{\overline{n_i}}=\sqrt{\frac{\sum[n_i+K\lg(t_i)-B]^2}{n}} \tag{3-72}$$

$\overline{n_i}=\frac{\sum n_i}{n}$，表示测得时间内各取样点极化率的平均值，$n$ 为取样点数。

偏离度 r 反映实测衰减度曲线与“理想直线”的偏差。r 越大，说明“直线性”越差；r 越小，说明“直线性”越强。因此，偏离度 r 即偏离“理想直线”的程度。r 随着导电性的增强而减小，在良导体矿物上呈现偏离度减小的趋势，以此来评价是否有金属矿体存在。

(8) 综合参数 Z_P

综合参数 Z_P 是衡量激电异常的又一个参数，与极化率及半衰时有关，在数值上用下式计算

$$Z_P=0.75\eta_1 T_S \tag{3-73}$$

以上各种参数在解释地质问题时要互相配合，都吻合时才能说明是正确的。

二、激发极化效应的机制问题

对于电子导体和离子导体激发极化效应机制问题的探讨，有各种假说，它们仍试图用若干种物理模型来解释激电效应的成因及影响因素。有关电子导体激电效应机制问题的看法比较一致，认为是电子导体同围岩小的水溶液界面上产生的电极极化作用引起比这种电极极化电位跳跃，又叫超电压。对大多数沉积岩以及其他不含金属矿物的岩石来说，仍可观测到激电现象，对这些现象的解释，争论较多，偶电层变形假说、黏土的薄膜极化假说等。

1. 超电压

超电压是电子导体激电效应产生的原因，目前，国内外对电子导体（包括大多数的金属矿及石墨化岩石）的激发极化机制问题的意见较一致，一般认为是由于电子导体与其周围溶液的界面上发生过电流的结果。在电子导体与溶液面上自然地形成一双电层。

无论是电子导体还是离子导体，根据物理化学理论，凡是固相颗粒同液相接触，在其界面上必定产生偶电层，它是一封闭的均匀的偶电层，因而不形成外电场。其间的电位差称为电极电位或平衡电极电位。

在电子导体-溶液系统中，当有激发电流流过时，在电场作用下，电子导体颗粒表面的电荷将重新分布。如图 3-115 所示，其自由电子沿反电流方向移向电流流入端，使那里的负电荷相对增多，形成所谓“阴极”。在电流流出端呈现相对增多的正电荷（缺失电子），形成所谓“阳极”。与此同时，在周围溶液中，处于电子导体的“阴极”和“阳极”附近形成正离子和负离子的堆积，使原来的偶电层发生变化。这时，在电子导体和溶液接触面上变化了的偶电层的电位跳跃值减去原先的平衡电极电位值称为“超电压”。地下电流要从溶液流入电子导体，又由导体流入溶液，如果没有超电压势垒，它将畅通无阻。但实际上，流动的载流子（正离子或负离子）必须消耗一定的能量，才能通过超电压的势垒。

以上是简化了的物理模拟，实际上，电流流过电子导体-溶液界面形成超电压的过程，

是一个十分复杂的电化学过程。比如在界面上还将有氧化-还原作用等。

激发极化的充电曲线实质是反映超电压随通电时间的延续而逐渐形成，并最终趋于饱和值；放电曲线反映断电后超电压分别通过溶液和导体放电，使界面电荷分布逐渐恢复到正常偶电层状态（平衡的电极电位）。

由此可见，电子导体颗粒和溶液界面的存在是实现上述激电效应的客观环境。因此，可以解释：为什么浸染型金属矿石能产生明显的激电异常？因为它是由无数单个电子导体矿物颗粒表面极化的总和。从客观来看，整个矿石体积都呈现激发极化效应，故又称为"体积极化"现象。

2. 薄膜极化

薄膜极化是离子导体激发极化效应的一种假说。有人做了这样的试验，在石英砂中几乎观测不到激发极化效应，而在砂粒中含有黏土时可以观测到，而增加黏土时，激电效应会降低。基于上述原因，提出了"膜极化"假说。

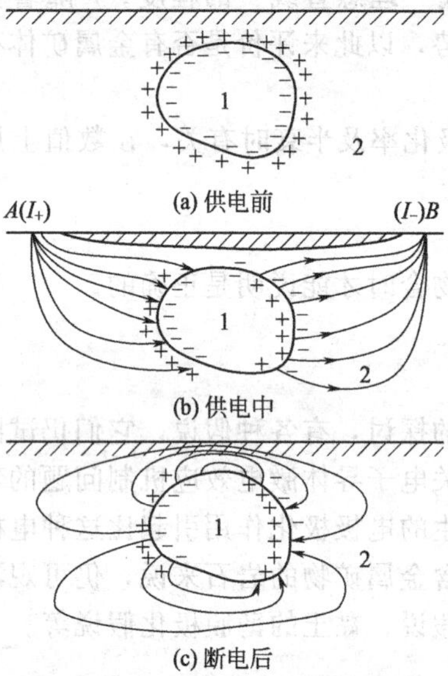

图 3-115　电子导体激电效应

1—电子导体颗粒；2—围岩电解溶液

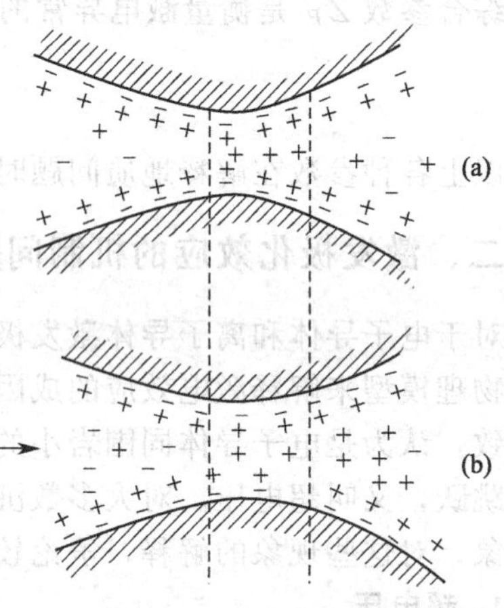

图 3-116　薄膜极化原理

当石英的某些颗粒的孔隙通道大小与偶电层的扩散层厚度数量级相同时，颗粒间的孔隙处于偶电层的扩散层内，因而形成了含有过剩正离子的窄孔带，其他部分为宽孔带。在窄孔带中，过剩的正离子吸引负离子而排斥正离子［图 3-116(a)］。当供电时，在外电场作用下，正离子在窄孔带（称为正离子选择带）中移动速度较快，负离子因校正离子吸引、阻塞而移动速度较慢，结果在窄孔的出口处（即电流流出端）堆积了较多的正离子［图 3-116(b)］。在宽孔带中，正、负离子在外电场作用下的移动速度差别不大，故将宽孔带称为不选择带。这样便在宽、窄孔相间的孔隙中形成离子浓度梯度变化。由于从选择带到不选择带内的正、负离子流不平衡，从而形成浓度扩散电位。断电后，外电场作用消失，由于离子扩散作用，离子浓度梯度将逐渐消失，并恢复到通电前的状态，激发极化二次场衰减为零。

对离子导体激发极化效应，不同的研究者从各自试验结果作出了不同的解释。迄今为止，仍然对所观测到的现象没能作出比较统一、合理的解释。目前提出的离子导体激发极化效应的机制，都是建立在偶电层的基础上的。即含水岩石的极化效应，是与岩石骨架的固相物质和岩石孔隙中的液相接触界面上的偶电层有关。

图 3-117 为离子导电岩石模型偶电层的结构。岩石中含有适量的砂粒和黏土，砂粒表面带有黏土等混杂杂质。当岩石孔隙饱含地下水时，由于黏土颗粒表面具有选择吸附地下水中负离子的特性，故在黏土表面固定着负离子层，由于静电吸引结果，这层负离子又吸引溶液中的正离子而形成偶电层。偶电层的结构为：黏土表面为电荷不能移动的带负电的薄膜；紧贴黏土负电薄膜的是被其牢固吸引且不能自由运动的正离子层，称为紧密层，其厚度与离子直径的数量级相同，约为 10^{-8}m；离开紧密层，由于正离子受负薄膜的吸引力减小而可以沿界面平行移动，这一范围称为扩散层，其厚度约为 $10^{-7}\sim10^{-6}$m。在扩散层中，正离子浓度远远高于负离子；在扩散层外，正、负离子浓度相等，即为正常溶液。

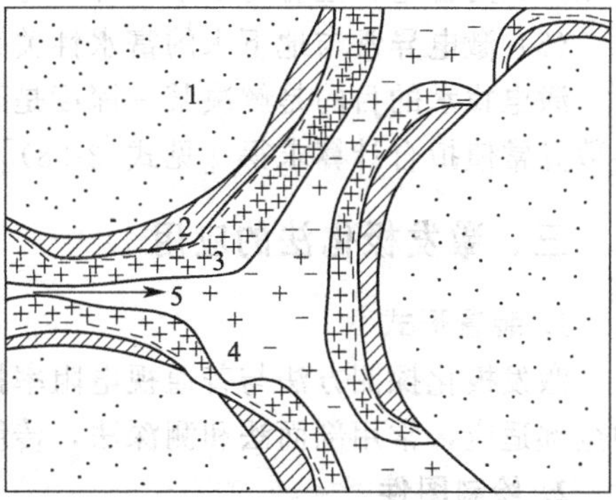

图 3-117 离子导电岩石模型偶电层结构示意图

1—砂粒；2—黏土；3—偶电层；4—地下水中负离子；5—地下水中正离子

3. 其他假说

施伦伯特的岩石电容说，柯马洛夫和雷斯提出的固相界面处的电化学过程产生二次生场，以及电渗说、扩散层说等。

总之，激电法是利用电子导体的极化寻找金属床，而用离子导电极化论寻找地下水，而被多数人接受的是双电层变形说和薄膜极化。前者认为在正常情况下，颗粒表面与水溶液之间由于选择性吸附而形成静电力，使离子难以运动，使双电层失去平衡而变形，在断电后，堆积的离子放电，即离子导体转化为电子导体，使原平衡难以恢复，故形成次生场。薄膜极化说认为当粒间直径与双电层的厚度接近时，阻碍了电子流的通过，起到薄膜作用，从而在孔隙两端形成电位差。

以上各种假说，都存在如下问题。

(1) 测量深度问题

测量深度是解决深部地质体的关键（找水），1965 年在南斯拉夫探测岩溶地区时，已测到 170～190m 的异常，按奥基尔维和库兹明娜的意见，在解决水文地质问题时能测到 150～200m，还有的认为最大测深度不超过 350m。探测深度的大小，主要取决于二次场电压衰减程度的观测值，在适宜的条件下，探测深度可以加大，在火成岩与石灰岩互层地区探测过 500m，效果良好。

(2) 解释系数问题（仪器问题）

不同的仪器有不同的测量参数，经验证明，在粗颗粒的松散河床水积物冲积扇的顶部，用衰减时法比较稳定，也更接近实际。因此，在松散粗粒地层则用衰减时法比较客观。

(3) 供电时间问题

供电时间直接影响到所要选择的电源，一般要求供电时间不少于 30s。故电源笨重是影响该方法发展主要原因之一，如发电机、电瓶、干电池等。要缩短供电时间，就必须减轻电源，据吉林省地质队和地质水文部技术方法队的室内模拟试验指出，充电时间和充电电流的大小对衰减时影响不大。

(4) 布极方向问题

在探测地下水时，布极方向与测试参数的稳定性有直接关系，一般顺岩层走向，沿地下水流向较为合适，但有时地形条件不允许，这就给探测和资料解释带来困难。

（5）激电异常与地下水的富水性关系问题

激电找水的目的是解决某一深度是否有水，富水性大小，这一问题比较复杂，可以通过参数异常值拟合计算求得［见式(3-68)］。

三、激发极化法的应用

1. 装置形式

激发极化探测方法与普通视电阻率探测方法相似，视电阻率所用探测装置在激发极化法中全部适应，常用剖面法和测深法，传统的测深法一般用温纳装置。

2. 绘制图件

将外业测得的数据绘制成相应的单支曲线、地电断面图，或绘制有关的平面图，绘制方法与前面讲过的视电阻率有关图件一样，只是将 ρ_s 改成 η_s、J、D、S_T、Z_P 等参数，进行曲线对比解释。一般在电子导体上测试时极化率 η_s 用得比较多，在离子导体上探测时，半衰时 S_T 相对使用得多一些。

3. 实例

【例 9】 甘肃省玉门市东北约 90km 有一条成矿带，主带长度 350m，由以海相沉积为主的黑色火山沉积岩、以浅灰白色为主的基性岩组成，地表岩性分界明显，通过航磁图发现该地有磁性异常。为此，在垂直接触带布置测线，进行激电探测，其结果见图 3-118、图 3-119。

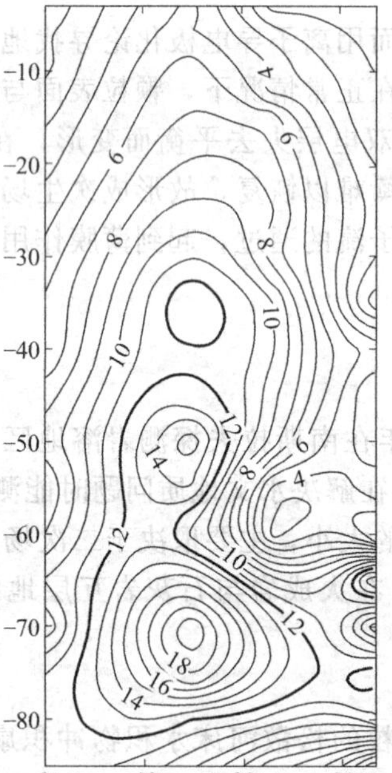

图 3-118　η_s 地电断面图

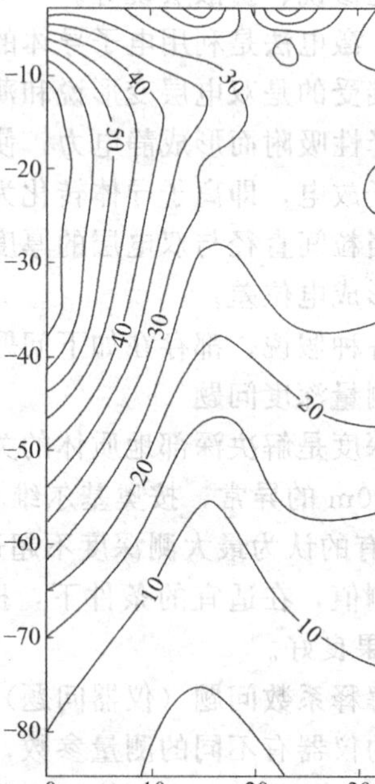

图 3-119　ρ_s 地电断面图

图 3-118、图 3-119 是该区的一条剖面，共布置 4 个激电测深点，点距为 5～25m。从 ρ_s 地电断面图可以看出有近直立的低阻带存在，以此并不能断定是矿体，但从 η_s 地电断面图可以明显地看出在埋深 35～83m 之间有明显的高极化率地质体，η_s 值最高达到 19%。从距测区 1.5km 的正在开采金矿矿井（深度 300 余 m）推测，本区并没有地下含水层，所以解释图 3-118 所反映的为铁矿体。

【例 10】 河南某金、银矿产于一个规模很大的多金属矿带中。金和银矿物（自然金、金银矿、针啼金银矿、自然银和辉银矿等）与黄铁矿、方铅矿、闪锌矿、黄铜矿等共生，形成以金、银、铅为主的多金属矿床。金、银含量甚微，对矿石物性无显著影响，但其伴生的硫化金属矿物使矿石具有低电阻率和高极化率，因而有利于用电法找矿。

用中梯装置作了 1∶10000 的激电法面积性测量（约 $9km^2$），发现和部分圈定了破山和银洞坡等异常。破山激电异常带在已工作的地区内分布长 7.8km（沿走向方向尚未封闭），η_s 异常极值达 20%。异常分布与下古生界歪头山组的第三矿化带吻合较好，后者是该区的主要含矿层。在异常区内钻探详查初期的 4 个异常验证钻孔均已见矿。

后来施工的勘探钻也都布置在异常内，并均见到工业矿体，证明该激电异常为以银、铅为主的多金属矿所引起。进而用激电和钻探沿走向追踪该矿带。图 3-120 为破山异常带 250 线的物探地质综合剖面图。中梯装置的 η_s 曲线宽缓圆滑，表明引起异常的极化体埋藏较深（该区矿体氧化带深达 50m）；20～40 号点 η_s 曲线平缓上升，58～60 点较快下降，正确地反映了矿体产状倾向西南。联合剖面法在矿体上反映出视电阻率的正交点和视极化率的反交点，这表明矿体的低阻和高极化性质。图中还给出了正、负极极化法的 $\Delta\eta_s$（$=\eta_s^+-\eta_s^-$）曲线，它在零值线附近来回“跳动”，无明显异常，表明矿体是浸染状的。可见，在该区条件下，激电法不仅能找到富存于多金属矿化带中的金、银矿，而且还能提供关于矿体的产状和结构特征方面的资料。

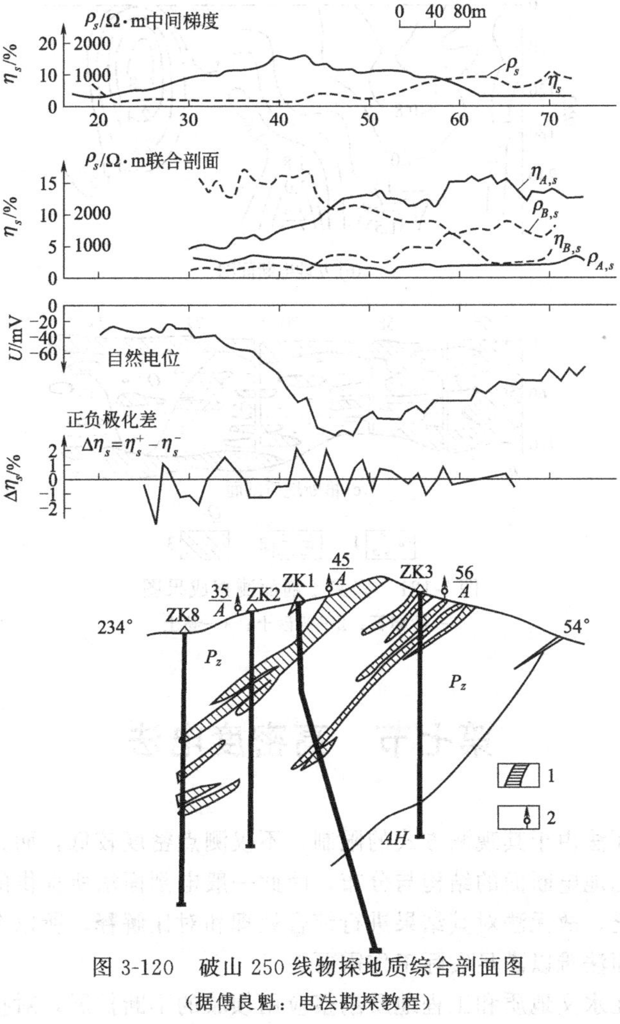

图 3-120　破山 250 线物探地质综合剖面图

（据傅良魁：电法勘探教程）

【例 11】 在水文地质中应用。

图 3-121 是河南修武地区电法找水中的一条剖面线，该区位于太行山东麓上前平原与黄河冲积平原的交接部位。从图上可以看出，72～74 号点之间的 ρ_s、η_s 均有明显的高值封闭圈，此种情况表明为高阻高极化地带，推断为古河道，并为一富水区。在 70～68 号点之间，深部有 η_s 的高值半封闭圈，但对应的该处 ρ_s 较低，推断为中等富水的亚砂土。在 68～66 号点之间为低阻低极化带，是含水性差的黏土层，上述解释已被后来的大井所证实。

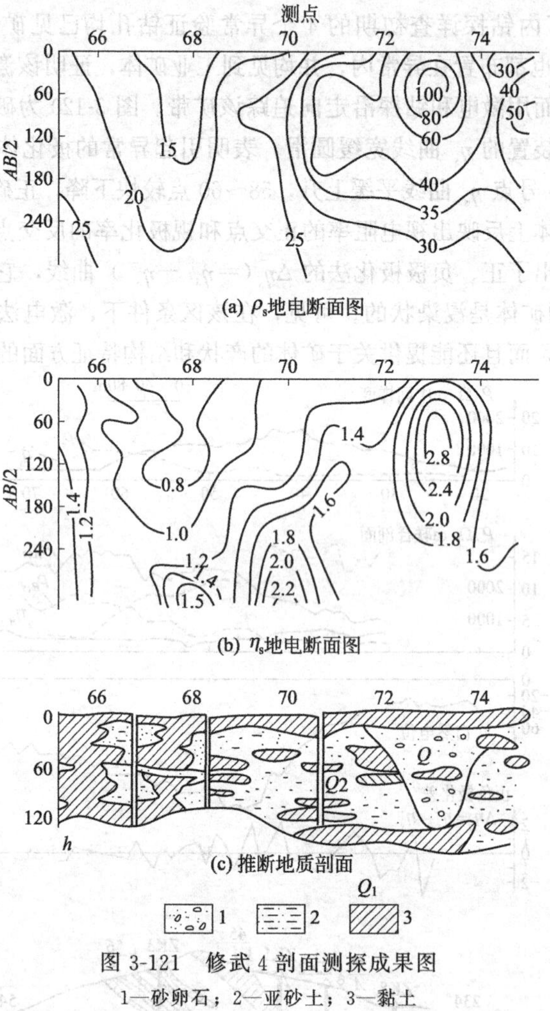

图 3-121 修武 4 剖面测探成果图

1—砂卵石；2—亚砂土；3—黏土

第七节 高密度电法

常规电阻率剖面法由于其观测方式的限制，不仅测点密度较低，而且也难以通过电极排列的多种组合来研究地电断面的结构与分布，因此一般电剖面法所提供的地电断面结构特征的地质信息较为贫乏，故无法对其结果进行综合处理和对比解释。所以在城市工程地质调查中，常规电阻率剖面法难以满足实际工作需要。

随着电法勘探在水文地质和工程地质勘察应用领域的不断扩展，对技术方法提出了超浅层、超密度等一系列高难要求。要求电法勘探解决的问题，不仅有第四纪地质研究问题，也有基岩地质以及近代和古代人文活动遗迹勘察等各个方面的问题。近年来，国内外开展了高密度电阻率剖面法勘探技术研究，该方法具有较高的分辨率，可探测埋深与直径之比大于10∶1的地下洞穴，在调查地下洞穴（高阻或低阻的）及矿山废坑道等方面取得了较好的效果。

高密度电阻率法实际上是一种阵列勘探方法，野外测量时只需将全部电极（几十至上百根）布设于测点上，然后利用程控电极转换开关和微机工程电测仪便可实现数据的快速和自动采集，当将测量结果送入微机后，还可对数据进行处理并给出关于地电断面分布的各种图示结果。显然，高密度电阻率勘探技术的运用与发展，使电法勘探的智能化程度大大向前迈进了一步。由于高密度电阻率法的上述构想，因此相对于常规电阻率法而言，它具有以下特点。

① 电极布设是一次完成的，这不仅减少了因电极设置而引起的故障和干扰，而且为野外数据的快速和自动测量奠定了基础。

② 有效地进行多种电极排列方式的扫描测量，因而可以获得较丰富的关于地电断面结构特征的地质信息。

③ 野外数据采集实现了自动化或半自动化，不仅采集速度快（每一测点约需2～5s），且避免了由于手工操作所出现的错误。

④ 对资料进行预处理并显示剖面曲线形态，脱机处理后还可自动绘制和打印各种成果图件。

⑤ 与传统的电阻率法相比，成本低，效率高，信息丰富，解释方便，勘探能力显著提高。

关于阵列电探的思想早在20世纪70年代末期就有人开始考虑实施，英国学者所设计的电测深偏置系统实际上就是高密度电法的最初模式，到80年代中期，日本地质计测株式会社曾借助电极转换板实现了野外高密度电阻率法的数据采集，只是由于整体设计的不完善性，这套设备没有充分发挥高密度电阻率法的优越性。80年代后期，我国原地矿部系统率先开展了高密度电阻率法及其应用技术研究，从理论与实际结合的角度，进一步探讨并完善了方法理论及有关技术问题，研制成了3～5种类型的仪器。近年来该方法先后在重大场地的工程地质调查、坝基及桥墩选址、采空区及地裂缝探测等众多工程勘察领域取得了明显的地质效果和显著的社会经济效益。本章将试图从方法原理、野外工作方法技术、资料解释及实际应用等方面对该方法加以系统介绍。

一、基本原理

1. 电场所满足的偏微分方程式

高密度电阻率法仍然是以岩土体导电性差异为基础的一类电探方法，研究在施加电场的作用下地中传导电流的分布规律，在求解简单地电条件的电场分布时，通常采取解析法，即根据给定的边界条件解以下偏微分方程：

$$\nabla^2 U=-\frac{I}{\sigma}\delta(x-x_0)\delta(y-y_0)\delta(z-z_0) \tag{3-74}$$

式中，x_0、y_0、z_0为源点坐标；x、y、z为场点坐标，当$x\neq x_0$、$y\neq y_0$、$z\neq z_0$时，即当只考虑无源空间时，式(3-74)变为拉氏方程：

$$\nabla^2 U=0 \tag{3-75}$$

求解式(3-74)，实际上就是要寻找一个和该方程所描述的物理过程诸因素有关的场函数。由于坐标系的限制，解析法能够计算的地电模型是非常有限的。因此，在研究复杂地电模型的电场分布时，主要还是采用了各种数值模拟方法。对于二维地电模型，选用点源二维有限元法；对于三维地电模型，则选用了面积分方程法。两种方法的基本原理及计算中的有关问题请详见有关参考文献。

2. 三电位电极系

高密度电阻率法的电极排列原则上可以采用二极方式，即当依次对某一电极供电时，同时利用其余全部电极依次进行电位测量，然后将测量结果按需要转换成相应的电极排列方式。这虽然是一种很好的设计方案，但由于必须增设两个无穷远极，给实际工作带来很大不便。其次，当测量电极逐渐远离供电电极时，电位测量幅度变化较大，需经常改变电源，不利于自动测量方式的实现。因此，我们在方法设计中采用了三电位电极系。

三电位电极系是将温纳四极、偶极及微分装置按一定方式组合后所构成的一种统一测量系统，该系统在实际测量时，只需利用电极转换开关，便可将每四个相邻电极进行一次组合，从而在一个测点可获得多种电极排列的测量参数。三电位系统的电极排列方式如图3-122所示，当点距设为 x 时，三电位系统的电极距为 $a=n\cdot x(n=1,2,3,\cdots,15)$，$n$ 为隔离系数。为了方便，我们将上述三种电极排列方式依次称为：α 排列、β 排列及 γ 排列。显然，这里对某一测点的四个电极按规定作了三次组合。

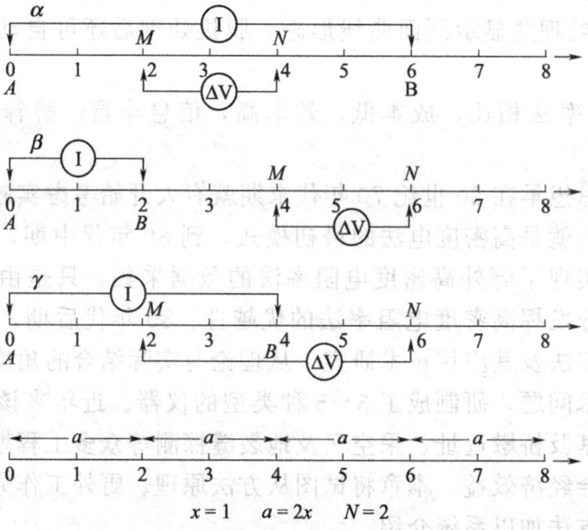

图 3-122 三电位电极系

根据上述三种电极排列的电场分布，可以很容易画出三者之间视电阻率关系式，即

$$\rho_s^{\alpha}=\frac{1}{3}\rho_s^{\beta}+\frac{2}{3}\rho_s^{\gamma} \tag{3-76}$$

式中，ρ_s^{α}、ρ_s^{β}、ρ_s^{γ} 分别为 α、β、γ 三种电极排列的视电阻率。可见，三者之间具有一定的内在联系，当已知其中任意两种排列的视参数时，通过上述关系便可计算第三者。

3. 视参数及其特点

(1) 视电阻率参数

根据上述三电位电极系的概念，显然视电阻率参数及其计算公式依次为

$$\rho_s^{\alpha}=2\pi a\ \frac{\Delta U^{\alpha}}{I}$$

$$\rho_s^\beta = 6\pi a \ \frac{\Delta U^\beta}{I} \tag{3-77}$$

$$\rho_s^\gamma = 3\pi a \ \frac{\Delta U^\gamma}{I}$$

式中，a 为三电位电极系的电极距。

正如上述，当点距为 x 时，$a=n\cdot x(n=1,2,3,\cdots,15)$。显然，由于一条剖面地表测点总数是固定的，因此，当极距扩大时，反映不同勘探深度的测点数将依次减少。把三电位电极系的测量结果置于测点下方深度为 a 的点位上，于是，整条剖面的测量结果便可以表示为一种倒三角形的二维断面的电性分布，如图 3-123 所示。

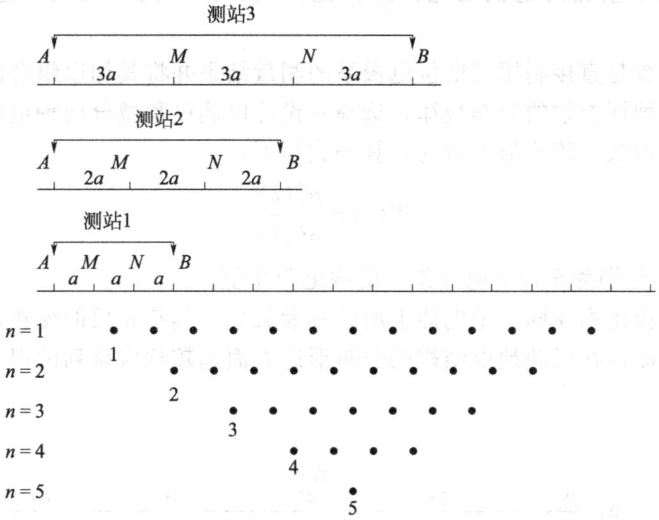

图 3-123　高密度电阻率法测点分布示意图

对于温纳四极排列，也可增设无穷远极，从而增加联合三极测深的测量方式，相应的视电阻率参数的计算公式为：

$$\rho_s^A = 4\pi a \ \frac{\Delta U^A}{I} \tag{3-78}$$

$$\rho_s^B = 4\pi a \ \frac{\Delta U^B}{I}$$

联合三极测深的测量结果，既可用于视电阻率参数的图示，也可用于视比值参数的图示。

(2) 视比值参数

高密度电阻率法的野外观测结果除了可以绘相应电极排列的视电阻率断面图外，根据需要还可以绘制两种视比值参数图。其中一类比值参数是以联合三极测深的观测结果为基础，其表达式可以写成：

$$\lambda(i,i+1)=\frac{\dfrac{\rho_s^A(i)}{\rho_s^B(i)}}{\dfrac{\rho_s^A(i+1)}{\rho_s^B(i+1)}} \tag{3-79}$$

式中，$\rho_s(i)$ 及 $\rho_s(i+1)$ 分别表示剖面上相邻两点的视电阻率值，我们把计算结果示于第 i 点与 $i+1$ 点之间，若令

$$F^A(i)=\frac{\rho_s^A(i)}{\rho_s^B(i)}$$

$$F^A(i+1)=\frac{\rho_s^A(i+1)}{\rho_s^B(i+1)}$$

则 $$\lg\lambda(i,i+1)=\lg F^A(i)-\lg F^A(i+1)$$

而 $\lg F^A$ 曲线的差商为 $\frac{1}{\Delta x}[\lg F^A(x_i)-\lg F^A(x_i+\Delta x)]$。

令 $\Delta x=1$，则 $\lg\lambda$ 即为 $\lg F^A$ 曲线的差商，或者说，$\lg\lambda$ 描述了歧离带曲线沿剖面水平方向的变化率。图 3-124 为表征比值参数 λ 在反映地电结构能力方面所作的模拟试验，视电阻率断面图只反映了基底的起伏变化，而 λ 比值断面图却同时反映了起伏基岩中的低阻构造。

另一类比值参数是直接利用三电位电极系的测量结果并将其加以组合而构成的，考虑到三电位电极系中三种视参数的分布规律，选择并设计以偶极和微分两种电极排列的测量结果为基础的一类比值参数，该比值参数的计算公式如下：

$$T(i)=\frac{\rho_s^\beta(i)}{\rho_s^\gamma(i)} \tag{3-80}$$

式中，ρ_s^β 和 ρ_s^γ 分别为 β 和 γ 电极排列的视电阻率值。

由于这两种电极排列在同一地电体上所获视参数总是具有相反的变化规律，因此用该参数所绘的比值断面图，在反映地电结构的分布形态方面远较相应排列的视电阻率断面图要清晰和明确得多。

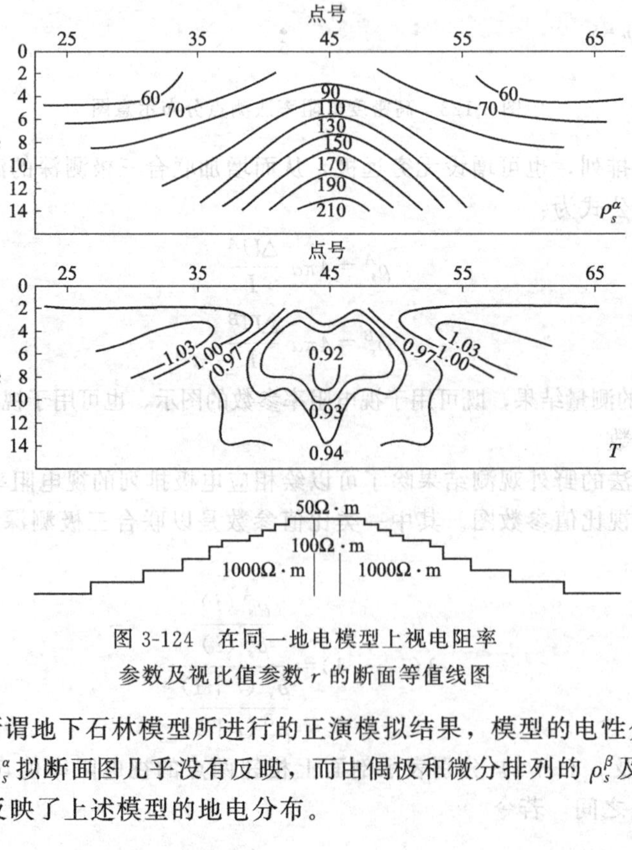

图 3-124　在同一地电模型上视电阻率参数及视比值参数 r 的断面等值线图

图 3-125 是对所谓地下石林模型所进行的正演模拟结果，模型的电性分布已如图示。其中温纳四极排列的 ρ_s^α 拟断面图几乎没有反映，而由偶极和微分排列的 ρ_s^β 及 ρ_s^γ 所构成的 T 比值断面图则清楚地反映了上述模型的地电分布。

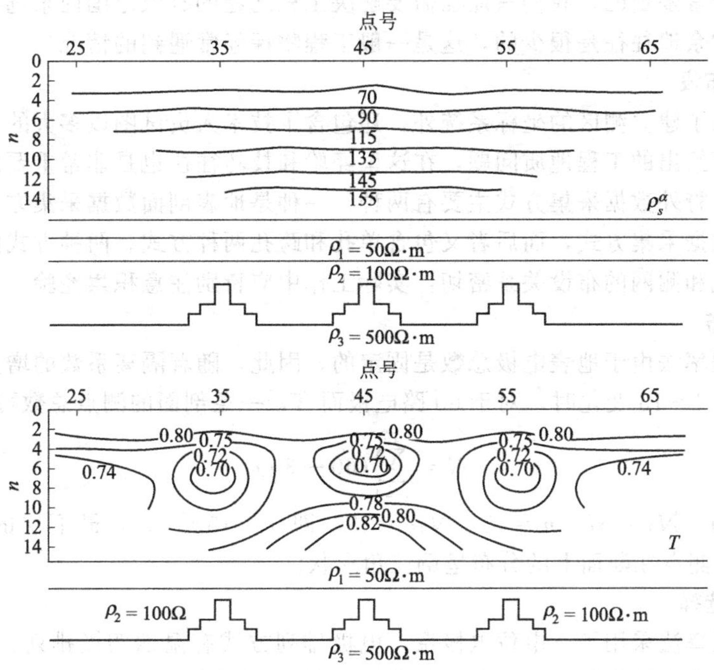

图 3-125　同一模型上视电阻率参数
及视比值参数 r 的断面等值线图
（本节以上图件引自王兴泰的工程与环境物探新技术）

二、系统组构

高密度电阻率勘探系统一般是由两部分组成的，即野外数据采集系统和资料的实时处理系统。目前国内仪器主要还是按分离方式设计的。为了真正达到资料的实时处理，某些研究单位已开始研制以便携微机为基础的高密度电阻率勘探系统。

野外数据采集部分包括电极系、程控式电极转换开关和微机工程电测仪。现场测量时，只需将全部电极（60，120，180，…）布设在一定间隔的测点上，然后用多芯电缆将其连接到程控式电极转换开关。程控式电极转换开关是一种由单片机控制的开关组，按设定程序实现电极的自动和有序换接。测量信号由转换开关送入微机工程电测仪并将测量结果依次存入随机存储器。

当将微机工程电测仪中存储的野外数据与PC机通讯后，便可根据需要按给定程序对原始资料进行处理并将处理结果以某种图件方式输出。实时处理对以工程勘察为目的的测量工作无疑具有非常重要的意义，本章在第五节简要介绍了以佐迪方法为主的高密度电阻率成像反演，以地表测量结果为基础所进行的层析成像，虽然是常规电阻率反演的广义扩展，但其分辨率却较常规电阻率法所进行的各种解释都高得多。

三、野外工作方法

高密度电阻率法的野外工作开始之前，要选择测区、布设测网。

1. 测区的选择

地球物理工作的测区一般是由地质任务确定的，测区选择所应遵循的原则大体上都是一样的。但是对主要应用于工程及环境地质调查中的高密度电阻率法而言，按地质任务所给出的测区往往是非常限定的，我们只能在需要解决工程问题的有限范围内来选择测区和布设测网，可供选择的余地往往是很少的，这是一般工程物探经常遇到的情况。

2. 测网的布设

测网布设除了建立测区的坐标系统外，还包含了技术人员试图以多大的网度和怎样的工作模式去解决所给出的工程地质问题，在这里经验和技巧往往也是非常重要的。对于高密度电阻率法而言，野外数据采集方式主要有两种：一种是地表剖面数据采集方式，一种是井中电阻率成像的数据采集方式，而后者又包含单孔和跨孔两种方式。两种方式的应用效果，特别是后一种方式和测网的布设关系密切，实际工作中应特别注意积累经验。

3. 测点分布

高密度电阻率法由于地表电极总数是固定的，因此，随着隔离系数的增大，测点数便逐渐减少，当 $N=1\sim15$ 变化时，对于 60 路电极而言，一条剖面的测点总数可由下式计算：

$$N=\sum_{n=1}^{15}(60-3n) \tag{3-81}$$

显然，$n=1$，$N_1=57$，$n=15$，$N_{15}=15$，即 $a=15\Delta x$ 时，最下层的剖面长度为上 $L_{15}=15\cdot\Delta x$。测点在断面上的分布呈倒三角形状。

4. 装置的选择

高密度电阻率法采用了三电位电极系，电极排列方式有温纳四极排列、联合三极排列、偶极排列和微分排列等七种方法、十四种模式（以 60 道为例）。

（1）工作模式 1：第一种排列（WN）是对称四极装置方式。

它的电极排列规律是：A、M、N、B（其中 A、B 是供电电极，M、N 是测量电极），随着极距系数 n 由 n(min) 逐渐增大到 n(max)，四个电极之间的间距也均匀拉开，设电极总数 60，n(min)=1，n(max)=16。

测量结束时，显示屏上给出整个剖面的数据总数，从测量总数的正确与否，可判断出测量是否正常结束。

（2）工作模式 1：第二种排列（SB1）是施伦贝尔 1

电极排列规律是：A、M、N、B，测量过程中，MN 固定不动，AB 按隔离系数由小到大的顺序逐次移动，然后将 MN 向前移动一个点距，再重复上诉过程。数据按隔离系数由下到大的顺序分层存储，结果为矩形区域。

这种方法分辨率高，效率高，劳动量小。

（3）工作模式 1：第三种排列（SB2）是施伦贝尔 2

测量过程类似于温纳装置，但在整个测量过程中 MN 固定为一个点距，AM 和 NB 的距离随隔离系数逐次由小到大变化。数据按隔离系数由小到大的顺序分层存储，结果为梯形区域。

（4）工作模式 1：第四种排列（DP）是偶极装置测量模式

电极排列规律是：A、B、M、N、测量过程中，每步转换的过程等与温纳法类同。

（5）工作模式 1：第五种排列（DF）是微分装置模式

电极排列规律是：A、M、B、N、测量过程与温纳法类同。

（6）工作模式 1：第六种排列（WS1）是温施 1 装置模式

（7）工作模式 1：第七种排列（WS2）是温施 2 装置模式

（8）工作模式 2：第一种排列（CB）是联剖装置测量模式

它的特点是由 ρ_s^a、ρ_s^b 两组剖面数据所组成，首先是 ρ_s^a 装置，电极排列规律是 A、M、N，而将供电电极 B 固定在无穷远点，所以在测量展开之前，就必须将 MIS-5 与 DZD-4 之间连接的B电缆断开，而将DZD-4面板上的B电缆连接到无穷远点B供电电极上。

ρ_s^a测量完毕，系统自动暂停，下面要进行的ρ_s^b测量模式，其电极排列特点是：M、N、B，而供电电极A要固定到无穷远处，所以在这暂停的间歇时间里，要恢复多路转换器<Ⅱ>和120道电极转换器与DZD-4之间的B电缆连接，断开它们之间的A电缆连接，并把DZD-4面板的A电连联接到无穷远处的供电电极A上。一切就绪后，在MIS-4键入［回车］键，ρ_s^a的测量立即进行。

ρ_s^a装置也测量完毕之后，联剖装置测量结束。显示出的测量总数应该是上述ρ_s^a和ρ_s^b两组数据之和。

(9) 工作模式2：第二种排列（S3P）是单边三极连续滚动式测深装置

供电电极B置于无穷远处，参与测线上电极转换的是A、M、N。

测量定位从1号电极开始，最小极距系数$n(\min)=1$，最大极距系数$n(\max)=20$。开始N=＃1，M=＃2，A=＃3→＃22，测得第一组ρ_s^a的数据20个。随后，定位电极往前移一个，即N=＃2，M=＃3，A=＃4→＃23，测得第二组ρ_s^a的数据20个；此方法可实现长测线的滚动测量。

该模式的数据采集量也较大，它的特点能得到一个矩形的测深剖面，且深部的分辨率也较高。

(10) 工作模式2：第三种排列（3P1）是三极连续滚动式测深法

供电电极B置于无穷远处，参与测线上电极转换的是A、M、N。

测量定位从＃1电极开始，最小极距系数$n(\min)=1$，最大极距系数$n(\max)=20$。首先，N=＃1，M=＃2，A=＃3→＃22，测得第一组ρ_s^a的数据20个；接着，M=＃22，N=＃21，A=＃20→＃1，测得第一组ρ_s^b的数据20个；然后，定位电极往前移一个，实现了长测线的滚动测量。

该模式的数据采集量也较大，它的特点能得到一个矩形的测深剖面，而且深部的分辨率也较高。

(11) 工作模式2：第四种排列（3P2）是双边三极测深

供电电极B置于无穷远处，参与测线上的电极转换的是A、M、N。

测量定位从1＃电极开始，最小极距系数$n(\min)=1$，最大极系数$n(\max)=20$，首先A=＃1，M=＃2，N=＃3，A固定不动，然后移动MN，N=＃3—＃22，M=＃2—＃21，移动测得第一组ρ_s^a的数据。接着定位电极A往前移一个，A=＃2，M=＃3，n=＃4，M=＃3—＃22，N=＃4—＃23，测得第二组ρ_s^a的数据。然后定位电极A=＃22，N=＃21，M=＃20，N=＃21—＃2，M=＃20—＃1，测得第一组ρ_s^b数据。

可不断往前接续电极，实现了长测线的滚动测量。这种模式的数据采集量大，它的特点是能得到一个平行四边形的测深剖面，而且密度大，深部的分辨率较高。

(12) 工作模式2：第五种排列（2p1）普通二极法

布线特点是：供电电极A和测量电极M在测线上移动，而供电电极B和测量电极N布置在无穷远处并与测线垂直。测量时电极转换规律为：首先A=＃1，M=＃2，→A=＃2，M=＃3，60或120，然后：A=＃1，M=＃3，→A=＃2，M=＃4，60或120。

(13) 工作模式2：第六种排列（2P2）平行四边形二极法

布线特点是：供电电极A和测量电极M在测线上移动，而供电电极B和测量电极N布置在无穷远处并与测线垂直。测量时电极转换规律为：

首先：A=＃1，M=＃2，→M=＃3……直到最大层数

然后：A＝♯2，M＝♯3，→M＝♯4，……直到最大层数

(14) 工作模式 2：第七种排列（2P3）是环形二极法

布极特点是：电极排列可以是直线，也可以是圆形或方形的封闭曲线状，参与电极转换的只有一个供电电极 A 和一个测量电极 M，而另一个供电电极 B 和测量电极 N 都固定在无穷远处。所以要断开多路转换器＜Ⅱ＞和 120 道电极转换器与 DZD-4 之间的 B 电缆连接，而将 DZD-4 面板上 B 电缆和 N 电缆分别连接到布于无穷远处的 B 电极和 N 电极。

需要说明的一点是：该装置模式下，没有极距间隔系数的限定，因此 n(min)、n(max) 没有意义，无须设置。测量时。

5. 高密度排列说明

(1) α 排列

该装置适用于固定断面扫描测量，电极排列如下：

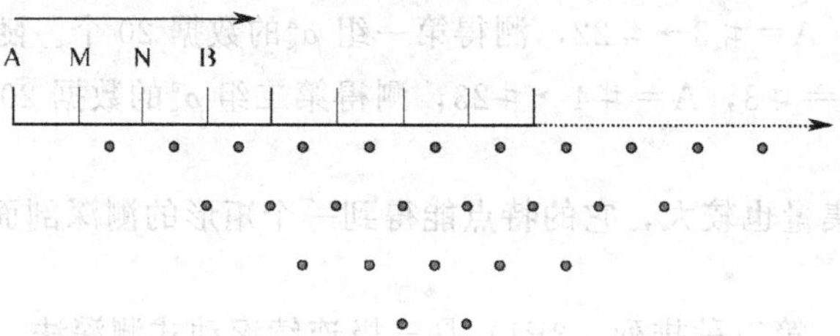

【特点】测量断面为倒梯形。

【描述】测量时，AM＝MN＝NB，为一个电极间距，A、B、M、N 逐点同时向右移动，得到第一条剖面线；接着 AM、MN、NB 增大一个电极间距，A、B、M、N 逐点同时向右移动，得到另一条剖面线；这样不断扫描测量下去，得到倒梯形断面。

(2) β 排列

该装置适用于固定断面扫描测量，电极排列如下：

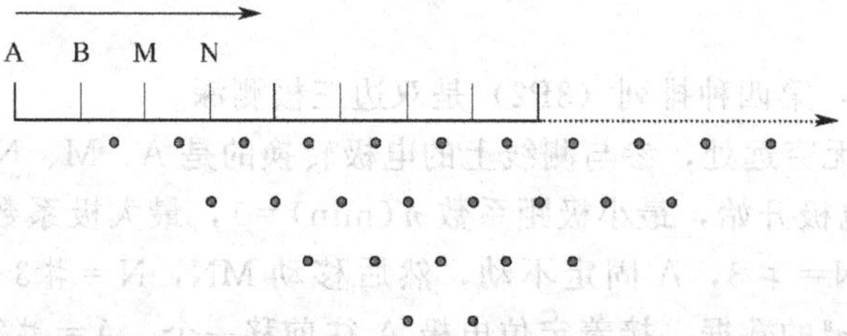

【特点】测量断面为倒梯形。

【描述】测量时，AB＝BM＝MN，为一个电极间距，A、B、M、N 逐点同时向右移动，得到第一条剖面线；接着 AB、BM、MN 增大一个电极间距，A、B、M、N 逐点同时向右移动，得到另一条剖面线；这样不断扫描测量下去，得到倒梯形断面。

(3) γ 排列

该装置适用于固定断面扫描测量，电极排列如下：

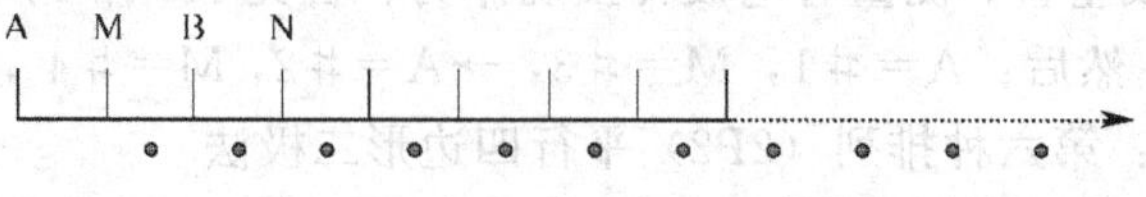

【特点】测量断面为倒梯形。

【描述】测量时，AM＝MB＝BN，为一个电极间距，A、B、M、N 逐点同时向右移动，得到第一条剖面线；接着 AM、MB、BN 增大一个电极间距，A、B、M、N 逐点同时向右移动，得到另一条剖面线；这样不断扫描测量下去，得到倒梯形断面。

（4）δA 排列

该装置适用于固定断面扫描测量，电极排列如下：

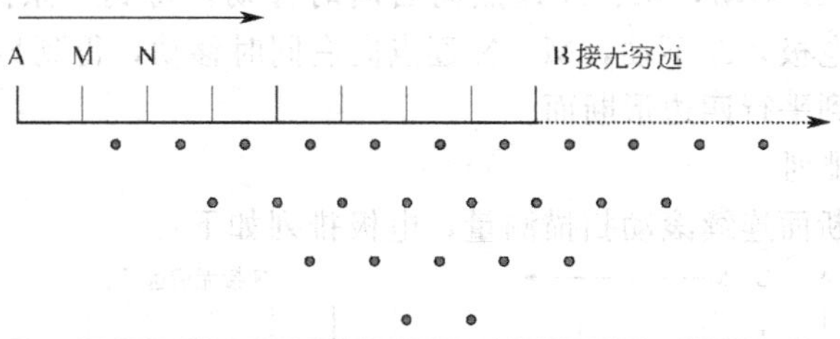

【特点】测量断面为倒梯形。

【描述】测量时，AM＝MN，为一个电极间距，A、M、N 逐点同时向右移动，得到第一条剖面线；接着 AM、MN 增大一个电极间距，A、M、N 逐点同时向右移动，得到另一条剖面线；这样不断扫描测量下去，得到倒梯形断面。

（5）δB 排列

该装置适用于固定断面扫描测量，电极排列如下：

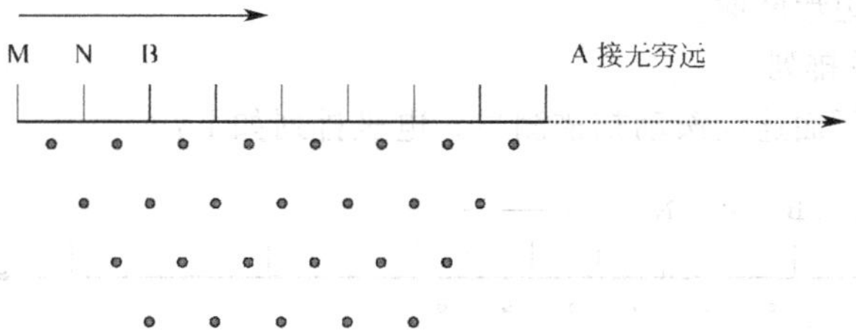

【特点】测量断面为倒梯形。

【描述】测量时，MN＝NB，为一个电极间距，M、N、B 逐点同时向右移动，得到第一条剖面线；接着 MN、NB 增大一个电极间距，M、N、B 逐点同时向右移动，得到另一条剖面线；这样不断扫描测量下去，得到倒梯形断面。

（6）A-M 二极排列

该装置适用于变断面连续滚动扫描测量，电极排列如下：

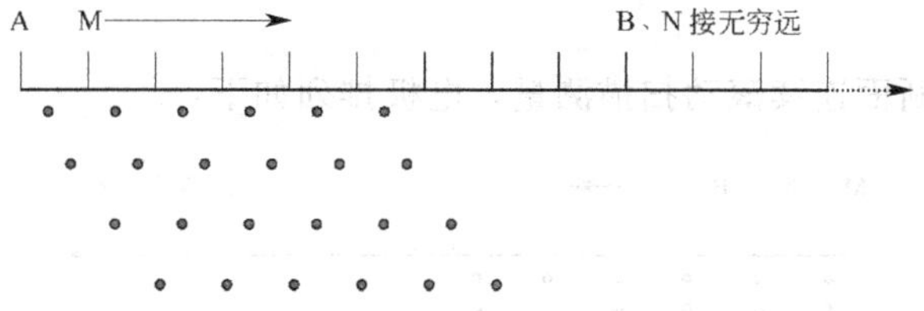

【特点】测量断面为平行四边形。

【描述】测量时，A 不动，M 逐点向右移动，得到一条滚动线；接着 A、M 同时向右移动一个电极，A 不动，M 逐点向右移动，得到另一条滚动线；这样不断滚动测量下去，得到平行四边形断面。

（7）A-MN 三极排列

该装置适用于变断面连续滚动扫描测量，电极排列如下：

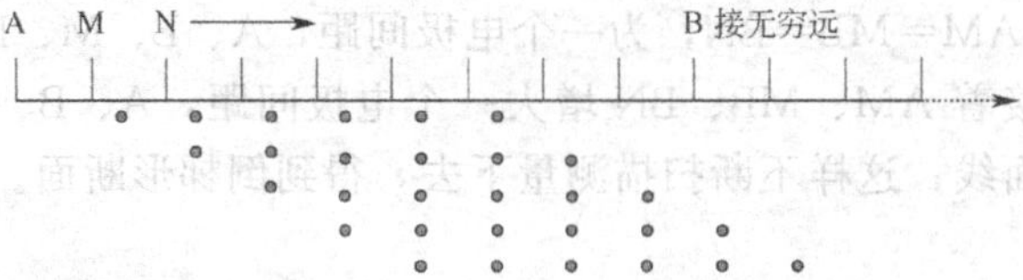

【特点】测量断面为平行四边形。

【描述】测量时，A 不动，M、N 逐点向右同时移动，得到一条滚动线；接着 A、M、N 同时向右移动一个电极，A 不动，M、N 逐点向右同时移动，得到另一条滚动线；这样不断滚动测量下去，得到平行四边形断面。

（8）AB-M 三极排列

该装置适用于变断面连续滚动扫描测量，电极排列如下：

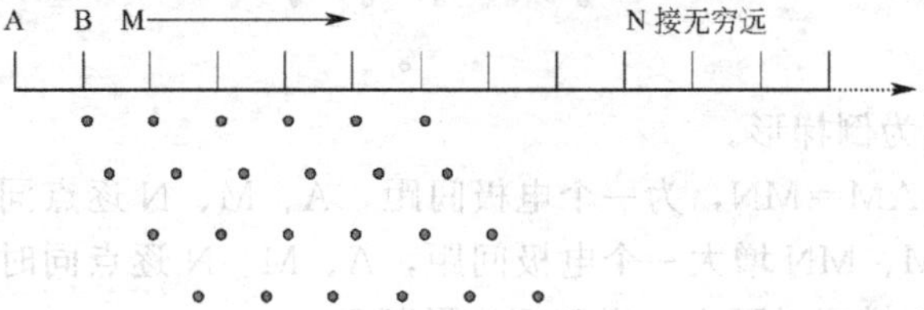

【特点】测量断面为平行四边形。

【描述】测量时，A、B 不动，M 逐点向右移动，得到一条滚动线；接着 A、B、M 同时向右移动一个电极，A、B 不动，M 逐点向右移动，得到另一条滚动线；这样不断滚动测量下去，得到平行四边形断面。

（9）AB-MN 偶极排列

该装置适用于变断面连续滚动扫描测量，电极排列如下：

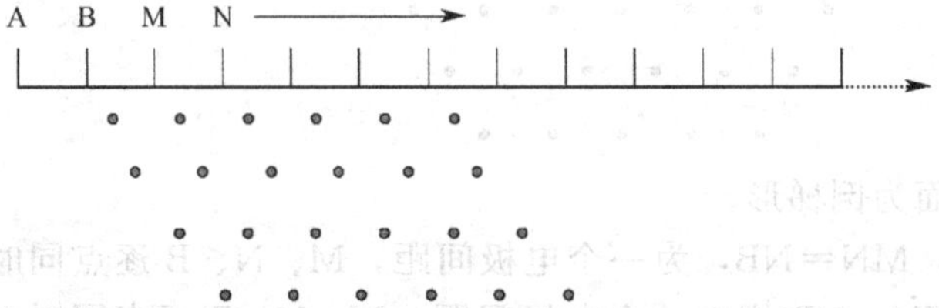

【特点】测量断面为平行四边形。

【描述】测量时，A、B 不动，M、N 逐点向右同时移动，得到一条滚动线；接着 A、B、M、N 同时向右移动一个电极，A、B 不动，M、N 逐点向右同时移动，得到另一条滚动线；这样不断滚动测量下去，得到平行四边形断面。

（10）MN-B 排列

该装置适用于变断面连续滚动扫描测量，电极排列如下：

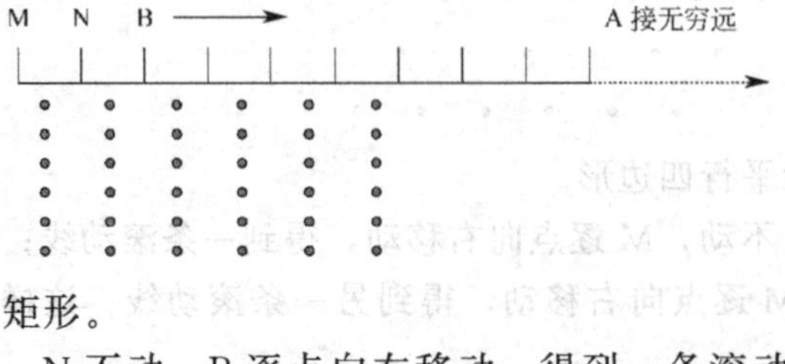

【特点】测量断面为矩形。

【描述】测量时，M、N 不动，B 逐点向右移动，得到一条滚动线；接着 M、N、B 同时向右移动一个电极，M、N 不动，B 逐点向右移动，得到另一条滚动线；这样不断滚动测量下去，得到矩形断面。

（11）α2 排列

该装置适用于固定断面扫描测量，电极排列如下：

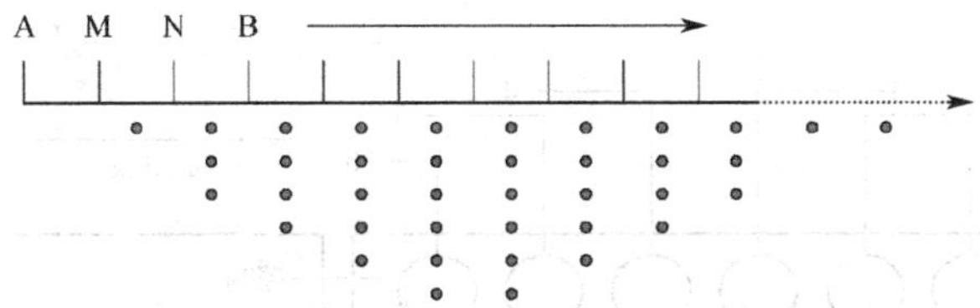

【特点】测量断面为倒梯形。

【描述】测量时，AM＝MN＝NB 为一个电极间距，A、B、M、N 逐点同时向右移动，得到第一条剖面线；接着 AM、NB 增大一个电极间距，MN 始终为一个电极间距，A、B、M、N 逐点同时向右移动，得到另一条剖面线；这样不断扫描测量下去，得到倒梯形断面。

（12）A-MN-B 四极测深排列

该装置适用于变断面连续滚动扫描测量，电极排列如下：

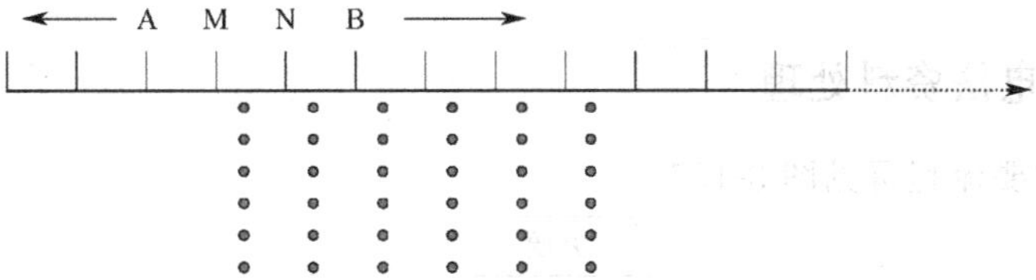

【特点】测量断面为矩形。

【描述】测量时，M、N 不动，A 逐点向左移动，同时 B 逐点向右移动，得到一条滚动线；接着 A、M、N、B 同时向右移动一个电极，M、N 不动，A 逐点向左移动，同时 B 逐点向右移动，得到另一条滚动线；这样不断滚动测量下去，得到矩形断面。

（13）矩形 A-MN 排列

该装置适用于变断面连续滚动扫描测量，电极排列如下：

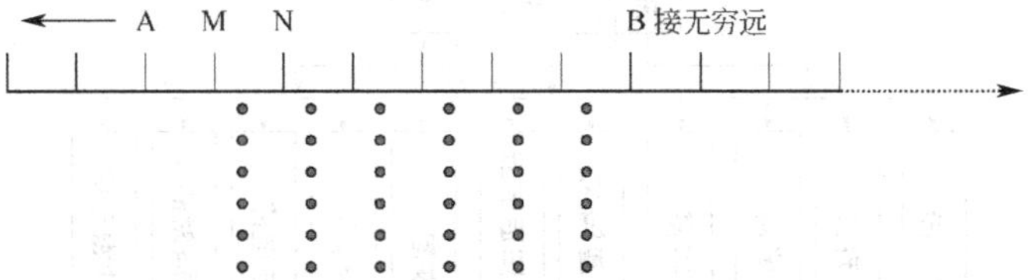

【特点】测量断面为矩形。

【描述】测量时，M、N 不动，A 逐点向左移动，得到一条滚动线；接着 A、M、N 同时向右移动一个电极，M、N 不动，A 逐点向左移动，得到另一条滚动线；这样不断滚动测量下去，得到矩形断面。

上述电极排列既可联合使用，也可根据需要单独使用。此外，当进行单孔或跨孔电阻率成像的数据采集时，二极法供收方式往往成为最经常使用的电极排列方式。

6. 极距的确定

极距取决于地质对象的埋藏深度，由于高密度电阻率法实际上是一种二维探测方法，所以在保证最大极距能够探测到主要地质对象的前提下，还要考虑围岩背景也能在二维断面图中得到充分的反映。根据上述考虑，三电位电极系的极距设计为：$a=n\cdot\Delta x$，其中 n 为隔离系数，可以由 1 改变到 15，也可任选，Δx 为点距。显然 $a=\frac{1}{3}AB$，它和勘探深度之间存在一定的系数关系。

7. 导线敷设

目前国内的高密度电阻率法仪器设备，最多可控制 120 路电极，野外工作中的导线敷设方式见图 3-126。

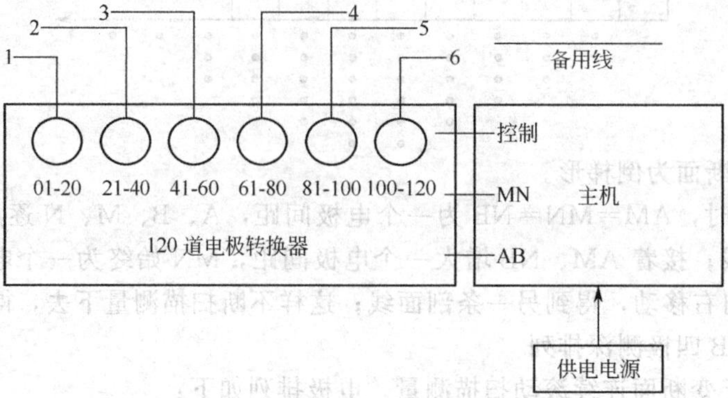

图 3-126　高密度测量装置各部分连接图

四、高密度电法资料处理

资料处理的主要流程可见图 3-127。

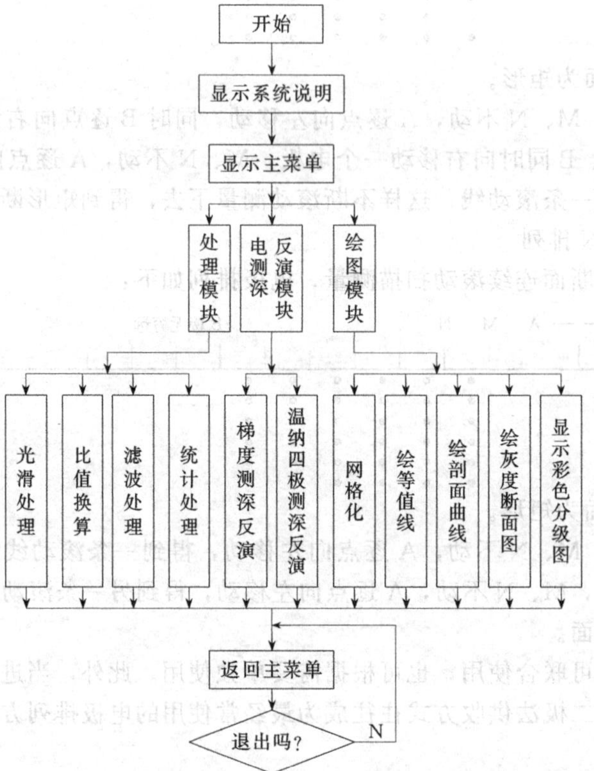

图 3-127　资料处理流程图

1. 资料处理

(1) 统计处理方法

统计处理方法原则上适用于三电位电极系中各种电极排列的测量结果，只是在考虑视电阻率的参数图示时，由于偶极和微分两种排列形式的异常和地电体之间具有较复杂的对应关系，因此，一般只对温纳四极排列的测量结果进行统计处理。统计处理包含以下内容。

① 滑动平均；

② 计算统计参数：均值、方差；

③ 计算电极调整系数；

④ 视参数分级。

统计处理结果一般采用灰度图来表示，由于它表征了地电断面每一测点视电阻率的相对变化，因此该图在反映地电结构特征方面将具有更为直观和形象的特点。

（2）比值换算方法

比值换算是想改善测量结果对地电结构的分辨能力，第二节中给出了两种比值参数，并讨论了它们的基本特性，λ 参数对局部低阻体分辨能力强，而 T 参数对局部高阻体的分辨能力强。

（3）滤波处理方法

在三电位电极系中，偶极和微分排列所测视参数曲线随极距的加大，曲线由单峰变为双峰，绘制断面图时，除了地质对象赋存空间相对应的主异常外，一般还会出现强大的伴随异常，为了消除或减弱三电位视电阻率曲线中的这种振荡成分的影响，从而简化异常形态，增加推断解释的准确性，可以采用数字滤波的方法，并把这种滤波器称为扩展偏置滤波器。

扩展偏置滤波器具有四个非零的权；系数为 0.12，0.38，0.38，0.12。在滤波计算中，无论隔离系数为几的剖面测量结果，总是把滤波系数置于四个活动电极所对应的点位上，在电极之间的点位上插入和点位数相当的权系数。例如 $n=2$，滤波器的长度为 7，相应的权系数依次为 0.12，0.00，0.38，0.00，0.38，0.00，0.12。经过滤波处理的剖面曲线，形态大为简化，伴随异常的幅度减小，并远离主极值。

2. 资料解释

20 世纪 80 年代中期以来，随着阵列电探采集系统的出现和发展，借鉴医学上电阻抗 CT、地震波和电磁波 CT，一些学者相继把 CT 技术引入到电法勘探之中，用以研究稳定电流场中电阻率的变化。电阻率层析成像所测电位反映的是电场分布范围内的物性分布，其算法是应用于地表勘探的常规反演算法（图 3-128）的广义扩展，而由此获得的分辨率却比常规电阻率法所进行的各种解释都高得多。

3. 正、反演的思路与方法

物探方法是一种间接的观测方法，是利用物理学原理和仪器获得已知岩矿石标本或模型的物性参数及其规律，再根据已建立的物性规律（数学物理模型）去解释野外实际观测的参数值，然后再将物探成果（物性剖面、断面、平面图等）解译为地质成果。所谓正演就是研究岩性-物性-曲线（物性参数与时间或空间的关系曲线）的关系，假设物理模型求数学模型；反演就是研究曲线-物性-岩性的关系，根据数学物理模型解释曲线以获得岩性。同一种岩性具有多种物理性质，可以用多个物理参数来描述，利用不同观测方法可获得多条不同参数的曲线；当然，不同的岩性也可能具有相同或相似的物理性质，这就是物探方法存在多解性的原因。岩石的物性是联系岩性和曲线的桥梁，岩（矿）体的物性差异是物探方法的工作前提。因此，对岩石物性的研究是正、反演研究的基础，采用综合手段，研究多个物理参数，从多种物性特征来描述岩性，建立客观的地质-物理-数学模型，从点到线到面再到空间来分析目标体的分布规律。这就是地球物理勘探正、反演的思路，也是物探方法解决多解性问题和有关地质问题的基本思路与方法。

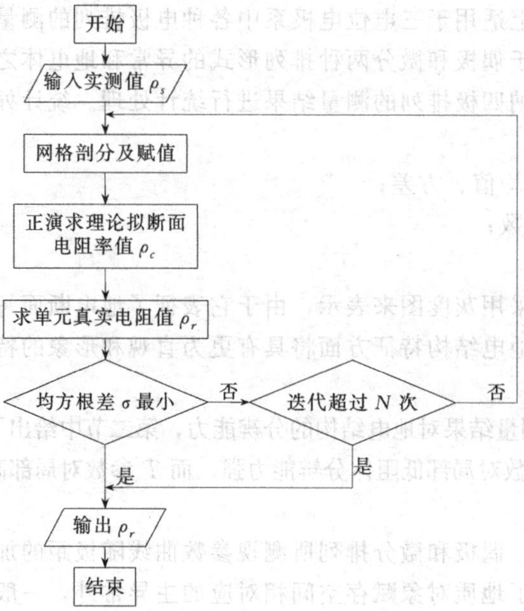

图 3-128 反演程序框图

由于应用地球物理所研究的场的复杂性，只有少数简单的规则模型具有其解析表达式，大多数地球物理模型很难得到其解析解，只能用数值计算方法求得其近似数值解。为了解决复杂地球物理模型的地球物理场的正演模拟和反演计算，国内外专家学者开展了多种计算方法的数值模拟，包括有限差分法、积分方程法、有限单元法和边界单元法，目前对全空间的二维、三维模型进行模拟和反演已趋成熟，借助于有关软件来实现。

五、三维高密度简介

地质体常常以三维的形式存在于自然界中，使用三维模型才能精确地解释其结构。但三维勘探还没有达到应用水平，原因是仪器复杂和费用高。现在，两个主要的技术问题得到初步解决：一是仪器可以同时进行多个读数，这对于节省勘探时间是很重要的；二是微机运算速度的提高，使得大数据的反演可以在短时间内完成，这将使三维高密度电法勘探实用化。

1. 三维高密度电法勘探的排列类型

三维高密度电法勘探中经常使用单极-单极、单极-偶极和偶极-偶极装置，这是因为其他装置在侧网边缘处仅能获得很少的数据信息。

(1) 单极-单极装置

通常使用 E-Scan 方法，在这种情况下，每个电极依次作为供电电极，其他电极顺序为侧向电极。由 n 个电极可以获得测量数据的个数 $n\times m=n(n-1)/2$。对于 5×5、7×7、10×10 的测网，测量数据分别为 300、1176 和 4500 个。为了减少测试数据而又不至于降低勘探质量，可采用另一种称为“过对角线扫描”的测量方式，在这种方法中，只需在 X、Y 和供电电极的对角线方向上的电极测量电位即可。对于 7×7 测网来说，这种方法的测量数据减少到 476 个，大约是 E-SCSn 法的 1/3。单极-单极装置有两个主要缺点：一是分辨率较低，在最后的反演模型中对地下目的体反映不清晰；二是要求供电和测量的无穷远电极必须离测网足够远。

(2) 单极-偶极装置

该装置适合于大中型测网（大于或等于 12×12）。单极-偶极装置优于单极-单极装置，其分辨率较高，抗干扰能力强，因为两个电位电极布设在测网内，与偶极-偶极相比，单极-偶极装置获得的信号更强。因为单极-偶极装置电极不是对称布置的，所以需要进行正向和反向的测量，为了克服极距系数 n 增大时带来的信号强度较低的问题，增大电极间距，获得地下较深处的信息。

（3）偶极-偶极装置

该装置常用于测网密度大于 12×12 的勘探，特别是当选择无穷远极不方便时，这种装置最大的特点就是信号强度比较低，这个问题可以通过缩小极距来解决。

2. 三维高密度电法勘探的方法

为了获得足够大的测区面积，实用的三维勘探的测网密度最小为 16×16，这将需要 256 个电极，一般的仪器系统难以满足要求。一种用少量电极数来做大的测区的方法是应用二维勘探中的多次覆盖技术。例如，用 50 个电极的仪器来做 10×10 测网的方法是：先在 X 方向布设两次 10×5 测网，再沿 Y 方向布设两次 10×5 的测网，这样就覆盖了 10×10 测网。有时候，三维勘探数据由二维勘探获得，每条二维勘探线上获得的数据首先分别进行反演以给出二维剖面，最后，数据合并成三维数据集，并用三维软件进行反演以得到三维图像，这样获得的三维图像的质量比完全应用三维勘探所获得的要差，不过这种降次而得到的三维数据也可以揭示出沿测线方向明显的电阻率的变化。

3. 三维数据处理

三维数据解释的模型分为几层，每一层又细分为许多矩形块，用有限差分法或有限元法进行三维电阻率正、反演计算。

六、高密度电法实际应用

【例 12】 洛子村位于磁县境内的牤牛河流域的中下游，两条分支河流的交汇处，东部是邯郸市马头镇工业区，为了做好防洪安全，计划在洛子村东建立拦河大坝，形成防洪水库，称为洛子水库。为了了解地层结构、含水层分布情况，进行了高密度探测，垂直河流走向布线，以 2 侧线为例，布置在河流南岸，测线北端距河南岸 3m。

该处地层总体结构是：表层耕作土、黄土类砂质黏土、黏土、卵石层、砂质黏土、砂（岩）层、砾（岩）石层、黏土等，属第四纪地层，厚度较大。向下为第三纪地层，出露在南部 500m 的白村、范村一带以及各冲沟中，既不透水，也不漏水。再向下为石炭二叠纪煤系地层，以砂岩、粉砂岩为主。由于埋深较大，而对水库建设没有影响。

通过进行高密度数据分离和转换，剔除突变点，经过网格化和圆滑处理后，按 1/3 转换自动进行层析成像，形成高密度地电断面三次反演成像图（见图 3-129）。

该剖面有明显的南北差异，以河边的起始点算起，以南的 110m 范围内，由地表向下特征是：1～3.5m 为相对高阻层，视阻率为 18～100Ω·m，并且接近地表的视电阻率，向下逐渐降低，为 Q_4 河流相冲积地层，含有粒径不等的卵石、粗砂，底部界限近似水平，由于透水性差异较大，导致视电阻率相差悬殊；3.5m 以下到 7～9m 为一低阻层，视电阻率在 10Ω·m 以下，是主要的含水层，并且有向南倾斜的趋势；10m 以下为高阻层，视电阻率在 80Ω·m 以上，推测为不含水的砂层。测线的南部为中高视电阻层，视电阻率在 50Ω·m 以上，推测为不含水的 Q_3、Q_4 地层。

【例 13】 在山东某金矿区的 46 线（已知区）做了 1 条剖面的高密度电法找矿试验工作，其中电极数为 42 个，极距 15m，测线长 615m，测线方位 330°，所得到的电阻率断面图见图 3-130(a)。

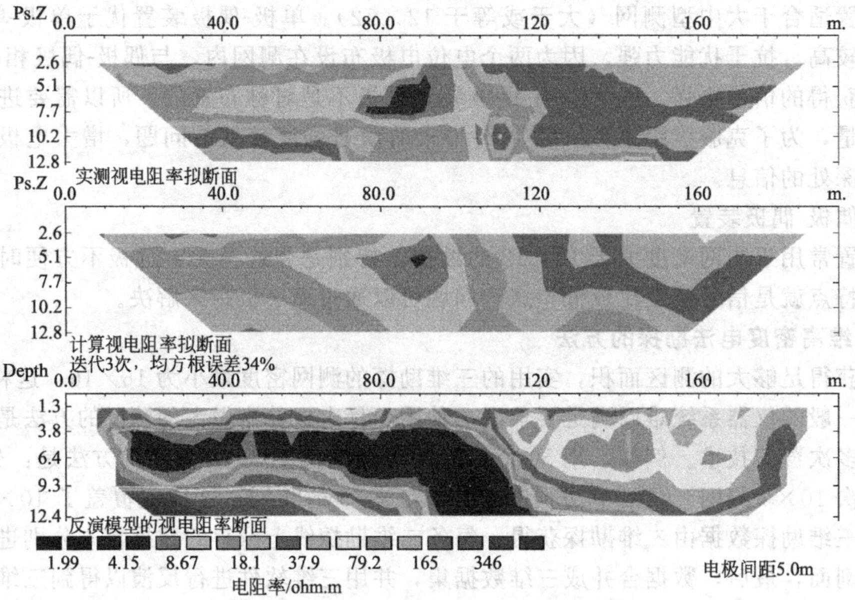

图 3-129 高密度地电断面三次反演成像图

① 在土堆 46 线的 100～130m 处，有 1 个呈条带状展布的充电率异常，异常最大值 120ms，一般在 72～120ms 之间。异常宽 25～30m，下部没有封闭，它与已知的 4 号、5 号、6 号、7 号矿（体）脉相对应。在电阻率断面图上，该异常区位于从高阻向低阻的过渡带上，电阻率值在 300～1300Ω · m 之间。

② 在 290～320m 处也有 1 个充电率异常，呈条带状展布，异常最大值 226ms，一般在 72～200ms 之间。异常面积大约 $140m^2$（20m × 70m）。与已知的 8 号、10 号、11 号矿（体）脉在水平方向上相对应。

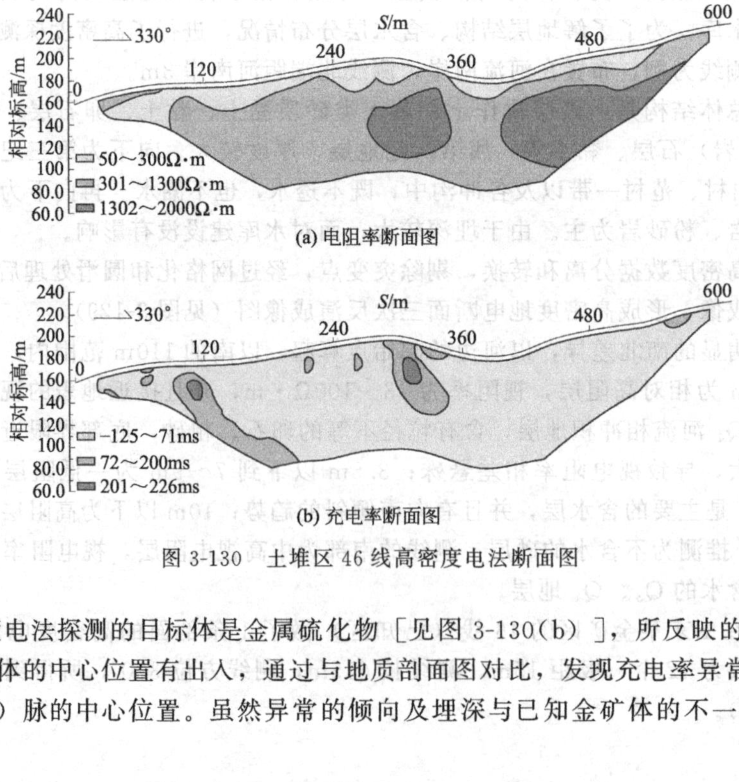

图 3-130 土堆区 46 线高密度电法断面图

③ 高密度电法探测的目标体是金属硫化物［见图 3-130(b)］，所反映的异常中心位置与单个已知矿体的中心位置有出入，通过与地质剖面图对比，发现充电率异常的底部正好对应已知矿（体）脉的中心位置。虽然异常的倾向及埋深与已知金矿体的不一致，但土堆 46

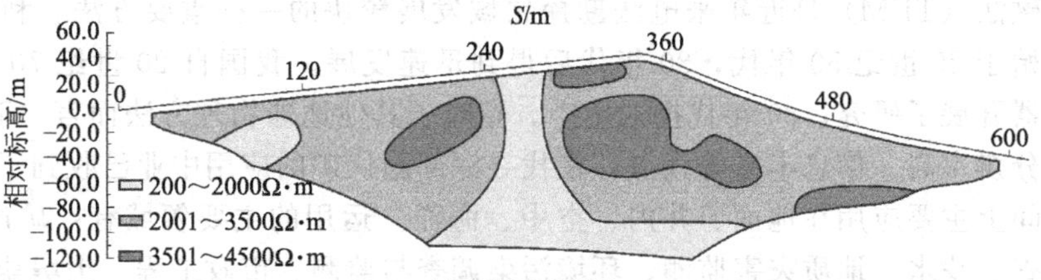

(a) 电阻率断面图

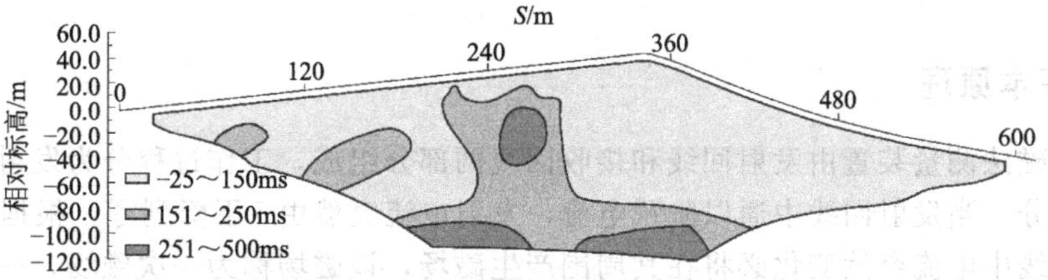

(b) 充电率断面图

图 3-131 邢家沟 X5 线高密度电阻率断面

线上的 2 个已知金矿体聚集区与高密度电法异常的倾向及埋深相一致。也就是说，目前高密度电法对多个金矿体聚集区的总体产状有很好的指示作用。

从邢家沟 X5 线电阻率断面图［图 3-131(a)］来看，在 230～280m 处有 1 个明显的低阻异常区，其异常在 206～20008Ω·m 之间，具有明显的角砾岩筒影像，与此对应的充电率断面图上也明显地显示出了筒状高充电率影像［图 3-131(b)］。不同的是充电率异常稍宽（210～270m），地表至地表以下 30m 没有充电率异常，这是因为地表金属硫化物被氧化、流失的原因。充电率异常具有十分明显的特点，即上部弱，中间更弱，下部强，这说明下部的金属硫化物较多，上部（30～80m）较少，中间（80～100m）更少，这一点也可以从电阻率断面图上看出，从地表到地表以下 80m 是低阻异常区，在 80～110m 处电阻率升高，在 110～134m 处电阻率又降低了，从充电率断面图上来看，在 130m 左右，充电率达到了最大值 3ms，结合地表矿化情况和 Au 含量，在 X5 线 255m 处施工 QZ14-2 钻孔，孔深 50.14m，在 13.16m 见蚀变花岗岩（角砾岩），主要为高岭土化、硅化、黄铁化等；在 37.15～38.15m 处，单样 Au 含量达到 2.138×10^{-6}。

由此表明，高密度电法对角砾岩筒型金矿和脉状矿具有十分明显的指示作用，是覆盖区十分有效的找矿手段之一，工作效率高，可以快速地评价物化探异常和解决其他的问题。

第八节 瞬变电磁法

瞬变电磁法是向地下发送一次脉冲磁场的间歇期间，观测由地下地质体受激引起的涡流产生的随时间变化的感应二次场，二次场的大小与地下地质体的电性有关：低阻地质体感应二次场衰减速度较慢，二次场电压较大；高阻地质体感应二次场衰减速度较快，二次场电压较小。根据二次场衰减曲线的特征，就可以判断地下地质体的电性、性质、规模和产状等，由于瞬变电磁仪接收的信号是二次涡流场的电动势，对二次电位进行归一化处理后，根据归一化二次电位值的变化，间接解决如陷落柱、采空区、断层等地质问题。该方法具有分辨能力强、工作效率高、受地形影响小、能穿透高阻覆盖层等优势，迅速发展成为高效、快捷的物探方法。

瞬变电磁法（TEM）是近年来电法勘探领域发展较快的一种重要方法。利用瞬变电磁法寻找矿体始于20世纪50年代，80年代后得到迅速发展。我国自20世纪70年代开始对其技术和仪器开展了研究，80年代投入生产。相对于其他地球物理方法而言，TEM具有探测深度大、分辨率高、信息丰富等优点，在找寻深部隐伏矿的应用中业已收到了较为显著的成效。在空间上主要应用在地面、井内、空中、海洋。运用的主要领域有：矿产资源勘探、工程地质调查、找水、地质灾害监测、环境污染调查与监测、市政工程、土壤盐碱化、考古等领域。

一、基本原理

瞬变电磁法测量装置由发射回线和接收回线两部分组成，工作过程分为发射、电磁感应和接收三部分。当发射回线中通以阶跃电流，发射电流突然由I下降到零，根据电磁感应理论，发射回线中电流突然变化必将在其周围产生磁场，该磁场称为一次磁场，一次磁场在周围传播过程中，如遇到地下良导电的地质体，将在其内部激发产生感应电流，又称涡流或二次电流，由于二次电流随时间变化，因而在其周围又产生新的磁场，称为二次磁场。由于良导电地质体内感应电流的热损耗，二次磁场大致按指数规律随时间衰减，形成瞬变磁场，二次磁场主要来源于良导电地质体的感应电流，因此它包含着与地质体有关的地质信息，二次磁场通过接收回线观测，并对观测的数据进行分析和处理，对地下地质体的相关物理参数进行解释。

二、测量方法

瞬变电磁法可以分为瞬变电磁剖面法和瞬变电磁测深法。

三、瞬变电磁剖面法

瞬变电磁（TEM）法勘探中，根据发、收排列的不同，常用的剖面测量装置分为同点、偶极和大回线源三种（图3-132）。

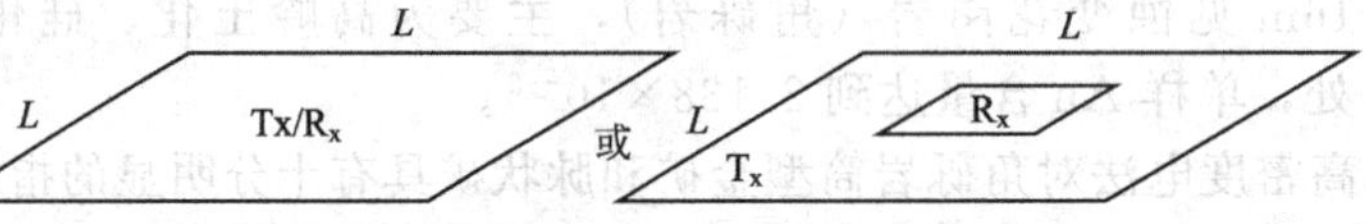

(a) 同点装置

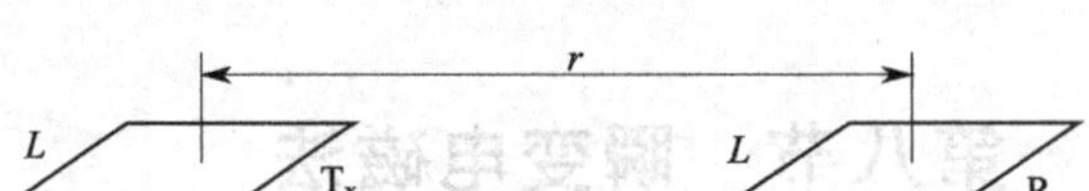

(b) 偶极装置

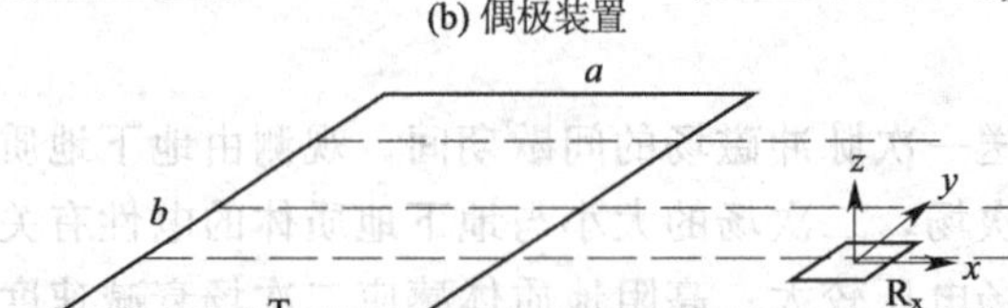

(c) 大回线源装置

图3-132 TEM剖面测量装置

1. 工作装置

在同点装置中的重叠回线是发送回线（T_x）与接收回线（R_x）相重合敷设的装置。由于 TEM 法的供电和测量在时间上是相分开的，因此 Tx 与 Rx 可以共用一个回线，称之为共圈回线［图 3-132(a)］。同点装置是频率域方法无法实现的装置，它与地质探测对象有最佳的耦合，是勘查金属矿产常用的装置。

偶极装置与频率域水平线圈法相类似［图 3-132(b)］，Tx 与 Rx 要求保持固定的发、收距 r。在瞬变电磁（TEM）法中，常用沿测线逐点移动观测 dB/dt 值。

大回线装置［图 3-132(c)］的 Tx 采用边长达数百米的矩形回线，Rx 采用小型线圈（探头）沿垂直于 Tx 边长的测线逐点观测磁场三个分量的 dB/dt 值。

2. 观测参数

瞬变电磁仪器系统的一次场波形、测道数及其时窗范围、观测参数及其计算单位等，不同仪器有所差别。尽管各种仪器绝大多数都是使用接收线圈观测发送电流脉冲间歇期间的感应电压 $V(t)$ 值，就观测读数的物理量及计量单位而言，大概可以分为以下三类。

① 用发送脉冲电流归一化的参数：仪器读数为 $V(t)/I$ 值，以 $\mu V/A$ 作计量单位。

② 以一次场感应电压 V_1 归一的参数：例如加拿大 Crone 公司的 PEM 系统，观测值使用一次场刚刚将要切断时刻的感应电压 V_1 值来加以归一，并令 $V_1=1000$，计量单位量纲为一，称之为 Crone 单位。

③ 归一到某个放大倍数的参数：例如加拿大的 EM-37 系统，野外观测值为

$$m=V(t)\cdot G\cdot 2N \tag{3-82}$$

式中，$V(t)$ 为接收线圈中的感应电压值；G 为前置放大器的放大倍数；$2N$ 为仪器公用通道的放大倍数，$N=1, 2, \cdots, 9$；m 值以 mV 计量。

为便于对比，在整理数据中，无论用哪种仪器，一般都要求换算成为下列几种导出参数，并以这几种参数作图。

a. 瞬变值 $B(t)$：$B(t)=dB(t)/dt=V(t)/SRN$，以 nV/m^2 为计量单位。这里 SR 表示接收线圈的面积，N 为接收线圈的匝数。有时采用 $B(t)/I$，以 $nV/m^2\cdot A$ 为计量单位。

由 $V(t)/I$ 观测值换算成 $B(t)$ 的公式为

$$B(t)=\frac{[V(t)/I]I\times 10^3}{S_R N} \tag{3-83}$$

由 m 观测值换算成 $B(t)$ 的公式为

$$B(t)=\frac{m\times 10^6}{S_R N} \tag{3-84}$$

由 Crone 单位观测值 Rc 换算成 $B(t)$ 的公式为

$$B(t)=\frac{R_c\times 6\times 10^6}{G\times 10\times 10^{(n-1)/7}\times 400} \tag{3-85}$$

式(3-85) 中 G 为放大倍数，n 为观测道数。

b. 磁场 $B(t)$ 值：由对 $B(t)$ 取积分得到 $B(t)$ 值，以 pW/m^2 为计量单位。

c. 视电阻率 $\rho_s(t)$ 值，以 $\Omega\cdot m$ 为计量单位。

d. 视纵向电导 $S_\tau(t)$ 值，以 S［西（门子）］为计量单位。

3. 时间响应

对于任意形态的脉冲信号，可以根据傅里叶频谱分析分解成相应的频谱函数。对各个频率，地质体具有相应的频率响应。将频谱函数与其对应的地质体频率响应函数相乘，经过傅里叶反变换，就可获得地质体对该脉冲信号磁场的时间响应。设发射脉冲的一次磁场是以 T 为周期的函数 $H_1(t)$，其频谱函数为

$$S(\omega)=\frac{1}{T}\int_{-\frac{T}{2}}^{\frac{T}{2}} H_1(t)e^{i\omega t}dt \tag{3-86}$$

由位场变化知识得知，地质体二次磁场的时间函数 $H_2(t)$ 为

$$H_2(t)=H_1(t)*h(t)=F_{-1}[S(\omega)\cdot D(\omega)] \tag{3-87}$$

式(3-87) 中 $S(\omega)=F[H_1(t)]$，$D(\omega)=F[h(t)]$，F 与 F_{-1} 分别表示傅里叶变换及其反变换；$h(t)$ 是地质体的脉冲滤波函数，而 $D(\omega)$ 是地质体的频率响应函数。考虑到频谱函数的离散性，可将二次磁场的时间函数 $H_2(t)$ 写成

$$H_2(t)=\sum H_{10}S_n[X_n\cos(n\omega_0 t)-Y_n\sin(n\omega_0 t)] \tag{3-88}$$

式(3-88) 中 H_{10} 为 $H_1(t)$ 的振幅值；S_n 是 n 次谐波的频谱系数；X_n 和 Y_n 是对于 n 次谐波时地质体频率响应的实部和虚部，$\omega_0=2\pi f_0$。

图 3-133 是导电球体的时间响应特征图。衰减曲线图(a) 可知：若球体电导率 $\sigma=1\text{S/m}$，当 $t=12\text{ms}$ 时，异常已衰减殆尽。当电导率增大时，异常衰减变缓，延时增长。$\sigma=80\text{S/m}$ 的情况下，$t=28\text{ms}$ 时，异常仍未衰减完，但在初始时间的异常幅值却减小了。利用这一时间特性，可在晚期观测中将不良导干扰体（如围岩、覆盖层等）的异常去除。

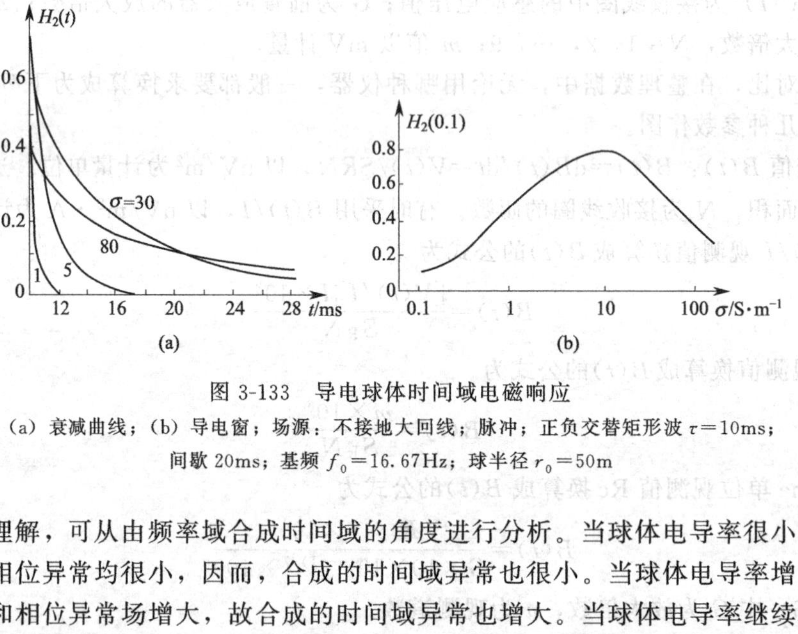

图 3-133　导电球体时间域电磁响应

(a) 衰减曲线；(b) 导电窗；场源：不接地大回线；脉冲；正负交替矩形波 $\tau=10\text{ms}$；间歇 20ms；基频 $f_0=16.67\text{Hz}$；球半径 $r_0=50\text{m}$

为便于理解，可从由频率域合成时间域的角度进行分析。当球体电导率很小时，球体产生的振幅和相位异常均很小，因而，合成的时间域异常也很小。当球体电导率增大时，球体产生的振幅和相位异常场增大，故合成的时间域异常也增大。当球体电导率继续增大后，虽然高频成分的振幅增大了，但其相位移趋于 180°，因而对应高频成分的早期时间异常值反而减小。由于低频成分的综合参数处于最佳状态，于是与低频成分相对应的晚期时间异常幅值反而增大了。在瞬变曲线上表现为衰减很慢。当电导率趋于无穷大时，所有谐波相位移趋于 180°，故 $H_2(t)$ 值趋于零。

如果取样时间选定，改变球体电导率时，二次异常磁场的幅值变化如图 3-133(b)。由图可见，与某一取样时刻对应有一最佳电导率值，图中曲线和频率域的虚部响应规律相似，称为导电性响应“窗口”。在图 3-133(c) 的条件下，球体的最佳导电窗口 $\sigma=10\text{S/m}$。脉冲瞬变法系观测纯二次场，故增加发射功率或提高接收灵敏度都可增大勘探深度。由于不观测

一次场，该方法受地形影响较小。此外，该方法对线圈点位、方法和收发距的要求均可放宽，因而测地工作简单。

4. 典型规则导体的剖面曲线特征

（1）球体及水平圆柱体上的异常特征

导电水平圆柱体上不同测道的剖面曲线如图 3-134 所示，异常为对称于柱顶的单峰，异常随测道衰减的速度决定于时间常数 τ 值，$\tau=\mu\sigma a^2/5.82$。

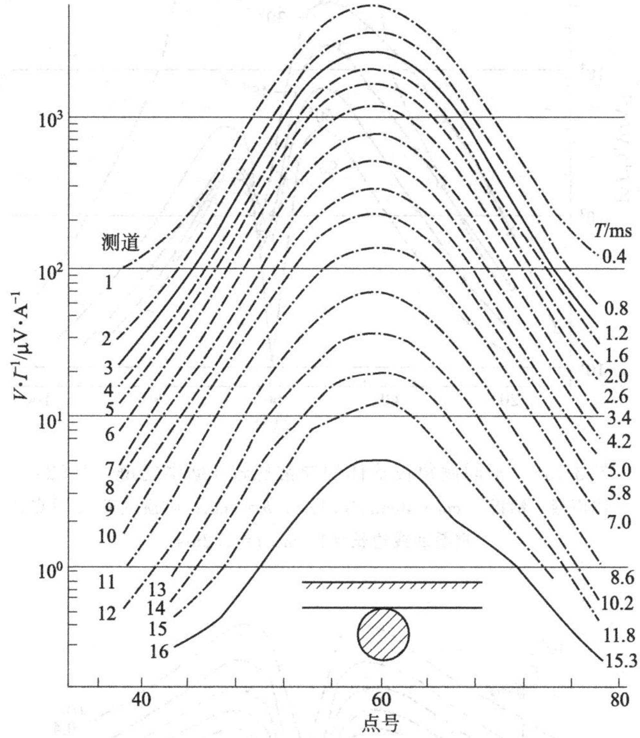

图 3-134　水平圆柱体上物理模拟剖面曲线（据牛之琏，1992）

铜柱：直径 8cm，长 41.7cm，$h=5$cm；重叠回线边长=10cm；点号间距=4cm

球体上也是出现对称于球顶的单峰异常，球体的时间常数：$\tau=\mu\sigma a^2/\pi^2$，$\tau_{柱}=1.8\tau_{球}$。故在半径 a 相同的条件下，球体异常随时间衰减的速度要比水平圆柱体快得多，异常范围也比较小。在直立柱体上，也具有此类似的规律。

（2）薄板状导体上的异常特征

导电薄板上的异常形态及幅度与导体的倾角有关，如图 3-135 所示。当 $\alpha=90°$时，由于回线与导体间的耦合较差，异常响应较小，异常形态为对称于导体顶部的双峰；矿顶出现接近于背景值（噪声）的极小值；不同测道的曲线（见图 3-136），除了异常幅值及范围有所差别外，具有与上述相同的特征。

当 $0°<\alpha<90°$时，随 α 的减小，回线与导体间耦合增强，异常响应随之增强；但双峰不对称，在导体倾向一侧的峰值大于另一侧。极小值随 α 的减小而稍有增大，其位置也向反倾斜侧有所移动。两峰值之比主要受 α 的影响据物理模拟资料统计，α 与主峰和次峰值之比 α_1/α_2的关系为

$$\alpha=90°-22°\ln(\alpha_1/\alpha_2) \tag{3-89}$$

如图 3-137 所示，在倾斜板的情况下，不同测道异常剖面曲线形态有所差别。随测道从晚期到早期，极小值随之增大，并往反倾斜侧稍有移动；双峰变得愈来愈不明显，异常形态的这种变化反映了导体内涡流分布随延迟时间的变化。

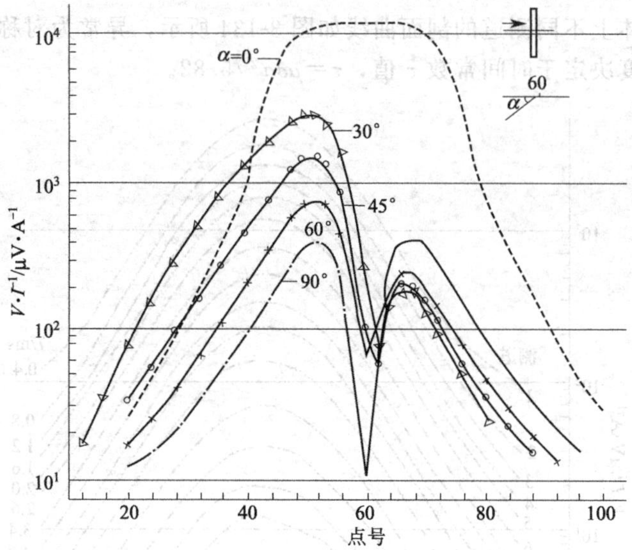

图 3-135 不同倾角板状体的异常比较（据牛之琏，1992）

导体模型：铝板 70cm×40cm×0.1cm，h=5cm；矿顶位于 60 号点；

重叠回线边长=10cm，t=1.2ms

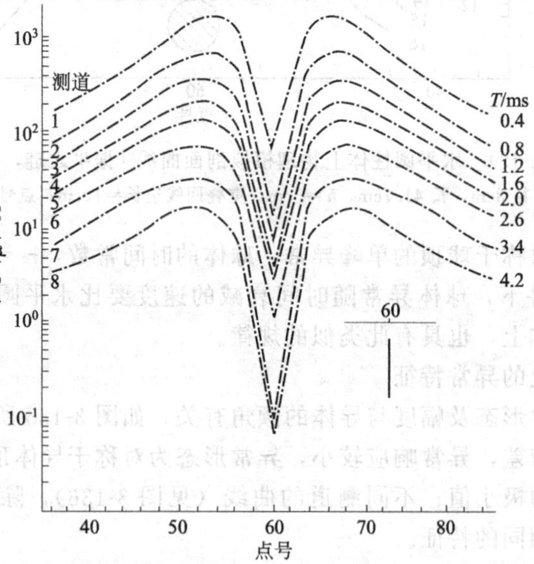

图 3-136 直立板上不同测道的异常剖面曲线（据牛之琏，1992）

铝板规模：70cm×40cm×0.1cm，h=5cm；重叠回线边长=10cm，α=90°；

板顶位于 60 号点，点号间距=4cm

当 α=0°时，回线与导体处于最佳耦合状态，异常幅值比直立导体的异常大几十倍。异常主要呈单峰平顶状，在近导体边缘的外侧，出现不明显的次级值或挠曲。

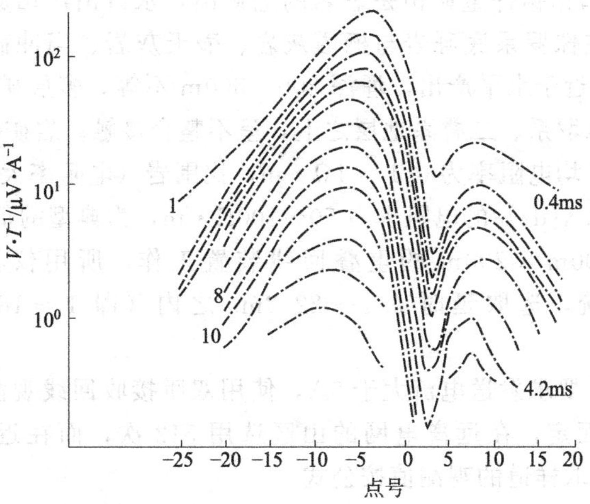

图 3-137　倾斜板上不同测道的异常剖面曲线（据牛之琏，1992）

铜板模型：80cm×20cm×0.6cm，$h=5.5$ cm，$\alpha=45°$；

顶板部在 0 号点，重叠回线边长＝5cm

5. 应用实例

【例 14】 图 3-138 是辽宁张家沟硫铁矿上脉冲瞬变电磁法的工作结果。该矿体位于前震旦纪变质岩中，围岩为白云质大理岩、白云母花岗岩等高阻岩石。矿体为磁黄铁矿，其电阻率为 0.05Ω·m。如图所示，矿体上方有明显异常。根据衰减曲线求得 $T_s=7.7$ms，和理论曲线对比，求得 $\alpha=12.3s^{-1}$，α 为矿体的综合参数。利用大回线观测的垂直与水平分量，用矢量解释法求得的等效发射中心在矿体顶部附近。

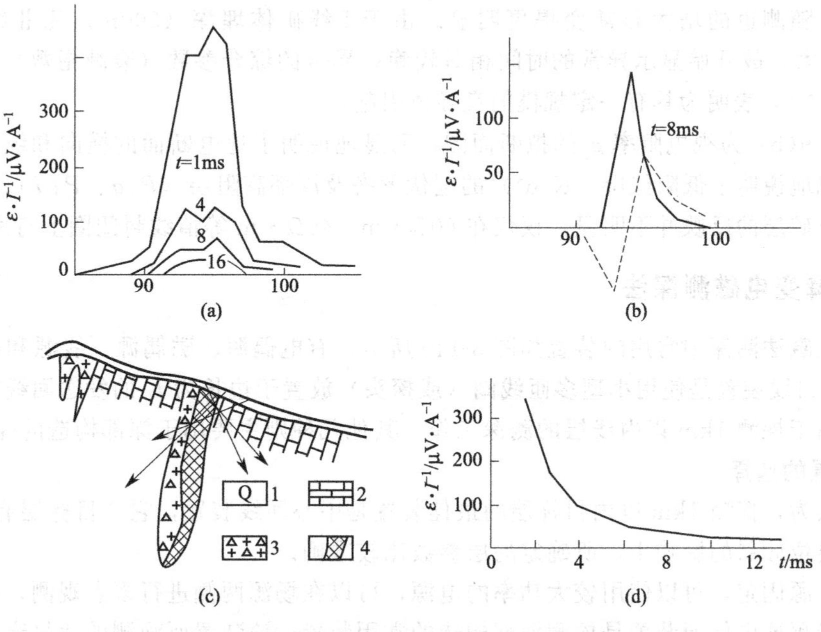

图 3-138　辽宁张家沟硫铁矿上脉冲瞬变法的观测结果

（a）40m×40m 共圈装置；（b）100m×100m 大回线（实线：垂直分量；虚线：水平分量）；

（c）地质断面（1—第四系；2—白云质大理岩；3—白云母花岗岩；3—硫铁矿）；

（d）衰减曲线 $T_s=7.7$ms

【例 15】 湖南水口山铅锌金矿田是著名的老矿山，水口山矿田康家湾铅锌金矿为大型层控矿床。矿体赋存在侏罗系底砾岩与栖霞灰岩、壶天灰岩、当冲硅质岩的接触破碎带中（QBf），呈层状缓倾斜近于水平产出，埋深 200～500m 不等，多层矿，总厚 1～25m。白垩系东井组红层覆盖于侏罗系、二叠系地层之上，呈不整合接触。岩矿石的电性参数测定结果表明：铅锌金矿石的平均电阻率为 0.1 ～1Ω·m，比围岩（电阻率大于 1000Ω·m）低三个级次以上。上覆红层（K_1d_3）的电阻率为 50～100Ω·m，为典型的低电阻覆盖层。

剖面测量使用 200m×200m 的重叠回线装置工作，所用仪器是澳大利亚生产的 SIROTEM-II 电磁系统，选取延时 0.4～22.2ms 之内（即 1～18 取样道），观测参数为$V(t)/I$。

为了增大信噪比，要求发送电流大于 5A，使用双匝接收回线观测。叠加次数的选取视各观测点的干扰电平而定，在远离电网的山区选用 512 次，而在近工业设施的地段选用 2048 或 4096 次。每个取样道的观测值按公式

$$\rho_s = 6.32\times10^{-3}L^{\frac{8}{3}}[V(t)/I]^{-\frac{2}{3}}t^{-\frac{5}{2}} \tag{3-90}$$

换算成视电阻率 $\rho_s(t)$ 数据。式中各个参数的单位分别为：ρ_s为视电阻率（Ω·m）；L 为回线边长（m）；$V(t)/I$ 为接收回线上观测到的归一化感应电压值（μV/A）；t 为各测道对应的延时（ms）。通常用 $V(t)/I$ 观测值绘制成多测道剖面曲线图［图 3-139(a)］及 $\rho_s(t)$拟断面图［图 3-139(b)］，分析地电断面沿横向及纵向的变化规律。

如图 3-139(a) 所示，多测道 $V(t)/I$ 剖面曲线的前 8 道主要反映了浅部地质体的横向变化，曲线呈阶梯状。东边的高值区反映了厚层白垩系东井组上段（K_1d_3）低电阻率红层的分布。随测道的增加，阶梯转折点向东移，反映了红层向东厚度变大的特征。曲线中段的低值响应反映了侏罗系及二叠系相对为高阻地层。矿层的响应主要反映在 10 测道以后，从Ⅰ线 24～32 号测点及Ⅱ线 57～63 号测点的曲线可见，尽管异常低缓，但相对于背景仍然清晰可辨，并随测道的增大异常变得更明显。由于Ⅰ线矿体埋深（300m）比Ⅱ线矿体埋深（180m）要大，故开始显示异常的时间相对较晚；异常的综合参数（衰减指数）α 值分别为 $13s^{-1}$、$14s^{-1}$，表明为具有一定规模的良导体引起。

图 3-139(b) 为视电阻率 ρ_s的拟断面图，明显地说明了地电断面的横向和纵向变化。ρ_s等值线直观地说明了低阻红层（K_1d^3）的起伏形态及深部高阻层（P_1q、P_1d）的隆起。拟断面图对于矿层的反映并不明显，仅仅在 60Ω·m、40Ω·m 等值线封闭圈上有所显示。

四、瞬变电磁测深法

瞬变电磁法测深中常用的装置如图 3-140 所示，有电偶源、磁偶源、线源和中心回线等 4 种。中心回线装置是使用小型多匝线圈（或探头）放置于边长为 L 的发送回线中心观测的装置，常用于探测 1km 以内浅层的测深工作。其他几种则主要用于深部构造的探测。

1. 装置的选择

一般认为，探测 1km 以内目标层的最佳装置是中心回线装置，它与目标层有最佳耦合，受旁侧及层位倾斜的影响小，所确定的层参数比较准确。

由于场源固定，可以使用较大功率的电源，可以在场源两侧进行多点观测，有较高的工作效率。线源或电偶源装置是探测深部构造的常用装置，该装置所观测的信号衰变速度要比中心回线装置慢，信号电平相对较大，对保证晚期信号的观测质量有好处。缺点是前支畸变段出现的时窗要比中心回线装置往后移，并且随极距 r 的增大向后扩展，使分辨浅部地层的能力大大减小。此外，这种装置受旁侧及倾斜层位的影响也较大。

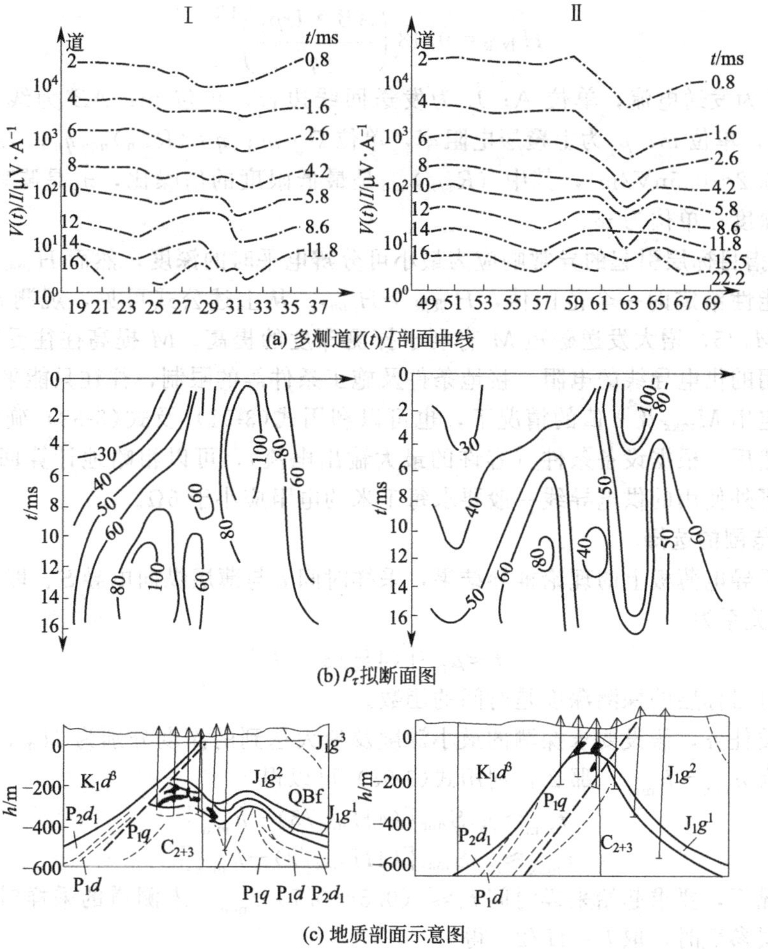

(a) 多测道$V(t)/I$剖面曲线

(b) ρ_τ拟断面图

(c) 地质剖面示意图

图 3-139　Ⅰ、Ⅱ测线瞬变电磁法综合剖面图

K_1d^3—白垩系东井组上段（红层）；J_1g—侏罗系高家田组；P_2d_1—二叠系斗岭组；P_1d—二叠系当冲组；P_1q—二叠系栖霞组；C_{2+3}—石炭系壶天群；QBf—硅化破碎带

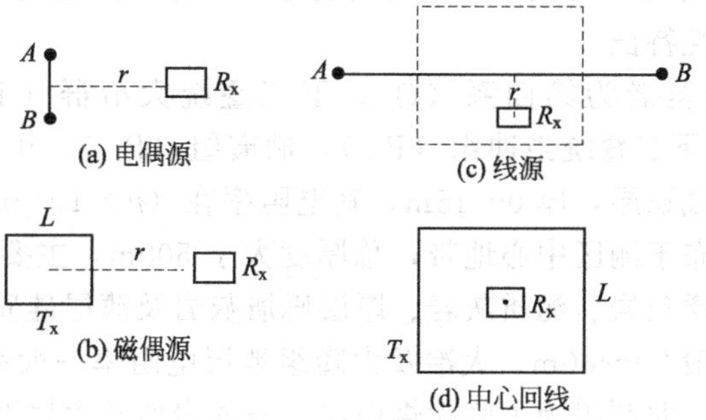

图 3-140　TEM 测深工作装置

为了估计极限的探测深度，可以使用以下公式。

对于中心回线装置

$$H_{极限}=0.55\left(\frac{L^2I\rho_1}{\eta}\right)^{1/5} \tag{3-91}$$

对于线源装置

$$H_{极限}=0.48\left(\frac{AB\cdot Ir\rho_1}{\eta}\right)^{1/5} \tag{3-92}$$

式中，I 为发送电流，单位 A；L 为发送回线边长，单位 m；AB 为线源长度，单位 m；r 为极距，单位 m；ρ_1 为上覆层电阻率，单位 $\Omega\cdot m$；$\eta=(R_{s/n})_{min}\eta_n$，为最小可分辨电平，一般为 0.2～0.5$nV/m^2$，其中 $(R_{s/n})_{min}$ 是最低限度的信噪比，η_n 是噪声电平；$H_{极限}$ 是极限探测深度，单位为 m。

$H_{极限}$ 是指目标层引起的异常响应为最小可分辨电平时的深度，然而 H_{max} 是人们依据地质任务及可能性给定的一个范围值，$H_{极限}>H_{max}$。从上述公式可见，观测 εz 参数时，H 角标正比于 $M_1/5$，增大发送磁矩 M 有利于探测深度的提高。M 提高往往受到仪器设备的功率、所使用的供电导线的电阻、接地条件及施工条件等的限制，往往只能采取折中方案。

在已确定出 M_{max} 及 η 值的情况下，也可以利用式(3-91) 及式(3-92) 确定出所要求的发送磁矩；然后，根据设备条件（容许的最大输出电流），可以粗略地计算回线边长或 AB 值。注意，野外使用的供电导线一般要求每千米的电阻应小于 6Ω。

2. 时间范围的选择

依据水平导电薄板上的理论推导结果，采样时间 t 与薄层纵向电导 S、埋深 h 及探测深度 H 之间的关系为

$$t\approx\mu_0 S[(4H/3)-h] \tag{3-93}$$

可见，对目标层的探测深度是时间的函数。

依据地质任务，假设要求探测的最小深度及最大达到的深度分别为 H_{min}、H_{max}；目标层埋深范围为 h_{min}～h_{max}。那么，利用式(3-93) 可以得

$$t_{min}\approx\mu_0 S_{min}[(4H_{min}/3)-h_{min}] \tag{3-94}$$

$$t_{max}\approx\mu_0 S_{max}[(4H_{max}/3)-h_{max}] \tag{3-95}$$

一般情况下，要求起始采样时间 $t_1\leqslant(0.5\sim0.7)t_{min}$，末测道的采样时间 $t_n\approx 2t_{max}$，在没有断面层参数时，取 $h=H/2$，得

$$t_1\approx 0.6\mu_0 S_{min}H_{min} \tag{3-96}$$

$$t_n\approx 1.6\mu_0 S_{max}H_{max} \tag{3-97}$$

式(3-96) 及式(3-97) 便是常用来估算时间范围的公式。

【例 16】 以湖南涟邵煤田为例，来说明瞬变电磁测深的试验应用效果。

(1) 区内地层及电性特征

测区出露地层由新至老为第四系（Q），下三叠统大冶群（T_{1d}），上二叠统大隆组（P_{2d}），龙潭组（P_{21}），下二叠统当冲组（P_{1d}），栖霞组（P_{1q}）。第四系由黏土、砂质黏土和砾石组成冲积、坡积残积层，厚 0～15m，其电阻率在 $(n\times10\sim n\times100)\Omega\cdot m$ 范围，呈低阻覆盖层。大冶群分布于测区中心地带，总厚度大于 500m，主要由泥灰岩、泥质灰岩及灰岩组成；大隆组由硅质灰岩、泥质灰岩、厚层砾屑灰岩及薄层硅质岩组成，底部夹有薄层钙质泥岩，全组厚度一般 70～80m。大冶及大隆组地层电阻率一般在 100Ω·m 以上，成为煤系地层的上覆高阻层。龙潭组为本区含煤地层，根据岩性及含煤性分为上、下两段：上段为含煤段，由黑色泥岩、砂页泥岩及浅灰色砂岩互层组成，厚约 100m，含煤四层；下段不含煤，由泥岩、砂质泥岩、砂岩组成，厚约 300m。整个煤系地层呈低阻层，电阻率一般为 $n\times10\Omega\cdot m$。当冲组及栖霞组为硅质灰岩、灰岩、泥岩等，是测区的高阻基底标志层，电阻率大于 300～500Ω·m。

(2) 试验应用效果

工作采用中心回线装置，回线边长 $L=250m$ 及 400m，发送电流 $I=17A$。测区内平均

的电磁干扰电平为 0.24nV/m²，属于中等受干扰的地区。少数地段也使用了电偶源装置，$AB=1000$m，$r=750\sim1250$m。总共完成了三条剖面 45 个测深点的工作量。

图 3-141 为 13 线瞬变电磁测深综合剖面图。由图可见，ρ_τ 曲线大都属于 H 型，其极小值均在 20～30Ω·m 范围之内；ρ_τ 拟断面图的低值等值线的分布反映了向斜构造轮廓。

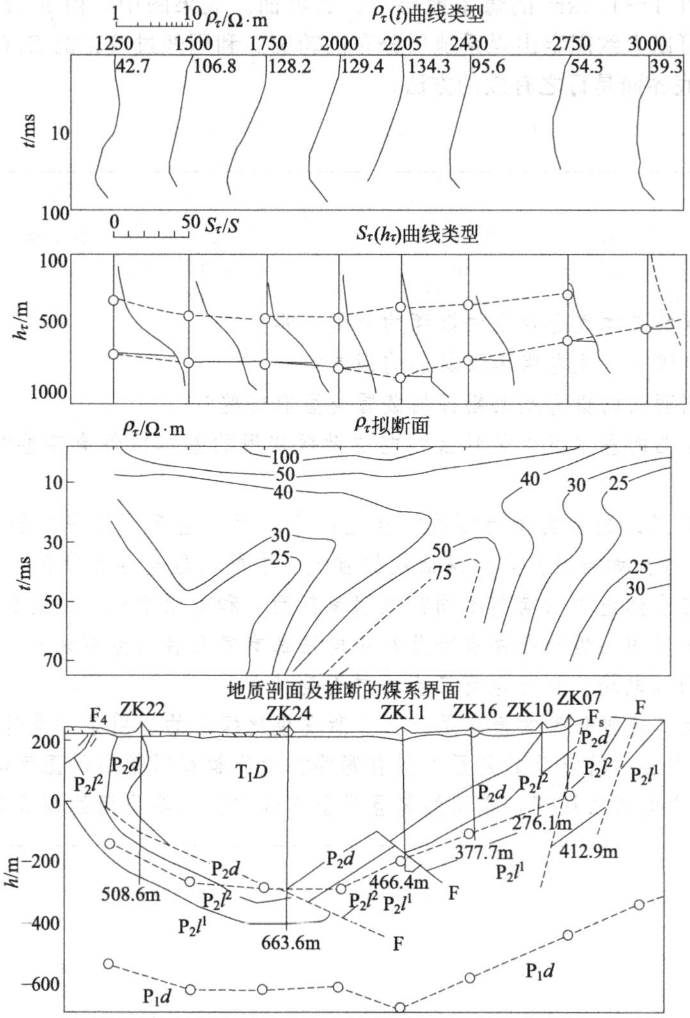

图 3-141 13 线瞬变电磁测深综合剖面图

中心回线 $L=250$m；I=17A；时窗 0.8～71.9ms；T_1D—三叠系大冶群；P_1d—二叠系大隆组；

P_2l^2—二叠系龙潭组上段（含煤层）；P_2l^1—二叠系龙潭组下段；P_2d—下二叠统当冲组；

F—断层；---○---○----推断的煤系上、下界面

煤系地层的顶、底界是由经过校正的 $S_\tau(h_\tau)$ 曲线的转折点确定的，表 3-12 给出了推断结果与钻探资料的对比数据，平均相对误差为 6.4%。因此，可以认为所推断的煤系地层顶、底界面基本上能勾画出它的分布状况。

表 3-12 推断与钻探结果对比表

位置		1322 孔	1324 孔	ZK11 孔	ZK16 孔
顶界深/m	钻探	390	550	440	300
	推断	380	520	420	340
误差/%		2.6	5.6	4.9	12.5

解释人员在进行人机联做拟合解释的基础上，对该剖面上的6个测深点又作了自动拟合反演计算。6个点拟合总的平均相对误差为5.9%，推断煤系上界面的深度与用$S_\tau(h_\tau)$曲线推断的结果相差不多，平均相对误差为12.3%。

这一试验结果表明，在涟邵煤田或类似地质条件的地区应用中功率瞬变电磁测深系统，能够确定出埋深在1～1.5km的煤系地层顶、底界面。成果图中，由$\rho_\tau(t)$曲线类型图及$\rho_\tau(t)$拟断面图可以大致圈定出煤系地层分布的轮廓。利用经过校正的$S_\tau(h_\tau)$曲线推断确定煤系地层顶、底界面是行之有效的方法。

思考题

1. 电法勘探的基本概念及电法勘探的分类有哪些？
2. 什么是电阻率、视电阻率及其影响因素？
3. 电阻率剖面法的概念及其勘探的装置类型有哪些？
4. 地电断面图的基本概念是什么？电法勘探常用的基本图件有哪些？根据数据如何做出图件？
5. 电阻率测深的装置类型有哪些？在电阻率测深地电断面图中3层、4层介质的测深曲线类型有哪些？如何做？电测深曲线的首支、中段、尾支各有什么特点？
6. 充电法与自然电位法有何不同？电阻率剖面法和电阻率测深法有什么区别？
7. 充电法的应用条件及范围有哪些？充电法都有哪几种测量方法？
8. 什么叫山地电场？自然电场产生的原因是什么？
9. 极化率及其视极化率的概念是什么。激发极化探测的应用条件是什么？
10. 高密度电法的特点及其装置类型有哪些？地质解释时常用的图件类型有哪些？
11. 何为瞬变电磁法探测？常用的装置类型有哪些？主要应用的领域有哪些？

第四章　地震勘探

第一节　概述

地震勘探是地球物理勘探方法之一，是通过天然或人工激发的弹性波在地下传播的时间和波形曲线来达到勘探目的。它是通过对介质弹性、介质性质的研究来解决地质问题、工程地质问题等。

一、分类

根据观测波的种类不同，分为反射波法和折射波法。

根据探测深度不同，分为中层、深层、浅层地震。

根据应用地点不同，分为陆上和水上地震。

其他：槽波、面波等，前者用于煤层，后者用于工程。

二、应用

① 测定覆盖层厚度，确定基岩起伏状况，如选址等。

② 确定含水层及潜水埋深，划分地层剖面。

③ 追索断裂破碎带、滑坡等灾害地质问题，人工开挖中出现的水流动。

④ 研究岩石的弹性性质（杨氏模量、剪切模量、泊松比）。

由于科技发展，现在都有软件可用，只要记录数据，即可得出波形，因此，对计算过程只要大致了解即可。

三、发展简史

地震分两类：天然地震、被动地震（人工地震）。

天然地震是破坏性的地灾害，公元前1177年（商朝）就有地震的记载，公元132年的汉代张衡就设计了候风地动仪（现设在洛阳），记录到千里之外的甘肃地震。

1. 国外发展历史

1818年，科西（Canchy）关于波传播的论文获得大奖。1828年，泊松（Poisson）从理论上证明了纵波和横波的独立存在。1899年，诺特（Knott）提出地震波的反射、折射文章。1885年，瑞雷（Royleigh）建立了面波理论。1907年，佐普瑞兹（Zoeppritz）发表了关于地震波的著作。1913年，费森登（Fegsonden）建立了反射勘探波，用于探测水深和冰山，1927年在工业上开始使用，第一次世界大战时用于军事，德国和盟国双方都用地震仪来确定对方炮位。1924～1930年，特罗普找到了大量浅盐丘。1922年，荷兰用于找煤。1927年，地震测井，道数越来越多，由1道到300道。1960年，前苏联甘布尔切夫，创建了折射波，扩大了地震的应用范围。1944年，开始在海上使用，用漂浮拖拉探测。

发展大致分三个阶段。

第一阶段（1927～1952）以光点记录、人工处理资料为特点，仪器用电子管，以照相的方法获得记录，缺点是资料不能重新处理，不能多次叠加，动态范围小，频带宽，结果不便于保存；

第二阶段（1953～1963）以模拟磁带记录，多次覆盖观测，计算机处理资料，仪器用晶体管，达到半自动化，反复回放，直观；

第三阶段（1964至今）以数字磁带-计算机记录、数字化、遥测等，高分辨率、三维、横波、纵波、面波等。

2. 我国地震勘探历史

我国1951年成立第一支地震队，用于石油勘探，1961年发展到100个队，70年代造出第一台数字处理地震波的计算机。在石油系统用得比较多，而煤炭系统成立了许多物测队，在涿州专门有物探中心，用大型计算机处理资料。

地震勘探方法在地球物理勘探中具有不可忽视的地位。地震勘探自20世纪30年代问世以来，已发展成为油气、煤田勘探的重要手段。地震勘探包括三个阶段，即地震数据的采集、资料的处理和解释，每一阶段都决定着地质解释的精度。

3. 发展趋势

随着计算机的使用和发展，地震勘探的应用领域不断发生变化，反射波地震方法的传统应用领域在不断扩大，探测的目标也越来越复杂。国内外在探测第四系厚度和基岩起伏、含水层和古河道、断层、裂隙带等地下构造，滑坡及落水洞，以及地表沉降等方面已经取得了丰富的经验。

地震勘探仪器也取得了突飞猛进的发展。20世纪80年代，发达国家浅层地震仪器的道数只有24道或更少；仪器动态范围通常为60dB或更小；另外，只能同时对一二组同相轴成像，只记录单分量信息，并且通常只能用一种方式分析纵波。目前，仪器有了较大的发展，利用24dB、48道（或更多）地震仪器的大学、研究试验室和承包商的数量正在逐渐增多。在不久的将来，可能利用三分量设备记录三维信息，并且可以同时分析超过一种地震方式信息。

国内仪器的发展现状同国外20世纪80年代末90年代初基本相同。国内正在开展一种地震仪器的综合技术服务，意在利用浮点模块将过去的多种国外及国内生产的定点地震仪进行技术升级和功能增强，并将12道仪器扩展为24道。在80年代，国内曾引进一批国外的先进仪器；但是至今，96dB及48道的仪器在国内还未得到普遍应用。最近几年，在油田、煤田勘探中都使用了更好、更高精度的勘探仪器，在地质解释中发挥了重要的作用。

近几十年中，高分辨率地震勘探取得了长足发展，高分辨率地震已逐渐成为勘查的重要工具。虽然单独利用2D资料也可以对简单连续地质特征填图，但是提供复杂反射体的大小和形状就比较困难。从近年国外推出的3D地震勘探的实例可以看到，3D资料具有这方面的能力。但是，由于资料采集和处理比较困难以及费用昂贵等原因，3D地震还没能得到较多的应用。目前3D技术在我国不断得到推广应用。

最近，三维三分量地震勘探的兴起使得地震勘探的解释更上一层。从简单的二维地震勘探，再到三维地震勘探，最后是三维三分量地震勘探，每一阶段的发展都说明地震勘探越来越发挥着重要作用。

第二节　地震勘探理论基础

地震勘探是通过观测和研究人工激发的弹性波在岩石中的传播规律，来解决工程及环境地质问题的一种地球物理方法。弹性波的传播决定于岩石的弹性性质，因此有必要首先讨论与岩石弹性性质有关的某些固体弹性理论的基本概念。

一、理想介质和黏弹性介质

由弹性力学的理论可知，任何一种固体，当它受外力作用时，其质点就会产生相互位置的变化，也就是说会发生体积或形状的变化，称为形变。当外力取消后，由于阻止其大小和形状变化的内力起作用，使固体恢复到原来的状态，这就是所谓的弹性。当外力取消后，能够立即完全地恢复为原来状态的物体，称为完全弹性体，通常称为理想介质；反之，若外力去掉后，仍保持其受外力时的形态，这种物体称为塑性体，亦称为黏弹性介质。

在外力作用下，自然界大部分物体，既可以显示弹性，也可以显示黏弹性，这取决于物体本身的性质和外力作用的大小及时间的长短。当外力很小且作用时间很短时，大部分物体都可以近似地看成是完全弹性体（理想介质）。反之，当外力很大且作用延续时间很长时，多数物体都显示出黏弹性，甚至于破碎。

在地震勘察中，除震源四周附近的岩性由于受到震源作用（如爆炸）而遭到破坏外，远离震源的介质，它们所受到的作用力都非常小，且作用时间短，因此在地震波传播范围内，绝大多数岩石都可以近似地看成是完全弹性体（理想介质）来研究。

此外，通常还把固体的性质分为各向同性和各向异性两种。凡弹性性质与空间方向无关的固体，称为各向同性介质；反之，则称为各向异性介质。在地震勘探时，大部分工作是在比较稳定的沉积岩区进行，沉积岩大都由均匀分布的矿物质点的集合体所组成，因此很少表现出岩石的各向异性。

综上所述，地震勘察所研究的弹性介质，完全可以作为各向同性的理想弹性介质来讨论，因此弹性力学中的许多基本理论可以顺利地引用到工程勘察领域中来。

二、地震波运动学和动力学特征

地震波在地下岩层中传播包括两个方面的内容：一是指波传播的时间与空间位置的关系（简称时空关系），研究这种关系的叫波的运动学特征；二是波传播中的振幅、频率、相位等与空间位置（或时间）的关系，研究这种关系的叫波的动力学特征。前者是地质体对地震波的构造响应，后者是地质体对地震波的岩性响应。如同重力场、磁场和电场一样，地震波的运动学和动力学特征可以统称为地震波的波长特征。地震勘探的基本任务就是研究波场的特征，一直到找矿和解决其他地质问题。

1. 地震波运动学特征

地震波在岩层中传播的情况与几何学很相似，仿照几何学来研究地震波运动学的特征，叫作几何地震学，这样可以把光学中的惠更斯（Huygens）原理、费马（Fermat）原理和斯奈尔（Snell）定律引用到地震勘探中来。

(1) 惠更斯-菲涅尔原理

惠更斯原理：在弹性介质中，已知 t 时刻的同一波前上的各点，可以把这些点看作从该时刻产生子波的新的点震源，经过任何一个 Δt 时间后，这些子波的包络面就是原波到达的

$t+\Delta t$ 时刻新的波前面。

根据惠更斯原理，若已知波在某一时刻 t_1 的波前，则可以确定出不同时刻新的波前位置。例如，已知波在均匀介质中 t_1 时刻的波前位置为 Q_1，如图 4-1 所示，假如要求得到在时刻 $t_1+\Delta t$ 的波前位置，可以以 Q_1 面上的各点为圆心，以 $v\Delta t$ 为半径（v 为波速）作出一系列的圆形子波，再作正切于各子波的包络线 Q_2、Q_0，则 Q_2 代表后一时刻 $t_1+\Delta t$ 的新的波前位置，而 Q_0 则代表前一时刻 $t_1-\Delta t$ 的波前位置。于是，用惠更斯原理可以确定波前到达介质中任意点的时间。

菲涅尔补充了惠更斯原理，他指出：从同一波阵面上各点所发出的子波，经传播而在空间相遇时，可以相互叠加而产生干涉现象，因此在该点观测到的是总扰动。这就使惠更斯原理具有更明确的物理意义。惠更斯-菲涅尔原理既可以应用于均匀介质，也可以应用于非均匀介质。

惠更斯-菲涅尔原理是一种用来构制下一个时刻波前位置的几何方法，应用本原理可以构制反射界面、折射界面等。显然，一个波动传播可通过某一时刻的波前位置来确定。事实上，波前上任意一点都向该点波前的方向前进，这种垂直波前的线称为射线。利用波射线描述波的传播比用波前更方便。

特别指出，在均匀介质中，波射线是直线；而在非均匀介质中，波射线是曲线，且射线永远垂直于波前面。

(2) 费马原理

在几何地震学中，用波射线和波前来表示时间场，地震波射线垂直于一系列波前，费马原理就是地震波沿射线的旅行时与沿其他任何路径的旅行时相比为最小，亦是波旅行时最小的传播路径。它从射线角度描述波传播的特点。

下面以均匀层状介质为例，说明波沿射线传播的时间为最短。

设有一层状介质如图 4-2 所示，激发点位于 O（x_0,z_0）点，接收点 S（x_n,z_n）位于地下，由 z_0-z_n 有 n 层介质，并且假设每层厚度都相等（均为 H/n），每层波速 V 为常数，第 i 层的波速为 V_i，其相应的厚度为 h_i，射线由 O 点到达 S 点的路径是一条折线，任一顶点的坐标可表示为（$x_i,i,H/n$），射线从 O 点沿折线传播到 S 点所需要的时间为

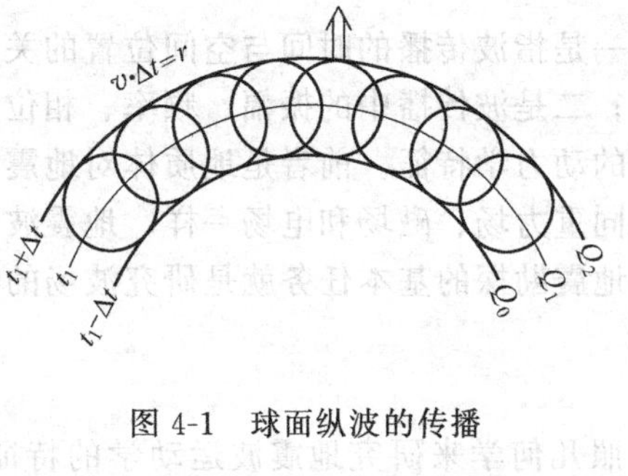

图 4-1 球面纵波的传播

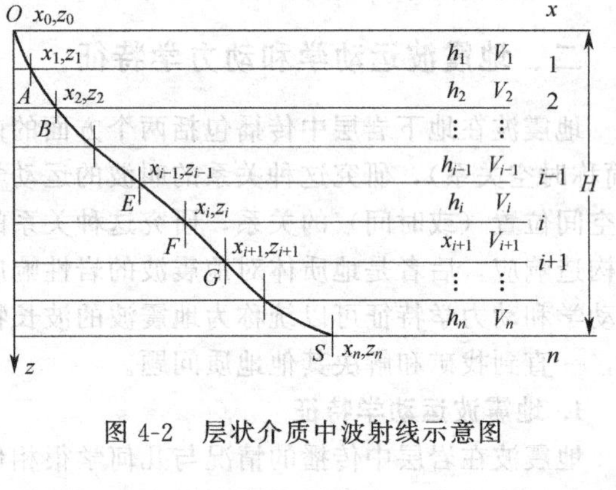

图 4-2 层状介质中波射线示意图

$$T_n=\sum_{i=1}^{n}\frac{1}{V_i}\left[(x_i-x_{i-1})^2+(H/n)^2\right]^{1/2} \tag{4-1}$$

于是，波沿射线传播的时间为最短，可以从如下两个问题来论证。

① T_n 在什么情况下取得极值？是极大值还是极小值？具体地说，就是折线上的顶点如何取 T_n 才能取得极值，是取极大值还是取极小值。

② 折线上的顶点是否是波射线与水平分界面的交点？若是，并且第一个问题求解的结果是 T_n 取得极小值，则费马原理即得到证明。

对于第一个问题，根据数学的知识可知，先求得 T_n 函数的驻点，然后再判断所有驻点当中哪些是极值点，是极大值还是极小值点，即

$$\frac{\partial T_n}{\partial x_i}=0(i=1,2,\cdots,n) \tag{4-2}$$

变换上述方程，并以 α_i 表示折射线的第 i 段的入射角，即得

$$\frac{\partial T_n}{\partial x_i}=\frac{x_{i+1}-x_i}{V_{i+1}\left[(x_{i+1}-x_i)^2+(H/n)^2\right]^{1/2}}+\frac{x_i-x_{i-1}}{V_i\left[(x_i-x_{i-1})^2+(H/n)^2\right]^{1/2}}$$

$$=\frac{\sin\alpha_{i+1}}{V_{i+1}}+\frac{\sin\alpha_i}{V_i}=0 \tag{4-3}$$

即

$$\frac{\sin\alpha_{i+1}}{V_{i+1}}=\frac{\sin\alpha_i}{V_i} \tag{4-4}$$

同理可得

$$\frac{\sin\alpha_{i+1}}{V_{i+1}}=\frac{\sin\alpha_i}{V_i}=\cdots=\frac{\sin\alpha_n}{V_n} \tag{4-5}$$

可以证明，满足上述条件的点正是函数 T_n 取得极小值的点，而这些点正好是地震波射线的入射点，因此，地震波沿射线传播的旅行时间为最小。

(3) 互换原理

在介质中的 A 点施加一个力 $F(t)$，该力引起另一点 B 的瞬时位移为 $D(t)$；相反，若在 B 点施加一个外力 $F(t)$，则在 A 点也会引起同样的瞬时位移为 $D(t)$。所谓互换原理，是指震源和检波器的位置可以相互交换，在这种情况下，同一波的射线路径不变。

互换原理具有普遍性，除适用于均匀各向同性的完全弹性介质外，也适用于任意形状界面的弹性介质、不均匀介质和各向异性介质。相遇时距曲线观测系统就是以互换原理为基础的。

(4) 视速度原理

由费马原理可知，地震波的传播是沿波射线的方向进行的，因此，在观测地震波的传播速度时，亦必须和波射线的方向一致，才能测得地震波传播速度的真值 V。但是实际观测的方向往往和波射线方向不一致，而是沿观测方向测得的波的速度值，此种情况下测得的速度值就不是波传播的真速度值，称为视速度，用 V^* 表示。

如图 4-3 所示，设一平面波波前在 t 和 $t+\Delta t$ 时刻分别到达地面上的 x_1 和 x_2 点，此时波前传播的距离差为 ΔS，而时间差为 Δt，于是真速度为：

$$V=\Delta s/\Delta t \tag{4-6}$$

但由于观测是在地面上进行的，地面上的 x_1 和 x_2 两点间的距离为 Δx，这好像波在 Δt 时间内传播了 Δx 距离，于是在地面上测得的视速度为：

$$V^*=\Delta s/\Delta t \tag{4-7}$$

从图 4-4 可以看出，

$$\Delta S=\Delta x\sin\alpha=\Delta x\cos e \tag{4-8}$$

于是 $V=\Delta S/\Delta t=\Delta x\sin\alpha/\Delta t=V^*\cos e$ (4-9)

即 $V^*=V/\sin\alpha=V/\cos e$ (4-10)

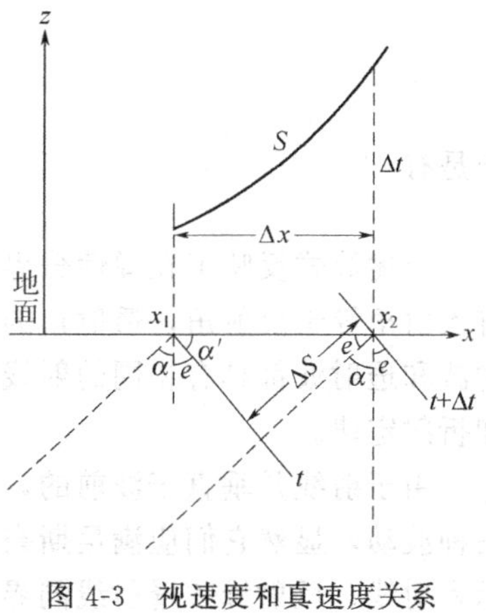

图 4-3 视速度和真速度关系

式中，α 为波射线与地面法线之间的夹角（称为入射角）；e 为波前与地面法线之间的夹角（称为出射角）。

式(4-10) 为真速度与视速度之间的关系，成为视速度定理。从视速度定理可以看出：

① 当 $\alpha=90°$时，即波沿测线方向入射到观测点，有 $V^*=V$，此时波传播方向就是测线方向，视速度等于真速度；

② 当 $\alpha=0°$时，即波的传播方向与测线方向垂直，有 $V^*\to\infty$，此时波前同时到达地面各点，各点间没有时间差，好像波沿测线方向传播速度为无穷大一样；

③ 当 α 由 0 变到 90°时，V^* 则由无穷大变至 V；

④ 在一般情况下，视速度 V^* 永远不小于真速度 V，即 $V^*\geqslant V$；

⑤ 若波速 V 不变，视速度 V^* 的变化反映了波入射角 α 的变化，于是可根据 V^* 的变化推断地下岩层产状的变化。

（5）斯奈尔定律

同光线在非均匀介质中传播一样，当弹性波遇到具有弹性性质突变的弹性分界面时，弹性波也要在此分界面上发生弹性波的反射和透射，可以用上述的惠更斯原理来加以说明。

假设整个弹性空间由分界面 R 分成两部分，如图 4-4 所示。上半空间 W_1 的波速为 V_1，下半空间 W_2 的波速为 V_2。如果在介质 W_1 中有一平面波 AB，以入射角 α 投射至界面 R，因波前与射线垂直，所以波前与界面所成的交角等于波射线与界面法线所成的角。设波前在 t 时刻到达 $A'B'$位置，而 A'点正好在界面 R 上，根据惠更斯原理，可以将界面上的 A'点看作一个新震源，由该点产生新的扰动向周围介质传播，其中一个扰动仍以波速 V_1 在 W_1 介质中传播，而另一个扰动却以波速 V_2 在 W_2 介质中传播。经过时间 Δt 后，即在时刻 $t+\Delta t$，平面波前的 B'点到达界面 C 点，而由 A'新震源发出的扰动在此时刻的波前面，在 W_1 介质中应是以 A'为圆心，以 $r_1=V_1\Delta t$ 的距离为半径的圆弧，在 W_2 介质中也是以 A'为圆心，以 $r_2=V_2\Delta t$ 为半径的圆弧，因讨论的是平面波，因此可从 C 点作两圆弧的切线，分别相切于 D 点和 E 点，CD 和 CE 就是当前波前 $A'B'$到达界面 R 后产生的两个新波的波前(图 4-4)。其中 CD 波前是同入射波前 $A'B'$在同一介质 W_1 内，称为反射波，CE 波前则在入射介质的另一侧，称为透射波或透过波。另入射波前 $A'B'$、反射波前 CD 和透射波前 CE 与界面 R 发现的夹角分别为α、β、γ。从图上简单的三角关系可得：

$$V_1\Delta t=A'C\sin\alpha \tag{4-11}$$

$$V_1\Delta t=A'C\sin\beta \tag{4-12}$$

$$V_2\Delta t=A'C\sin\gamma \tag{4-13}$$

于是有

$$\frac{\sin\alpha}{V_1}=\frac{\sin\beta}{V_1}=\frac{\sin\gamma}{V_2}=P \tag{4-14}$$

上述等式反映了在弹性分界面上，入射波、反射波和透射波之间的运动学关系，很显然有入射角等于反射角，透射角的大小决定于介质 W_2 的波速，且在一个界面上对入射波、反射波和透射波都具有相同的射线参数 $P=\sin\alpha/V_1$。这个定律称为斯奈尔定律，亦称为反射和折射定律。

由于射线是垂直于波前的，因此在弹性分界面上也可以用射线来表示入射、反射和透射三种波动，显然它们应满足斯奈尔定律，不过此时的入射角 α、反射角 β 和透射角 γ 分别表示入射线、反射线和透射线同界面 R 的法线之间的夹角（图 4-5）。

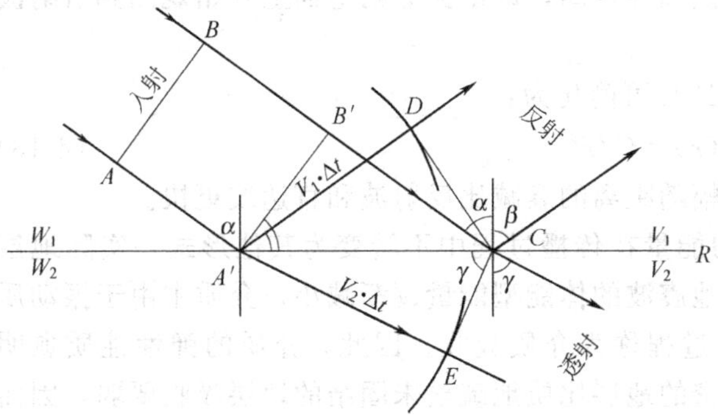

图 4-4 波的反射与透射

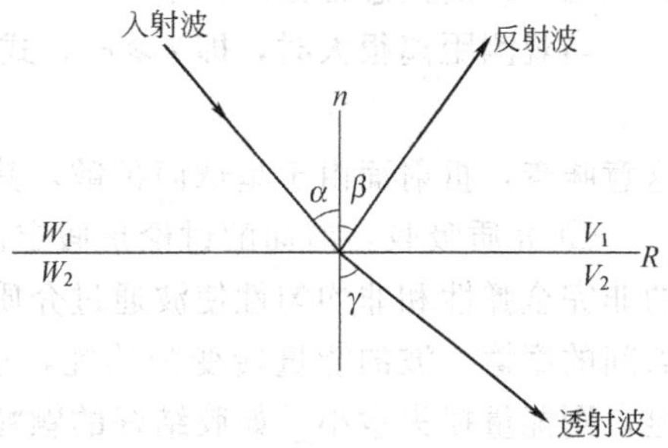

图 4-5 入射波、反射波、透射波的关系

由此可见，当波入射至弹性分界面上时，分别产生反射波和透射波，波射线的方向满足斯奈尔定律，且射线参数是一个常数。

(6) 叠加原理

若有几个波源产生的波在同一介质中传播，且这几个波在空间某点相遇，那么相遇处质点的振动是各个波所引起的分振动的合成，介质中的某质点在任一时刻的位移便是各个波在该点所引起的分矢量的和。换言之，每个波都独立地保持自己原有的特性（频率、振幅、振动方向等），对该点的振动给出自己的一份贡献，即波传播是独立的，这种特性称为叠加原理。叠加原理也可以这样叙述，几个波相加的结果等于各个波作用的和。目前在地震勘探中，常采用复杂信号的叠加，使得不规则干扰信号以及随机干扰信号被抵消，从而达到提高信噪比的目的。

2. 地震波的波动性

(1) 地震波的振幅

地震波的振幅是地震波能量大小的一种体现，地震波在介质中传播时，其能量不断衰减，能量损失的程度是震源和介质性质的函数，因此，影响地震波的振幅的因素有几何扩散、介质吸收、透射损失。

① 几何扩散：地震波由震源向四周传播，波前愈来愈大，就是说愈来愈远地离开震源，前进着的地震波振幅也愈来愈小。这种现象是由地震波的几何扩散所引起的，因为由震源形成的相同能量散布在面积不断增加的波前面上。

在均匀各向同性介质中，地震波的波前面是以震源为球心，一系列半径不断增加的同心圆球面，于是震源能量在介质中按球面波的形式传播。这种随传播距离增加而引起振幅减小的现象，称作球面发散效应。若假设 e_s 是半径为 r 的球面波波前上单位面积的能量，则整个球面的总能量 E 为：

$$E=4\pi r^2 e_s \tag{4-15}$$

因为 E 是常数，所以 e_s 反比于 r^2。

但是，波的能量与其振幅 A 的平方呈正比，即 $e_s \propto A^2$，从而有 $A \propto r^{-1}$，也就是球面波的振幅与距离成反比，这种关系定量地表示了球面发散效应，可写成：

$$A(r)=C/r \quad \text{或} \quad A(r)=C/[V(t)t] \tag{4-16}$$

式中，$V(t)$ 是地震波的波速；t 是旅行时；C 是任意常数。该方程仅适用于反射波和直达波，折射波的振幅和距离的关系可写作

$$A(r)=C/[r\cdot(r-r_0)^3]^{1/2} \tag{4-17}$$

式中，r 是震源至观测点的距离；r_0 是临界距离，即由振源到地面上开始观测到折射波的距离；C 是任意常数。

当观测距离很大时，即 $r \gg r_0$，式(4-17) 可简化为：

$$A(r)=C/r^2 \tag{4-18}$$

这意味着，折射面由于呈球面扩散，其振幅随距离的衰减比反射波和直达波更快。

② 介质吸收：前面的讨论是假定波的能量在传播过程中不转变为其他形式，实际地层的非完全弹性和非均匀性使波通过介质时地震波的体能型能量逐渐减小，介质中由于振动质点间的摩擦，波的能量转变为热能，这一过程称为介质吸收。因此，介质的弹性性质愈明显，则能量损失愈小，如胶结好的颗粒致密的地层比质地疏松未固结的地层吸收要弱，因而地表低速带对能量吸收较大，随深度的加深，介质吸收作用减小。

地震勘探中的地震波在岩层中传播，由于吸收而引起的振幅随距离呈指数形式减小，其振幅随距离的衰减表示为：

$$a_r=a_0\mathrm{e}^{-ar} \tag{4-19}$$

或用时间表示为

$$a_t=a_0\mathrm{e}^{-aV(t)t} \tag{4-20}$$

式中，a_r（或 a_t）、a_0 分别为相距为 r 的两点的振幅值（a_0 也叫原始参数振幅）；a 是介质吸收系数；r 为路径长度；t 为旅行时间。

假设 $a_0=1$，振幅衰减还可以表示为：

$$a_r=\mathrm{e}^{-a\pi r/(QTV)}=\mathrm{e}^{-\omega r/(2QV)} \quad 或 \quad a_t=\mathrm{e}^{-ft\pi/Q}=\mathrm{e}^{-\omega t/(2Q)} \tag{4-21}$$

式中，Q 表示介质的品质因子（无量纲），它是与介质的弹性性质有关的量。

把上述两式的幂加以比较，则得出吸收系数与品质因子的关系为：

$$a=\omega/(2QV)=\pi f/(QV) \quad 或 \quad a=\pi/(Q\lambda) \tag{4-22}$$

式中，λ 是地震波的波长。

因此品质因子描述了波传播一个波长 λ 的距离，能量吸收的相对大小，品质因子和吸收系数二者是从相反的角度描述波传播的介质的性质。

③ 透射损失：严格地说，射线能量遇界面发生反射、透射和绕射时，不涉及能量损失。然而，对一个观察者来说，如果只对反射波感兴趣，那么就反射能量来说，则透射和绕射造成了反射能量的衰减。

如有一个分界面，当波垂直入射往返两次经过该界面时，则双程透射系数 T_r 为：

$$T_r=\frac{4\rho_1\rho_2V_1V_2}{(\rho_1V_1+\rho_2V_2)^2} \tag{4-23}$$

T_r 与界面的反射系数 R 关系是：$T_r=1-R^2$。

对于两层介质来说，可参阅图 4-5，在地面观测 R_2 界面的反射波，波向下、向上两次透射 R_1 界面，由于每次只透射一部分能量，故观测到的反射能量减小，此时 R_1 界面的透射损失因子为 $(1-R_1^2)$。

对于多层介质情况，透射损失指的是当确定第 i 个反射面的反射波时，波经过上覆 $(i-1)$ 个界面的能量损失。故反射能量的衰减是波穿过所有界面的双程透射系数与 i 界面反射系数的乘积。

(2) 地震波的频谱

① 频谱的概念：地震波为非周期性的脉冲波，如同声波一样，随着传播距离的增大(随着深度的增加)，波的频率成分会发生变化，高频成分逐渐被空气（或地层）吸收，使得

视周期变大，延续时间增长，研究地震波从激发、传播和接收过程中振幅和相位对频率变化的规律，称为频谱分析。前者叫振幅谱，后者叫相位谱。

根据傅里叶理论，一个脉冲波动，可以视为无限多个具有不同频率、不同振幅、不同初相位的谐波叠加的结果。即使是相当少量的不同频率成分的合成，也能产生相当复杂的波动。

振幅谱主要用主频和频宽（频带宽度）两个参数来描述。从大量的实际观测和分析得知，地震反射波的能量主要分布在 30～70Hz 的频带内，而面波的主要能量分布在 10～20Hz 的频带内，具有频率低、频带窄的特点，微震背景的频谱则在高频方面。对于不同类型的地震波，其频谱也有差别，同一界面的反射纵波比反射横波具有较高的频率。

② 频带宽度和信号延续时间的关系：在实际的地震勘探工作中，浅层反射波的频率较高，而中、深层反射波的频率较低，浅层的信号延续时间短，深层的信号延续时间长，相应的振幅谱曲线浅层时间短的信号的频带要比深层时间长的频带要宽，则信号的时间长度与频带宽度呈反比，这就是频谱分析中的时标变换定理。

由此可见，不同的信号各有自身不同的频谱，因此通过频谱特征的比较，可以分辨各种类型的波动，区分有用的信号和噪声。尤其重要的是，由于频谱特征更本质地反映了波的性质，能更清晰地展现波在介质传播过程中的变化规律。因此，频谱将作为一个重要的地震波动力学信息，揭示地下层的性质。因此，波的频谱分析在工程地震勘察中具有重要的作用。

③ 影响地震波传播的因素：在自然界中，不同类型的岩石具有不同的物理性质，而且即使是同一类型的岩石，由于存在的环境条件和构造特征等的不同，亦会呈现出不同的弹性特征。因此地震波在不同岩石中和不同条件下，其传播情况也不相同。弹性波理论和岩石的弹性性质分别是地震勘探的物理基础和地质基础，是地震工作的依据。

影响地震波速度的因素主要有：构成岩石基体的组分及其各部分的弹性特征；岩石的孔隙度和密度；压力，亦称地压，它不仅对固体的骨架，而且对物质填充的孔隙以及孔隙率产生作用；温度，它是通过岩石组分的晶化或熔化，直接或者间接地使岩石的弹性特征发生变化，尤其对于深部地层；成岩历史，当受到定向应力、化学或热的影响时，岩石就会发生变化，而且，岩石能被风化、搬运和磨蚀而形成新的岩石；岩石年代，它与弹性特征之间显示了特有的关系：对于同类岩石，年代较老的与年代较新的相比，一般来说更为坚硬，孔隙率更小，密度更大，速度更高。

同样类型沉积岩的特征，主要取决于胶结作用、压力和年龄。胶结作用对于速度的影响，又取决于胶结物质的数量和种类。

对于同一种岩相和地层，速度一般随着压力的增加，亦即随着深度的增加而明显地递增，并且这种速度随深度的递增往往非常接近于一种线性规律。

沉积物的年代也起着很大的作用。岩石越老，其组成的颗粒随着时间的推延也将胶结得更好，压得更实，因而地震波速度也就越大。沉积的间断，常常反应明显的速度突变，这种突变越大，引起的反射波振幅就越强。因此，较老的即所谓“基底”地层，用地震波法是比较容易追踪的。

例如，人们曾经通过测量获得了近代的砂泥沉积的地震波速度，其数值在 1470～1780m/s 之间。在逐渐沉积的地层的压力下，深部沉积的地震波速度迅速增加，在 1km 深度时，速度值已经达到 2000m/s。除了压力以外，时间因素往往有利于动力重排，因而导致紧密堆积和胶结的显著作用，速度的增加变得缓慢了。

第三节 地震勘探仪器

地震勘探仪器包括震源、检波器、地震仪三部分。

一、震源

震源用来产生地震波信号，基本上分为两大类：一类是炸药震源，另一类是非炸药震源。从20世纪20年代开始到现在，地震勘探一直采用以炸药爆炸为主的震源，在我国大部分平原地区，都采用这种震源。

非炸药震源有可控震源、空气枪和电火花等。

1. 炸药震源

要激发纵波，就要使用胀缩震源，在陆地上广泛采用的胀缩震源之一就是炸药。激发的方式有井中、坑中、水中等，其中以井中激发为好。它激发地震波的物理机制是这样的：在井中震源附近，由于炸药爆炸时产生的高温高压对岩石产生巨大的压力，当压力大大超过岩石的极限强度，使岩石破碎，炸成空洞，形成“破坏圈”，如图4-6所示。随着离开震源距离的增加，压力减小，但仍超过岩石的弹性限度，使周围岩石形成放射状和环状的裂隙带，叫“塑性带”。在此带之外，随着离开爆炸点的距离进一步增加，压力降低到岩石的弹性限度内，岩石可以视作完全弹性体，这个区域称为“弹性形变区”。该区的岩层在震源的作用下，才能形成弹性地震波。从上面简单的分析中可知，激发的地震波主要与炸药的性能、多少、井的特点等有关。

炸药量大小的选择主要决定于勘探目的层的深度，深度大，药量应大一些。但是并非随意增加药量就能按比例地增加反射波能量，如图4-7所示，当药量增加到一定值时，弹性波的能量不再随药量的增加而增大，这时大部分能量都被耗费于破坏周围岩石的做功上，因此，光靠增加药量不一定能增加深层反射波能量，药量过大，反而会使记录出现较强的干扰背景，一般的做法是采用组合爆炸的方法来达到增强反射波能量的目的。在保证勘探目的层一定能量的前提下，应采用偏少一些的药量，使其激发的地震脉冲有较宽的频带。

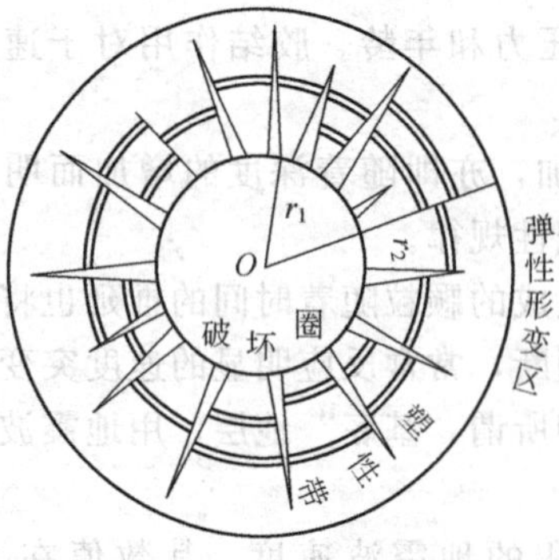

图 4-6 爆炸对岩石的影响

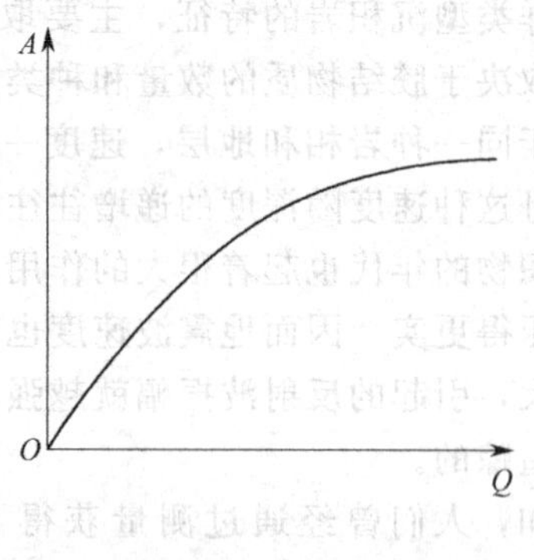

图 4-7 振幅与药量关系示意图

激发的地震波还与井的性能有关，主要是指井的深度及其岩性。大量的实践证明，选择在潜水面下3～5m的黏土层或泥岩中爆炸，激发的地震波频谱适中，能量较强，这是由于潜水面是一个强的反射界面，激发的地震脉冲由于潜水面的强烈反射作用使大部分能量向下传播。如果在低速带中爆炸，由于低速带强烈的吸收作用，使有效波能量很弱，而出现很强的面波干扰。为了选择激发条件，应对工区的表层岩性及潜水面变化情况作一些调查研究工作，如收集水文资料、调查民用井、设计一些微测井等。

2. 非炸药震源

炸药震源存在许多缺陷，钻炮井和炸药所需的费用大、也不安全，在有些缺水或钻井困难的地区（如沙漠、黄土塬等）、工业区和人口稠密区，或海上渔业区都不宜使用炸药，因而近年来非炸药震源得到了很快的发展和应用。

(1) 可控震源

可控震源是一种机械震源，它是靠安装在特种汽车上的振动器连续冲击地面而产生地震波动的，又称为连续振动震源，因为振动的连续时间和频率的变化范围可以人为控制，又称它为可控震源。

可控震源向地面发射一个延续时间从几秒到数十秒长、频率随时间变化的正弦振动，这种正弦振动称为扫描信号，在扫描的持续时间内，按事先确定的起始频率 f_1 和终了频率 f_2 呈升频（或降频的）线性变化，在整个扫描时间 t 的过程中，振幅保持不变，如图 4-8(a) 所示。

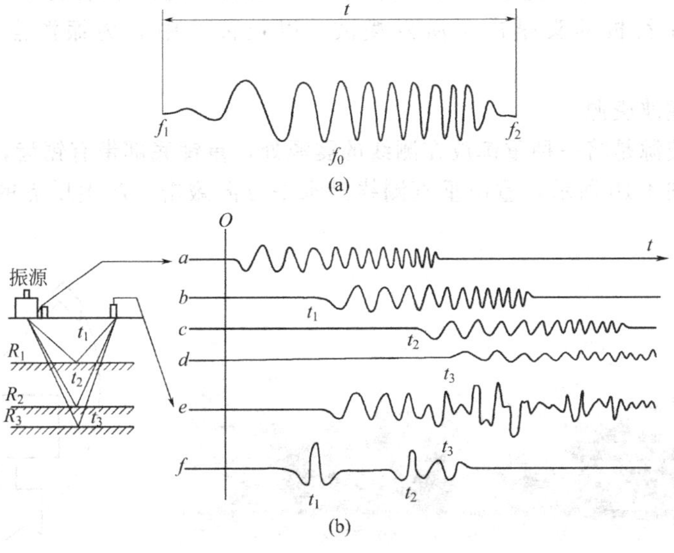

图 4-8　扫描信号与反射信号相关原理示意图

假设有三个反射界面，可控震源发射的扫描信号如图 4-8(b)，图中的 a 是震源旁的检波器（参考检波器）记录下来的信号。扫描信号有较长的延续时间，该信号在反射界面产生的反射波被安置在地表的检波器接收。在第一个界面产生的反射波如图 4-8(b)，它的延续时间大致为扫描信号的记录长度，c 与 d 分别为第二、第三个界面的反射波信号。在地表所记录下来的反射信号是 e 波形，它是前三个反射信号的叠加，延续时间较长，记录长度始于第一个界面反射信号的初期，直到第三个界面反射信号的终止时间，无法分辨与反射界面相应的三个反射波，这也是可控震源与炸药震源的主要区别之一，炸药震源的激发脉冲近似为尖脉冲，反射信号延续时间较短，在一般情况下，在地表同一点可以接收到与反射界面相对应的三个反射波，在时间上是可以分辨的，而可控震源则不行，尤其当反射层厚度较小，即各个反射层的反射波之间的时间间隔较小时（小于扫描延续时间），这时当第一个反射信号还没有停止振动，第二个界面的反射波就到了接收点被记录下来，两个信号就叠加在一起，结果检波器接收到的是延续时间都较长的三个反射波叠加而成的复波，为了得到与界面对应延续时间短的反射波，要作扫描信号与实际记录的相关处理，f 波是处理后（a 与 e 信号相关）的相关记录。

可控震源（图 4-9）相对炸药来说能量太小，为了增强能量，采用一个点振动多次或几台可控震源同时振动等办法。

(2) 空气枪和电火花震源

空气枪震源是形如枪的装置，将高压气体（空气）压入枪膛，并让其在短暂的瞬间在枪口释放，产生很强的冲力。这种震源是典型的脉冲震源，激发信号具有频率高、频带宽的特点。

电火花震源是利用高压电极在水中的放电效应，使其周围的水在一个短暂的时间里析成气体，产生脉冲振动。

空气枪和电火花震源主要用于海上地震勘探，在陆地上有时也用。

(3) 锤击震源

由 18 磅、24 磅大锤和铅制板组成（锤上有开关）。在 V_P 测量时，用 3cm 的金属板，垂向打击，一般适用于 100m 以内，其主要能量集中于 20～120Hz 的频率波围内。在 V_s 测量时，用长板，长 2～3m、宽 35～40cm、厚 6～10cm，放在平坦地面，长板上压 150～300kg 的重物，在长板的头敲击可激发横波，以长板的中心为振源点，其震波频率为 30～70Hz。

(4) 敲击式横波震源

敲击式横波震源是将一种重锤放在测线的震源处，重锤底部带有锯齿，这是为了和地面紧密的耦合，如图 4-10 所示，重锤垂直测线沿水平方向敲击，产生质点的水平位移，这种震源能量比较小。

图 4-9 常用的可控震源车（26 吨位）

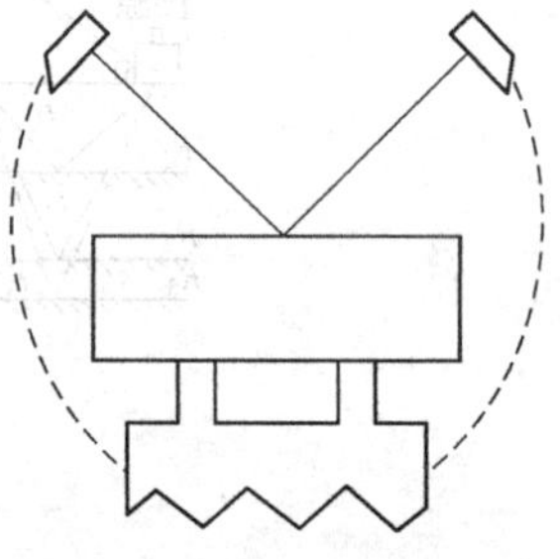

图 4-10 敲击震源

二、地震仪

为了记录由地下反射界面反（折）射回来的地震波，需要使用一套较复杂的专门记录装置，即地震仪。地震仪是地震信息的采集系统，有光点照相式、电敏纸电弧打点式、数字显示式、数字增强式-三维地震等地震仪。

根据地震勘探的需要，对所设计和生产的仪器应有如下基本要求。

1. 地震仪要具有高放大倍数的性能

地震波反射返回到地表时，引起地表质点的振动是相当微弱的，仅仅只有几微米，这种信号是很难用一般的仪器记录下来的，必须要有高放大倍数（放大倍数需几十万倍以上）的放大器，将微弱的信号进行放大才行。

2. 地震仪要具有把能量相差悬殊的浅、中、深层的反射波不失真记录下来的性能

实际的资料表明，来自浅层的强反射波和来自深层的弱反射波能量相差最大可达 100 万倍，相当于 120dB 左右，为了使强弱的信号都能被记录下来，这就要求地震仪器的放大倍数随信号能量的变化而迅速变化，即强的地震波来到时，仪器的放大倍数小一些，弱的地震波来到时，仪器的放大倍数大一些。这样就可以据仪器当时记录信号的振幅大小及放大倍数，去恢复其信号的真振幅，而真振幅是地震波重要的动力学特点。

3. 地震仪要具有合适的通频带

在地震勘探中，浅层和深层反射波频率成分是极不相同的，浅层信号有时高端频率可达 250Hz，而深层反射有时低端频率可低至 10Hz 以下，为了同时接收浅、深层反射波，地震仪的通频带范围一般为 3～250Hz。

4. 仪器固有振动的延续度要短

输入仪器或从仪器输出的反射信号应有重复性，不要因仪器通频带、固有振动等性能改变输入信号，而使输出信号畸变失真，这是地震勘探对仪器的一个主要要求，为了利用地震波的动力学信息，高保真记录反射波是一个基本的条件。

5. 各地震记录道具有良好的一致性

地震记录道是指地表接收点的地震检波器、放大系统、记录系统所构成的信号传输通道。一般在测线上有多个检波点（多达百个甚至上千个），为了不失真地同时记录地震波，要求各地震道有良好的一致性。

对地震仪器，总的来说应具有高灵敏（高放大倍数）、大动态范围、宽频带、短延续、一致性好的性能。所谓动态是指强弱信号在振幅上的变化范围，变化范围大，则动态范围就大。

数字地震仪由记录系统和监视回放显示系统两大部分组成，见图 4-11。

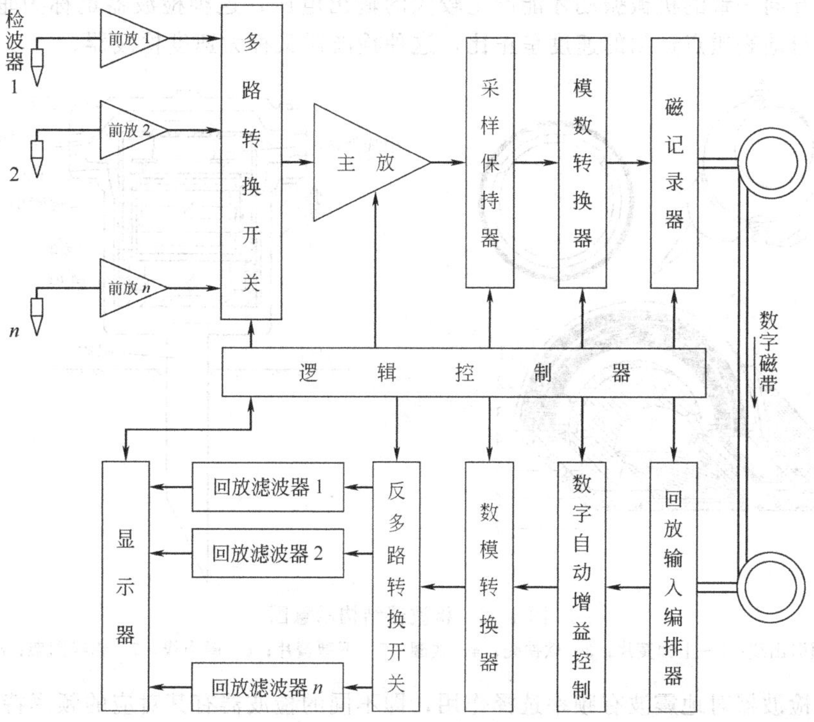

图 4-11 数字地震仪框图

记录系统包括检波器、前放滤波电路、多路转换开关、主放、采样保持器、模数转换器、磁记录器等，回放系统是记录系统的逆过程。这两大部分在逻辑控制器的统一指挥下协调地进行工作。

三、检波器

检波器是探测地震波的一种探测器，可以安放在井下、水下、孔内等。当检波器与介质紧密接触时，产生很小位移，通常为 $n \sim n \times 10\mu m$，所以要求检波器有较高的灵敏度。

检波器一般分两类：速度检波器和加速度检波器。当外来信号到达时，其外壳与地面质点一起垂向振动，使线圈发生相对于磁钢的运动，产生感应电流，从而把机械振动转化成电信号。

检波器是获取地震信息的第一个记录器，为了适应地震勘探的各种要求，检波器的类型和性能是多种多样的。按接收波形的不同，可分为纵波和横波检波器；按其使用的地区不同，分为陆上和海上检波器。但不论是何种检波器，它们都是一种机电转换装置，即把由于地震波引起的地面很微弱的机械振动转换为电流强弱变化的交变信号，然后才可对信号进行放大滤波等处理。

现在陆上接收纵波用的是一种电磁式（动圈式）的检波器，它的结构如图 4-12 所示。它主要由外壳、圆柱形磁钢、环形弹簧片和线圈等组成。磁钢被垂直地固在外壳中央，它产生一个强磁场。线圈绕在圆筒形的线圈架上（惯性体），它通过上、下两个弹簧片与外壳作软连接，使它置于磁钢和外壳之间的环形磁通间隙中，并能上下移动。当地震波引起地表介质振动时，检波器外壳连同磁钢随介质质点一起振动，而线圈由于惯性却不随外壳同时运动，于是便产生了线圈与磁钢的相对运动，线圈切割磁力线便产生了感应电流，即检波器相当于一个小小的“发电机”。感应电流的大小与地面振动的方向和速度有关，只有与检波器线圈的轴线方向一致的机械振动才能产生较大的输出电压，这种检波器也称为垂直检波器；它的输出还与地表质点运动的速度呈正比，这种检波器又称为速度检波器。

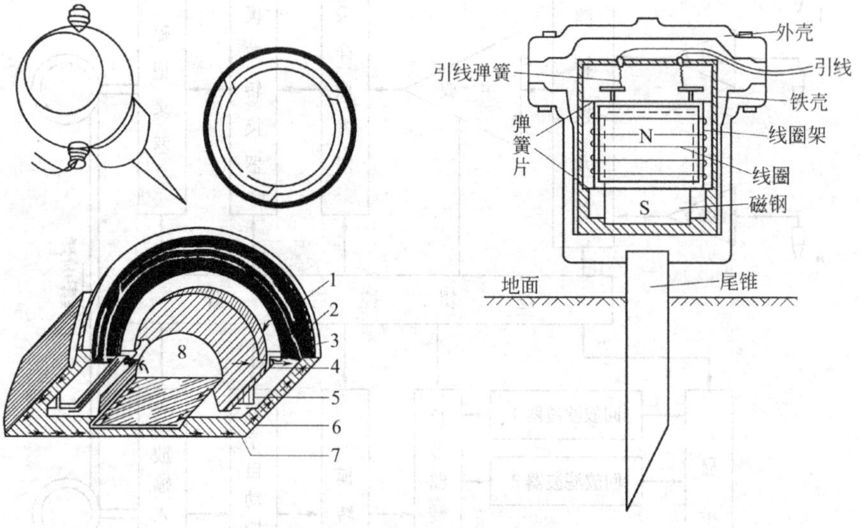

图 4-12　检波器结构示意图

1—线圈引出线；2—上弹簧片；3—软铁壳；4—线圈；5—下弹簧片；6—磁力线；7—铝线圈架；8—磁钢

不同的检波器对地震波有频率选择作用，即不同的检波器有其对应的频率特性，如果按检波器固有频率高低来分，固有频率约为 33Hz 的为中频检波器，固有频率约为 10Hz 的为低频检波器，固有频率约为100Hz的为高频检波器，在以往的地震工作中，多采用低频或中频的检波器。在工程地震勘探中，多采用高频检波器。

日本OYO公司1984年研制成了一种涡流检波器，它是一种加速度检波器，即它的输出与地表质点运动的加速度呈正比，它的自然频率为17Hz。频率在20Hz以上，响应随频率增高，其灵敏度线性增大，它可以接收更高频率成分的波动信息，以补偿地层对地震波高频成分的吸收，对低频干扰和面波等有较强的压制能力，它主要用于高分辨率地震勘探，但其灵敏度低于常用的动圈式检波器，对深层反射不利。

在海洋勘探中，采用根据压电原理制成的晶体压电检波器。工作时把压电器沉在海面下一定深度。当地震波从地下反射界面反射上来时，会引起海水中质点振动并产生压力变化，它作用于检波器，产生交变的电信号，是一种高频检波器。

为了接收横波，采用低频的水平检波器，它的水平灵敏轴要垂直测线安置。

为了同时能接收纵波和横波（SH、SV波），又出现了三分量检波器。

从上面简单的介绍可以看出，为了适应地震勘探的各种要求，随着科学技术的发展，出现了各种不同型号的检波器，以获取更多有关地质构造和地层岩性的信息。据此可推想，仪器的其他部分的型号也是各不相同的。在地震勘探中，人们已经可以比较主动地采用不同的手段来获取所需的信息，而对某些问题进行专门的研究。

第四节　地震波理论时距曲线

时距曲线：检波点（观测点）到爆炸点之间的距离 x 与地震波到地面各观测点时间 t 的关系曲线。

一、直达波时距曲线

从爆炸点出发直接到观测点的地震波称为直达波。若岩石是均匀的，$t=\pm\dfrac{x}{V}$（时距方程），图4-13中 S_1、S_2 为正、负两条时距曲线。方程中，只与观测点的坐标和速度有关，而与界面 R 的位置无关，因此不能绘出地质构造的产状数据。

二、反射波时距曲线

地下有一反射界面，满足波阻抗（地震传播速度与传播介质的密度的乘积）不相等时，即 $V_1\rho_1\neq V_2\rho_2$（波阻抗相等时不反射只透射），波 $O\rightarrow A\rightarrow S$，时间为 t。埋藏深度为 h，第一层传播速度为 V_1，密度 ρ_1，第二层传播速度为 V_2，密度 ρ_2。由 O 作 R 的垂线，对称 O^*（虚震源）。

如图4-14所示，$O^*S=O'A+AS=OA+AS=V_1t$，$t=O^*S/V_1$，而 $O^*S=\sqrt{MS^2+O^*M^2}$，$MS=x-x_m$

$$O^*M=\sqrt{OO^{*}-OM^2}=\sqrt{4h^2-x_m^2} \tag{4-24}$$

于是，

$$O^*S=\sqrt{(x-x_m)^2+(4h^2-x_m{}^2)}=\sqrt{x^2+4h^2-2xx_m} \tag{4-25}$$

$$t=\frac{O^*S}{V_1}=\frac{1}{V_1}\sqrt{x^2+4h^2-2xx_m}\quad \text{又因为}\angle OO^*M=\varphi\quad x_m=2h\sin\varphi$$

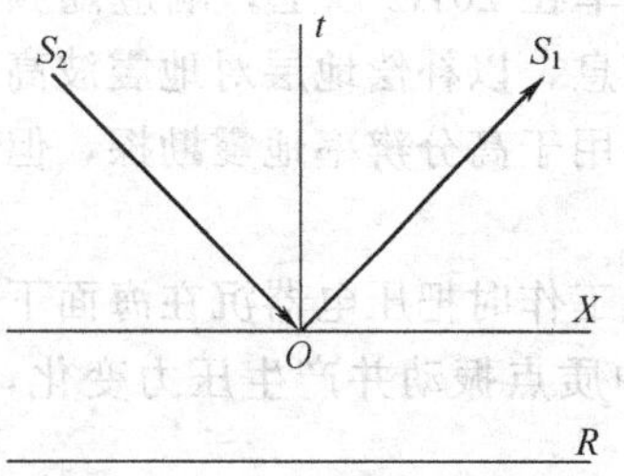

图 4-13　波界面反射示意图

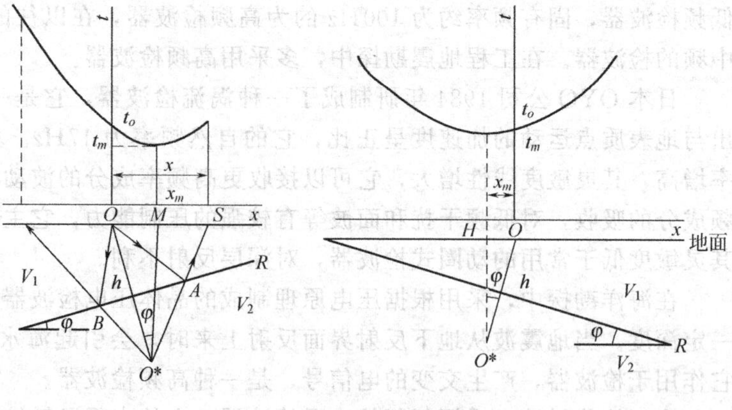

图 4-14　虚震源反射波时距曲线

则　　　　$t=\frac{1}{V_1}\sqrt{x^2+4h^2-4hx\sin\varphi}$　（反射波时距方程，上倾方向）　(4-26)

　　　　　$t=\frac{1}{V_1}\sqrt{x^2+4h^2+4hx\sin\varphi}$　（反射波时距方程，下倾方向）　(4-27)

上两式为一支双曲线，特殊情况：

当界面水平时，　　$\varphi=0$，$t=\frac{1}{V_1}\sqrt{x^2+4h^2}$（对称于 t 轴的双曲线）　(4-28)

1. 讨论

(1) 极小点 t_m 与反射界面的关系

在图 4-14 中，方程的极小点坐标（x_m，t_m）为：$x_m=\pm 2h\sin\varphi$　$t_m=\frac{1}{V_1}\cos\varphi$

由此可知，极小点的位置与法线深度 h、地层倾角有关，实际上就是虚 O^* 在测线上的投影点，始终位于界面的倾斜方向，而且随着埋深和倾角的增大，极小点远离炮点 O，即 x_m 大。所以由极小点位置可以判别地层的视倾向。

(2) 垂直时间 t_0 与反射界面的关系

垂直时间 t_0：在炮点接收到的反射波到达的时间，即 $t_0=2h/V$，$h=V_1t_0/2$ 只与 h、V_1 有关，而与 φ 无关。在解释时，用垂直时间 t_0 来求界面的法线深度［图 4-15(a)］。

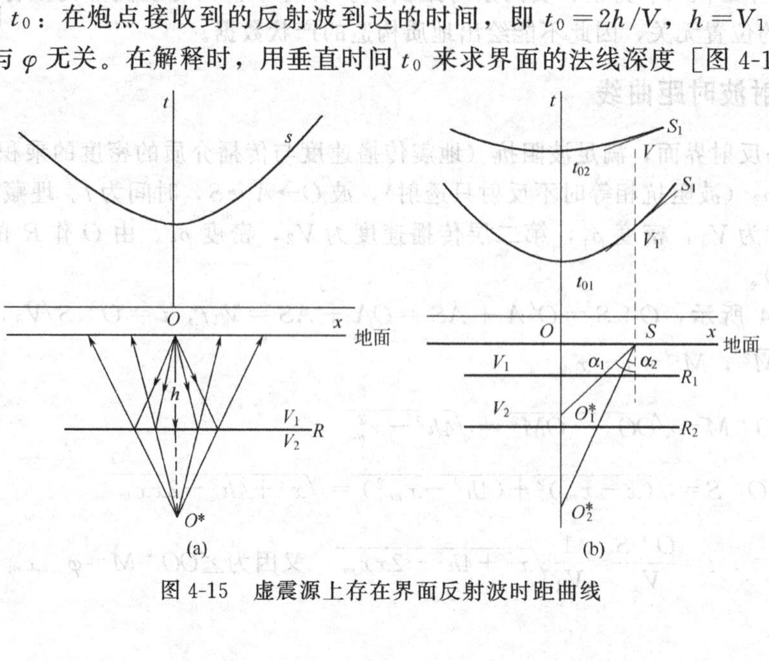

图 4-15　虚震源上存在界面反射波时距曲线

（3）反射界面与时距曲线的关系

反射界面越深，时距曲线越平缓，原因：视速度 $V^*=V/\sin\alpha$，在炮点 $\alpha=0$、$V^*=\infty$，远离炮点时，界面越深，虚炮点 O^* 越深，则 t_0 越大，相应在同一地点的入射角 α 就小，故视速度就大，而 V^* 又是该点切线斜率的倒数，故平缓［图 4-15(b)］。

（4）断层附近的时距曲线

若断层垂直，参数如图 4-16 分别以下盘和上盘延长线作虚炮点 $O_1^*O_2^*$。在下盘，右侧只能接收到 S_1，曲线最小点在 t 轴（因 R 水平）。同理在上盘的延长线上 O_2^* 接收到 S_2 点的曲线，故曲线是断开的，在记录上是空白（由于断层不完全直立，记录上很多记录复杂的波形）。错开的时差 $\Delta t=\dfrac{1}{V_1}(O_1^*S_1-O_2^*S_2)$。

（5）地面接收点间隔与地下反射点间隔的关系

如图 4-17，界面水平，在 O 点放炮，在 OS 地段接收，设震源与接收点的距离为一个道间距 ΔX，它与界面上 A 点与 B 点的距离有以下简单关系：

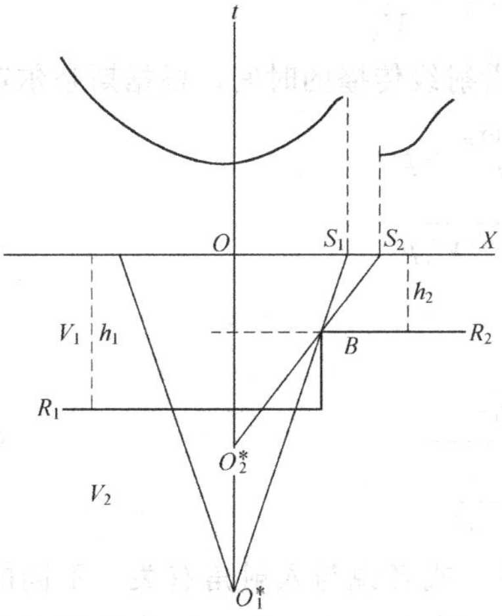

图 4-16　断层面垂直的时距曲线

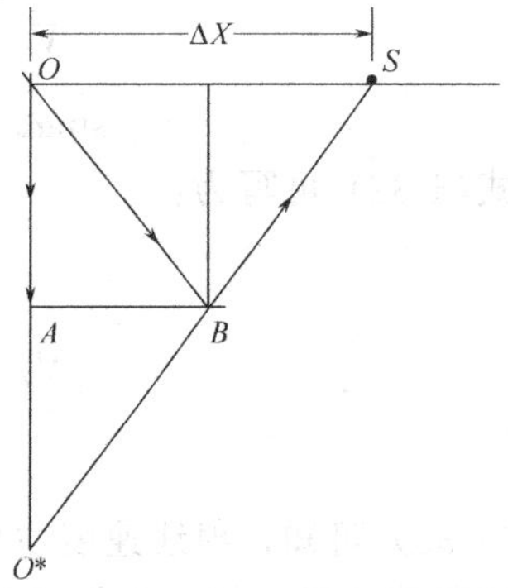

图 4-17　接收点与反射点的关系

$$AB=\frac{1}{2}\Delta X \tag{4-29}$$

从图 4-17 可看出，测线上有两个接收点，相应界面上也有两个反射点，两点可构成长度很短的一段界面，一般采用多道接收，则有多个反射点，可构成较长的界面，如果炮检距为 X，反射界面的长度就为炮检距的 1/2。采用多道接收界面上反射波的方法，就有可能长距离的追踪某一个界面的起伏形态，以达到查明地质构造的目的。

（6）时距曲线的弯曲情况—视速度定理

要讨论时距曲线的弯曲情况，可用导数的概念，即 $f'(X)=\dfrac{dt}{dX}$。

在坐标原点，$X=0$，导数值为零，时距曲线的切线平行 X 轴，随 X 值增加，导数值增大，曲线变得越来越弯曲。

在地震勘探中，可以用视速度来讨论曲线的弯曲，它在数值上为导数的倒数，即

$$V^*=\frac{1}{f'(X)}=\frac{dX}{dt} \tag{4-30}$$

视速度的物理含义是把在地下用真速度沿射线传播的反射波看作用视速度沿地面测线传

播的波动。可以证明反射波的视速度总大于真速度。

2. 水平多层介质的反射波时距曲线方程

在均匀介质条件下，波沿直射线传播，此时所建立的时距方程及相应的时距曲线是比较简单的。在层状介质中，波沿折射线传播，要建立它的时距方程就比较困难，为了使讨论问题比较简单，可假设某种速度的“等效层”来代替实际的层状介质。下面先讨论这种等效层的速度，进而建立时距方程，分析时距曲线的特点。

(1) 射线平均速度

波沿实际射线传播的速度叫做射线速度，设有水平层状介质的地质模型，各层的速度是递增的，α_i 为波在每一层介质中的入射角，Δh_i 和 V_i 分别为各层的厚度和速度，如图 4-18 所示，波斜入射到介质中，波沿射线传播的射线速度 V_r 为：

$$V_r=\frac{\dfrac{\Delta h_1}{\cos\alpha_1}+\dfrac{\Delta h_2}{\cos\alpha_2}+\cdots+\dfrac{\Delta h_n}{\cos\alpha_n}}{\dfrac{\frac{\Delta h_1}{\cos\alpha_1}}{V_1}+\dfrac{\frac{\Delta h_2}{\cos\alpha_2}}{V_2}+\cdots+\dfrac{\frac{\Delta h_n}{\cos\alpha_n}}{V_n}} \tag{4-31}$$

上式中，分子为波入射的总路径长度，分母为波沿射线传播的时间，根据斯奈尔定律：

$$\frac{\sin\alpha_1}{V_1}=\frac{\sin\alpha_2}{V_2}=\cdots=\frac{\sin\alpha_n}{V_n}=p$$

$$\sin\alpha_n=V_n p\,,\cos\alpha_n=\sqrt{1-V_n^2p^2} \tag{4-32}$$

这时式(4-32) 可写为：

$$V_r=\frac{\sum\limits_{i=1}^{n}\dfrac{\Delta h_i}{\sqrt{1-V_i^2p^2}}}{\sum\dfrac{\Delta h_i}{V_i\sqrt{1-V_i^2p^2}}} \tag{4-33}$$

从式(4-33) 可知，射线速度主要与射线参数有关，或者说与入射角有关，不同的炮检距有不同的射线路径，每一条射线的射线是不一样的，图 4-19 表示了不同炮检距时相应的射线路经，从式(4-33) 可知，V_r 随 α_i 角的增加（炮检距增加）而增大。

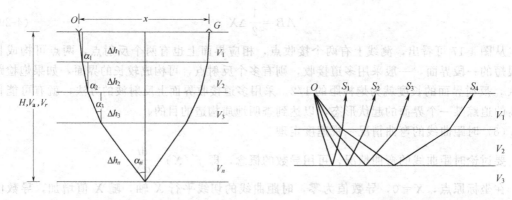

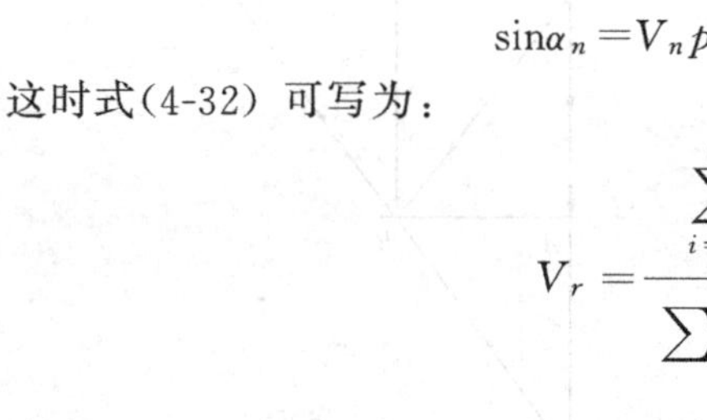

图 4-18　水平层状介质中波传播的模型

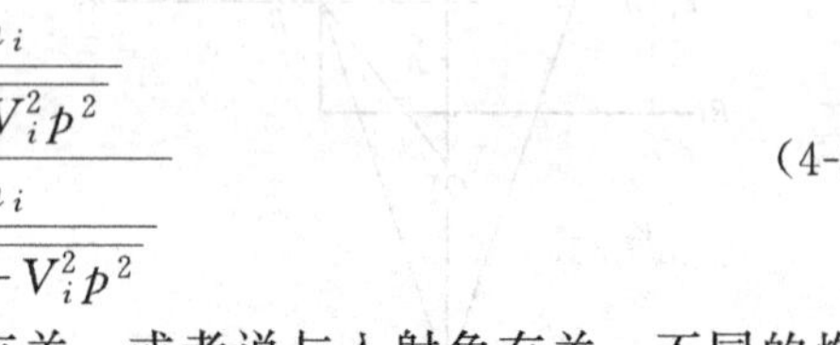

图 4-19　炮检距与射线路径

射线速度比较真实地反映了波在层状介质中传播的规律，理论上是准确的，但由于 α_i 角很难确定，在实际工作中不能直接求取，只有知道了分层结构后，才可求取理论值。为了使讨论问题较简便，可以把某个界面以上的层状介质用某种速度的“等效层”来代替，把层状介质加以简化。

(2) 均方根速度

由式(4-33) 可知，波沿折射入射到某界面并反射返回地表接收点的时间为：

$$t=2\sum_{i=1}^{n}\frac{\Delta h_i}{V_i(1-V_i^2P^2)^{\frac{1}{2}}} \tag{4-34}$$

假设采用近法线入射的物理模型，即近震源接收波，α_i 角较小，有关系$(\sin\alpha_i)^2=V_i^2P^2 \ll 1$，上式用二项式展开，略高次项，并令 $t_i=\Delta h_i/V_i$，它表示波的单程旅行时间，可得：

$$\begin{aligned}t&=2\sum_{i=1}^{n}\frac{\Delta h_i}{V_i}(1-V_i^2P^2)^{-\frac{1}{2}}\\&=2\sum_{i=1}^{n}t_i\left(1+\frac{1}{2}V_i^2P^2+\frac{3}{8}V_i^4P^4+\cdots\right)\\&=t_0+\sum_{i=1}^{n}t_iV_i^2P^2\end{aligned} \tag{4-35}$$

为解此方程，设法建立另一带 P 的炮检距方程，然后联立求解。炮检距 X 的方程为：

$$\begin{aligned}X&=2(\Delta h_1\tan\alpha_1+\Delta h_2\tan\alpha_2+\cdots+\Delta h_n\tan\alpha_n)=2\sum_{i=1}^{n}\Delta h_i\tan\alpha_i=2\sum_{i=1}^{n}\frac{\sin\alpha_i}{\cos\alpha_i}\\&=2\sum_{i=1}^{n}\frac{\Delta h_iV_iP}{\sqrt{1-V_i^2P^2}}\end{aligned} \tag{4-36}$$

上式用二项式展开。略高次项，可得：

$$X=2\sum_{i=1}^{n}\Delta h_iV_iP \tag{4-37}$$

式(4-35)、式(4-37) 组成一个带 P 的方程组：

$$\left.\begin{aligned}t&=t_0+\sum_{i=1}^{n}t_iV_i^2P^2\\X&=2\sum_{i=1}^{n}\Delta h_iV_iP\end{aligned}\right\} \tag{4-38}$$

平方方程组，略高次项，得：

$$\left.\begin{aligned}t^2&=t_0^2+2t_0P^2\sum_{i=1}^{n}t_iV_i^2\\X^2&=4P^2\left(\sum_{i=1}^{n}\Delta h_iV_i\right)^2\end{aligned}\right\} \tag{4-39}$$

从上面方程组中第二式，得：

$$P^2=\frac{X^2}{4\left(\sum_{i=1}^{n}\Delta h_iV_i\right)^2} \tag{4-40}$$

将上式代入方程组中第一式，得：

$$t^2=t_0^2+2t_0\frac{X^2}{4\left(\sum_{i=1}^{n}\Delta h_iV_2\right)^2}\sum_{i=1}^{n}t_iV_i^2$$

$$=t_0^2+t_0\frac{X^2}{2\sum_{i=1}^{n}t_iV_i^2}=t_0^2+\frac{X^2}{\frac{\sum t_iV_i^2}{\sum t_i}} \tag{4-41}$$

令

$$V_{rms}^2=\frac{\sum_{i=1}^{n}t_iV_i^2}{\sum_{i=1}^{n}t_i} \tag{4-42}$$

把 V_{rms} 叫做均方根速度，这时在层状介质中的时距方程可写为：

$$t^2=t_0^2+\frac{X^2}{V_{rms}^2}=C_1+C_2X^2 \tag{4-43}$$

式中，$C_1=t_0^2$，$C_2=1/V_{rms}^2$。此式与均匀介质中一个水平界面的时距方程相比，形式上是完全相似的，而仅仅使用均方根速度代替了多层介质中的速度，这意味着在水平层状介质情况下，当采用近法线入射的物理模型时，可以用某界面以上介质的均方根速度代替该界面以上的层状介质的速度值，把层状介质假想成具有均方根速度的均匀介质，把层状介质的速度模型作了简化。

如果远震源处（炮检距）接收反射波，上述的物理模型就不能成立，则在公式推导中就不能略去高次项，时距方程应为：

$$t^2=C_1+C_2X^2+C_3X^4+\cdots \tag{4-44}$$

时距曲线为高次曲线，因此也可以给均方根速度下这样的定义：把水平层状介质的反射波时距曲线近似看作双曲线时，波传播的速度就是均方根速度。

均方根速度可以通过地震反射波资料和数字处理来求取，它主要作为正常时差校正中的速度参数。

（3）平均速度

在射线速度的公式中，当波法向入射时，有 $\alpha_1=\alpha_2=\cdots\alpha_n=0$ 的关系，射线速度变为平均速度 V_α，即：

$$V_\alpha=\frac{\Delta h_1+\Delta h_2+\cdots+\Delta h_n}{\frac{\Delta h_1}{V_1}+\frac{\Delta h_2}{V_2}+\cdots+\frac{\Delta h_n}{V_n}}=\frac{\sum_{i=1}^{n}\Delta h_i}{\sum_{i=1}^{n}\frac{\Delta h_i}{V_i}}=\frac{\sum_{i=1}^{n}t_iV_i}{\sum_{i=1}^{n}t_i}=\frac{H}{t} \tag{4-45}$$

式(4-45) 表示波垂直穿过地层的总厚度（H）与总传播时间（t）之比，定义为平均速度，或者说平均速度是按各分层的速度对垂直传播时间加权的结果，t_i 大的层，即低速的或厚度大的层影响大一些，在总时间中它的贡献较大。

层状介质用波速为平均速度、厚度为各分层之和的介质替换后，时距方程为：

$$t^2=t_0^2+\frac{X^2}{V_\alpha^2} \tag{4-46}$$

时距曲线为双曲线，波沿直线传播。

平均速度也是对层状介质的一种简化，某一界面以上的平均速度实质上把该界面以上的层状介质简化为波用平均速度沿界面法向传播的均匀介质。

平均速度可利用井孔，采用地震测井的方法来求取。它的主要用途是时深转换中的速度参数。

（4）平均速度、均方根速度、射线速度三者之间的关系为了能简便直观的说明三者之间的关系，我们假设了一个三层水平界面地质模型，第一、二层的厚度分别为 $h_1=500m$，$h_2=750m$，相应的波速分别为 $V_1=2000m/s$，$V_2=3000m/s$。

根据计算 V_α 及 V_{rms} 的公式，可分别求出 $V_\alpha=2500m/s$，$V_{rms}=2549m/s$。从计算公式可知，这两个速度值与 X 值无关，不随炮检距而变化，对同一介质模型，它们为常数值，并且均方根速度大于平均速度。

根据计算射线速度的公式，假设不同的 α 角，可计算出相应的射线速度，它的用途之一可以作为衡量平均速度和均方根速度精度的一种标准。表 4-1 列出了三种速度值。

根据表 4-1 中数据，可作出三种速度相比较的示意图 4-20。

表 4-1　V_α、V_{rms}、V_r 的数值

入射角 α	炮检距/m	V_α/(m/s)	V_{rms}/(m/s)	V_r/(m/s)
0	0	2500	2549	2500
4	228	2500	2549	2501
12	705	2500	2549	2507
20	1260	2500	2549	2523
28	2020	2500	2549	2554
36	3529	2500	2549	2632
40	6292	2500	2549	2743

从图4-20 可看出射线速度随 X 的变化，当 $X=0$ 时，射线速度等于平均速度，而小于均方根速度，可见此时平均速度为精确的速度。随着 X 值的增加，平均速度越小于射线速度，而均方根速度与射线速度相接近，也就是说平均速度误差越来越大，而均方根速度的精度有所提高，在 X 为某一值时，必然也出现射线速度和均方根速度的交点，两者数值相等，在我们假设的地质模型中，当炮检距约为 200m 时，就出现这种情况。可见在炮检距为某数值时，均方根速度又成了较准确的速度。X 值再增加，射线速度随着增大，并趋近于剖面中速度最高的层速度，而这时均方根速度的误差也随着增大。射线速度随炮检距变化的物理实质是费马原理，在层状介质中，波总是按斯奈尔定理所决定的折射线传播的，沿实际折射线传播的时间，总是要比沿直线传播的时间少，即波传播要沿时间最小的路径，因此必然在高速层中多走一些路程，炮检距越大，这一特点越明显。

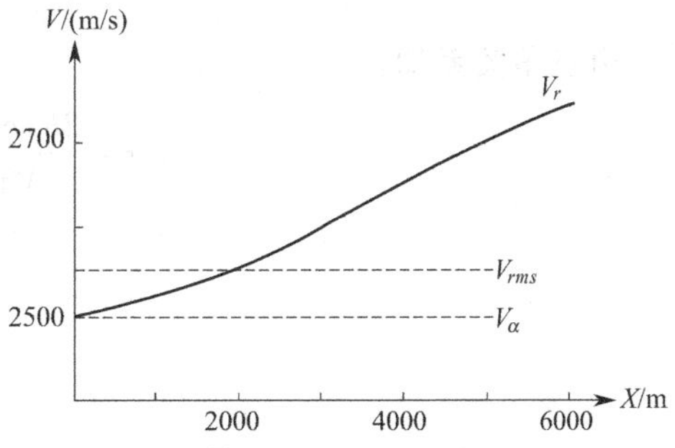

图 4-20　平均速度、均方根速度、射线速度与 X 的关系

3. 多次反射波时距曲线

产生多次波的地质条件及其类型：地震波在地下岩层中传播，当遇到强波阻抗界面、不整合面、基岩面、火成岩和海底面等，就会产生能量很强的反射波，当反射波返回到地面或海面时，由于自由表面和海水面也是一个良好的反射界面，该反射波又向下传播，遇上一些强波阻抗界面又发生反射，这样就形成了多次反射波。

多次反射按它在哪些界面上发生反射，可以分为全程多次波、非全程多次波和虚反射。非全程多次波又可以分为短程和微屈多次波。

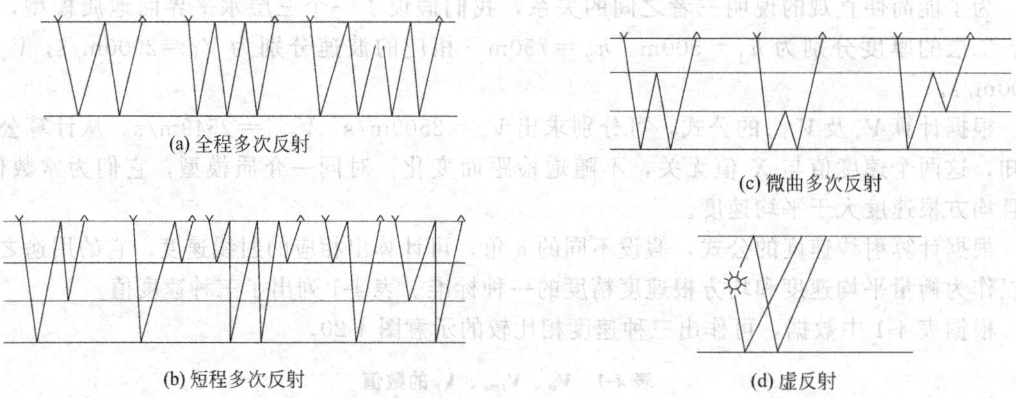

图 4-21　多次反射波

三、折射波时距曲线

1. 折射波时距方程

若地下有一界面，参数如图 4-22 所示，炸点到界面距离为 h_1，到 S 点的深度为 h_2，

$$t=\frac{OB}{V_1}+\frac{BD}{V_2}+\frac{DS}{V_1} \tag{4-47}$$

因为　$\sin i=\frac{V_1}{V_2}$（临界面，i 为临界角）

由三角关系知：

$$t=\frac{2h_1\cos i}{V_1}+\frac{x\sin(i+\varphi)}{V_1} \tag{4-48}$$

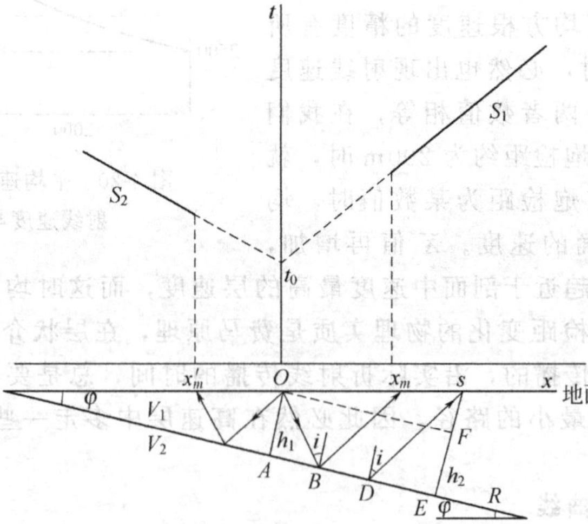

图 4-22　波折射示意图

当折射面水平时：

$$t=\frac{2h_1\cos i}{V_1}+\frac{x}{V_2} \tag{4-49}$$

因为 $\varphi=0$，φ 为岩层倾角，表示为水平岩层

当 R 面向上倾时 $$t=\frac{2h_1\cos i}{V_1}+\frac{x\sin(i-\varphi)}{V_1} \tag{4-50}$$

式(4-48) 的推导如下：

已知 $V_2=\frac{V_1}{\sin i}$，$OS=x$，$OA=h_1$，$SE=h_2$，由图知 $OB=\frac{h_1}{\cos i}$

$$DS=\frac{h_2}{\cos i}=\frac{h_1+x\sin\varphi}{\cos i} \tag{4-51}$$

$$BD=AE-(AB+DE)=x\cos\varphi-[h_1\tan i+h_2\tan i]$$

$$=x\cos\varphi-[h_1\tan i+(h_1+\sin\varphi)\tan i]=x\cos\varphi-2h_1\tan i-\sin\varphi\tan i \tag{4-52}$$

故 $$t=\frac{OB}{V_1}+\frac{BD}{V_1}\sin i+\frac{DS}{V_1}=\frac{1}{V_1}(OB+BD\sin i+DS)$$

$$=\frac{1}{V_1}\left[\frac{h_1}{\cos i}+\frac{h_1+x\sin\varphi}{\cos i}\sin i+(x\cos\varphi-2h_1\tan i-x\sin\varphi\tan i)\right]$$

$$=\cdots\cdots=\frac{2h_1\cos i}{V_1}+\frac{x}{V_1}\sin(1+\varphi) \tag{4-53}$$

对盲区，$$OB'=\frac{2h_1\sin i}{\cos(i+\varphi)} \quad 或 \quad \frac{2h_1\sin i}{\cos(i-\varphi)} \quad (另一侧) \tag{4-54}$$

当 $i+\varphi=90°$时，$OB'=\infty$，即在炮点下方接收不到折射波，在上倾方，入射角总小于临界角，无法形成折射波。

2. 时距曲线与视速度和界面速度的关系

根据视速度公式，若上倾方为 $V^*_上$，下倾方为 $V^*_下$

则 $V^*_上=\frac{V_1}{\sin(i-\varphi)}$，$V^*_下=\frac{V_1}{\sin(i+\varphi)}$，即 $V^*_上>V^*_下$

则 $$\left|\frac{1}{V^*_上}\right|+\left|\frac{1}{V^*_下}\right|=\frac{2\sin i\sin\varphi}{V_1}=\frac{\cos\varphi}{V_2} \quad \left(因为\ \sin i=\frac{V_1}{V_2}\right) \tag{4-55}$$

讨论：① 当 $\varphi<15°$时，$\cos\varphi\approx1$，$\left|\frac{1}{V^*_上}\right|+\left|\frac{1}{V^*_下}\right|\approx\frac{2}{V_2}$，即可求出 V_2；

② 当 $\varphi=0°$时，$V_2=V^*_上=V^*_下$，视速度等于界面速度；

③ 由 $t=\frac{2h\cos i}{V_1}$，可求出 R 的埋深 $h=\frac{V_1t_0}{2\cos i}$ $[\varphi=0°]$。

3. 折射界面与时距曲线的关系

① 当 $i+\varphi=90°$时，形不成折射波，此时应调整视倾角，使 $i+\varphi<90°$，如图 4-23。

② 当折射面不是直线时，时距曲线呈曲线，凹凸相对，如图 4-24。

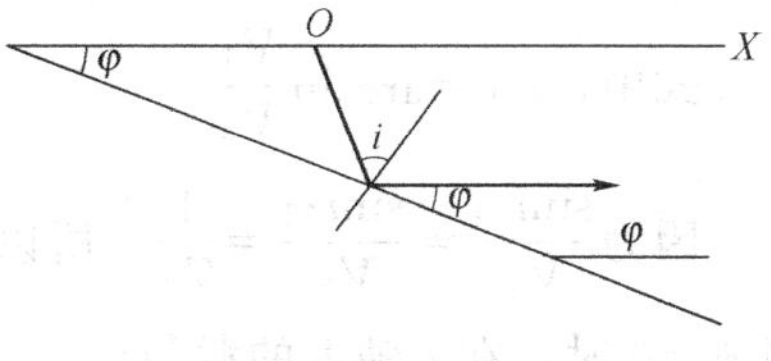

图 4-23 波界面反射示意图

③ 当改变炮点后，两条时距曲线相交，说明地下存在透射波，不相交时无透射波。见图 4-25。

④ 三层及多层有水平界面的折射波时距曲线，对于三层情况，$V_1<V_2<V_3$，如图4-26；对于多层情况，如图 4-27。

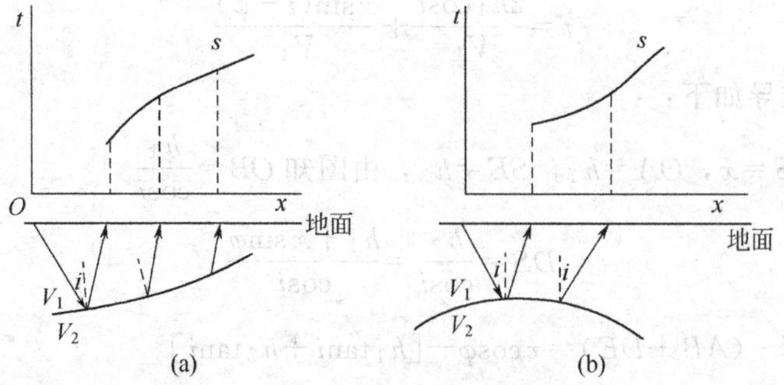

图 4-24 折射面与时距曲线关系图

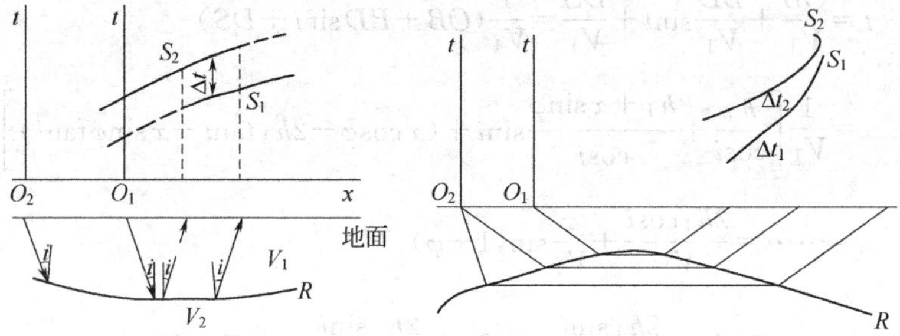

图 4-25 透射波与时距曲线关系图

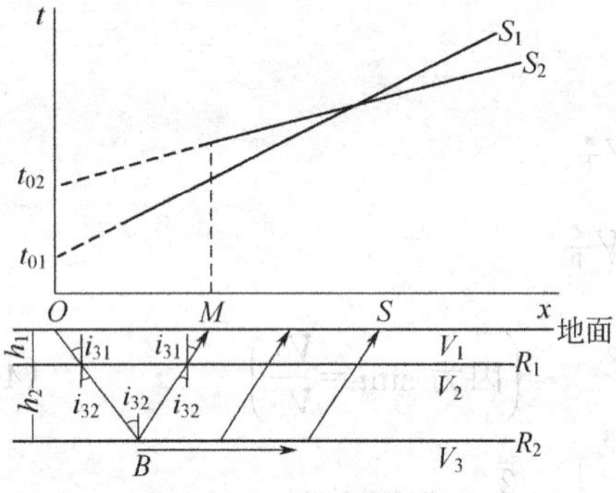

图 4-26 三层介质的时距曲线

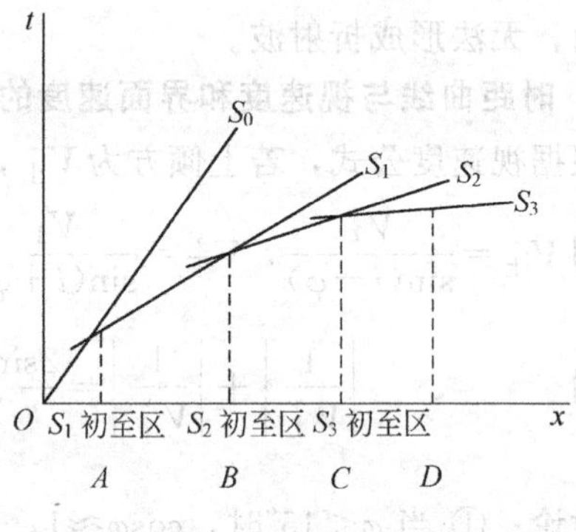

图 4-27 多层介质时距曲线关系图

R_1 界面的折射曲线为 S_1

R_2 界面的折射波时距曲线方程如下：

$$t=\frac{x}{V_3}+\frac{2h_1\cos i_{31}}{V_1}+\frac{2h_2\cos i_{32}}{V_2} \tag{4-56}$$

相对于炮点上段到 R 界面 O' 点。

式中，$i_{31}=\arcsin\dfrac{V_1}{V_3}$

因为 $\dfrac{\sin i_{31}}{V_1}=\dfrac{\sin i_{32}}{V_2}=\dfrac{1}{V_3}$，所以，$i_{32}=\arcsin\dfrac{V_2}{V_3}$。

当 $x=0$ 时，在 t 轴上的截距：

$$t_2=\frac{2h_1\cos i_{31}}{V_1}+\frac{2h_2\cos i_{32}}{V_2} \tag{4-57}$$

当有多层折射波时距曲线时，同三层类似，只是方程的项数增多而已（图 4-27）。

由于随深度的增加而 V 增大，而 $t=\frac{k}{V}$，故 t 轴出现平缓，并出现三个区，即初至区 AB，平滑区 BC，续至区 CD。不同区都可以解释。

四、绕射波及特殊地层时距曲线

1. 绕射波的形成

当传播时，遇到断层的棱角、地层尖灭、不整合面的突起和侵入体边缘等显著地方，可作为新的震源点向四周传播，称这种现象为绕射。当出现绕射（图 4-28）时，旅行时间由两部分组成：

第一部分由 O 到 A 入射，$t_1=\frac{AO}{V_1}=\frac{1}{V_1}\sqrt{l^2+h^2}$ (4-58)

另一部分绕射 A 到 S，$t_2=\frac{AS}{V_1}=\frac{1}{V_1}\sqrt{(x-l)^2+h^2}$ (4-59)

$$t=t_1+t_2=\frac{1}{V_1}\left[\sqrt{l^2+h^2}+\sqrt{(x-l)^2+h^2}\right] \quad \text{（时距方程）} \tag{4-60}$$

$$(tV_1)^2=2l^2+2h^2+x^2-2xl \quad \text{二次方程为双曲线} \tag{4-61}$$

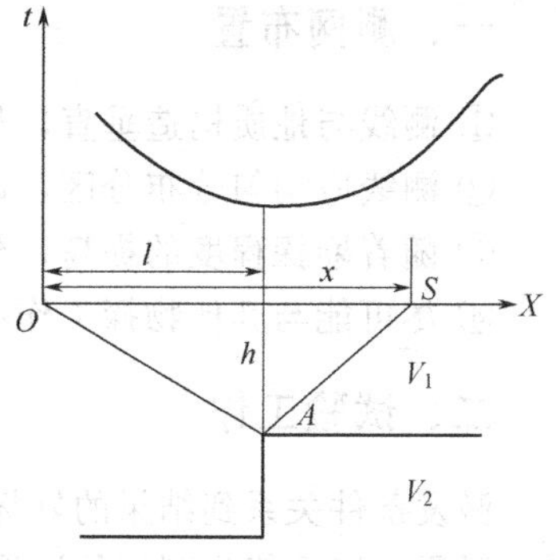

图 4-28　绕射波示意图

2. 不同速度的垂直分界面的时距曲线

① 对地层尖灭时距曲线，如图 4-29(a) 所示，在尖灭点出现新的炮点，$V_2>V_1$，$V_3>V_1$，从 O 点出发，以临界角 $i_1=\arcsin\frac{V_1}{V_2}$入射至 D 点，在 V_2 上产生 P_{121}波，在 AB 段接收。$V^*=V_2$，在 C 点产生绕射 P'_{121}，又有射线以 $i_2\left(i_2=\arcsin\frac{V_1}{V_3}\right)$角出射到地面，形成 P_{12131}。

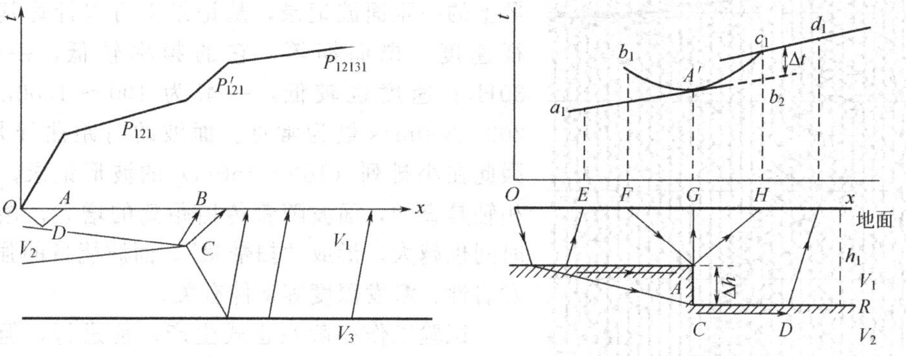

图 4-29　断层的折射波时距曲线

② 对有断层时的折射波时距曲线，如图 4-29(b) 所示各参数，为正断层 $AO\rightarrow AR$ 面，OE 盲区，EF 为平面折射形成ab_1 的 P_{121} 折射，其次，B 点折射在 FH 形成b_1b_2 曲线，为双曲线。第三，由 OAC 形成射绕射形成c、d 曲线。

由此可以看出，只要掌握折射波的传播规律，就可以正确绘制时距曲线。

第五节　地震勘探的野外工作方法

地震勘探是建立在假设地表水平，地下界面倾角不大，介质均匀，各向同性，层间存在明显物性差异的基础上的。但实际上要复杂得多，要进行校正。

野外工作分三段：现场踏勘；试验工作；外业生产工作。各阶段都有任务，要结合钻探资料。有时要在水上进行工作。

一、测网布置

① 测线与地质构造垂直，尽可能是直线。

② 测线应均匀分布分区，以利于资料的分析对比。

③ 随着勘探程度的提高，分布由疏到密，面积由大到小。

④ 尽可能与其他物探工作测线重合，以便进行资料对比。

二、试验工作

激发条件关系到结果的好坏，一般要求有足够能量的地震波，当地层吸收系数较大时，增加激震，以便能收到好的波形。

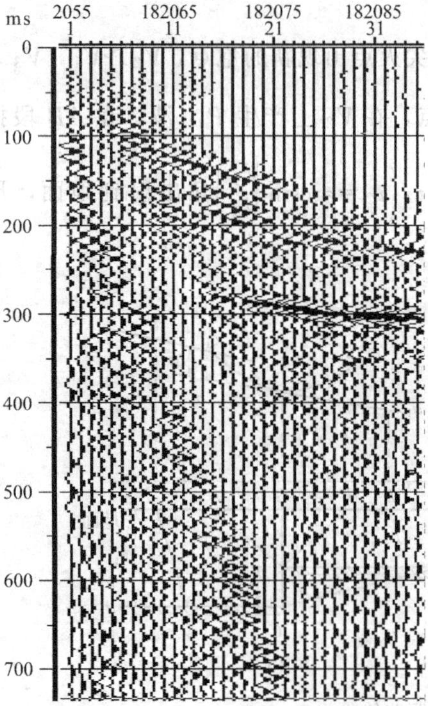

图 4-30　黄土塬上的面波记录

试验工作必须目的明确、方案具体，在试验工作中应保持因素的单一性，不能同时改变一个以上的试验条件，否则将无法判断地震记录变化的原因。

对干扰波的调查，主要是指对面波等的调查。对于多道仪器，可采用单点小药量井中或坑中激发单个检波器小道距（3～5m）排列接收的形式；对于道数较少的仪器，可固定震源连续接收几个排列的方式，到连续追踪出来面波为止。图 4-30 是黄土塬上的一张面波记录，从记录上可以计算其面波的视速度、视周期等，它的频率较低，一般小于30Hz；速度也较低，一般为 100～1000m/s，以200～500m/s 最为常见。面波的时距曲线是直线，因此在小排列（100～150m）的波形记录，上面同相轴是直的，面波随着传播距离的增大，振动延续时间也越大，形成“扫帚状”。面波能量的强弱与激发岩性、激发深度等条件有关。

试验工作一般在正式生产之前进行，但如果在生产过程中遇到特殊情况，即原先采用的方法已不能取得合格的地震记录时，应再转入试验，等取得了合适的方法后，才又继续进行生产。

炸药一般放在 3～5m 的井中，可有效接收 0.5～1.0km，锤击只能接收 100m，其他震源介于二者之间。

三、地震信息的激发

激发是产生地震波的震源条件，在地震勘探中把震源条件叫做激发条件，它是指选择合适的震源类型和激发方式等。

激发条件是影响地震记录好坏的第一个因素，它是获得良好的有效波的基础条件，如果激发条件很差，再如何改进接收条件等也无济于事，地震勘探中对激发条件一般有以下要求。

要保证野外地震记录的质量和品质，要求激发源所产生的子波必须满足：①较高的主频，较高的地震分辨率；②较宽的频带宽度，即地震波应包含足够多的高频和低频成分；③足够强的地震波能量，特别是深层反射能被仪器接收；④较高的信噪比，特别是改善高频成分的信噪比，并且为处理阶段进一步改善信噪比提供条件。所以需要选择合理的激发源、激发方式、激发点、激发岩性（层位）、激发强度、炸药类型和炸药量等，以使激发出来的地震波场清晰、干扰尽量小、信噪比尽可能高，并希望在此前提下，目的层有效波的频带尽可能转宽，以利于落实地下地质体的分布。井深决定着激发层位的岩性，并且岩性和药量又决定着地震波的激发频率。通常激发深度要求选择在潜水面以下 3m。常采用水钻、煤电钻、空压机、岩石钻等机器成孔，成孔深度根据试验确定。

四、地震信息的接收

在地表如何接收地震波信息，涉及两个方面的内容，一是在测线上怎样合理布置炮点和接收检波器；二是采用什么办法得到信噪比较高的信号。

高精度接收就是要提高高频信息的可记录性和地震信息的保真度，拓宽地震波接收频带并提高检波器与大地的耦合性，同时，还要压制各种环境噪声和激发后带来的次生干扰。在方法上包括选取适合记录高频信号的检波器和保证地震信号有效接收的接收方式。应根据所要求的有效频谱宽度和主频大小，选取具有不同频率响应特性的检波器。

1. 观测系统

在地震勘探中，把震源点和布置检波器接收地段的相对位置关系叫做观测系统，为了较清楚地讲述观测系统，先要介绍一些与观测系统有关的专业术语。

检波道数：一般用 N 表示，每次放炮一般有 48 道、96 道或更多。

道间距：一般用 ΔX 表示，道距多为 1.0～10m。

接收距：一般用 L 表示，它是检波器安置在地表的长度，数值为 $L=(N-1)\Delta X$。

偏移距：一般用 X_1 表示，如果在端点放炮，端点既是炮点又是检波点，井中喷出物（井口干扰）及面波对炮点附近的几道检波器都会产生严重的干扰，因此一般端点不安置检波器，即紧挨震源的检波器离开震源一定距离，这个距离称为偏移距，偏移距的长度为道间距的整数倍。

排列长度：一般用 X 表示，把一个炮点与 24 道、48 道或更多道检波器所组成的测线段叫排列。

最大炮检距：一般用 X_{max} 表示，它是指炮点到最远检波器的距离。

在实际工作中常采用偏移距、最大炮检距来表示炮点与接收点的相对关系。

2. 反射波法观测系统的图示方法

观测系统可以用时距平面图和综合平面图两种方法来表示。

时距平面图是用时距曲线的方式来表示观测系统以及它与反射界面的相互关系。如图 4-31 所示，在 O_1 点激发，在 O_1O_2 地段接收反射波，其时距曲线用 $t_{01}T'$ 表示，对应的反射界面为 R_1R_2；在 O_2 点激发，同在 O_1O_2 地段接收反射波，其时距曲线用 $t_{02}T$ 表示，对

应的反射界面为 R_2R_3，通过放两炮，可得连续的反射界面段 R_1R_3，把炮点和排列向一个方向移动，重复以上的工作就可以得到一个连续的长反射界面。

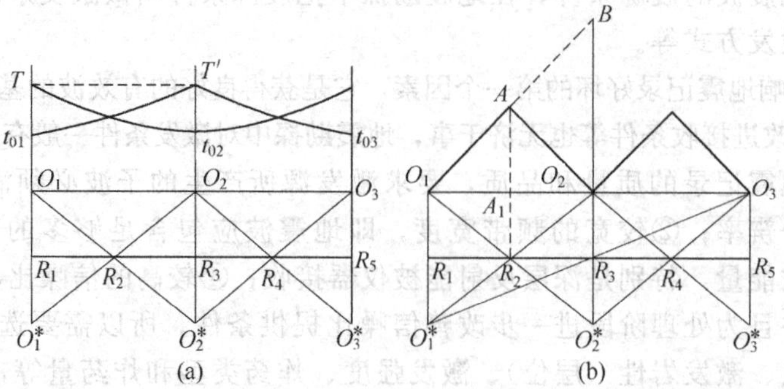

图 4-31 观测系统

从图 4-31 中可见，当波自 O_1 点传播到 O_2 点，与波自 O_2 点传播到 O_1 点所走的路程相同，有相同的旅行时间，即 $T=T'$，这个时间称为互换时间。

综合平面图如图 4-31(b) 所示，把炮点标在水平直线上，然后从炮点向两侧作与测线呈 45°的斜线，组成坐标网。当在某点激发而在某一地段接收反射波时，则可将该接收段投影到通过爆炸点的 45°斜线上，用此投影线段来表示接收地段。例如，在 O_1 点激发，在 O_1O_2 地段接收反射波，可用斜线段 O_1A 来表示炮点和接收段的关系，O_1A 在测线上的垂直投影 O_1A_1 就是所反映的反射界面的长度；同理，在 O_2 点激发，在同一排列接收，可用 O_2A 来表示，相应的反射界面为 R_2R_3，这样也可以得到连续的反射界面。这种观测系统称为简单连续观测系统。

另一种反射波法观测系统叫多次覆盖观测系统，如图 4-31(b) 中，在 O_2 点激发，在 O_1O_2 地段接收反射波，对反射界面 R_2R_3 进行了一次观测，也叫单次覆盖。如果又在 O_1 点激发，在 O_2O_3 地段接收地震波，这种叫间隔一个排列接收，偏移距也为一个排列，斜线 AB 表示接收地段，这时对反射界面段 R_2R_3 又进行了一次观测，即重复观测了两次，叫二次覆盖。

在观测系统中，只有一个炮点而有多道检波器，即对多道接收点来说，只有一个公共的炮点，在地震中又称为共炮点波列。

在实际生产中，使用的观测系统多用综合平面图来表示，它由水平线以上的许多等腰直角三角形组成。它的形式很简单，又很直观地表示了炮点和排列之间的关系，因此在地震工作中一直采用这种图示方法。观测系统便于人们统计各条测线的工作量（炮次、井数、炸药量数、分布排列次数等），它也是野外生产中各个工种协同工作的共同依据。

3. 折射波法观测系统

折射波法的观测系统也可以用时距平面图和综合平面图来表示。在野外施工中常采用以下几种观测系统。

如图 4-32(a) 所示是单边观测系统在 O_1 点放炮，在炮点右方（或左方）接收，上方是用综合平面图表示的观测系统，下方是用时距平面图表示的观测系统。这种观测系统适用于折射界面较浅的条件。

如图 4-32(b) 所示是在讨论倾斜界面折射波时距曲线提到过的相遇观测系统。

如图 4-32(c) 所示是在讨论曲界面折射波时距曲线时已提到过的追逐观测系统。

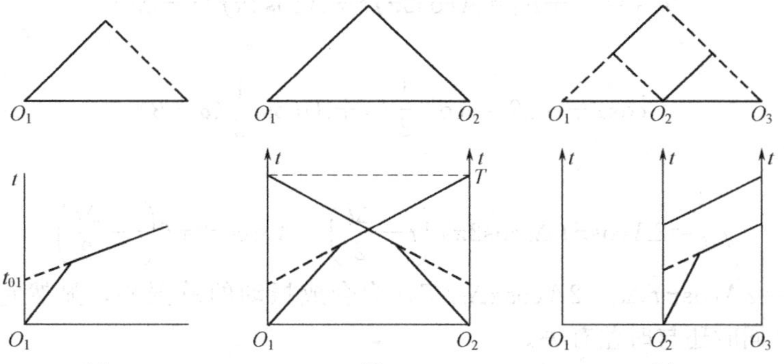

图 4-32　折射波法观测系统

五、组合法

组合法是提高资料信噪比的接收手段之一，是提高地震信息信噪比的一种重要手段，广泛应用于组合检波和组合爆炸中。它主要是利用有效波和干扰波（主要是面波）的视速度或传播方向的差异在野外施工中直接来削弱干扰波的。现以组合检波来说明其原理和方法。

1. 组合的方向特性

所谓组合检波就是在每一个地震道上都使用两个以上的检波器组成一组，按一定的形式（直线或面积）安置在排列上，同时接收地震波，然后把它们所接收的信号相加在一起，作为某一道的地震信号送到地震仪器中去，采用两个检波器直线组合，假设它们的内距（间距）δX 为 10m。可以先用视速度的概念，定性讨论组合的特性，如果反射波的 $t_0=0.5$s，$V=1860$m/s，入射角 $\alpha=20°$，则反射波视速度 $V^*=5438$m/s，波传播到相邻检波器的时差 $\Delta t=1.8$ms，即反射波几乎同时传播到这两个相邻的检波器，两波接近同相叠加。实际的情况是不论对石油或煤田地震勘探来说，反射波是近法线入射到地面的，视速度甚至大于 10000m/s，组合后波可以做到几乎同相叠加，即组合法对反射波来说相当于不同位置，时间几乎相同的波动的近似同相叠加，使振幅成倍地增加。而对于面波，视速度较低，假设它的波速 $V_R=V_R^*=500$m/s，波传播到两个检波器的时差 $\Delta t=20$ms，不能同相叠加，叠加后的振幅反而变小，如图 4-33 所示，组合后，面波比输入的面波大大变弱了。组合法对面波来说，相当于不同位置不同时间波的叠加，叠加后振幅变小。

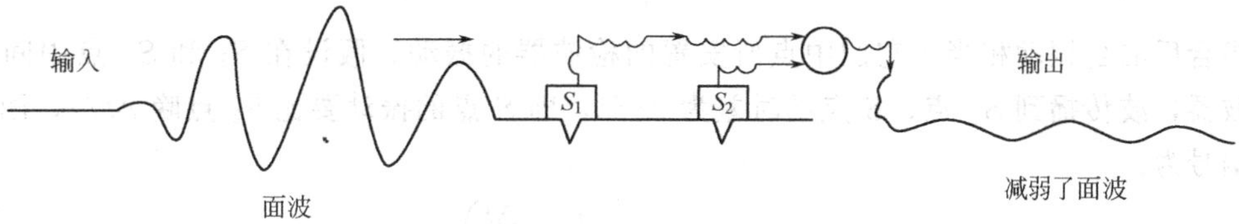

图 4-33　组合法压制面波

以上用视速度定理和波叠加的理论，简单讨论了组合的作用，它使反射波振幅成倍地增加，而使面波组合后振幅变小，相比之下，不就突出了反射，压制了面波了吗？

下面用数学物理的方法讨论组合的特性。在图 4-33 中，S_1、S_2 点的波动位移为 μ_1、μ_2，其表达式为：

$$\left.\begin{aligned}\mu_1&=A\cos 2\pi ft\\ \mu_2&=A\cos 2\pi f(t-\Delta t)\end{aligned}\right\}\tag{4-62}$$

因为这两个检波器组合为一道，因此该道合振动为：

$$\mu_{\Sigma}=\mu_1+\mu_2=A\cos 2\pi f t+A\cos 2\pi f(t-\Delta t) \tag{4-63}$$

根据三角公式

$$\cos\alpha+\cos\beta=2\cos\frac{1}{2}(\alpha+\beta)\cos\frac{1}{2}(\alpha-\beta) \tag{4-64}$$

则上式可化为

$$\mu_{\Sigma}=2A\cos\pi f\Delta t\cos 2\pi f\left(t-\frac{\Delta t}{2}\right)=A_{\Sigma}\cos 2\pi f\left(t-\frac{\Delta t}{2}\right) \tag{4-65}$$

式中，$A_{\Sigma}=2A\cos\pi f\Delta t=2A\cos\pi\Delta t/T$，为合成振动的总振幅，显然它既与各个分振动的振幅有关，同时还与时差有关。

设 $\Delta t=0$、$T/4$、$T/2$ 时，则 $A_{\Sigma}=2A$、$\sqrt{2}A$、0。这种振动的叠加也可以用图解的方法绘出合成振动图形，如图 4-34 所示，图中粗实线表示合成振动图形，而未叠加各个分振动的图形分别用细实线和细虚线表示。对于反射波，近似属于第一种情况；而对于面波，调整组合距 δx，使它到达两检波器的时差为半个视周期，则组合后，面波振幅几乎为零，如图 4-35 所示，获得很好的压制效果。

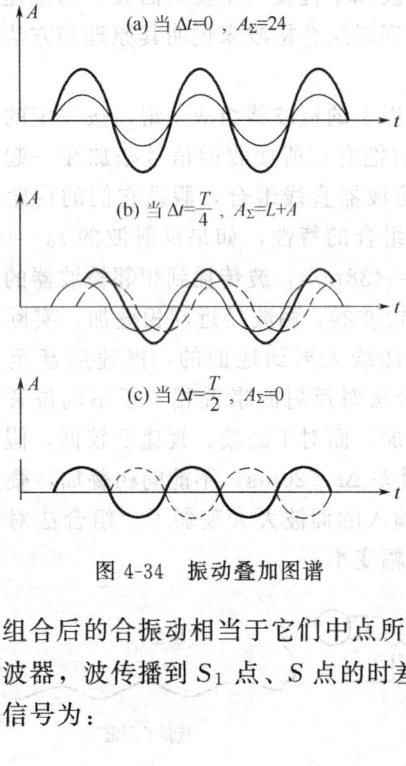

图 4-34 振动叠加图谱

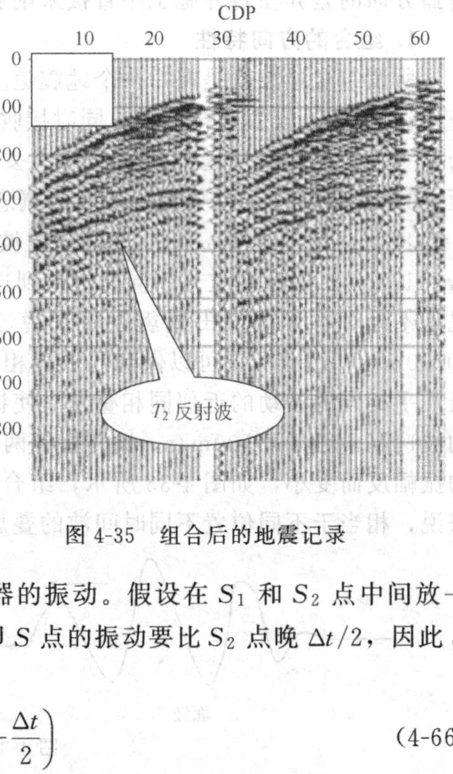

图 4-35 组合后的地震记录

组合后的合振动相当于它们中点所安置的检波器的振动。假设在 S_1 和 S_2 点中间放一个检波器，波传播到 S_1 点、S 点的时差为 $\Delta t/2$，即 S 点的振动要比 S_2 点晚 $\Delta t/2$，因此 S 点的信号为：

$$\mu_s=A\cos 2\pi f\left(t-\frac{\Delta t}{2}\right) \tag{4-66}$$

式(4-66) 与式(4-65) 相比，可知组合后的合振动与这两个检波器中点所安置的检波器的振动是一样的，只不过是组合后的合振动的振幅有所增强罢了。

在组合法中，定义组合后振动的振幅和组合前振幅的比值，叫做检波器的组合灵敏度，用 φ_n 表示，n 表示组合的检波器个数，当 $n=2$ 时，φ_n 为：

$$\varphi_2=\frac{A_{\Sigma}}{A}=\frac{2A\cos\pi\Delta t/T}{A}=2\cos\pi\frac{\Delta t}{T} \tag{4-67}$$

根据三角公式，$\sin 2\alpha=2\sin\alpha\cos\alpha$，式(4-67) 变为

$$\varphi_2=\frac{\sin 2\pi\Delta t/T}{\sin\pi\Delta t/T} \tag{4-68}$$

式(4-68) 为两个检波器的组合灵敏度，因为它与波传播的方向有关，又称为组合的方向特性。当 n 个检波器组合时，它的方向特性为：

$$\varphi_n=\frac{\sin n\pi\Delta t/T}{\sin\pi\Delta t/T} \tag{4-69}$$

为了对不同组合个数的方向特性进行比较，取一个归一化的方向特性，用 n 除上式中的分子，得：

$$\varphi_n'=\frac{\sin 2\pi\Delta t/T}{n\sin\pi\Delta t/T}=\frac{\sin n\pi\delta X/\lambda^*}{n\sin\pi\delta X/\lambda^*} \tag{4-70}$$

式中，φ_n'称为归一化后的方向特性。归一化后，不同数目检波器组合的特性曲线可画在一张图上加以比较。

以 n 为参数，$\Delta t/T$ 为横坐标、φ_n'为纵坐标，可绘出方向特性曲线图，见图 4-36，曲线可分为通放带、压制带等。

通放带：在 $0\leqslant\Delta t/T\leqslant\frac{1}{2n}$ 区间内，有$0.7\leqslant\varphi_n'\leqslant 1$，称区间为通放带，$\Delta t/T=\frac{1}{2n}$为通放带边界，对反射波，因为 Δt 很小并趋于零，多处在通放带内。

压制带：在 $1/n\leqslant\Delta t/T\leqslant\frac{n-1}{n}$ 区间内，φ_n'值最小，而且有 $n-1$ 个零值点，此区间为压制带，面波多落入此带。

假设 $n=4$，通放带为 $0\leqslant\Delta t/T\leqslant 1/8$，区间为［1/4，3/4］，$\varphi_n'\geqslant 0.7$；压制带为 $1/4\leqslant\Delta t/T\leqslant 3/4$，区间为［1/4，3/4］，$\varphi_n'$值最小，并有零值点三个。同理也可以从图上看出不同检波器组合个数的通放带与压制带。总的看来，这两个带随 n 变化，组合个数越多，通放带越窄，特性曲线越尖锐，相应压制带也越宽，也越能压制面波等干扰。

方向特性主要与参数 $\Delta t/T$ 有关，因为曲线具有周期性，只需研究一个周期之内的特点即可（T 为常数)，这样方向特性就决定于 Δt，而 $\Delta t=\delta X/V^*=\sigma X\sin\alpha/V$，对于反射波近法线入射到接收点。视速度很大，使 Δt 很小，近乎趋于零，而面波沿地表传播，视速度小，Δt 就大，处于压制带。所以组合法的物理实质就是利用反射波和面波传播方向的不同或视速度的不同，来突出反射压制面波等干扰的。

组合法也可以称为视速度滤波或波数滤波，因为 $\Delta t/T$ 也可以写为：

$$\frac{\Delta t}{T}=\frac{\sigma X}{T^*V^*}=\frac{\sigma X}{\lambda^*}=K^*\cdot\sigma X \tag{4-71}$$

2. 组合的频率特性

由波的叠加理论可知，只要信号不是完全同相叠加，叠后信号的波形比叠前单个波形要“胖”，频率变低。叠加波之间的时差越大，这种低频响应特性越明显。地震波包含不同的频率成分，不同频率成分的 $\Delta t/T$ 是不同的，组合后使波形发生畸变，频率变低。

把方向特性公式中的自变量变为频率，可得组合的频率特性公式：

$$\varphi(f)=\frac{\sin n\pi f\Delta t}{n\sin\pi f\Delta t} \tag{4-72}$$

上式中，设 n 为已知，Δt 为参数，可作出组合的频率特性曲线。在图 4-37 中，作出了当 n 取 7，Δt 取不同时间值的频率特性曲线。由图 4-37 可见，只有当 $\Delta t=0$（即 V^* 为无穷大）时，组合的频率特性曲线才是一条水平直线，它表明无频率滤波作用，组合前、后波形不变；波完全是同相叠加。当 $\Delta t \neq 0$，组合是有频率滤波作用的，上面已提到过，组合对反射波来说，Δt 很小，但不等于零，只是接近同相叠加，而不是真正的同相叠加，因此组合对反射波有滤波作用，并随着 Δt 的增大和 n 的增加，频率特性曲线的通频带越窄，说明组合相当于一个低频滤波器的作用，有低频响应的作用，压制了高频成分，使组合前、后的波形发生了变化。这种作用是我们不希望的，称为组合的副作用，它有碍于利用波的真正动力学特点去研究一些有关构造和岩性的问题。为此必须合理地选用组合。

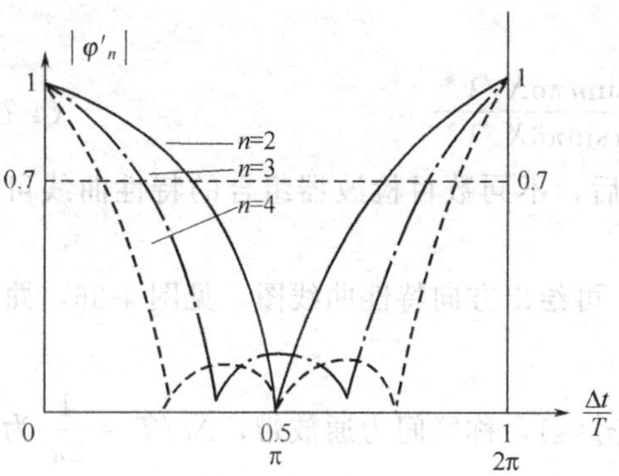

图 4-36　方向特性曲线

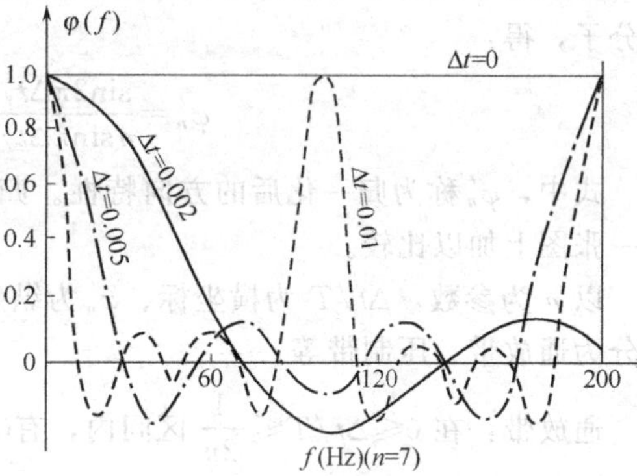

图 4-37　组合的频率特性

3. 组合的统计效应和平均效应

组合法还可以根据有效波和干扰波出现规律的差异来压制随机干扰，对有效波来说，用 n 个检波器组合后振幅可增加 n 倍；对随机干扰来说，因为是相互统计独立的，由概率统计理论，不相关的随机干扰组合后总有一部分能量要互相抵消，振幅只增加了 $\sqrt{n}$ 倍。因此，组合后随机干扰振幅对有效波相对地缩小了 $n/\sqrt{n}=\sqrt{n}$ 倍，可表示为 $G_{\max}=\sqrt{n}$，$G_{\max}$ 称为组合统计效应的最大值，它与检波器组合个数的平方根呈正比。

组合法还有平均效应的作用，表现在两个方面：一是表层平均效应；二是深层平均效应。表层效应是指组内各检波器安置条件互相平均，使反射波受地表条件变化的影响较小，而具有比较规则的形状，有利于波的对比。深层平均效应是指组合内各检波器接收的反射波不是来自同一反射点，而是来自一个反射界面上的许多点，如果这些点位于同一个平面上，则组合后的反射点相当于组内的中心点，如果反射点不位于同一个平面上，而起伏不平，或跨过断层，则组合后所代表的就是这个起伏不平的面或断层两边反射面的平均结果，这对研究断裂等构造细节是不利的，深层的平均效应是组合的一种副作用。

4. 组合因素的选择

组合因素是指组内距 δX、组合个数 n、组合基距 $n\delta X$、组合形式等。组合的检波器个数一般为二三十个，个数较多，方向特性和统计效应较好，能得到信噪比较高的记录。

组内距的选择主要根据工区面波调查的资料来定，应使面波到达组内检波器的时差为 $T/2$，组合时波峰刚好对波谷；组合后的信号最小。一般组内距为 5m、10m 等。

组合的形式主要有两种：一种是直线组合；另一种是面积组合。如果干扰波是以沿测线传播的面波为主，可采用直线组合的方向特性来压制干扰。如果除了面波外，还有较强的随机干扰等，则应采用面积组合的形式。面积组合时，检波器按一定的几何形状（如长方形、平行四边形、菱形等）安置。一般在干扰严重，并且地表比较平坦的情况下，多采用面积组合的形式。不论哪一种形式的面积组合，都可以将它分解成若干个简单线性组合之和来进行讨论。

组合检波的特性同样适用于组合激发，尤其是非炸药震源的组合，目前电火花、气枪和可控震源都是采用组合的形式。为了取得较高信噪比的资料，可联合使用组合激发和组合接收的方法。

当工区干扰严重，资料很差时，提高信噪比成为地震工作的主要矛盾，应采用强化组合的方法，即用多检波器、长组内距、长基距、面积组合、联合组合（同时采用震源和检波器组合）的方法，其目的就是压制干扰，突出反射，这时强的低频响应和平均效应的副作用则成为次要矛盾。如果工区资料较好，勘探的主要目的是查明构造的细节和寻找地层岩性油气藏，则要弱化组合，即采用少检波器、小组内距组合，在工程及煤田勘探中，有时甚至不采用组合方法，其目的是避免出现组合的副作用，保持波的动力学特点，提高勘探的分辨率。

具体选择组合因素时，先要根据工区具体的地震地质条件和干扰波的性质作一些计算，更重要的是在野外经过试验工作来确定。

5. 检波器的埋置条件

为了能使检波器更好地接收地震有效信号，要求检波器和地表成为一种很好的耦合系统，为此埋置检波器要去掉浮土，使检波器与较致密的潮湿土壤紧密接触。否则浮土将会对信号产生强烈的吸收作用。

铺设排列时，要使整个排列所有道检波器安置在地形相对较平坦、低速带厚度变化相对较小的地段，否则会由于地表条件的差异而引起道间的时差和波形的变化，所以要求同一排列的埋置条件尽量一致，而且各个检波器一定要埋得平、稳、正、直、紧。这些工作看起来虽然很简单，但却是获得优良原始地震记录必不可少的条件。

六、多次覆盖法

多次覆盖法是提高地震资料信噪比的接收手段。随着数字地震仪和计算机的发展，20 世纪 60 年代在地震勘探中出现了共反射点多次叠加法，又叫多次覆盖法，它对反射界面上的各个反射点进行多次观测，然后进行动校正，再把校正后的波动信号叠加，这样得到的剖面叫做多次覆盖时间剖面。这种方法可以有效地压制多次波等规则干扰和不规则干扰，提高地震资料的信噪比。如何获取这种剖面，它为什么能提高地震资料的信噪比，这是下面要讨论的问题。

1. 水平界面共反射点反射波的叠加效应

所谓叠加效应是指对地震波的时距曲线进行动校正，再将校正后的波动叠加，看其效果如何。要讨论水平界面共反射点反射波的叠加效应，必须先讨论共反射点时距曲线，如图 4-38 所示，在 O_1、O_2、O_3 等点激发，可以在以 M 点为对称的相应的 S_1、S_2、S_3 等点接收来自水平界面 R 上 A 点的反射。称 A 点为共反射点或共深度点。M 点是 A 点在地面的投影点，也是接收距的中心点，称为共中心点或共地面点，S_1、S_2、S_3 等称为共反射点的叠加道或叫做共反射点道集。

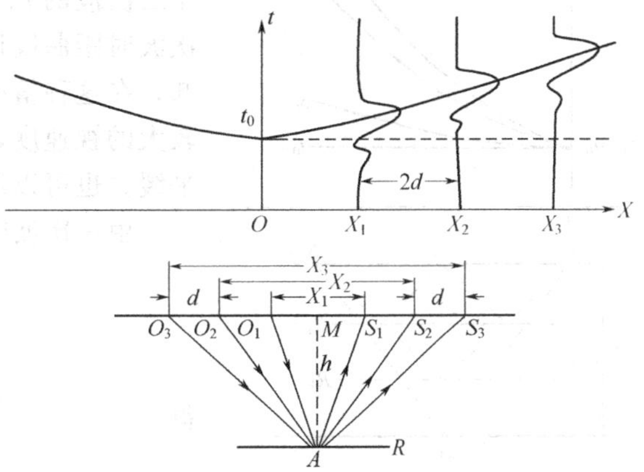

图 4-38　共反射点时距曲线

如果以炮检距为横坐标，以反射波到达各叠加道的时间为纵坐标，就可以得到

来自 A 点的半支时距曲线，将炮点和接收点互换，得另一侧半支时距曲线。整支时距曲线就叫做共反射点时距曲线，其方程为：

$$t=\frac{1}{V}\sqrt{X_i^2+4h^2} \tag{4-73}$$

式中，X_i 为共炮点道集中各道的炮检距；h 为 M 点处界面的法线深度。

式(4-73) 与水平界面的共炮点反射波时距方程在形式上是完全一样的，但其物理含义是不同的：其一，共反射点时距曲线叠加道之间的间隔为两倍的炮间距 $2d$（d 为炮间距），而共炮点时距曲线上相邻接收道之间的间隔为道距；其二，共反射点时距曲线只反映界面上的一个共反射点 A，而共炮点时距曲线反映反射界面上的一个反射段；其三，共反射点时距曲线上的 t_0 时间是表示共反射点 A 的垂直反射时间，即共中心点 M 的回声时间，而其炮点时距曲线上的 t_0 时间是表示炮点的回声时间。

对共反射点时距曲线进行动校正就是把叠加道的时间都校正到 M 点的回声时间，或者说把呈双曲线的共反射点时距曲线拉平，如图 4-39 所示。假设各叠加道的波形相同，将进行动校正后的波动叠加，必然是同相叠加，振幅成倍增加，如图 4-40 所示。

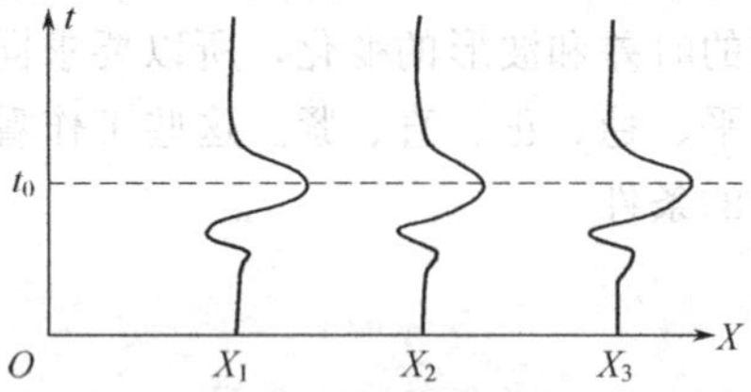

图 4-39　动校正

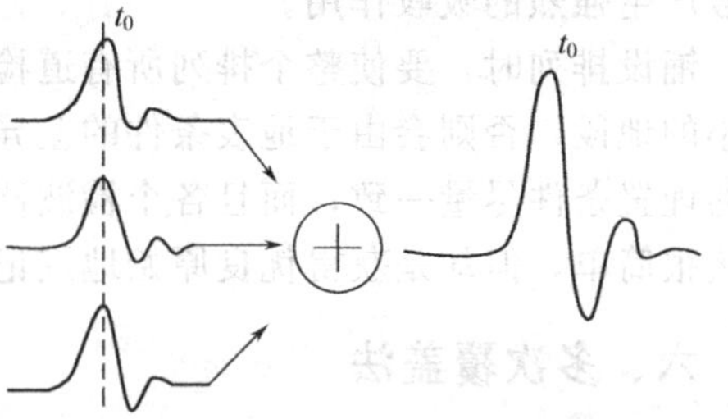

图 4-40　叠加

上面讨论的是水平界面共反射点波动叠加的情况，在地震勘探中叫做水平叠加，即当界面水平时，叠加效果最为理想，但实际的反射界面往往是倾斜的，而且反射波除了一次波之外，可能还存在多次波，它们的叠加效应又如何呢？

2. 水平界面多次波的叠加效应

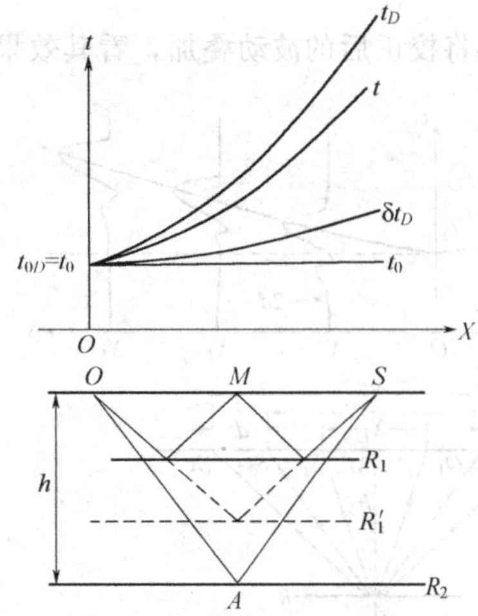

图 4-41　剩余时差曲线

如图 4-41 所示，在水平界面 R_1 上产生二次全程反射，在 R_2 界面上产生一次反射，并使一次波的 t_0 时间等于二次波的 t_0 时间 t_{0D}。可以证明具有相同 t_0 时间的二次波时距曲线比一次波时距曲线要弯曲。由视速度定理可知，在这种情况下，从图上可见一次波的入射角较小，有较大的视速度，较小的斜率，所以时距曲线比二次波的要平缓。也可以用下述方法证明。

由一次波时距方程

$$t=\frac{1}{V}\sqrt{X^2+t_0^2V^2}$$

得

$$\frac{\mathrm{d}t}{\mathrm{d}X}=\frac{X}{V\sqrt{X^2+t_0^2V}}$$

同理对多次波时距方程求导，得

$$\frac{dt_D}{dX}=\frac{X}{V_D\sqrt{X^2+t_{2D}^2V_D^2}} \tag{4-74}$$

式中，V_D 为多次波传播的速度；t_D 为多次波传播的时间。

令 $t_0=t_{0D}$，比较上面两式，因为 $V>V_D$，

$$故\quad \frac{dt_D}{dX}>\frac{dt}{dX}\quad 或\quad V_D^*<V^* \tag{4-75}$$

所以说多次波的时距曲线比具有相同 t_0 时间的一次波要弯曲。

对上述两条时距曲线按一次波的速度进行校正，一次波的时距曲线被拉平，而多次波的时距曲线不能拉平，出现校正量不足，校正后的时距曲线仍是向上弯曲的，该曲线叫做剩余时差曲线，也就是说对多次波的共反射点时距曲线按一次波进行动校正后，各叠加道的时间不能变为共中心点 M 的 t_0 时间，而出现一个时差，称该时差为剩余时差，用 δt_D 表示，它的数值为：

$$\delta t_D=(t_D-\Delta T)-t_0=t_{0D}+\frac{X^2}{2t_0V_D^2}-\frac{X^2}{2t_0V^2}-t_0=\frac{X^2}{2t_0}\left(\frac{1}{V_D^2}-\frac{1}{V^2}\right)=q_DX^2 \tag{4-76}$$

式中，ΔT 为动校正量，可采用近似动校正量公式；q_D 值称为多次波剩余时差系数，它为：

$$q_DX^2=\frac{X^2}{2t_0}\left(\frac{1}{V_D^2}-\frac{1}{V^2}\right) \tag{4-77}$$

从式(4-77) 可知，剩余时差按抛物线的规律变化，它的大小与炮检距的平方呈正比。由于各叠加道的剩余时差不同，它们叠加时总有一部分能量要互相抵消（如图 4-42)，这样使多次波相对一次波来说振幅显著减弱，从而达到压制多次波的目的。这也相当于不同位置不同时间波动的不同相叠加的情况。为了收到较好的压制多次波的效果，应使炮检距适当地大一些，但它也受到其他因素的限制，也就是说用共反射点多次叠加法来压制多次波是有一定限度的，用此法采集的地震资料中可能会有残留的多次波，这就提出了在资料处理中进一步压制多次波和在解释中识别多次波的问题。

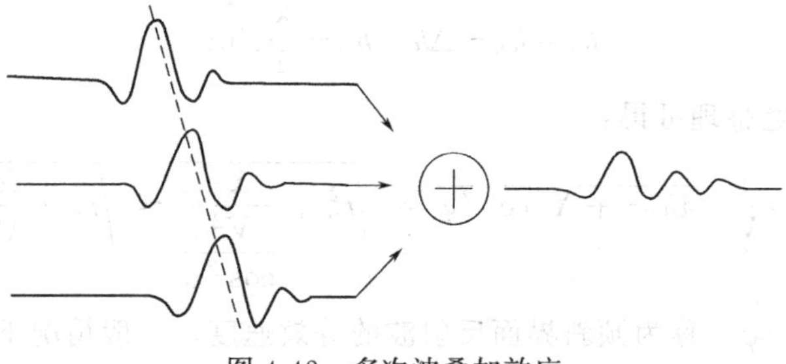

图 4-42　多次波叠加效应

对于一次反射波，只有速度准确时，叠加道才能同相叠加（剩余时差为零）。在地震勘探的实际应用中，速度的精度也受到其他许多因素影响，存在误差，这也必然产生剩余时差，所以叠加效果的好坏在很大程度上取决于所求取速度的精度。

由上述可知，共反射点多次叠加法是利用动校正后有效波与干扰波之间所存在的剩余时差的差异来突出反射波，压制多次波，从而提高信噪比，它与上面讨论的组合法有其相同点，即都是提高地震资料信噪比的手段，但其原理是不同的，读者可以对这两种方法进行类比。

3. 倾斜平界面反射波的叠加效应

当界面倾斜时，波的叠加效应不同于水平界面反射波的情况，其区别之一是不存在共反射点，反射点是分散的，区别之二是会出现剩余时差。

（1）反射点分散

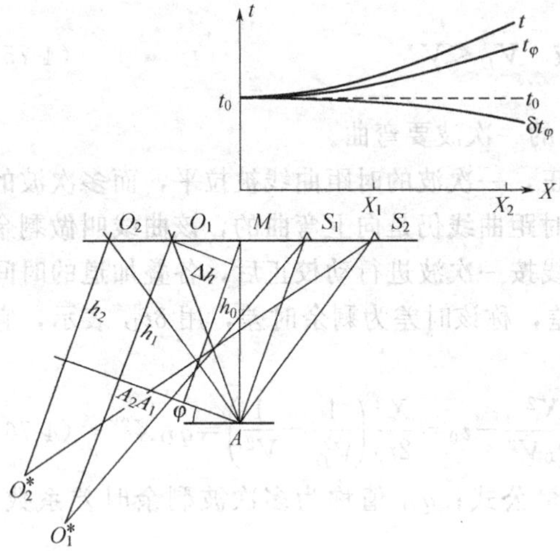

图 4-43 倾斜界面地震波的叠加

如图 4-43 所示，炮点和接收点仍以共中心点对称布置，地下界面上反射点 A_1、A_2 等散布在倾斜界面的一级距离上，该地段成为共反射段，即对倾斜界面来说，只存在共中心点，而不存在共反射点，有人把这种情况叫做共中心点叠加，以与共反射点叠加相区别。

从图可见，反射点随着倾角、炮检距的增加和界面埋藏深度的减小，越来越分散，其中界面的倾角和埋深决定于地下地质条件，但炮检距的大小可以人为地控制，在地质体构造比较复杂的条件下，一般总要使炮检距相对小一些，使反射点相对比较集中。

（2）剩余时差

倾斜平界面的共中心点时距曲线经动校正后会出现剩余时差。

斜界面的共中心点时距曲线与共炮点斜界面的方程形式是一样的，由图 4-43 可直接写出时距方程：

$$t_\varphi=\frac{1}{V}\sqrt{X^2+4h_i^2+4h_iX\sin\varphi} \tag{4-78}$$

式中，h_i 为各炮点的界面法线深度，这是随炮点位置的移动而变化的。

为了导出一个一般的共中心点时距方程，可以用共中心点 M 处的界面法线深度 h_0 来表示 h_i，为此先要找出二者之间的关系。从图可知：

$$h_i=h_0-\Delta h=h_0-\frac{X}{2}\sin\varphi \tag{4-79}$$

把它代入式(4-78)，经整理可得：

$$t_\varphi=\frac{1}{V}\sqrt{4{h_0}^2+X^2\cos^2\varphi}=\sqrt{t_0^2+\frac{X^2}{\frac{V^2}{\cos^2\varphi}}}=\sqrt{t_0^2+\frac{X^2}{V_\varphi^2}} \tag{4-80}$$

式中，$V_\varphi=V/\cos\varphi$，称为倾斜界面反射波的等效速度，一般情况下，φ 总小于 90°，所以等效速度总大于平均速度，当 $\varphi=0°$时，等效速度就等于上覆介质的平均速度。

式(4-80) 是以共中心点法向深度表示的斜界面的共中心点时距方程，它的形式和水平界面的共反射点时距方程完全相同，且都为双曲线，所不同的是前者的速度参数为平均速度，而后者为等效速度。

从图 4-43 可见，假设水平和倾斜界面的时距曲线有相同的 t_0 时间，因为平均速度小于等效速度，故水平界面的共反射点时距曲线要比斜界面的共中心点时距曲线陡。对共中心点时距曲线进行动校正，必须校正过量，出现负的剩余时差，剩余时差曲线（用 δt_φ表示）是下弯的曲线。剩余时差的式子如同多次波的剩余时差的公式，可以写为

$$\delta t_\varphi=(t_\varphi-\Delta T)-t_0=t_0+\frac{X^2}{2t_0V_\varphi^2}-\frac{X^2}{2t_0V^2}-t_0=\frac{X^2}{2t_0}\left(\frac{1}{V_\varphi^2}-\frac{1}{V^2}\right)=\frac{X^2}{2t_0}\left(\frac{\cos^2\varphi}{V^2}-\frac{1}{V^2}\right)$$
$$=-\frac{X^2}{2t_0V^2}\sin^2\varphi=-\Delta t\sin^2\varphi=q_\varphi X^2 \tag{4-81}$$

式中，$q_\varphi=-\dfrac{\sin^2\varphi}{2t_0V^2}$。

上式说明，剩余时差按抛物线的规律变化，它与炮检距的平方、地层倾角呈正比。在一般情况下，剩余时差是比较小的，因为 $\sin^2\varphi$ 在 φ 不大时总是较小的。对于倾斜界面同一组的叠加道集，如果其最短和最长炮检距的剩余时差之差不大于反射波半周期，根据叠加原理，叠加后一次反射波仍然会得到加强，但它已不是同相叠加。对于深层来说，由于剩余时差较小，倾角稍大些，同样可以取得较好的叠加效果。

为了克服反射点分散的问题，避免出现剩余时差。对斜界面采用多次覆盖技术时，应采用较小的炮检距，以取得较好的叠加效果。

如果对倾斜界面的共中心点时距曲线用等效速度作动校正，则剩余时差应为零，可取得同相叠加的效果。在对地震资料进行数字处理时，可以从叠加道资料中提取相应的速度参数，用它再对实际资料进行动校正，就可取得满意的动校正结果。

4. 多次覆盖的统计效应和低频响应

多次覆盖技术与组合法一样，对随机干扰有压制作用，由于叠加道之间的间隔比组内距大得多，随机干扰更显出相互统计独立的性质，因而叠加之后，各道的随机干扰总是要相互抵消一部分，它的统计效应优于组合法。

多次覆盖对水平界面来说，从理论上认为可以做到同相叠加，但由于动校正速度不可能绝对准确，多少会有误差，使叠加的信号比叠前信号周期变大，波形发“胖”，频率变低，会损失部分高频信息，显示出多次覆盖具有低频响应的特点，对于倾斜界面，这种特性更为明显。

5. 多次覆盖的观测系统

(1) 六次覆盖观测系统

在讨论反射波法观测系统时，曾提到过两次观测系统，用类似的方法可以用时距平面图表示多次叠加的观测系统，它的放炮形式主要有端点（单边）和中间激发两种，下面以比较简单常用的单边放炮六次覆盖的观测系统为例，作一些简单的介绍。

如图 4-44 所示，设接收道数 $N=24$，偏移距 $X_1=0$，炮点位于排列的端点，每放完一炮，炮点和接收点一起向前移两个道间距，这样便组成了一个六次覆盖的观测系统。从图 4-44 可见，每放一炮，可得地下 24 个反射点，放完六炮，可得相应的六个反射界面段，其中，A 反射点至 D 点的界面段，每次放炮都对它进行了观测，即进行了六次观测。这可形象地看做盖被子，重复了六次，所以也叫做多次覆盖，其中第一炮的第 21 道，第二炮的第 17 道，第三炮的 13 道，第四炮的第 9 道，第五炮的第 5 道，第六炮的第 1 道都接收来自 A 点的反射，因此在这六张记录上依次选出的第 21 道、17 道、13 道、9 道、5 道、1 道就是共反射点 A 的叠加道集，对其他的共反射点，也可以找到相应的共反射点道集。

过共反射点在测线上的投影点作垂线，此垂线称为共反射点线，它与共炮点线相交，有几个交点，则说明几次覆盖，交点的道号组成共反射点道集，如过共反射点 A 作测线的垂线，与共炮点线有六个交点，则为六次覆盖，交点的道号为 1、5、9、13、17、21，它们为 A 点的道集。在 A 点左方也可以同样作共反射点线，但其交点不足六次（小于六次），说明不满六次叠加。从图 4-44 上所标的四个共反射点（A、B、C、D），其间隔为二分之一道距。

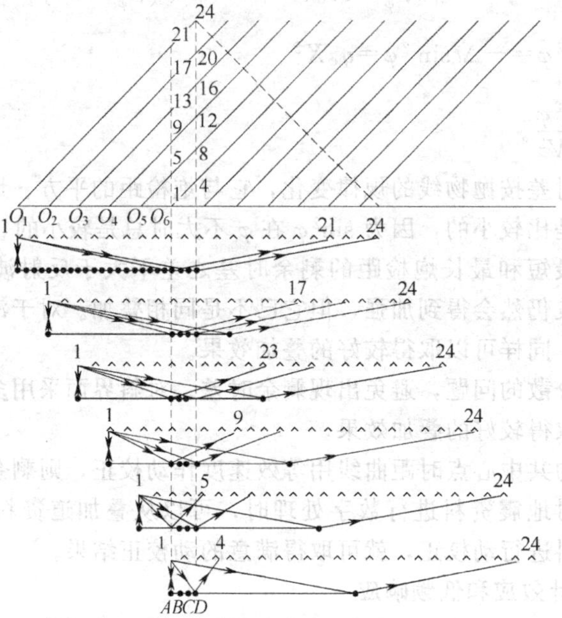

图 4-44　端点激发六次覆盖观测系统平面图

放完第六炮后，继续放第七炮、第八炮……则可以取得连续的六次覆盖剖面，它们的共反射点的相应叠加道如表 4-2 所示。

表 4-2　六次覆盖观测系统表

叠加道号 / 共反射点序号 / 炮次	1	2	3	4	5	6	7	8	9	10	11	12	13	14	15	16	17	18	19	20	21	22	23	24	25	26	27	28	29	30	31	32
1	21	22	23	24																												
2	17	18	19	20	21	22	23	24																								
3	13	14	15	16	17	18	19	20	21	22	23	24																				
4	9	10	11	12	13	14	15	16	17	18	19	20	21	22	23	24																
5	5	6	7	8	9	10	11	12	13	14	15	16	17	18	19	20	21	22	23	24												
6	1	2	3	4	5	6	7	8	9	10	11	12	13	14	15	16	17	18	19	20	21	22	23	24								
7					1	2	3	4	5	6	7	8	9	10	11	12	13	14	15	16	17	18	19	20	21	22	23	24				
8									1	2	3	4	5	6	7	8	9	10	11	12	13	14	15	16	17	18	19	20	21	22	23	24

(2) 多次覆盖观测系统的参数

为了设计多次覆盖观测系统，先引入一些术语，如覆盖次数、炮点移动的道间距等。

用 n 表示覆盖次数，常用的覆盖次数为 6 次、12 次、24 次、48 次、96 次等。

用 μ 表示偏移的道间距数，这时偏移距可写为 $X_1=\mu\Delta X$。

用 ν 表示炮点移动的道间距数，它决定于覆盖次数和接收道数，它们之间的关系为：

$$\nu=\frac{SN}{2n} \tag{4-82}$$

式中，S 是一个系数，单边放炮时取为 1，双边和中间放炮时取为 2。

如果采用单边放炮形式，并且接收道为 24 道，上式变为：

$$\nu=\frac{N}{2n}=\frac{12}{n} \tag{4-83}$$

如果采用六次覆盖，则 $\nu=2$，即每移动两道放 1 炮；如果取 $n=12$，则 $\nu=1$。

为了施工方便及便于计算机对资料进行处理，ν 应为正整数。从上式可知，当 $n=12$、6、4、3、2 时，相应有 $\nu=1$、2、3、4、6 的关系。取 $N=24$，覆盖次数只能是 $n=12$、6、4、3、2，最高覆盖次数只限于 12 次，否则 ν 就不为正整数。

当 $N=48$ 时，如果炮点移动仍为 1 个道间距，则覆盖次数可提高到 24 次；当 $N=96$ 时，如果炮点移动仍为 1 个道间距，则覆盖次数可提高到 48 次。这说明了使用多道检波器可以有效地提高覆盖次数。

在具体设计观测系统时，先要选择道间距、偏移距、道数、覆盖次数等观测系统参数。选择这些参数主要考虑提高地震资料的信噪比，并兼顾生产效率。

如果为了勘探中深层的含油气构造，可采用较大的道间距和偏移距，使共反射点各叠加道对多次波有较大的剩余时差。一般采用最大炮检距可达二三千米，可有效地压制多次波和随机干扰，又因为偏移距较大，可躲开井口和面波干扰。这种观测系统生产效率相对较高，并有利于求取精度较高的深层速度资料。但由于炮检距较大，使共反射点道集中，最近与最远道的信号受其吸收等的影响不一样，波形发生变化，不能取得同相叠加的效果，必然使信号的延续时间变长，影响分辨率。又由于地下反射点较稀，不利于详细查明构造细节。

如果勘探目的层较浅，且地质构造比较复杂，断层较多，应适当缩小最大炮检距的长度，即道间距和偏移距相应地都要小一些，利于详查地质构造和地层岩性。当然生产效率要低一些。

在多次覆盖中，覆盖次数的选择是很重要的，目前一般多采用 6 次、12 次、24 次、48 次、96 次等。覆盖次数越高，越有利于压制干扰、提高资料的信噪比，但工作的效率也会低一些。

6. 三维观测系统

在常规的地震勘探施工中，一般要求测线沿直线分布，这时取得的信息基本上是在测线下方的二维射线平面内，即地震数据采集是在一条条的测线上来进行的，地下的反射点也是发布在一条条的剖面上，而实际地下的地质体是三维的，为了研究其完整的几何形态等，20 世纪 70 年代初出现了三维地震勘探，它的观测系统与常规观测系统的不同点在于它的测线布置不受直线限制，而在一个观测面上进行观测，即把线性观测系统变成面积观测系统，反射点分布在地下一小块面积上。

常用的三维观测系统基本上有两类，即面积型和折曲线型，在每类中又有不同的具体做法。

(1) 面积型

通过地面接收点和炮点的相对位置的关系，使地下反射点形成一定面积分布和一定的网格密度，它又有两种基本形式。

① 条带状地震观测法。如图 4-45 所示，布设了彼此互相平行的两条或三条检波中线，中间布置一条平行于它们的炮点线，一系列反射点将位于炮点线和检波点线的中间。或者倒过来，布几条炮点线和一条检波中线，其结果也一样，图上示意画出了在两个炮点上激发地震波，在两条检波点线上各 5 个检波器上接收波动时，反射点的分布，用类似的方法可画出其他反射点。反射点分布在炮点和检波点直线之间的条带地区。如果按此形式朝某一方向移动，就能获得一个个条带状地区的地下资料。

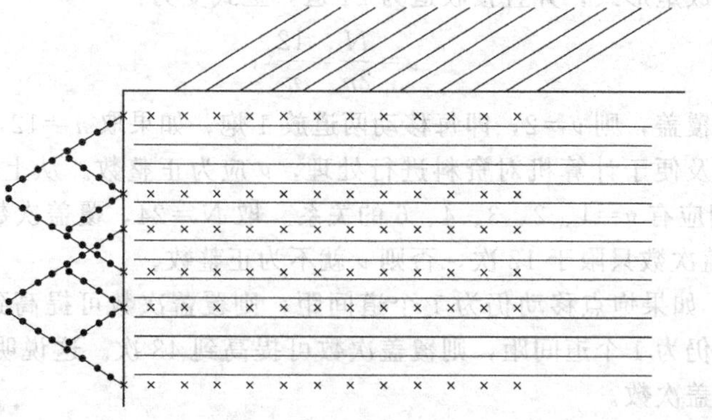

图 4-45　三维条带观测系统（八线三炮制）

② 十字相交排列。一条炮距相等的炮点线垂直于一条检波点距相等的检波点线，形成一个反射点呈面积分布的网格。

③ 平行线性排列。如图 4-46 所示，一条炮距相等的炮点线平行于检波线排列，形成一个反射点呈面积分布的网格。

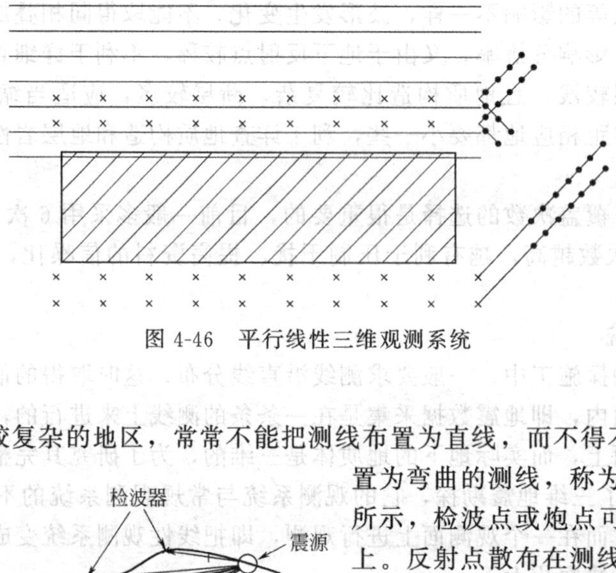

图 4-46　平行线性三维观测系统

(2) 折曲线型

在地表地形比较复杂的地区，常常不能把测线布置为直线，而不得不适应地形的特点布置为弯曲的测线，称为“弯线”，如图4-47所示，检波点或炮点可在一条弯曲的小道上。反射点散布在测线附近的窄条带上。

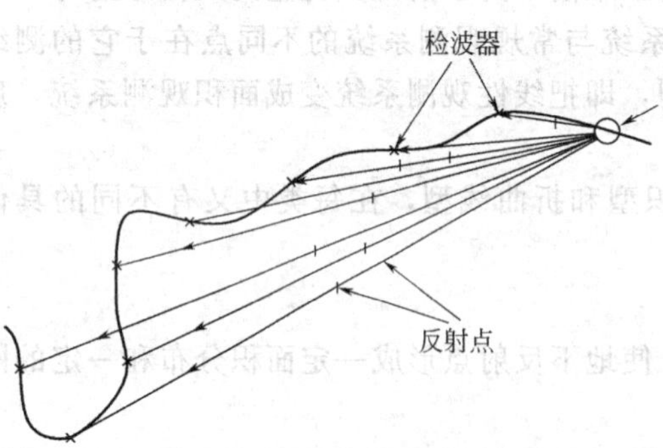

图 4-47　弯曲测线观测

在设计三维观测系统时，一般应考虑以下因素：

第一，应尽量使地下反射点的网格密度均匀分布；

第二，选择炮点和检波点线位置时，应使地下的反射点呈条带或面积分布；

第三，应从实际的地形及交通条件出发，合理选择观测系统。

7. 多道地震数据采集系统

从上面有关讨论中可知，要取得高覆盖次数的资料和开展三维地震勘探，必须有多道地震仪器。另外，如果使用常规 24 道的仪器，为了提高信噪比，而采用大偏移、大道距的方法，必然影响分辨率，二者的矛盾无法解决。为此，为了适应地震勘探的需要，在 1978 年，美国地球物理服务公司研制了第一台 1024 道地震数据采集和处理系统，多道采集系统有它许多优越的地方。

第一，可进行高覆盖次数的地震工作，如果采用炮点距为 1 道的单边放炮形式，对于 1024 道仪器，可进行高达 512 次的覆盖，这无疑可大大地提高地震资料的信噪比。

第二，可高效率地进行三维地震工作，对于 1024 道仪器，可同时布设 64 道的排列 16 个，放 1 炮可以在 1024 道上接收，相当于 64 道的仪器放 16 炮，这样可以成功地进行面积测量，而且又可以大大降低成本。

第三，可采用道距较小（或叫高密集空间采样）而排列还是较长（或最佳炮检距）的施工方案，可有效地压制干扰，提高信噪比，并且由于反射点较密，可以有较高的分辨率。

第四，可以利用叠加道集的资料，求取较精确的速度资料。

第五，在野外施工中，可采用单震源单检波器的高密度采样（小道距），获得良好而可靠的折射初次波，以利于求取地表低速带的速度和厚度的资料，以利于选择激发条件和对资料进行低速带的校正工作。

第六，多道仪器有较小的时间采样率，对信号可以进行高密集的时间采样，以保持信号中的高频成分。

可进行高密集时间空间采样的超多道地震仪，已被广泛地采用，它可以大大地提高资料的信噪比，又能改善分辨率。常规的 24 道仪器在石油勘探中已被淘汰，在较浅的煤田及工程地震勘探中仍在使用。

七、地震信息采集中参数的设计

地震信息采集中参数的设计主要是指选择合理的激发与接收条件。关于激发条件的选择前面已作过讨论。接收条件主要包括道数、道距、偏移距和组合因素等观测系统参数，前面也单独对组合及覆盖观测系统参数的设计进行过讨论，下面要综合考虑两种参数的联合选择问题，并作一些定量的讨论。

为了设计最佳的观测系统，主要应考虑工区的地震勘探任务及具体的地震地质条件。在具体设计中，常常要以以下资料为依据：

① 勘探目的层的深度及构造的复杂程度；

② 收集面波与多次波的资料；

③ 工区的地形地貌及水文条件，它往往影响地震资料的信噪比及施工效率；

④ 根据工区的条件，提出地震勘探所要分辨的薄层的厚度，如查清多厚的煤层，这称为地震勘探垂向分辨率的问题；还要提出横向分辨地质体（如砂体）的宽度有多大，这称为地震勘探的横向分辨率的问题。

综合考虑以上四个方面的因素，其目的是取得高信噪比、高分辨率的地震资料，但在实际工作中，各个工区勘探任务不同，地质条件又千差万别，有时可能侧重于取得高信噪比的资料，有时可能侧重于取得高分辨率的资料。有时可能在两者之中取折中。

选择好的激发条件其目的是不产生或少产生面波及随机干扰，但即使是理想的激发条件，干扰也不可能完全避免。往往有这种情况，认为激发条件很好，但由于地表松散，干扰或多或少还会产生。另一种情况是由于客观条件的限制，要选取好的激发因素很困难，这就需要在接收条件中设法躲开或压制干扰。如果工区以中深层为勘探目的层，并且资料较差，则要采用强化组合与多道、高覆盖次数、长排列的观测系统。在施工中可以采用炮点与检波点联合组合及组合与覆盖联合使用的方法，如采用 12 次覆盖 15 个检波器直线组合的方法，一个共反射点有12个叠加道，第一道又是15个检波器组合，这样一个共反射点有180个波动参与叠加，使叠加的信号振幅增大180倍。但正如上面讨论中提到过的，这么多波动要做到同相叠加是很困难的，必然使叠后与叠前的波形发生变化，一般叠加波形会变“胖”，信号中的高频成分受到损失，这就是组合与叠加法的低频效应。由于信号频带变窄及反射点较稀，使地震资料的分辨率较低。

高信噪比的资料实际上突出了反射波的时间信息，有利于利用波的运动学特点查明地质构造。

如果工区勘探目的层较浅，地质构造复杂，但干扰不甚严重，则采用弱组合和较小道距偏移的工作方法，它能较好地保持波的动力学特点，提高资料的分辨率，有利于研究地下的地层岩性问题。如果工区条件介于上述两者之间，则要因地制宜地选用采集参数。如果要求一种观测系统，既勘探深层，又勘探浅层；既要求资料具有高信噪比，又要有高分辨率，那是很困难的。

在联合采用组合与覆盖的方法中，有一个两者之间以哪个为主的问题，我们可以先分析一下它们的异同点，两者相同的地方都是提高信噪比的主要手段，其讨论的方法都是采用波动叠加的理论，但是它们的原理与作用是有区别的，组合法是利用反射波和面波传播方向和视速度的差异（方向特性）来压制面波的，利用组合的统计效应来压制随机干扰，由于叠加间距比组合点大得多，它的统计效应更好一些，从理论上讲，对于水平叠加，一次波为同相叠加，不存在平均效应和低频响应，这是优于组合法的。所以实际工作中应少用组合法，即采用少检波器、小基距组合。在多次覆盖中，当界面倾斜时，也会产生对地下反射点的平均作用，当速度稍有误差，也会产生低频响应。

定量确定采集参数时，要通过理论的计算，更主要的是结合工区条件做些试验工作。一般认为最大炮检距应大致等于勘探目的层的埋藏深度。在这种情况下，可以认为反射波近似为法线入射，地震波动主要为纵波，可以用垂直入射时的反射系数等简便地讨论一些问题。如果炮检距太大，反射系数将会随炮检距变化，使问题变得比较复杂。

道距大小的选取，也叫做空间采样间隔的选择，它要符合采样定理的要求，如果采样太稀，会使采样后的信号延续时间变长，这种现象叫空间假频，即由于人为采样不足，丢失了原信号中的一些高频成分，从采样定理可知：$\Delta t \leqslant \frac{1}{2f^*_{\max}}$，地震波到达相邻检波器的时差（一个道距 ΔX）为 $\Delta t = \frac{\Delta X}{V^*}$，如果使时差小于波的最小视周期的一半，即 $\Delta t \leqslant \frac{T^*_{\min}}{2}$，才能保证有效波的对比追踪，如果时差太大，很难在相邻道上识别同一界面的反射波。

综合以上情况可得：

$$\frac{\Delta X}{V^*} \leqslant \frac{1}{2f^*_{\max}}, \Delta X \leqslant \frac{V^*}{2f^*_{\max}} \tag{4-84}$$

$$\frac{\Delta X}{V^*} \leqslant \frac{T^*_{\min}}{2}, \Delta X \leqslant \frac{\lambda^*_{s\min}}{2} \tag{4-85}$$

式中，$\lambda^*_{s\min}$ 表示有效波的最小波长。

所以道距应小于或等于有效波最小视波长的1/2。另外在选取道距时，还要考虑多次覆盖的要求，道距大一些，有利于压制多次波，但道距过大，也会产生低频响应。

偏移距的选择主要考虑躲开井口干扰和压制多次波，选得大一些，有利于提高资料的信噪比，但不利于改善资料的分辨率。

覆盖次数高一些，既有利于压制干扰，又可以改善资料的分辨率，所以在地震工作中，覆盖次数有越来越高的趋势，出现高次覆盖、超高次覆盖的提法。

关于组合参数的选择前面已作了一些讨论，一般要求基距应等于或大于干扰波的波长。

在地震勘探中，想靠选择采集参数来彻底压制干扰，在理论上和实际效果上都是行不通的，它们压制干扰的能力是有一定限度的，如对多次波，采用强化覆盖的方法，但叠后的多次波总有残余的能量。对面波采用强化组合方法，也会有残余的能量。地震资料中有残留的干扰波是客观存在的，也应该是允许的。采用强化的接收手段，虽提高了信噪比，但它改造了波形，产生较强的低频响应，会降低分辨率。信噪比与分辨率两者是互相矛盾的。人们期望地震资料既要有较高的信噪比，又要有一定的分辨率；既有利于寻找构造油田，又有利于寻找地层岩性油气藏。目前认为一种较好的做法是在施工中采用适当的组合与覆盖，把一部分干扰拒于仪器外，也允许一部分干扰被仪器接收记录下来，使信号有较宽的频带，以改善分辨率，对残留的干扰波，可以在资料处理时再进一步压制它。

八、低速带资料的采集

在讨论波的运动学和动力学特点时，假设激发点和接收点都在同一水平面上。但实际上地表是起伏不平的，低速带沿测线方向厚度及其速度都会发生变化，导致反射波的时距曲线发生畸变，而变得不圆滑了。如果忽略了以上的因素，必然会使地下的构造形态受到歪曲，所以在地震工作中，就需要对低速带的厚度和速度进行测定，以便在资料处理时做必要的校正工作（静校正）。只有这样，才能真实地反映地下地质构造的形态。

测定低速带的方法，目前使用较普遍的有浅层折射法和微地震测井。

当采用浅层折射法确定低速带时，一般情况下低速带的厚度是不大的，因此排列长度可以短一些，大约为100～500m，故有小折射之称。

在浅层折射野外施工中，一般应做好以下几方面的工作。

1. 要得到初至波清晰的记录

工作中应排除各种感应对初至波的干扰，只有初至波被清晰地记录，才能进行下一步的解释工作，浅层折射记录见图 4-48。

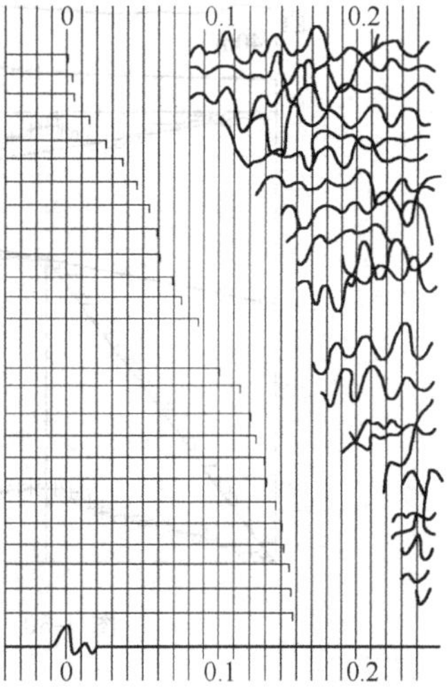

图 4-48　浅层折射记录

2. 排列长度要合适

排列长度和检波器间距的大小应确保能稳定正确地追踪低速层、降速层或高速层。

排列的形式一般有两种。一种是排列中的道距两头小、中间大，小的为 1～5m，大的为 10～15m。之所以这样布设是因为在炮点附近，直达波视速度很低，用较小的道距才能清楚地反映直达波时距曲线的形状，便于波的对比识别。对于低速带底界高速层的折射波，因其视速度大，用较大的道距才能满足精度的要求。这种做法的优点是可以两边放炮，获得相遇的折射波时距曲线，而缺点是近炮点处的道距太密，排列长度受到限制。第二种排列中的道距是近炮点处较小，远离炮点的道距较大。这种做法的优点是可以增大排列长度，有利于记录和追踪高速层，充分利用每个接收道；而缺点是采用单边放炮，资料解释的精度不高。

3. 选择合适的放炮形式

浅层折射一般采用浅坑爆炸，药量在保证初至波清晰的前提下尽量减少，一般在 0.2 至数千克范围内。

有了折射记录，就可进行资料解释，点出如图 4-49 的相遇时距曲线，由交叉时 t_{01}，可求取 O_1 点的低速层的厚度 h_1，即

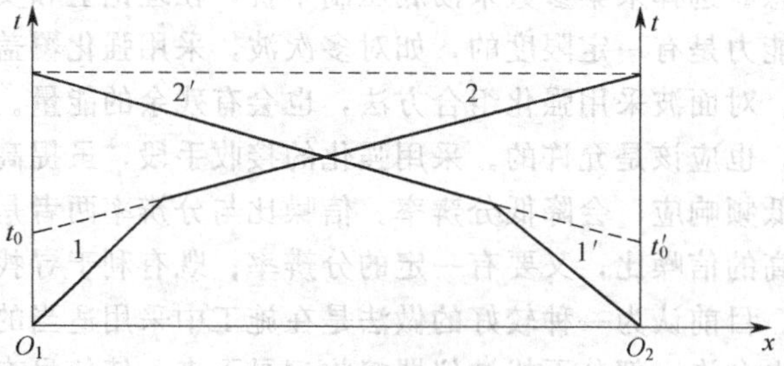

图 4-49　低速带测定时相遇时距曲线

$$h_1=\frac{V_1t_{01}}{2\cos i}=\frac{V_1t_{01}}{2\sqrt{1-\sin^2 i}}=\frac{V_1t_{01}}{2\sqrt{1-(V_1/V_2)^2}} \tag{4-86}$$

式中，V_1 为直达波的速度；V_2 为折射层的速度。上式中各参数从时距曲线可求出，则 h_1 即可求出。同理可以求取 O_2 点下方低速层的厚度。

【例 1】 山西某黄土塬地区煤田三维地震勘探中对黄土层厚度采用折射波调查得到了相遇时距曲线图 4-50，依据上述计算公式得出低速带速度 550m/s；低速带厚度 24～40m；折射面速度 3500m/s，十几米厚的降速层分辨不出。

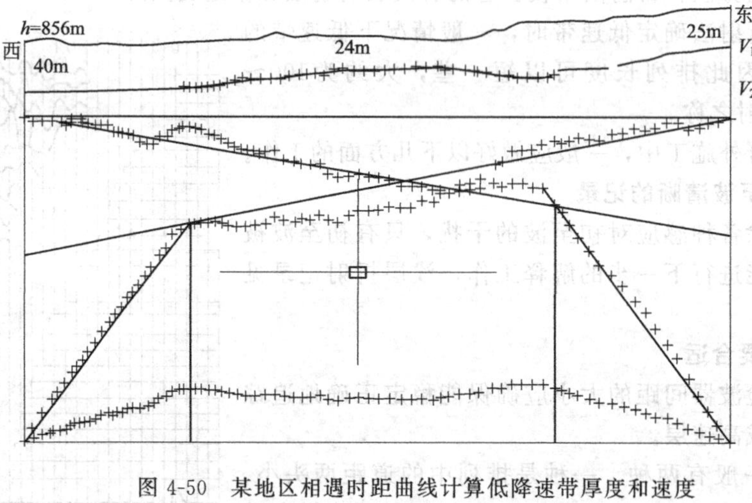

图 4-50　某地区相遇时距曲线计算低降速带厚度和速度

第六节　地震资料的整理

地震勘探整个工作包括野外信息采集、室内信息的处理和解释三个阶段，它们是紧密相关、有机联系在一起的，缺一不可，只有高质量的原始资料才能为处理工作提供好的物质基础。如果原始资料不过关，质量很差，那么无论什么高明、先进的技术，也不可能处理出好的时间剖面。在保证较好的原始资料的基础上，处理工作的好坏是地震工作的关键。如果处理中参数选择合适，各项处理工作准确无误，那么就能保证得到优质的时间剖面；反之，处理工作没有做好，那么好的原始资料也处理不出合格的时间剖面。所以说在地震工作中野外

信息采集是基础，处理工作是关键。

在这一节将简单介绍几种常用的数字处理方法，使地质工作者对处理有所了解，以便更主动使用和解释地震剖面。同时可以帮助大家分析和判断时间剖面上的一些异常现象是由于原始资料不好，还是处理不当造成的，或是地下地质现象的真实反映等，并根据分析情况，提出对处理方法的改进意见。

一、地震信息的数字处理

数字处理的任务是对采集的地震信息进行各种方法的加工处理，进一步压制信息采集中未能消除的残留的面波、多次波和随机干扰等，提高信号的信噪比和改善分辨率。处理后可得到直观反映地质构造形态和地层岩性的地震时间剖面资料。数据处理是地震工作中的重要环节。

1. 处理流程及预处理

(1) 处理流程

从野外数字记录磁带到室内用计算机处理时，都要经过输入、数据处理、输出显示三个部分。

输入部分是把磁带上记录的地震信息输入到计算机里去，这一工作由输入设备磁带机来完成。

数据处理部分是对输入的地震信息作各种加工处理，按其处理的时间先后顺序又分为预处理、数字处理、修饰处理。

输出部分是将处理的结果，通过剖面仪、打印机等输出设备，以时间剖面等的形式显示出来，作为处理的成果资料。

整个处理流程可用图 4-51 来表示。

(2) 地震信息的预处理

预处理是在数据处理之前所必须完成的准备工作。预处理的目的是把数据进行编辑，把野外数据的记录格式转化为计算机处理规定的数据形式。另外预处理要预先对资料进行一些简单的加工处理。

① 数据重排　也称为数据的编辑与解编。在讨论数字地震仪时，多路转换开关对地震信息是按时间分道采样的，这种采样数据的排列形式可用一个矩阵 $\boldsymbol{B}$ 来表示，假设接收道为 24 道，这个 $\boldsymbol{B}$ 矩阵可写为：

$$\boldsymbol{B}=\begin{Bmatrix} A_t,1 & A_t,2 & \boldsymbol{K} & A_t,24 \\ A_{t+\Delta},1 & A_{t+\Delta},2 & \boldsymbol{K} & A_{t+\Delta},24 \\ \vdots & & & \\ A_{t+n\Delta},1 & A_{t+n\Delta},2 & \boldsymbol{K} & A_{t+n\Delta},24 \end{Bmatrix} \tag{4-87}$$

式中，A 表示采样振幅离散值；下标 t 表示起始时间；Δ 表示采样间隔；n 表示采样点个数；24 表示接收道数。

所谓按时间分道采样就是按某一采样时间取其 1 至 24 道的子样，如矩阵中的第一行是指当时间为 t 时，取其 1 至 24 道的子样。但在计算机内对地震数据进行运算时，却是逐道进行的，因此必须将按时间分道采样的时序数据排列形式转换成按道分时的道序数据排列形式，以供处理之用。数据重排就是完成这种转换的程序。实际上就是按上述要求将数据在内存单元中“搬家”，把 $\boldsymbol{B}$ 矩阵转变为下列形式的矩阵 $\boldsymbol{C}$，即把矩阵转置一下就行了。

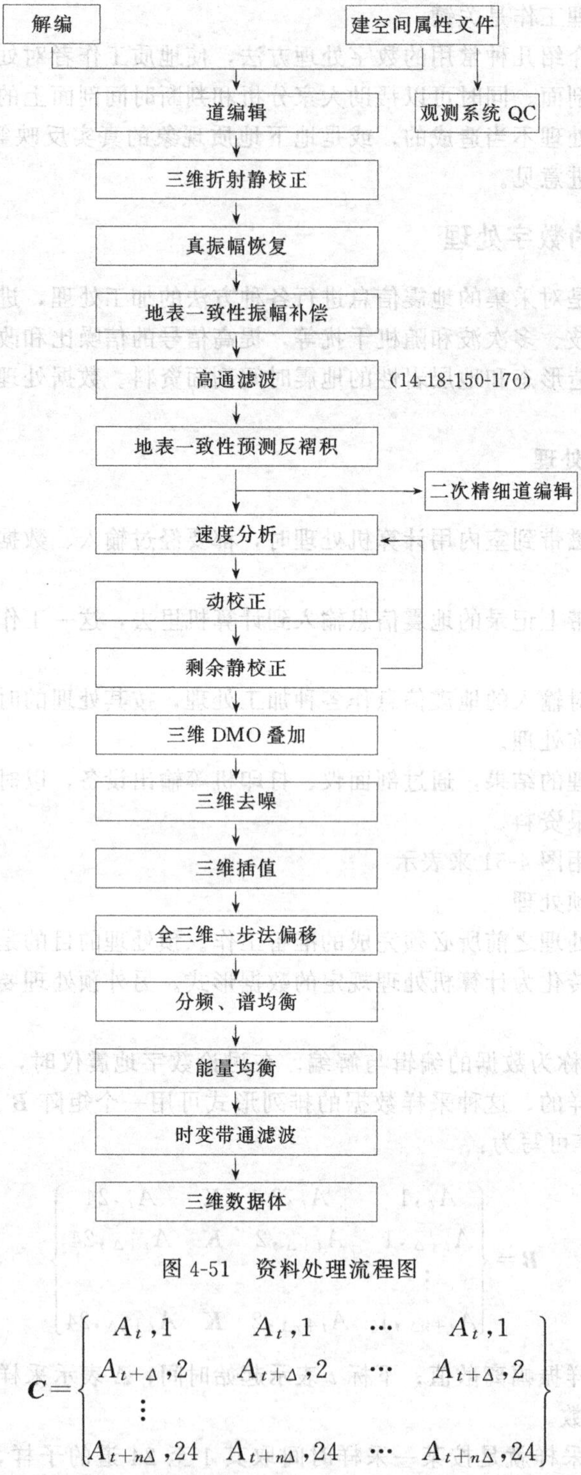

图 4-51 资料处理流程图

$$
\boldsymbol{C}=\left\{\begin{array}{cccc}
A_t,1 & A_t,1 & \cdots & A_t,1 \\
A_{t+\Delta},2 & A_{t+\Delta},2 & \cdots & A_{t+\Delta},2 \\
\vdots & & & \\
A_{t+n\Delta},24 & A_{t+n\Delta},24 & \cdots & A_{t+n\Delta},24
\end{array}\right\} \tag{4-88}
$$

$\boldsymbol{C}$ 矩阵的第一行就是对第一接收道离散取样。

② 纠补缺（编辑） 为了保证多次叠加的质量，必须在对地震数据进行处理之前，纠正信息采集时由于故障和失误对资料产生的影响，对于那些不合格的地震信息，宁可舍弃不用，如果让它们参与叠加，反而会影响叠加效果，对这些不好的信息要剔除或充零，即对记录要进行编辑加工。

纠补缺主要做两项工作：第一对不正常炮要补缺，第二对不正常道要补缺。不正常炮指废炮、哑炮和缺炮，废炮时需将该炮所有道都充零。缺炮时要补上一张全零的记录。不正常道包括反道、死道和工作不正常道。不正常道可能使记录道波形畸变或振幅过大、过小，需将它们充零，也称为清野值。死道是由于埋置不好或检波器、仪器的故障造成的，也应充零。反道可能是由于检波器正、负极性接反，使记录出现反相，这时可将该道的采样值改变符号，即乘上－1。

③ 抽道集　为了进行叠加和计算速度谱的方便，可按观测系统将各个共反射点的叠加道抽取在一起，按炮间隔大小排列好，这个过程实际上也是一种数据的重排，叫做抽道集或共深度点选排。

(3) 数字滤波

在地震资料数字处理中，利用频谱特征的不同来压制干扰波，以突出有效波的方法就是数字滤波。

① 数字滤波器的概念　大地相当于一个低通滤波器，它吸收了信号中的高频成分，只让信号中的低频成分通过，对波形进行了改造，这种过程就是滤波。它实际上包括了信号的输入、滤波器、信号的输出三部分。就大地滤波的过程来说，激发的地震波可看做输入信号，大地就是滤波器，经界面反射后，返回地表的波动可看做输出信号。

在信息处理中，最常用的是模拟电滤波器，在电子仪器中多用这种方法。随着计算机的出现，另一种新的滤波手段——数字滤波出现了。

电滤波器是由电阻、电容和电感等元件组成的，每一种滤波网络都有其一定的性能，不同的滤波器对同一种输入信号，可以有不同的输出信号，如收音机中不同音色（高、中、低音）的滤波网络。设计一种滤波网络，让输入信号中的高频成分（高音）通过，其他频率成分不让通过，称此网络为高通滤波器，同理可设计低通、带通滤波器，如图 4-52 所示，图中用 $X(f)$ 表示输入信号，用 $H(f)$ 表示滤波器的性能，用$\hat{X}(f)$ 表示输出信号，由图可见，虽是同一种输入信号，但经不同性能滤波器的滤波，其输出波形的宽窄和延续度是各不相同的。要设计不同滤波网络，就要选择和设计不同的电子元件与线路，这就暴露出电滤波器不灵活和成本高的缺点。自从出现了电子计算机，可以通过一些数学的运算同样达到电滤波器的作用，并可克服电滤波存在的缺点。

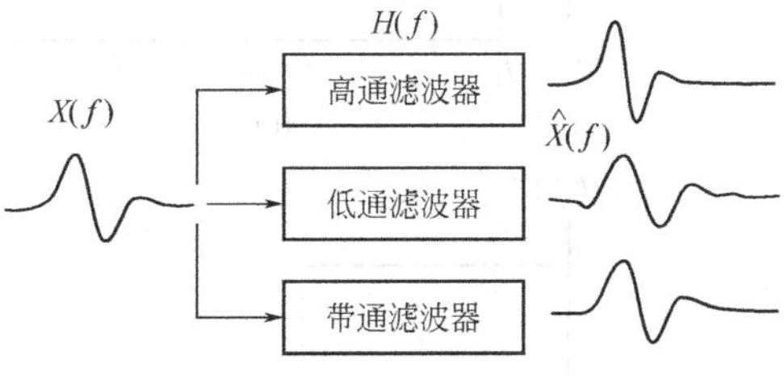

图 4-52　电滤波

② 滤波器的特性　即滤波器的性质，知道了滤波器的性质，就可以知道地震记录通过滤波器后会得到什么样的输出信号，如高通滤波器，它对输入信号的频率成分可以进行选择（或改造），只允许信号中高频成分通过。滤波器对信号频率的响应叫做滤波器的频率响应，用$H(f)$来表示，$H(f)$ 也叫做频率函数或传递函数，这是滤波器特性在频率域的一种表示方法。

滤波器的特性也可以用时间域的方法来表示，它说明滤波器对波形的影响，把这种影响叫做滤波器的脉冲响应，用 $h(t)$ 来表示，$h(t)$ 也叫做时间函数或滤波因子。

如何求取这两个响应呢？让一个在时间域或频率域表示的单位脉冲输入滤波器，其输出就是脉冲响应和频率响应。可表示为

$$\text{输入为单位脉冲} \rightarrow \boxed{\text{滤波器}} \rightarrow h(t)$$

$$\text{输入为 } X(f)=1 \rightarrow \boxed{\text{滤波器}} \rightarrow H(f)$$

脉冲响应的傅里叶变换就是这个滤波器的频率响应，一个滤波器不论用脉冲响应描述，还是用频率响应描述，两者是等价的，而且是唯一的。

脉冲响应在普通物理学或电学中也叫某个系统的固有过程。如将一个单位脉冲输进一个弹簧质量系统中，即给该系统一个时间无限短的力，弹簧将离开平衡位置振动，此振动图形就是该系统的输出。这个质量系统的脉冲响应就是系统的自然过程或叫固有过程。

③ 一维数字滤波　滤波处理时，如果信号及滤波因子（算子）都是单变量（如 f 或 t）的函数，则称为一维滤波，即一维滤波是指仅在时间域或频率域上进行的滤波。

一维数字频率域滤波一般分以下几个步骤。

a. 对地震记录 $X(t)$ 作频谱分析，确定有效波与干扰波的频谱特征。已知地震记录 $X(t)$，如图 4-53(a) 所示，它包括有效波 $S(t)$ 和干扰波 $N(t)$，即

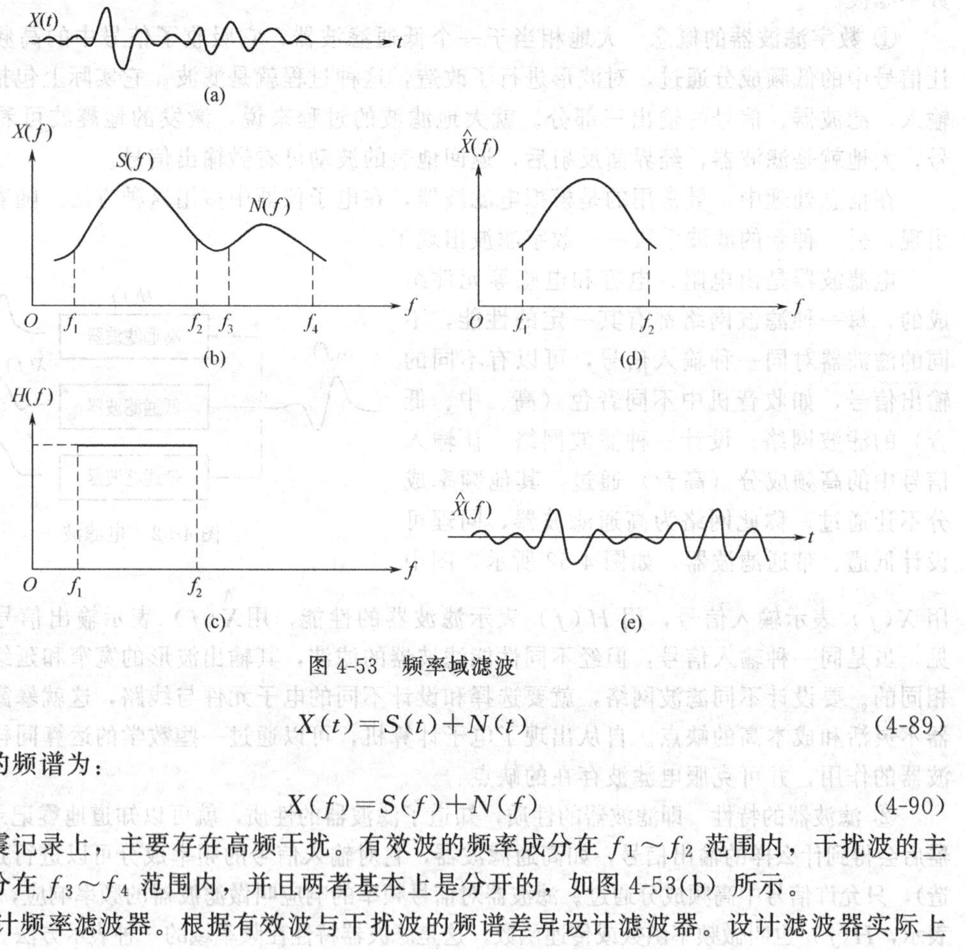

图 4-53　频率域滤波

$$X(t)=S(t)+N(t) \tag{4-89}$$

相应的频谱为：

$$X(f)=S(f)+N(f) \tag{4-90}$$

在地震记录上，主要存在高频干扰。有效波的频率成分在 $f_1 \sim f_2$ 范围内，干扰波的主要频率成分在 $f_3 \sim f_4$ 范围内，并且两者基本上是分开的，如图 4-53(b) 所示。

b. 设计频率滤波器。根据有效波与干扰波的频谱差异设计滤波器。设计滤波器实际上是选择频率响应函数。

为了滤去高频干扰波，可设计一个带通滤波器，它的频率函数为 $H(f)$，在有效波频率范围内，使频率函数的值为 1，在其他频率范围内，频率函数值为零，即

$$H(f)=\begin{cases}1, f_1 \leqslant f \leqslant f_2 \\ 0, 其他\end{cases} \tag{4-91}$$

这样的滤波器也称为理想的门式滤波，如图 4-53(c) 所示。

c. 进行滤波计算。对地震记录道 $X(t)$ 进行滤波，相当于令 $X(t)$ 的谱 $X(f)$ 同滤波器的频率函数相乘，相乘后可得到期望的输出信号$\hat{X}(f)$，可写为：

$$\hat{X}(f)=X(f)\cdot H(f)$$

根据假设的条件及所选择的频率函数，上式也可写为：

$$\begin{aligned}\hat{X}(f)&=X(f)\cdot H(f)=[S(f)+N(f)]\cdot H(f)\\&=S(f)\cdot H(f)+N(f)\cdot H(f)=S(f)\cdot H(f)=S(f)\end{aligned}\tag{4-92}$$

$X(f)$ 与 $H(f)$ 作相乘运算后，得到的输出信号就是有效波，压制了高频干扰，如图 4-53(d) 所示。

d. 对输出信号的频谱进行傅里叶反变换，便得到滤波后的输出的地震记录 $X(t)$，如图 4-53(e) 所示，即滤波器使有效波无畸变地通过，干扰波完全被压制。

频率滤波的整个过程可以归结为下面的数学运算：

$$X(t)\xrightarrow{\text{傅里叶变换}}X(f)\to\boxed{\text{滤波器 }H(f)}\to\hat{X}(f)\xrightarrow{\text{傅里叶反变换}}\hat{X}(t)$$

$$X(f)\cdot H(f)$$

可见，要对地震资料进行频率滤波，必须进行两次傅里叶变换、一次相乘的运算。当应用离散的傅里叶变换进行滤波时，工作量是很大的，即使用计算机计算也很费时间。近年来，由于采用了快速傅里叶变换计算方法，可使运算时间大大减少。

上述讨论的是理想滤波器，设计的是一种门式滤波，使有效波通过，干扰信号完全被消除，但实际上由于理想滤波存在着离散性及局限性的特点，所谓离散性是指滤波输入和输出都是一系列离散值；所谓局限性是指滤波从开始到结束，总是在有限时间内进行的，由于这两个特点，将会使理想滤波器不是真正门式的，所以在实际工作中，比理论上讨论的要复杂得多，在此不再作更多的讨论，读者可参考有关参考文献。

④ 时变滤波。同一地震记录道的浅、中、深层反射波的频谱成分是各不相同的，一般由高频向低频移动，如果只用一个滤波因子，就不能达到同时突出浅、中、深层反射波的目的。因此需要设计随时间变化的滤波因子，使得浅、中、深层反射波用不同的滤波因子进行滤波，这样就都照顾到了，这种随时间变化设计不同滤波因子的滤波叫时变滤波。

根据地震记录道的频谱分析的资料，分析浅、中、深层反射波的频率范围，然后分成几段，每段根据地震波的频率成分设计滤波因子，这也叫分段时变滤波。

上面举了简单的例子，从理论上讨论了三种滤波实现的过程，从讨论中可知，它们滤波的物理实质是相同的，都是利用有效波与干扰波的频谱差异，或不同深度反射波频谱的不同，来设计滤波器，达到压制干扰的目的。这是地震资料处理中提高信噪比的一种重要手段。对于地震记录中残留的面波，也可以采用频率滤波的手段来进一步压制它。

频率滤波可以对某一道地震记录来进行，也可以对共反射点道集记录来进行。它可以在叠加前进行，有时为了进一步滤去某些干扰波，也可以在叠加后再进行。它是水平叠加处理中常采用的一种处理手段。

频率滤波中关键的是如何选用频率函数（或滤波因子），选取的原则是既要能较好地压制干扰，又不能损害反射波。

(4) 反滤波

反滤波处理也叫做反褶积，这种处理方法的目的是消除大地滤波器对地震信号的影响，提高地震记录的分辨能力，它还能消除多次波。

从实际所得的反射地震记录中去掉大地滤波器的作用，使它变为理想的地震记录，这种过程叫反滤波，其目的是压缩地震波的时间长度，提高地震资料的分辨率。反滤波的物理实质是由于实际的地震记录受吸收的影响，使震源脉冲损失了高频成分，加长了延续时间，如果能求取损失了高频部分的波动，对实际记录进行补偿，就会使信号的频带加宽，延续时间变小，使其接近尖脉冲，也就是说压缩了信号的长度，提高了分辨率。由于在记录中补偿了高频成分，有时会使原来在记录上被压制的高频干扰又显现出来，降低了信噪比，说明分辨率与信噪比是有一定矛盾的。这就有一个互相制约的问题，需要通过计算和多次试验，做到既在一定程度上提高分辨率，又不显著降低信噪比。

由于地震记录中存在干扰及提取子波技术条件的限制，实际上反褶积要真正做到使地震记录变成一个个尖脉冲还有一定的困难。

一般把压缩信号时间长度的反滤波叫做脉冲反褶积。它是地震资料水平叠加处理中可供选用的程序，即需要提高地震资料的分辨率，可选用此处理手段，有时甚至采用了叠加前与叠加后两次反褶积。

2. 静校正

用计算机来对地震资料作静校正处理时，主要做两项工作：一是计算各接收道的静校正量，二是实现静校正。计算静校正量目前主要有野外一次静校正和剩余静校正两种方法。

(1) 野外一次静校正

野外一次静校正是根据对低速带厚度和速度测定的资料，计算各接收道的静校正量，它主要做三项工作：确定校正基准面、计算静校正量和在计算机上实现静校正。

① 确定基准面　根据工区低速带厚度变化情况，选取一个静校正基准面，它一般选在地表与低速带底界面的中部，然后计算接收道的静校正量，并对记录道进行校正，使记录上反射时间校正到所选的基准面上。这种校正只与接收点位置有关，即每道只有一个校正量，它不随深、浅层反射波到达的时间而改变，或者说这种表层影响对不同层次的反射波影响是相同的，此即静校正“静”的含义。

如图 4-54 所示，假设波从低速带底下的 O 点激发，在反射界面 R 上反射返回地表接收点 S 的时间为 t_S，所谓静校正是把地震波看做在基准面上 O_1 点激发，在基准面上 S_1 点接收，其传播时间假设为 t'_S，那么两者的时间差值就是静校正量 $\Delta t_{静}$，在地震波实际的传播时间中减去静校正量，也就实现了静校正，即 $t'_S = t_S - \Delta t_{静}$。静校正量包括井深校正、地形校正和低速带校正。

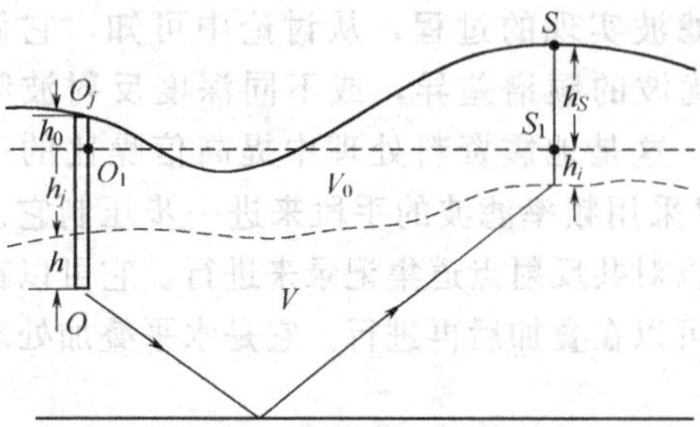

图 4-54　野外一次静校正计算示意图

② 计算静校正量

a. 井深校正。井深校正是将炮点 O 的位置校正到地面 O_j 点，井深校正有两种方法。

ⅰ. 井口 τ 值：它是井口检波器记录的直达波从井底传播到地表的时间，可直接从井口记录道上读取，τ 值就是井深校正值。

ⅱ. 从低速带资料及井深数据求取，即井深校正量 $\Delta\tau_j$ 为：

$$\Delta\tau_j = -\left(\frac{1}{V_0}(h_0+h_j)+\frac{1}{V}h\right) \tag{4-93}$$

式中，V_0 为低速带的波速；V 为低速带底下岩层的速度，也可称为基岩的波速；h_0+h_j 为炮井中低速带的厚度；h 为基岩中炸药的埋藏深度。

因为井深校正总是向时间增大的方向校正，故此式前面取负号。

b. 地形校正。地形校正是将测线上的炮点和检波点校正到基准面上。对炮点的地形校正实际是在炮点井深校正的基础上进行的，因为在实际的野外工作中，炮点深度不尽一致，先把炮点校正到地表，再校正到基准面。炮点的地形校正量 $\Delta\tau_0$ 为：

$$\Delta\tau_0 = \frac{1}{V_0}h_0 \tag{4-94}$$

检波点的地形校正量 $\Delta\tau_S$ 为：

$$\Delta\tau_S = \frac{1}{V_0}h_S \tag{4-95}$$

式中，h_S 为接收点到基准面的垂直距离。故此道（第 j 炮 i 道）总的地形校正量：

$$\Delta\tau_{ji} = \Delta\tau_0 + \Delta\tau_S = \frac{1}{V_0}(h_0+h_S) \tag{4-96}$$

地形校正量有正有负，当测点位置高于基准面时，取正，意味着在波实际传播时间中把这个时间校正掉；低于基准面时，取负，意味着要把这个时间加上。

c. 低速带校正。位于基准面以下的低速带，由于它的速度低于基岩速度，结果使地震波传播时间加长（延迟），为消除低速带的影响，故要从波到达的时间中减掉，为此进行的时差校正就是低速带校正，它需将基准面以下的表层速度用基岩速度代替。在炮点处的低速带校正量 $\Delta\tau'_j$ 为：

$$\Delta\tau'_j = h_j\left(\frac{1}{V_0}-\frac{1}{V}\right) \tag{4-97}$$

检波点处的低速带校正量 $\Delta\tau'_j$ 为

$$\Delta\tau'_i = h_i\left(\frac{1}{V_0}-\frac{1}{V}\right) \tag{4-98}$$

总的低速带校正量为

$$\Delta\tau'_{ji} = \left(\frac{1}{V_0}-\frac{1}{V}\right)(h_j+h_i) \tag{4-99}$$

因为基岩速度总大于低速带速度，故低速带校正量总是正的。

接收点总的静校正量为

$$\begin{aligned}\Delta t_{静} &= \Delta\tau_j + \Delta\tau_{ji} + \Delta\tau'_{ji} \\ &= -\left[\frac{1}{V_0}(h_0+h_i)+\frac{1}{V}h\right]+\frac{1}{V_0}(h_0+h_S)+(\frac{1}{V_0}-\frac{1}{V})(h_j+h_i) \\ &= \frac{1}{V_0}(h_S+h_i)-\frac{1}{V}(h+h_j+h_i)\end{aligned} \tag{4-100}$$

若用海拔高程表示，则有

$$\Delta t_{静} = \frac{E_S-E_i}{V_0}-\frac{2E_b-E_i-E}{V} \tag{4-101}$$

式中，E_S 为检波点地面海拔高程；E_i 为检波点下方低速带底界面海拔高程；E_b 为基准面海拔高程；E 为炮点处海拔高程。

③ 实现静校正　用计算机进行野外静校正处理，只需将各炮点和检波点的高程、低速

带厚度、速度、井口时间等资料输入内存，程序按公式自动计算出相应的静校正量，然后按校正量的大小和正负将整道向前或向后“搬家”即可。

野外一次静校正是否精确主要决定于低速带测定所得资料的精度，在实际工作中，由于测定低速带方法等原因，尤其在低速带横向变化较大时，测得的有关参数有一定误差，致使一次静校正后仍残存在剩余的静校正量，还需做剩余静校正的工作。

(2) 剩余静校正

从地震记录中提取剩余静校正量并加以校正的过程称为剩余静校正，它可以应用统计的方法自动地计算剩余的静校正量，故也称为自动统计静校正。

以共炮点道集为例。简单介绍这种校正的基本做法。如图 4-55 所示，假设在一个排列上，炮点为 O、24 道接收，表为 S_1、S_2、…、S_{24}，在作了基准面校正后，还有剩余的静校正量，可以写出各接收道的剩余静校正量。

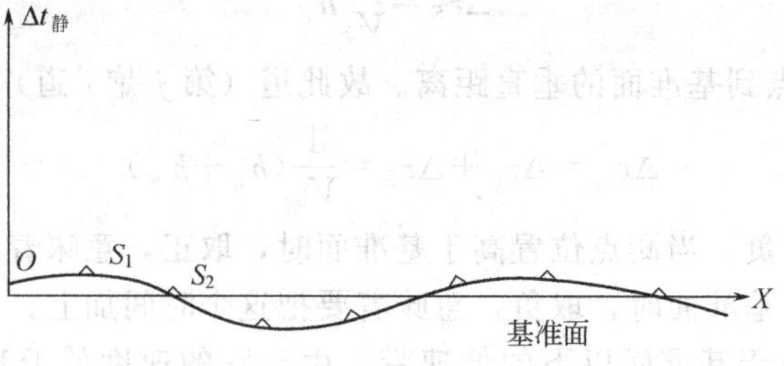

图 4-55　静校正随机分布示意图

O_1 炮第一道 S_1 的静校正量 $\Delta t_{S_{1静}}=\Delta t_{O_{1炮}}+\Delta t_{S_{1检}}$，上式中 $\Delta t_{S_{1静}}$ 表示接收点 S_1 的总静校正量，$\Delta t_{O_{1炮}}$ 表示炮点的校正量，$\Delta t_{S_{1检}}$ 表示 S_1 点的检波点校正量。同理可写出同一炮其他接收道的静校正量，即

$$\Delta t_{S_{2静}}=\Delta t_{O_{2炮}}+\Delta t_{S_{2检}}$$
$$\Delta t_{S_{3静}}=\Delta t_{O_{3炮}}+\Delta t_{S_{3检}}$$
$$\cdots\cdots$$
$$\Delta t_{S_{24静}}=\Delta t_{O_{24炮}}+\Delta t_{S_{24检}}$$

如果将以上 24 道的总静校正量相加再平均，即

$$\frac{1}{24}\sum_{j=1}^{24}\Delta t_{S_{j静}}=\frac{1}{24}\sum_{j=1}^{24}\Delta t_{O_{1炮}}+\frac{1}{24}\sum_{j=1}^{24}\Delta t_{S_{j检}} \tag{4-102}$$

等式左边为各接收道剩余静校正量平均值，等式右边第一项实际上就是炮点的剩余静校正量，而第二项的平均值应趋于零，因为假设剩余静校正量与波的传播方向、路径无关（地表一致性条件），即对同一地面点来说，它的取值不变；而对不同的地面点来说，它的取值具有随机性，是一种随机量。在一个排列上认为剩余静校正量在有的接收点上是正的，有的是负的，统计平均后趋于零值，这样将属于同一炮的各道剩余静校正量相加平均后，就得到了该炮点的剩余静校正量，同理可得测线上所有炮点的剩余静校正量。

用类似的方法可求出各检波点的剩余静校正量。

在地表比较平坦、潜水面又较浅时，即低速带很薄且变化又小，这时静校正量也很小。如我国华北、东北等，大部分地区地表辽阔平坦，低速带纵向厚度变化小，横向变化也小，在进行地震普查时，常不做静校正，但在地震详查细测时，应作野外一次静校正工作。在我国西南、西北等地区，地形起伏大，低速带横向厚度变化较大，在这种条件下不光要作一次静校正，还需要作剩余静校正工作。

3. **动校正**

用计算机来实现动校正，是分两步进行的，一是计算动校正量，二是实现动校正。动校正工作可以对共炮点的单张记录来进行，也可以对共深度点道集记录来进行。

动校正的过程原理比较简单。如图4-56(a) 所示，设有一地质模型，地下有两个水平反射界面，O_1 点既为炮点，又是第一个接收点，在 O_1 点放炮，S_1 与 S_2 点接收，可得到这两道的记录，R_1 与 R_2 反射层相应的地震波形的波峰时间为 t_{O_1} 与 t_{O_2}，图4-56(b) 就是这两道的波形记录及在这两道记录上的反射波同相轴（虚线所示）。也可以示意绘出时距曲线，如图4-56(c) 所示。

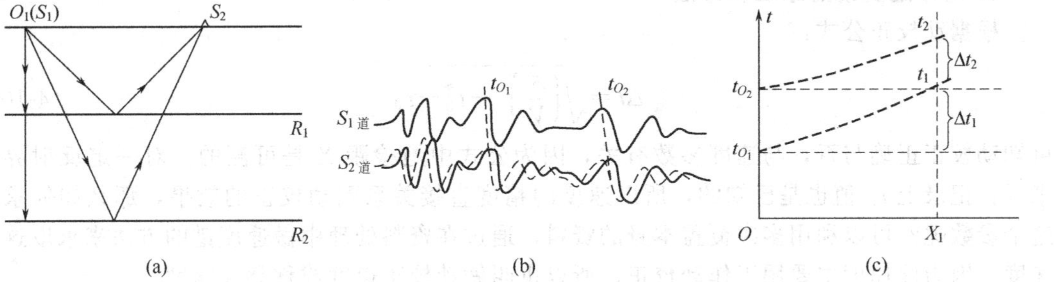

图 4-56 动校正示意图

对于接收道 S_1 的记录，因为接收的信号就是自激自收时间，没有校正问题。对 S_2 道记录要进行动校正，则要把同相轴向前移动，使之与 S_1 道的波形对齐，就完成了该道的动校正工作。从时距曲线来看动校正，就是要把曲线拉平，即

$$\left.\begin{aligned}t_1-\Delta t_1=t_{O_1}\\t_2-\Delta t_2=t_{O_2}\end{aligned}\right\} \tag{4-103}$$

式中，t_{O_1}、t_1、t_2 为已知；Δt_1、Δt_2 为动校正量；可根据动校正量公式计算：

$$\Delta t=t_0\left(\sqrt{1+\frac{X}{t_0^2V^2}}-1\right) \tag{4-104}$$

此例中，X 为已知，V 假设为已知，并认为是准确的，根据式(4-104) 就可计算出动校正量，这样就完成了 S_2 道的动校正工作。

以上是人工来实现动校正，它的前提条件是要从已得的记录上读出反射层的时间。但用计算机对地震资料进行处理时，计算机没有辨认记录上哪些时刻有反射波的功能。为了解决这个矛盾，首先要对某一道记录进行离散采样，并认为每一个采样时可都存在反射波，然后算其各采样时刻的动校正量。

例如，要对某一道（炮检距为 X_1）进行动校正．可根据勘探任务定出起始的采样时间，如 500ms，对时间轴 4ms 取样，终止时间为 5000ms。由炮检距、采样时间及相应的速度就可算出动校正量，见表 4-3。

表 4-3 某道各采样点的动校正量

采样时间/ms	炮检距/m	速度/m/s	校正量/ms
$t_{O_1}=500$	X_1	$V(t_{O_1})$	Δt_1
$t_{O_2}=504$	X_1	$V(t_{O_2})$	Δt_2
$t_{O_3}=508$	X_1	$V(t_{O_3})$	Δt_3
M	M	M	M
$t_{O_n}=5000$	X_1	$V(t_{O_n})$	Δt_n

对某一道作动校正，实际上是进行时间的循环，求取各采样时刻的校正值，然后向前移动若干单元。然后对下一道作动校正，重复上述的做法，实际上是进行道的循环。

计算机对地震资料作动校正时，要考虑到既速度快又准确，为此具体的作法是多种多样的，这里就不一一介绍了。

动校正是地震资料水平叠加处理中必须要做的重要工作，它直接关系到地震剖面的质量。

二、速度信息的提取——叠加速度谱

1. 制作速度谱的原理和方法

根据动校正公式：

$$\Delta t=\sqrt{\left(\frac{X}{V}\right)^2+t_0^2}-t_0 \tag{4-105}$$

可知动校正正确与否，与速度参数有关，因为公式中炮检距 X 是可测的。对一定反射界面来说，记录上 t_0 值也是已知的，所以速度的精度直接关系到动校正的效果，那么如何求取这个参数呢？可以利用多次覆盖本身的资料，通过在资料处理中做速度谱的方法来求取这个速度，因为此速度主要用于作动校正，所以也叫做动校正速度或称叠加速度。

制作叠加速度谱的原理是比较简单的。对某个共深度点的时距曲线，可以根据已知的 t_0 时间，由工区或邻区的速度资料，选用一系列不同的速度值对时距曲线进行动校正。在其中总可以找到一个速度值，使时距曲线校正为水平直线，则这个速度就是最佳动校正速度，这种做法也称为速度扫描。时距曲线是不是已被拉平，是靠动校正后道集内信号叠加的能量来判断的。最佳速度最适宜于作动校正，叠加后能量最强，速度偏大或偏小都会使叠后的能量较弱，类似频谱的做法，把波的能量随速度的变化关系表示在 *V-E* 坐标中（*E* 为能量），就可得到一条谱线，叫做速度谱线，如图 4-57 所示。这条谱线是相对某个深度点记录上一定的 t_0 时间而言的。当 $V=V_3$时，叠加能量最强。

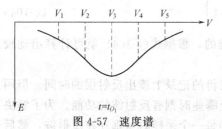

图 4-57　速度谱

下面举一个简单的例子来说明制作一条速度谱线的过程。设某深度点的时距曲线，t_0 时间为 0.8s，选用的速度范围 1500～1900m/s，间隔为 100m/s，分别用这些速度进行动校正，看其动校正后及叠加能量的情况。

从表 4-4 可知，不同的速度，叠后能量是不同的，当速度为第三个值时，叠加能量最强，据此可作出 t_0 值为 0.8s 的一条速度谱线。对不同的 t_0 值，计算机处理后，如同动校正一样，采取等间隔（如 $\Delta t=25$ms）离散取样的办法，对每个采样重复上述的做法，可以得到很多条速度谱曲线，把这些曲线按 t_0 值大小依次排列起来，就是一张（一个）速度谱，图 4-58 是一种曲线形式的速度谱，也有用数字大小、能量团等形式显示的速度谱。

表 4-4　动校正与叠加能量

t_0/s	V/(m/s)	动　校	叠　加	能　量
0.8	1500	过量	不同相叠加	弱
0.8	1600	过量	不同相叠加	较弱
0.8	1700	合适	同相叠加	强
0.8	1800	不足	不同相叠加	较弱
0.8	1900	不足	不同相叠加	弱

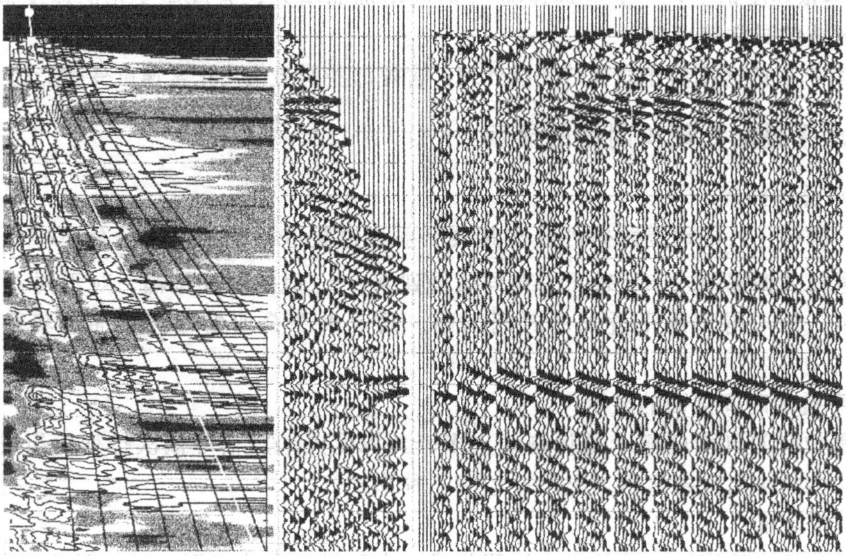

图 4-58 速度谱分析

计算机制作速度谱主要分四个步骤：第一步是对某个共反射点的记录，进行时间离散采样；第二步是固定某个采样值，进行速度循环（扫描），并依次进行动校正和叠加，得一条谱线；第三步 t_0 时间循环，重复上述过程，得多条谱线；第四步连接一张速度谱上的所有峰值，就可得速度曲线，它反映了某个共反射点由浅到深的速度纵向变化。为了研究速度的横向变化，一般间隔 1km 做一个速度谱。

2. 速度谱的解释

要从速度谱中提取比较可靠的速度参数，其关键取决于谱的品质，品质好的谱才可能得到可信的速度。

(1) 速度谱的品质

速度谱品质的好坏与原始资料的信噪比、采用的观测系统、地震构造的复杂程度、地震勘探中存在的特殊波等因素有关。原始资料信噪比高，谱就好，反之就差；野外施工中覆盖次数高，共反射点叠加道集多，有利于改善谱的质量；地质构造简单，谱的规律性强，如果速度谱点的位置正好位于断裂带上，谱就会变得较复杂；特殊波也会影响谱的品质，在一条谱线上按理说只有一个峰值或能量团（当有一次反射波时），但有时会出现几个峰值，说明有的峰值是假的，它往往是由多次波和绕射波造成的，从理论上可以证明多次波在谱上表现为低速的异常，而绕射波表现为高速异常，它往往出现在时间较大的谱线上。在速度谱上深部的品质往往较差，这与深部构造复杂及动校正量较小有关，只是能量团面积大，又不明显。

(2) 速度谱的解释

确定一条合理的叠加速度曲线，称为对速度谱的解释，解释工作一般包括以下几项内容。

① 进行谱的挑选，在测线上有许多速度谱，对每个谱都要进行解释，但不是每个谱都可以用于解释，有的谱品质很差，无法确定一条叠加速度曲线，所以对每条测线的速度谱都要进行全面的挑选，挑选那些能量团突出，并与时间剖面上反射同相轴有对应关系、纵向变化有规律的谱来解释，剔除那些品质差、无法用于解释的谱。

② 在单张速度谱上，一般应选择随 t_0 时间增加而增大、有规律变化的速度值，剔除多次波和绕射波的异常速度值。

③ 对解释后的速度值作适当的平滑处理，舍掉那些明显偏离正常速度变化趋势的能量团。

三、水平叠加处理与剖面的显示

1. 水平叠加处理

经动、静校正后的地震数据可以按其共反射点道集进行叠加。在计算机中是将同一 t_0 时间不同道集的振幅值求和后输出，这样就得到某一 t_0 值的叠加振幅，对不同 t_0 值求取叠加值后输出，便可得到水平叠加的时间剖面。因此水平叠加处理包括抽道集和叠加两项工作。

2. 水平叠加时间剖面的显示

水平叠加时间剖面的显示是将测线上多个共深度点地震信号依次排列而组成的时间剖面，用计算机的输出设备显示，显示一般有三种形式。

(1) 波形剖面

当显示装置中检流计小镜的光点被聚焦成一点而投射在感光纸上时，振动图形显示为波形记录。一条波形剖面有许多地震道，彼此紧靠，如有强反射，则彼此有重复叠加。这种剖面的优点是能观察到波形变化的细节。

(2) 变面积剖面

当检流计小镜的光线被调节呈条带状时，地震反射波的振动图形就变成了光带的振动，光带通过一个光栅，光栅的宽度使其中一部分光束能通过，而其余部分被遮住，如图 4-59 所示，透过的光束投在感光纸上被记录下来，成为一个个梯形黑疙瘩。从图中可以看出，所谓变面积剖面，是将地震波的波形斩头去尾，保留了中间主要的一段，地震波振幅的强弱，以梯形黑斑面积的大小和边线的陡度来表示。振幅越强，面积越大；反之，振幅弱，面积小。这种剖面显示的优点是反射层次较清晰。如果地下有一反射界面，相应在时间剖面上出现一条由各道黑疙瘩相连的横向“粗黑线”。

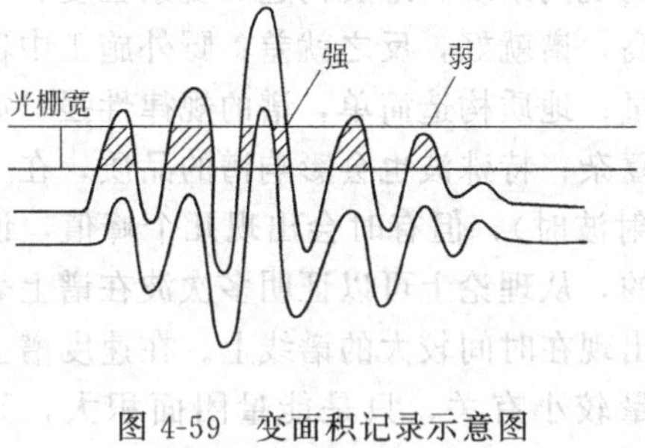

图 4-59 变面积记录示意图

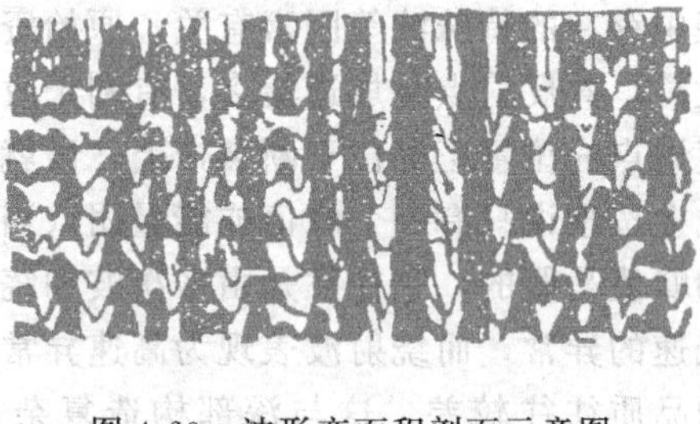

图 4-60 波形变面积剖面示意图

(3) 波形变面积剖面

为了便于解释，应选择最大限度地突出信息的显示形式，目前比较好的是波形加变面积的显示形式，即在剖面上同时有波形和变面积，它兼有上述两种显示形式的共同优点，这是当前普遍采用的显示方式。图 4-60 示意地表示了这种剖面的显示。

四、水平叠加时间剖面的取得

1. 剖面的格式

地震资料经过上述水平叠加处理和输出显示后，得到水平叠加时间剖面。它一般由图头和记录剖面两部分组成。

图头一般在剖面的左边，它用以说明工作的地区、测线号、施工的时间及单位，还注明了该剖面的采集及处理因素，使解释人员对剖面的情况有所了解。

时间剖面的横轴方向，表示各个共中心点的位置（简称 CDP 点），相邻 CDP 点的间隔为二分之一道距。一般计算机已在剖面上标出了桩号或炮号，由桩号就可知道剖面的长度。

时间剖面的纵轴方同表示 t_0 时间。

2. 水平叠加时间剖面的取得

下面举一个简单的例子来复习一下整个水平叠加处理的过程及其显示的特点。如图4-61(a)所示，为一个水平反射界面的地质模型，资料采集用多次覆盖的方法，假设 $n=3$。M_1、M_2、M_3 为假设的共中心点，地下的共反射点为 A、B、C。对其中一个反射点 A 来说，可作出共反射点时距曲线，如图 4-61(b) 图所示，然后进行动校正和叠加处理，可得叠加的波形，如图 4-61(d) 图所示。在时间剖面显示时，把此波形采用波形加变面积的形式，置于 M_1 点的正下方，如图 4-61(c) 所示。同理可得 M_2、M_3 点正下方的反射波形，图 4-61(d) 就是一个水平叠加时间剖面的示意图。

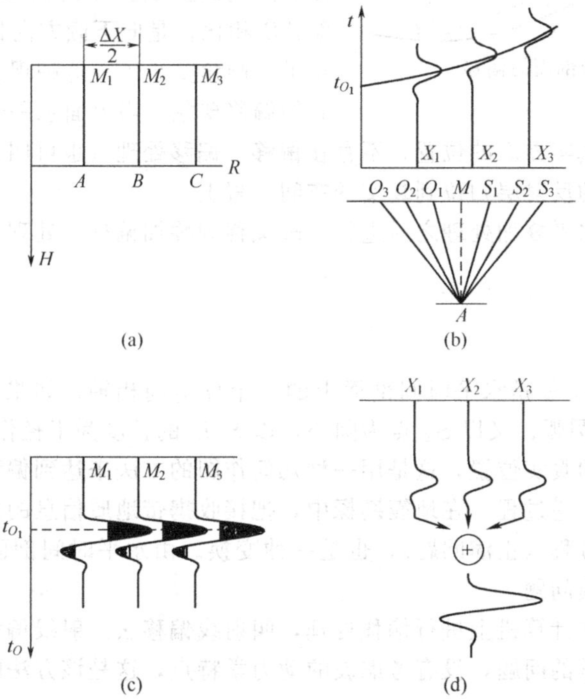

图 4-61　水平叠加时间剖面处理过程

从上面的例子中可以知道，要取得水平叠加时间剖面，地震资料要作抽道集、速度谱、动校正及叠加处理，除此之外，还必须作数据重排、纠补缺等处理，但这仅仅是一种最简单的理想化情况。如果地震信息中有残留的面波或多次波等干扰波，地表存在低速带，那么对资料进行处理时，除了上述六种基本的处理手段外，还需作频率滤波、预测反褶积、静校正等。对于低速带变化剧烈的工区，还需作自动静校正。总的来说，水平叠加处理可以进一步压制干扰，突出反射波。它与信息采集的方法是有机地联系在一起的，即野外高次、超高次的多次覆盖的信息采集方法与室内精细的水平叠加处理，可以大大提高资料的信噪比，提供高质量的水平叠加时间剖面。如果为了提高地震资料的分辨能力，在处理中还应加上叠后反褶积或叠加前、后两次反褶积的处理。

从上述讨论可知，水平叠加时间剖面具有自激自收成像的特点，由于这个特点，使水平叠加时间剖面有时不能真实反映地质构造的形态，为此还需对水平叠加时间剖面作偏移处理。

五、叠加偏移处理

1. 偏移问题的提出

当反射界面倾斜时，由于水平叠加时间剖面的显示特点，使地质剖面上真实反射界面的位置与时间剖面上的反射面的空间位置不一致，这时水平时间剖面就不能直观真实地反映地下的地质构造形态。如图4-62所示，设有一个倾斜界面，地面接收点为S_1与S_2，界面上反射点位置为A与B，在水平时间剖面上反射点被显示在S_1与S_2点的正下方A'与B'点。由图可见，在时间剖面上倾斜界面$A'B'$的位置与实际的界面AB相比，是向下倾方向偏移了，并且长度变长了、倾角变小了，这种现象叫水平叠加时间剖面的偏移现象。当界面水平时，水平时间剖面上界面的位置就是地下真实界面的位置，不存在偏移。偏移处理（也可叫偏移归位处理）是把水平时间剖面上偏移的反射层归位到真实的空间位置上。

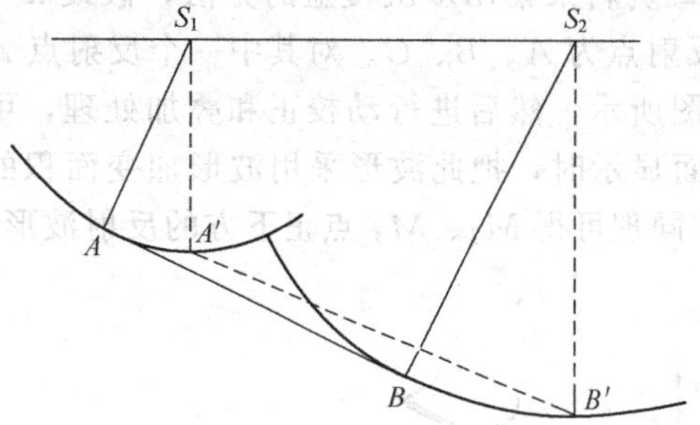

图4-62　时间剖面的偏移

这种处理一般在水平叠加处理之后进行，故又称为叠加偏移，处理后可得到一种偏移时间剖面。

2. 偏移方法

（1）射线偏移法

在图4-62中，$A'B'$就是水平时间剖面上的一个反射同相轴，如果以S_1点为圆心，以S_1A'的长度为半径作圆弧；又以S_2点为圆心，以S_2B'的长度为半径作圆弧，由波前原理，作包线就是反射界面的真实位置，这是用一种几何作图的方法来达到偏移归位的目的。它实际上是水平时间剖面的逆过程。在地震勘探中，把接收携带地质信息的反射信号变为水平时间剖面，这是一种正过程（正演问题），也是一种变换。由水平时间剖面反推地质界面的真正位置，这是一种反演问题。

基于这种想法，在计算机上进行偏移处理，叫射线偏移法。射线偏移法只考虑界面的空间几何位置，是运动学的问题，没有考虑波的动力学特点，这是该方法的最大缺陷。

（2）波动方程偏移

波动方程偏移是建立在波动方程的理论基础上的。它认为地震波在地下岩层中传播是遵循地震波波动理论的，即考虑了地震波在地下岩层中传播时波形和振幅都是可变的，因此作这种处理后的剖面，既包含了地震波的运动学特点，也包含了地震波的动力学特点，它比射线偏移具有明显的优越性。

为了能具体地说明波动方程偏移的原理，先要介绍“上行波”与“下行波”的概念。把从震源出发向地下传播的波，称为下行波。当下行波遇到反射层或绕射点时，一部分能量透过岩层或绕过绕射点继续向下传播，另一部分能量则经反射界面反射返回地面，这种从反射点向上传播的波，称为上行波，在反射点上，上行波的时间为零。在地面接收点上采集到的反射信号都是上行波。

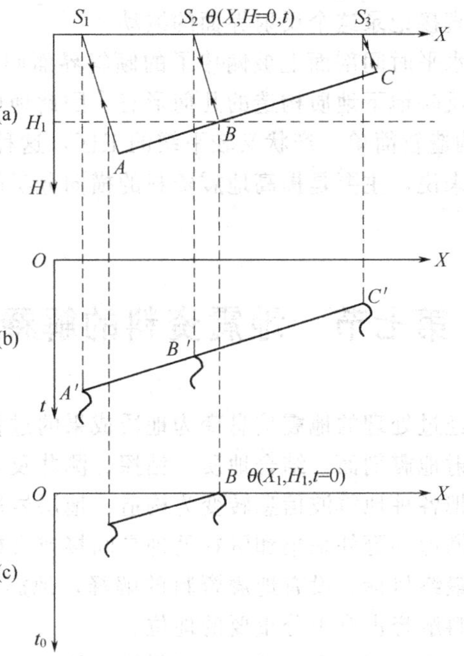

图 4-63 波动方程偏移原理示意图

如果信息采集时用二维观测方法，则偏移也在二维坐标内进行，称为二维波动方程偏移。如图 4-63(a) 所示图上有一个倾斜的反射面，在地面 S_1、S_2、S_3 点接收界面上 A、B、C 点的上行波，把 S_2 点的上行波波场写为 $\theta(X,H=0,t)$。B 点的垂向深度为 H_1。图 4-63(b) 是图 4-63(a) 的水平记录剖面（也称自激自收剖面）。波动方程偏移时，是根据地面已知的上行波波场向下去寻找地下真实反射点的位置，也叫做向下延拓。如果向下延拓到 $H=H_1$ 时，就可以得到 B 点的波场 $\theta(X_1,H_1,t=0)$，也就找到了地下 B 点的空间位置。这种偏移方法从原理上来讲并不复杂，但要使其具体实现可不大容易，要涉及数学中的积分法、微分法和有限元法等。根据解波动方程不同的数理方法，目前有克希荷夫积分、有限差分和傅氏变换三种波动方程偏移的方法。

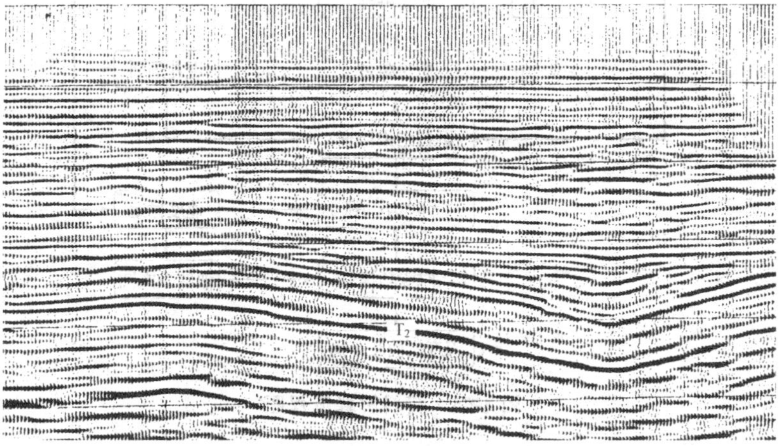

图 4-64 时间偏移剖面

波动方程偏移也可以这样来理解，相当于把地表埋置的检波器一步步沉入地下，直到把检波器放在反射界面上，直接记录这个反射界面的波动。

偏移处理的目的是使水平时间剖面上被偏移了的倾斜界面归位到空间真实的位置上去，使偏移时间剖面能直观地反映地下地质构造的几何形态。因此地质构造越复杂，这种处理越有必要（图 4-64）。对于构造较简单，产状又较平缓的工区，这种处理也就不一定需要。

偏移处理从它的作用来说，主要是提高地震资料的横向分辨能力，真实反映地质体的空间位置。

第七节 地震资料的解释

地震资料解释就是把经过处理的地震信息变为地质成果的过程。地震资料解释的主要任务是利用处理后的各种反射地震剖面，结合地质、钻探、测井及其他物探资料，根据地震波的传播理论和地质规律，把各种地震波信息转变为构造、地层岩性等的信息，把地震剖面变为地质剖面。因此，地震勘探的野外采集和资料处理是间接或直接为解释工作服务的，获得解释成果才是地震勘探的最终目标。没有地震资料的解释，地震勘探就不会得到地质成果。所以，在地震勘探中，资料解释占有十分重要的地位。

地震勘探的地质效果很大程度上取决于地震资料解释的正确性。尽管地震资料解释目的不同，但解释人员必须遵循地震资料解释的一般性原则，首先必须了解地震剖面上的反射特征与地质剖面的内在联系，掌握地震响应随地质现象变化的规律，善于识别各种地质现象在地震剖面上的特征，严格区分地震响应的假象，正确地理解地震反射波的分辨率及其与地层厚度的关系，如图 4-65。

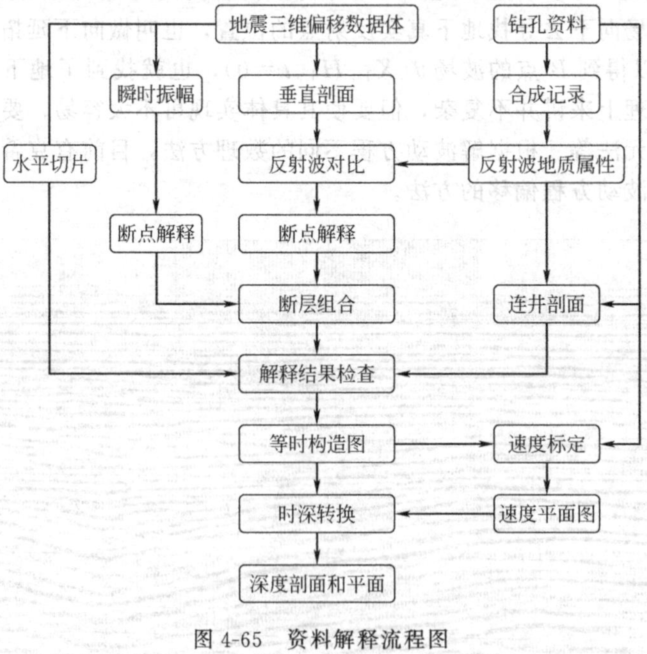

图 4-65 资料解释流程图

一、地震反射层位的地质解释

地震反射层位的地质解释主要是依据地震剖面的反射特征，选择特征明显的标准反射波，然后结合研究区地层的层位关系，确定反射波代表的地质层位。这种具有明显地震特征和明确地质意义的反射层通常称为反射标准层，反射标准层选取的正确与否直接影响到剖面对比工作和最终解释成果。

1. 地震剖面与地质剖面的对应关系

地震剖面是地质剖面的地震响应，在地震剖面中，蕴藏有大量的地质信息，地震反射所涉及的地质现象，在地震剖面中都应有所反映。然而，在地震剖面中，除了地质现象的响应之外，还包含着与地质现象无关的噪声，它们不具有任何地质意义。因此，在地震剖面与地质剖面、反射界面与地质界面、反射波形态与地下构造、反射层与地层之间有紧密的联系，但又存在一定的区别。

由于地震反射界面是波阻抗有差异的物性界面，地质上可构成物性差异的界面有层面、不整合面、剥蚀面、断层面、侵入体接触面、流体分界面以及任何不同岩性的分界面，均可构成地震反射面。对于此种情况，反射面与地质分界面是一致的。在某些情况下，地震反射界面与地质界面是有差异的，不一定与地层或岩性界面具有对应关系。如相邻地层由于颜色和颗粒大小变化具有层面，但没有形成明显波阻抗差界面，不足以构成地震反射面；另外，同一岩性的地层，既无层面，也无岩性界面，但由于岩层中所含流体成分的不同（例如水层与油层的分界面、水层与气层的分界面、油层与气层的分界面），而形成明显的波阻抗差界面，足以构成地震反射面，该地震反射面不一定代表地质界面。

在一般情况下，具有明显波阻抗差的地层层面是不整合面，不整合面具有明确的年代地层意义，因而相应地也赋予了地震反射界面明确的地层年代含义。确定地震反射界面的地质年代，是地震解释十分重要的基础性工作之一。

由地震垂向分辨率分析可知，在薄互层地区，地震记录上的一个反射波并不是由单一界面产生的单波，而是几十米间隔内许多反射波叠加的结果。地震剖面上的反射界面不能严格地与某一确定的地质界面相对应，而是一组薄互层在地震剖面上的反映。特别是在陆相盆地中，主要为砂泥岩互层构成，垂向和横向变化大，非均一性十分明显，地震反射趋向于以一种微妙的波形变化“追踪”岩性-地层界面，随着地震分辨率的提高，地震反射的物性界面特征越来越明显，“地震反射同相轴实质上是追踪着反射系数而不是追踪砂岩”（李庆忠，1993）。在分辨率较低的情况下，这种薄互层的地震反射界面往往是穿时的。

图 4-66 说明这种变化情况，这是一厚层页岩中夹几个薄层砂岩对简单正弦脉冲的地震响应，在 50Hz 反射剖面上，反射面与砂岩对应良好，两者严格保持平行；在 20Hz 的反射剖面上，因下部三层砂岩的厚度与间距均小于地震波波长，所以下部三层砂岩的反射相互干涉形成复合波，结果造成反射波与厚砂岩产状面不平行，形成穿时界面，只有上部距离较大的砂层形成平行于层面的反射。

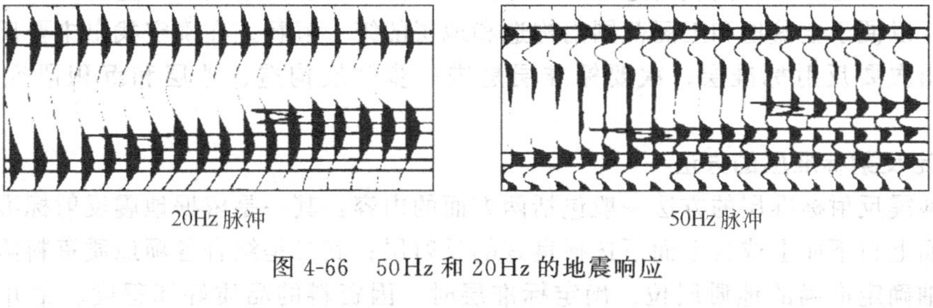

图 4-66 50Hz 和 20Hz 的地震响应

在有些地区，尽管地质界面的物性差异较大，构造形态明显，但由于界面过短或界面过于粗糙，在地震剖面上也并无明显的反射界面，例如古地形风化剥蚀面、珊瑚礁、断层破碎带等地质界面，只能得到一些零星的杂乱反射。

一个地震反射面代表相邻的两个地质单元，其中任一单元岩性的变化均能引起反射波波形特征的变化。如一个稳定的地层之上覆盖着岩性变化较大的地层，则地震反射是不稳定的；而一个凹凸不平的侵蚀面之上覆盖稳定的沉积，在侵蚀面上的反射也是不稳定的。

由上述分析可知，地震反射界面与地层界面并不具有一一对应的关系，在确定反射波所代表的地层层位和进行地震相分析和岩性预测时，常常不能直接利用地震反射剖面进行时间-地层单元划分，需结合地层、岩性、古生物和沉积旋回等地质信息进行综合分析，才能较好地确定地震反射界面所代表的地层界面。

2. 地震反射标准层具备的条件

时间剖面上存在大量的地震反射波，在能清楚地反映地下地质基本情况的前提下，一般只选择几个有特征的与地质界面基本一致的反射界面确定为地震反射标准层，并进行对比。地震反射标准层所具备的基本条件如下。

① 反射标准层必须是分布范围广、标志突出、容易辨认、分布稳定、地层层位较明确的反射层。一般要选择连续性好、波形稳定、能够长距离追踪的反射波作为反射标准层，以保证作图的准确性。如图 4-67 所示，在 900～1000ms 之间一强反射为标准反射波，波形稳定，标志突出，可连续追踪。

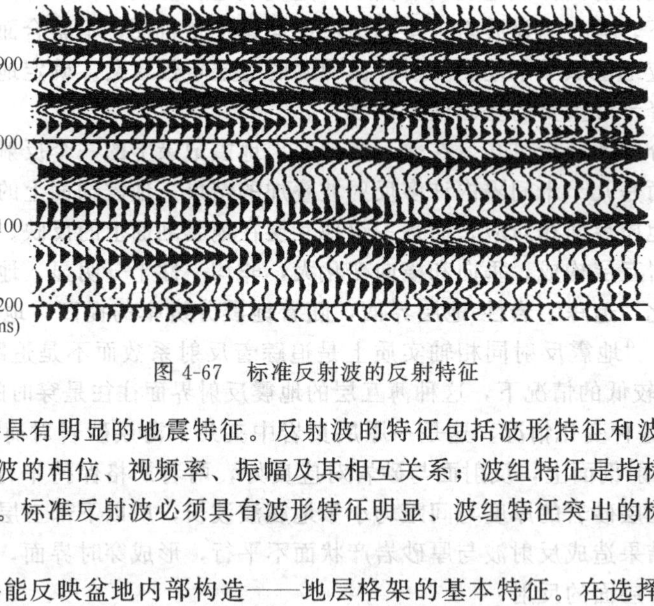

图 4-67　标准反射波的反射特征

② 反射标准层具有明显的地震特征。反射波的特征包括波形特征和波组特征。所谓波形特征就是指反射波的相位、视频率、振幅及其相互关系；波组特征是指标准反射波与相邻反射波之间的关系。标准反射波必须具有波形特征明显、波组特征突出的标志，在对比追踪过程中容易识别。

③ 反射标志层能反映盆地内部构造——地层格架的基本特征。在选择地震反射标准层时，一般把时间地层分界面或构造地层分界面，如主要沉积间断面、不整合界面或基底面作为标准层，以便于全盆地和工区范围内构造和地层的统一解释。在确定找出主要反射标准层后，再找出次要反射标准层，次要标准层是进一步开展构造、地层和沉积研究所必不可少的。

3. 确定反射标准层的方法

确定地震反射标准层的方法一般包括两方面的内容：其一是依据地震反射标准层的基本条件在剖面上自下而上或自上而下选择良好的反射层；其二是结合各项地质资料给已选的反射波同相轴确定准确的地质层位。确定标准层时，因资料的品质好坏程度、钻井数量的多少、解释要求精度以及其他相关资料准确程度存在一定差异，通常采用的方法有以下几种。

(1) 根据剖面上标准波的基本特征确定反射标准层

从地震剖面出发，依据标准层的基本条件，选择波组特征明显、标志突出、易于识别和对比、波形稳定、在大部分测线上能连续追踪的反射波作为反射标准层。在没有反射标准层的地区，或者反射标准层变差的地区，可用换算层或作平行辅助线（假想层）代替标准层，作换算层或假想层时，要根据盆地地层的基本格架和邻近反射层的产状关系进行换算。

（2）利用连井地震剖面确定反射标准层

工区内如有钻井，可作连井剖面，然后根据钻井提供的地质分层数据和平均速度参数进行深-时转换，即把地质分层界面数据转换成时间并标定到剖面上，即可确定反射波同相轴所对应的地质层位。

图 4-68 为一段岩性测井剖面与声阻抗剖面对应关系，每个声阻抗差都用一个简单的反射波形作标记。反射波的极性正、负方向和振幅强弱指示声阻抗差的性质。模型显示单个反射波和所有单个反射波叠加的复合波组。

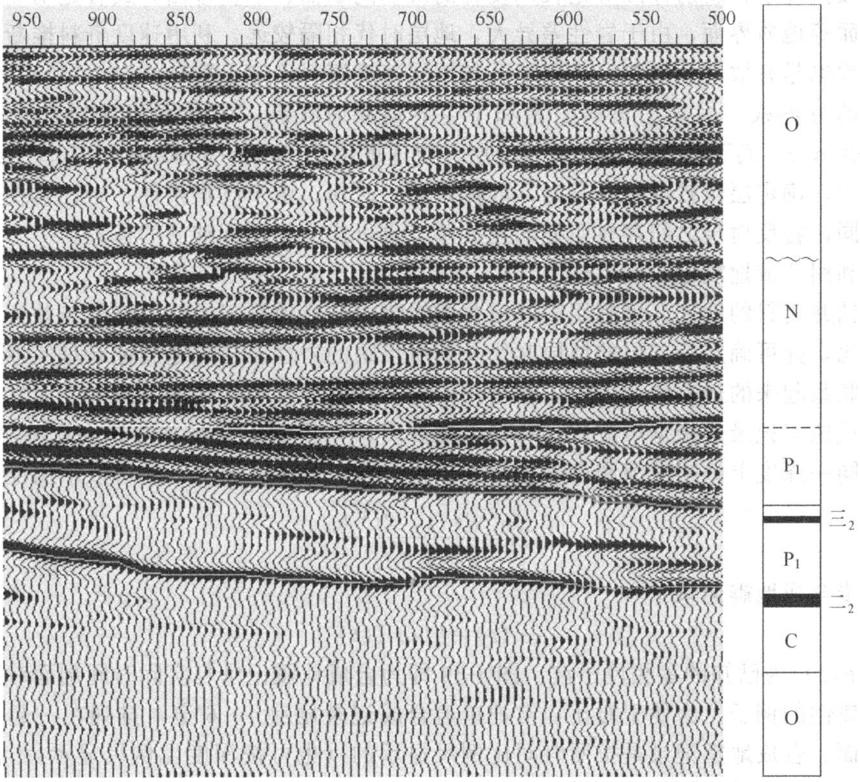

图 4-68　煤层与上覆地层对应的地震记录关系（永城煤电）

（3）反射界面的定名

一般来说，总是把反射界面定名为某地质界面的顶面，这主要是为了保持地震反射时间与地层埋藏深度的一致性。有时反射界面以上地层沉积稳定，其下伏地层不稳定，地震反射主要反映下伏层的特性，这时应该以下伏层命名。如果在稳定的地层之上覆盖的是不稳定的沉积，反射特征主要反映的是上覆层的特性，应以上覆地层的底界来命名较为合理。

（4）利用区域地质资料确定反射标准层

在无钻井资料的地区，通过邻区的地质露头，利用作地质剖面的方法，可将地层层位推测到地震剖面上；或根据区域地质资料，利用特殊岩性和地层接触关系，例如砂泥岩与灰岩突变面、角度不整合面、风化剥蚀面和超覆接触关系等在地震剖面上的特殊响应，来推测地质层位。此外，还可利用构造运动和构造-地层的概念推断地质层位，一般来说，受同一构造运动控制的地区发育的构造-地层格架基本是相似的，表现为同一构造-地层单元在成因上是有联系的，不同构造-地层单元之间在地层产状、波组特征和几何形态等方面存在差异性；其顶、底界面可能是不整合面、沉积间断面，利用这种差异性可推测相应的地质层位。

(5) 利用邻区的地震资料对比确定反射标准层

在邻区已做地震工作，且地震层位已确定，则可将工区的测线延伸到邻区作一段重复测线，通过反射波特征及其与相邻波组、波系的对比，确定相应的地层层位。值得注意的是，在区域地质背景差异较大的地区，一般不能通过这种对比方法来确定地层层位，原因是由于地质背景不同，其控制的内部构造-地层单元差异较大，机械地对比来确定层位往往造成较大的错层现象。

(6) 利用层速度资料推断反射标准层

在一般情况下，反射标准层是长期发育的沉积间断面、不整合面，或者是明显的岩性和岩相分界面等地质界面，由于岩性差异大，地层时代相隔较远，利用速度资料推断反射界面的地质年代也是有效的。例如，华北地区利用层速度资料确定上覆砂泥岩地层与下伏古老的灰岩地层的分界线，因为上覆第三系和中生界地层时代新，为砂泥岩地层，层速度小于4000～4500m/s，而下伏较古老的灰岩地层，层速度可达5500～6000m/s，上、下地层层速度差异较大，确定层位较准确。有时，即使是同一时代，由于沉积条件、岩性岩相变化和压实程度不同，各反射层之间存在明显的速度差，也可作为判别标准层的标志。

(7) 利用合成地震记录确定标准层

在有钻井资料的地区，可利用声波测井曲线制作合成地震记录，可直接与井旁的时间剖面进行对比，并可确定标准层的地层时代及其所反映的岩性。合成地震记录是使地质模型和地震剖面联系起来的最有效的手段，在层位标定、确定波形与岩性的关系等方面具有较大的作用。合成地震记录是依据声波测井和密度测井资料，得到声波测井曲线和密度测井曲线，将它们在同一深度上的速度值和密度值相乘，得到声阻抗测井曲线，就可以求出反射系数

$$R=\frac{\rho_2 v_2-\rho_1 V_1}{\rho_2 v_2+\rho_1 V_1} \tag{4-106}$$

进一步合成地震记录：

$$x(t)=b(t)R(t) \tag{4-107}$$

式中 $b(t)$ 为已知的零相位子波。图4-69即为合成地震记录与实际时间剖面对比确定反射层地质属性的例子。为便于对比，常把单道合成记录显示4～6道，排列在一起，看起来像时间剖面。合成地震记录是按照时间比例尺显示的（也可按深度比例尺显示），在一旁可按相应的深度比例尺，将钻井地质剖面附上去。

(8) 利用地震测井和垂直地震测井（VSP）确定标准层

在有地震测井和垂直地震剖面的地区，可利用地震测井资料直接标定地层层位。

二、时间剖面的对比

地震反射资料的地质解释是通过时间剖面的对比来实现的。标准层的确定工作完成之后，大量的基础性工作就是时间剖面对比。时间剖面的对比包括：收集并掌握地质资料，选择对比相位，研究反射波与波组特征，展开相位对比和相位闭合，识别各种波的类型，分析波与波之间的关系，推断时间剖面所反映的地质现象。

1. 反射波对比的基本原则

时间剖面的对比实际上是反射标准层的对比，就是在地震记录上利用有效波的动力学和

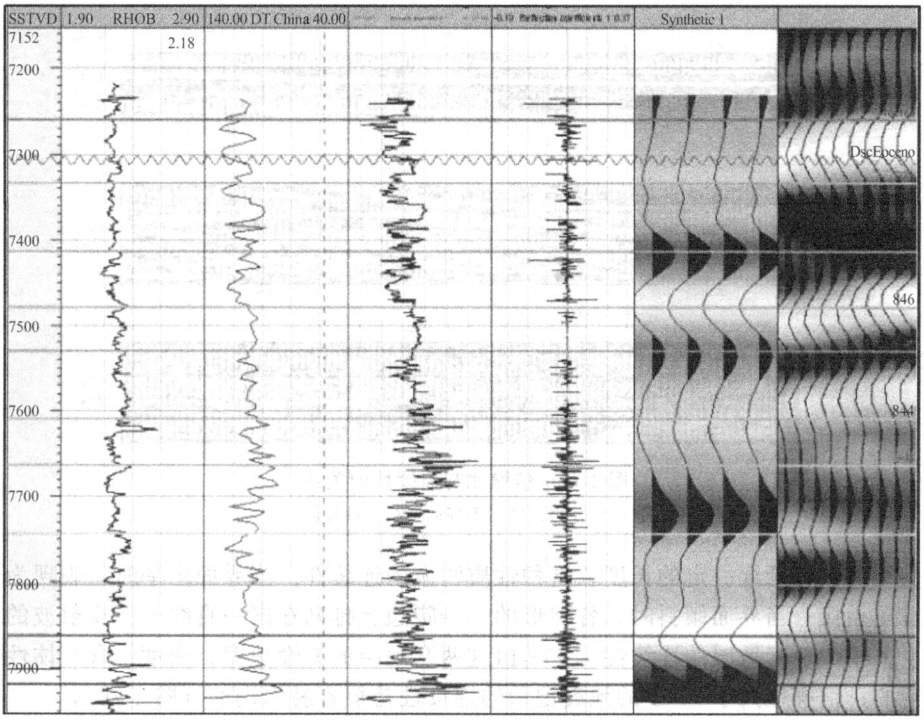

图 4-69 合成地震记录与地质属性的对比

运动学特点来识别和追踪同一界面反射波的过程。由于时间剖面上存在干扰背景，识别和追踪同一反射标准层必须考虑下列标志，也就是对比的基本原则。

(1) 相位相同

来自地下同一物性界面的反射波，在相邻共反射点上的 t_0 时间相近，极性相同，相位一致。相邻地震道的波形为波峰套波峰，波谷套波谷，变面积的小梯形也首尾衔接为一串，为一条能延伸一定长度的平滑直线。地震记录上把波的这种相同相位的连线叫“同相轴”。这种相位的相似性称为同相性，是识别和追踪同一层反射波的基本标志。

(2) 波形相似

同一反射波在相邻地震道间激发、接收条件相近，当传播路径和穿过地层的性质差别较小时，波形也基本相似。波形包括视周期、相位数、包络线、各极值振幅比等。在时间剖面上表现为黑梯形形状、面积大小相似、相位数及时间间隔相等。反射波的波形有时也会产生一些与岩性、岩相有关的横向变化，如相位数的逐渐增减、振幅的强弱变化等。另外，由于断裂、干涉也会使反射波波形突变。

(3) 振幅增强

时间剖面上的反射波能量一般比干扰背景能量强。在时间剖面上表现为振幅峰值突出、黑色梯形面积较大，边线变陡。如果反射波能量比干扰波能量弱，则无法识别反射波，因此要求地震记录具有较高的信噪比（图 4-70）。在时间剖面上的反射波振幅是比较敏感的，不仅是识别同一层反射波的重要标志，同时也是判断岩性、油气等重要依据之一，引起振幅横向变化的原因很多，如岩性横向变化、构造与断层、波的干涉等。

(4) 连续性

连续性是作为衡量反射波可靠程度的重要标志。反射波在横向上的相位、波形和振幅保

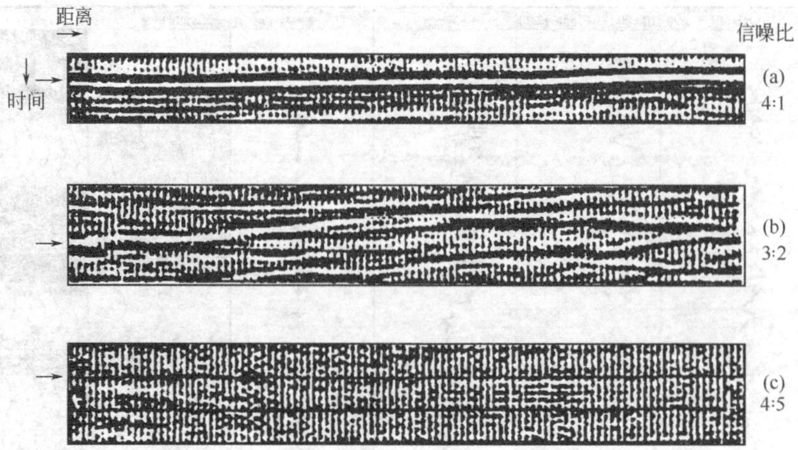

图 4-70　信噪比与连续性的关系

(a) 好的；(b) 不好的；(c) 可疑的

持一定的距离，并延续一定的长度，这种性质叫波的连续性。当界面水平时，表现为变面积小梯形首尾相接；当界面倾斜时，各梯形的一条腰边会排列在同一直线上。反射波的连续性代表上、下相邻两套地层的连续性，它是由这两套地层的岩性速度、密度、含流体性质等因素所决定的；信噪比大于 1∶1 的地震记录的连续性是很容易识别的（图 4-70）。

图 4-70 中的标志从不同的方面反映同一层反射波的特征。它们彼此不是孤立的，而是互相连续在一起的。在一般情况下，这些标志不同程度地同时存在，对比时应综合考虑。某些波连续性较好，能量可能较弱；不整合面上的反射波能量一般很强，但波形通常不稳定；由于岩相和岩性的变化，波的特征必然也是逐步变化的。一般来说，与激发、接收等地表条件有关的影响，同相轴从浅至深会发生同样的畸变；而受地下地质条件变化有关的影响，往往是一个或几个同相轴发生畸变。在波的对比中，解释人员要善于识别各种波形特征，弄清同相轴变化的原因，严格区分是地质因素还是剖面形成过程中的人为因素，这正是地震解释的主要工作和技巧之一。

在对比过程中，要注意异常波和反射波特征变化，注意区别杂乱反射波与空白段反射。一般情况下，异常波的出现往往与断层和特殊地质体有关；如杂乱反射和空白反射可能是冲积扇体、滑塌岩体、火成岩体或泥底辟构造等的地震响应，应根据具体地质情况作出判断。

2. 闭合对比

根据时间剖面同一层反射波相同相位 t_0 时刻在剖面交点上相等的原则，确定其相同的部位叫相位闭合。相位闭合既可以统一解释层的作图相位，又可以检查标准层对比工作的质量。相位闭合不仅是剖面交点的闭合，而且是整个测线网的闭合。在剖面交点上，用相位闭合差来衡量相位是否闭合。相位闭合差是相交两条剖面同一层反射波 t_0 时间差。在一般情况下，当闭合差小于或等于半个相位时，可认为两条相交剖面的相位闭合，否则为相位不闭合。

造成相位不闭合的原因很多，既有解释方面的原因，又有采集和处理等方面的原因。在解释过程中，标准层的对比串层、串相位，断层两侧层位定错，相位关系的追踪不正确等都可以造成相位不闭合。在时间剖面上，反射波分叉的现象是很普遍的，追踪对比时，必须对分叉的每一点都作出一致性的判断。

3. 干涉带的对比

在时间剖面上，常可以看到波的相互干涉，如一次波与多次波的干涉，反射波之间的干涉，反射波与绕射波、断面波的干涉等。同相轴出现阶梯状分叉和扭曲段，称为干涉带。例如，当两个振幅相等、波形相同的同相轴相交时，会出现阶梯状同相轴。如图 4-71 所示为两个正弦波时间间隔 $\tau=0$，$T/6$，$T/3$，$T/2$，$2T/3$，$5T/6$，T 合成的干涉波形。当 τ 是周期的整数倍时，合成波与每个单波相位重合，出现最大波峰，当 $\tau=T/2$，$2T/3$，…时，合成波振幅为零。因此，把各级最大波峰连接起来，在 $\tau=T/2$，$2T/3$ 处出现阶梯状同相轴［图 4-71(a)］。如果两个振幅不同的波干涉，在该处就出现扭曲状同相轴［图 4-71(b)］。产生干涉现象可能有地质意义，也可能是其他方面因素引起的。

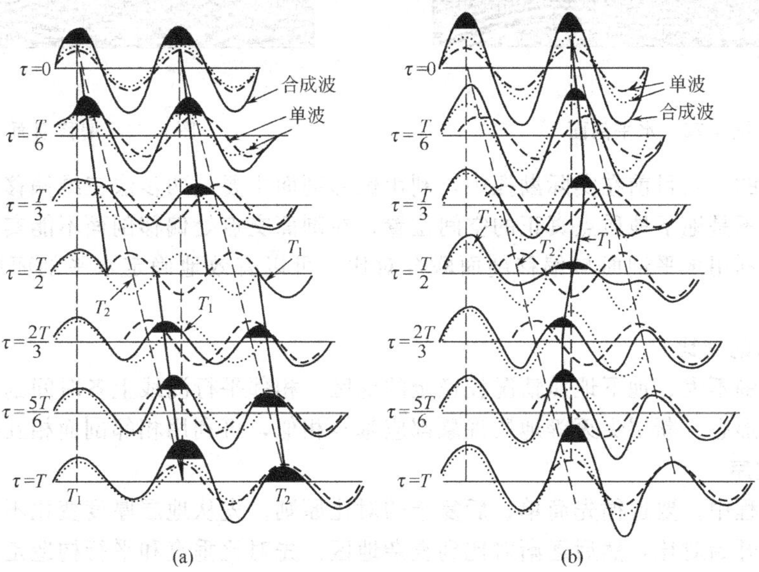

图 4-71　阶梯状同相轴与扭曲状同相轴

在干涉带中进行严格的相位对比是十分困难的。在一般情况下，如果干涉带中存在优势波，即使优势波的相位受到扭曲，通过对比干涉带内优势波主要相位的连续性，仍可以保证干涉带前、后的相位一致。有时假定反射波的视速度在干涉带前、后不变，从未受干涉段开始向干涉带内对比，把干涉带两边的相位连接起来。这种对比在地层变化较稳定地区是可行的，但在地层起伏较大、速度变化较大的地区易发生串相位。采用叠偏剖面与水平剖面的联合对比是消除干涉带影响的一种较好方法，这是由于叠偏剖面上波的干涉已经分解，水平剖面上有干涉的地方在偏剖面上一般均消失了。

4. 联合对比

水平叠加剖面是地震地质解释的基础资料，能如实地反映地下的各种地质现象。但是，由于记录点与反射点的位置有偏移，使得波的干涉现象频繁出现，构造形态产生歪曲，绕射波不收敛，给剖面的解释和对比带来困难。例如，在陡倾角地带和复杂地区，水平叠加剖面就会产生严重的畸变，出现复杂的干涉现象和可能造成的各种地质假象，误认为断层上的绕射波为大倾角反射波，或尖向斜的回转波为背斜的反射，从而导致错误解释。

如图 4-72 水平剖面中部为一向斜，浅层有一低幅度褶皱，向下褶皱幅度增大，在 0.8s 处为良好的宽向斜，1.1s 处向斜窄了一点，1.2s 处更窄了一点，在大约 1.4s 处，向斜变为一个点，并由此向下反射上凸。在图 4-73 偏移剖面中，褶皱形态比较清楚，右边背斜顶部

1.3s处的反射与左边向斜谷底1.47s处的反射为同一反射，还可看出右边背斜较复杂，深层有断裂显示。可以看出，偏移剖面做到绕射波收敛，反射波归位和干涉带分解，剖面上构造和地层形态清晰，断层特征明显，能真实地反映地下地质特征。

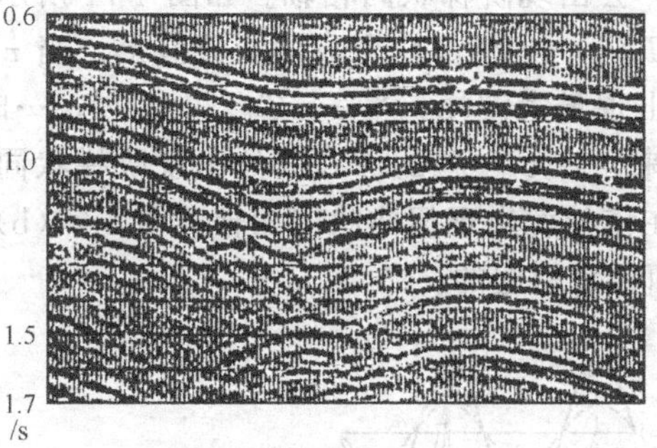

图 4-72　水平剖面

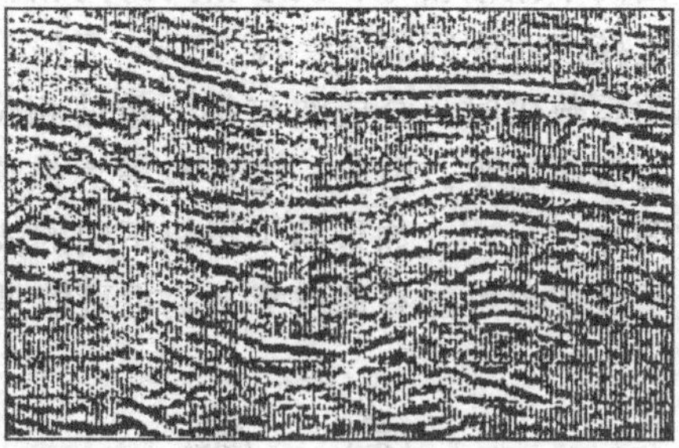

图 4-73　偏移剖面

需要指出的是：目前在实际勘探中，利用偏移剖面主要是两步法三维偏移归位剖面，反射点的位置还不是地下地质点真正的空间位置，在剖面交点处偏移剖面不能实现与钻井时间一致；因此，利用水平剖面与偏移剖面联合对比，可以有效地确定水平剖面反射波对比终止点。

5. 剖面间的对比

在工区范围不大、地下地质情况较稳定的地区，相邻平行测线上各时间剖面所反映的地层层位、构造形态、断层尖灭等地质现象都应基本相似，可利用相邻剖面相互参照对比。

6. 对比次序

在对比过程中，要遵循先简单、后复杂的对比原则。先从地层厚度变化不大、层系发育全的稳定地区开始对比，然后逐渐对比到复杂地区。先对比垂直和平行构造走向的主干剖面和联络剖面，后对比斜交构造的剖面；先对比浅层反射波，由浅入深逐层向下展开对比；先对比反射波，后对比多次反射波和特殊波；先对比偏移剖面，后对比水平剖面。

总之，波的对比是一项十分重要的工作，它直接影响地震解释成果的可靠性，要求反复对比，并不断地进行检查、分析，确保追踪的反射层与地下地质界面一致。上述对比方法不仅要综合运用，更为重要的是通过较多实践，积累经验才能逐步提高对比技巧。

三、地震解释中可能出现的各种假象

一般情况下，地震时间剖面上波动的图像可以大致反映地质构造的轮廓和基本形态，尤其当构造比较简单时，反射同相轴能较直观地反映构造的几何形态，当地质构造较复杂时，地震剖面上的波动图像在空间位置、几何形态等方面与地质剖面差异很大，这种差异称为地震剖面的假象。分析和研究引起地震剖面出现各种假象的原因，有助于提高解释的正确性，避免解释陷阱。

1. 偏移效应所引起的几何形态的假象

由于水平叠加时间剖面自激自收成像所出现的偏移效应，会引起反射界面空间位置与几何形态的假象，从对波场的分析可知，在水平叠加时间剖面上除了水平反射界面、凸界面顶点和凹界面底点之外，不同倾角界面的反射波，在时间剖面上的同相轴与界面上反射点的空间位置都发生偏移。由于偏移使界面的大小与形态在地震剖面上都发生假象，如一个小凸起在水平叠加时间剖面上形如一个大隆起，一个断点在时间剖面上变成有一定长度的“似背斜”同相轴。在地震剖面上发散波、回转波、绕射波、断面波等的同相轴与地质界面并无严格一一对应的关系，可以称它们为“视同相轴”，只有经过叠加偏移处理，才能使绕射波收敛为一个点，并使其他三种波做到空间归位。在实际工作中，要联合使用水平叠加和叠加偏移剖面来进行时间剖面的对比工作。

2. 表层变化引起的假象

在地表地形条件变化较大的地区，反射波同相轴会发生很大畸变，动校正后不能实现同相叠加，剖面信噪比不高，反射层连续性变差；当地形起伏较大时还会出现假构造，需经过静校正后剖面假象才能消除。在表层低速带厚度变化较大的地区，也会引起各种假象。

3. 速度变化引起的假象

在地震剖面上，由于自激自收时间不仅与互射界面埋深有关，而且还决定于地震波的传播速度，如果速度横向有变化，即使界面水平，地震波从该界面沿法线向上传播时，只有上覆界面有起伏，水平界面的反射同相轴也会起伏不平，甚至出现同相轴错断，出现这种现象的物理实质是决定于波在层状介质中传播的斯奈尔定律，为克服偏移要做深度域偏移工作。

4. 侧面波引起的假象

一般来说一个界面在时间剖面上对应有一个反射同相轴，但有时却有两个或两个以上的反射同相轴，如有一个凹子，当测线平行走向时，在水平叠加时间剖面可能有三个反射波，与反射界面的数量无严格对应关系，这是因为地质剖面只局限于二维空间。地震剖面虽是沿测线工作的，但反射波可能是从几个射线平面汇集在一起的。当出现这种情况，除要对地震资料进行反复对比认识外，有效的措施是要作三维地震工作，在三维地震剖面上可消除侧面波。

5. 处理引起的假象

处理方法不当或参数不合适，会在地震剖面上出现与地质体无关的假象，在常规的水平叠加处理中其关键是要做好动、静校正等工作。

6. 分辨率对地震资料解释的限制

在陆相碎屑岩沉积中，往往有厚度很小（小于 5m）的薄层，有断距很小的小断裂，还有横向宽度很小（小于 10m）的古河床等沉积体，地震勘探的实践表明，它们在地震资料上是很难被识别出来的，这涉及地震勘探分辨率的问题。以前有时可以听到有人说在油气的地震勘探中可以识别小于 5m 的断裂，可以识别追踪小于 5m 的砂层，这种说法是缺乏理论依据的，实际上是一种假象。

四、地震反射资料的构造解释

构造解释主要是利用地震波的运动学信息，把地震时间剖面转变为深度剖面，绘制地质构造图，搞清岩层之间的界面、断层和褶皱的位置和方向，它已成为地震资料解释的常规方法。

构造解释大体可分为：资料准备、剖面解释、空间解释和综合解释 4 个阶段（图 4-74）。

① 资料准备　一般来说，当拿到可解释的时间剖面之后，解释工作就开始了，但在此以前，还要做一些预备工作。首先要搜集前人在本区或邻区做的地质、地球物理资料。主要包括：区域地质概况，如地层、构造、构造发展史、断层类型及分布规律、钻井地质柱状图及地震速度资料，地层反射波组特征及其地质属性等。

② 剖面解释　剖面解释是构造解释的基础，主要在时间剖面上进行，首先纵观测区各条剖面，把那些特征明显、稳定的反射层次选出来，作为对比层位；同时，根据所掌握的地质、物性资树，初步推断各反射层的地质属性；之后按反射波的识别标志和波的对比原则，

进行对比。根据反射板的特征并结合有关资料，确定标准层及其地质属性。由反射波和异常波的特征，参照偏移剖面以及利用地震模拟技术等，在时间剖面上确定有意义的地质现象，如：褶皱、断层等。同时剖面解释还包括把时间剖面转换成深度剖面，为局部构造和区域构造发展史研究提供基础性资料。

③ 空间解释　在剖面解释之后，为了落实各剖面上所确定的地质现象，把剖面解释的成果展绘到平面上，即通过构造等值线的勾绘、等深度构造图和地层等厚度图的制作等，把各条剖面上所确定的地质现象在平面上统一起来，这样才能较全面地反映地下构造的真实形态，也是构造解释的最终成果。

④ 综合解释　在空间解释的基础上，结合地质、其他地球物理资料，进行综合分析对比，对沉积特征、构造展布规律作出综合评价。

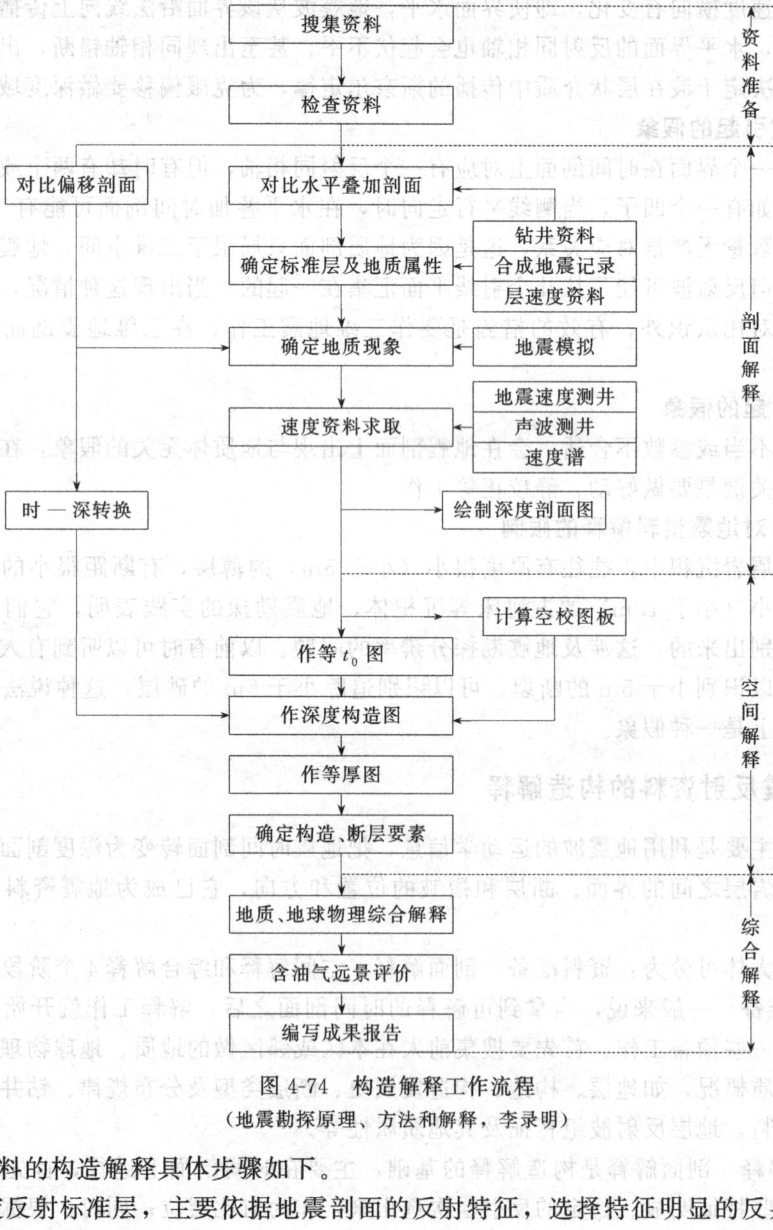

图 4-74　构造解释工作流程

（地震勘探原理、方法和解释，李录明）

地震资料的构造解释具体步骤如下。

① 确定反射标准层，主要依据地震剖面的反射特征，选择特征明显的反射同相轴，结合地质解释赋予其明确的地质意义。

② 波的对比，运用地震波在传播规律方面的知识，对地震剖面进行去粗取精、去伪存真、由表及里的分析，把不同剖面间真正属于地下同一地层的反射波识别出来。

③ 根据反射波在地震剖面上的特征，结合各种典型构造样式类比与分析，解释剖面上同相轴所反映的各种构造地质现象，以及其相关的地震响应与成因机理等。

④ 根据工区内地震剖面解释，做出反映某一个地层起伏变化的构造图。

1. 褶皱构造解译

(1) 背斜

背斜外形上一般是地层向上突出的弯曲。岩层自中心向外倾斜，核部是老岩层，两翼是新岩层。它们在垂直轴向的剖面上，都表现为凸界面的反射，以隆起的形式映现出来（图 4-75）。

① 几何形态特征　对于平缓的背斜，它们在水平叠加剖面上的形态与实际相近，范围稍宽，背斜顶部位置一致。对于曲率很大的背斜，则表现得比实际范围要宽阔得多。对宽度和曲率相同但深度不同的平行背斜，在水平叠加时间剖面上，随着深度加大，隆起范围加宽。可见，背斜凸起的曲率大，在水平叠加时间剖面上表现明显；同样曲率的背斜，埋藏得越深，在水平叠加时间剖面上表现得越宽阔。

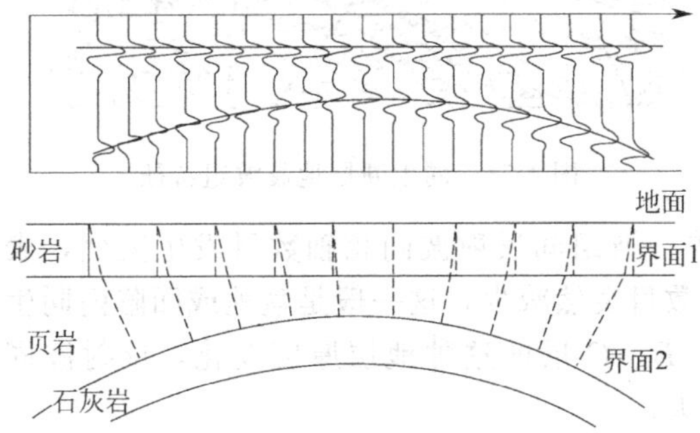

图 4-75　背斜凸界面的反射示意图

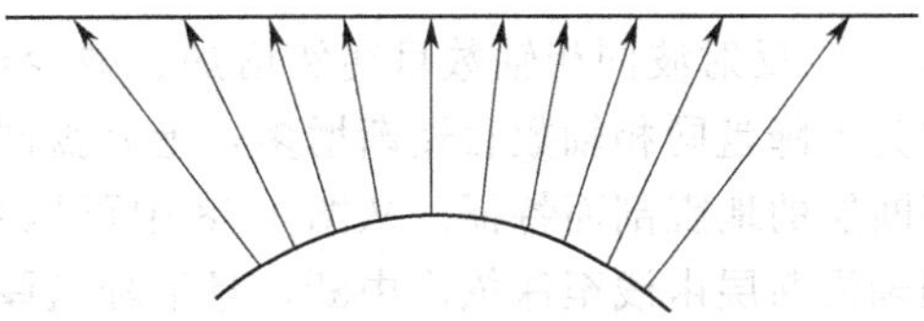
图 4-76　凸界面射线发散

② 振幅特征　由于背斜顶部凸界面的反射存在发散现象（图 4-76），分配到单位面积上的波的能量会减弱。界面凸度越大，埋藏越深，射线发散越严重，地震波的振幅也越小，这种现象在利用振幅特征时应加以考虑。

(2) 向斜

向斜外形上一般是地层向下弯曲，岩层自外向中心倾斜，核部是新岩层，两翼是老岩层。

① 几何形态特征　它们在垂直轴向的剖面上，表现为凹界面的反射。

② 振幅特征　由于凹界面对射线的聚焦作用，反射振幅明显增强，出现了非岩性的“亮点”异常，由于向斜两边凸界面的发散效应，反射能量下降。深层由回转波形成的假背斜能量会更加突出。

2. 断层解释

断层是一种普遍存在的地质现象，对各种与断层有关的构造的形成和油气的运移与聚集起重要的控制作用；因此，对断层的解释是地震解释的重要内容。在实际对比中，由于断层附近地层产状的变化，形成不同类型的断层，在断层附近地震反射波错断特征变得十分复杂，因而，作好断层解释是进行时间剖面构造解释的关键，也是解释工作中最难以掌握的工作。

(1) 断层在地震剖面上的一般标志

地震剖面上断层特征与地质剖面特征相对应，在一般情况下，地层错断反射波同相轴也发生错断，地层破碎带的地震波同相轴发生畸变或出现反射空白带。断层在时间剖面上显示特征多种多样，现仅就主要的普遍规律性特点归纳如下。

① 反射波发生错断。断层两侧同相轴发生错断，但反射波特征清楚、波组或波系之间关系稳定，这一般为中、小型断层的反映。由于断层的规模大小不同，可表现为波组或波系的错断。如图 4-77 所示，由 A、B、C 三个波组构成的波系发生两次错断，表明存在 F_1、F_2 两条断层。

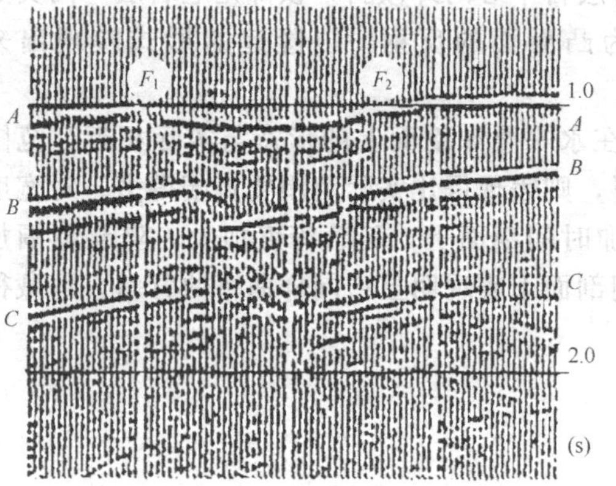

图 4-77　波组、波系的错断

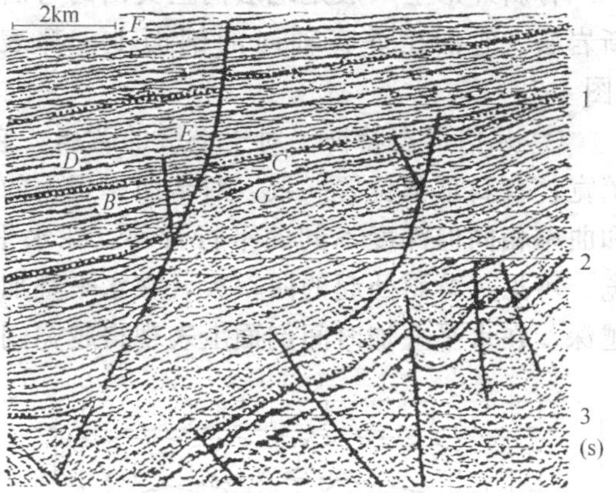

图 4-78　同生断层地震波组特征

② 反射波同相轴数目突然增加、减少或消失。波组间反射波同相轴数目发生突变，表现为下降盘同相轴数目逐渐增多，上升盘同相轴数目突然减少，这一般是盆地或凹陷内同生正断层的地震剖面特征。从图 4-78 中可以看出：B、C 层的这种地层厚度变化，反射波同相轴沿断层由浅至深依次中断，且下降盘厚度增大。

③ 反射波同相轴形状突变，反射零乱并出现空白反射。由于断层错断引起两侧地层产状突变，或断层的屏蔽作用造成下盘反射同相轴零乱并出现空白反射，一般指示为边界同生大断层。这主要由断层上盘长期隆升剥蚀为基底变质岩、火成岩或其他褶皱岩系组成，不具备形成层状地震反射的条件；对于落差上千米的控盆或控凹边界大断层，断层两边波组不能一一对应，上升盘往往会缺失某些层位的地震反射。其特点是断距大、延伸长，控制盆地边界或二级构造单元（图 4-79）。

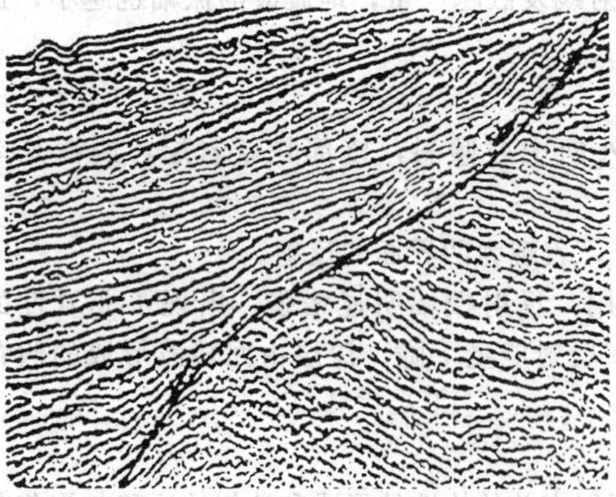

图 4-79　控制盆地边界大断层的地震剖面

④ 反射波同相轴发生分叉、合并、扭曲和强相位与强振幅转换等，一般是小断层的反映。但有时这类变化可能是由于地表条件或地下岩性变化以及波的干涉引起的，解释时要注意区别。图 4-80 为一高幅度的盐枕构造，塑性盐体上拱仅使上覆地层发生挠褶，并错断；U 为不整合面，在不整合面以上 800km 处有断层，该断层延伸至盐隆顶部消失。

⑤ 异常波的出现。时间剖面上反射波错断处往往伴随发育异常波，最常见的是断面波、绕射波，这些特殊波的出现是识别断层的一种标志，但同时也使地震记录复杂化。

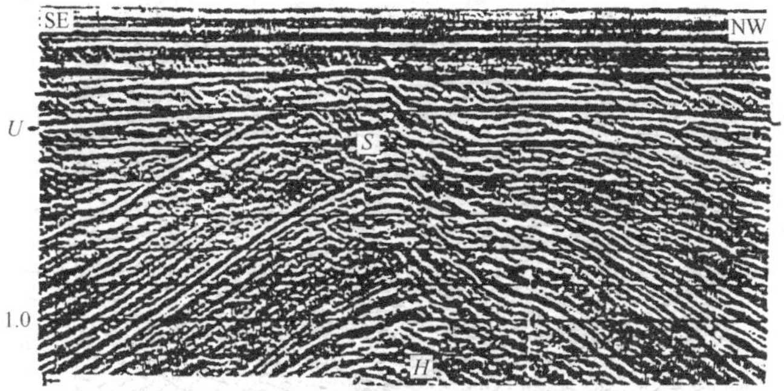

图 4-80　同相轴扭曲并错断

(2) 断层要素的确定

断层的解释实际上就是确定断层的性质，包括断层的位置、错开层位、断面产状、升降盘、落差等。这些断层要素的确定通常要依据地质规律和特点对研究区地质情况进行分析，同时要结合地震剖面上的断层标志来进行。

① 断层面的确定　对于断层面的合理确定，最理想的情况是浅、中、深层都有断点控制，这些点的连线就是断层面。由于断层面的屏蔽作用，在断层下盘往往出现产状畸变、反射杂乱带及三角形空白带等，因此断层下盘的反射层中断点或产状突变位置不能准确地反映断层面位置。为此，断层面的位置主要依据断层上盘反射层的中断点或产状突变点等来确定。有时可利用水平叠加剖面上的特殊波来确定断面，当浅、中、深层都有绕射波出现时，各层绕射波的顶点的连线就是断面。

② 断层升降盘及落差的确定　断层升降盘及落差应根据反射层位在断层两盘的升降关系确定。对于正断层来说，一般反射段处于较深的一侧为下降盘。两盘的垂直深度差就是断层的落差。

③ 断面倾角的确定　当测线与断层走向垂直时，地震剖面上的倾角为真倾角；当测线与断层走向斜交时，可得断层的视倾角。

3. 几种典型断层和断裂系的解释

(1) 生长断层的解释

生长断层又名同生断层，是一种在张性环境下形成的同沉积断层。生长断层的形成机理主要有两种：一种是受区域构造运动控制，由于地壳的垂直运动产生的基底断裂，而使上覆沉积盖层发育生长断裂（图 4-81）；另一种是沉积盖层自身的重力以及由此产生的重力滑动、沉积压实、异常孔隙流体压力和塑性流动而形成生长断裂系。前者主要是控制盆地边界和次级构造单元的边界大断裂，后者大多数为与局部构造相关的小型断裂系。它们在剖面特征上是有差异的。

一般来说，受基底控制的生长断层，单条生长断层规模较大，延伸长达数十千米，平面上凹向盆地方向，上升盘遭受剥蚀，下降盘接受沉积，并对沉积三角洲和扇形三角洲等沉积体系具有明显的控制作用。在地震剖面上，上升盘为空白反射，下降盘为超覆反射。

生长断层的一般识别标志如下。

① 生长断层下降盘地层增厚，时间剖面上相应层段地震反射同相轴增多，时差增大。

② 剖面上上陡下缓，凹面向盆地中心方向，顶部角度达 60°，底部收敛于软弱地层或不整合面。

③ 由于逆牵引作用，近断层处下降盘反射层形成逆牵引背斜，逆牵引背斜的脊轴与断

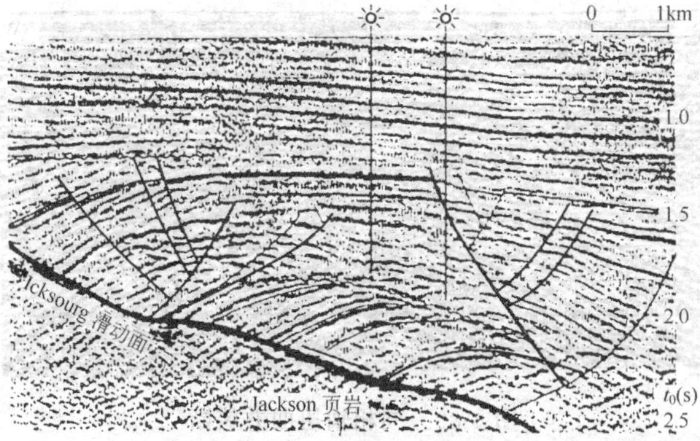

图 4-81　与生长断层有关的正断层与逆断层

层平行，且随断层位移而位移；在不发育逆牵引的剖面上，下降盘反射波同相轴向断层超覆或上翘。

④ 在塑性泥岩发育区，断层面消失在欠压实泥岩层中。泥岩塑性体一般为空白反射或紊乱反射，无明确分界线，且层速度相对较低。如图 4-82 所示，为一个与页岩底辟有关的两个特征截然不同的断层系。左边一个的特点主要是向着盆地的正向断层，这可能是由于差异压实作用形成简单破裂作用形成的；右边一个的特点具有许多反向断层，这可能是由于海底斜坡环境中大量沉积物在重力作用下沿高的滑动面滑动形成的。

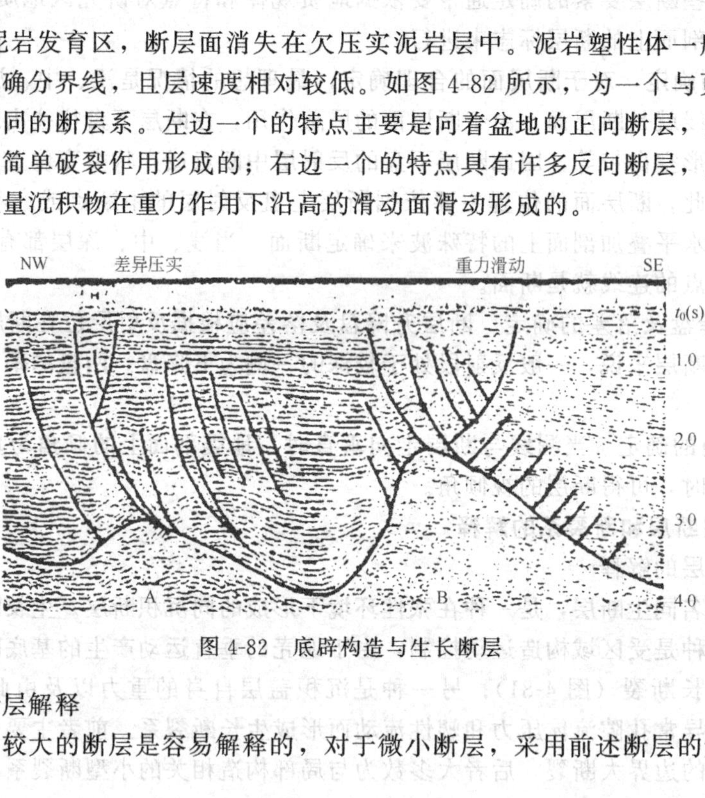

图 4-82　底辟构造与生长断层

(2) 微小断层解释

一般来说，较大的断层是容易解释的，对于微小断层，采用前述断层的解释方法是较为困难的。

微小断层解释的关键是地震资料的分辨率问题。在勘探后期和油田开发阶段，解释和弄清微小断层的分布对于落实可采储量、产能建设、油藏管理和油藏挖潜等具有极为重要的意义。

下面分别从理论模型（图 4-83）和解释实践两方面予以探讨。

① 理论模型：为了证明小断层解释的可行性，通过二维模型试验加以说明，图 4-83 是设计的地质模型与合成记录，地层单层厚度均设计为 20ms；断距 Δt 分别设计为 4ms、8ms、12ms、16ms、20ms。图中合成记录显示结果：当断距为 4ms 时，小断层难以识别；当断距为 8ms、12ms 以上时，断层均显示较为清楚；按 3000m/s 的层速度计算，断距约为 12m 和 18m。由此可以看出，微小断层在地震垂向分辨率 1/2 波长范围内有显示，通过努

力是可以识别的。

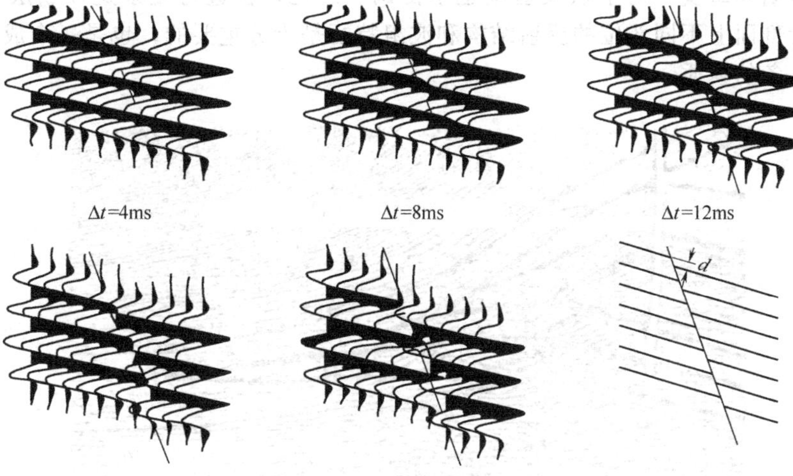

图 4-83　微小断层解释技术理论模型

② 微小断层解释基本技巧：实践证明，小断层是可以解释出来的。一般来说，只要同相轴有规律地错断 10ms 以上，便可解释为小断层。通过叠加偏移处理后的剖面，小断层收敛较好，断块能正确地反映出来，断点清楚，解释中尽量用偏移剖面作参考。

在钻井资料较多的地区，充分利用钻井资料提供的大量准确断点是十分重要的。特别是合成记录的制作与准确的层位标定，有利于确定微小断层。当地震与钻井资料对断层解释出现矛盾时，找出地震剖面上的断层与钻井资料确定断点的对应关系；在地震资料不可靠的情况下，应以钻井为主。钻井资料确定断层的依据和手段是多方面的，除地层对比外，根据相应层段岩性和电性特征，较易判定断层。

有时微小断层在同相轴上未发生错断，但同相轴振幅强度发生变化；一般来说，相邻测线相同位置振幅点有规律地突然变强或变弱，即可能是岩性尖灭点或小断层，这时需结合振幅点变化的连线与相近断裂系，以及沉积体系的展布关系作出判断。在大多数情况下，小断层与相邻的大断层有一定的成生和被控制关系，横向延伸不远，或错断，或消失；岩性尖灭点相对延伸较远，且不受相邻大断层的控制。另一特点是小断层可能影响上、下相邻的一组同相轴，岩性尖灭点仅是某一层的反映。

4. 逆冲断层系

逆冲断层系主要与区域挤压应力作用有关，其表现特征主要有以下两类。

① 高角度的逆冲断层或称逆断层；

② 低角度的逆冲断层或称逆掩断层。高角度逆冲断层一般与基底断裂或基底断块的挤压逆冲活动有关；低角度逆冲断层与基底和表层滑脱或挤压揉皱变形等因素有关。

逆冲断层是在挤压应力作用下，大多数情况地层变形，断裂和构造均较复杂，加上受地面条件的制约，剖面的反射质量均较差，需要通过较详细的地质调查和构造分析，建立典型的构造样式剖面，进而指导解释。

图 4-84 为具有三重结构的逆冲复合体，即上三叠统逆冲在白垩系-三叠系之上；第三系和上白垩统又逆冲在上三叠统逆冲块体之上；这种复杂的断裂结构关系在剖面上是很难解释的。因此，解释工作者只有在熟悉区域地质特点的前提下，首先区分出地震反射结构和波组特征的差异，然后，通过典型的构造模式指导解释。从图中可以看出，第三系和上白垩统为

一套平行连续反射，与上三叠统在波组和反射结构上均不协调，上三叠统内主要反射界面不连续，发生错断和重复；与下伏反射层也不协调。总之，在进行复杂逆冲断层复合体解释时，仔细分析剖面上不同部位的反射结构和波组特征是十分重要的，也是一个成熟的解释工作者所必须具备的素质。

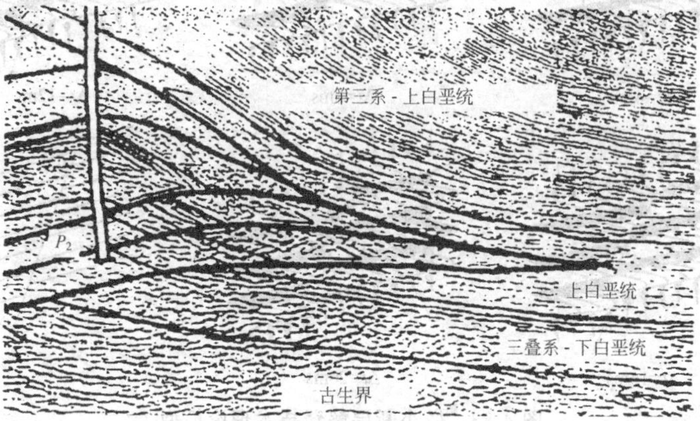

图 4-84　三重结构的逆冲复合体剖面特征

五、地震构造图的绘制

1. 地震构造图的基本概念

地震构造图是一种以地震资料为依据，用等深线（或等时线）及其他地质符号（断层、尖灭等）显示地下某地层面起伏形态的一种平面图件。它反映了某一地质时代的地质构造特征，是地震勘探最终成果图件，也是为钻探提供井位依据的主要参考图件。因此，编制构造图是地震解释一项十分重要的工作。

2. 构造图的分类

根据等值线参数不同，地震构造图分为等 t_0 图和等深度构造图。等 t_0 构造图是由时间剖面上的时间数据直接绘制，在构造比较简单的情况下，可以反映构造的基本形态，但其位置有偏移。由于地震勘探中界面的深度有法线深度、视深度和真深度，深度构造图也相应有三种，通常采用的是真深度构造图。以三维地震资料作构造图，主要利用地震解释成图形软件，直接形成等 t_0 图和深度图。目前，二维地震勘探普遍采用的编制构造图方法是以地震时间剖面为原始资料，作出等 t_0 构造图，再进行空间校正，得到真深度构造图。

3. 绘制构造图几种方法

① 以地震时间剖面为原始资料，经过对比出反射层后，用人工方法绘制深度剖面，读出深度剖面上的数据，绘制等深度（视铅直深度）构造图。以这种方法得到的构造图的构造形态和位置都较准确，但人工绘制深度剖面工作量大，没进行三维偏移校正，在构造复杂地区精度较差。

② 以时间剖面为原始资料，直接读出某一层的 t_0 值，作出等 t_0 图。这种方法作图很简便，能基本反映构造形态；但由于是等 t_0 图，不便于与钻井深度对比，且构造位置、形态有畸变和偏移。

③ 以时间剖面为原始资料，先作等 t_0 图，再进行空间校正，得到构造图。这是现阶段广泛采用的较好的方法。特别是在盆地勘探初期资料较少或复杂构造地区，没有三维地震施工的地区，用二维地震剖面作图是必须采用的方法。

④ 以经过三维偏移的三维数据体为基本资料，利用水平切片，可以方便快速地作出等 t_0 图，由等 t_0 图进行时深转换，不需要空间校正。

4. 绘制构造图过程与步骤

(1) 绘制构造图准备过程

绘制构造图准备工作包括构造图层位、比例尺、等值线距的选择和检查剖面对比质量。

① 构造图层位的选择：一幅构造图只能反映地下某一地质层位的构造特征。地震剖面上的反射界面是很多的，不可能也没有必要将所有的地震反射界面都绘出构造图，因此，必须根据勘探目的对作图层位进行选择。选择作图层位的基本原则是：a. 能代表某一地质时代和层位主要构造特征；b. 能严格控制含油气构造目标层位；c. 能在全区连续追踪且反射特征明显的标准层。

绘制构造图的层位数目，应根据地质分层、地震界面分层和勘探任务而定。一般只要选取对勘探工作最有意义的层位编制一层构造图便可。如有不整合层位，则在不整合面上、下都要选取层位各编一张构造图。如果探区缺少能连续追踪的标准层，或者含油气部位没有标准层，只能根据断续反射假想层制作构造图。

② 构造图比例尺和等值线距的选择：作图的比例尺和等值线距反映了构造图的精度，而构造图的精度又取决于测网密度、资料质量和地质构造的复杂程度，比例尺越大，构造图反映得越精细；因此，在作图时选择比例尺，应根据测线疏密、地质任务的要求、地质情况的复杂程度和资料质量好坏等因素考虑。在构造复杂、资料较好的情况下，应选用较大的比例尺；在构造简单，且资料较差的情况下，则选用较小的比例尺。

在不同的勘探阶段，作构造图的比例尺和等值线距都有一定的要求。对于地震普查阶段构造作图，一般采用小比例尺和大间距的等值线作图。勘探阶段为落实油气储量提供准确的构造图，一般须做地震细测工作；对于低幅度、缓倾角的构造，应用大比例尺、小线距的等值线作图，以免漏失构造细节和高点位置不准。

等值线距是指构造图中相邻等值线间的差值，对等深线来说，就是每隔多少米画一条等深线。对等 t_0 线来说，就是每隔多少秒画一条等时线。选择等值线距的原则是最大限度地反映构造的详细程度，线距过大，会掩盖构造细节，构造顶部位置反映不准确；线距过小，又会使图面复杂化，增加不必要的工作量。在一般情况下，选择等值线距要考虑资料的好坏程度和地层倾角的陡缓。当剖面好时，线距选小些；当剖面差时，线距选大些。当地层倾角较陡时，线距选大些；当倾角较平缓时，线距选小些。

③ 检查剖面对比质量：绘制构造图的全部数据都是从时间剖面或深度剖面上读取的，剖面解释的可靠程度直接关系到构造图的质量。因此，在绘制构造图之前，应对所有解释过的剖面进行检查。主要检查内容包括：标准层的地质属性是否准确，剖面数量是否满足地质任务的要求，断点是否落实，断层、尖灭、超覆等地质现象确定是否合理，上、下反射层之间和相邻剖面间的解释有无矛盾，各剖面交点闭合误差是否在允许小于等值线距一半的范围之内。

(2) 构造图的绘制步骤

无论是等深度构造图或等 t_0 构造图的绘制，其基本步骤是相同的，即包括绘制测线平面位置图，取数据，断裂系统的平面组合，勾绘等值线等。

① 绘制测线平面位置图：目前一般用计算机绘制平面位置图，首先要收集测线号、测线的起始桩号、拐点桩号、测线交点桩号，已钻井的井位以及重要的地名、地物等的经纬度或平面坐标参数，输入计算机，利用相应的绘图软件即可绘制出测线平面位置图。这样作图

的好处是作图比例尺可以随工作的要求随时调整。平面位置图要求标记清楚以往地震工作中的测线。

② 取数据：所谓取数据，对同一张构造图来说，就是取同一标准层的有关数据。具体做法是：

a. 确定取数据点的间隔距离。在时间剖面或深度剖面上，依照构造图的比例尺来确定取数据点的距离，原则是所取数据点有足够的数量，以能控制该层构造形态为宜。若点数太多，将增加工作量。一般在平面图上 1cm 一个数据，如 1∶5 万的构造图上，深度点的间隔为 500m 左右。

b. 读取数据。在经过解释的时间剖面或深度剖面上，对所选定的作图层位按一定距离读取 t_0 值或深度值，所取点在图上要分布均匀、有足够的数量，能控制该层的构造形态；如在 1∶5 万的构造图上的点的间隔一般为 500m 取一个点，同时将断点位置、落差、尖灭点等数据标注在测线位置上，剖面上的特征点（如褶皱的枢纽处）应加密取点。断层点按规定的符号用红色表示。

c. 标数据。把所取的数据标注在平面图相应的位置上，在测线交点处，各条测线的数据都应写上。在实际工作中标注断点数据，一般在断距不大的情况下只标注断层上盘位置（但在断距较大时，上、下盘位置都标注），此外，还须标注断层落差大小，标注方法如图 4-85所示。

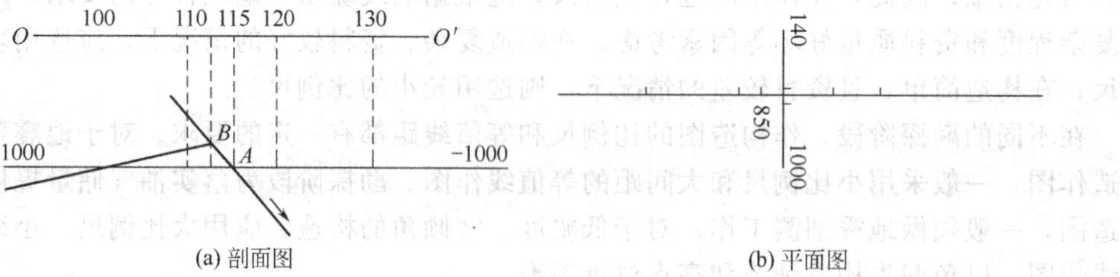

图 4-85　断点数据标注方式

(3) 等值线图的勾绘

等值线图的勾绘工作是在断裂系统已组合好后开始进行的。勾绘等值线的一般原则是由简单到复杂，先勾出大致轮廓，如构造高点和低点、构造轴线等，然后再考虑构造的细节，逐渐使其丰富、完整。在复杂断块地区，应以断块为单位进行勾绘，即先把剖面上的高点或低点标注到平面图上，然后将相同的高点和低点连接起来，组成背斜和向斜的轴线，利用轴线和主要的断层线空间位置控制等值线勾绘。勾绘等值线应注意以下规律：

① 勾绘的平面图与剖面图，在构造形态、高点位置、构造隆起幅度和范围都应基本一致；构造间的相互关系和基本特征也应一致；

② 勾绘构造等值线应符合构造地质制图的一般规律；

a. 在单斜层上，反射层的深度（或时间）向一个方向逐渐增大或减小，等值线应近似平行排列，等值线间隔应均匀变化，不允许出现多线或缺线现象；

b. 两个正向（或负向）构造之间的鞍部或脊部不能走单线，而应有两条数值相等的等值线并列出现在轴线两侧，这是因为任何两个同向构造被相同间距的水平面切割时，最外圈的等值线数值应该相等；

c. 在无断层影响时，正、负向构造应相间出现，构造轴向大体一致；正、负向构造过渡带的等值线是渐变的，构造轴线走向截然变化的勾绘法是不合理的；

d. 勾绘断层两侧的等值线，应考虑断开前构造形态上的联系；

e. 背斜构造断开后，下降盘等值线的范围比同深度上升盘的小；

f. 作多层构造图时，应处理好上、下构造层间的关系，应将各层构造图按深度顺序叠合检查，同一断层穿过多层构造图时，断层线不能相交。当断面直立时，深浅层构造图的断层位置应当重合；当断层倾斜时，同一断层在各层构造图上应彼此平行，且深部断层较浅部断层往断层下倾方向偏移；

g. 等深线间相对的疏密程度标志着界面倾角的大小，相邻等深线距较密，反映出界面真倾角较大，反之，相邻等深线距较稀，则说明界面真倾角较小；

h. 在构造图上，应标注图名、比例尺、经纬度或测线号、井位、主要地名、地物和责任表。

由上述分析可知，勾绘等值线构造图，不只是图面上简单的数据处理过程，而是一个地质解释过程。那种不顾数据，只从预想的构造出发，任意主观臆测勾绘等值线；或者是拘泥于个别数据而不顾构造规律，死板地从数据出发、脱离地质实际都是片面的，勾绘的构造图可能存在较大问题。正确的做法是既从数据出发，又要考虑地质构造的一般规律，把数据、构造、物探和地质密切结合起来，反复认识，不断深化，最终绘制的构造图才能比较客观地反映地下地质构造实际形态。

以上所述是勾绘等值线的一般规律，还应考虑测线密度的问题。在测线密度较稀的情况下，如间距为 10km 的一条测线网，那么就可能至少漏失掉 $64km^2$ 的构造。此外，在测线较稀的情况下，对于同一种显示和所标出的数据，可能有几种不同的勾绘等值线的方案。

六、地震反射信息的地震地层解释

地震地层学目前已成为地震资料解释中的一个重要内容。它是利用地震剖面上反射波总的特征，如同相轴的连续性、反射振幅的强弱、反射波同相轴局部的内部结构和外部几何形态等，可以提取非常有用的地层信息，它是 20 世纪 70 年代发展起来的一种地震分析技术，称之为“地震地层学”。即利用沉积学的观点解释地震剖面中存在的地层岩性信息。

地震地层学研究的内容包括：划分地震层序，进行地震层序分析，建立区域地层格架；地震层序的地震相和沉积环境分析；地震相的地质解释等。

1. 地震层序划分

(1) 地震层序的概念

在一个沉积盆地中有几千米至上万米的沉积地层，要进行地震地层解释，首先要进行地震层序分析，划分成若干个时间地层单位，分别进行研究。

地震层序是指上下整一的、相互连续的、成因上有联系的一套地层，其顶底界面为不整合面，或者与之相当的整合面，它是沉积层序在地震剖面上的反映。

一个地震层序的全部地层都是在特定的地质年代内沉积形成的，其成因通常与较大的构造运动有关。因此，一个沉积层序往往可以包括若干个岩相，层序空间分布有一定范围，向陆的一边由于侵蚀或位于沉积基准面之上而产生沉积物的间断或缺失。向盆地中心的一边，由于沉积物供应不足而造成“饥饿性”间断。每一层序在开始发生时沉积物分布面积较小，随后逐渐扩大，这意味着大部分沉积物是在沉积基准面不断上升的过程中沉积的。水位上升时，沉积物的分布范围向陆地方向扩展；水位降低时，沉积物向盆地方向转移。

地震层序按规模大小可分为巨层序、超层序和层序三级。

巨层序：由古构造运动，构造应力场转换或大的海平面下降造成的大规模的区域不整合界面，这种界面与区域构造事件相吻合，所划分的层序地层单元为巨层序。

超层序：以反映记录了构造过程的性质及构造事件的阶段性和区域性间断面，通常有明显的海平面下降，伴随区域性的构造运动，表现为隆升暴露侵蚀不整合—古构造运动面，所划分的层序为超层序。

层序：层序是比超层序次一级的地层单元，受控于海平面相对变化，以不整合及横向与之可对比的整合为界，这种不整合通常是沉积基准面下降，早期形成的地层暴露地表遭受侵蚀而形成的侵蚀不整合，它以源区侵蚀作用、物源供应量增加和边缘沉积总体明显向盆地迁移为主要鉴别标志。

(2) 地震层序的划分方法

地震地层学把地层的接触关系分为：整一关系（协调关系）和不整一关系（不协调关系）两类。前者相当地质上的整合关系，后者是不协调关系，相当于地质上的不整合接触关系。在不整一关系中，他们又根据反射终止方式区别为削截（削蚀）、顶超、上超和下超 4 种类型（图 4-86）。顶超与削蚀属地层与层序上界面的关系。上超与下超是地层与层序下部边界的关系，当地层受后期构造运动影响而改变原始地层产状时，上超与下超往往不易区分，可统称为“底超”。

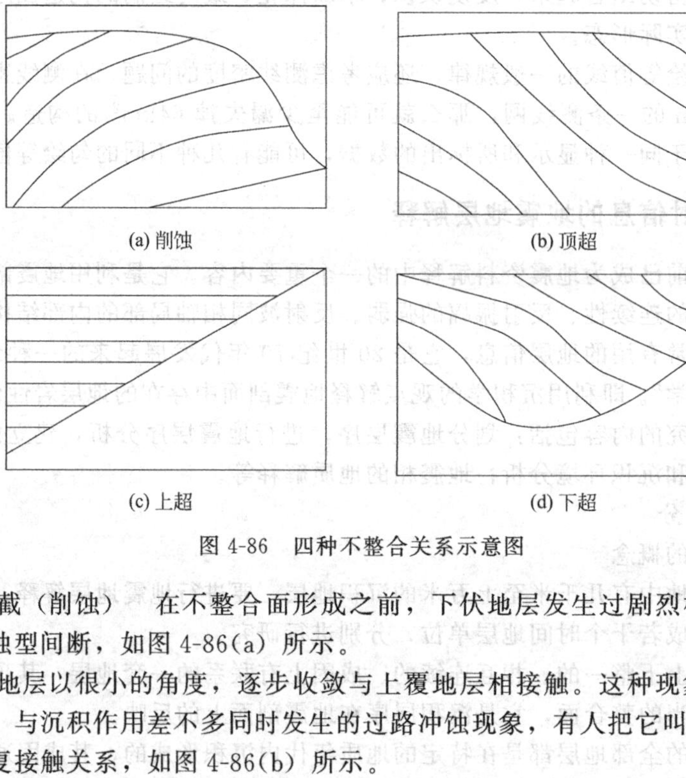

图 4-86　四种不整合关系示意图

① 侵蚀削截（削蚀）　在不整合面形成之前，下伏地层发生过剧烈构造运动之后遭到剥蚀，形成侵蚀型间断，如图 4-86(a) 所示。

② 顶超　地层以很小的角度，逐步收敛与上覆地层相接触。这种现象在地质上代表一种时间不长的、与沉积作用差不多同时发生的过路冲蚀现象，有人把它叫做冲蚀不整合，其实质是一种退复接触关系，如图 4-86(b) 所示。

③ 上超　上超是一套水平（或微倾斜）的地层逆原始沉积面向上的超覆尖灭，它代表水域不断扩大，逐步超覆的沉积现象，如图 4-86(c) 所示。

④ 下超　下超是一套地层沿原始沉积面向下超覆，它代表一股携带沉积物的水流在一定方向上的前积作用，其下伏不整合面在它的早期可能有一部分是侵蚀面，或仅仅无沉积面，后来又变成携带沉积物的水流的沉积表面，如图 4-86(d) 所示。

根据上述四种接触关系的特征，在时间剖面上确定顶底部不整合面，从而在剖面上划分出各地震层序。

实际划分地震层序时，应选择一些典型剖面，建立压缩剖面的骨干测网，并做到：①选择地层发育齐全、厚度大而又能延续到斜坡上的剖面作为划分层序的基础。②为避免前积结构的干扰，应当选择垂直水流方向，没有前积结构的地方。③避开断层和沉积过薄的隆起区或剥蚀区。④当有几个沉积中心时，在每个沉积中心选一二条测线进行分析，以查清各凹陷沉积历史的差异。⑤逐条剖面对比地震层序，并做到交点闭合。

2. 地震相分析

（1）地震相概念

在一定的沉积环境里形成一定的沉积物，沉积物的特征也反映沉积环境的变化，地质上把沉积物特征及其所反映的环境称为沉积相。把沉积物在地震反射剖面上所反映的主要特征的总和称为地震相，即沉积相在地震资料上的响应。岩相的变化会引起反射波的一些物理参数的改变，因此，地震相可以一定程度地表现岩相的特征，从而把同一地震层序中具有相似地震参数的单元划为同一地震相。

地震相单元和地质相单元可以一致，也可以不同，其原因是：①地震记录受到分辨率的限制，往往不能像地质上那样分辨出过细的变化特征。②地质上的某些变化因素在地震上并不能反映出来，如岩石的颜色、所含化石等。③地震资料还会受到采集、处理等非地质因素的影响，因此，用于做地震相分析的地震剖面必须是高质量、高分辨率和高保真度的。

（2）地震相分析

地震相分析就是根据一系列地震反射参数确定地震相类型并解释这些地震相所代表的沉积相。简单地说地震相分析就是指用地震资料分析沉积相的过程。因为不同的沉积环境可形成不同的沉积岩系，而不同的沉积岩体因岩性和物性的差异，又会产生与之相应的地震响应，导致反射波特征，如振幅、频率、连续性、几何形态等有不同特点。这样就有可能利用地震剖面上反射波的特征来反演沉积环境，所以也可以说地震相分析实际上就是研究反射波的各种特征和沉积相之间的关系。

地震相分析是对地震剖面上的每个层序分别进行的，对单个层序来说，普遍采用地震相对比的方法，在横向上分析剖面上的反射特征，划分出若干个地震相单元。划分地震相的主要依据是地震地层参数。

（3）地震地层参数

在地震地层学中所指的反射特征包括反射波的振幅、连续性、层速度、内部反射结构、地震相单元外部形态等，一般又把前三个参数叫做地震相的物理参数，而把后两个参数叫做地震相几何参数，总称为地震地层参数。

① 物理参数

a. 反射振幅　振幅是质点离开它平衡位置的最大位移。反射波振幅反映层间波阻抗的差异性，波阻抗差高，则振幅强；波阻抗差低，则振幅弱。如果地层的波阻抗相近，则不会产生明显的反射，如厚的泥岩、块状砂岩、厚的均化的重力滑塌堆积，以及内部结构杂乱无章的礁块，都可能没有反射，而砂、泥岩互层，则可形成强振幅反射。为了便于描述，可根据工区地震剖面上振幅相对强弱的情况而分为强、中、弱三级（图 4-87）。

强振幅：时间剖面上振幅超过一个地震道。

中振幅：振幅在二个地震道之间。

弱振幅：振幅小于 1/3 地震道间距。

b. 反射的连续性　反射的连续性反映了地层的连续性和沉积的稳定性。连续性愈好，沉积的能量变化愈低，沉积条件就愈是与相对低的能量级变化有关。在开阔水域稳定条件下沉积的砂泥岩，如浅海、大陆斜坡、远洋沉积，其连续性很好，横向上可以追踪很长距离。反之，三角洲中的河道、重力滑塌堆积、生物礁都不会有连续的反射，有些甚至形成无反射

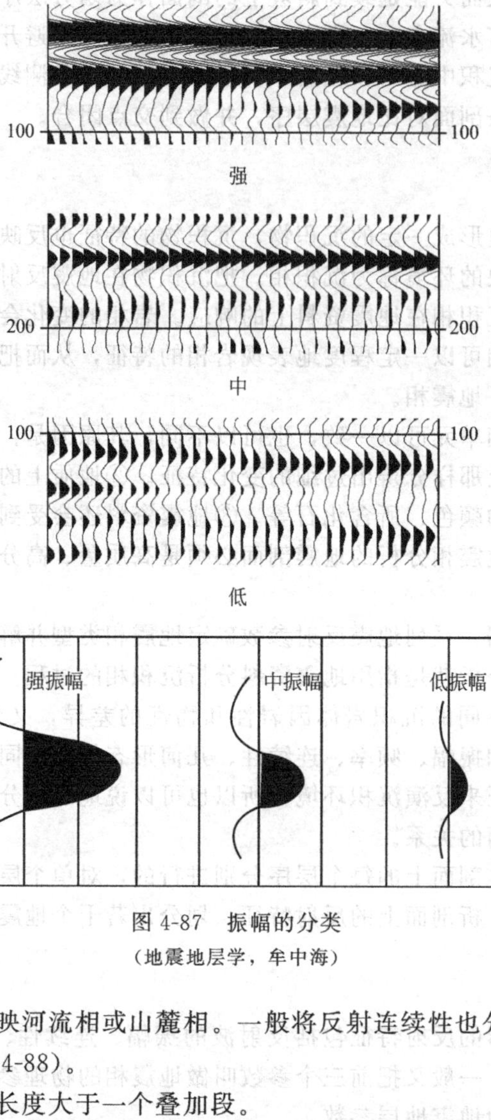

图 4-87　振幅的分类
（地震地层学，牟中海）

带，则反射不连续一般反映河流相或山麓相。一般将反射连续性也分为连续、连续中等、连续差（断续）等级别（图 4-88）。

连续：同相轴连续的长度大于一个叠加段。

连续中等：同相轴连续长度接近 1/2 叠加段。

连续差（断续）：同相轴连续长度小于 1/3 叠加段。

c. 频率　频率表示质点在单位时间内振动的次数，而视频率指的是地震时间剖面中反射同相轴呈现的频率。一般按相位排列稀疏程度分为高、中、低三级（图 4-89）。

高频：相邻同相轴紧密排列，“能量团”前部呈尖锋状。

中频：相邻同相轴间距相等，“能量团”前部较钝。

低频：相邻同相轴间距稀疏，“能量团”前部钝圆。

频率横向变化小说明地层稳定。往往产生在低能沉积环境中。如果频率横向变化大，说明岩性快速变化，一般产生在高能沉积环境中。

d. 层速度　地震波在同一地层内的传播速度。不同岩性、孔隙度对应于不同的速度，因而用层速度可研究砂泥比、孔隙度等。

e. 波形　可指多个同相轴的排列形态，也可指一个同相轴的形态变化。前者主要反映结构性标志，后者与垂向岩性界面的渐变与突变有关。

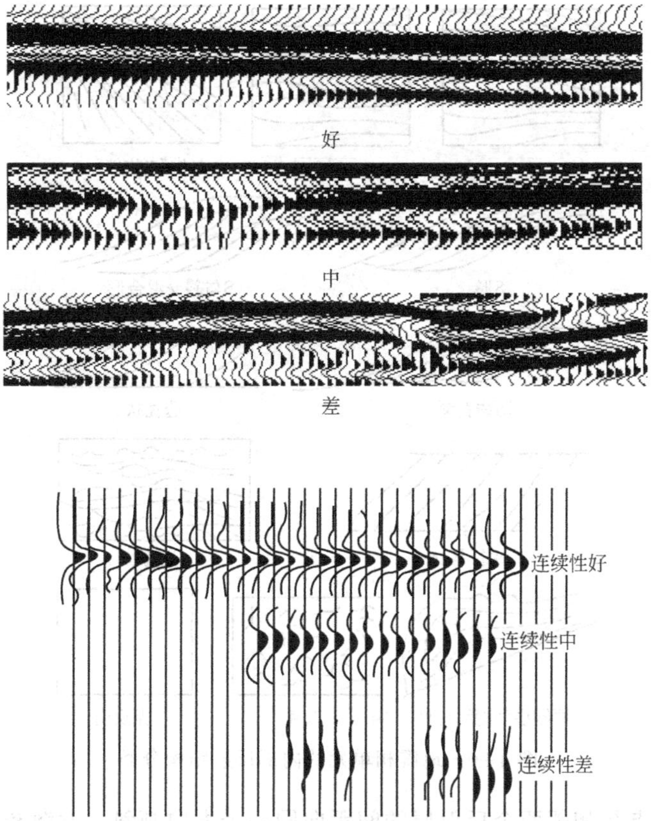

图 4-88　连续性分类

（地震地层学，牟中海）

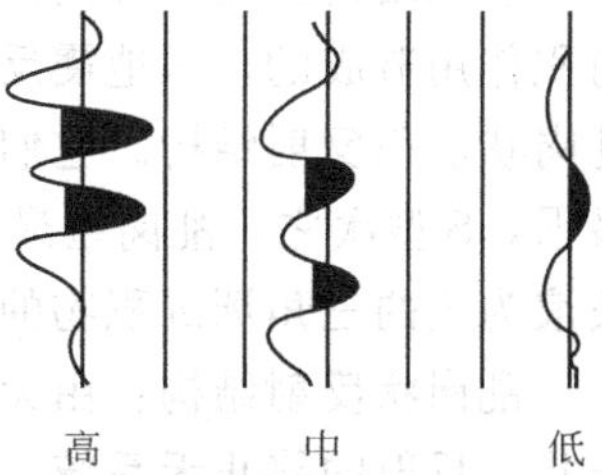

图 4-89　频率等级分类示意图

指的是同相轴排列的形状，它反映互相接近的地层间的沉积环境，如果波形排列在横向上变化不大或变化缓慢，说明地层变化不大，常常出现在低能沉积环境中（粉砂、泥灰质黏土和悬浮物质形成的沉积等）。如果波形排列变化迅速，说明地层变化迅速，常出现在高能环境中，如河道沉积、夹有“砂坝”的三角洲平原沉积；浊流沉积等。

根据同相轴排列组合的形状，可以分为杂乱、波状、平行和复合波形排列四种。

杂乱：同相轴排列方向无规律，而短。

波状：同相轴排列呈波状。

平行：相邻同相轴排列近于平行。

复合波形：包括平行夹波状或上波状下平行等。

② 几何参数

a. 内部反射结构　反射结构是指地震剖面上层序内反射同相轴的延伸情况及同相轴之间的相互关系。它是揭示总体地震相模式或沉积体系最可靠的地震相参数。内部反射结构的几何形态可以划分为平行与亚平行、发散与收敛、前积、杂乱和无反射等。如图 4-90 所示。

平行与亚平行反射结构：反射层呈水平延伸或微微的倾斜为特征。反映了均匀沉降的陆棚或稳定的盆地平原上的匀速沉积。

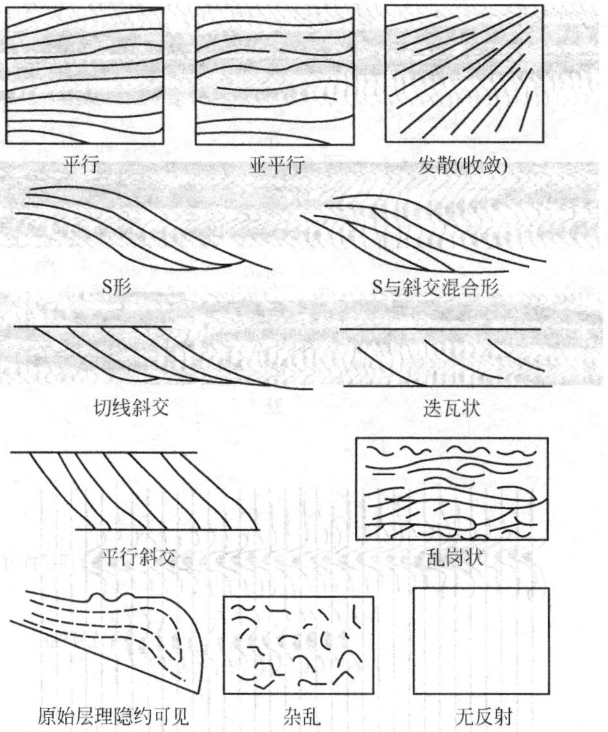

图 4-90　地震相单元的内部反射结构分类

发散结构：特点是相邻两个反射层的间距向同一个方向倾斜。发散和收敛指的是同一种现象，不过前者强调向下倾方向增厚发散，后者强调向上倾方向收敛变薄。说明了沉积速度沿一个方向均匀变化，反映了地层横向加厚和盆地的不均衡沉降。

前积结构：是一种向深水方向扩展的反射结构，即在水流向深水推进时，由斜坡地形的前积作用造成的，从地震反射同相轴的形态可分为 S 型、斜交型、S-斜交复合型、叠瓦状及乱岗状前积反射结构。它们反映了沉积时水流强度的差异。一般说来，斜交型结构反映水流最强，S 型次之，乱岗型最弱，它们是以河流为主的三角洲沉积特征，而叠瓦状结构则是以波浪为主的三角洲沉积物的特征。

乱岗状反射结构：由无规律、不连续、亚平行的反射同相轴构成。反射模式呈杂乱的岗丘状，反射的终止无系统，岗丘的起伏较小，在横向上常常递变为较大的、更加明显的斜坡结构，并且向上渐变为平行反射。这种反射结构多出现在前三角洲或指状交互层中，一般为低能沉积环境的特征。

杂乱反射结构：特点是不连续的、不规则的反射，振幅短而强。它可以是地层受剧烈变形，破坏了连续性之后造成的，也可以是在变化不定相对高能环境下沉积的，在滑塌构造、切割与充填河道综合体，高度断裂的、褶皱的或扭曲的地层，都可能产生这种反射结构。

无反射：产生于均匀的、非层状的、高度扭曲和倾角很陡的地层，如大的火成岩体、盐岩、礁体、巨厚的砂岩或页岩层等。

b. 外部几何形态　地震相单元外部几何形态是指同一反射结构在空间及剖面上的分布状况，它对于了解地震相单元的生成环境、沉积物源、地质背景及成因有着重要意义。外部形态可分为席状、席状披盖、楔形、滩形、透镜状、丘状、充填形等，如图 4-91 所示。

席状：席状反射是地震剖面上最常见的外形之一，其主要特点是上下界面接近于平行，

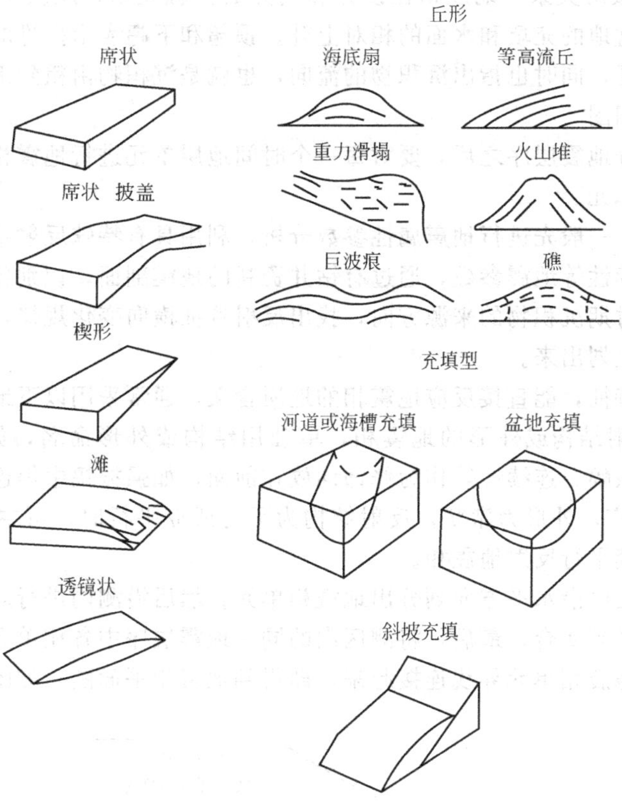

图 4-91 地震相单元外形

厚度相对稳定，一般出现在均匀、稳定、广泛的前三角洲、浅海口、半远洋和远洋沉积中。

席状披盖：反射层上下界面平行，但弯曲地盖在下伏沉积的不整合地形之上，它代表一种均一的、低能量的、与水底起伏无关的沉积作用。席状披盖一般沉积规模不大，往往出现在礁、盐丘、泥岩刺穿或其他古地貌单元之上。

楔状：是一种横向上变薄、呈楔状尖灭的地震相单元，在走向方向则常呈丘状。楔状代表一种快速、不均匀下沉作用，往往出现在同生断层的下降盘，大陆斜坡侧壁的三角洲、浊积扇、海底扇中。

滩状：其特点是顶部平坦而在边缘一侧反射层的上界面微微下倾。一般出现在陆架边缘、地台边缘和碳酸盐岩台地边缘。

透镜状：特点是中部厚度大，向两侧尖灭，外形呈透镜体。一般出现在古河床、沿岸砂坝处，有时在沉积斜坡上也可见到透镜体。

丘形：丘形的特点是凸起或层状地层上隆，高出于围岩。上伏地层上超于丘形之上，大多数丘形是碎屑岩或火山碎屑的快速堆积或者生物生长形成的正地形，不同成因的丘形体具有不同的外形。丘形包括礁、海底扇、重力滑塌、火山锥等高流丘以及巨浪波痕等形成的沉积体。

充填型：充填型主要特点是充填在下伏地层的低洼地形之上。它包括河道或海槽充填、盆地充填、斜坡前缘充填等。

地震相的外形和内部是相互关联的，因此可以联合起来一起使用，如席状外形平行结构的地震相，反映在大陆架、三角洲平原等稳定环境下的沉积，又如楔形发散结构地震相，反映沉积物沉积速度沿一个方向均匀变化。

c. 顶界与底界接触关系　地震相在顶界和底界的接触关系，反映了沉积周期和沉积物的流向。上超表示盆地的充填和水面的相对上升。顶超和下超表示推进的层理，说明沉积由浅水区过渡到深水区，同时也指出沉积物的流向，也就是沉积物由粗到细的变化方向。

（4）编制地震相图

地震剖面经划分地震层序之后，要对每一个时间地层单元进行地震相分析，在横向上划分出若干个地震相单元。

在地震剖面上，一般先进行地震属性参数分析，利用具有特殊反射结构或外形的地震相及振幅、频率、连续性等地震参数，通过有钻井资料的地震剖面，识别各地震相所处的不同沉积环境，弄清各时期沉积物的来源方向，找出反射特征横向变化规律，把各种地震相的具体界线在地震剖面上划出来。

为了突出主要特征，能直接反应地震相的地质含义，通常采用以下地震相。

① 具有特殊反射结构或外形的地震相，单独用结构或外形命名，如充填相、丘状相、前积相等；一般将振幅、连续性等作为修饰词放在前面，如强振幅中等连续前积相。

② 分布面积较广，外形为席状，反射结构为平行或亚平行时，可主要用连续性和振幅命名，如强振幅连续平行反射地震相。

对每一个地震层序沿水平方向划分出地震相单元。然后沿测网进行对比，在相交的剖面上，地震相单元应做到闭合。最后，将测区内的同一地震层序中各相单元的界线展布在平面图上，并将相同的地震相单元界线连接起来，即得到地震相平面图，如图 4-92 所示。

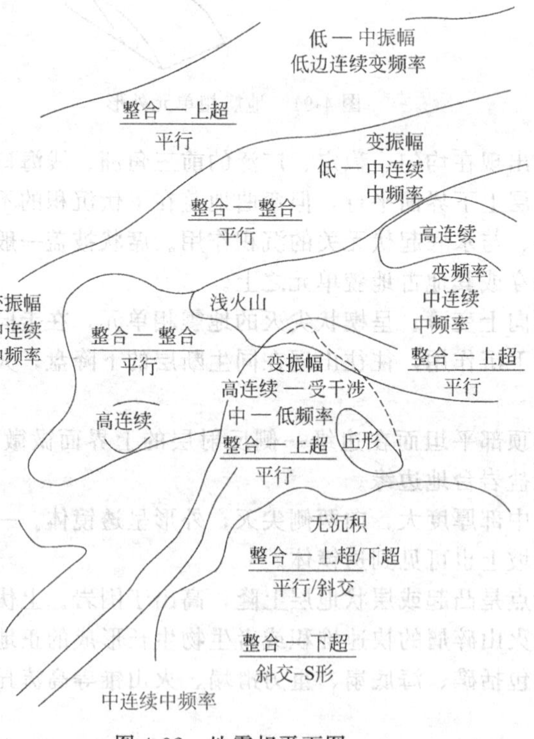

图 4-92　地震相平面图

3. 地震相的地质解释

地震相的地质解释就是要把地震相转为沉积相，恢复其古地理面貌，这项工作简称为“转相”，图 4-93 是由图 4-92 所示的地震相平面图解释的沉积相平面图。本例中所用到地震

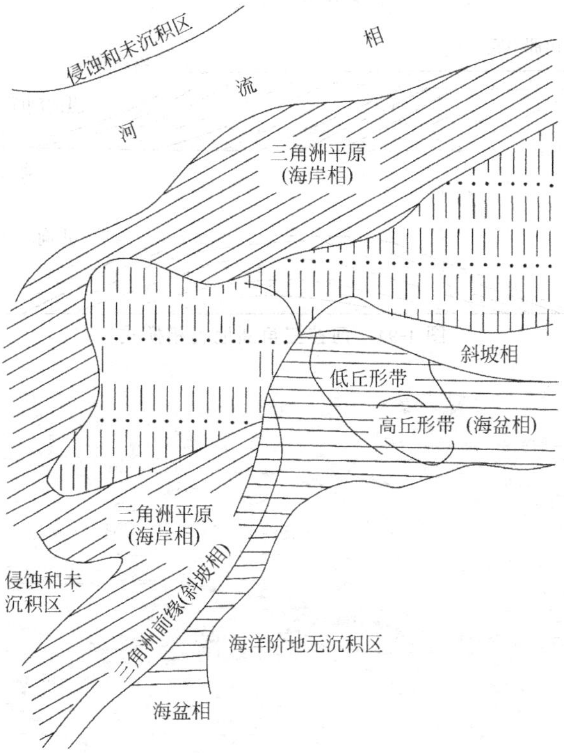

图 4-93　沉积相平面图

相和沉积相之间的对应关系见表 4-5。为了提高地震相地质解释的准确性，应充分利用钻井和地质资料进行综合分析。

表 4-5　地震相与沉积相转换表

地震相	沉积相	地震相	沉积相
低振幅低连续相	河流相	S-斜交前积相	三角洲前缘-斜坡相
变振幅中、低连续相	三角洲平原-海岸相	变振幅高连续相	海盆相
变振幅中连续相	前海相	丘形相	可能的礁块发育带

(1) 建立沉积相模式

地震相分析包括对地震资料的识别和沉积环境的理解，二者互为因果，缺一不可。地震相分析必须掌握沉积体系在三维空间分布的特点，了解各种沉积环境模式、地层组合模式、沉积发育模式等，才能进行地震地层学的解释。严格地讲，地震相模式的研究就是以沉积学的原理和概念对地震资料进行沉积学解释。

例如河控三角洲是河流携带碎屑物进入海或湖中后，在河水与海（湖）水共同作用下形成的综合沉积体。河控三角洲具斜交型、S 型和复合 S-斜交型前积结构（图 4-94）。

图 4-95 中顶积层为高振幅，连续性好，平行和亚平行反射由粉砂岩、泥岩和煤层互层组成，代表三角洲平原地震相。斜交前积层向盆地倾斜，具有中-高振幅，连续较好。下超于湖（海）面之上。由砂岩和泥岩互层组成粗相带，代表三角洲前缘地震相。底积层为低振幅，中-低连续性，主要由泥岩组成，代表前三角洲地震相。以上所指的是倾向剖面。沿走向剖面则为丘形，内部反射为双向下超。

(2) 进行单井划相

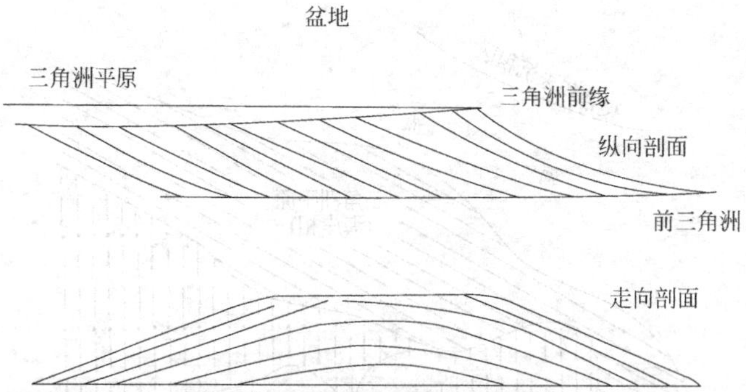

图 4-94　河控三角洲地震相模式

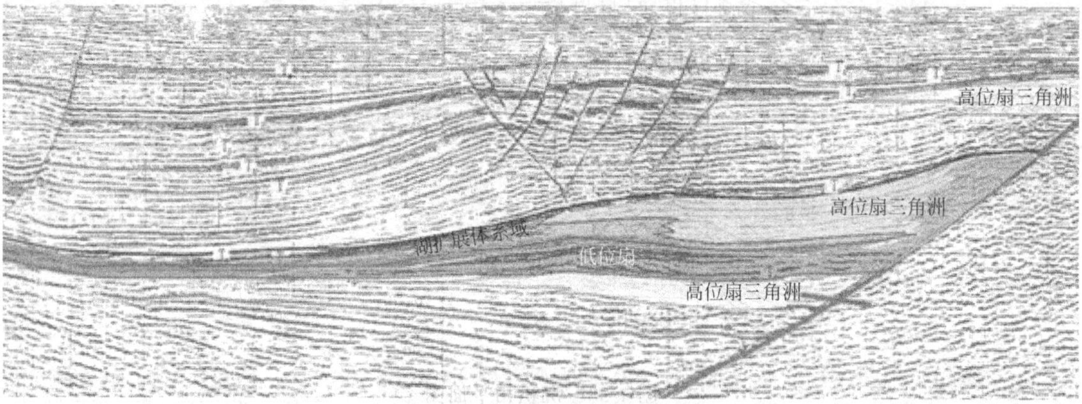

图 4-95　三角洲地震剖面

利用钻井资料来确定不同时间地层单元在该井的沉积相，然后与过井地震剖面对比，来标定地震剖面上的沉积相。

(3) 利用层速度进行岩性岩相解释

根据工区钻井、测井资料取得该井层速度与岩性岩相的对应关系，然后用过井地震剖面上的层速度与井剖面的层速度类比，从而推断地震资料上反射层位的岩相。

(4) 作合成记录

制作理论合成记录，寻找钻井地质剖面和反射特征之间的关系，以确定每个时间地层单元的地质时代及不同反射特征所反映的岩性。

总之，在地震相转换为沉积相的过程中，熟悉各种沉积相类型、沉积体系的分布特征以及它们形成的沉积环境，对于提高地震相地质解释水平是极为重要的。

七、三维地震资料解释

三维地震勘探资料解释的工作流程与二维地震资料解释基本相同。三维地震勘探技术与二维地震勘探相比具有许多优越性。一般来说，三维地震资料的精度高于二维资料，其勘探目标和需要解决的地质目的也高于二维地震勘探。因此，充分而有效地利用三维地震勘探提供的丰富地震资料，开展对有利地区复杂构造、精细构造的解释，以及储层预测与油气识别等是三维地震解释的工作重点。

1. 三维地震数据体的特点

三维地震勘探野外采集时使用了与二维地震不同的观测系统，因此采集的数据经过三维常规处理后得到的成果资料，已不是孤立的二维水平叠加时间剖面和偏移剖面，而是一个三维空间的数据体。三维地震信息数据体具有二维地震资料所不具备的重要特点。

① 三维数据体是按三维空间成像处理的，得到较正确的归位，可以真实地确定反射界面的空间位置，更接近地质剖面，可以更直接地与钻井资料对比解释。三维地震勘探能提供比二维地震勘探方法更丰富的地质体的信息。三维资料解释可以任意从 x、y、T 方向观测地质界面的形态，切割纵、横剖面和水平切面来研究地质体在三维空间的变化（图 4-96）。

② 三维地震勘探提高了剖面的分辨率和信噪比。三维数据采集不存在二维数据采集时来自侧向的侧面反射波，三维成像处理也不存在二维成像处理时无法消除的、由侧面波引起的地质假象。它可以在三维空间进行偏移，把属于某铅垂面内的反射资料收拢回来，而把不属于此范围的反射资料排除掉，使地下反射信息得到正确的归位，绕射波收敛，从而大大地提高了剖面的准确性、连续性和信噪比。

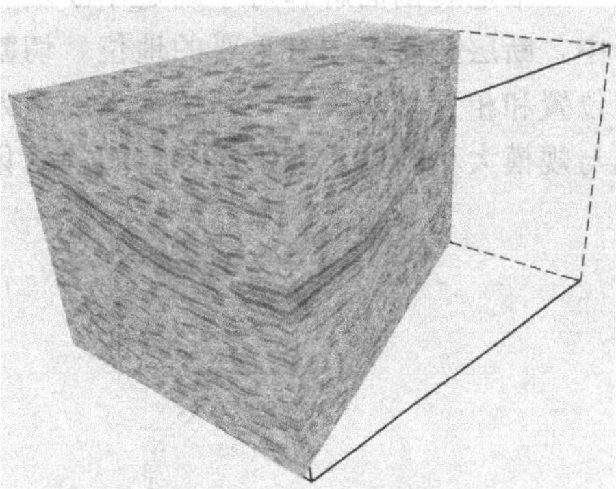

图 4-96　三维地震数据体

③ 三维数据体显示灵活，可提供丰富的解释资料，对于丰富解释人员视野，建立地下构造的立体观念有很大的帮助。三维地震数据体可实现的剖面有纵、横和任意方向铅垂剖面，水平切片剖面；从三维数据体中还可以提取和加工处理速度、振幅、频率、相位等信息资料，并显示出相应的彩色剖面和平面图。

总之，三维数据体提供了丰富的地震信息和高质量地震剖面，有助于提高对地下地质现象的认识和解释精度。

2. 三维地震资料构造解释

三维地震资料构造解释的原则、工作程序与二维地震资料基本相同，所不同的是三维地震资料更为丰富，要求解释的地质目标更为精细和准确；特别是在油田勘探中后期和开发过程中，对小断层、小断块和复杂构造的解释与精度的提高，是二维地震资料所达不到的（图 4-97）。此外，三维地震资料构造解释过程中要注意利用好等时切片资料，这样有利于垂直剖面的解释和确定复杂地下构造的空间形态。

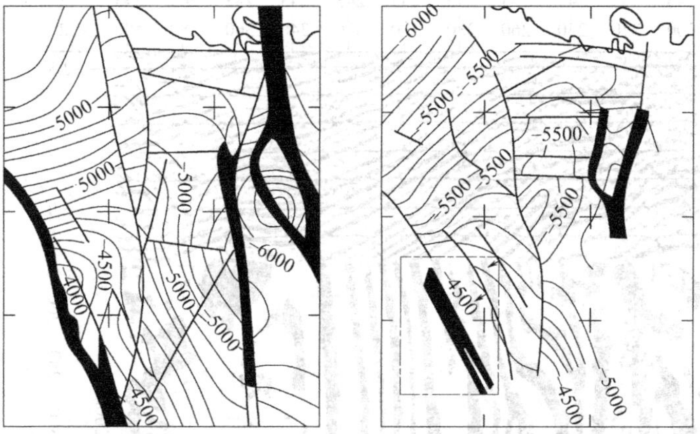

(a) 三维地震构造图　(b) 二维地震构造图

图 4-97　二维地震与三维地震解释构造图比较（单位 m）

一般来说，在三维地震勘探地区，钻井资料相对较为丰富，因此，注重利用好钻井资料。实现钻井、测井与地震资料的密切结合是三维地震解释特点之一。在解释三维地震剖面时，通过联井剖面和合成记录制作实现准确的层位标定，为深入细致解释打下良好的基础。

三维地震勘探的联井剖面不像二维地震勘探需要布置专门的联井测线，而是在数据体中根据解释人员的需要，直接进行数据重排，便可得到所需的联井剖面。通过联井剖面，可以确定反射界面所对应的地质层位，可以控制目的层的对比连接。

三维地震剖面解释对于确定小断块和断层组合是十分有效的（图 4-98）。在三维资料解释中，断层的解释占有重要的地位，切割与断层垂直的任意剖面，可以准确地确定断层的空间位置和相互切割关系；利用密集的系列垂直剖面可以可靠地追踪断层，确定断层的延伸范围与规模大小，以及在平面和空间的变化。

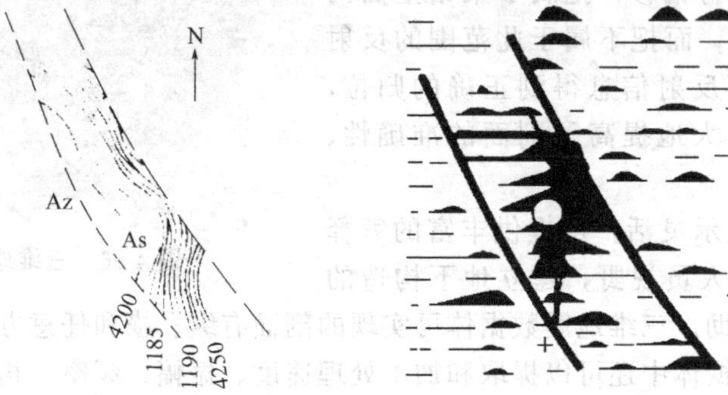

(a) 构造小断块　　(b) 小断块水平切片

图 4-98 构造小断块等值线与振幅异常

3. 等时切片的解释

地震水平切片（等时切片）是某一时刻三维数据体中所有地震信息的显示资料，反映了不同地质层位的界面反射在某一时刻平面内的分布状况，包括瞬时振幅、瞬时频率、瞬时相位。水平切片上的地震信息和各铅垂剖面上某一时刻的地震信息是一一对应的，每个同相轴代表着反射界面与水平面的交线，等时剖面上的同相轴瞬时振幅分布的轮廓线表示反射界面的局部走向（图 4-99）。

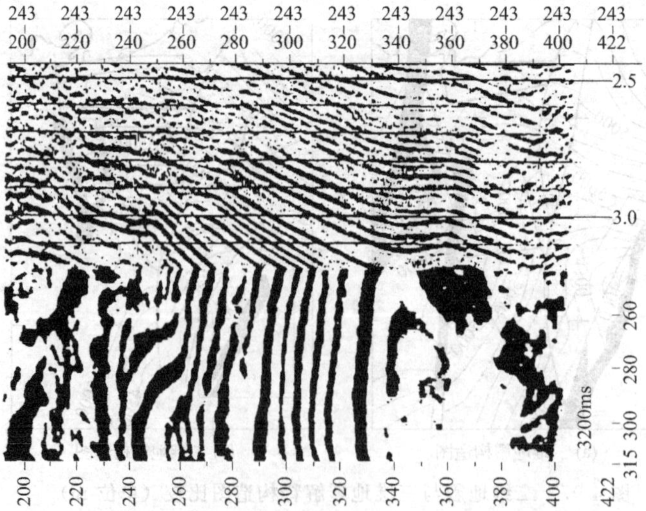

图 4-99　水平切片与垂直剖面的同相轴对应关系

水平切片是三维地震特有的显示资料。地震水平切片上，波峰或波谷“同相轴”的显示宽度是地层倾角和地层界面反射频率的综合反映。在地层倾角不变时，随着反射频率的增高，切片上“同相轴”的宽度变窄；当反射频率不变时，随着地层倾角的减小，切片上“同相轴”的宽度变宽。

对同一地层，当埋藏深度变化不大、反射频率变化也不大时，利用水平切片同相轴宽度的变化，能了解地层倾角的变化。水平切片同相轴中断和局部走向的突变，反映诸如断层之类的不连续。因此，利用纵、横剖面和等时切片综合对比解释，可快速地勾画等时剖面草图，很快地了解目的层的构造形态和断裂分布特征，有利于确定构造的走向方向，进一步显示垂直构造走向的剖面，以便更好地解释。

等时切片的解释方法大体归纳为：按时间或深度顺序追踪同相轴变化、识别断层、快速绘制等 t_0 构造图等。

(1) 按时间或深度顺序追踪同相轴变化

在不同时刻的水平切片上，同一层位界面反射的“同相轴”是沿着地层倾斜方向移动的，因此，利用不同时刻的相邻水平切片，可以知道某一反射层的产状（倾角、倾向和走向）。水平切片对完整的正向构造（如背斜、鼻状构造）和高点位置，以及负向构造（向斜）和低点位置的反应最敏感。对于某一地层的背斜构造在不同时刻的水平切片上，其“同相轴”随着时间的增加而向外移动，圈闭面积不断扩大；而对于向斜构造，在不同时刻的水平切片上，随着时间的增加，其“同相轴”向内移动，圈闭面积不断缩小（图 4-100）。利用不同时刻水平切片上某一层位界面的反射“同相轴”的分布形状和移动规律，可以判断该地层界面的构造形态。加密水平切面显示可有效地确定小构造的边界，圈定小构造的分布范围。

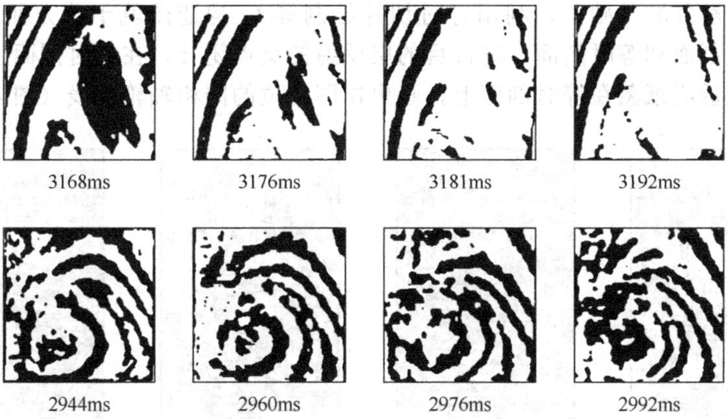

图 4-100　背斜和向斜构造在不同时刻水平切片的反应

(2) 等时切片的断层识别

在水平切片上，波峰或波谷“同相轴”系统中断、走向突变都是断层的反映(图4-101)。在水平切片上可以看到断层的走向、断层的切割和交叉。水平切片资料对小断层的反映是敏感的，有些小断层在铅垂剖面上反映不清楚，而在水平切片上能明显地反映出来。在不同时刻的水平切片上，某一层位“同相轴”有规律的异常扭曲往往是小断层的反映（图 4-102)。上、下等时切片同相轴轮廓走向明显不同，如上部呈 NE 向，下部呈近 EW 向，则表明中间有一断层存在。总之，运用等时切片识别断层的标志有：

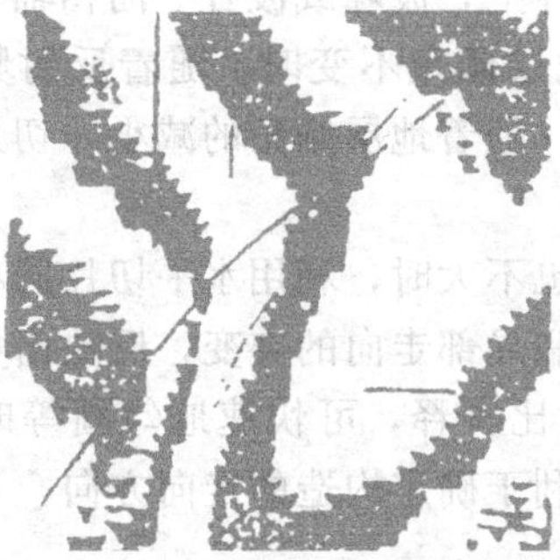

图 4-101　同相轴异常扭曲

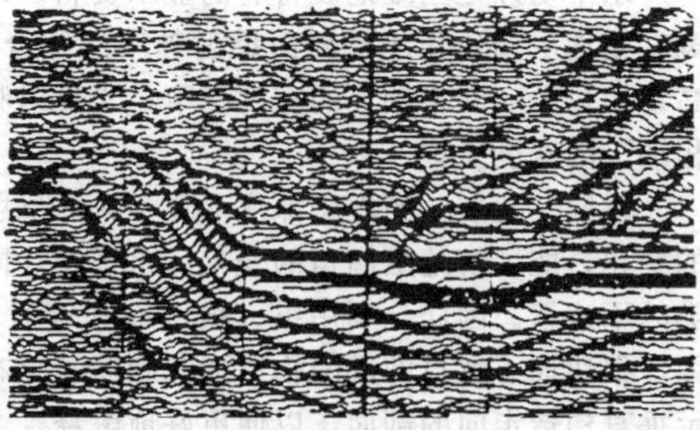

图 4-102　同相轴走向不一致

① 标志层同相轴系统中断和错断，或者强振幅错断，并以大角度切割构造走向。这种标志并不是在每一张等时切面上均能看到的，只有当剖面所在时间与标志层中断时间一致时才能见到。

② 同相轴走向突变或者零乱，可能是小断层或断层附近干扰造成的，也可能是大的倾斜面或超覆现象等引起的，因此，利用这一标志时应慎重。

③ 识别断层产状，当断层直立时，则时间系列剖面上同一条断层位置重合；当断层倾斜时，时间系列剖面上断层应有规律地向一侧移动；若时间系列剖面上断层线无规律移动，应考虑所确定的断层是否存在，位置是否合适。当断层走向与构造走向交角较大或垂直时，剖面上断层显示明显；当交角较小或平行构造走向时，剖面上断层显示不清楚，应用垂直剖面来识别。

（3）快速绘制等 t_0 构造图

在经过对比解释的基础上，利用等时切片绘制等 t_0 构造图就十分方便。实际绘图时，利用粗网格垂直剖面和等时剖面，进行目的层反射的交点闭合，在等时剖面上确定目的层位同相轴，然后用透明纸蒙在等时剖面上，画出作图层位的同相轴轮廓线（图 4-103）。

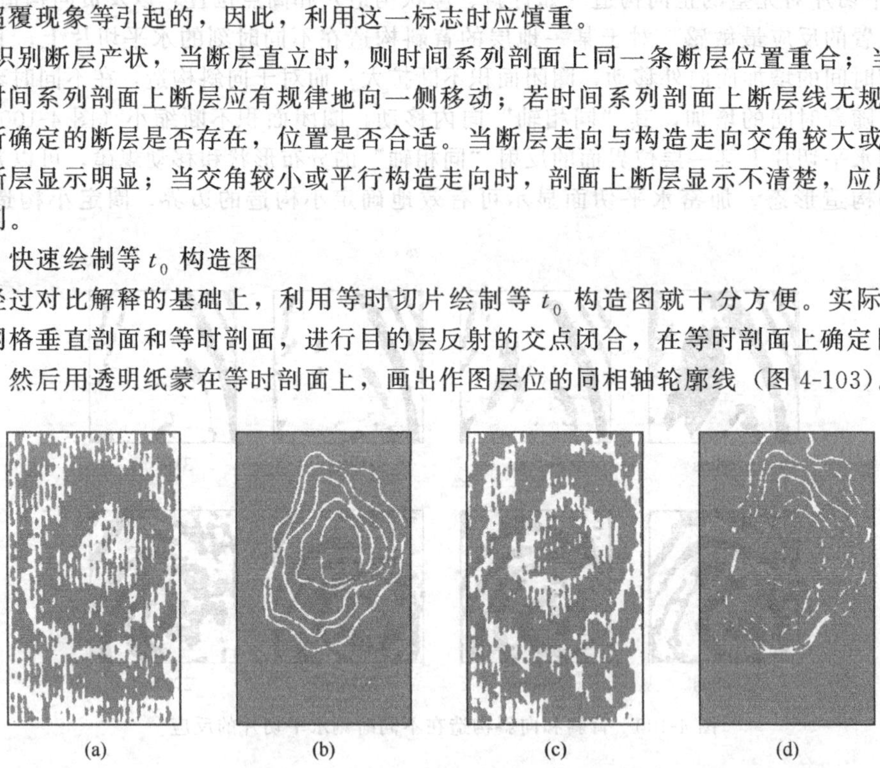

(a)　(b)　(c)　(d)

图 4-103　等时切片绘制等 t_0 构造图

在水平切片上拾取同相轴的哪一个相位来勾绘等时线是无关紧要的，波峰、波谷或它们的边缘都可以。只要和垂直剖面上拾取的相位一致，并且保证所有的等时线都在相同的相位上拾取。

如果配有等时切面解释图就更方便，切片可以在需要绘等值线的时候停止，可将图像放大，将等时切面图的比例尺调至基本底图的比例尺。一张等时切面可以勾绘出一目的层的等时线，利用多张等时剖面随构造变化相似性的特点，由小时间向大时间勾绘构造起伏变化，隆起时同相轴轮廓线逐渐变大，凹陷时将逐渐变小。在断层发育地区，应先画出断层平面组合，再一个断块一个断块地勾绘。勾绘时必须标明断层与相交时断层的边界位置，以免由于资料多而把层次搞乱。这种等时图虽然显得粗糙，但是它能快速地建立起研究目的层的构造轮廓。

（4）岩性与地震异常体的解释

研究岩性和地质异常体的基本方法是利用三维地震资料人机联合作解释终端，显示和研究来自目的层反射的振幅、频率、相位、速度等信息的异常分布规律和异常区的空间几何形状，并根据已知钻井资料和人工合成记录的标定，结合构造图、等厚图、沉积相图和沉积环境的变化来推断岩性的变化和地震异常体的属性。

层拉平是对某一层解释后，校正到一个任意时刻的基准面上，命该层位上、下的所有反射都随着作相应的时间校正。进行层拉平处理，可以去掉构造变形的影响。层拉平可分为层拉平剖面和层拉平切片，它们均是在给定的时窗内按一定时间间隔拾取和显示振幅、频率、相位、速度剖面和切片等信息。经过拉平处理后得到的剖面就是层拉平剖面。对某一层拉平后的地震剖面就相当于恢复了该层沉积时的形态。利用层拉平剖面可以研究各构造层的接触关系和构造发育史。

应用层拉平振幅切片，可以观察显示窗内与作图层位属于同一构造层的各薄层的振幅强弱变化规律，用以推断该构造层内的岩性变化，发现有意义的砂岩透镜体或河道砂体。

4. 速度分布规律

在沉积地层中，速度的空间分布受地层沉积序列、岩石类型、横向展布与地质结构等控制，因而具有成层性、递增性、方向性和分区性。

（1）成层性

沉积岩的基本特点是成层分布，由于各地层沉积条件、岩石性质的不同，在各地层中波传播的速度是不同的；由于速度在剖面上具有成层分布的特点，这为地震勘探解决地质问题创造了良好的条件。

（2）递增性

在正常地层层序条件下，速度随地层深度和地质年代是线性增加的，但速度变化的梯度随深度增加而减少。

（3）方向性

由于地质结构和沉积岩相的变化，速度沿水平方向也会变化。一般来说，速度变化的水平梯度不大，但由于构造作用和沉积相变会出现断层、断块、地层不整合和地层尖灭等，往往在这些部位，速度的水平梯度会发生突变，这正是提高处理和解释精度所必须考虑的问题。

（4）分区性

受构造或沉积条件的控制，速度在平面内的分布具有分区分带的特点。例如，长期剥蚀的构造隆起区，速度值高，但速度梯度小；由于沉积环境不同，相带和岩性横向变化，速度也相应发生变化。在实际工作中正是利用速度分区、分带的变化规律与岩性的内在联系进行地质解释的。

总之，改进层速度资料，提高速度分析精度，是利用速度资料进行岩性解释的关键，这需要地质人员与物探人员合作来完成。

5. 叠加速度谱的解释

根据速度谱确定一条合理的叠加速度曲线，称为对速度谱的解释，常用的方法如下。

① 应选质量较好的速度谱进行解释。其质量标准是：谱的能量曲线强弱变化分明，并与反射波的强弱变化相互对应；强反射团峰值突出，信噪比高。

② 当叠加振幅用能量等值线表示时，能量团呈椭圆形（图 4-104）。能量团的分布一般符合速度随 t_0 增大而递增的规律，可靠的能量团应与时间剖面上的反射波相对应。

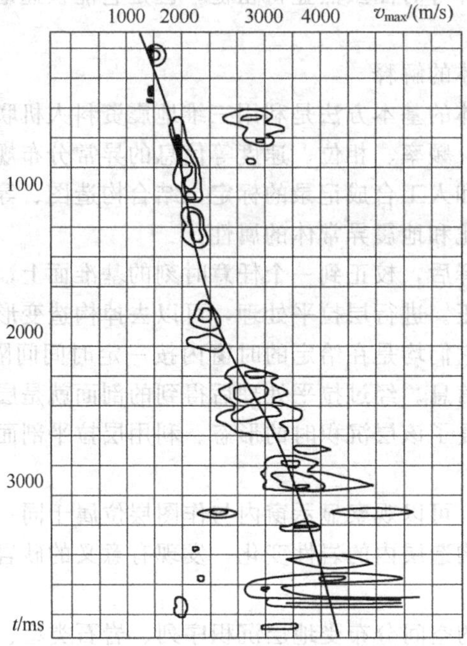

图 4-104　叠加速度资料及其解释

③ 叠加速度曲线应穿过多数能量团或速度的极值点。

④ 当地层近于水平时，对同一构造部位的多条速度谱线可进行综合平均，得到一条综合叠加速度曲线，可提高精度。

⑤ 对比地震剖面，判断速度谱能量团或极值的性质，对于断面波、绕射波引起的高速极值点和多次波造成的低速极值点，以及偶然出现的过高或过低的极值点，都应加以剔除。

⑥ 将整个剖面的叠加速度数据用剖面形式显示出来，将其与时间剖面对比，对速度资料的可靠性加以分析，剔除不合理速度异常点。

⑦ 时间切面检查，在全工区范围内，每隔一定的时间间隔（如 0.8s），把同一 t_0 时间内的速度值，打印在每个速度谱点边上，绘出平面等值线图，剔除不合理速度异常点或异常区合理的速度变化，一般而言，基岩隆起、古潜山引起的高速，多条剖面上都应有规律的偏高；欠压实泥岩区，速度谱有规律的偏低；单个点或单条测线上速度突然升高或降低，或者测线交点处的速度数据不能闭合等，均属于不合理的速度异常。

八、煤田地震勘探工程实例

焦作金科尔集团方庄煤矿面积约 1.8km²。本区属华北煤系地层区，其含煤十三层，其中二叠系山西组为本区主要含煤层段。构造位置处于九里山、方庄、沙墙断层形成的矩形断块中（如图 4-105），井田地层走向总体呈 NNE 方向，倾向 SEE，倾角 5°～22°，一般为 10°左右的单斜构造；区内构造以断裂为主，褶曲不发育。

1. 地表条件

勘探区属太行山山前洪积平原，地形较平，但水渠较多，并且有一条铁路从测区通过；区内村庄较多，影响测线布设和施工。

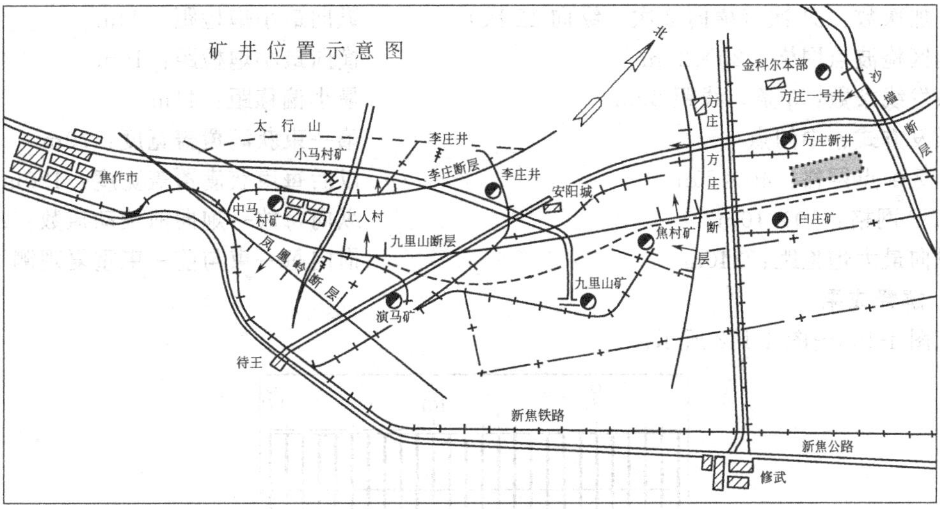

图 4-105　矿井位置示意图

2. 浅层地震地质条件

本区紧邻太行山，浅层岩性为第三、第四系洪积物，厚度为 105.3～453.85m，平均 279.6m；除地表有薄层黄土外，下部为黄土、砾石及流砂。砾石较为松散或微胶结状，局部有表层冲刷胶结的砾石出露于地表；整个地层为厚、多层砾石沉积。

3. 深层地震地质条件

① 勘探区新生界厚度为 105.3～453.85m，平均 279.6m，岩性上部为砾石，下部为砾石、黏土互层或砾岩，新生界底部为黏土或砾石，与下伏二叠系地层呈角度不整合接触，具有形成反射波的条件，形成 T_0 波，但由于新生界底部砾石层的影响和二叠系地层顶界面风化剥蚀程度不同，不是光滑界面，所以形成的 T_0 波连续性较差，能量较弱。

② 本区煤系地层为二叠系砂泥岩和石炭系砂泥岩、灰岩及主要可采煤层二$_1$ 煤、一$_2$ 煤，这两层煤在本区厚度稳定，结构简单，煤层（密度×速度：1.46×1300＝1898）与围岩砂泥岩（2.6×3400＝8840）之间具有较大的波阻抗差异，具有形成强反射波的良好条件，因而 T_1、T_2 波能量强、连续性好。L_8、L_2 灰岩与上、下砂质泥岩也存在一定的波阻抗差，能形成 $T_{灰}$ 波，但由于 T_2 波的屏蔽作用能量较弱；L_2 灰岩与一$_1$ 煤层较近，形成一复合波。

③ 由于奥陶系灰岩埋藏相对较深，并且在它的上覆地层中赋存有数层煤层。因此，地震波能量下传受到屏蔽，并且高频成分受到严重衰减。另外，奥陶系灰岩顶界面受到风化剥蚀，为不光滑的界面，所以其反射波频率低、能量弱，且连续性差，绕射波发育，给解释带来一定难度。

4. 三维地震数据采集方法及工作量

本次三维地震勘探要求野外采集到的资料满足高信噪比、高分辨率两个条件。针对本区浅、深层地震地质条件，在提高信噪比的前提下，重点采取下列措施提高分辨率：①做好低速带调查工作，获得低速带速度资料，保证校正量准确；②选择合理的震源参数，压制干扰，避开虚反射的影响，提高纵向分辨率；③选择适当的观测系统，提高纵、横向分辨率及对小断层的分辨能力和提高岩性解释方面的能力。

综合考虑以上因素，确定本次三维观测系统总覆盖次数为 24 次，即横向 2 次，纵向 12 次。

接收道数：24×8＝192，道距 20m　　横向最大炮检距：150m

接收线条数：8 条，线距 20m　　最大炮检距：283m

叠加次数：24 次（横向 2 次，纵向 12 次）
测区检波点网格：20×20m
激发线条数：3 条，线距 80m
激发方式：中间点
测区炮点网格：40×20m
CDP 网格：10×10m
纵向最大炮检距：240m
纵向最小炮检距：20m
横向最小炮检距：10m
最小偏移距：41m
第一束获满覆盖宽度：70m
以后每束获满覆盖宽度：120m
纵向每放一炮向前滚动道数：2 道
横向每一束与前一束重复观测 2 条

5. 解释成果

如图 4-106～图 4-118 所示。

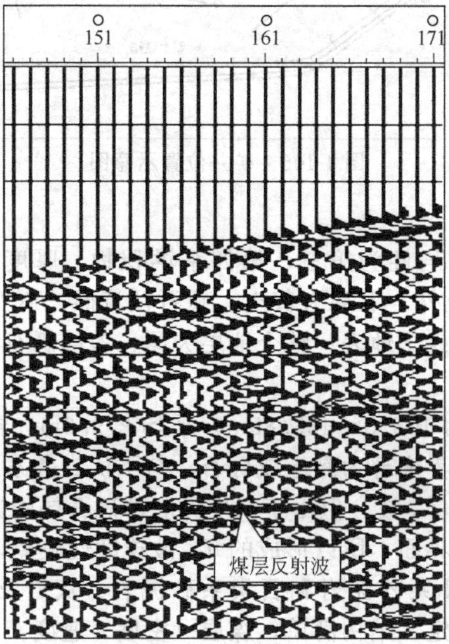

图 4-106　砾石、深潜水位地区震源大排列单炮记录及分析

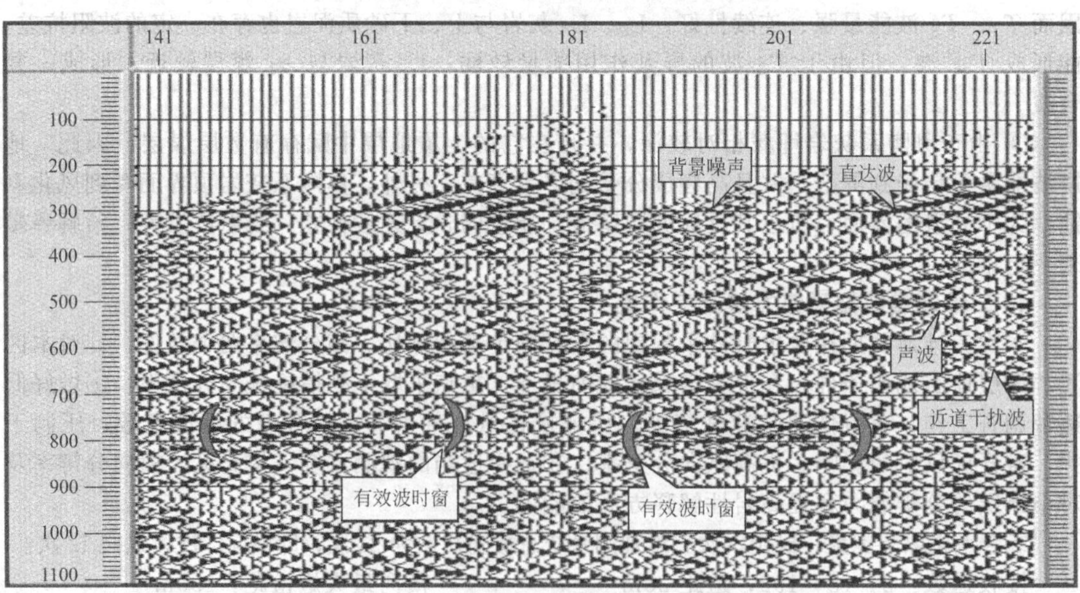

图 4-107　有效波时窗内单炮记录

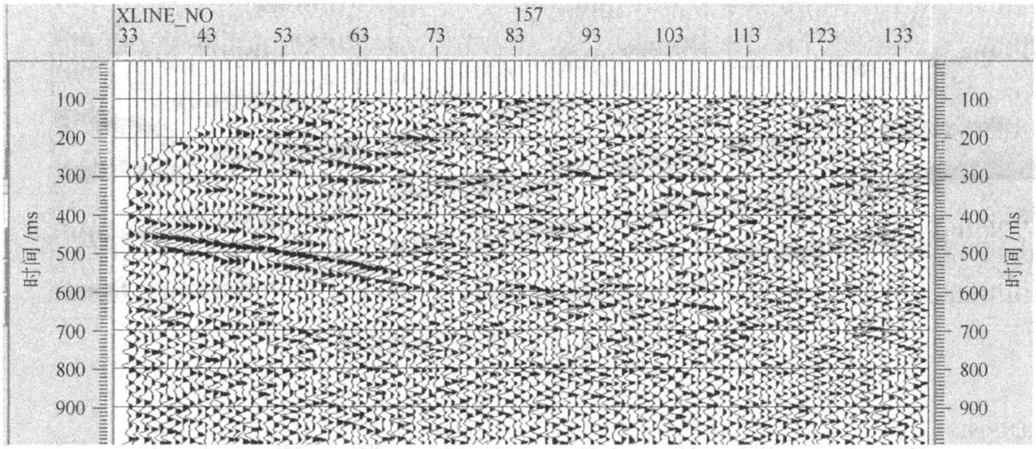

图 4-108　剩余静校正前时间剖面

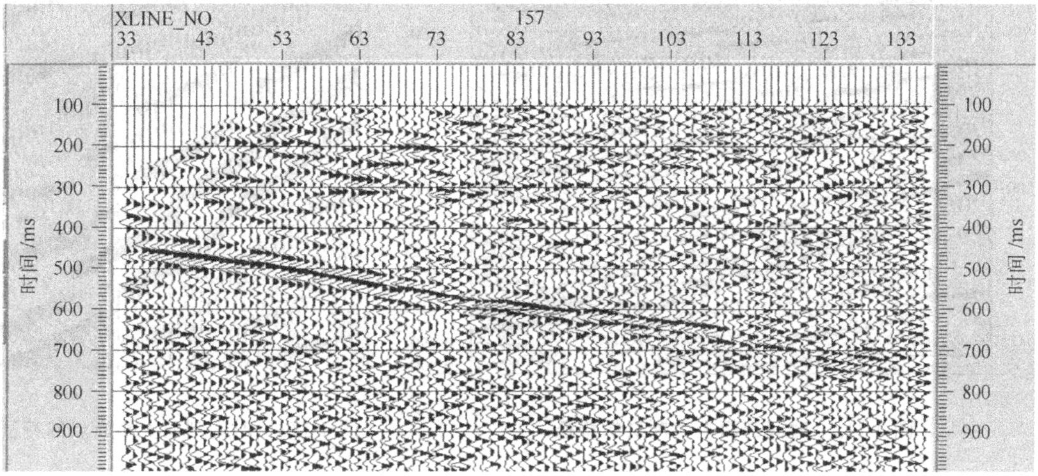

图 4-109　剩余静校正后时间剖面

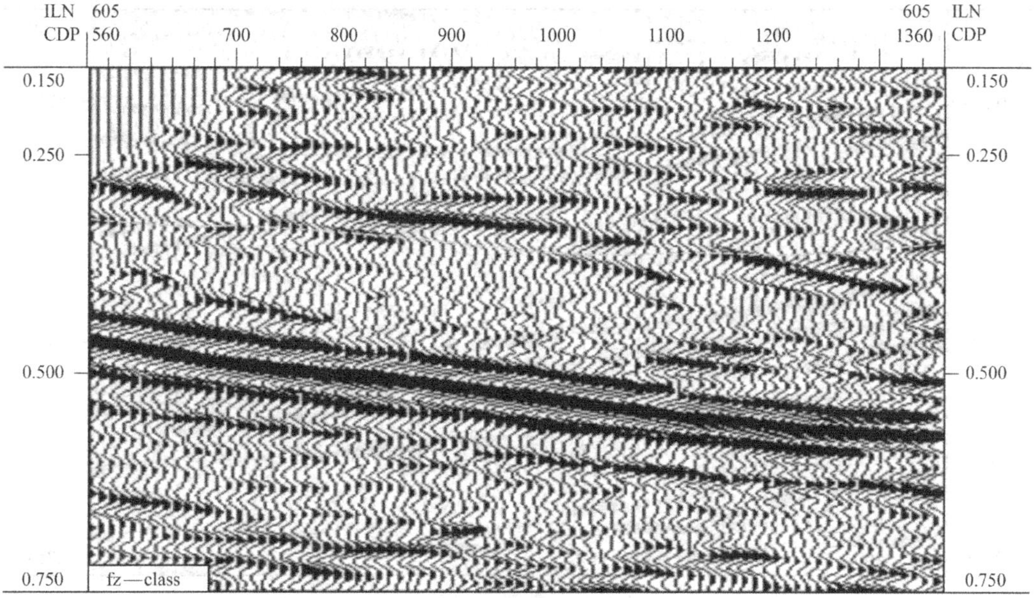

图 4-110　典型时间剖面

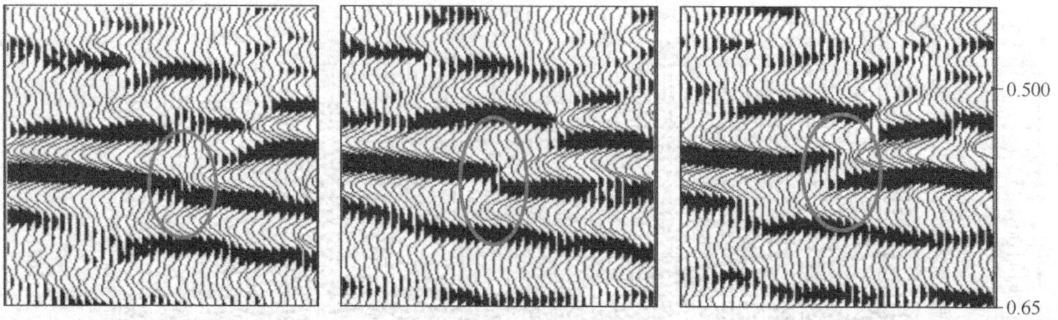

图 4-111　断点由小到大变化趋势图

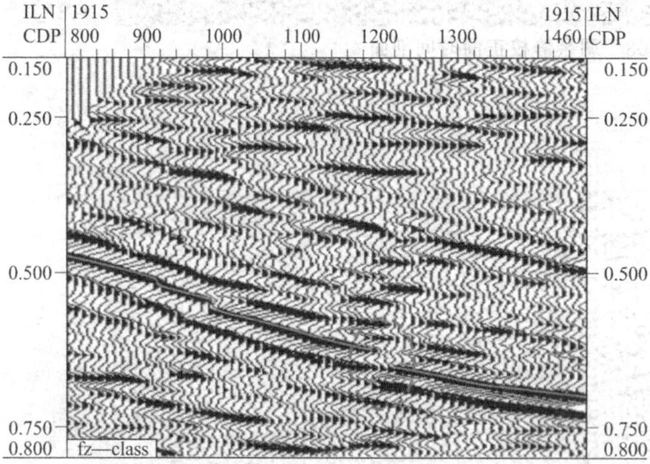

图 4-112　时间剖面上大断层的特征

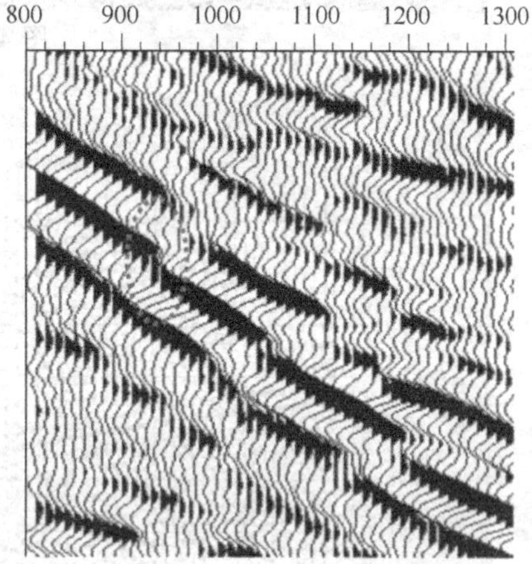

图 4-113　时间剖面上小断点的特征

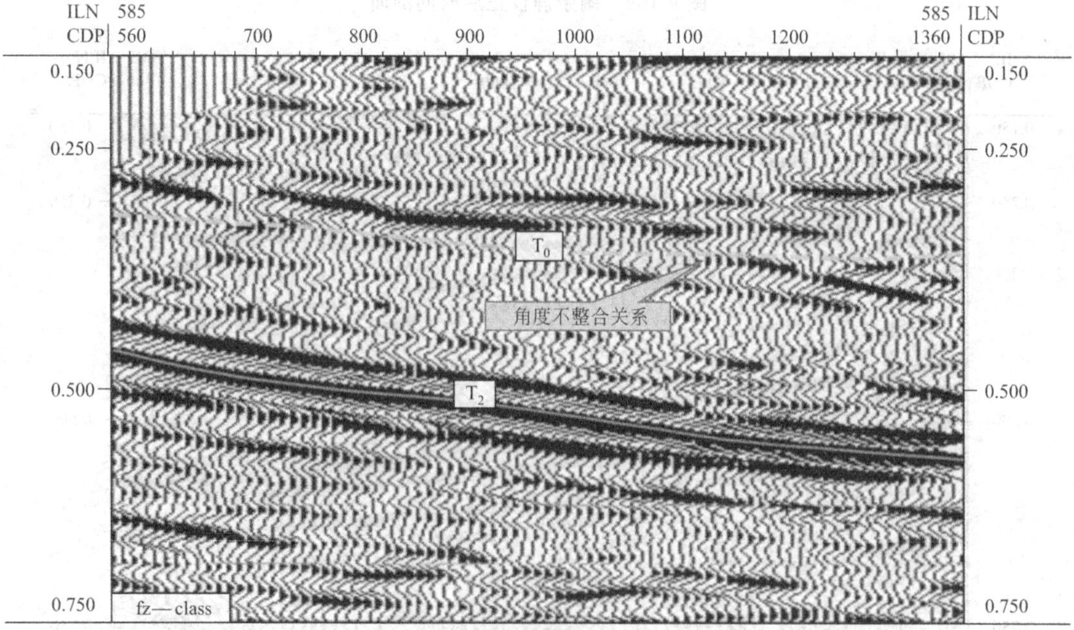

图 4-114　角度不整合接触时间剖面

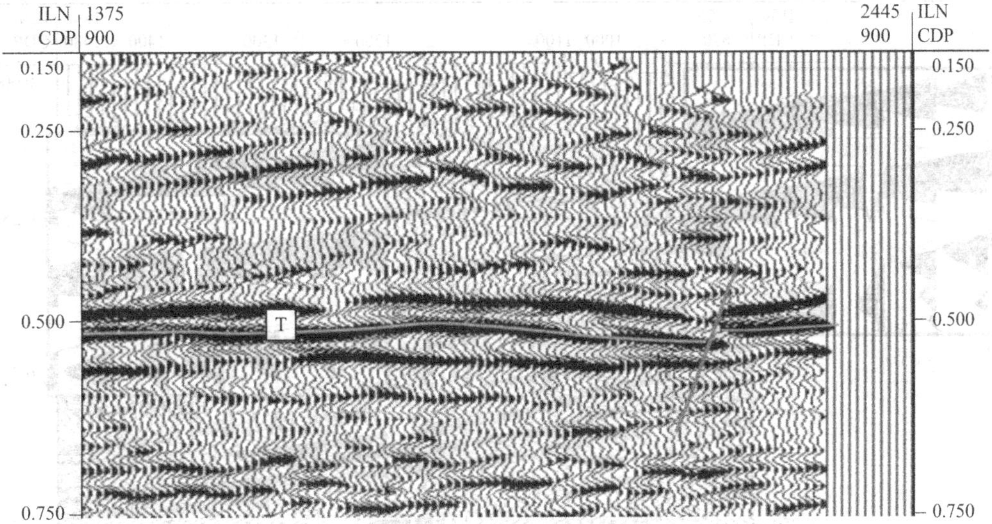

图 4-115　断面时间剖面

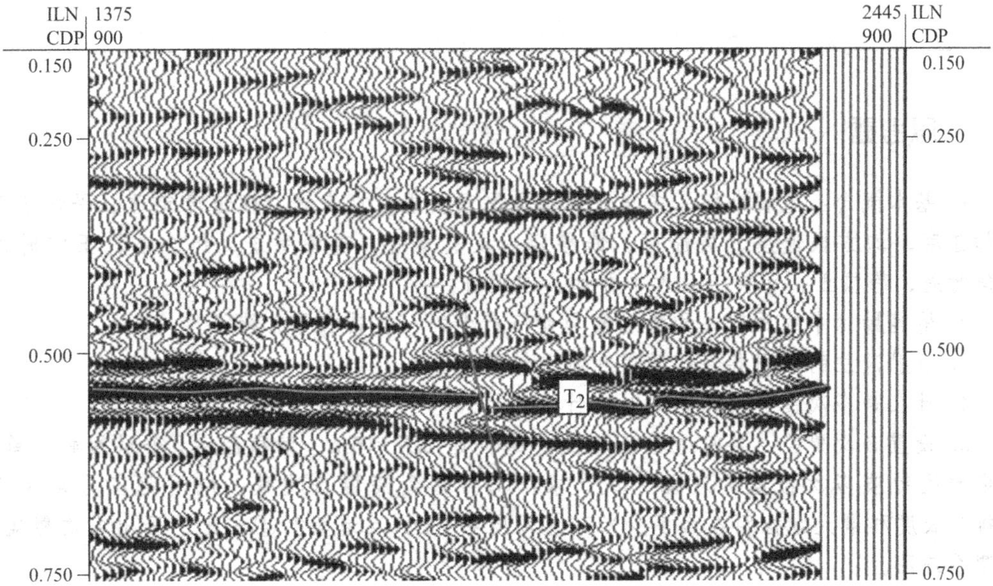

图 4-116　DF_5 断层时间剖面

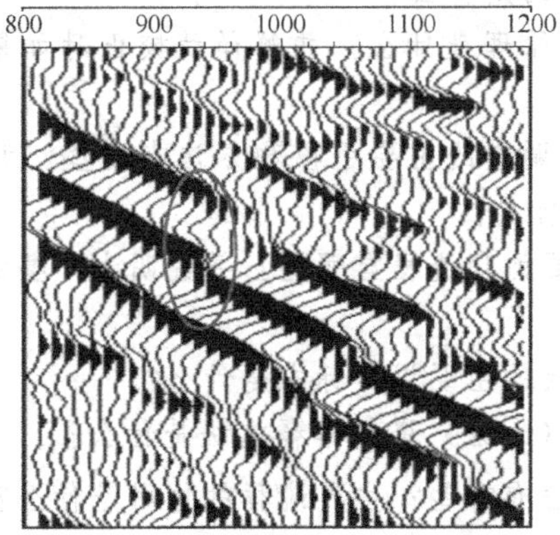

图 4-117　煤层断点放大时间剖面图

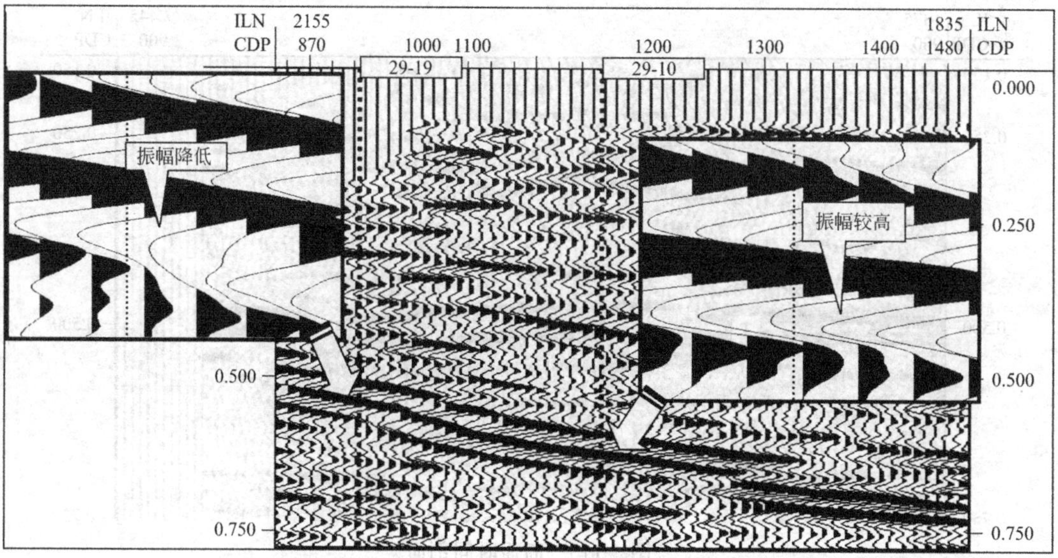

图 4-118 29-10 孔（6.15m）和 29-19 孔（3.70m）剖面煤厚变化在振幅上的差异分析图

思考题

1. 基本概念：地震勘探、多次波、费马原理、惠更斯定理、视速度定理、平均速度、叠加速度、均方根速度、层速度、偏移距、多次覆盖、观测系统、组合法、正常时差、倾角时差、静校正、动校正、水平叠加、波阻抗。

2. 地震勘探中的反射波和折射波是如何产生的？各具有什么特征？

3. 折射波法的应用条件和常用观测系统是什么？

4. 什么是多次覆盖观测系统？有什么优越性？

5. 设置 3 次覆盖、接收道数 $N=24$、道间距 $\Delta X=5\text{m}$、偏移距＝1 个道间距、单边放炮的反射波多次覆盖的观测系统。求：①为达到满覆盖次数，炮间距应为多少米？②排列长度和最大炮检距各为多少米？③写出共 CDP 点道集？④按比例画出多次覆盖的观测系统图。

6. 提高地震记录信噪比的手段和方法有哪些？

7. 动校正和静校正的目的是什么？

8. 叠加速度分析的基本原理是什么？并解释动校正时如果动校正速度选择过大，反射波校正不足的原因。

9. 野外进行低、降速带调查的主要手段和方法有哪些？利用相遇时距曲线进行速度和深度求取的步骤和方法是什么？

10. 水平叠加剖面的主要处理流程有哪些？并说明水平叠加时间剖面为什么还需要做偏移归位处理？

11. 地震剖面上识别断层的主要识别标志是什么？

12. 反射波法和折射波（t_0 法）资料解释方法是什么？

13. 地震数据处理的流程有哪些？主要流程的作用是什么？

14. 地震解释的主要流程有哪些？

第五章　声波与瑞雷波勘查

第一节　声波勘查

一、概述

声波探测技术利用频率（f）很高的声波或超声波（$10^3 \sim 10^7$ Hz），作为信息的载体，对岩体进行探测的方法，当 f 大、λ（波长）小，分辨率就高，对若干岩石的微观结构也能反映。但岩石对高频吸收和衰减都比较快及散射严重，因此探测距离小。由于工程上不需要探测很深，如桩基，也只有十几米长等，所以用途很广。

1. 类型

声波探测主要有两种类型，分为主动式和被动式。

① 主动式：包括波速测定，振幅测定，频率测定等，主要用波速测试。

② 被动式：靠人工发射波来探测。

2. 应用

声波探测在勘测中应用较普遍，如石油、地质、水电、矿山等。如美国测定高温岩石系数，日本用10年时间对70座隧道测试，制定了围岩程度分类规范，其他国家也做了大量工作。我国主要应用方面如下。

① 围岩工程地质分类，提出应采取的工程措施；

② 围岩应力松弛范围的确定，（松动圈）为设计支护（锚杆等）提供依据；

③ 测定岩石或岩体的物理力学参数，如 E_d、r、单轴抗压强度等；

④ 测定地层的地质资料，与风化程度、裂隙系数、完整系数等；

⑤ 测定小构造情况，如位置、宽度、小溶洞等；

⑥ 岩体稳定性评价，声波在岩体内的变化规律，稳定性评价；

⑦ 声测井，研究钻孔的地质柱状及确定结构位置等；

⑧ 砼构件的探伤及水泥灌浆检验。

二、声波仪的基本原理

1. 工作原理

声波仪由发射和接收两部分组成，包括发射机、发射换能器和接收机、接收换能器。发射机（声源信号发生器）由压电材料制成的发射换能器发射电脉冲，激励晶片振动，产生声波向岩石发射，在岩石中传播，经接收机接收，通过电换能器放大，在屏幕上显示图形。也可直接读数，测出初至时间 t，再经已知探测距离 L 计算，可得出声波速度。

2. V_p、V_s 识别及波速测定

要想求得 V_p、V_s 在岩石中的传播速度，首先要正确区分它。

V_p 的确定一般是读取到达时间 t_p，再用有关方法求得。如遇到初至不清楚时，若波形接近正弦波，而峰值点较明显，则可读初至后数个峰值的时间，然后用外推法求 t_p（图5-1），或由初至后第一个峰值减 1/4 周期而得。

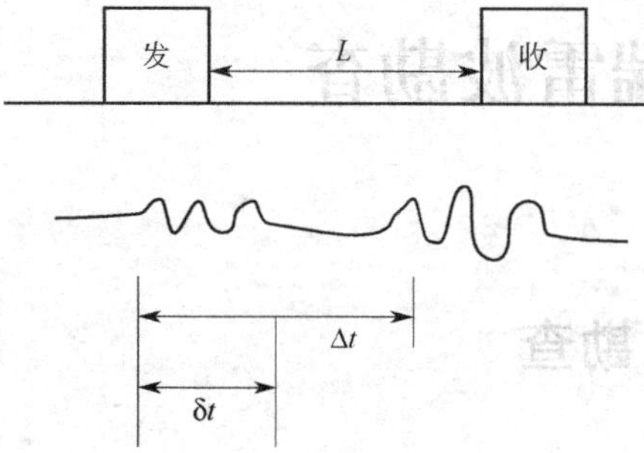

图 5-1 初至时间确定

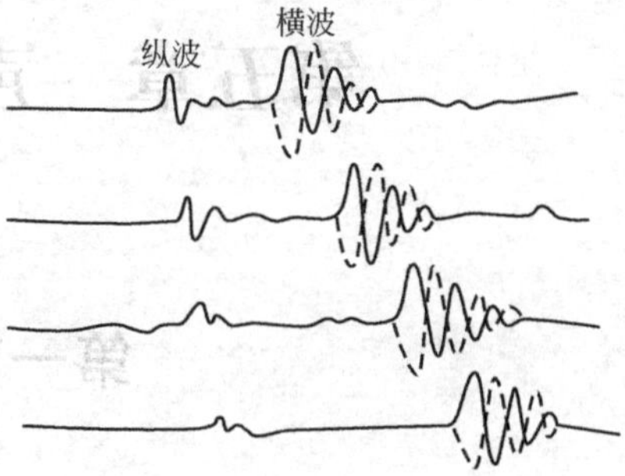

图 5-2 V_s 与 V_p 关系图

V_s 是根据它与 V_p 的关系求得。由于 V_s 比 V_p 后到达（差 1.73 倍），它往往叠加在 V_p 背景上，不易识别，很难确定，可用如下方法。

首先，当岩体较完整，声波反射、散射不严重时，如图 5-2 所示，直达波因距离近而先到达，但波形简单易识别，P 波次到达，且延续时间为 $0.73t_p$（t_p 是纵波初至时间），后面是 S 波，其次，S 波的能量较 P 强，这时很容易根据振幅大小来识别。

自然界介质千变万化，有时难以区分，为获得图 5-2 的情况，可适当增大发射与接收换能器之间的距离 L（见图 5-1），但也不能太大，否则波及不到信号。为了清晰区分 P 波和 S 波的初至时间，一般采用减少发射脉冲宽度的办法。L 多大合适？

设 t_p 为 P 波初至时间，t_s 为 S 波初至时间，δt 为纵波宽度，Δt 为 P 波与 S 波初至时间之差，只有当 $\Delta t > \delta t$ 时，P 波与 S 波才能分开。

因为

$$V_s = \frac{L}{t_s}$$

$$V_p = \frac{L}{t_p}$$

所以

$$\Delta t = t_s - t_p = \frac{L}{V_s} - \frac{L}{V_p} = \frac{L\left(\frac{V_p}{V_s} - 1\right)}{V_p} \tag{5-1}$$

令

$$\eta = \frac{V_p}{V_s} = \sqrt{\frac{2(1-\gamma)}{1-2\gamma}} \quad (\gamma \text{ 为泊松比})$$

代入上式得

$$\Delta t = \frac{L(\eta - 1)}{V_p}$$

即

$$L = \frac{\Delta t V_p}{\eta - 1} \tag{5-2}$$

而当理想岩石中泊松比等于 0.25 时，则到达大致时间 $t_s = 1.73t_p$，而在碎裂岩石中，$t_s > 1.73t_p$。

设 $V_p = 5000\text{m/s}$，$\Delta t = 5T = 5/f$，则区分 P 波与 S 波最小距离 L 值见表 5-1。

表 5-1 收发间距一览表

频率/kHz	5	10	20	30	50
P 波延续时间 $\Delta t/\mu s$	1000	500	250	167	100
P 波、S 波区分的最小距离 L/m	7.16	3.58	1.8	1.2	0.72

横波在高频下才有意义，有很多条件限制，其参数的准确性是围绕其发展的关键因素，也是期待解决的问题，因此，在所有物探中，S波用得很少。

三、声波勘探在工程地质中的应用

声波探测与地震勘探方法都是以研究弹性波在岩体内的传播特征作为理论基础的，但是二者之间在具体使用时又有不同的分工，只能互相补充而不能彼此取代。

一般来说，对于大面积、中深度的岩体探测，使用地震法进行；而对于小尺度的岩体则使用声波进行探测为宜。目前，声波探测技术则主要应用于工程地质或测井。

1. 岩体的工程地质分类

在工程地质工作中，为了合理地选择地下硐室及巷道等的衬砌类别，确定工程结果的主要尺寸，必须对围岩的工程性质进行正确的分类。

对于围岩的分类工作，除了按传统地质方法进行外，还可以利用岩体的声学性质来定量地验证和校核地质分类的结果。用综合的方法来进行岩体分类工作，既考虑到声学特征，又考虑到岩石的成因、类型、结构特征、风化程度等。这样，就可以正确评价围岩的工程地质性质，作为设计和施工的重要依据。

岩石的完整系数（k）

$$k=\left(\frac{V_{p体}}{V_{p石}}\right)^2 \tag{5-3}$$

式中，$V_{p体}$是野外岩体测定波速；$V_{p石}$是标本上测定波速。

按照 k 值或其他工程地质指标分类见表 5-2。

表 5-2　岩石完整系数工程地质分类

围岩类别	Ⅵ	Ⅴ	Ⅳ	Ⅲ	Ⅱ	Ⅰ
P波速度/(km/s)	>4.0	3.5	3.0	2.0	1.5	<1.5
完整系数 k	>0.8	0.8～0.5	0.5～0.4	<0.4		
岩性	节理不发育 无夹层 厚层	节理较发育 少量夹层 中层	节理很发育 多量夹层 薄层	断层影响黄土 卵砾石 弱风化	强烈断层带 黏土 新黄土	断层泥 轻黏土 细砂
岩体结构	块状	层状	碎裂状	松散状	松散状	松散状

2. 岩体弹性参数的测定

常用的物理力学参数有弹性模量 E、泊松比 γ、抗压强度 P 等，其中 E 最重要。E 又分为动弹性模量 E_d 和静弹性模量 E_s，E_d 是在瞬时加载情况下测得的，而 E_s 是在短期内缓慢情况下测得的，E_d 易测，而 E_s 不易测，在设计时还要用到 E_s，为此通过试验解决。

经验公式，

$$E_s=0.1E_d^{1.43} \tag{5-4}$$

$$E_d=\rho V_p^2\ \frac{(1+\gamma)(1-2\gamma)}{(1-\gamma)} \tag{5-5}$$

$$\gamma=\frac{V_p^2-2V_s^2}{2(V_p^2-V_s^2)} \tag{5-6}$$

式中，ρ 为岩石的密度；其他符号意义见前。

3. 应力松弛范围的测定

在煤矿山或其他矿山，隧道开挖时都会遇到内载荷作用而产生应力集中，当应力超过岩体的抗剪强度时，岩体产生破裂、位移，引起应力下降，在硐壁一定范围内形成应力松弛带（或硐室松动圈）。

测试方法：用风钻垂直于硐壁打孔（图 5-3），采用高压换能器或测井换能器，安装好孔口止水设备，孔中注满水，将换能器置于孔中，用双孔法或单孔法进行 V_p、V_s 测定。

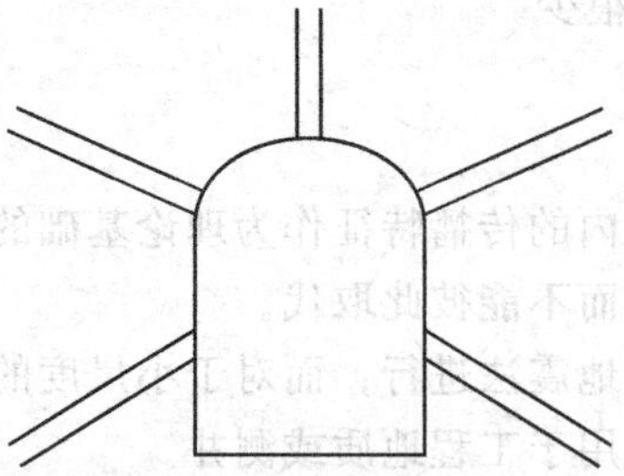

图 5-3　测围岩松动布孔

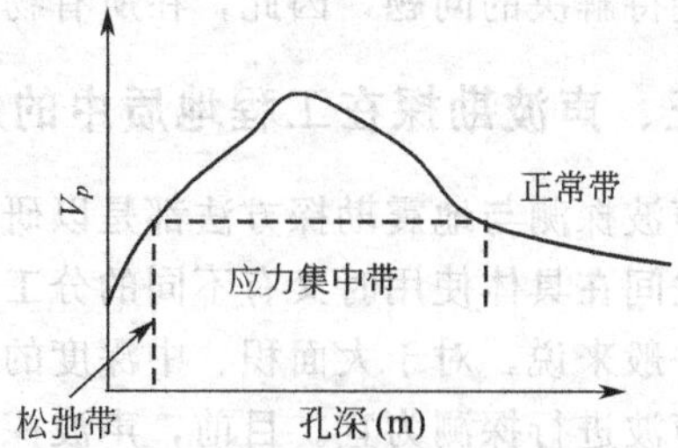

图 5-4　巷道围岩应力分布

对于完整岩体，声波速度高；反之，下降明显。一般应力增高处，波速也增加；应力下降，波速降低，可用速度变化来测定松动厚度。

将测试结果沿孔深画 V_p、V_s 曲线，得出松弛带、应力集中带、正常带（见图 5-4）。

4. 混凝土强度测定（检测）

影响混凝土质量的因素很多，如混凝土龄期、水灰比、填料和水泥比例、填料类别、含水量、钢筋质量、氯化钙含量、空气含量、水泥型号等，都与声波速度有关。若龄期短，则 V_p 小；水灰比大，导致由于水分而形成的气孔，降低抗压强度，使 V_p 减少。一般来讲，混凝土密度的变化就反映含孔隙的情况，随着密度在10%范围内变化，V_p 的变化约在6.5%范围内（见表 5-3～表 5-5）。

表 5-3　岩石的动弹性模量表

成　因	岩　性	动弹性模量 $E_d \times 10^4/(kg/cm^2)$	泊松比 ν
火成岩	玄武岩	34～76	0.25～0.30
	安山岩	25～50	0.28～0.33
	花岗岩	30～70	0.25～0.30
	闪长岩	35～68	0.28～0.33
	玢岩	10～40	0.24～0.40
	流纹斑岩	5～25	0.25～0.35
变质岩	石英岩	50～70	0.22～0.35
	板岩	13～30	0.30～0.40
	大理岩	14～67	0.20～0.35
	片岩	12～65	0.18～0.26
	片麻岩	22～35	0.20～0.29
	千枚岩	5～25	0.20～0.33
沉积岩	石灰岩	25～60	0.22～0.35
	泥灰岩	15～45	0.30～0.40
	砂岩	15～41	0.20～0.35
	页岩	0.5～45	0.17～0.45
	泥岩	2～40	0.15～0.37
	硅质灰岩	2～58	0.18～0.45
其他	混凝土	9～44	0.18～0.20

表 5-4　密度与波速关系表

无孔隙基材泊松比	实际密度与基材密度比	实际 V_p 与基材 V_p 比
0.24	0.9	0.445
	0.8	0.884
	0.7	0.812

无孔隙基材泊松比	实际密度与基材密度比	实际 V_p 与基材 V_p 比
0.29	0.95	0.968
	0.90	0.938
	0.80	0.858
0.33	0.90	0.926
	0.80	0.858
	0.70	0.790

表 5-5　混凝土质量波速分级表

V_p(km/s)	＞4.5	4.0～4.5	3.3～4.0	2.3～3.3	＜2.3
混凝土质量	优等	好	尚好或稍差	不好	很不好

此外在混凝土构件中，可以进行无损探伤，若出现 V_p 异常或波幅异常，则根据异常情况对构件中是否有裂纹或孔洞作出结论。该项用途很广，如测碳化试验等。

5. 岩石标本的测试

室内测试用的设备少、快速，取得大量数据，便于研究和掌握规律，主要内容有：

① 试件的声波速度随加载情况的变化规律；

② 声波速度与静弹性模量的关系；

③ 动弹性模量及单轴抗压强度等力学参数的测定；

④ 声发射与岩石破裂的关系。

测试时要求试件尺寸为：5cm×5cm×5cm 或 10cm×10cm×10cm，误差在 10%以内，角度＜1°，表面光洁，要有取样记录及方位（北方向）；试件与压力接触面要有混合剂，减少应力集中现象；超声波测试时，小于试件尺寸的 1/10；岩芯要求 $L>10\phi$；测 ρ 时，用排水法或排水银法。

第二节　瑞雷波勘探

一、概论

瑞雷波也称面波，在激发接收和识别方面比较复杂，确定瑞雷波波速对岩土力学参数有重要作用，目前主要用于测试和研究岩体的弹性力学参数、表层地质结构等。

瑞雷波勘探是近年发展起来的浅层地震勘探新方法。传统的地震勘探方法以激发、测量纵波为主，面波则属于干扰波。事实上，面波传播的运动学、动力学特征同样也包含着地下介质特性的丰富信息。

在地球介质中，震源处的振动（扰动）以地震波的形式传播，并引起介质质点在其平衡位置附近运动。按照介质质点运动的特点和波的传播规律，地震波常可分为两类，即体波和面波。纵波（P 波，压缩波）和横波（S 波，剪切波）统称为体波，它们在地球介质内独立传播，遇到界面时会发生反射和透射。当介质中存在分界面时，在一定的条件下，体波（P 波或 S 波，或二者兼有）会形成相互干涉，并叠加产生出一类频率较低、能量较强的次生波。这类地震波与界面有关，且主要沿着介质的分界面传播，其能量随着与界面距离的增加迅速衰减，因而被称为面波。在岩土工程中，分界面常指岩土介质各层之间的界面，地表面是一个较特殊的分界面，其上的介质为空气（密度很小的流体），有时又把它称为自由表面，自由表面上形成的面波称作表面波（图 5-5）。

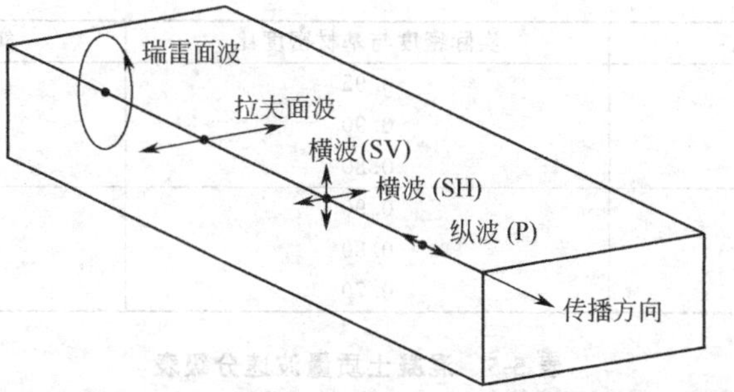

图 5-5　面波传播示意图

面波主要有两种类型：瑞雷面波和拉夫面波。瑞雷面波沿界面传播时，在垂直于界面的入射面内，各介质质点在其平衡位置附近的运动，既有平行于波传播方向的分量，也有垂直于界面的分量，因而质点合成运动的轨迹呈逆进椭圆。拉夫面波传播时，介质质点的运动方向垂直于波的传播方向且平行于界面。目前在岩土工程测试中，以应用瑞雷面波为主。

从上述各类波在介质中传播的速度来看，在离震源较远的观测点处应该接收到一地震波列，其到达的先后次序是P波、S波、拉夫面波和瑞雷面波。各种波的应用条件及方法见表5-6。

表 5-6　各种波方法比较

条件＼方法	瑞雷波法	折　射	反　射	跨孔 P,S
勘探方式	交频，确定各层深度及速度	接收折射波，确定深度及折射波速	接收反射波，求深度及波速	孔冲，分层和测各层速度
震源形式	垂直击振器	垂击或爆炸	垂击或爆炸	孔内着地垂直
勘探深度	0～50m	(0～n)×100m	(0～n)×100m	由孔深确定
资料处理	现场给出结果	室内处理	室内处理	现场结果
场地要求	5m×5m，大于测试范围1～2m	与深度有关，大于测深3～5倍	大于测深2倍	依电孔位而定
工作效率(一个接一个排列计算)	与深度无关，约30min	与深度无关，约60min	与深度无关，约60min	与深度间隔有关
人数	4人	6～8人	6～8人	4人

瑞雷波振动轨迹为逆进椭圆（图5-6），振幅随深度呈指数函数急剧衰减，传播的速度略小于横波，最初由英国学者瑞雷提出，通过定量解释实测的频散曲线，达到解决工程地质问题的科学方法。

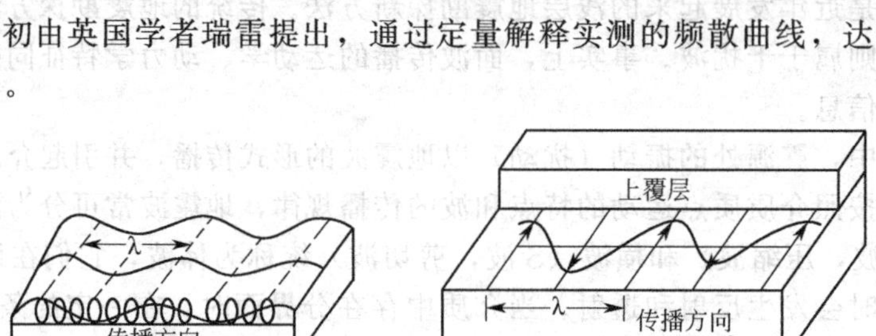

图 5-6　瑞雷波传形式意图

在我国，1987年河北省地球物理勘探院率先用浅层地震仪配制国产的电磁激振器，开展了瑞雷波的试验研究。研制了多功能面波仪，同时编写了数据处理软件，取得了较好的效果，于是对灾害等方面进行了勘测。与其他地震波法相比有如下特点：

① 浅层分辨率高，只在表层一定深度传播，根据要求，波长可变，可以勘探厘米级的裂缝；

② 不受各地层速度关系的影响，只要求有波速差异即可，哪怕只有10%；

③ 工作条件简单易行。

二、瑞雷波法的基本原理

1. 原理

瑞雷波沿地面表层传播，表层的厚度约为一个波长，因此同一波长的瑞利波反映了地质条件在水平方向的变化情况，不同的波长传播特征反映了不同深度的特征，波长靠频率来控制。若以道间距 ΔX 设置 $N+1$ 个检波器，就可以测列 $N\times\Delta X$ 长度范围内传播过程(图 5-7)。

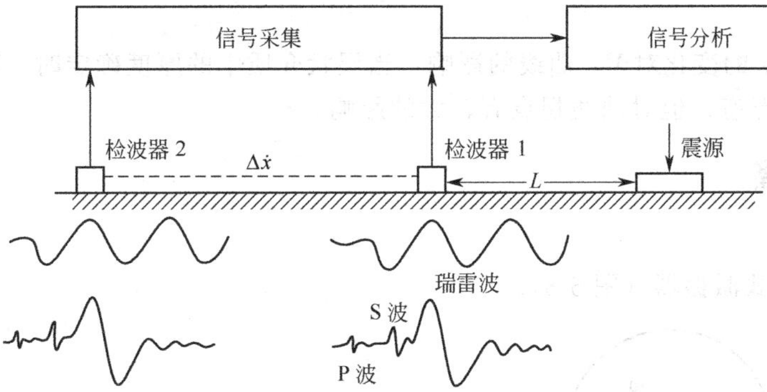

图 5-7　瑞雷波原理图

设瑞雷波的频率为 f_i，相邻检波器记录的时间差为 Δt，或相位差为 $\Delta\Phi$，则相邻道 ΔX 长度内传播速度为 $V_R=\dfrac{\Delta X}{\Delta t}$ 或 $V_R=2\pi f_i\Delta x/\Delta\Phi$，测量范围 Δtxn 内的平均速度：$V_R=\dfrac{N\Delta X}{\sum\Delta t_i}$或 $V_R=2\pi f_i\Delta x/(\sum\Delta\Phi)$，在同一地段测出一系列 V_R 值，就可以得到一条 V_R-f 曲线（频散曲线），或转换为 λ_R（波长）曲线，$\lambda_R=\dfrac{V_R}{f}$。

V_R-f 或 V_R-λ_R 的变化与地质条件存在着内在的联系，通过对频散曲线反演解释，可以得到某一深度范围内的地质构造情况不同深度的传播速度 V_R。另一方面，V_R 的大小与介质的物理性质有关，据此可对岩土的物理性质作出评价。

(1) 时间差法

在简单情况下，以单频 f 的谐波形式传播，距震源 x 处的垂向位移可表示为：

$$u_z=A_0\sin(\omega t-\Phi)=A_0\sin\omega\left(t-\frac{x}{V_R}\right) \tag{5-7}$$

式中，Φ 为角频率；ω 为相位。

(2) 相位差法

由
$$\Delta\Phi=\omega\left(t-\frac{x}{V_R}\right)-\omega\left(t-\frac{x+\Delta x}{V_R}\right)$$

得
$$\Delta\Phi=\omega\,\frac{\Delta x}{V_R}$$

$$V_R=\frac{\omega\Delta X}{\Delta\Phi}=\frac{2\pi F\Delta X}{\Delta\Phi} \tag{5-8}$$

(3) 稳态方法和瞬态方法

也就是通过改变频率而获得 V_R-f 或 V_R-λ_R 的方法，当震源在地面上以固定频率 f 作垂向简谐振动时，瑞雷波将以单频（稳态）谐波的形式传播。用瞬态冲击力作震源，也可以激发面波，这种方法称瞬态瑞雷波法。可以看成是许多单频谐振的叠加，故而记录的波形也是谐波叠加的结果。

2. 决定 V_R 传播的主要因素

① 岩土体的矿物成分、结构、密度、孔隙度等是决定 V_R 大小及传播的主要因素，而 V_p 与 V_s 呈正比，则影响 V_s 的过程也就是影响 V_R 的过程。

② ρ、V_s、V_p 对 V_R 的影响：因这些参数都能计算岩石动弹性参数，但通过实例得出，V_s 影响较大，V_p 次之。

③ 界面深度对 V_R-f 曲线形态的影响：一般随深度 H 的增加，曲线的拐点向低频方向移动。

④ $V_{R(i+1)}/V_{Ri}$ 的变化对 V_R 曲线的影响：当层状介质中的厚度确定时，$V_{R(i+1)}/V_{Ri}$ 的变化不影响 V_R-f 形态，但对曲线拐点有较大的影响。

三、仪器设备

1. 震源系统

(1) 机械偏心式激振器（图 5-8）。

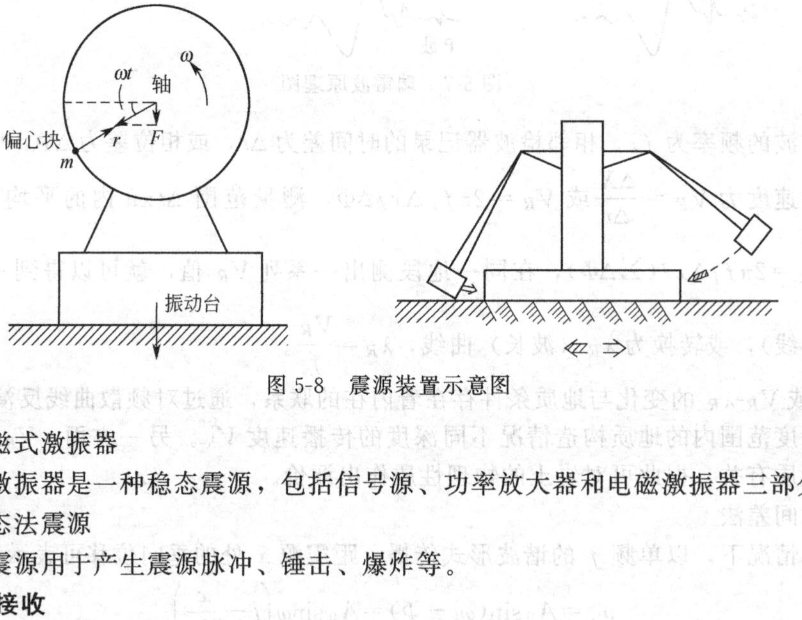

图 5-8 震源装置示意图

(2) 电磁式激振器

电磁式激振器是一种稳态震源，包括信号源、功率放大器和电磁激振器三部分。

(3) 瞬态法震源

瞬态法震源用于产生震源脉冲、锤击、爆炸等。

2. 信号接收

检波器，45Hz、8Hz、10Hz、28Hz、100Hz 等。

3. 信号记录分析仪

信号记录分析仪是主机。

四、工作方法

1. 稳态面波法

① 中间激振器，两侧检波器。道间距 ΔX 相等，且 $\Delta x=\lambda=\dfrac{V_R}{f}$，见图 5-9。

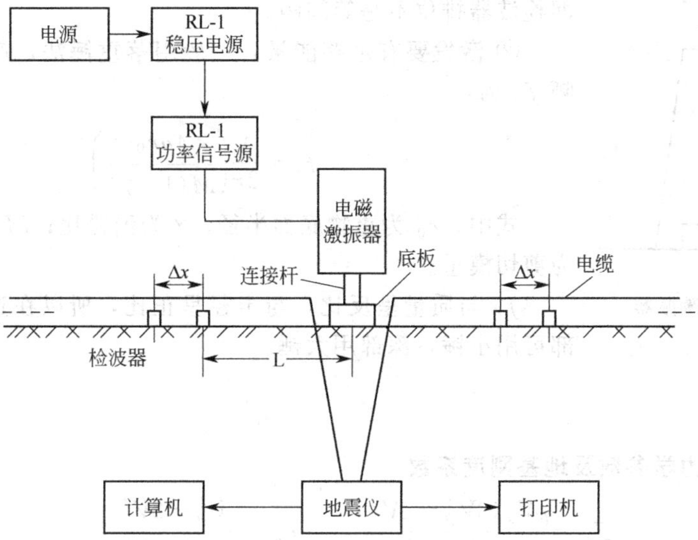

图 5-9 工作方法

② 在选择频率范围时，要考虑精度和分辨率。由 $\Delta x=\lambda=\dfrac{V_R}{f}$ 知，波长与场地内波速 V_R 呈正比，与 f 呈反比，而 $H=\beta\lambda_R$，即深度与波长呈正比（β 是波长转换系数）。

如探测深度为 5～15m，V_R 为 150m/s，若 $\beta=0.5$，则 $f=150$～500Hz。

③ 频率间隔，即相邻频点差的确定。若要求分辨为 ΔH，则波长变化为 $\Delta\lambda_R=\dfrac{\Delta H}{\beta}$，

即
$$\lambda_{Ri}+\Delta\lambda_R=\frac{H_i+\Delta H_i}{\beta} \tag{5-9}$$

或
$$f_{i+1}=\frac{V_R}{\lambda_{Ri}+\Delta\lambda_R}=\frac{V_R\beta}{H_i+\Delta H}，且 f>f_{i+1}$$

式中，f、f_{i+1} 为相邻两点的频点。

若上述场地 $\Delta H=0.5$m，则勘察所用频率如表 5-7。

表 5-7 *f* 值表（$\beta=0.5$，$V_R=150$m/s）

f/Hz	H/m	f/Hz	H/m	f/Hz	H/m	f/Hz	H/m
150	0.5	16.7	4.5	8.8	8.1	5.8	13.0
79.5	1.0	15	5.0	8.3	9.0	5.6	13.5
50	1.5	13.6	5.5	7.9	9.5	5.4	14.0
37.5	2.0	12.5	6.0	7.5	10.5	5.2	14.5
30	2.5	11.5	6.5	7.1	10.5	5.0	15.0
25	3.0	10.7	7.4	6.8	11.0		
21.4	3.5	10	7.5	6.5	11.5		
18.8	4.0	9.4	8.0	6.2	12.0		

激振器用支架架好后，即可给电流自动激振（图 5-10）。

检波器要满足如下要求：

自振频率（Hz）	4.5	10	100
适用频带（Hz）	5～20	15～1140	100～2000

2. 瞬态面波法

① 要求：$\dfrac{\lambda_R}{3}<\Delta X<\lambda_R$，$\dfrac{2\pi}{3}<\Delta\Phi<2\pi$，随着深度 H 增大，即 λ_R 增大；ΔX 也增大，

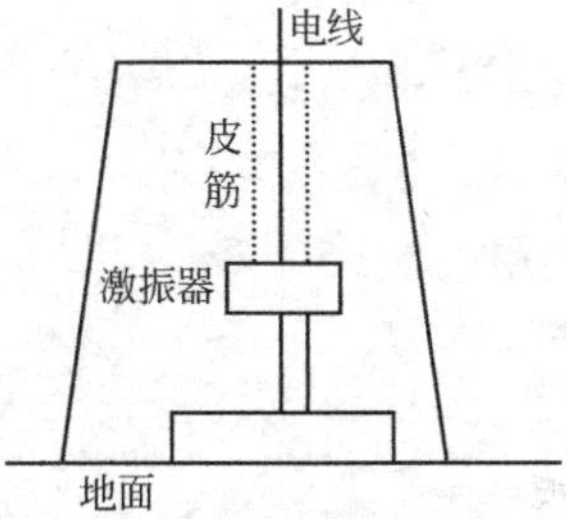

图 5-10　自动激振器

即检波器排位不是等间距。

② 激发要有足够能量，一般用落重锤法，产生的地震波主频 f_0 为：

$$f_0=\frac{1}{2\pi}\left(\frac{4\mu r_0}{M(1-\gamma)}\right)^{\frac{1}{2}} \tag{5-10}$$

式中，r_0 为重物底面半径；γ 为泊松比；M 为重块质量；μ 为剪切模量。

f_0 与质量呈反比，与半径呈正比，所以在选择震源时，浅部可用小锤，深部用大锤。

五、应用

1. 计算岩土力学参数及地基刚度系数

$$E_d=\frac{\rho V_s^2(3V_p^2-4V_s^2)}{V_p^2-V_s^2} \qquad r_d=\frac{V_p^2-2V_s^2}{2(V_p^2-V_s^2)}$$

$$K_d=\rho\left(V_p^2-\frac{3}{4}V_s^2\right) \qquad \mu_d=\rho V_s^2 \tag{5-11}$$

$$\lambda_d=\rho(V_p^2-2V_s^2) \qquad C_Z=\eta_Z\frac{E_d}{1-\gamma_d^2}\frac{1}{\sqrt{F}}$$

$$C_\Phi=\eta_\Phi\frac{E_d}{1-\gamma_d^2}\frac{1}{\sqrt{F}} \qquad C_X=\eta_X\frac{E_d}{1-\gamma_d^2}\frac{1}{\sqrt{F}}$$

式中，E_d 为动杨氏模量；γ_d 为动泊松比；K_d 为动体变模量；λ_d 为动梅拉常数；C_Z 为地基抗压刚度系数；F 为地基底面积；C_Φ 为地基抗弯刚度系数；C_X 为地基抗剪刚度系数。η_Z、η_Φ、η_X 是根据地基基础底边长 a 和宽度 b 确定的系数，见表 5-8。

表 5-8　系数选择表

$a:b$	η_Z	η_Φ	η_X	$a:b$	η_Z	η_Φ	η_X
0.2	1.3	2.31	0.53	1.5	1.15	3.22	0.45
0.33	1.21	2.36	0.53	2.0	1.17	3.54	0.4
0.5	1.17	2.44	0.54	3.0	1.21	4.15	0.37
1.0	1.14	2.83	0.50	5.0	1.30	5.45	0.27

2. 横波波速 V_s 与土层标贯击数 $N_{63.5}$ 的关系。

用 $N_{63.5}$ 来判定土的软硬程度，确定承载力。

确定方法有许多计算公式，各地区也有不同的值。下面以中科院力学所推荐的 V_s 与 $N_{63.5}$ 的关系。

(1) V_s 与 $N_{63.5}$ 的关系：

$$V_s=85.43N_{63.5}^{0.348} \tag{5-12}$$

(2) V_s 与土质类别：

$$V_s=169.7\begin{bmatrix}1.000 & \text{黏土}\\ 1.359 & \text{细砂}\\ 1.375 & \text{中砂}\\ 1.470 & \text{粗砂}\\ 1.949 & \text{砾砂}\\ 2.398 & \text{砾石}\end{bmatrix} \tag{5-13}$$

(3) V_s 与土质类别、$N_{63.5}$、地层深度 H 三者的关系：

$$V_s = 62.4 N_{63.5}^{0.29} H^{0.23} \begin{bmatrix} 1.000 & \text{黏土} \\ 1.011 & \text{细纱} \\ 1.029 & \text{中砂} \\ 1.073 & \text{粗砂} \\ 1.151 & \text{砾砂} \\ 2.485 & \text{砾石} \end{bmatrix} \tag{5-14}$$

3. V_s 与土层容许承载力［R］和变形模量 E_s 的关系

地基承载力曲线如图 5-11，反映在外载荷力的作用下地基变形的沉降量 S。可见地基受压变形分三个阶段：第一段近似为直线段，主要是土压密实，类似弹性变形阶段，对应的压力值称为容许承载力；$p > p_0$ 的第二段中，承压板边缘的地基出现剪切破坏，随力增大，剪切破坏区向纵深发展，对应的压力值为地基的极限承载力；第三阶段，当 p 继续加大时，承压板将急剧下降，地基遭受极限破坏，一般也采用 p_k 除以安全系数（2.5～3.0）作为地基土的容许承载力。

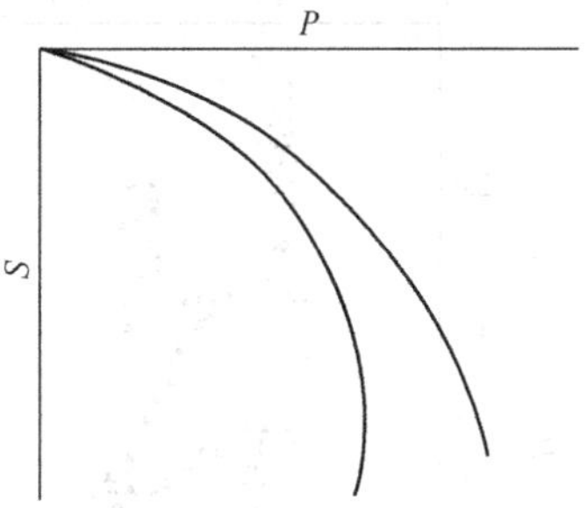

图 5-11 载荷与沉降关系

前两者之间的分界点为极限荷载。当然，设计时要有安全系数，一般取 1/3～1/2。在载荷试验时，若载荷 P 与下降 S 的关系图上极限载荷不明显时，一般取 $S/B = 0.01 \sim 0.02$ 所对应的载荷为承载力（B 为承压板宽或直径），为此可通过波速来确定［R］和 E_s，见表 5-9 和表 5-10。

表 5-9 V_s 与［R］的关系

黏性土	V_s/(m/s)	100～125	125～150	150～175	175～200	200～225	225～250
	［R］/kPa	70～105	105～135	135～170	170～206	206～245	245～288
砂土	V_s	100～125	125～150	150～175	175～200	200～250	250～300
	［R］	70～95	95～115	115～145	145～170	175～245	245～330

表 5-10 V_s 与 E_s 的关系

黏性土	V_s	100～125	125～150	150～175	175～200	200～225	225～250
	E_s	4.5～6.5	6.5～8.5	8.5～105	105～125	125～140	140～156
砂土	V_s	100～125	125～150	150～175	175～200	200～250	250～300
	E_s	5.0～8.0	8.0～105	105～122	122～145	145～200	200～272

4. 在工程地质勘察中的应用

在工程地质勘察中，利用土的工程地质性质（各种力学指标），划分地层、场地抗震类别判定、液化判别等。

(1) 软土地基加固处理效果评价

评价垂向和水平地基的不均匀性，判别地基土液化。将物探成果转化成标贯（$N_{63.5}$），以此来确定地基承载力。

划分场地土类型：坚硬场地土　$V_s = 500$m/s

中硬场地土　250～500

中软场地土　140～250（V_{sm}）

软弱场地土　140（V_{sm}）

式中，V_s 为横波速度；V_{sm} 为地面以下 15m 速度加数平均值。

软土、淤泥等软弱地基需要进行加固处理，夯实、挤密、土石置换、复合地基或桩基建造等加固处理后，必然导致地基的物理力学性质的变化，波速值改变。因此在加固前、后的地基上进行面波探测，对比测量结果，可作出对加固效果的评价。

图 5-12 为强夯挤密加固前、后，在某住宅建筑地基上瑞雷波勘探的速度-深度资料对比图。在深度为 6m 以上的软土地基加固的检测中，强夯后的波速值增加近一倍。具体计算获得在深度 3.7m 以上的第一层杂填土中，波速由 175m/s 增至 318m/s；在深度 5.9m 以上的第二层杂填土中，波速由 166m/s 增至 346m/s。

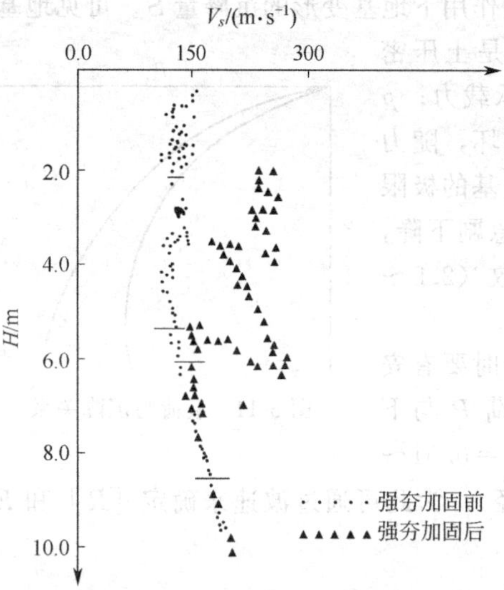

图 5-12　地基加固前、后波速

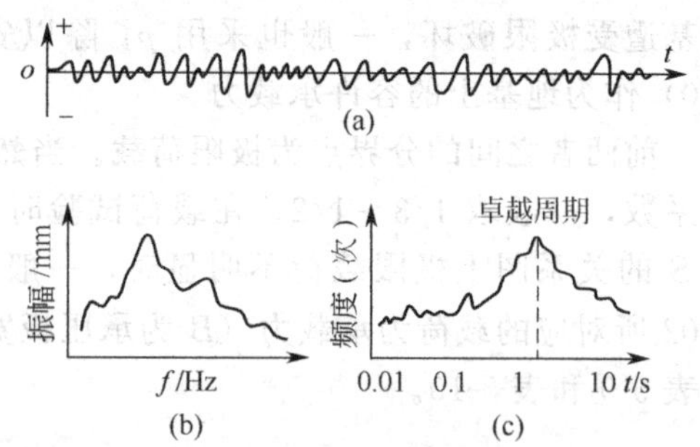

图 5-13　卓越周期图

(2) 计算地基土的卓越周期

卓越（优势）周期是划分地基种类和评价地基、坝基、建筑物等抗展性能的重要参数之一。建筑设计时要避免其固有周期与地基的卓越周期相同，防止共振现象造成的破坏。在非人为因素的自然条件下，地球表层和地基中存在不间断的微小振动，其幅值仅为微米级以下，其形态与地层的卓越周期有关。有时把周期较短（小于 5s）的微动称为常时微动，而将中长周期的微动称为地脉动。图 5-13(a) 是仪器记录的微动曲线；图(b) 为振幅谱；图(c) 为周期频度曲线。一般取 2min 的连续记录作统计，其中周期振动发生的次数称为该周期在此时间段内的频度，对应于频度最高的周期为卓越周期。和地基振动特性有关的卓越周期 T_0 与覆盖层厚度和横波速度有关，可用下式表示：

$$T_0 = 4\sum_{i=1}^{n}\frac{H_i}{V_{s_i}} \tag{5-15}$$

式中，n 为地层数目；H_i 为分层的层厚；V_{s_i} 为各分层中的横波速度。

把面波的速度转换为横波速度，并用式(5-15) 计算出卓越周期，既可作为一种单独的评价方法，也可与常时微动的观察分析结合作出综合评价。可防止共振以及用于质量无损探测等。

(3) 加固地基承载力的检测

平板静力荷载（静载）试验是确定地基或加固地基承载力的最主要，也是最直观、最可靠的方法，然而，这种方法费时费力，效率不高，测量点又不可能布置过多。对土质地基，可根据标贯值等与容许承载力之间的换算关系，由标贯试验等获得承载力值。如果加固方式为回填石块，则标贯试验难以实施。这时通过瑞雷波测试由 $V_R—V_s—N_{63.5}—[R]$ 的换算关系也可以获得承载力值，但换算环节太多，准确性必然降低。在深圳机场停机坪扩建的施工检测中，采用了瑞雷波速度与容许承载力之间的直接定量换算关系，对工程质量作了大面积的评价。

该工程在 7.5m 深度处为持力层，其上部的原位土属软弱的海积淤泥层，加固方式为强夯块石墩（桩）和表层铺垫强夯混合碎石层构成框架结构复合地基，图 5-14(a) 为垫层下的墩位平面分布，图(b) 为剖面图。

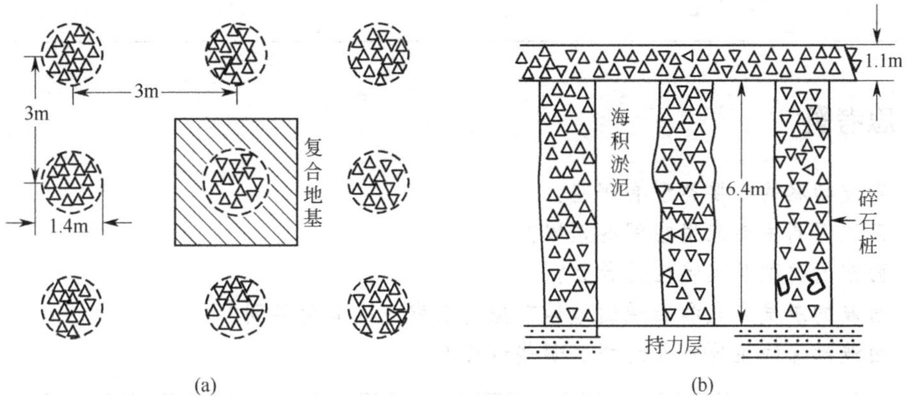

图 5-14　强夯块石墩复合地基

(4) 复合地基承载力的计算

设平均单桩所占复合地基总面积为 A [图 5-14(a) 的阴影部分]，其中桩的截面积为 $A_{桩}$，则土的面积为 $A_{土}=A-A_{桩}$。如对桩和土分别做静载荷试验，得到桩和土的容许承载力为 $R_{桩}$ 和 $R_{土}$，则由图中静载试验曲线得复合地基容许承载力 $R_{复}$ 为：

$$R_{复}=\frac{R_{土}\cdot A_{土}+R_{桩}\cdot A_{桩}}{A}=R_{土}\cdot(1-m)+R_{桩}\cdot m \qquad (5\text{-}16)$$

$$=(R_{桩}-R_{土})m+R_{土}$$

式中，$m=\dfrac{A_{桩}}{A}$ 称为桩土面积的置换率。

(5) 面波速度与容许承载力的关系 $V_{R桩}$、$V_{R土}$

经研究和试验，桩、土容许承载力与在桩、土上测量的复合地基深度范围内的面波速度符合关系 $R_{桩}=a_1V_{R桩}^{b_1}$，$R_{土}=a_2V_{R土}^{b_2}$。

式中，$V_{R桩}$ 和 $V_{R土}$ 分别为检波器安置在桩位和桩间土上测量并计算出的瑞雷波传播速度；

a_1、b_1、a_2、b_2 为常数，通过对桩、土及复合地基的静载试验和面波测量结果的动、静对比以及统计分析确定。

在经过试验阶段并确定上式中的常数后，完成了 5 万平方米的工程检测和监测的面波测试工作。由于采用少量静载试验与大面积瑞雷波检测的联合测试，节省下大量的人力、物力和时间。

对于挤密碎石桩复合地基加固等类似工程的质量检查，可以按照这种方法作出定量的评价。在公路质量无损检测、工程地基、坝基砂土液化判别等工作中，瑞雷面波方法也得到了推广和应用。

工程物探涉及工程设计与施工、工程质量与工程维护的检测与监测，自然灾害、地质灾害、环境资源的调查与预测，文物保护、考古研究的勘察等方面。瑞雷波方法和其他地球物理方法一样，所获得的介质物性参数与水文地质的动态观测与评估参数，工程地质的岩土体力学、地基承载力等质量参数，建筑结构力学与建筑场地稳定性参数，探矿工程的岩体变形、破坏及稳定性判别等参数之间的联系与转换，逐渐从定性向定量的方向发展，不少是近年来正在积极探索的新课题。随着仪器、技术的进步，这一方法必将不断走向成熟。

思考题

1. 声波勘察的主要类型有哪些？
2. 声波探测主要应用在哪些领域？
3. 面波的类型及其特性是什么？
4. 面波的激发方式和普通的地震勘探的激发方式有何异同？
5. 面波勘探的主要处理过程有哪些步骤？

第六章　其他物探方法

第一节　桩基无损检测

高层建筑、大型厂房、港口码头、石油平台等大都采用桩基础，仅上海1995年施工的大小工程3万余项，用桩数量10万余根。

桩有钢桩（上海大厦4.8m、石油平台、核电站）、预制桩、灌注桩、喷粉桩、灰土桩等，都要验桩，确定承载力和检验桩身的完整性，一般用静载荷法和协测法。前者用时长、投入大，且不能很好检验桩身的完整性；而后者则可。

用超声波法检验桩身质量，通常用20～150kHz，方法较可靠，但需要埋没钢管，比较麻烦，成本也高，难以大量采用，故没有很好推广。

桩的动测在国外已有100多年的历史，最早的动测方法就是在能量守恒定律的基础上，利用牛顿撞击定律，根据打桩时测得的贯入度，来推求桩身的极限承载力，所采用的公式称为打桩动力公式。

20世纪60年代，Scnlar等人曾将打桩时的贯入度，测定桩顶加速度和锤机力，并同样根据牛顿定律，计算打桩时的动阻力，但仍没有摆脱刚体的碰撞理论。

近年，以波动理论为基础，1938年E.N.fox作了许多简化假设后，对打桩过程进行粗略分析，得出了用于打桩分析的波动方程的解答。

1950年，他发表了（E.A.Smith）用质块弹簧和阻尼器组成的离数化计算模型，并用差分法和电子计算机进行，求得了精确解，于60年代发表了“打桩分析的波动方程法”这一著名论文。

波动方程用于动测技术的另一类方法是将桩作为弹性杆，在对边界条件适当处理后，用数值法求解，荷兰建筑材料与结构研究所（TNO）用线性法代换和阶跃函数，得出无限长桩在锤击下考虑桩阻力对应波起衰减作用的闭合解，研制成TNO桩检测系统，用于检测桩的完整性和桩身质量。

近几年，国内外测桩技术发展很快，向智能化发展，出现了许多厂家生产的各类动测仪，制定了有关规范（最早以三道地震仪为原型）。

一、高应变动力测桩

主要是用瞬态的高应力状态来检验桩，提示桩土体高压接近极限阶段时的实际工作性能，从而对桩的合格性作出评价。具体做法如下。

① 用动态冲击载荷代替静态的维持载荷进行试验，实际上是快速的载荷试验。冲击下瞬态动应变降值要和静载试验极限承载力时的静应变大体相当。

② 实测时要采集有代表性的桩身轴向应变（或内力）和桩身运动速度（或加速度）的时程曲线。用一维波动方程分析，推断桩周土对桩的阻力分布，和土的其他力学参数。

③ 根据岩土极限阻力分布，推断单桩极限承载力。

④ 根据岩土阻力分布和其他力学参数，进行分级加载的静载模拟计算，求得静载试验曲线，最终确定合理的单桩承载力。

美国的PDI公司生产的专用设备，称为PDA打桩分析仪。在国内大型工作上用得比较多，而对一般的工民建地基基础用得不太广，因为一般建筑只要测出桩身的质量即可，而承载力所用静载荷试验求得。

二、低应变动力测桩

主要是检测桩基的完整性，因成本低、效果好而被广泛采用。一般抽测桩总数的20%，重要工程为50%或100%。

1. 低应变动测方法

目前主要利用的是反射波法，其次有动力参数法、机械阻抗法、声波透射法等，国外大都采用瞬态反射波法。

原理如图6-1所示，锤击桩头（要清理平整）产生质点弹性振动，并向桩底传播，在桩头附近产生半球面波动波场。若$\lambda > D < l$（λ为波长，D为桩径，l为桩长）这时桩可视为一维杆件，若桩截面和桩质量都不变，其振动方程为

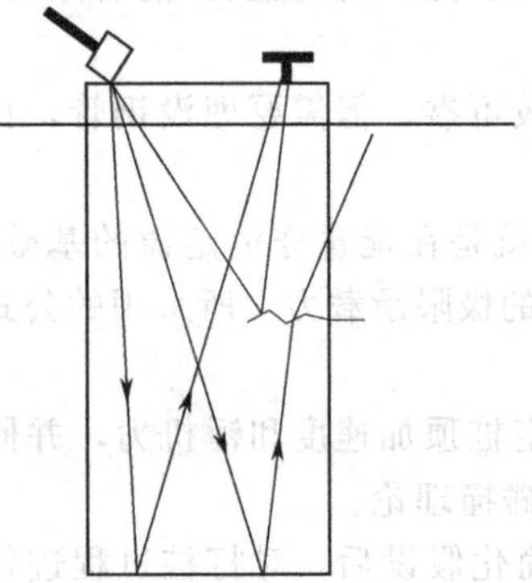

图6-1　动力测桩示意图

$$\frac{1}{c^2}\frac{\partial^2 u}{\partial t^2}=\frac{\partial^2 u}{\partial z^2}-\frac{h}{EA}\frac{\partial u}{\partial t}$$

式中，u为轴向质点位移；z为轴线长度；h为轴向桩摩阻力系数；E为桩身弹性模量；c为一维杆的传播速度；A为桩身截面积。

在桩底产生反射，反射能量由反射系数R_v确定：

$$R_v=\frac{\rho_1 c_1-\rho_2 c_2}{\rho_1 c_1+\rho_2 c_2} \tag{6-1}$$

或

$$R_v=\frac{\rho_1 c_1 A_1-\rho_2 c_2 A_2}{\rho_1 c_1 A+\rho_2 c_2 A_2} \tag{6-2}$$

式中，A_1、A_2为桩身截面变化；$\rho_1 c_1$为桩波阻抗；$\rho_2 c_2$为桩底地层波阻抗；ρ_1、ρ_2为密度。

当桩身有缺陷时，$\rho_1 c_1$发生异常（与正常$\rho_1 c_1$相比），反射系数R_v由$\rho_1 c_1 A_1$及$\rho_2 c_2 A_2$的大小确定。

当扩径时（变粗），R_v为负，扩径顶部的反射波与直达波的首波相位相反；在缩径、裂缝、空洞、夹泥、离折部位，反射系数R_v为正；断桩，完全断开后，反射系数很大，形成断开部位多次反射。

(1) 对于完整桩

桩反射波R与直达波D频率相近，振幅略小。长桩R振幅小，频率低（能量变减），R与D初动相位相同。

(2) 扩径桩

情况与完整桩相近，扩径处相位R与D相反，R_1的振幅与扩径尺寸相关。

(3) 缩径桩

R_1与缩径尺寸有关，缩径尺寸大，则R_1振幅大，相应桩底R振幅小。

(4) 夹泥、微裂、空洞桩

R_1与D相位相同，R随缺陷的增大而降低。

(5) 局部断裂桩

出现间隔多次反射 R_1、R_2、R_3，底桩反射振幅小，频率降低，如图 6-2。

(6) 离析桩

离析反射波一般不明显，桩底反射 R 的频率有所下降。

(7) 断桩

无桩底反射，只有断桩部位的多次反射 R_1、R_2、R_3。

桩头到桩底的旅行时间可在记录上读取 (t)，被检桩长已知 (l)，于是平均速度由 $c=2l/t$ 计算，c 与混凝土强度有关，故可由 c 值大小对混凝土等级给出定性评价，一般在完成桩 28 天以后检测。

缺陷位置计算 $l'=c/(2t')$，l' 为桩头到缺陷长度，t' 为到缺陷处的直达波时间。

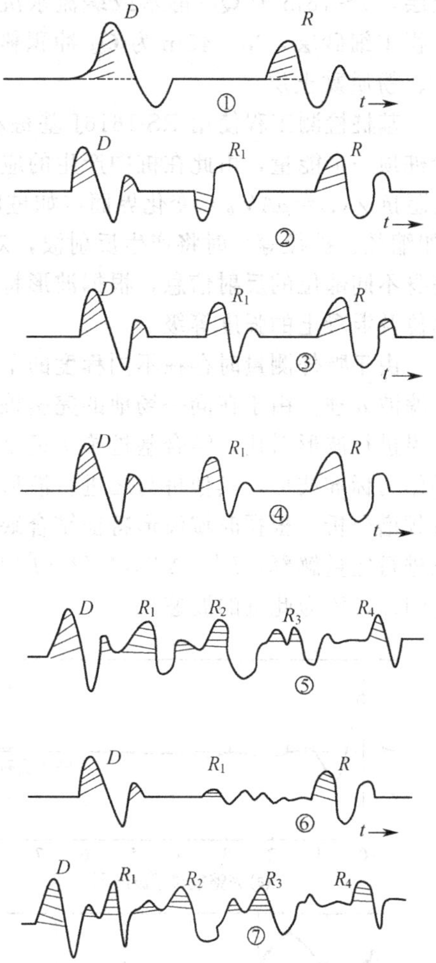

图 6-2 桩身缺陷波形图

2. 检测方法的技术要求

激发一般用锤击，要求激振脉冲波的频谱成分为 500～1500Hz，此时可满足 $\lambda>D$ 且 $D<l$，有一定的分辨能力，否则振幅太小，不好分析，锤击材质和质量可对上述控制。

接收放大系统的频率特征，以低透滤波性能好，有 1500Hz 以下的良好响应。可用速度型传感器，也可用加速度型，但一定要与桩耦合好。

3. 对桩身质量分类评价

对桩身质量分类评价有两方面，一是桩身完整性，如完好、微偏扩颈、严重扩颈、大面积离析、断桩等，可以根据小应变动测波来判别；二是质量不合格，可用波速来判别。对于灌注桩质量分级见表 6-1，桩身完整性分级见表 6-2。

表 6-1 桩身质量分级

混凝土质量	优质	良好	尚可	较差	极差
类别	1	2	3	4	5
波速/(m/s)	>4100	4100～3300	3300～2750	2750～1900	<1900

表 6-2 桩身完整性分级

类 别	分 类 标 准	类 别	分 类 标 准
1	桩身质量完好,混凝土波速在良好以上	3	桩身有重大缺陷,影响承载力
2	桩身质量基本完好,混凝土波速在合格以上	4	断桩,废桩

在测试时要公证、合理、实事求是，特别是重大工程，不能姑息，还可配合静载，进一步确定单桩承载力。

三、应用实例

郑州某住宅楼基桩检测工程的基桩均为 CFG 桩，设计有效桩长 13.5m，桩径

500mm，桩间距分为1900mm、2000mm、2050mm和2085mm不等。该场地在勘探深度内，自上而下分为：上部为厚度不等的人工填土，0～5m为黄河新近冲积粉土、粉质黏土层，5～18m为$Q_{4\text{-}2}$静水或缓流水沉积富有机质的粉土、粉质黏土层，18～28m为$Q_{4\text{-}1}$冲积中细砂层，28～49m为Q_3冲积粉土、粉质黏土和粉细砂层，49m以下为Q_2冲积粉土、粉质黏土层。

基桩检测工程使用RS-1616J基桩动测仪，根据应力波法的基本理论，用锤敲击桩顶，给桩顶一个能量，由此在桩中产生的应力波沿桩身以纵波速度V_p向下传播，应力波通过桩的阻抗$Z(Z=\rho AV_p)$变化界面（如桩底、断桩、严重离析等部位）或桩身截面积变化部位（如缩径、扩径等）时将产生反射波，对接收到的数据经过放大、滤波等处理，可识别来自桩身不同部位的反射信息，根据波形特征和波速分析来判断桩身的完整性、缺陷性质、缺陷部位及混凝土的强度等级。

由于野外测量时存在不同程度的干扰（如声波、微震、电磁场等），对所测波形首先进行滤波处理。由于在同一场地的完整桩反射波形具有良好的相似性，对在时间域内桩基检测结果进行波形对比，结合基桩施工记录、地质情况和波形特征，在本区内选择良好的基桩波形作为标准波形，其他桩与之进行波形对比，确定缺陷性质。在频率域内对桩基检测结果进行频谱分析，根据时域波形特征结合缺陷桩的频谱特征确定缺陷类型和部位，对桩的缺陷部位进行定量解释，$L'=\Delta T\times V/2$（L'为缺陷距桩顶距离，ΔT为缺陷峰值与入射波峰值的时间差，V为此桩的波速）。

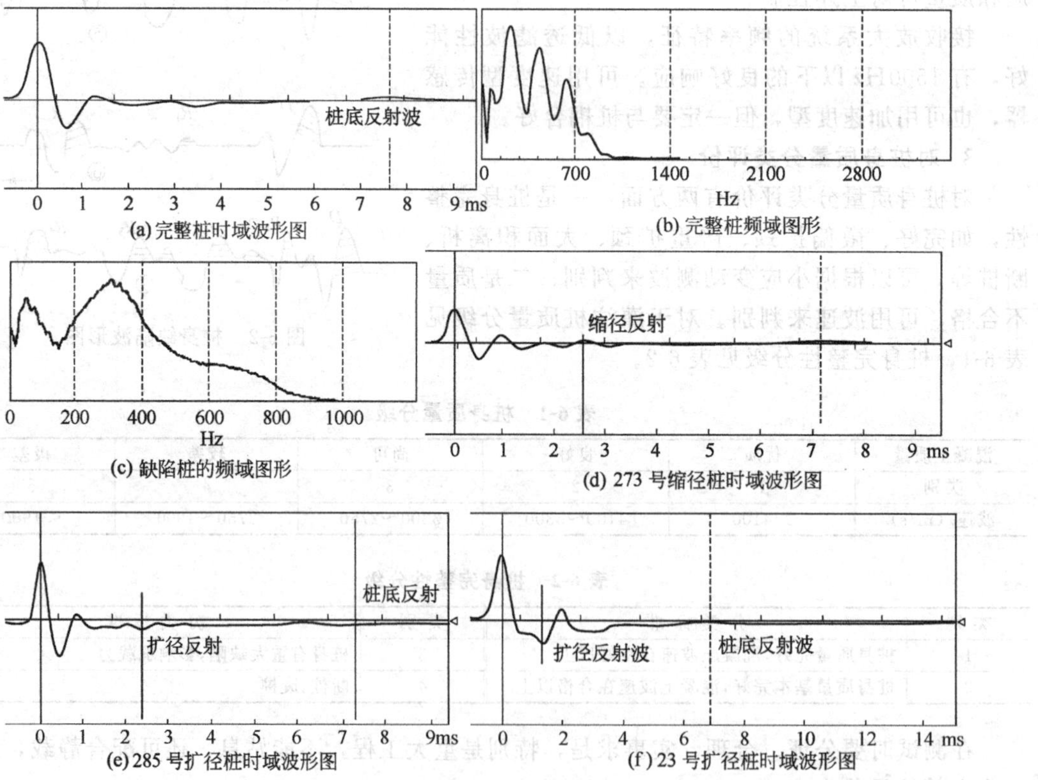

图6-3　检测结果波形图

完整桩［如图6-3(a)］：桩底反射和入射同相位，中间无其他杂波；在频谱图［如图6-3(b)］中，谱峰排列规则，相邻峰值间隔相等。离析、夹泥：开始反射波与入射波同相位，缺陷部位入射波与反射波反相位；反射波脉冲宽度比入射波脉冲宽度明显变宽［如图6-3(c)］。可见桩底反射波。缩径［如图6-3(d)］：开始反射波与入射波同相位，缺陷部位入射波与反射波反相位；反射波脉冲宽度比入射波脉冲宽度基本一致。扩径［如图6-3(e)、(f)］：开始反射波与入射波同相位，在扩径处反射波与入射波反相位，扩径阔底结束处反射波与入射波同相位；反射波脉冲宽度与入射波脉冲宽度基本一致。断裂桩：开始反射波与入射波同相位，在断桩处应力波产生多次反射波，且与入射波同相位，无桩底反射波或反射微弱；频谱反映为多周期的递减变化。

通过以上时频分析，结合野外的灌注过程记录，在 273 号桩上可得出在 4.75m 处有缩径现象［如图 6-3(d)］，经过钻孔取芯验证在 4.6m 处由于冲积粉土的作用，使得部分混凝土凝固不好，中间混有气泡，经过处理复测结果良好。此桩为Ⅲ类桩。

285 号桩和 23 号桩检测的时域波形［如图 6-3(e) 和(f)］，反射波与入射波反相位，而在频谱曲线上频谱间隔基本一致，结合地质情况确定为扩孔桩，285 号桩在 4.5m 处扩孔，在 5.1m 处变为正常；23 号桩在 3m 处扩孔，在 4.1m 处变为正常，而且在勘察报告中可见在两桩附近地区有缓水流通过，富含有机质，可能是灌桩时水的作用使孔部分加大。由于本扩径桩对承载力没有影响，所以未对桩进行处理。

第二节　地下管线探测

一、概述

地下管线是城市的重要基础设备，担负着运输信息、能量、排放废物等工作，由于历史的变迁，难以管理和寻找，需投入许多人力物力，特别是施工时经常出现电缆线挖断现象，影响正常的工作和生活。

用物探方法探测地下管线，是 19 世纪末到 20 世纪初提出的，1915～1920 年，美、英、德等国先后生产了专用仪器，到 20 世纪 80 年代，由于技术的发展，才有了高精度和高效的探测，特别是探地雷达的研制，使金属管线探测成为现实。

我国在 20 世纪 80 年代于这方面有了很大发展，先后引进了大量国外仪器，同时也生产了国产仪器，大大降低了成本，1993 年建设部编制了《城市地下管线探测技术规范》和《城市地下管线探测技术手册》。1996 年 2 月 27 日成立了《地下管线管理委员会》，同年 4 月 28 日在北京召开第一届年会。为普查、管理、建档工作起了个好的开端。

20 世纪 60 年代，周恩来总理指出："从美化城市和战略考虑，把地面电力线和通讯线都移引地下，做好地下管网建设有重要意义"。在 70 年代指出："做好地下管网建设是为子孙后代造福的一件大事"。目前，北京、济南、广州、上海等大城市都已相继完成普查建网工作，拥有 GIS 管理系统，甚至有的已进行了多次。

为了做好管线探测，必须对地下管线种类进行了解。

1. 按用途分

① 给水管：分为水源管、输水管、配水管，以铸铁管为主，也有混凝土管，配有各种测水井、排气井、测流井、水表井等，打开井盖可以测埋深，设有标志，但往往不与管理线一致。工作中主要是控制转折点、交叉点、隐蔽点等。

② 排水管：雨水，污水等，多以混凝土管为主，也有陶瓷管，大多检查井与主线不一致。

③ 燃气管：以钢管和铸铁管为主，管径小，探测时不能有电火花存在。

④ 电力电缆：一般为钢质或铝质，外有胶质层，穿越道路时有铁管保护，一般沿隔离带或人行道埋没，可以找出一个出口方向，追踪埋没探测。

⑤ 电讯电缆：以外包管道埋没为主，少数直埋，有陶管、塑料管或混凝土预制管，在转弯和分支处有检修井，但管路中心不一定与井位一致。

⑥ 供热管线：一般有直埋的钢管，外有聚氨酯保温层和高密度聚乙烯外套。

⑦ 人防通道：防空洞、地道，有砖砌、混凝土、钢混三种结构。

2. 按物理性质分

按物理性质分为三类：金属管道，电缆线，非金属管线。

二、探测方法与解释

根据管线与周围介质在导电性、磁导率、密度、波阻抗和导热等方面存在物性差异，可选择电导率、磁导率、介电常数等方法进行探测。目前探测方法有两种：一是开挖或简易触探相结合，另一种是仪器探测与井中调查结合。后者目前广泛应用，就其应用效果和实用性，有如下几种：磁法、地震、探地雷达、直流电法、红外辐射、频率电磁法等，其中电磁法最常用，以轻、快、准为特点。

1. 频率电磁法探测地下管线的基本原理

通常，先使导电性好的地下管线带电，然后在地面测量由此电流产生的磁异常，从而达到探测地下管线的目的。要求管线与周围介质有明显的电性差异（一般用于金属管线探测），且管线长度远大于埋深。在感应条件下，管线本身及导电介质均会产生电流。由于金属管线的导电介质远大于周围介质的导电性，所以管线内及其附近的电流密度就比周围介质的电流密度大，就好像在管线处产生一条任意的线电流，对一般垂直的长管线，可近似将其看成由无限长直导线产生的磁异常，在距中心 r 处（m），其磁场强度（A/m）由毕奥-沙伐尔定律求得：

$$H=\frac{I}{2\pi r} \tag{6-3}$$

式中，I 为流径管线的交变电流强度，A。如要测出 H 的大小，即要算出埋深 r。

2. 建立电磁场的方法

(1) 直接充电法

将低频交流电一端接到裸露点（如消防栓、截门、水表、水龙头等），另一端接入较远的地面，或在管线的另一出露点，此时地下管线相当于一个大电极，在其周围产生交变电磁场，如图 6-4。其空间磁场可以近似看成是由走向很长的水平线状载流导体引起的，若充电，谐变电流 $I=I_0 e^{-i\omega t}$ 则空间磁场可表示为：

$$H=\frac{I_0}{2\pi r}e^{-i\omega t} \tag{6-4}$$

式中，I_0为电流电动势；ω 为角频率；i 为相位。

若以管线中心在地表的投影点为坐标原点，垂直管线方向为 x 轴，则磁场的垂直分量 H_z 与水平分量 H_x 分别为：

$$H_z=\frac{I_0}{2\pi h^2+x^2}\frac{x}{}e^{-i\omega t} \tag{6-5}$$

$$H_x=\frac{I_0}{2\pi h^2+x^2}\frac{h}{}e^{-i\omega t} \tag{6-6}$$

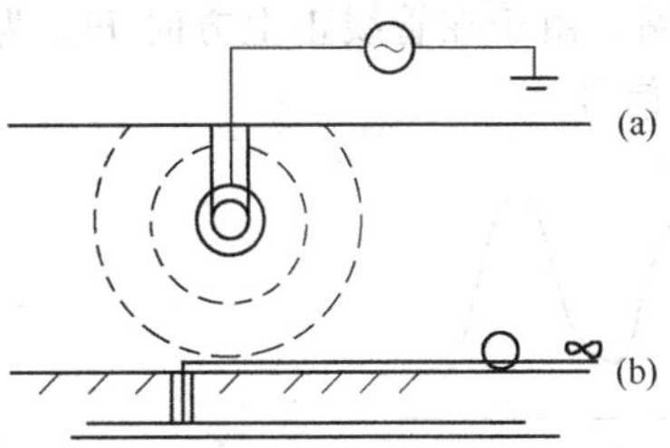

图 6-4　电场建立示意图

(a) 横剖面图；(b) 纵剖面图

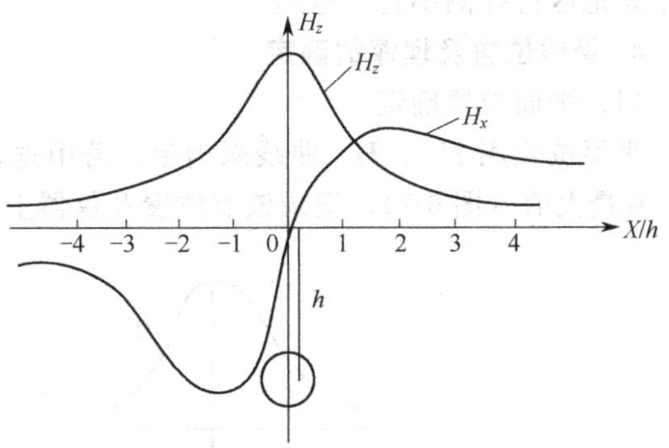

图 6-5　探测曲线

其理论曲线见图 6-5，特征如下：

在管线正上方时（$x=0$），$H_{z\max}=\dfrac{I_0 e^{-i\omega t}}{2\pi h}$，$H_x=0$；

当 $x=\pm h$ 时，H_x 出现拐点，即极值点，$|H_{x\max}|=\dfrac{I_0}{4\pi h^2}e^{-i\omega t}$

根据上述特征点就可以解释管线的埋设位置。

(2) 感应法

当地下管线没有出露点时，用磁偶极源在地面建立一个交变电磁场，在一次场作用下产生感应电流，在管线中流动，流动过程中又产生二次场，控测二次场的分布，使可确定地下管线空间的位置分布，如图 6-6。

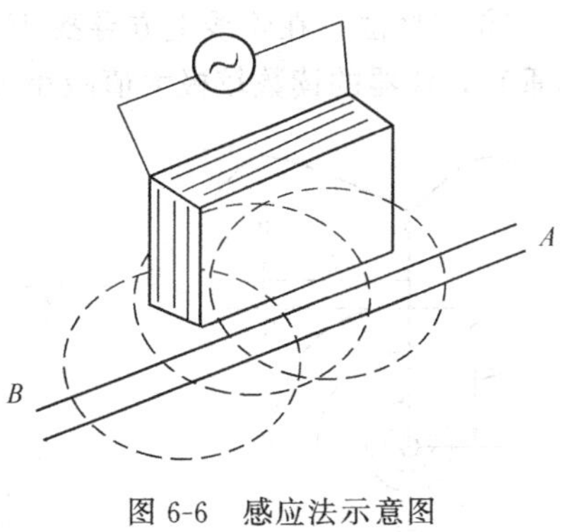

图 6-6　感应法示意图

发射方式有水平线圈发射和垂直发射线圈两种。

① 水平线圈发射：当发射线圈位于管线正上方时，管线中产生最大感应电流 I_i，远离管线正上方时，I_i 迅速减小。

② 垂直发射线圈：当发射线圈在管线正上方时，管线中无感应电流（$I_i=0$），离开正上方时迅速增大，离开距离为 h（埋深）时达到最大值，然后又逐渐减少。其曲线形态与上面类似，只是幅度变小。

3. 最佳工作频率的选择

用电磁法进行管线探测时，其应用效果取决于管线的具体情况及环境条件，为取得较好的探测效果，对每个工作区都要通过试验后求得最佳工作效率。目前常用的仪器为 80kHz 以上，其频率的选择原则如下。

① 1kHz 以下：有利于长距离追踪及对大直径、大深埋管道的探测，由于频率低，一般不采用感应法，有时较易受到工频干扰。

② 10kHz：是目前国产仪器利用较多的频率，对 50Hz 有一定抗干扰能力，在小管径的管线上难以产生较大的信号电流。

③ 30kHz：比较容易将信号感应到大部分管线上，是一种较常用的频率，与低频率方法相比，追踪距离较小，对地下水位高的地区，其探测深度过小。

④ 80kHz 以上：易感应到相邻平行管线上，探测距离小，在复杂管线地区受到限制，

在干燥地区可探测小直径电缆。

4. 管线位置及埋深的确定

(1) 平面位置确定

平面位置用 H_z、H_x 曲线来确定。若用垂直发射线圈，由于在管线正上方时 H_x 为 0，H_z 有最大值（图 6-7），记录该点位置及仪器上直接显示信号。

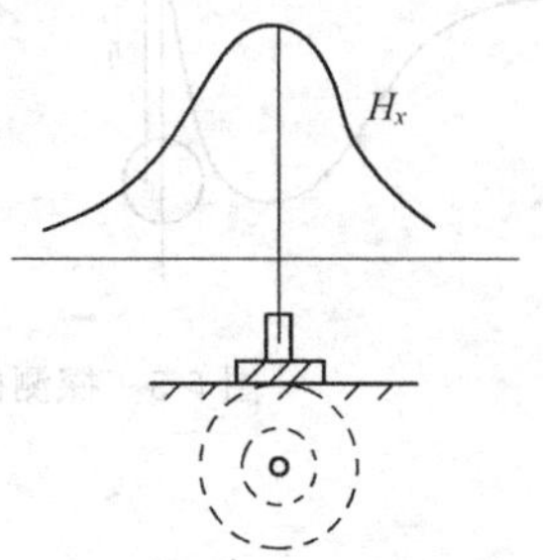

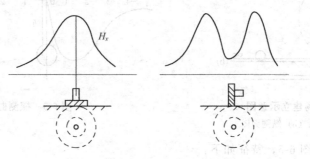

图 6-7　线圈位置与曲线关系

(2) 埋深的确定

① 极值法：先用磁场 H_z 测最小值，以保持垂直线圈接收状态，沿垂直管线方向移动寻找极值点，两点之间为埋深［见图 6-8(a)］。

② 45°测量法：先测 H_z 最小值，然后将线圈与地面成 45°，再沿垂直管线移动（可以测两个 H_z 最小值点，其连线就是管线走向）寻找最小值点，两点之间为埋深［见图 6-8(b)］。

③ 70%法：在管线上方寻找 H_x 极大值后，沿管线轴向方向左右移动，保持线圈与地面垂直，仪器的读数较极大值减小 30%，其间的水平距离为埋深（见图 6-9）。

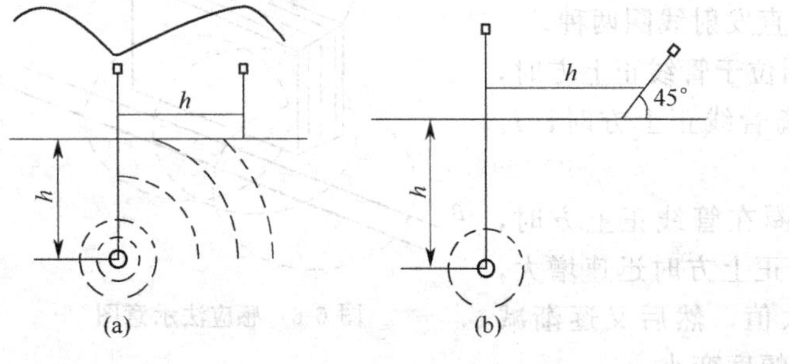

图 6-8　管线深度确定方法图

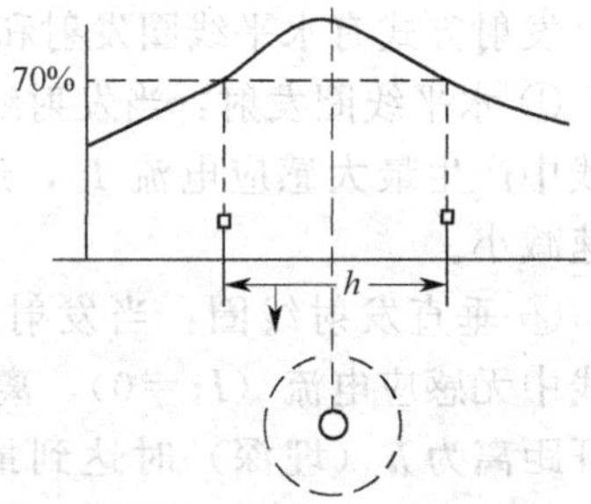

图 6-9　用 70%法确定埋深

④ 水平分量垂直差分法（又称梯度法）：用一对性能一致的接收线圈 t、b，以一定间隔水平放在同一垂线上（D），测管线正上方的水平分量：

$$\left.\begin{aligned}H_t&=\frac{I}{2\pi h}\\H_b&=\frac{I}{2\pi(h+D)}\end{aligned}\right\}\frac{H_t}{H_b}=\frac{D+h}{h}\Rightarrow h=\frac{H_b}{H_t-H_b}D \tag{6-7}$$

5. 工作方法

(1) 常用仪器

目前，常用的管线探测仪较多，如英国 RADLODETECTIDN 公司生产的 RD400、RD600，发射频率 8kHz、33kHz、100kHz、130kHz。美国公司生产的 HPL-1、

SOBSITE70 型。国产的仪器有 GXD-1 型探测仪，4R-1A、6405C 地探仪，BK-6A 型等。仪器大都比较小巧，使用方便，定位精度高，但探测深度一般为 2～5m，最大不超过 10m。

(2) 常用方法技术

① 踏勘阶段：了解地电条件，场地条件，收集资料（管线材质、管线类型、地形图等）。

② 技术方法选择：当埋深较小（1～2m），可用感应法；当大埋深、大口径管线时，可用大功率。对于有源电缆，可先找到露头，再在露头上用夹钳法直接送入发射机信号，对无源电缆，可直接用充电法。

③ 非金属管线：一般用“波”的办法，如探地雷达、浅层地震等。

④ 电缆与管道的区别：分别用主动源和被动源探测两次，若电缆有电，则信号就会变化。

⑤ 钢筋网下的管线探测方法：这时信号失去清晰度，可将接收机提高等级，将灵敏度调到最小，这时可接收到好的管道信号。

⑥ 金属护堤旁侧管线探测：改变接收机的空间位置，使影响最小。

⑦ 管线拐点与终点的确定：当信号突然急剧下降，此时将接收机灵敏度提高，以该点为圆心，以 2～3m 为半径作圆形探测，可以确定断头或有新的走向，如图 6-10。

⑧ 上下重叠管线的探测：重叠时信号叠加，无法区分，但上、下管道总是有交叉位置，在分叉处可以确定不同埋深来区分上、下层管道位置。

⑨ 变坡点的确定：当信号变化时，加密观测深度，以区分变坡，还是双层管道。

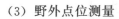

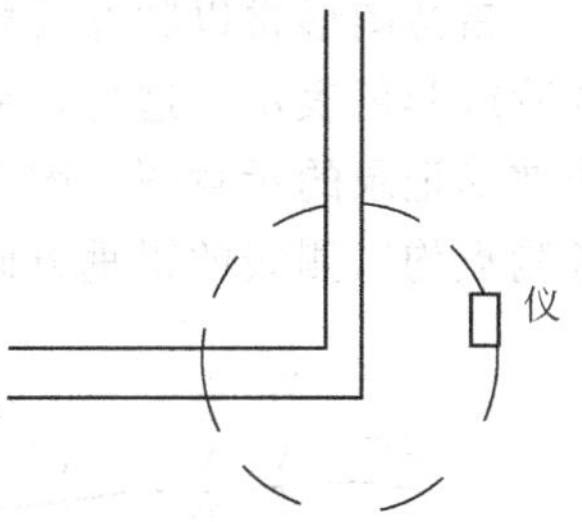

图 6-10 改变走向探测法

(3) 野外点位测量

用经纬仪、全站仪或 GPS，测每个物理点的坐标和高程，来确定管线位置和标高。

(4) 资料整理

绘制管线分布图（包括位置、标高、主要标志物、材质、线类型等），在图上用不同色标标出管线的类型或分类型图。

第三节 地质雷达探测

探地雷达（ground penetrating radar，简称 GPR），也称为地质雷达或透地雷达。GPR 技术是一种用于确定地下介质分布的广谱电磁技术。电磁波在介质中传播时，其路径、电磁场强度与波形将随所通过介质的电性质及几何形态而变化，GPR 利用一个天线发射高频宽带电磁波，另一个天线接收来自地下介质界面的反射波，根据接收到的波的旅行时间、幅度与波形资料，来推断介质的结构及性质等信息。

地质雷达用于工程场地的勘查领域，主要进行工程场地、铁路与公路路基，用以解决松散层分层和厚度分布，基岩风化层分布以及节理带断裂带等问题。也用于研究地下水水位分布，普查地下溶洞、人工洞室等。在黏土不发育的地区，使用中低频大功率天线，探查深度可达 20～30m 以上。在地震地质研究中，地质雷达也用于研究隐伏活断层分布，效果很好。工程检测近年应用领域急速扩大，特别是在中国的重要工程项目中，质量检测广泛采用雷达技术。铁路公路隧道衬砌、高速公路路面、机场跑道等工程结构普遍采用地质雷达检测，用于检测衬砌厚度、脱空和空洞、渗漏带、回填欠实、围岩扰动等问题，检测厚度精度可达厘米级。

一、基本原理

探地雷达利用高频电磁波（主频为数十兆赫至数百兆赫以至千兆赫）以宽频带短脉冲形式，由地面通过天线T送入地下，经地下地层或目的体反射后返回地面，为另一天线R所接收（图6-11）。脉冲波行程需时：$t=\sqrt{4z^2+x^2}/v$。当地下介质中的波速 v 为已知时，可根据测到的精确的 t 值（ns，$1ns=10^{-9}s$），由上式求出反射体的深度（m）。式中 x(m) 值在剖面探测中是固定的；v 值（m/ns）可以用宽角方式直接测量，也可以根据 $v\approx c/\sqrt{\varepsilon}$ 近似算出（当介质的导电率很低时），其中 c 为光速（$c=0.3m/ns$），ε 为地下介质的相对介电常数值，后者可利用现成数据或测定获得。

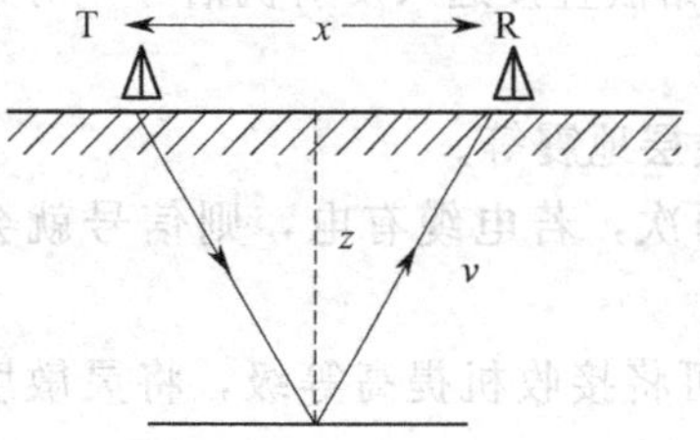

图 6-11　反射探测原理

雷达图形常以脉冲反射波的波形形式记录。波形的正负峰分别以黑、白色表示，或者以灰阶或彩色表示。这样，同相轴或等灰度、等色线即可形象地表征出地下反射面。图6-12为波形记录的示意图。图上对照一个简单的地质模型，画出了波形的记录。在波形记录图上各测点均以测线的铅垂方向记录波形，构成雷达剖面。与反射地震剖面相似。

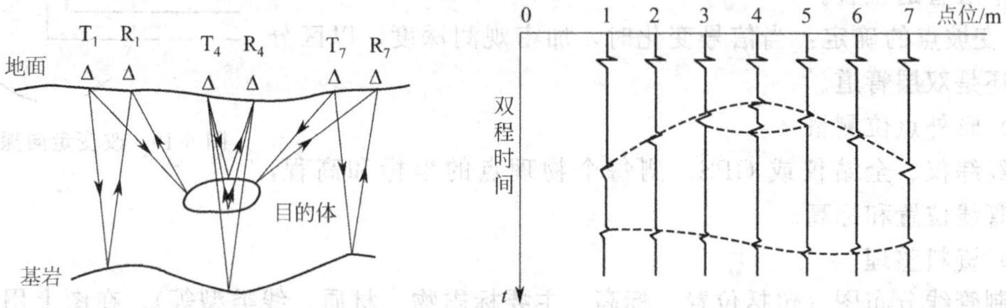

图 6-12　雷达记录示意图

反射脉冲信号的强度，与界面的波反射系数和穿透介质的波吸收程度有关。垂直界面入射的反射系数 R 的模值和幅角，分别可由下列关系式表示：

$$|R|=\sqrt{(a^2-b^2)^2+(2ab\sin\varphi)^2}/(a^2+b^2+2ab\cos\varphi) \tag{6-8}$$
$$\mathrm{Arg}R=\varphi=\tan^{-1}(\sigma_2/\omega\varepsilon_2)-\tan^{-1}(\sigma_1/\omega\varepsilon_1)$$

式中，$a=\mu^2/\mu_1$，$b=\sqrt{\mu_2\varepsilon_2\sqrt{1+(\sigma_2/\omega\varepsilon_2)^2}}/\sqrt{\mu_1\varepsilon_1\sqrt{1+(\sigma_1/\omega\varepsilon_1)^2}}$，$\mu$ 和 ε、σ 分别为介质的导磁系数、相对介电常数和电导率。角标1和2分别代表入射介质和透射介质。由式(6-8) 可以看出，反射系数与界面两边介质的电磁性质和频率 $\omega(=2\pi f)$ 有关。很明显，电磁参数差别大者，反射系数也大，因而反射波的能量也大。式(6-8) 可以用作大致的数值估计。对于斜入射情况，反射系数将因波极化性质而变，反射系数还与入射角大小有关。介质的含水量一般也会对 σ、ε 值有所影响，含水多者 σ、ε 值变大，相应地，反射系数也会不同。波的吸收程度与衰减因子有关，表示为：

$$\beta=\omega\sqrt{\mu}\sqrt{\frac{1}{2}\left[\sqrt{1+(\frac{\sigma}{\omega\varepsilon})^2}-1\right]} \tag{6-9}$$

当介质的电导率很低时：

$$\beta \approx \frac{\sigma}{2}\sqrt{\frac{\mu}{\varepsilon}} = 60\pi\sigma\sqrt{\frac{1}{\varepsilon}} \tag{6-10}$$

这是一个与电磁参数有关的量，随 σ 的增大而增大，随 ε 的增大而减小；但介质电导率高时，β 值则与 σ、ω 有关，而与 ε 几乎无关。

探测的分辨率是指对多个目的体的区分或小目的体的识别能力。概括地说，这个问题决定于脉冲的宽度，即与脉冲频带的设计有关。频带越宽，时域脉冲越窄，它在射线方向上的时域空间分辨能力就越强，或可近似地认为深度方向的分辨率高，其关系式为：

$$1/\Delta t \approx B_{\mathrm{eff}} \tag{6-11}$$

式中，B_{eff} 为有效频带宽度；Δt 为分辨界面的有效波形之间的时间间隔。

若从波长的角度来考虑，则工作主频率越高（即波长短），雷达反射波的脉冲波形就越窄，其分辨率应越高。实际应用中可以半波长为尺度来表明纵向分辨率。例如，对于 100MHz 的中心频率，在黏土中，波长 $\lambda = 0.6$m(以 $v = 0.06$m/ns 计)，其分辨能力为 0.3m。

水平空间方向上分辨率问题，在很大程度上决定于介质的吸收特性。介质吸收越强，目的体中心部位与边缘部位的反射能量相对差别也越大，水平方向的分辨能力相对也就较强。吸收系数 β 和探测深度 d 均较大时，可写出关系式：

$$1/\Delta x \approx 1/(3.3\sqrt{d/\beta}) \tag{6-12}$$

式中，Δx 为目的体水平方向的间距。当然，分辨率还与地下各个方向上脉冲波的能量分布情况，即天线的方向图有关。此外，波的散射截面也对分辨率有影响，面介质与目的体的物理性质、工作频率的大小以及目的体的埋深则与散射截面有关。因此，要了解雷达探测的实际分辨能力，需要根据不同的仪器通过具体试验来进行。需要特别指出的是天线的极化性质，对于线性极化的情形，有时在一些走向方位上接收信号的幅度为零，而圆极化辐射则可避免这一现象。因此，对于前一种极化性质的天线，现场工作中必须配合天线试验进行。

二、测量方式

通常采用剖面法（CDP）或宽角法（WARR）两种方式，同时还存在着不常用的其他方式。

1. 剖面法

发射天线和接收天线以固定间距（$TR = z = D$）沿探测线同步移动，记录点位于 TR 的中点。天线距可由式 $TR = 2D/\sqrt{\varepsilon - 1}$ 估计（对于方向仍呈弯月形峰尖临界角的天线），式中 D 为目的体的深度。测量中测点间距应小于波长的 1/4。

2. 宽角法

采用一个天线固定，移动另一个天线的方式，或者两天线同时由一中心点向两侧反方向移动。此时记录的是电磁波脉冲通过地下各个不同介质层的双程传播时间，它反映地下成层介质的速度分布。其图形是以天线间距为横坐标，双程走时为纵坐标，图形以同相轴呈倾斜形态显示，速度大者较缓，速度小者较陡。

3. 其他方式

测量中除了共深度法（剖面法）和宽角法以外，还有一种“多天线法（MAM）”。这种测量方式是利用多个接收天线，同时实现多点测量。但这种方法必须考虑天线的屏蔽，以避免直达波或泄漏波在天线之间多次反射造成的干扰。测量方式中尚有“透射法”这一形式，但用得较少。

三、主要的设备

雷达系统由主机、天线、控制显示单元、数据采集处理软件及配件组成。

目前，各种探地雷达仪器的基本原理均类同。雷达控制电路产生一定间隔（3.3×10^4～1×10^4ns 即 30～100kHz 的重复率）的一系列电磁短脉冲，由天线送入地下。这些脉冲的频宽按探测分辨特性的要求设计，一般均具有甚宽的频带，以使脉冲波形尖锐。脉冲时宽为 10ns 至 1～2ns，脉冲峰值达 100～150V。接收天线（或分离式的或同点式的）检测来自地下不同介质界面的反射波（波形稍有变化），送到控制电路，或进行直接数值采集（如 EKKO 仪），或者经一定的处理以后再做数值采集（如 SIR 仪）。各类探测仪均由微机控制，并配有数字处理和解释软件以及黑白（波形或灰阶）或彩色图形输出设备（包括现场模拟显示和打印成图），但各类设备的技术规格、结构、重量等各有特点。

四、资料处理

通常信号分析处理模块有：振幅谱分析、功率谱分析、相位谱分析、滑动平均谱分析、二维谱分析；常规信号处理模块有：漂移去除、零线设定、背景去噪、增益、谱值平衡、一维滤波、二维滤波、希尔伯特变换、反褶积、小波变换；运算模块有：道间平衡加强、滑动平均、文件叠加、文件拼接、混波处理、单道漂移去除、数学运算、积分运算、微分运算；图形编辑模块有：图形的放大、缩小、压缩、截取等。资料解释：根据工程雷达反射波的波形、振幅变化、反射走时等特征，提取隧道衬砌的结构层面、计算层厚、判定异常体、求取异常体深度、圈定异常体范围等。

五、雷达图像解译技术

1. 工程雷达探测地层层位解译

不同地质层位在雷达时间剖面上反射波组是不同的。层位雷达反射信息隐含了电磁波在地层中的运动学特征和动力学特征，因而可以反演出雷达时间剖面上的地质信息，从而为雷达在时间剖面上识别各地层的构造信息、岩性、厚度变化提供了依据。

实际解释过程中，由于地层情况十分复杂，加上存在各种干扰（如铁器、管线、涵洞等），因此，识别地层层位必须结合研究区域内实际地质情况和通过多条测线勘察时间剖面的综合对比完成。

2. 地下空化裂缝、裂隙、断层破碎带在勘察时间剖面上的特征

由于断层破碎带、空化裂缝、裂隙往往造成正常地层层位发生变化，在雷达时间剖面上表现出如下几种主要特征：同相轴明显错动、同相轴局部缺失、局部雷达波波形畸变、局部雷达波频率变化、绕射波的出现等。在实际雷达时间剖面上，这些特征往往不是孤立出现的，而是以组合特征出现，因此，解释人员只有在充分了解研究区工程地质条件，结合专家经验才能准确解释地质现象。下面仅就雷达波运动学、动力学特征（相位、频率、振幅）等五方面雷达勘察资料的基本解释依据进行简要说明。

(1) 同相轴明显错动

若测区基岩中裂隙（缝）以张裂隙、张裂缝为主，这些张裂隙（缝）很容易造成地层某一层位发生错断，在雷达时间剖面上表现为同相轴错断，同相轴错断的“过渡点”位置对应于裂隙中心点位置，而在“过渡点”两侧同相轴一般无明显变化。这种情况下，裂隙（缝）通常为垂直雷达测线方向发展。同相轴错断程度反映了裂隙发育程度、规模大小。

(2) 同相轴局部缺失

如果空化裂隙、裂缝走向沿雷达测线方向发育，那么由于空化裂隙、裂缝对雷达波的吸收衰减作用，在雷达时间剖面上，往往表现出可追踪对比的雷达反射波同相轴局部缺失。其缺失部位即为裂隙、裂缝发育位置；其缺失范围反映了裂隙、裂缝横向发育范围。但同向轴局部缺失亦可能在地层形成过程中由于沉积物的消失（如透镜体沉积）形成雷达波图像。

(3) 雷达波波形局部畸变

由于局部发育的小裂隙、小裂缝对雷达波具有衰减作用，使得正常雷达波在时间剖面上表现为局部波形畸变。

(4) 反射波频率变化

由于空化裂隙、裂缝的电磁弛豫效应，使得其对脉冲电磁波具有吸收和衰减特性，这种影响将引起反射波频率发生变化。

(5) 绕射波

当地下空化裂隙、裂缝发育，连通性较好时，在雷达波时间剖面上有时产生较为明显的绕射波。绕射波的形态反映了裂隙、裂缝张裂面（或断层面）的产状；绕射波波长的大小反映了其发育程度。

六、应用实例

【例 1】 地下管线探测

图 6-13 为城市沥青路面下的地质雷达剖面图，采用 270MHz 天线，设定探测窗口为 100ns，采样点为 1024，采取连续观测采集数据。15m 处为交通信号电缆，埋深为 1m，30m 处为两根金属管道，埋深为 1.6m，51m 处为上下两层管道，上为 PVC 管，埋深为 1.5m，下为金属管，埋深为 2.4m。

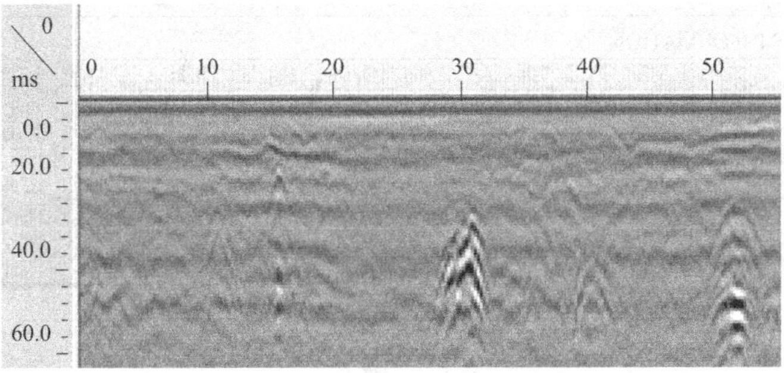

图 6-13 技术管线探测结果剖面图

【例 2】 工程地质勘查

图 6-14 为利用 100MHz 天线对基岩风化面的探测结果，时窗设置为 760ns。从探测剖面上可以清楚看出基岩风化层面的分布状况，为钻孔加固提供资料。

【例 3】 公路路基检测

某高速公路采用沥青路面，路面下为碎石垫层。路面分三次铺设完成，设计路面厚度为 25cm。采用探地雷达进行了路面厚度检测。检测中使用的探地雷达为 SIR-2 型，工作天线频率为 900MHz。

图 6-15 为该公路某段路面的探地雷达检测剖面图，图中的强反射为沥青面层与碎石垫层界面的反射，根据反射界面的双程走时和电磁波在沥青路面中的传播速度计算出路面厚度。检测结果表明，由于垫层凸凹不平，导致沥青路面厚度有变化，最薄为 26cm，最厚为 43cm。

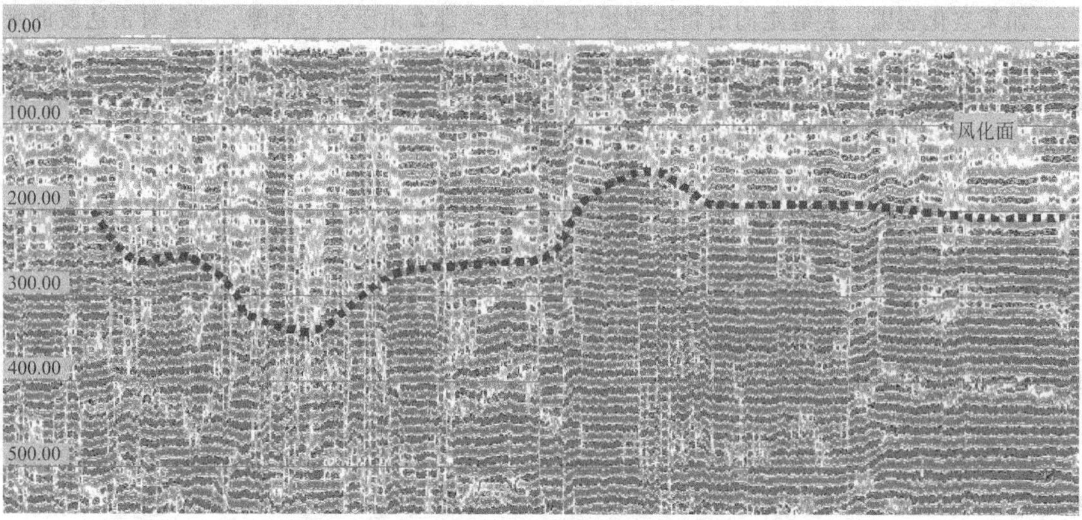

图 6-14　基岩界面探测结果图

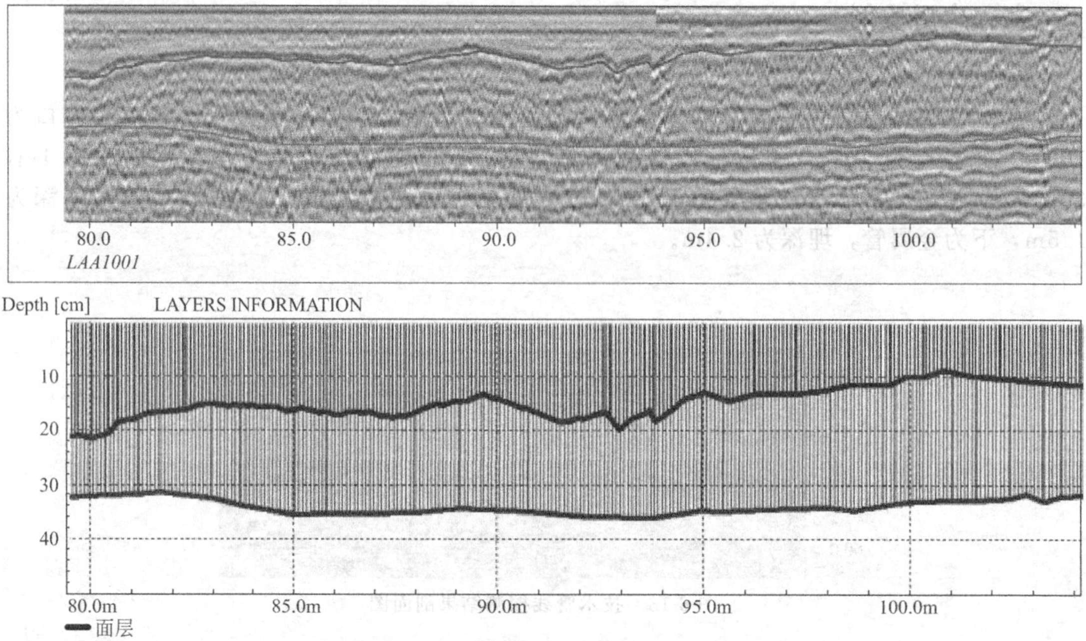

图 6-15　某公路地质雷达检测剖面图

思考题

1. 桩基无损检测的方法有哪些？如何对桩身质量进行评定。
2. 管线探测的常用物探手段有哪些？如何利用该方法探测结果确定的埋深？
3. 地质雷达的原理及使用领域是什么？

第七章 综合物探方法及应用概要

在所述诸多物探方法中都有自己的适用条件，然而地质条件是复杂的，综合运用各种方法，互相印证，是很有必要的。不难看出，只要工作地区具备必要的地质及地球物理条件，选择适当的物探方法都可以在寻找有用矿产或解决各种地质问题方面取得肯定的、甚至是良好的地质效果。特别是在覆盖层较厚、地表无矿体出露或地质构造痕迹；或地表虽有矿化点或构造痕迹，但露头不好；以及要求在短期内对地质研究很少的地区的地质构造或找矿远景作出评价时，物探方法更能显示出它特有的功效。但是，应当指出，物探只是综合性地质调查的一个组成部分，只有它与地质、钻探、化探等手段配合，形成一个有机的整体，才能加快地质工作的进程。

第一节 物探方法的一般特点

一、物探方法的特点

综合物探方法具有条件性、多解性、透视性、高效性等特点。为了使物探工作取得预期的地质效果，在选择物探方法时，就必须考虑到单一物探方法的局限性及物探异常的多解性问题。

1. 条件性

综合物探方法的条件性也称为局限性，是指单一物探方法所依据的仅是岩（矿）石的某一种物理性质，因此，它对地质实体的反映仅局限于某一种物理范畴。局限性可分成五种类型类：物性差异，勘探深度差异，干扰因素（围岩均匀、表土层不均匀）差异，地形起伏差异，人为干扰差异。

当岩（矿）石间该种物理性质的差异不够明显时，就很难取得满意的地质效果。我们知道，岩（矿）石自身的物理性质应当是多方面的（包括磁性、电性、放射性、弹性、密度、温度等），综合应用建立在岩（矿）石不同物理性质差异基础上的多种物探方法，就可以从多种物理场的角度对同一地质体进行考察。这不仅有利于对地质体的赋存状况取得较全面的认识，而且有利于对物探异常的性质（矿异常、岩体异常还是构造异常）作出正确的判断。

2. 多解性

多解性有两个含义：第一是异常的来源不唯一性，第二是异常体参数定量推断的不唯一性。

多解性是指对单一物探方法取得的数据进行反演解释时，对地质实体的赋存形态（形状、产状、大小、埋深等）可能有多种互不相同，甚至截然相反的结论。多解性问题在当前还是一个很难解决的问题。但是，综合应用多种物探方法的资料进行解释，从多方面去考察地质实体的赋存形态，就可以取长补短、相互印证、去伪存真、最大限度地减少多解性，作出比较肯定的、符合客观实际的地质结论，更有效地解决复杂的地质问题。

因此，如果说在整个地质调查过程中需要综合应用包括物探在内的各种地质手段，那物探工作本身也同样需要综合应用多种手段，以获得更多、更广泛的地球物理信息。事实上，对一个地区的地质情况了解得越少，就越需要取得多方面的地球物理信息。

3. **透视性**

通过探测地质体在地面（水中、空中、巷道、井中）产生的物理场空间分布规律，来推测地质情况，与肉眼观察或动用机械手段相比，显然具有透视性，使得勘探工作量大大减少，可进行立体填图。

4. **高效性**

物探仪器设备轻便，测量快速，特别是利用航空和遥感测量，在高空、沙漠、原始森林区获得有价值的资料。

二、综合应用物探方法应注意的问题

当需要综合应用各种物探方法时，必须根据地质任务、测区地质及地球物理条件以及过去物探工作的经验，认真选择物探方法。在选择物探方法时应当注意以下几个问题。

第一，各种物探方法的目的和任务一定要明确。例如，所采用的方法是用于找矿、找岩体，还是勘查构造；是概查、普查，还是详查；是解决浅部地质问题，还是深部地质问题；是剖面测量还是面积性测量；是主要工作方法，还是次要的、起配合作用的工作方法等，都必须心中有数。

第二，应当注意在解决地质任务时所选用的方法应当怎样互相配合，才能提供有意义的信息，即这些信息可以互相补充或彼此验证，而又不显得重复或多余。所以在同一面积上投入物探方法的多少，取决于它们解决该任务的能力，而并不一定投入物探方法越多越好。

第三，特别要注意研究如何花费尽可能少的经费，用尽可能短的时间，取得最大的经济效益。在能够圆满完成地质任务的前提下，要采用尽可能少的方法。当采用单一方法能解决所提出的地质问题时，就不一定非要采用综合方法。

最后，还要认真考虑各种方法的施工顺序、工作范围、比例尺及精度等问题。一般先投入花费少、效果好且效率高的方法，在此基础上，就可以缩小后继进行的其他物探方法的工作范围。

在寻找油气田方面，已经很好地总结并建立了可以说是标准的综合物探方法程序。这就是重、磁两种方法相结合的预查和普查，加上普查和详查阶段的地震法（普查时也可以投入电法与地震法配合），以及钻井过程中各种必需的地球物理测井方法。但是对于寻找各种金属及非金属矿产而言，虽然从20世纪50年代开始就已经注意到综合物探的课题，但由于探查的矿种和矿床类型众多，并且矿区的地质情况比较复杂，可采用的物探方法又在不断地发展和变更，以至于很难建立普遍可行的、有成效的综合物探方案。

在寻找金属矿产的物探工作中，目前认为比较完善和正常的综合物探方法和程序，是由适当比例尺的航空磁法，结合航空电磁法开始（或者借助于化探的预测资料从有远景的地区着手），然后布置包括磁法、重力或电法的地面物探工作。当工作地区的矿化程度低或者矿体是浸染型时，激发极化法具有重要的作用。当寻找的矿产具有放射性时，物探方法自然要居于主导地位。可以看出，与寻找油气田的标准综合物探方法序列相比，金属矿综合物探方法的方案不那么明确，具有一定的灵活性。因此，必须针对所要寻找的目的物和工作地区的地质、地球物理条件，具体地选择适当的工作方法和顺序。

三、物探资料综合解释的基本原则

对野外获得的各种物探资料进行综合解释，是一项十分重要的工作。各种物探资料的解释方法虽然各有不同，但它们在地质解释中应遵循的基本原则却是一致的。

定性与定量解释相结合。定性解释是确定异常体的地质原因，了解地质体的轮廓。定量解释是确定异常体的物性参数、边界范围、埋深和厚度等产状系数，二者不能截然分开，不同的物探方法，其解释原则不同，但都遵循一些共同的原则。

① 物探资料的综合解释必须紧密结合地质资料。为了掌握测区异常和地质现象的对应关系，需要随时将物探资料和地质（以及化探）资料进行对比，对比时要注意各类资料的相互印证和补充。要重点研究物探和地质认识一致的异常，也要注意研究物探和地质意见分歧的异常。其中，利用露头点、井旁测深、测井等资料最为重要。

② 对测区内所有异常都要弄清其地质原因。首先从研究某一种主要方法的物探异常着手，结合物性资料，分析异常特征，并辅以适当的定量估算，判断引起异常的地质原因。当出现几种解答时，就必须综合研究各种方法的物探异常。若有两种或两种以上物探异常相互重合，则可以对引起异常的地质原因作出较肯定的答复。

③ 要遵循由简到繁、由浅入深、由已知到未知的认识规律。在大面积工作中，要根据地质情况、物探异常的特征以及各种物探异常的相互关系，对异常进行分类。先从地质情况已知的异常着手，从中选取一两个典型异常进行深入的分析，找出异常与岩、矿体或地质构造的对应关系，用以指导对未知区异常的研究。但研究中不能生搬硬套已知区的规律，而要根据具体情况灵活应用。

④ 对物探异常的解释要多次、反复地进行。人们对事物的认识是逐步深化的，因此对物探异常的解释也要反复进行。一方面，要边施工、边解释，根据解释中发现的矛盾，提出问题，指导下一步工作；另一方面，要在工作中不断收集新资料（包括验证结果），修改原解释中与之矛盾的部分，对异常进行再推断、再解释。先从主要物探方法入手，找出引起异常的地质原因，分析异常特征的分布范围、大小、外形规模程度，异常幅度、走向，极大、极小值的比值、异常梯度等，每个异常都要及时解释，随着资料的增多，反复解释，最后得出客观的地质解释，达到正确的目的。

⑤ 要加强对异常的验证工作。在对各类物探资料进行认真分析的基础上，必须选出少量有代表性的异常，用山地工程（特别是钻探）及时验证。根据验证资料总结的规律性认识，对分析复杂的地质现象，提高解释水平，指导全区的物探工作，都具有很大的实际意义。

物探异常的综合解释是一个资料分析过程，也是对地质现象不断加深认识的过程。只要遵循“实践、认识、再实践、再认识”的法则，反复推敲，深入研究，就能逐步接近对地质规律的正确认识。

四、不同地质调查阶段物探方法的合理运用

1. 水文地质调查各阶段中物探方法的合理运用

(1) 区域水文地质普查阶段

小比例尺普查，主要解决有关填图问题，方法有地面磁测、重力测量、放射性测量，配合遥感（红外探测）、一般有1∶100万、1∶50万、1∶20万。

(2) 中比例尺水文地质测绘

主要查明地下水的形成、埋藏、运动规律，物探的任务是查明各种储水构造的分布，圈定边界，阶段主要方法：电剖面法，电测深法，其他方法为辅，1∶10万～1∶5000。

(3) 详细水文地质勘探阶段

① 用电剖面法确定断层破碎带的走向、延伸、倾向等产状；

② 电测深法确定含水层的厚度；

③ 测井法划分含水层及咸、淡水界面，推算水文地质参数；

④ 无线电透测法跨孔测量，查明充水溶洞、暗河等空间位置；

⑤ 充电法测地下水流速、流向及联通程度；

⑥ 自然电场法测定在抽水试验时的影响半径，地下水与地表水转化关系。

2. 工程地质调查中物探方法的应用

(1) 规划选点阶段

1：10 万～1：5000 的中小比例，用电剖面法、电测深法，查构造发育情况，河谷断面，有关不良地质现象界线，普查天然建筑材料。在水利、大坝、桥梁、港口的工程要查明水体下构造、泥化夹层的分布。

使用浅层地震，查构造断裂情况，了解覆盖层厚度、滑移土坡的滑动面、风化壳厚度等。

磁测追寻磁性岩体与沉积岩的接触面或岩脉界线等。

(2) 初设阶段

在重要的枢纽工程，用电法或地震法，详查断层破碎带的分布、覆盖层厚度、风化壳的厚度，用地震法或声波测定岩土弹性力学参数，如动弹性模量、围岩松动圈、划分场地类型等。

3. 矿产资源调查中物探方法的应用

矿产资源，特别是金属矿产，大部分分布面积小，没有固定形状。一般用磁法圈定磁性体或火成岩边界，用电法测定矿床的范围、深度。低电阻资源，如铁矿、石墨矿、铜矿、金矿等，测 ρ_s 或 η、J 即可。在重金属矿区可以用重力勘探。

第二节　资源与工程勘探中综合物探方法的应用

一、在多金属矿中应用

江西村前多金属矿区位于一个凹陷带的北缘，再往北有一个大断裂带。区域地质基本概貌是北东至南西向的构造体系。矿区内全为第四系覆盖，无基岩出露。矿区东北有中、上石炭系白云质灰岩分布，西部有零星下侏罗系煤系出露，东南及西南见到老第三系砾岩层，西北部有断续出露的黑云母斜长花岗斑岩（图 7-1）。矿区处于倾向南西的背斜轴部的倾伏端。以透镜状岩墙产出的黑云母斜长花岗斑岩的主岩体实际上位于矿区南部，走向东西，向北倾斜。主岩体北侧有一向北倾的主岩枝。

该矿区是航空磁测发现的，航磁异常编号为 M43（图 7-1 右下角），推断可能由矿体引起。地面检查结果表明，地面磁异常梯度平缓，极大值约 1200 纳特，北部有几十纳特的负异常，100nT 等值线的闭合范围约 0.6km²，钻孔验证未见矿。

为了重新研究该异常，又进行了中间梯度装置的激发极化法面积详查，并布置了 101、901 和 171 三个验证钻孔，都见到了富铜、富铁矿体。已经查明，村前矿区是一个以铜、铅、锌为主的多金属矿产地。

矿体，特别是矿化岩石都埋藏较浅，且黄铜黄铁矿、铅锌矿和褐铁矿都具有较高的极化率，因此，η_s 异常明显，但无磁异常显示。

从图 7-1 中可以明显地看出，Z_a 异常与 η_s 异常走向基本一致，但位置不重合。这是因为区内矿体大致分为两种，而磁异常和激电异常各自反映的只是其中之一。

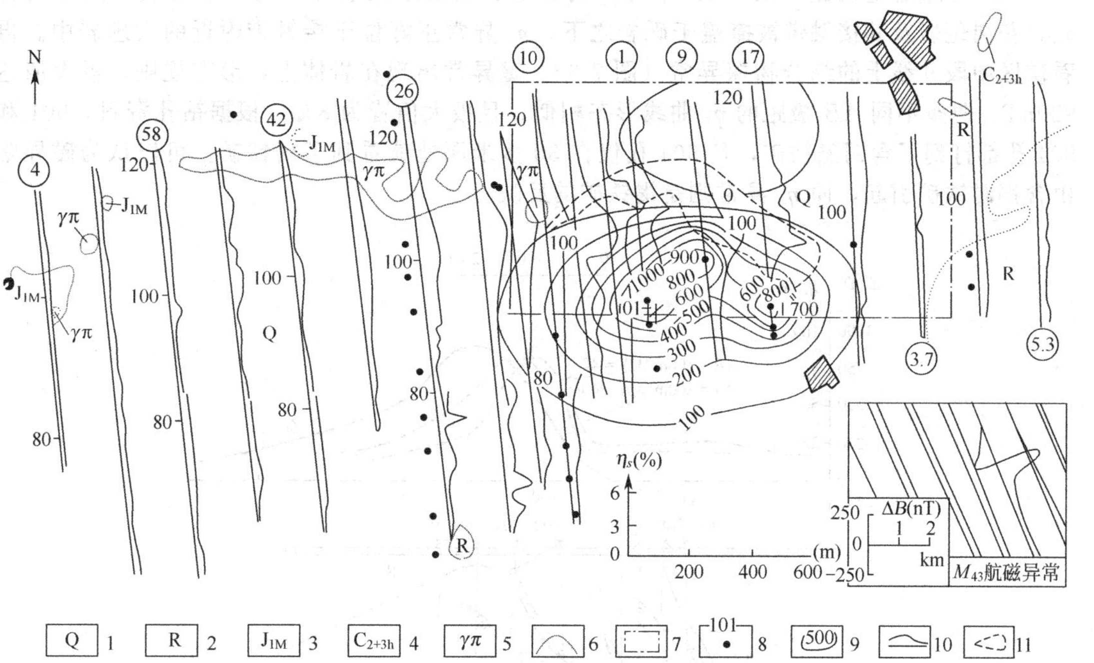

图 7-1　村前矿区地质物探综合图

1—第四纪；2—老第三纪；3—下侏罗系门口山组；4—中上石炭系壶天组；

5—黑云母斜长花岗斑岩；6—地质界限；7—勘探区界限；8—钻孔及编号；

9—磁异常等值线；10—η_s 曲线；11—主矿体投影

区内另一种矿体是捕虏体成矿的矿体。赋存于岩体中的大理岩捕虏体内，以 1 线、9 线、17 线所见者规模最大，矿石类型主要为含铜磁铁矿，还有黄铜矿和黄铜黄铁矿。含铜磁铁矿和含磁铁矿的硅卡岩都有相当大的磁性，因而有磁异常与它们对应。含铜磁铁矿和主岩体（花岗斑岩）本身也有较高的极化率，但磁异常范围内的花岗斑岩上覆盖着较厚的老第三系砾岩层，且工作中使用的 AB 极距（1200m）还不够大，所以，η_s 异常没有把这种矿体反映出来。

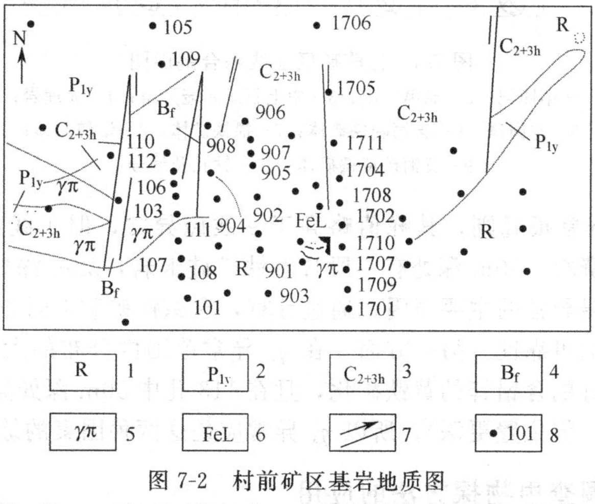

图 7-2　村前矿区基岩地质图

1—老第三纪；2—下二叠系阳新群；3—中上石炭系壶天组；4—构造角砾岩；

5—花岗斑岩；6—褐铁矿；7—断层；8—钻孔及编号

从矿区基岩地质图（图 7-2）中可以明显地看出老第三系砾岩与中上石炭系灰岩的界线，花岗斑岩及其接触带被掩盖于砾岩之下。η_s 异常正好位于接触带附近的大理岩中。再看矿区中段 9 线上的综合物探异常（图 7-3）。磁异常出现在岩体上，形态规则，极大值达 920nT。两条不同 AB 极距的 η_s 曲线形态相似，且极大值皆为 8%。根据钻孔资料，901 和 904 孔都打到了含铜磁铁矿，且 904 孔仅在 30 多米深处就看到了褐铁矿。可以认为磁异常由含铜磁铁矿引起，而 η_s 异常则是褐铁矿的反映。

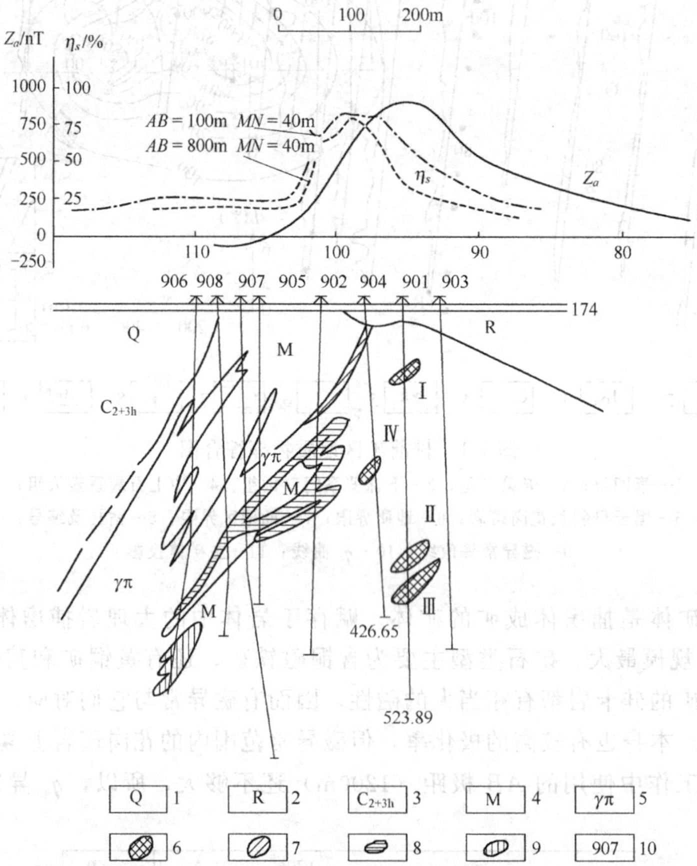

图 7-3 村前矿区 9 线综合剖面图

1—第四纪；2—老第三纪；3—中上石炭系壶天组；4—大理岩；5—花岗斑；6—含铜磁铁矿体；7—褐铁矿体；8—铅锌矿体；9—黄铜矿黄铁矿体；10—钻孔及编号

图 7-4 中 1 线磁异常很规则，其峰值略高于 9 线磁异常，但 1 线和 9 线的异常形态不同。据 101 孔的钻探资料，60m 深处有一段含磁铁矿硅卡岩，22m 深处见一小磁黄铁矿体。可以认为前者是引起磁异常的主要原因。通过计算，含磁铁矿矽卡岩正演曲线与实测曲线吻合，证实了这个推断的可靠性。另一方面，在 η_s 异常范围内分布的大理岩中，由于网络状裂隙发育而形成了较好的含铅锌的黄铁矿化，且在 113 孔中 50m 深处见到褐铁矿体（106 孔中有更厚的褐铁矿体，但位置更深），所以 η_s 异常应是这两种因素的综合反映。

二、工程地质调查中物探方法的应用

物探方法在地基勘测中主要用来查明施工场地及外围的地下地质情况，对地基土进行详

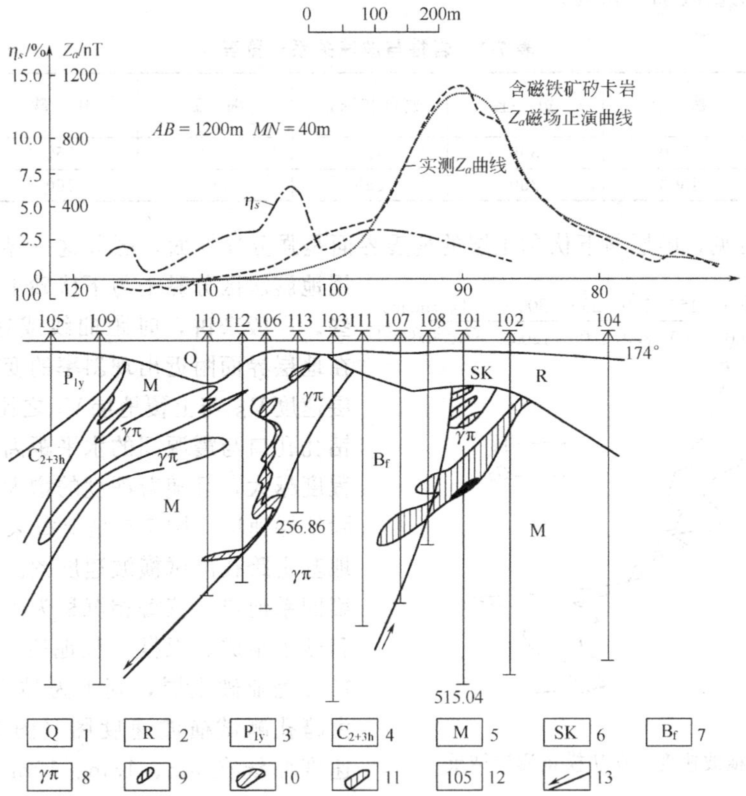

图 7-4 村前矿区 1 线综合剖面图

1—第四纪；2—老第三纪；3—下二叠系阳新群；4—中上石炭系壶天组；5—大理岩；6—含磁铁矿矽卡岩；7—构造建立；8—花岗斑岩；9—含铜磁铁矿体；10—褐铁矿；11—黄铜矿黄铁矿；12—钻孔及编号；13—断层

细分层，测定土的动力学参数，提供地基土的承载力等。目前最常用的物探方法是弹性波速原位测试方法中的检层法和跨孔法。就测量剪切波而言，检层法是测量竖直方向上水平振动的 SH 波，而跨孔法是测量水平方向的 SV 波。理论上对于同一空间点，SH 波与 SV 波的波速应是相同的，但在实际测试过程中，由于检层法带有垂直方向的平均性，而跨孔法则带有水平方向上的平均性，因此二者实测结果并不完全相同，一般 SV 波稍大于 SH 波的速度。由于水平传播的弹性波有利于测定多层介质的各层速度，因此需精确测定各层参数时，应采用跨孔法。

1. 场地土的分层和分类

(1) 场地分层

在平原地区，地基土层中剖面结构特点是具有水平或微倾斜产状的层理，各层位的物理性质是不同的，其波速值取决于上覆岩层的压力和岩石本身的密度。Barkan（1962）统计了地基土常见的纵、横波速度（V_P、V_S）值，见表 7-1。按地震学分类方法，浅层地震界面可分为强分异（速度降 $V_2/V_1>1.33$）和弱分异（$V_2/V_1<1.33$）。界面性质对 V_P 和 V_S 可能是不同的，即一些界面无论对纵波还是横波都能形成强分异（如松散层下坚硬岩石的顶面和多年冻结岩石地带的上界面等），而另一些界面只对纵波形成强分异（如松散沉积层中的潜水面等）。若地基土层充水可大大消除岩相界面上纵波速度差异，这种差异可能弱到很难区分的程度。对于横波来讲，由于地下水对其影响较小，因此当需要在充水地基土层中划

分界面时，应用横波加以研究。

表 7-1　岩性与波速关系一览表

波速＼土类	黏　土	黄　土	密砂和砾石	细　砂	中　砂	中　砾
V_P/(m/s)	1500	800	480	300	550	250
V_S/(m/s)	1500	260	250	110	160	80

由表 7-1 可见，砂层与下伏黏土层的地震界面是强分异界面，区分这一界面最容易。而用地震法区分黏土与下伏砂土的界面要困难些。一般来讲，时距曲线或速度-深度曲线在地层界面附近出现斜率的变化，且下伏地层速度 V_S 与上覆地层 V_i 之比 V_2/V_1 越大，钻孔孔口与震源间的水平距离越大，其变化程度越大，且随着深度的增大，逐渐接近实际地层速度。图 7-5 是上海某高层建筑物群地基土跨孔测试横波速度图。该工区地层以第四系河口～滨海相沉积为主，由饱和黏土和砂土组成。根据工程地质资料，该区 3～13m 为亚砂土层，其下为黏土、亚黏土层。由跨孔测试横波速度图（图 7-5）可看出，速度曲线在 5m、13m、19m、26m 附近出现扭曲，由此划分的地层见表 7-2。由图 7-5 和表 7-2 可以看出，在 26m 以下，V_S 和动剪切模量 G_d 显著增大，可作为高层建筑的桩基持力层。

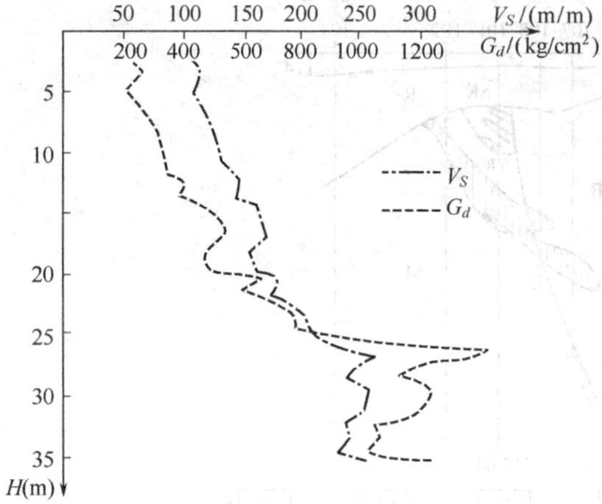

图 7-5　横波速度与剪切模量测试结果

表 7-2　波速与承载力关系

孔深/m	层　号	V_S/(m/s)	土层名称	允许承载力/(kg/m²)
2～5	Ⅰ	100～115	海填土、轻亚黏土	7000～9000
5～13	Ⅱ	125～150	亚砂土层	9000～11000
13～19	Ⅲ	160～180	淤泥质黏土层	9000～12000
19～26	Ⅳ	190～220	黏土、亚黏土	13000～16000
26 以下	Ⅴ	＞240	中密黏砂与亚黏土	18000

（2）场地土分类

利用剪切波波速 V_S 作为场地土分类依据，已列入岩土工程勘察规范中（见表 7-3），根据该工区地层 2～35m 跨孔原位 V_S 测定，平均波速 $V_S=177.3$m/s，属于Ⅱ类场地。

表 7-3　场地类别划分

场 地 类 别	Ⅰ	Ⅱ	Ⅲ
场地平均剪切波速 V_{Sm}/(m/s)	＞500	500～140	＜140

2. 砂土液化的判别

砂土液化是指砂土层在受到振动的影响下，使得固体颗粒间接触点上的应力降低，而转移到孔隙水压力中去了，最后使砂土层变成了黏滞流体。砂土液化会造成建筑物下沉倾斜，因此，研究砂土液化是地基勘测中一个非常重要的问题。

在实际工作中，判别是否发生液化可通过地基在振动力作用下产生的动剪切应变 r_e 和抗液化的临界剪切应变r_t作对比，若$r_e<r_t$，砂土未发生液化；若$r_e>r_t$，则已发生液化。一般r_e的取得是通过测定剪切波波速V_S，然后利用下式计算得出：

$$r_e(\%)=G\frac{a_{\max}z}{V_S^2}\gamma$$

式中，r_e为砂土中某点的动剪切应变；G为与最大切应变有关的常数；Z为地层中计算点的深度；V_S为横波速度；$a_{\max}$为地震时地面最大加速度；γ为深度z以上砂土层容重。

表7-4是上海某高层建筑群地基土原始土层实测剪应变与临界剪应变比较表。根据工程地质资料提供，该工区3～13m为亚砂土层，在地震烈度为Ⅶ度的条件下易于液化。为此，应用跨孔剪切波速法进行砂土液化判别，由表可见，3～6m为不液化区，7～14m为液化区。

表7-4 原始土层实测剪应变与临界剪应变比较

深度/m	V_S/(m/s)	r_d	$a_{\max}$	r_e/%	r_t/%	液化判别
3	115.2	0.97	0.075	0.014	0.026	不液化区
4	112.6	0.96	0.075	0.020	0.026	
5	108.5	0.95	0.075	0.026	0.026	
6	119.0	0.94	0.075	0.025	0.026	
7	120.9	0.93	0.075	0.029	0.026	液化区
8	128.8	0.92	0.075	0.031	0.026	
9	130.5	0.91	0.075	0.032	0.026	
10	132.9	0.90	0.075	0.035	0.026	
11	132.9	0.89	0.075	0.029	0.026	
12	150.5	0.87	0.075	0.032	0.026	
13	149.0	0.84	0.075	0.027	0.026	
14	163.9	0.82	0.075	0.027	0.026	

3. 场地处理前后的土动力学参数评价

由于有砂土液化问题，工程施工前要对场地进行处理。处理后的场地是否符合要求，对于建筑物的安危十分重要。因此，在场地处理前、后需对土动力学性能进行评价。由表7-4可知，7～14m为液化区。为了加强地基的抗震能力，对建筑场地先进行每4m打一布袋沙井，并且在打沙井区打入40cm×40cm×2700cm的水泥桩。应用跨孔测试方法对处理前、后的场地进行测试，结果见表7-5。由表可见，打沙井后，实测V_S、G_d比原状上层分别增加了13%和14%，而相应的动剪切应变量r_e却明显地降低了，沙井打桩后，实测V_S、动剪切模量G_d又比打沙井区增加了19%，比原状土层增加了32%和69%，而动剪切应变量r_e比沙井区降低了22%。以上说明，由于应用了打沙井打桩的抗液化措施，场地的土动力学性能变好了。原状上层打沙井一方面提高了土层的渗水性，另一方面增加了地层的轻亚黏土相对密度，而沙井打桩进一步提高了地层相对密度和地基土承载力。

表7-5 原始土层、砂井区、砂井打桩区跨孔测试结果

深度/m	V_S/(m/s)			G_d/(kg/cm^2)			r_e/%		
	无沙井区	沙井区	打桩后	无沙井区	沙井区	打桩后	无沙井区	沙井区	打桩后
3	115.2	101.0	120.8	251.9	193.6	274.0	0.014	0.018	0.013
4	113.0	110.5	118.9	240.6	231.7	265.4	0.020	0.020	0.017
5	108.5	134.6	148.0	223.4	343.9	411.3	0.026	0.017	0.014
6	119.0	125.0	159.3	268.8	296.6	476.5	0.025	0.023	0.014
7	120.9	161.5	175.8	277.4	475.0	580.3	0.029	0.016	0.013
8	128.8	161.5	207.1	314.9	495.0	770.3	0.031	0.018	0.011

续表

深度/m	V_S/(m/s)			G_d/(kg/cm²)			r_e/%		
	无沙井区	沙井区	打桩后	无沙井区	沙井区	打桩后	无沙井区	沙井区	打桩后
9	130.5	170.0	175.8	323.2	548.5	555.0	0.032	0.025	0.017
10	132.0	156.2	172.6	337.0	465.6	535.0	0.035	0.025	0.019
11	132.9	157.9	182.4	337.0	475.8	570.3	0.029	0.021	0.029
12	150.5	179.5	197.3	397.5	565.5	667.3	0.032	0.027	0.017
13	149.0	161.5	183.5	389.7	457.8	577.2	0.027	0.028	0.021
14	163.9	168.0	177.9	471.5	495.4	558.7	0.027	0.026	0.023
15	167.6	172.1	183.0	493.0	519.8	591.2	0.027	0.026	0.023
16	173.5	181.0	224.8	546.8	595.0	892.1	0.027	0.026	0.016

思考题

1. 综合物探常使用的方法组合有哪些？

2. 针对地下某煤田形成的采空区的范围进行探测，设计采用的综合物探手段，同时给出各探测方法需要的施工参数及处理和解释中需要的关键问题。

参考文献

［1］ 曾昭发，刘四新，刘邵华．环境与工程地球物理的新进展．地球物理新进展，2005，19（3）：486～491.

［2］ 莫撼主编．水文地质及工程地质地球物理勘查．北京：原子能出版社，1997.

［3］ 长春地质学院水文物探编写组编写．水文地质工程地质物探教程．北京：地质出版社，1980.

［4］ 付良魁主编．电法勘探教程．北京：地质出版社，1990.

［5］ 储绍良主编．矿井物探应用．北京：煤炭工业出版社，1995.

［6］ 霍明远主编．地下水资源系统勘查技术与综合评价方法．北京：科学出版社，1993.

［7］ 陈宏林，丰继林编．工程地震勘察方法．北京：地震出版社，1998.

［8］ 王兴泰，万明浩等编著．工程与环境物探新方法新技术．北京：地质出版社，1996.

［9］ 费锡铨编著．电法勘探原理与方法．北京：地质出版社，1989.

［10］ 张胜业，潘玉玲等编著．应用地球物理学原理．武汉：中国地质大学出版社，2005.

［11］ 张守恩，葛宝堂编著．水文与工程地球物理勘探．徐州：中国矿业大学出版社，1997.

［12］ 于汇津，邓一谦编著．勘查地球物理概论．北京：地质出版社，1993.

［13］ 董浩斌，王传雷．高密度电法的发展与应用．地学前缘，2003，10（1）：171～176.

［14］ 王文龙，杨拴海等．高密度电法在金矿找矿中的应用．黄金地质，2002，8（3）：53～55.

［15］ 张永波编著．水工环研究的现状与趋势．北京：地质出版社，2001.

［16］ 陈仲候，王兴泰等．工程与环境物探教程．北京：地质出版社，1993.

［17］ 李世峰．邯郸市铁矿及围岩电性特征解释方法研究．金属矿山（增刊），2004：137～138.

［18］ 李世峰．申家庄煤矿巷道掘进超前探测研究．建井技术，2004，25，（5）：18～20.

［19］ 周俊杰等．太行山断裂南端的地震纵波速度结构分析．地震地质，2011，（1）.

［20］ 周俊杰等．邯郸市周边断裂带的活动特征分析．地征地质，2012，（1）.

［21］ 李世峰．TEM法在煤矿中应用．建井技术，2004，（4）：44～47.

［22］ 李世峰等．强干扰背景条件下TEM探测铁矿资料解释方法研究．地质与勘探，2006，（3）：72～75.

［23］ D.S帕拉司尼斯著．应用地球物理学原理．刘光鼎译．北京：地质出版社，1974.

［24］ 张传华．磁法勘探．北京：地质出版社，1985.

［25］ 张爱敏．采区高分辨率三维地震勘探［M］．徐州：中国矿业大学出版社，1997.

［26］ 陆基孟．地震勘探原理（下册）．东营：中国石油大学（华东）出版社，2006.

［27］ 钱绍瑚．地震勘探（第二版）．武汉：中国地质大学出版社，1993.

［28］ 孙家振，李兰斌．地震地质综合解释教程．武汉：中国地质大学出版社，2002.

［29］ 郭建强．地质灾害勘查地球物理技术手册．北京：地质出版社，2003.

［30］ 朱广生，陈传仁，桂志先．勘探地震学教程．武汉：武汉大学出版社，2005.

［31］ 李振春．地震数据处理方法．东营：中国石油大学（华东）出版社，2004.

［32］ 何樵登，杨官俊，程东峰．三维地震勘探技术．长春：吉林大学出版社，1988.

［33］ 何樵登．地震勘探原理和方法．北京：地质出版社，1986.

［34］ 李正文．高分辨率地震勘探．成都：成都科技大学出版社，1993.

［35］ 史謌．地球物理学原理．北京：北京大学出版社，2002.

［36］ 姚姚，詹正彬，钱绍湖．地震勘探新技术与新方法．武汉：中国地质大学出版社，1991.

［37］ 姚姚．地球物理反演基本理论与应用方法．武汉：中国地质大学出版社，2002.

［38］ 周俊杰，李士祥，贾运巧等．复杂山区煤田三维地震数据采集技术研究［J］．地震地质，2007，29（1）：105～113.

［39］ 刘振夏，丁持文，刘晓喜．高分辨率三维地震勘探数据采集技术［J］．石油地球物理勘探，1992，36（1）：37～46.

[40] 杨红霞．地震数据采集技术进展［J］．勘探地球物理进展，2003，26（3）：463～467.
[41] 姬小兵，尚应军，张帆．山地地震勘探数据采集技术研究［J］．油气地质与采收率，2004，11（6）：31～36.
[42] 吴有信．西部煤炭采区三维地震勘探技术与效果［J］．物探与化探，2005，29（5）：404～406.
[43] 朱海波．基于射线追踪法的地震数据采集参数优化［J］．江汉石油学院学报，2004，26（1）：57～60.
[44] 吴怡，嘉世旭，段永红等．地震折射波法在郑州市西区浅层勘探中的应用［J］．地震地质，2006，28（1）：84～90.
[45] 王永，王治华，仇恒永等．水上高密度地震映像法勘探在水利工程中的应用［J］．工程地球物理学报，2005，2（6）：442～446.
[46] 熊宗富．浅析影响地震数据采集精度的几个因素［J］．物探装备，2003，13（2）：107～109.
[47] 刘保金，张先康，方盛明等．城市活断层探测的高分辨率浅层地震数据采集技术［J］．地震地质，2002，24（4）：525～532.
[48] 郭建强．地质灾害勘查地球物理技术手册．北京：地质出版社，2003.
[49] 黄天立，李创第．基于小波理论对双线性结构地震响应分析［J］．广西工学院学报．2007，18（2）：4～8.
[50] 李立斌，张亮亮．建筑结构地震反应的ATMD控制分析［J］．长沙交通学院学报，2007，23（2）：55～57.
[51] 杨文达，刘望军．海洋高分辨率地震技术在浅部地质勘探中的运用［J］．海洋石油，2007，27（2）：18～24.
[52] 李桂林，陶宗谱，陈春强等．陆上高分辨率地震勘探炸药震源激发条件分析［J］．石油物探，2005，44（2）：183～187.
[53] Lv Gonghe. Application of a New Qeneration of Geophonesto Improve Seismic Acquisition in onshore-offshore Transition Areas［J］. APPLIED GEOPHYSICS, Vol. 2, No. 4（December 2005）, P: 235～238.
[54] 曹凤海，易昌华，李秀山．基于MapObjects的石油地震勘探测量数据的可视化处理［J］．物探装备，2005，15（4）：286～289.
[55] 曹思华．三维地震勘探技术在矿井地质中的应用［J］．煤炭工程，2005，（10）：41～43.
[56] 刘洋，王典，刘财．数学变换方法在地震勘探中的应用［J］．吉林大学学报（地球科学版），2005，35（3）：1～8.
[57] 康家光，钱光萍，杨继友．四川新场三分量地震勘探试验研究［J］．石油物探，2005，44（4）：399～402.
[58] 徐明才，高景华，荣立新等．地面地震层析成像和高分辨率地震联合勘探技术［J］．地质与勘探，2005，41（4）：84～88.
[59] 陈相府，安西峰，王高伟．浅层高分辨地震勘探在采空区勘测中的应用［J］．地球物理学进展，2005，20（2）：437～439.
[60] 李录明，李正文．地震勘探原理、方法和解释［M］．北京：地质出版社，2007.
[61] 徐怀大，王世凤，陈开远．地震地层学解释基础［M］．武汉：中国地质大学出版社，1990.
[62] 熊章强，周竹生，张大洲．地震勘探［M］．长沙：中南大学出版社，2010.
[63] 中国煤炭地质总局编．中日合作煤炭资源勘探新技术［M］．西安：西北大学出版社，2003.
[64] 秦鹏．利用氡射线探测陷落柱初探［J］．煤田地质与勘探，1996，24（6）：31～32.
[65] 于洋，尚雁文．同忻煤矿陷落柱综合探测技术应用［J］．现代矿业，2014年，（4）：63～64.
[66] 赵庆彪，程建远，杜丙申等．东庞矿突水陷落柱综合探查技术［J］．煤炭科学技术，2008，36（8）：96～100.
[67] 李艳芳，程建远，熊晓军等．陷落柱三维地震正演模拟及对比分析［J］．煤炭学报，2011，36（3）：456～460.

[68] 程建远，王玺瑞，郭晓山等．东庞矿突水陷落柱三维地震处理效果与对比［J］．煤田地质与勘探，2008，36（1）：62～65.
[69] 王艳香，王圣，张军舵等．道集波形校正［J］．地球物理学进展，2014，29（5）：2266～2271.
[70] 程建远，王寿全，宋国龙．地震勘探技术的新进展与前景展望［J］．煤田地质与勘探，2009.37（2）：55～58.
[71] 赵玉莲，王宇超，王振强等．地震属性质量控制技术在地震数据处理中的应用［J］．地球物理学进展，2013，28（2）：0865～0868.
[72] 李振春，王希萍，韩文功．地震数据处理中的相位校正技术综述［J］．地球物理学进展，2008.23（3）：768～774.
[73] 吴明俊，徐方泓．陇东巨厚黄土塬区地震勘探数据采集方法研究［J］．中国煤炭地质，2014，26（11）：65～68.
[74] 孔凡勇，苏卫民，张秀丽等．浅层反射静校正法在准格尔盆地巨厚沙漠区的应用［J］．新疆石油天然气，2015，11（2）：21～24.